普通高等教育"十一五"规划教材

蛋白质工程

汪世华　主编

科学出版社
北京

内 容 简 介

本书在介绍蛋白质工程基本内容的同时，兼顾学科发展动态，着重介绍蛋白质分子基础、蛋白质分子设计、蛋白质的修饰和表达以及蛋白质的理化性质、结构测定和应用等，还对生物信息学和现代生物技术在蛋白质工程上的应用、蛋白质的分离纯化与鉴定作了介绍。

本书既可作为高等院校生物工程、生物科学、生物技术及相关专业的本科生教材，也适于相关专业研究生、教师和科研人员参考。

图书在版编目(CIP)数据

蛋白质工程/汪世华主编. —北京：科学出版社，2008
普通高等教育"十一五"规划教材
ISBN 978-7-03-020812-5

Ⅰ.蛋… Ⅱ.汪… Ⅲ.蛋白质-生物工程-高等学校-教材 Ⅳ.TQ93

中国版本图书馆 CIP 数据核字(2008)第 013229 号

责任编辑：甄文全 / 责任校对：张 琪
责任印制：赵 博 / 封面设计：耕者设计工作室

科学出版社 出版
北京东黄城根北街 16 号
邮政编码：100717
http://www.sciencep.com

北京佳艺恒彩印刷有限公司 印刷
科学出版社发行 各地新华书店经销

*

2008 年 2 月第 一 版 开本：787×1092 1/16
2016 年 1 月第十二次印刷 印张：20 3/4
字数：554 000

定 价：45.00 元

(如有印装质量问题，我社负责调换)

编委会名单

主　　编　汪世华

副 主 编　周亚凤　毕利军　林善枝

编写人员（以姓氏汉语拼音排序）

毕利军　陈　佳　董艳杰　刁　苗　范海延

郭永超　黄碧芳　黄加栋　黄友谊　焦航宇

李永进　连惠芗　刘华伟　刘丽华　刘晓雷

林　玲　林善枝　林志伟　苏国成　汪世华

王　磊　王荣智　王新军　肖莉杰　徐　虹

薛李春　杨　新　杨燕凌　游　璠　张　成

张　峰　张泓泰　张吉斌　张建斌　张少斌

张　薇　张晓鹏　郑嘉熙　周亚凤

前言

蛋白质工程是随着生物化学、分子生物学、结构生物学、晶体学和计算机技术等的迅猛发展而诞生的，也与基因组学、蛋白质组学、生物信息学等的发展密切相关。蛋白质工程诞生于20世纪80年代，基因工程的诞生以及80年代分子生物学和分子遗传学的发展为基因的修饰和改造提供了重要的工具，蛋白质工程也就应运而生了。蛋白质工程在带动生物工程的进一步发展并推动与生产、生活关系密切的相关科学的发展方面有着广阔的应用前景。

蛋白质是生命的基础物质之一，在生物体中起着至关重要的作用。基因工程的研究与开发是以DNA为内容的。对DNA的研究与开发促进了另一个生物大分子即蛋白质的研究与开发，从而促使了蛋白质工程的产生。蛋白质工程在诞生之日起就与基因工程密不可分。基因工程是通过基因操作把外源基因转入适当的生物体内，并在其中进行表达，它的产品是该基因编码的天然蛋白质。蛋白质工程则更进一步根据分子设计的方案，改造天然蛋白质以适应人类的需要，它的产品是经过改造的更加符合人类需要的蛋白质。

蛋白质工程就是通过基因重组技术改变或设计合成具有特定生物功能的蛋白质。从广义上来说，蛋白质工程是通过物理、化学、生物和基因重组等技术改造蛋白质或设计合成具有特定功能的新蛋白质。蛋白质工程主要有两个方面的内容：根据需要合成具有特定氨基酸序列和空间结构的蛋白质，确定蛋白质化学组成、空间结构与生物功能之间的关系。在此基础之上，实现从氨基酸序列预测蛋白质的空间结构和生物功能，设计合成具有特定生物功能的全新的蛋白质，这也是蛋白质工程最根本的目标之一。

结构生物学尤其是结构基因组学近年来正迅速崛起，生命科学与技术也正酝酿着新的突破，一个全新的世纪将展现在我们面前。基因组学、蛋白质工程、生物信息学等学科的发展将使人类从分子水平上真正认识生、老、病、死。蛋白质工程是这个链条中的关键一环，对一些基本生物学问题的研究解决，以及结合基因工程改造天然蛋白质，制造全新的蛋白质等，都必将大有作为。

本教材作为生命科学本科生通用教材，在介绍蛋白质工程基本内容的同时，兼顾学科发展动向，着重涉及当今蛋白质工程的应用。内容不仅包括蛋白质分子基础、蛋白质分子设计、蛋白质的修饰和表达以及蛋白质的理化性质、结构测定和应用等，还对生物信息学和现代生物技术在蛋白质工程上的应用、蛋白质的分离纯化与鉴定作了介绍。旨在使本科生了解现代蛋白质工程理论的新进展并为相关学科提供知识和技术。

全书共分十章。绪论部分由福建农林大学汪世华编写，北京林业大学林善枝审稿；第一章介绍蛋白质的基本结构，由西北农林科技大学徐虹编写，汪世华审稿；第二章介绍蛋白质分子设计，由华中农业大学黄友谊编写，湖北工业大学李永进审稿；第三章介绍蛋白质分子修饰和表达，由中国科学院武汉病毒研究所周亚凤、郭永超编写，李永进审稿；第四章主要介绍蛋白质的物理化学性质，由济南大学黄加栋、天津农学院张建斌编写，陕西商洛学院王新军审稿；第五章介绍测定蛋白质结构的主要方法，由中国科学院生物物理研究所陈佳、汪世华编写，福建农林大学薛李春审稿；第六章介绍生物信息学在蛋白质工程中的应用，由西北农林科技大学刘华伟、福建农林大学黄碧芳编写，汪世华审稿；第七章对蛋白质的分离纯化与鉴定方法作了介绍，由沈阳农业大学张少斌编写，集美大学苏国成审稿；第八章介绍了现代生物学技术在蛋白质工程中的应用，由华中农业大学张吉斌编写，沈阳师范大学董艳杰审稿；第九章对蛋白质组学作了介绍，由中国科学院生物物理研究所毕利军、张泓泰编写，李永进审稿；第十章介绍蛋白质工程的应用情况，由黑龙江八一农垦大学肖莉杰编写，中国科学院深圳先进技术研究院游璠审稿。同时福建农林大学杨燕凌、刘丽华、王荣智、林玲、林志伟、刁苗、连惠芗、张峰、张成、张薇、杨新、刘晓雷、张晓鹏、王磊、焦航宇、郑嘉熙在图表绘制、文字校对和排版方面作了大量的工作。

由于蛋白质工程学科的边缘性，所包含内容没有统一的结论，以及编者水平有限，书中难免有疏漏之处，敬请广大读者批评指正。

编　者

2007年11月于福州

目　录

绪　论

20世纪80年代初，美国GENE公司的Ulmer博士在*Science*上发表了以“Protein Engineering”为题的专论，首次明确提出蛋白质工程的概念，标志着蛋白质工程的诞生。迄今为止，蛋白质工程仍没有一个明确的定义，就其研究内容来说，蛋白质工程是在生物化学、分子生物学、分子遗传学等学科的基础之上，融合了蛋白质晶体学、蛋白质动力学、基因工程技术以及计算机辅助技术等手段的新兴研究领域，是以蛋白质的结构和功能为基础，通过基因修饰或基因合成而改造现存蛋白质或组建新型蛋白质的现代生物技术，是基因工程的深化和发展。因此，又被称为“第二代基因工程”。

随着人类基因组计划的完成和后基因组时代的到来，2001年国际人类蛋白质组组织宣告成立，并正式提出启动了两项重大国际合作项目：一项是由中国科学家领头执行的“人类肝脏蛋白质组计划”；另一项是由美国科学家带头执行的“人类血浆蛋白质组计划”。人类蛋白质组计划的深入研究必将推动蛋白质工程的进一步发展，并为之提供更有力的理论支持。

一、蛋白质工程的物质基础

蛋白质工程是以蛋白质的结构与功能的关系研究为基础，利用基因工程技术对现存蛋白质加以改造，组建成新型蛋白质的现代生物技术。蛋白质是由许多氨基酸按一定顺序连接而成的，每一种蛋白质有自己独特的氨基酸顺序，所以改变其中关键的氨基酸就能改变蛋白质的性质。而氨基酸是由三联体密码决定的，所以只要改变构成遗传密码的一个或两个碱基就能通过改变氨基酸达到改造蛋白质的目的。

（一）蛋白质的来源

蛋白质工程需要有合适来源的蛋白质作为研究对象。目前，蛋白质主要来源于微生物、植物和动物等。

微生物不仅具有生长周期短、容易实现遗传操作等优点，而且有些微生物还可以产生胞外酶，提纯工艺简单，这使得微生物可作为蛋白质的主要来源。目前，由微生物产生的许多蛋白质已在工业中得到广泛应用。

植物是很多生物活性分子的传统来源，但不易作为蛋白质的主要来源，这主要是由于它具有一些应用上的局限性，如生长周期长、季节性强、许多蛋白质不是植物所特有的，从其他生物中提取会更方便。尽管从其他生物体中获取蛋白质具有方便、经济等特点，但也有一些植物特有的或利用植物更容易获取的蛋白仍需要从植物中提取（如应乐果甜蛋白、木瓜蛋白酶等）。

以动物为来源的主要是一些医学方面的蛋白质，如胰岛素、凝乳酶和各种抗体等，但用动物作为蛋白质的来源一定要确保其来源的安全性。

（二）蛋白质的结构

蛋白质一般是由若干条多肽链组成的，有不同的结构层次：一级结构、二级结构、三级结构和四级结构等，其中蛋白质的一级结构是由20种氨基酸通过肽键连接而成的，它包含了蛋白质分子为获得复杂结构所需的全部信息，可利用这些信息进行蛋白质高级结构的分析、同源蛋白的比较以及蛋白质的远缘比较。蛋白质的二级结构是多肽链主链折叠并依靠不同肽键的C═O与N—H基团之间形成的氢键维系而成的稳定结构，较常见的二级结构元件有α-螺旋、β-折叠、β转角和无规卷曲等几种。蛋白质的三级结构是多肽链在二级结构的基础上进行进一步折叠、卷曲而成的球状分子结构，是二级结构的组装。由于在不同的蛋白质中，有时会有相同的局部空间结构，因此又可在二级结构与三级结构间进一步细分出超二级结构和结构域两个结构层次。三级结构往往是由一个或若干个结构域组成的。蛋白质的四级结构是寡聚蛋白的结构形式，一般由两个或多个亚基通过非共价作用结合形成的聚合体。

（三）蛋白质的功能

自然界中种类繁多的蛋白质决定了其生物学功能的多样性，作为生命物质基础的蛋白质是生物功能的载体。蛋白质的生物学功能主要体现在以下几个方面：①具有生物催化功能；②具有调节功能；③具有运输功能；④具有运动功能；⑤可作为机体的结构成分；⑥具有防御和保护功能；⑦可作为生物体发育和生长的营养物质。另外，蛋白质是人体必需的营养物质，蛋白质的水解产物氨基酸可作为一些生理反应的原料及重要的中间代谢物，而且蛋白质还可在必要时提供生物体急需的氮、硫、磷、铁等元素。

（四）蛋白质的结构与功能的关系

蛋白质的生物功能总是与蛋白质的结构紧密相关的。一级结构相似的蛋白质，其功能往往也相似，如从不同种属的生物体分离出来的同一功能的蛋白质，其同源性往往比较高，即一级结构相似的蛋白质在系统发生和进化位置上相距较近。在蛋白质的一级结构中，参与功能部位的残基或处于特定构象关键部位的残基对蛋白质的生物学功能往往起决定性作用。例如，溶菌酶的活性部位是个界限清楚的裂缝，而胰凝乳蛋白酶的活性部位是个深为10～12Å的口袋，这些结构特征和它们结合的底物或抑制剂分子的性质有关。弹性蛋白酶、胰蛋白酶和胰凝乳蛋白酶有十分相似的三维结构，它们底物结合特异性的差别只是由于活性部位的少数残基不同。由于蛋白质的结构与其生物功能的相关性，在有些情况下，即使在整个蛋白质分子中仅发生一个氨基酸残基的异常，该蛋白质的功能也会受到明显的影响，甚至导致机体发生病变，如镰刀状细胞贫血症，就是由于血红蛋白的两条β链的第6位上的Glu转变为Val，在血红蛋白表面形成了一个疏水区，并导致血红蛋白聚集成不溶性的纤维束，进而引起红细胞镰刀状化和输氧能力降低。

许多研究表明，蛋白质多种多样的功能与其特定的空间构象密切相关。当蛋白质的构象发生变化时，会使其功能活性也随之改变。例如，蛋白质变性时，由于其空间构象被改变可引起功能活性丧失；而变性的蛋白质在复性后，随着构象的复原其活性即可得到恢复。

二、蛋白质工程的原理

（一）蛋白质工程的理论依据

蛋白质工程的理论依据是基因指导蛋白质的合成，人们可以根据需要对负责编码某种蛋白质的基因进行重新设计和改造，借以改善蛋白质的物理和化学性质，使合成出来的蛋白质的结构和性能更加符合人们的要求。由此可见，蛋白质工程是在基因工程的基础上发展起来的，这也是蛋白质工程被称为“第二代基因工程”的原因所在。

（二）蛋白质工程设计原理

蛋白质工程设计就是在知道需要改造的蛋白质的结构和功能的基础上，通过理论的方法，提出蛋白质改造的设计方案。蛋白质分子设计既可以在基因水平上又可以在蛋白质水平上。基因水平的改造是在功能基因开发的基础上对编码蛋白质的基因进行改造；蛋白质水平的改造则主要是对制造出的蛋白质进行加工、修饰，如糖基化、磷酸化等。蛋白质分子设计为蛋白质工程提供指导性信息，又为探索蛋白质的折叠机理提供重要方法。

蛋白质分子设计按照被改造部位的多寡分为三种类型：一为“小改”，即对已知结构的蛋白质进行几个残基的替换来改善蛋白质的结构和功能；二为“中改”，即对天然蛋白质分子进行大规模地肽链或结构域替换以及对不同蛋白质的结构域进行拼接组装；三为“大改”，即在了解蛋白质结构和功能的基础上，从蛋白质一级结构出发，设计自然界不存在的全新蛋白质。

三、蛋白质工程的程序和操作方法

蛋白质工程主要是研究蛋白质的分离纯化、蛋白质的结构与功能的分析、设计及预测，通过基因工程手段进行蛋白质的改造与创造，其中对蛋白质结构与功能关系的研究是蛋白质工程的核心内容。

（一）蛋白质工程的程序

蛋白质工程的程序可简述如下：筛选纯化需要改造的目的蛋白，研究其特性常数等；制备结晶，并通过氨基酸测序、X 射线晶体衍射分析、核磁共振分析等研究，获得蛋白质结构与功能相关的数据；结合生物信息学的方法对蛋白质的改造进行分析；由氨基酸序列及其化学结构预测蛋白质的空间结构，确定蛋白质结构与功能的关系，进而从中找出可以修饰的位点和可能的途径；根据氨基酸序列设计核酸引物或探针，并从 cDNA 文库或基因文库中获取编码该蛋白的基因序列；在基因改造方案设计的基础上，对编码蛋白的基因序列进行改造，并在不同的表达系统中表达；分离纯化表达产物，并对表达产物的结构和功能进行检测等。

（二）蛋白质工程的操作方法

生物化学和结构分子生物学的发展为蛋白质工程提供理论基础；计算机辅助设计相关软件的开发与飞速发展为蛋白质工程提供了蛋白质结构模拟预测的设计平台；而分子生物学理论基础和基因工程技术以及生物信息学领域技术的迅猛发展则提高了蛋白质分子设计的效率和正确性。

合理化的分子设计是蛋白质成功改造的前提，目前，人们已通过突变、重组和功能筛选等技术获得改造的蛋白质分子。其中常用基因突变技术主要有寡核苷酸引物介导的定点突变、盒式突变、PCR 突变；易错 PCR 随机突变和 DNA 改组基因突变技术等；蛋白质筛选系统有噬菌体表面展示技术、细菌表面展示技术和体外展示技术等。

四、蛋白质工程的产生与发展

蛋白质工程是 20 世纪 80 年代初诞生的一个新兴生物技术领域，其产生和发展涉及到生物化学、生物物理学、分子生物学、分子遗传学、计算机和化学工程以及一些相关的相邻学科和生物工程技术。由此可见，蛋白质工程的产生和发展是许多学科及相关生物工程技术相互融合、共同发展的结果，已成为生物工程技术的重要组成部分。

（一）蛋白质工程与发酵工程

发酵工程是利用微生物的特定性状，通过现代工程技术大规模培养微生物菌体，利用微生物的生理代谢活动生产有用的物质或直接应用于工业生产的一种技术体系。

几千年前，人们就已发展起了酿造技术，这就是最早的发酵技术。20 世纪 40 年代，青霉素的大规模制备标志着发酵工程技术的建立。20 世纪 70 年代以来，基因工程技术的发展使定向改变生物的性状和功能成为可能，并利用基因工程技术和细胞杂交技术选育出一大批生长速度快、代谢能力强、且易于大量表达外源产物的新菌种，标志着发酵工业的新变革。

从广义上讲，发酵工程是由上游工程、发酵工程和下游工程三部分组成。上游工程是指优良菌株的选育及最适发酵条件的确立；发酵工程是指在最适条件下，利用发酵罐进行细胞培养和生产代谢产物的技术；下游工程是指发酵产品的分离纯化。因此，发酵工程技术可为蛋白质工程提供优良稳定的工程菌株、并可为蛋白质工程中前期材料的制备等奠定重要基础。

（二）蛋白质工程与基因工程

基因工程是以 DNA 双螺旋分子结构为理论基础，以 DNA 的体外操作为技术基础，按人们的意愿对不同生物的遗传基因进行切割、拼接或重新组合，再转入生物体内产生出人们所期望的产物，或创造出具有新遗传性状生物的技术。

1944 年，Avery 等发表了关于“转化因子”的论文，证实了 DNA 是遗传信息的载体。1953 年，Watson 和 Crick 提出了 DNA 结构的双螺旋模型。1961 年 Jacob 和 Monod 提出了操纵子学说，开创了基因调控的研究。1952 年美国分子生物学家 Luria 在大肠杆菌中发现了所谓的“限制”现象，随后瑞士微生物学家对此作进一步深入的研究，并认为一定的细菌株系具有某种特定的限制性内切酶，能够识别或降解某些专一位点。自 20 世纪 70 年代以来，人们已纯化得到 600 多种限制性核酸内切酶，使得分子切割成为可能，为基因工程的发展提供了有利的技术支撑。1967 年可将两条 DNA 片段连接起来的 DNA 连接酶被发现；1970 年具有更高连接活性的 T4 DNA 连接酶被发现，这种酶还能促使 DNA 平齐末端的连接；1973 年美国斯坦福大学教授 Cohen 和 Boyer 在体外构建了含有两种抗生素抗性基因的重组质粒分子，并成功转入了大肠杆菌，这是基因工程诞生的标志。基因工程使人类从单纯的认识和利用生物的传统模式跳跃到了改造和创造生物的新时代。

蛋白质工程是从 DNA 水平改变基因入手，通过基因重组技术改造蛋白质或设计合成具有特定功能新蛋白质的新兴研究领域，也就是说蛋白质的改造通常需要经过周密的分子设计，进而依赖基因工程获得突变型蛋白质。目前，基因工程已为实现蛋白质工程提供了基因克隆、表达、突变及活性检测等关键技术。

（三）蛋白质工程与细胞工程

细胞工程是指以细胞为单位，应用细胞生物学与分子生物学等的理论和技术，在细胞和亚细胞水平上有目的地进行遗传操作，通过细胞融合、核移植等方法，培养出人们需要的新物种，克服了远缘杂交的局限性；或获得有商业价值的细胞株或细胞系，并通过大规模培养增殖而获得对人类有用的产品。目前，细胞工程研究的主要内容是动植物细胞与组织培养技术、细胞融合技术、细胞拆合技术、染色体改造及导入技术以及与基因工程技术相结合的基因转移技术等。

植物细胞工程的发展最早可追溯到20世纪初，早在1902年，德国科学家Haberlandt就预言了植物细胞的全能性；1937年，胡萝卜的离体培养获得了成功，并实现了细胞增殖；1943年，美国科学家White正式提出了植物细胞全能性学说。

在动物细胞工程方面，1952年美国人Robert Briggs和King利用两栖类的卵细胞建立了细胞移植技术。1977年英国采用胚胎工程技术成功培育出世界首例试管婴儿。1981年，Evans和Kaufman分别从小鼠早期胚胎中成功分离培养胚胎干细胞，并建立了细胞系。1982年，美国学者Brackett等获得世界上第一胎试管牛。1997年英国利用绵羊的成年体细胞克隆出绵羊“多莉”，成功证明了成年动物体细胞也具有全能性。1999年2月19日，上海医学遗传研究所培育出携带有人体蛋白基因的中国首例转基因试管牛。2000年12月24日，我国科学家已成功地将人抗胰蛋白酶基因导入到山羊，所培育出的转基因山羊的羊奶中含有治疗慢性肺气肿和先天性肺纤维化囊肿等疾病的成分。2001年，英国又成功培育出世界首批转基因克隆猪。

目前，细胞工程技术已为蛋白质工程提供了改良性状的微生物细胞以及稳定的动植物细胞系，以便更好的生产蛋白质；另外细胞工程可通过细胞融合、转基因等技术改变生物的遗传性状或实现新型生物的构建，进而为蛋白质的生产提供更多良好的载体。

（四）蛋白质工程与酶工程

酶工程是生物工程的重要组成部分，是酶的生产与应用的技术过程，是从应用的目的出发研究酶，利用酶的催化作用，在一定的生物反应器中，将相应的原料转化为所需要的产品。

真正认识到酶的存在是从19世纪开始的。1833年Payen和Persoz从麦芽的水抽提物中用酒精沉淀法提取到了一种可以使淀粉水解成可溶性糖的对热不稳定的活性物质，称为淀粉酶。19世纪中叶，Pasteur等经过大量研究指出活酵母内有一种可使糖发酵成酒精的物质。1878年Kunne将这种物质称为酶，取义“在酵母中”。1898年Buchner兄弟研究发现，酵母的无细胞抽提物也可将糖发酵生成酒精，这说明酶不仅可在细胞内，也可在细胞外进行催化作用，该发现促使了对酶的分离及其理化性质的研究，因此一般认为这是酶学研究的开端。1926年Sumner从刀豆提取液中分离纯化得到脲酶结晶，证明了其蛋白质的性质，并提出酶的化学本质为蛋白质的观点。Jacob和Monod提出操纵子学说，阐明了微生物的调控机制。1963年牛胰核糖核酸酶E的一级结构被确定，1965年蛋清溶菌酶的空间结构被证明，1969年人工合成核糖核酸酶E获得了成功。

酶工程的发展一般被认为是从第二次世界大战开始的。20世纪50年代开始，由微生物发酵液中分离出一些酶，制成酶制剂；60年代固定化酶及固定化细胞技术的日益成熟；70年代后期以来，微生物学、遗传工程及细胞工程等相关技术被引入到酶工程领域，促进了酶工程的发展。同时由于大部分酶的化学本质是蛋白质，因此酶工程与蛋白质工程的发展又有着密不可分的联系。

（五）蛋白质工程与生物信息技术

生物信息学是生物学与信息技术的交叉学科。该学科包含了对核酸、蛋白质序列和蛋白质结构的信息处理，有助于对生物的基因组与蛋白质组理解。生物信息学的概念是在1956年美国田纳西州盖特林堡召开的“生物学中的信息理论研讨会”上产生的，但直到20世纪80到90年代，随着生物科学技术的迅猛发展和数据资源的指数性增长以及计算机科学技术的进步，生物信息学才获得突破性进展。

生物信息学的研究内容主要包括生物信息的收集、存储、管理和提供，基因组序列信息的提取和分析，功能基因组相关信息的分析，生物大分子的结构模拟和药物设计等方面。利用生物信息学可以进行蛋白质结构的预测，其目的就是利用已知的一级序列来构建蛋白质的立体结构模型（包括二级和三级结构预测）。目前，已有大量的有关根据序列预测蛋白质二级结构的文献资料，大致可分为两类：根据单一序列预测二级结构和根据多序列预测二级结构。三级结构预测则需要利用数据库中已知结构的序列进行比对。

（六）蛋白质工程与其他相关技术

结构分析和遗传物质的研究在蛋白质工程的发展中作出了重要的贡献。1912 年 Laue 曾预言，晶体是 X 射线的天然衍射光栅；随后 Bragg 父子开创了 X 射线晶体学，并成功地测定了一些相当复杂的分子以及蛋白质的结构。20 世纪中 X 射线衍射技术被正式应用到蛋白质的研究领域。1954 年英国晶体学家 Perute 等提出，在蛋白质晶体中引入重原子的同晶置换法可用来测定蛋白质的晶体结构。1955 年 Sanger 完成了胰岛素的氨基酸序列的测定，接着 Kendrew 和 Perute 在 X 射线分析中应用重原子同晶置换技术和计算机技术，并分别于 1957 年和 1959 年阐明了鲸肌红蛋白和马血红蛋白的立体结构。1960 年英国晶体学家 Kendrew 等首次测出肌红蛋白的三维结构；1965 年中国科学家合成了有生物活性的胰岛素，首先实现了蛋白质的人工合成。

噬菌体感染寄主后半小时内即可复制出几百个同样的子代噬菌体颗粒，因此噬菌体是研究生物体自我复制的理想材料。到 20 世纪 60 年代中期，关于 DNA 自我复制和转录生成 RNA 的一般性质已基本清楚，基因的奥秘也随之开始解开了。进入 20 世纪 70 年代，由于重组 DNA 研究的突破，基因工程已开始在实际应用中开花结果，根据人的意愿改造蛋白质结构的蛋白质工程也已经成为现实。20 世纪 80 年代美国的 Ulmer 在 Science 期刊上发表了以 Protein Engineering 为题的专论，一般被视为蛋白质工程诞生的标志。

五、蛋白质工程的应用领域

蛋白质工程技术的应用可以提高重组蛋白的活性及稳定性；延长制品在体内的半衰期；降低制品的免疫原性；提高酶的热稳定性；改变酶促反应的 K_m 与 V_{max}，以改变反应的催化效率；提高酶对底物的亲和力以增强酶的专一性；提高蛋白质的抗氧化能力；改变酶的别构调节部位，以减少反馈抑制，提高产物的产率；增强蛋白对胞内蛋白酶的抗性，简化纯化过程，提高产率；改变酶的底物专一性等。目前，蛋白质工程技术已在工农业和生物医药等领域表现出广阔的应用前景。

（一）医药领域

蛋白质药物具有高活性、特异性强、低毒性、生物功能明确、有利于临床应用的特点。由于其成本低、成功率高、安全可靠，已成为医药产品中的重要组成部分。基因工程技术诞生后首先应用于人胰岛素及人生长激素释放抑制因子等医用蛋白质的开发，大大降低了治疗的成本。目前，借助蛋白质工程，通过分子设计和定点突变技术获得人胰岛素突变体已在国内外取得极大进展，如降低了胰岛素的聚合作用，使胰岛素快速起作用等。此外，尿激酶、干扰素等的生产也通过蛋白质工程得到了长效、稳定、作用更广泛的产品。目前，各国制药公司正在加强研究新型的生物技术药物，用于新的适应病症。通过蛋白质工程改造特殊蛋白质为制造特效抗癌药物开辟了新的途径，如人的β-干扰素和白细胞-2 在修饰后稳定性得到提高，抗癌作用在临床试验中取得良好效果；病毒疫苗的重组研制，获得免疫原性很好的重组蛋白，从而提高疫苗的抗病效果；通过蛋白质工程构建的嵌合抗体和人源化抗体成功解决了鼠抗体对人具有免疫原作用的问题。

（二）生物材料设计领域

研究人员将活性生长因子共价偶联到生物材料上，诱导需要生长因子较长时间传递的细胞反应。研究发现，固定在支架上的骨形态发生蛋白-2（BMP-2）在诱导骨髓基质细胞的成骨细胞分化上比在菌种生长培养基中的游离 BMP-2 更有效。生物材料的设计为蛋白质工程提出了特殊的挑战，其同时决定着生物材料的物理学性能和生物化学性能，而这两种性能都是关系到生物材料成败的关键因素。然而，蛋白质工程也为生物材料提供了独特的优点，通过对大分子的结构的了解，可以很容易接近许多调控细胞行为的分子信号，通过蛋白质序列的设计可以满足生物材料应用所提出的多功能性。

（三）能源领域

利用现代生物技术将纤维素材料转化为饲料、酒精等产品不仅可以作为新能源为人类造福同时也可以缓解或解决农作物资源对环境污染的问题，因而具有重大的战略意义。目前，大多数工业用的纤维素酶研究的重点是了解酶的吸附和活性之间的关系。有人对纤维素酶和蛋白酶进行了对照研究，发现纤维素酶的活性受吸附的强弱影响更大。对 *Trichoderma reesei* 的纤维二糖水解酶催化区域的氨基酸残基进行的研究发现，其能协助葡萄糖环转换成更容易反应的构形。用定点突变的方法将细菌碱性纤维素酶的部分氨基酸进行突变，其热稳定性得到了提高；有人研究了 *T. fusca* 纤维素酶 Ce16A 表面残基对底物专一性的影响，发现突变体对羧甲基纤维素的活力提高了。

（四）农业领域

蛋白质工程正在成为改造农业，大幅度提高粮食产量的新途径。例如，植物中普遍存在的固定二氧化碳的酶——核酮糖-1,5-二磷酸羧化酶其光合效率达 50%，通过改造酶的结构，其光合效率得到很大提高，从而增加粮食产量。近年来，美国科研人员通过蛋白质工程设计优良的微生物农药，他们对微生物蛋白质结构进行修改，使得微生物农药的杀虫率提高了 10 倍。在饲料用酶方面，通过改造酶的结构，获得同时具有高比活、耐高温、pH 作用范围广、抗胃肠道蛋白酶等高性能的改良酶，实现了产业化生产，如木聚糖酶、β-葡聚糖酶、β-半乳糖苷酶、甘露聚糖酶、角蛋白酶等。

（五）工业领域

通过蛋白质工程改造天然酶的结构，大大提高了酶的耐高温、抗氧化能力、提高酶的稳定性及 pH 范围，从而获得更符合人们需要的酶应用于食品、化工、洗涤等工业中，如用于制备高果糖浆的葡萄糖异构酶、用于生产干酪的凝乳酶、用于洗涤的枯草芽孢杆菌蛋白酶等。

（六）其他领域

蛋白质工程在其他（如环境、食品等）领域都有着广泛的应用。苯胺是严重污染环境和危害人体健康的有害物质，应用加双氧酶进行生物降解是苯胺废水生化处理和苯胺污染环境生物修复的基础，然而苯胺种类很多，加双氧酶并不能对它们都起降解作用，科研人员对苯胺加双氧酶进行突变，获得的突变子能极有效地降解 2-异丙基苯胺，扩大了此酶的应用范围。民用杀虫剂产生的有机磷污染已成为目前最严重的环境问题之一，如何降解环境中的有机磷酸酯类已成为目前环境保护的关注点。研究人员对磷酸三酯酶进行了突变，获得了降解有机三酯速率提高3个数量级的进化子，为解决有机磷污染提供了一个行之有效的途径。蛋白质的功能特性在食品加工中起着非常重要的作用，但不同食品体系和应用中要求蛋白质发挥不同的功能特性。植物蛋白资源广泛，价格便宜，但在食品中缺乏令人满意的功能而受到限制。通过蛋白质工程定向改变蛋白质的构象，增加极性基团的数量，降低多肽的分子质量，来改变蛋白质的生物功能特性，生产出多种具有特殊功能特性的蛋白质品种。大豆蛋白通过酶改性部分降解蛋白质，增加其分子内或分子间交联或连接特殊功能基团，可以改变蛋白质的功能性质，提高营养价值。常用酶有动物蛋白酶、植物蛋白酶和微生物蛋白酶。

蛋白质工程汇集了当代分子生物学等学科的一些前沿领域的最新成就，它把核酸与蛋白质结合、蛋白质空间结构与生物功能结合起来研究。蛋白质工程将蛋白质的研究推进到崭新的时代，为蛋白质在工业、农业和医药方面的应用开拓了诱人的前景。蛋白质工程开创了按照人类意愿改造、创造符合人类需要的蛋白质的新时期。

第一章　蛋白质结构基础

蛋白质是由 20 种天然的蛋白氨基酸以肽键相连构成的生物大分子，是生命活动重要的物质基础，并已被人们广泛应用于各个领域。蛋白质（protein）是一类重要的生物大分子，主要含有碳、氢、氧、氮以及少量的硫。一些蛋白还会结合磷、铜、铁、碘、锌、镁、钼等元素。根据形状、结构和溶解度等的不同，可以将自然界中的蛋白质分为三类。

1. 纤维状蛋白质

纤维状蛋白质（fibrous protein）具有比较简单、有规则的线性结构，形状呈细棒或纤维状，这类蛋白质在生物体内主要起结构作用。典型的纤维状蛋白质有胶原蛋白、弹性蛋白、角蛋白和丝蛋白等，这类蛋白不溶于水和稀盐酸溶液。有些纤维状蛋白质（如肌球蛋白和血纤蛋白原）是可溶的。

2. 球状蛋白质

球状蛋白质（globular protein）在生物体内种类最多，也是最重要、最多样化的一类蛋白质，形状接近球形或椭球形，在水溶液中溶解性好。细胞中的大多数可溶性蛋白质，如酶类大多属于球状蛋白质。

3. 膜蛋白

膜蛋白（membrane protein）是与细胞内的各种膜系统结合而存在，所含的亲水氨基酸残基数目比细胞质蛋白少，不溶于水但溶于去污剂溶液。膜蛋白可以分为膜内在蛋白和膜锚定膜蛋白两大类，跨过或部分镶嵌在磷脂双分子层中，稳定膜的结构、实现膜内外的信息传递或物质交换。

不同蛋白质分子结构之间存在着共同的特征，包括基本的结构组件、多层次的结构、特定的构象单元等。另一方面，蛋白质的空间结构又具有多样性和复杂性，是构成蛋白质功能多样性的基础。通过对蛋白质结构的分析与测定，揭示出蛋白质的结构与功能之间密切相关。

第一节　蛋白质的功能及其应用

一、蛋白质的生物学功能

蛋白质是生活细胞内含量最丰富、功能最复杂的生物大分子，参与了几乎所有的生命活动，与核酸共同构成了生命现象的主要物质基础。蛋白质的生物学功能主要包括：

1. 催化

蛋白质的一个最重要的生物功能是作为生物体新陈代谢的催化剂——酶（enzyme），酶也是数量最多的一类蛋白质。生物体内的各种生化反应几乎都是在相应的酶参与下进行的，细胞内的代谢网络与代谢途径也受到酶的严密调控，酶与生物体的生长、发育密切相关。

2. 结构成分

结构蛋白主要的功能是建造和维持生物体的结构，它们给细胞和组织提供支撑和保护。高等动物的骨骼、肌肉和皮肤等结构主要是由蛋白质组成，生物膜系统也主要是由蛋白质和脂质组成的。结构蛋白大多是不溶于水的纤维状蛋白质，如胶原纤维。

3. 贮存

种子贮藏蛋白、蛋类中的卵白蛋白、乳汁中的酪蛋白以及血浆白蛋白等，都具有贮存氨基酸和蛋白质的功能，必要时为生物体、胚胎或种子的生长发育提供足够的原料。

4. 运动

一些蛋白与细胞的运动有关。例如，肌动蛋白、肌球蛋白与肌肉的运动有关；微管蛋白与细胞的分裂有关；动力蛋白和驱动蛋白可驱使小泡、颗粒和细胞器沿微管轨道移动；细菌中的鞭毛或纤毛蛋白也与运动有关。

5. 转运

转运蛋白的功能是转运特定的物质。一类转运蛋白，如脊椎动物红细胞中的血红蛋白和无脊椎动物中的血蓝蛋白在呼吸过程中起运输氧的功能。另一类转运蛋白是膜转运蛋白，通过细胞膜系统转运代谢物和养分。

6. 调节

细胞内存在调节蛋白，能调节其他蛋白质的生理活性。一类在代谢调节中起重要作用，如一些动物激素，胰岛素、生长素、促卵泡激素、促甲状腺激素等。另一类调节蛋白参与基因表达的调控，激活或抑制遗传信息的转录，如染色质蛋白（组蛋白）、阻遏蛋白、转录因子等。细胞周期蛋白等还可以调控细胞的分裂、增殖、生长和分化。

7. 信息传递

在细胞膜上存在很多受体蛋白，可以与细胞外或细胞内膜包裹的内空间相互作用，将信号跨膜传递，再通过复杂的信号传导途径引发一系列生化反应。

8. 支架作用

支架蛋白借助自身的特定结构，通过蛋白-蛋白相互作用能识别并结合其他蛋白，可以将多种不同蛋白质装配成一个多蛋白复合体，这种复合体参与对激素和其他信号分子的胞内应答的协调和通讯。例如，激素和神经递质的受体蛋白有接受和传递信息的功能。

9. 防御和进攻

保护蛋白在细胞的防御、保护中起着重要作用。例如，动物体内的免疫球蛋白或称为抗体，能与相应的抗原结合而排除外来物质对生物体的干扰。另外，还有一些蛋白也具备类似功能，如血液凝固蛋白、凝血酶、血纤蛋白原、抗冻蛋白、溶血蛋白、神经毒蛋白、植物毒蛋白、细菌毒素等。

10. 其他特定功能

有些蛋白具有特殊的功能，如生物氧化过程中起电子传递体作用的某些色素蛋白、植物中的甜味蛋白、昆虫的节肢弹性蛋白、胶质蛋白等。

蛋白质具有多种生物学功能，这些功能都与各自的分子特征和空间构象有关，空间构象的改变会导致蛋白质生物学功能的变化。

二、蛋白质类大分子的应用

随着人们对蛋白质研究的深入，很多天然蛋白与一些人造蛋白已被广泛应用于各个行业和领域。

1. 蛋白质被广泛应用于纺织、食品、医药、农业等领域

天然的纤维蛋白材料（如蚕丝、羊毛、皮革等），广泛应用于纺织、服装工业；天然提取或通过人工合成的多种活性多肽或蛋白质具有抑菌、杀虫活性，可用于医药、农业等领域；胶原蛋白可以用于医药、化妆品和食品工业；天然的贝类黏附蛋白可用作生物胶黏剂；小麦谷蛋白可用于胶黏剂、涂料和化妆品；豆球蛋白经降解得到的活性多肽具有药物活性。

2. 酶制剂的工业用途

一些从生物体内提取的蛋白质具有酶的催化活性，与化学试剂相比，具有专一性、高效性，腐蚀性小、可生物降解的优点。目前，酶制剂主要应用于清洁剂、焙烤、酿酒、乳品、饲料、制浆和造纸，以及生物燃料用酶、纺织用酶等。例如，在洗涤剂中添加酶制剂，可以催化聚合物底物的化学键水解，这些添加剂大都是水解酶（如蛋白酶、淀粉酶、脂肪酶、纤维素酶、过氧化物酶等）。

3. 聚氨基酸的应用

在自然界中存在一类由蛋白质基本组分——氨基酸组成的聚氨基酸类大分子，如聚谷氨酸、聚赖氨酸以及藻青素（由天冬氨酸-精氨酸组成）等。在这几种聚氨基酸的聚合骨架中只含有一种氨基酸，在不同微生物中仅由简单的合成酶催化形成。

藻青素可以被微生物降解，是对环境安全的聚酰胺原料，可用于各种工业制造，人们已经分离出了利用藻青素作为唯一碳源和能量来源的菌株。聚 γ-谷氨酸也是生物可降解的聚氨基酸，能代替不可降解的塑料和水凝胶，还可以用作防冻剂、絮凝剂、重金属吸附剂等，在动物饲料添加剂、骨质疏松预防药物、医用生物黏合剂、酶固定材料等方面具有潜在的应用价值。

聚天冬氨酸是一种人工合成的新型聚氨基酸，已经大规模工业化生产，并被成功用于许多领域，如冷却水系统的水垢处理剂、环境温和的去垢剂、金属的抗腐蚀剂、矿浆液化剂、纺织业中的钙结合剂、皮革鞣制剂、化妆品添加剂等。

第二节　蛋白质氨基酸与多肽链

自然界中，蛋白质的结构和功能极其复杂，但在化学结构上它们都是由氨基酸（amino acid）组成，氨基酸是蛋白质的构件分子。已知的天然氨基酸有一百多种，而组成蛋白质的氨基酸只有 20 种，被称为 20 种常见蛋白质氨基酸。

一、常见蛋白质氨基酸的结构特征

蛋白质可以被酸、碱或蛋白酶水解，逐渐降解成为游离氨基酸的混合物，氨基酸就是构成蛋白质的基本化学单位或构件。除了 20 种蛋白质氨基酸以外，在蛋白质组成中还存在一些经专一酶催化修饰过的不常见氨基酸。

1. 蛋白质氨基酸的化学结构

20 种天然常见氨基酸中包括了 19 种氨基酸和 1 种亚氨基酸即脯氨酸。表 1-1 中列出了这 20 种蛋白质氨基酸的英文名称、三字母缩写及单字母表示符号，在表示蛋白质组成和氨基酸序列时，常常使用这些氨基酸的简写符号。

表 1-1　20 种常见蛋白质氨基酸的中英文名称及简写符号

中文名称	英文名称	三字母缩写	单字母缩写
甘氨酸	Glycine	Gly	G
丙氨酸	Alanine	Ala	A
缬氨酸	Valine	Val	V
亮氨酸	Leucine	Leu	L
异亮氨酸	Isoleucine	Ile	I
脯氨酸	Proline	Pro	P
苯丙氨酸	Phenylalanine	Phe	F
酪氨酸	Tyrosine	Tyr	Y
色氨酸	Tryptophan	Trp	W
丝氨酸	Serine	Ser	S
苏氨酸	Threonine	Thr	T
半胱氨酸	Cystine	Cys	C
蛋氨酸	Methionine	Met	M
天冬酰胺	Asparagine	Asn	N
谷氨酰胺	Glutamine	Gln	Q
天冬氨酸	Aspartic acid	Asp	D
谷氨酸	Glutamic acid	Glu	E
赖氨酸	Lysine	Lys	K
精氨酸	Arginine	Arg	R
组氨酸	Histidine	His	H

20 种常见氨基酸中除脯氨酸外，19 种氨基酸在结构上都是由中心碳原子上连接有一个羧基（—COOH）与一个氨基（$—NH_2$）。中心碳原子因位于碳链的 α-位，也称为 α-碳原子（C_α），C_α 上连接的羧基和氨基就称为 α-COOH 和 α-NH_2，这些氨基酸就称为 α-氨基酸。α-氨基酸的结构通式见图 1-1。

连接在 α 碳原子上的还有氢原子和一个可变的侧链，称为 R 基，各种氨基酸的区别就在于 R 基的化学结构不同。

脯氨酸与 19 种 α-氨基酸结构类似，但不同的是它的侧链 R 基与主链 N 原子共价结合，形成一个环状的亚氨基酸，具体结构见图 1-2。

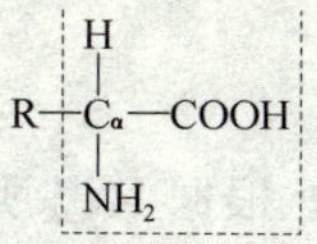

图 1-1　α-氨基酸的结构通式 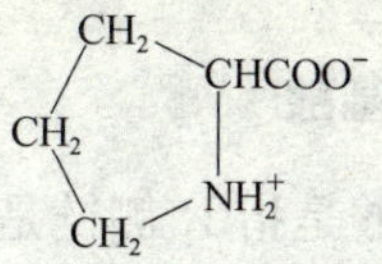　　　　图 1-2　脯氨酸的化学结构

2. 天然氨基酸具有单一构型

构型是一个分子中各原子的特定空间排布，当一种构型改变为另一种构型时必须有共价键的断裂和重新形成，最基本的分子构型（立体异构体）是 L-型和 D-型。

20 种常见氨基酸中，甘氨酸的结构最简单，含有两个碳原子，侧链只有一个氢原子。除甘氨酸外，所有氨基酸中的 C_α 原子结合了 4 个不同的基团，存在两种不能重合的镜像立体异构体，即 L-型和 D-型两种异构体（图 1-3）。目前已发现的氨基酸绝大多数都是 L-型氨基酸，D-型氨基酸主要存在于微生物中。

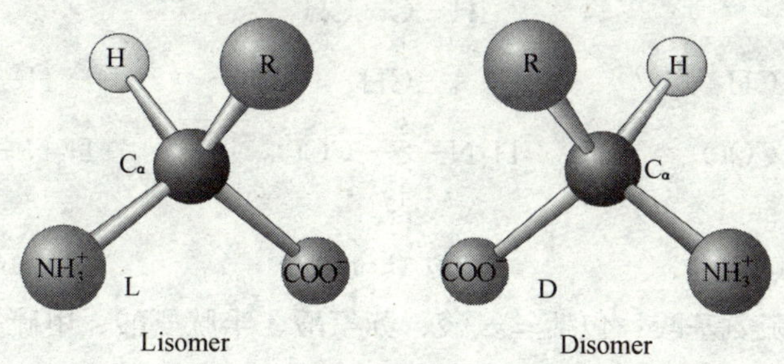

图 1-3　氨基酸的两种立体异构体

沿 H→C_α 键观察，若 R→N→CO 是顺时针方向为 L-型分子，反之则为 D-型分子

（引自 Berg et al.，2002）

3. 氨基酸的优势构象

构象（conformation）是组成分子的原子或基团绕单键旋转而形成的不同空间排布，一种构象转变为另一种构象不会有共价键的断裂和重新形成。除丙氨酸以外的氨基酸侧链中的组成基团都可以绕着内部的 C—C 单键旋转，产生各种不同的构象。

对两个连有四个不同基团的碳原子来说，“交错构象”（stagged conformation）是能量上最有利的排布。在这种构象中，一个碳原子的取代基正好处于另一个碳原子的两个取代基之间。在蛋白质的结构中，大多数氨基酸残基的侧链都有一种或少数几种交错构象作为优势构象经常出现在天然蛋白质中，相互间被称为旋转异构体（rotamer）。

二、蛋白质氨基酸的分类

20 种蛋白质氨基酸因其侧链 R 基团的不同而具有不同的物化特性，当它们连接成多肽链时，也决定了蛋白质的物化特性与空间结构。

（一）按照 R 基的化学结构进行分类

按照 R 基的化学结构可以将 20 种蛋白质氨基酸划分为脂肪族、芳香族和杂环族氨基酸 3 类，其中以脂肪族氨基酸最多。

1. 脂肪族氨基酸

脂肪族氨基酸是指 R 侧链是脂肪族基团的氨基酸，根据 R 基所带电荷，又可以分为中性氨基酸、酸性氨基酸、碱性氨基酸，另外还包括了一些特殊的含巯基和含硫氨基酸。

（1）中性氨基酸：包括甘氨酸、丙氨酸、缬氨酸、亮氨酸、异亮氨酸。

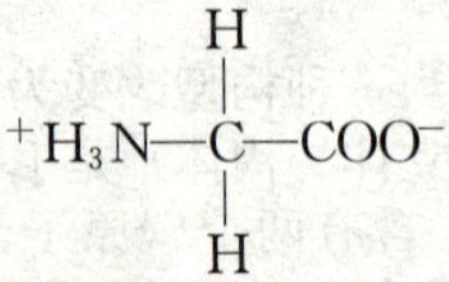

甘氨酸（Gly，G） 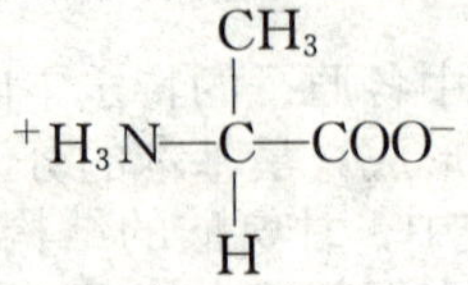　丙氨酸（Ala，A）

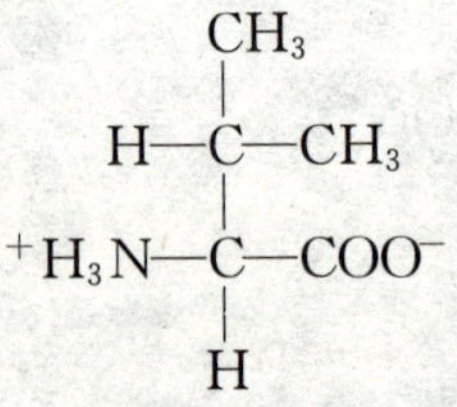

缬氨酸（Val，V） 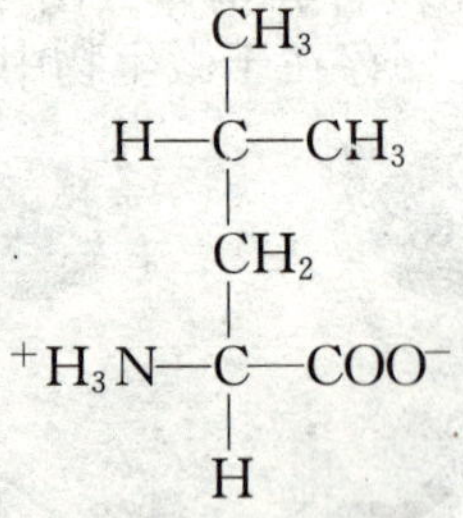　亮氨酸（Leu，L） 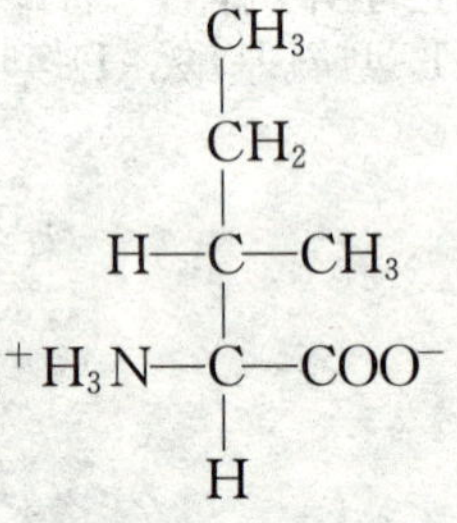　异亮氨酸（ILe，I）

（2）含羟基或硫氨基酸：包括丝氨酸、苏氨酸、半胱氨酸、甲硫氨酸。

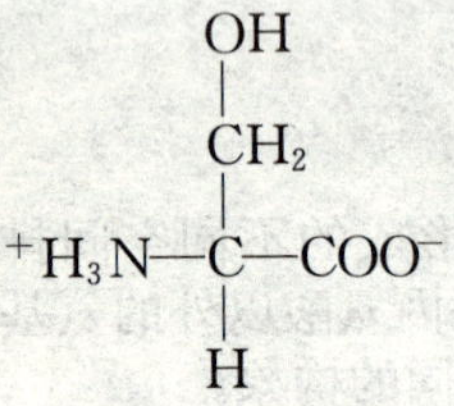

丝氨酸（Ser，S） 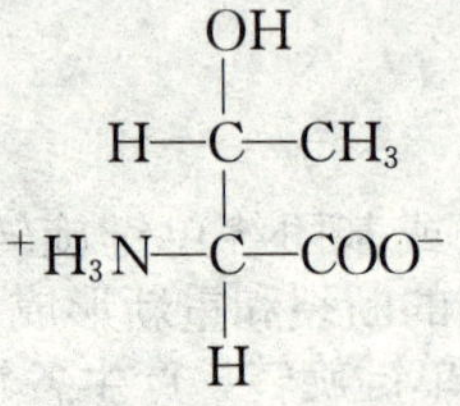　苏氨酸（Thr，T） 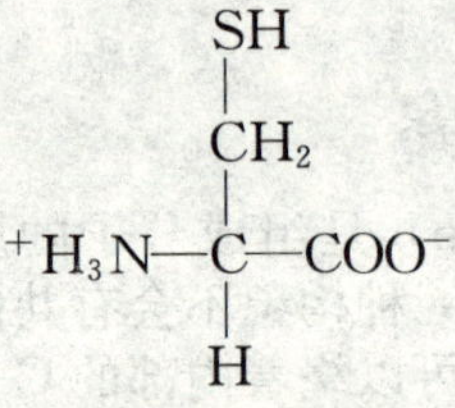　半胱氨酸（Cys，C） 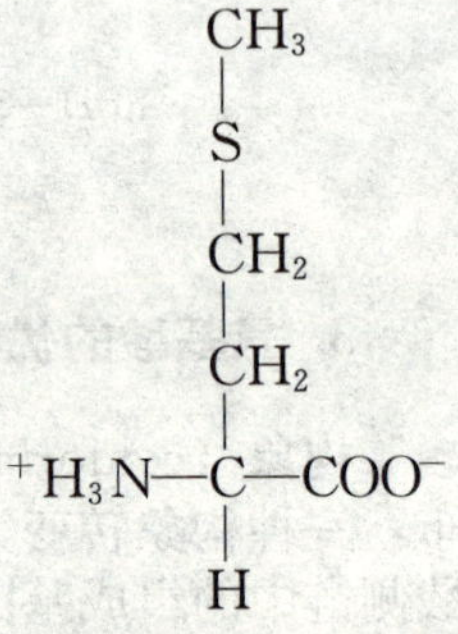　甲硫氨酸（Met，M）

（3）酸性氨基酸及其酰胺：包括天冬氨酸、谷氨酸、天冬酰胺、谷氨酰胺。

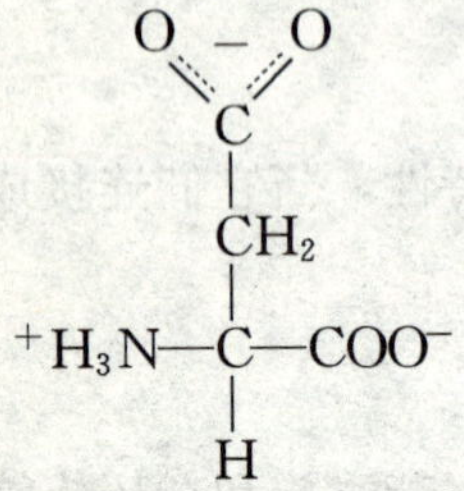

天冬氨酸（Asp，D） 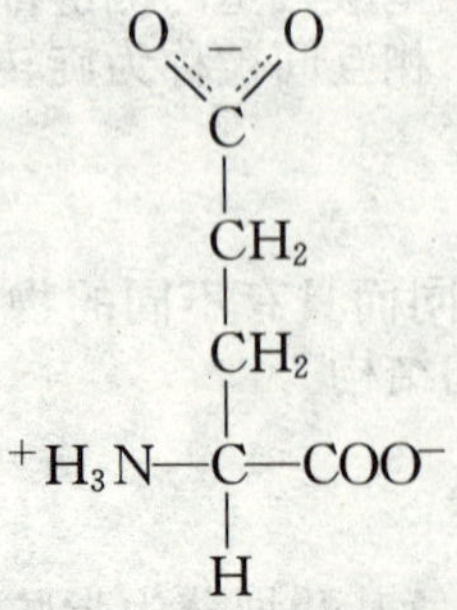　谷氨酸（Glu，E） 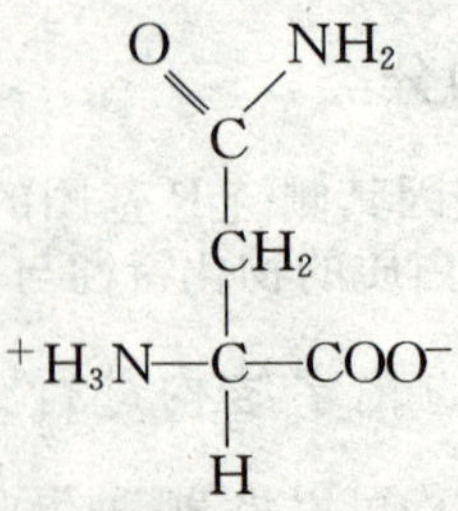　天冬酰胺（Asn，N） 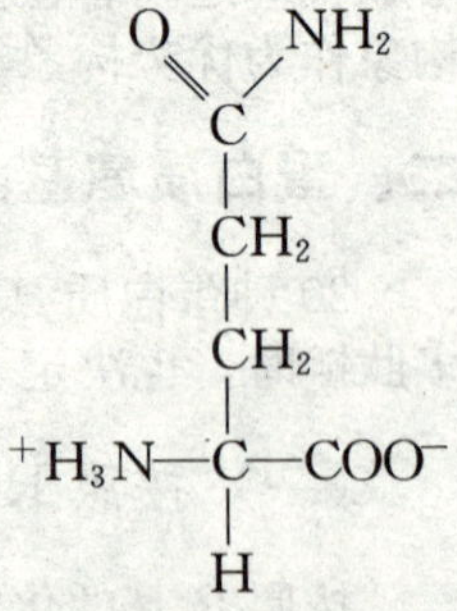　谷氨酰胺（Gln，Q）

（4）碱性氨基酸：包括赖氨酸、精氨酸。

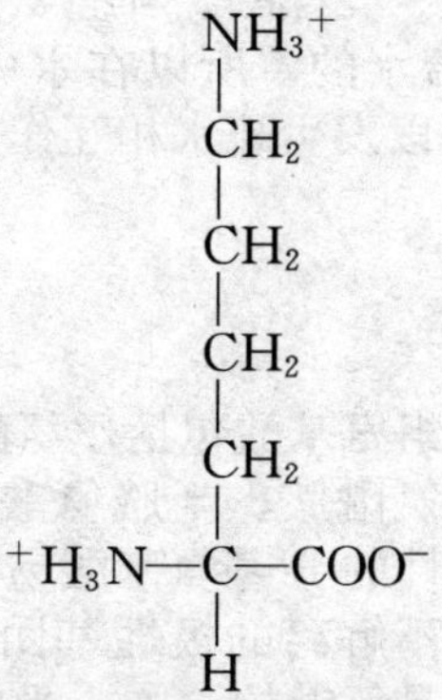

赖氨酸（Lys，K） 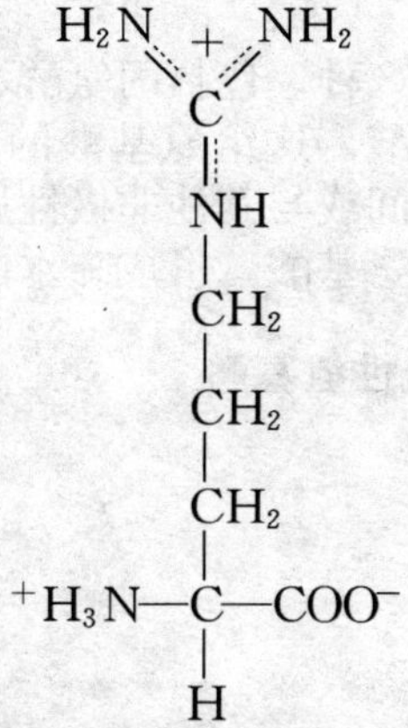　　精氨酸（Arg，R）

2. 芳香族氨基酸

芳香族氨基酸包括苯丙氨酸、酪氨酸、色氨酸。

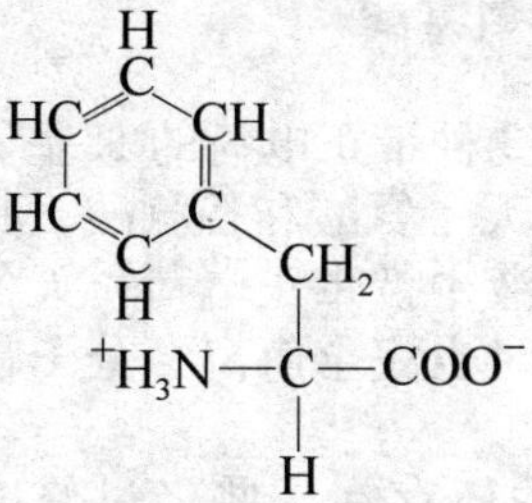

苯丙氨酸 (Phe, F) 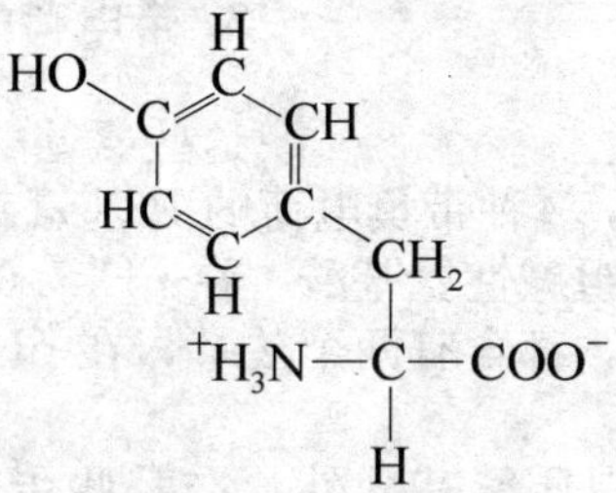　　酪氨酸 (Tyr, Y) 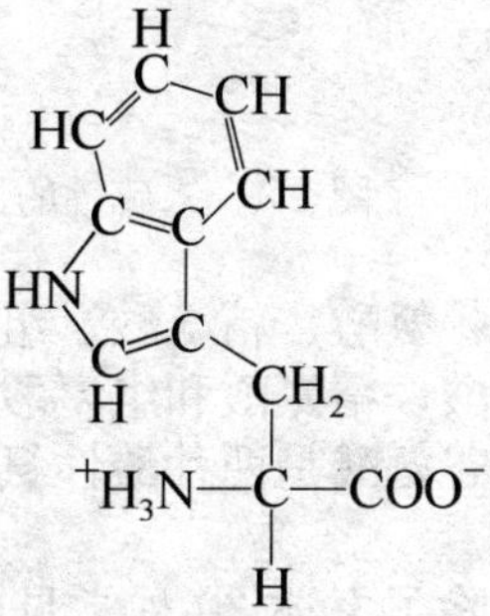　　色氨酸 (Trp, W)

3. 杂环氨基酸

杂环氨基酸包括组氨酸和脯氨酸。

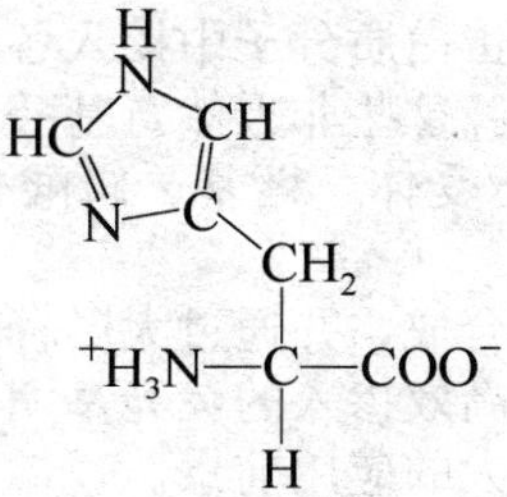

组氨酸 (His, H) 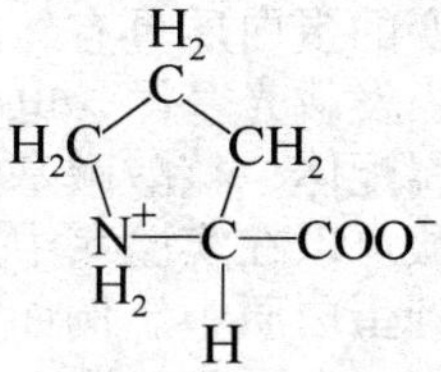　　脯氨酸 (Pro, P)

（二）按照 R 基的极性性质进行分类

按照 R 基的极性可以将 20 种常见氨基酸分为四组：疏水氨基酸（非极性 R 基氨基酸）；不带电荷的极性 R 基氨基酸；带正电荷的 R 基氨基酸；带负电荷的 R 基氨基酸。

1. 疏水氨基酸（非极性的 R 基氨基酸）

疏水氨基酸共有 8 种，包括丙氨酸、缬氨酸、亮氨酸、异亮氨酸、甲硫氨酸、脯氨酸、苯丙氨酸和色氨酸。这组氨基酸的侧链是疏水的，所以在水中的溶解性比极性 R 基氨基酸小，而相互间或与其他非极性原子间可以发生疏水相互作用。所有蛋白质分子内部都有一部分这类氨基酸，形成疏水内核。

2. 不带电荷的极性氨基酸

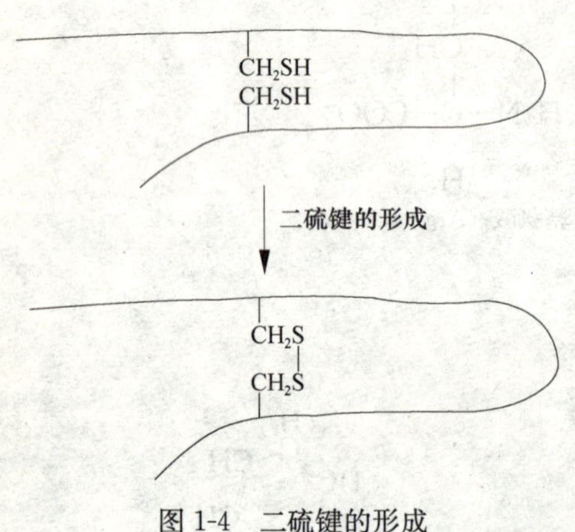

图 1-4　二硫键的形成

这组氨基酸包括丝氨酸、苏氨酸、天冬酰胺、谷氨酰胺、半胱氨酸、组氨酸、酪氨酸。比非极性的 R 基氨基酸易溶于水。它们的侧链中含有不解离的极性基团，能与水形成氢键，也可以是氢键的给体或受体。其中，半胱氨酸和酪氨酸的 R 基极性最强。

在蛋白质的三维结构中靠近的两个半胱氨酸（Cys）的—SH 常常被氧化形成二硫键，成为胱氨酸（Cystine）（图 1-4），二硫键可以稳定蛋白质的三维结构。

3. 带电荷的极性氨基酸

这些氨基酸包括 3 种带正电荷的 R 基氨基酸：赖氨酸、精氨酸、组氨酸，2 种带负电荷的 R 基氨基酸：天冬氨酸和谷氨酸。其中赖氨酸、精氨酸和组氨酸是一组碱性氨基酸，在 pH 7.0 的溶液中携带正电荷；天冬氨酸和谷氨酸是两种酸性氨基酸，都含有两个羧基，在 pH 7.0 时也完全解离，分子带负电荷。

除了上述 20 种常见的蛋白质氨基酸外，在某些蛋白质中还存在一些经过修饰的不常见氨基酸，如胶原蛋白中的 5-羟赖氨酸和 4-羟脯氨酸、肌球蛋白中的甲基组氨酸等。

（三）非天然蛋白质氨基酸

随着蛋白质工程的发展，人们已经能够在蛋白质分子中掺入各种经过突变修饰的非天然氨基酸，使得突变的蛋白质具有新的功能。这些非天然氨基酸含有各种特定的侧链基团，包括荧光基团、发磷光基团、电子供体/受体、糖基、磷酸化基团、生物素、对光反应变色基团、金属配体、核酸碱基等。

各种非天然氨基酸可以在实验室中用酶法合成，并通过大肠杆菌、兔网织红细胞等体外翻译系统，掺入到蛋白质中。例如，利用高效掺入的荧光基团标记可以检测极微量的配体、抗原和抑制剂，在医疗诊断上具有很大的应用前景。

三、肽和多肽链

肽是氨基酸的线性聚合物，也称为肽链（peptide chain），蛋白质就是由一条或多条具有确定的氨基酸序列的多肽链构成的大分子。

（一）肽键与多肽链

1. 肽键

氨基酸同时含有氨基和羧基，它们能以首尾相连的方式进行缩合反应，一个氨基酸的 α-NH_2 与另一个氨基酸的 α-COOH 缩合脱去一分子水，可以形成一个共价酰胺键或称肽键（peptide bond，图1-5），得到的产物称为肽（peptide）。由两个氨基酸形成的肽称为二肽，多个氨基酸连接就会形成多肽。

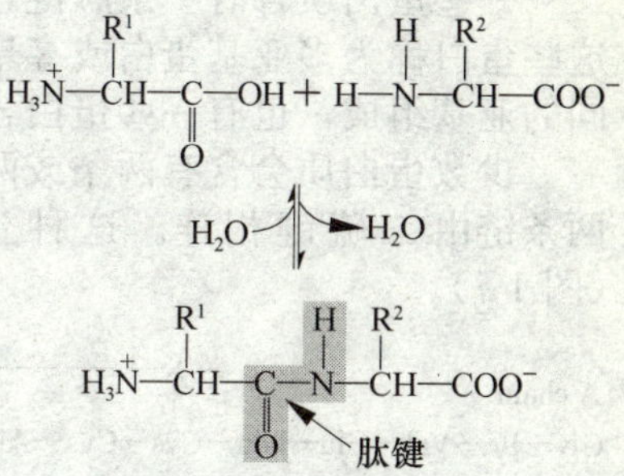

氨基酸在连接成多肽链时，每形成一个肽键就会丢失一分子的水，已经不是原来完整的分子，称为氨基酸残基（amino acid residue）。

图 1-5　肽键的形成
（灰色表示组成肽键的四个原子）
（引自 Nelson et al.，2005）

肽键具有局部双键性质，不能自由旋转，具有反式（*trans*）和顺式（*cis*）两种构型。在反式构型中，相邻 C_α 原子之间有 0.38nm 的距离，而在顺式中只有 0.32nm。在顺式肽构型中的原子间的推斥力较大，能量上处于不利状态，它的稳定性只有反式肽稳定性的千分之一，自然界中的肽键构型以反式结构更为稳定。

2. 多肽链

通过肽键将多个氨基酸连接在一起构成多肽链（polypeptide chain）（图 1-6）。对少于 12 个氨基酸残基的肽链直接称为三肽、四肽等，把超过 12 个而不多于 20 个氨基酸残基的肽链称为寡肽（oligopeptide），含 20 个以上氨基酸残基的称为多肽（polypeptide）。常见的蛋白质可以包括几十到数千个氨基酸残基。

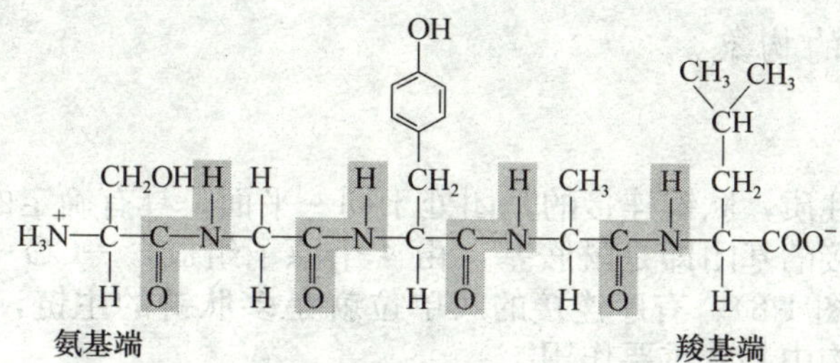

图 1-6　通过肽键将多个氨基酸连接在一起构成多肽链
（引自 Nelson et al.，2005）

多肽链的第一个氨基酸具有自由的 NH_2，称为氨基端或 N 端；最末一个氨基酸的羧基是自由的，称为羧基端或 C 端。肽链中氨基酸残基的次序都是从左向右排列的，氨基酸序列可以用氨基酸的 3 个英文字母缩写和单字母缩写形式表示。例如，一个四肽就可以写成 Ala-Ser-Gly-Asp，也可以用单字母缩写表示：A-S-G-D。

多肽链中由肽键连接的部分称为主链（main chain 或 backbone）。它在所有蛋白质分子中都是相同的，氨基酸的侧链从主链的 C_α 原子伸出。氨基酸残基侧链之间的相互作用对于稳定一个蛋白质分子的空间结构具有重要影响。

连接氨基酸残基的共价键除了肽键以外，还有二硫键，也叫二硫桥（disulfide bridge，图 1-4），可以连接肽链内部或肽链之间的半胱氨酸残基。

生物体内存在很多的活性肽，如谷胱甘肽是最常见的三肽，催产素和加压素都是九肽，而胰岛素是一个含有 51 个氨基酸残基的多肽。许多小肽在很低浓度下就具有生物活性。也可以通过人工合成获得所需要的小肽。例如，二肽 L-天冬氨酰-L-苯丙氨酸甲基酯，是一种人造甜味剂。

一些蛋白质含有一条肽链，有的则含有两条或多条肽链，相互间以非共价键结合，这些蛋白称为多亚基蛋白或寡聚蛋白，每条独立的肽链称为亚基。有些蛋白是由完全相同的亚基组成，也有一些蛋白含有不同的亚基。

少数蛋白质会含有两条或两条以上由肽键外其他共价键连接的多肽链，如胰岛素的两条链由二硫键相连。这种蛋白不是多亚基蛋白，每条肽链并不是独立的亚基（图 1-7）。

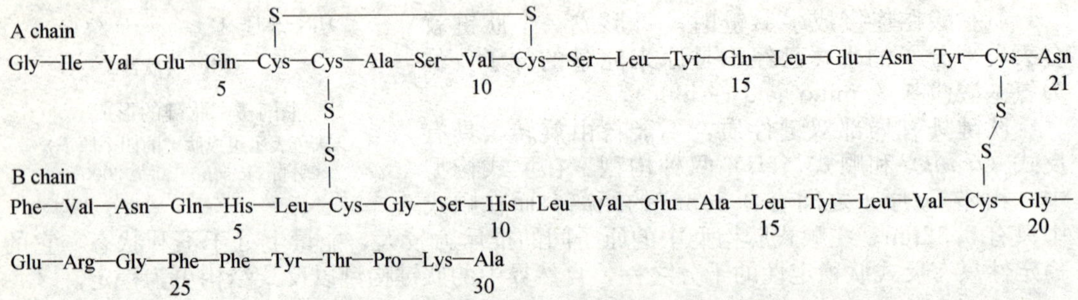

图 1-7 胰岛素的多肽链氨基酸序列二硫键

许多蛋白质只由氨基酸残基构成而无其他化学基团，这些蛋白质成为单纯蛋白质或简单蛋白质（simple protein），如核糖核酸酶、胰岛素等。有些蛋白质除了氨基酸外还含有其他化学基团和非肽链部分，称为结合蛋白质（conjugated protein），非氨基酸部分叫做辅基（prosthetic groups）。

（二）多肽链的构象

1. 肽单位

由于部分双键性质，肽键连接的基团处于同一平面，具有确定的键长和键角。肽键是一种酰胺键，连接的基团即是酰胺基（由 4 个原子组成，—CO—NH—），称为肽单位（peptide unit，图 1-8）。有序连接的肽单位就是多肽链的主链，肽键的平面性质在肽链折叠成三维结构中起着重要作用。

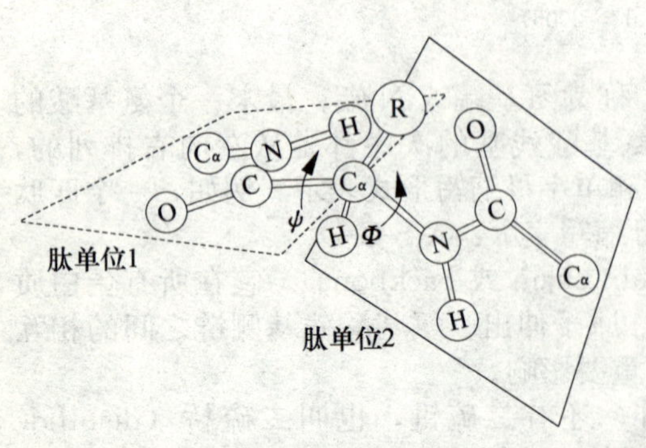

图 1-8 肽单位

2. 多肽链的构象

肽单位之间是通过两个共价单键 C_α—C′（C′是羰基中的 C 原子）和 C_α—N 连接，由于这两个单键都可以自由旋转，而肽单位是不能旋转的刚性平面基团，所以肽单位绕着这两个单键的旋转就可以形成多肽链主链的不同构象。如果固定两个单键中的一个，旋转另一个单键，就可以使两个相邻的肽单位或肽平面间形成一定的角度，称为扭角（torsion angle）或双面角（dihedral angle），双面角的变化范围是±180°。

在多肽链中，绕 C_α—N 单键形成的扭角称为 Φ 角，绕 C_α—C′单键形成的扭角称为 ψ 角。一个蛋白质多肽链主链的构象就可以用其所有组成氨基酸的一套（Φ，ψ）$_n$ 角度值来描述。一个氨基酸残基的特定构象就可以用一对（Φ，ψ）角来表述。氨基酸残基中的侧链构象可以用侧链中的双面角来描述，中心旋转键就是侧链中的共价单键。

（三）蛋白质多肽链氨基酸序列的测定

蛋白质分子中多肽链的氨基酸序列就是蛋白质的一级结构，对氨基酸序列的测定是了解蛋白质结构和功能的基础。多肽链氨基酸序列的测定主要是根据英国剑桥大学 Sanger 实验室的方法进行，可以概括为以下几个步骤：①测定蛋白质分子中多肽链的数目；②拆分蛋白质分子的多肽链；③断开多肽链内的二硫键；④分析每一多肽链的氨基酸组成；⑤鉴定多肽链的 N 末端和 C 末端残基；⑥裂解多肽链成较小的片段；⑦测定各肽段的氨基酸序列；⑧重建完整多肽链的一级结构。

对于寡聚蛋白来说，可以用变性剂 8mol/L 尿素、6mol/L 盐酸胍或高浓度盐溶液处理，使寡聚蛋白亚基间的非共价键断裂，亚基分开，多肽链松散成无规则的构象。如果有链内二硫键或链间二硫键，就可以采用氧化剂或还原剂将二硫键断裂。常用过量的巯基乙醇处理，使—S—S—还原为—SH。

多肽链的 N 末端氨基酸测定方法主要有：二硝基氟苯法、丹磺酰氯法、苯异硫氰酸酯法、氨肽酶法；多肽链的 C 末端氨基酸测定方法有：肼解法、还原法、羧肽酶法。

天然蛋白质分子的多肽链较大，需要被裂解为较小的肽段才能用于测序，可以通过化学法和酶法裂解。化学裂解法常采用溴化氰、羟胺等试剂；酶裂解法常用胰蛋白酶、糜蛋白酶、嗜热蛋白酶、胃蛋白酶、木瓜蛋白酶、葡萄球菌蛋白酶等。经过各种方法断裂后，多肽链变成各种肽段的混合物，可以通过凝胶过滤、凝胶电泳和高效液相色谱等方法进行分离纯化。对于各肽段氨基酸序列的测定主要使用 Edman 化学降解法、质谱法、气谱-质谱联用法等。

如果一条多肽链断裂成两段或三段肽段，通过对肽段测序，可以很容易推断出它们在多肽链中的先后顺序。但如果得到的肽段太多，需要用两种或两种以上的不同方法，得到两套或几套肽段，借助肽段之间的重叠就可以确定肽段在原多肽链中的正确位置，拼接出整个多肽链的氨基酸序列。

（四）多肽链的生物合成

DNA 分子是遗传信息的携带者，而蛋白质是信息转化成生物结构和功能的表达者，从 DNA 到蛋白质遵守分子生物学的中心法则。多肽链是蛋白质的基本结构，多肽链的生物合成主要包括：基因携带了规定氨基酸序列的核苷酸三联体遗传密码、双链 DNA 分子的遗传信息转录到单链信使 RNA（mRNA）以及 mRNA 在核糖体上的翻译。

1. 遗传密码与基因

在 DNA 序列的编码区，每三个核苷酸编码蛋白质中一个特定氨基酸，这种三联核苷酸称为三联体密码，表 1-2 给出了通用的三联体密码。64 个密码子中，有三个终止密码子 UAA、UAG 和 UGA，其余 61 个密码子编码 20 种氨基酸。

一段特定的 DNA 核苷酸序列负责编码一段多肽链，称为基因（gene）。每段多肽链，都有一个基因编码其合成。

表 1-2 蛋白质中 20 种氨基酸对应的 64 种三联体遗传密码

第一位	第二位				第三位
	U	C	A	G	
U	Phe	Ser	Tyr	Cys	U
	Phe	Ser	Tyr	Cys	C
	Leu	Ser	终止码	终止码	A
	Leu	Ser	终止码	Trp	G
C	Leu	Pro	His	Arg	U
	Leu	Pro	His	Arg	C
	Leu	Pro	Gln	Arg	A
	Leu	Pro	Gln	Arg	G
A	Ile	Thr	Asn	Ser	U
	Ile	Thr	Asn	Ser	C
	Ile	Thr	Lys	Arg	A
	Met	Thr	Lys	Arg	G
G	Val	Ala	Asp	Gly	U
	Val	Ala	Asp	Gly	C
	Val	Ala	Glu	Gly	A
	Val	Ala	Glu	Gly	G

2. 遗传信息的转录

要实现基因中的遗传信息表达为蛋白质中的氨基酸，首先是将编码的核苷酸序列转录成互补的 mRNA 分子。当条件适合基因表达时，基因被 RNA 聚合酶转录，按照碱基互补配对的原则，将 DNA 核苷酸序列转变为与其互补的 RNA 序列。基因的转录受到很多不同因子的调控。

原核细胞中的 RNA 聚合酶只有一种，可以转录所有的基因，但通过各种 σ 因子的识别，确定所转录的基因。真核细胞中有三种 RNA 聚合酶，RNA 聚合酶 I、RNA 聚合酶 II、RNA 聚合酶 III，它们可以转录不同类型的基因。

3. 遗传信息的翻译

成熟的 mRNA 在细胞质的核糖体上被翻译成特定的多肽链。核糖体首先结合在 mRNA 模板上，特定的经活化的转移核糖核酸（氨酰-tRNA）带来需要的 20 种天然氨基酸，按照密码子的顺序，将氨基酸连成多肽链，在这一过程中有多个因子协同作用。

（五）线状和环状寡聚多肽的非核糖体生物合成

除了在生物体内存在的依赖核糖体的多肽合成体系以外，在很多微生物中还存在酶催化的氨基酸缩合系统，可以通过酶促反应合成线状或环形多肽，如短杆菌肽、青霉素、分枝菌素、博来霉素等。

基因组学的研究揭示，在真核生物中也可能存在与原核生物高度相似的非核糖体多肽合成酶系统（non-ribosomal peptide synthetase，NRPS），能催化氨基酸底物的活化、顺序缩合、各种侧链基团的修饰等。对这个系统的深入研究将有利于在体外合成更多具有生物活性的天然多肽。

第三节　蛋白质的空间结构

蛋白质分子是由氨基酸残基首尾相连而成的共价多肽链，但是天然的蛋白质分子并不是走向随机的多肽链，每一种蛋白质都有自己特有的空间结构或称为三维结构，这种三维结构通常被称为蛋白质的构象（conformation）。天然的纤维状蛋白大多是杆状或棒状，天然的球状蛋白则是经过多肽链盘绕卷曲形成紧密的球状结构。在多肽链卷曲折叠的过程中，会形成不同层次的蛋白质空间结构，最终形成具有生物学功能的稳定构象。

蛋白质的分子结构主要包括以下几个层次：

一级结构→二级结构→超二级结构（模体）→结构域→三级结构→四级结构。

决定一个蛋白质分子高级结构的全部信息都包含于一级结构即多肽链的氨基酸序列中，蛋白质的一级结构决定了蛋白质的二级、三级等高级结构，这就是著名的Anfinsen原理。

一、一级结构

蛋白质的一级结构（primary structure）就是蛋白质多肽链中氨基酸残基的排列顺序（sequence），也是蛋白质最基本的结构，是由基因上遗传密码的排列顺序所决定的。组成一级结构的 20 种氨基酸按照遗传密码的顺序，通过肽键连接起来，成为多肽链。

在生物体内，蛋白质的多肽链一旦被合成后，即可根据一级结构的特点自然折叠和盘曲，形成一定的空间构象。多肽链氨基酸序列的不同，决定了不同的多肽链区段会形成不同的空间构象，这是组成蛋白质空间结构的基本元件，也是决定蛋白质功能的重要因素。

二、二级结构

蛋白质的二级结构（secondary structure）是指一段连续的肽单位借助于氢键，排列成的具有周期性结构的构象。二级结构是多肽链主链局部区域的规则结构，它不涉及侧链的构象和与多肽链其他部分的关系。

天然蛋白质中主要的二级结构包括 α-螺旋、β-折叠、回折、环肽链、无规则卷曲等。大多数蛋白结构中都包含 α-螺旋和β-折叠两种不同的结构，但也有一些蛋白质主要包含一种二级结构，如肌红蛋白中有 75%的 α-螺旋而没有 β-折叠、伴刀豆球蛋白中有 59%的 β-折叠而缺少 α-螺旋。

（一）α-螺旋

早在 1951 年，Pauling 和 Corey 根据对一些简单小肽的 X 射线晶体图的数据分析，提出了两个重复的多肽基本构象元件：α-螺旋（α-helix）和 β-折叠片层（β-sheet）结构。后来大量的实验证实，这两种重复结构是大多数蛋白质空间结构的基本组件。

1. α-螺旋的基本结构特征

天然的 α-螺旋包括右手 α-螺旋（简写为 α_R）、左手 α-螺旋（简写为 α_L）、3_{10} 螺旋、π 螺旋等几种，其中右手 α-螺旋是最主要的一种螺旋结构。

在标准的右手 α-螺旋中（图 1-9），每个 α-碳的（Φ，ψ）角度值分别是（－57°，

−47°)，每圈螺旋由 3.6 个氨基酸残基构成，一圈螺旋的螺距为 0.54nm，每个氨基酸沿螺旋轴的长度为 0.15nm。氨基酸残基的侧链伸向外侧，如果侧链不计在内，螺旋的直径约为 0.5nm。从 N 末端出发，螺旋上每个氨基酸残基的 C═O 基与后面第 4 个（n+4）残基的 N—H 之间形成氢键。沿主链计算，一个氢键闭合的环包含 13 个原子，所以 α-螺旋也称为 3.6_{13} 螺旋。

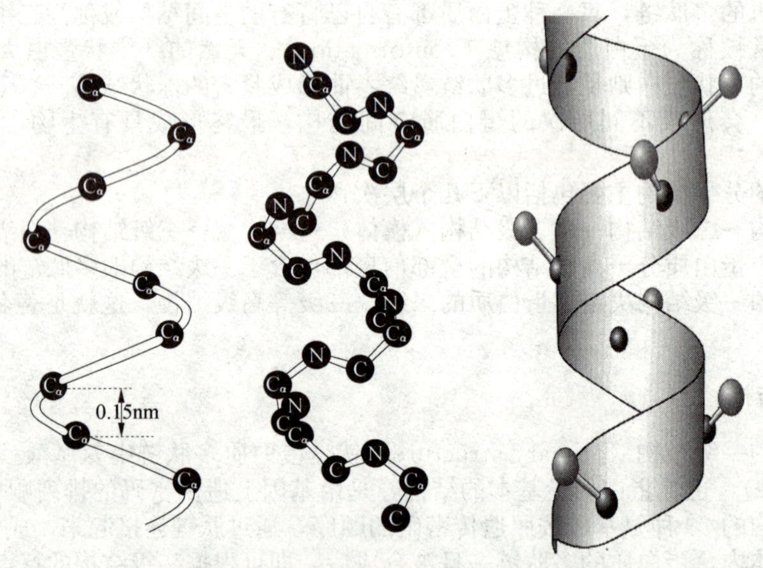

图 1-9　常见的右手 α-螺旋的构象
（引自 Berg et al.，2002）

除了 N 末端的—NH 和 C 末端的 C═O 基，α-螺旋中的所有 C═O 基和 N—H 之间都相互形成氢键。α-螺旋所有氢键都沿螺旋轴指向同一方向，使得 α-螺旋具有极性，相当于在 N 末端积累了部分正电荷，在 C 末端积累了部分负电荷，而在 α-螺旋的中心没有空腔。这使螺旋的构象非常稳定，并常常出现在蛋白质分子的表面。

2. α-螺旋的两亲性

在 α-螺旋中，氨基酸残基的侧链从螺旋骨架伸出，决定了整个 α-螺旋结构的表面特性。许多 α-螺旋的一侧主要分布着亲水（极性）氨基酸残基，而在另一侧主要集中疏水残基，所以具有两亲性（amphipathi-city）（图 1-10）。两亲性 α-螺旋之间常以其疏水面彼此聚合，也易于与其他疏水表面聚合。在许多蛋白质（如载脂蛋白质、蛋白质毒素、多肽激素）中，两亲性螺旋对生物活性具有重要作用。

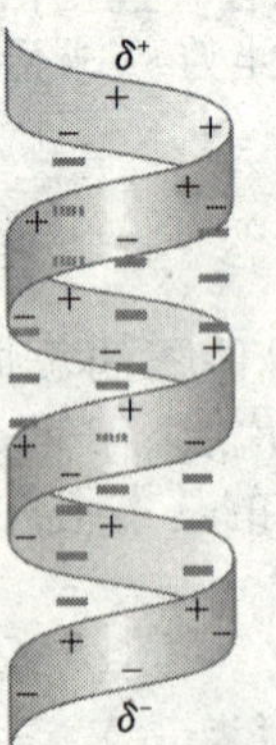

图 1-10　α-螺旋的极性
（引自 Nelson et al.，2005）

3. 氨基酸种类与 α-螺旋

一条肽链能否形成 α-螺旋，以及形成的螺旋是否稳定，与它的氨基酸组成和序列有极大的关系。倾向于形成 α-螺旋的氨基酸残基包括丙氨酸、谷氨酸、亮氨酸和甲硫氨酸，不利于 α-螺旋形成的残基有脯氨酸、甘氨酸、酪氨酸和丝氨酸。这主要是由于氨基酸残基侧链 R 基所带电荷与 R 基的大小对多肽链能否形成螺旋具有影响。例如，脯氨酸不会出现在α-螺旋中，因为脯氨酸残基的侧链占据了相邻残基应当占据的空间，造成右手螺旋构象的瓦解或弯曲；脯氨酸残基的酰胺氮上缺少氢原子，不能参与螺旋中氢键的形成，只能出现在α-螺旋的末端。

4. 3_{10}螺旋和π螺旋

在蛋白质中还发现几种不常见的其他类型螺旋，如3_{10}螺旋和π螺旋，只出现在α-螺旋的末端，或以不多于一圈的短段存在。

其中常见的是3_{10}螺旋，每个α-碳的（Φ，ψ）角度值分别是（−49°，−26°）。3_{10}螺旋比α-螺旋更紧密，每圈螺旋包括3个氨基酸残基，螺旋氢键的给体与受体间的原子数是10，螺旋内径小于0.1nm。3_{10}螺旋过于紧密，内部作用力并不处于最佳状态，通常作为α-螺旋的最后一圈存在。

π螺旋也称为4.4_{16}螺旋，每个α-碳的（Φ，ψ）角度值分别是（−57°，−70°），一圈含有4.4个氨基酸残基，一个氢键闭合的环包含16个原子。π螺旋中心出现空腔，过于松散，在能量上也不稳定，在蛋白质中很少存在。

（二）β-折叠片层

β-折叠片层是天然蛋白质中另一种基本的结构组件，也称为β-结构或β-构象，在很多蛋白质中都存在。

1. β链

β-折叠片层的结构类似折叠的条状纸片侧向并排而成，每条肽链就像一条折叠的纸片，称为β链（β-strand）或β股（图1-11）。

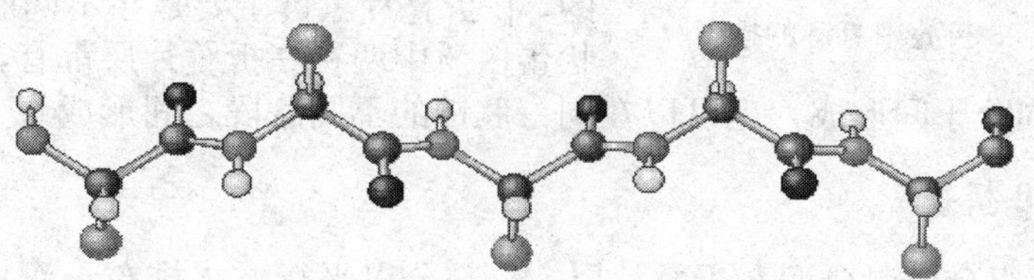

图1-11　β-链
（引自Berg et al.，2002）

β链的多肽链具有伸展的构象，可想像为一个特殊螺旋，每圈只有2个氨基酸残基。β链这种伸展的单链构象是不稳定的，因为其组成原子间没有相互作用。只有当一股β链的C═O与另一股β链的—NH间以氢键相连，组合成β片层时，它们才能稳定，所以在蛋白质结构中出现的β链都是以β片层的方式存在，它们一般包含5～10个氨基酸。

几条β链形成的层状结构并非是完全平面的，而是以C_α为支点上下折叠，相应的侧链构象也随之上下交替，β片层因此就被称为β-折叠或β-折叠片层（图1-12）。β-折叠可以由同一肽链的不同区域或不同肽链的β链形成。

2. 平行和反平行β-折叠片层

β-折叠中的肽链可以平行或反平行方式相互作用，在蛋白质结构中形成片层结构，即形成平行β-折叠或反平行β-折叠两种基本类型。在平行β-折叠中的所有β链都具有同一走向，从氨基端到羧基端；在反平行β-折叠中的相邻两条β链具有相反的走向

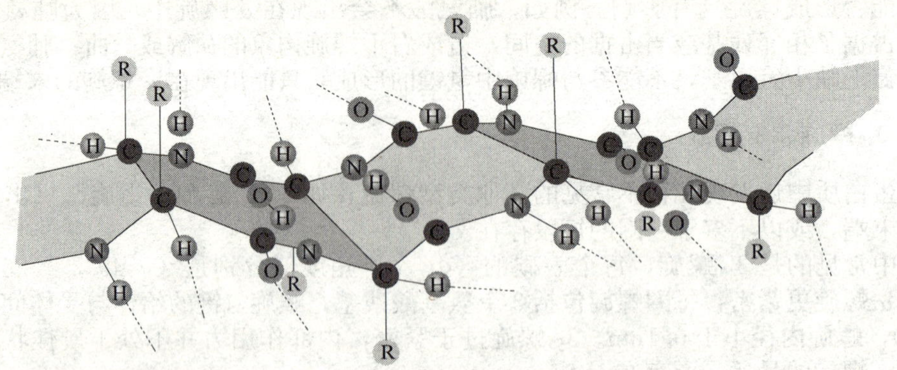

图 1-12　类似于折叠纸片的 β-折叠片层

（图 1-13）。

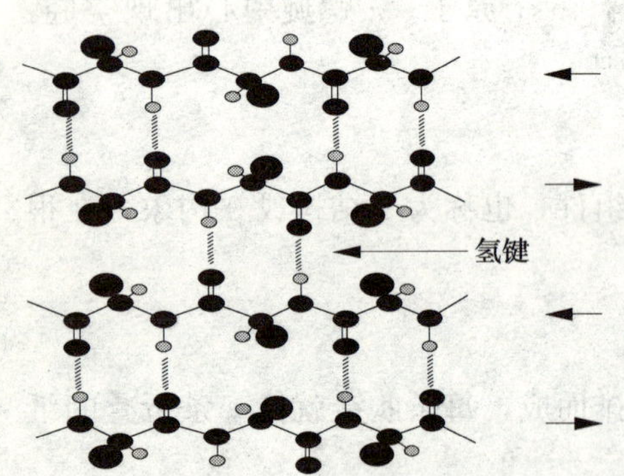

图 1-13　反平行 β-折叠中氢键的排列

平行 β-折叠片处于最适氢键形成时，形成的氢键有明显的弯折，其伸展构象略小于反平行折叠片中的构象。平行 β-折叠片比反平行 β-折叠片更规则，β 链疏水侧链分布在折叠片平面的两侧，含有的 β 链数目一般都大于 5。而反平行 β-折叠片可以仅由两条 β 链组成，疏水侧链都排列在折叠片的一侧，疏水氨基酸残基与亲水残基交替排列。

在纤维状蛋白质中，β-折叠主要是反平行式的，β-折叠片氢键主要是在不同肽链间形成。球状蛋白质中两种 β-折叠片层都有，而且既可以在不同肽链或不同分子间形成，也可以在同一肽链的不同肽段之间形成。

3. 混合型 β-折叠

β 链也可以组合成混合型 β-折叠片层，一部分以平行方式排布，而另一部分以反平行方式排布。在已知蛋白质结构中有大约 20%的 β 层以混合型出现。

在天然结构中，所有平行 β-折叠、反平行 β-折叠和混合型 β-折叠中的 β 链都是沿其前进方向不断扭转的肽链（twisted strand），使实际蛋白质结构中出现的 β-折叠都不是平直的层面，而是一种扭转片层。

（三）回折

回折（reverse turn）结构就是使所连接的肽链发生 180°的反向弯曲。多肽链的回折构象利于蛋白质的折叠和球状结构的形成，球蛋白中约 1/3 的氨基酸残基位于多肽链的回折区域。

1. β 转角

最常见的回折结构是 β 转角（β-turn），是由 4 个氨基酸残基顺序连接的一段短肽链，能够弯折 180°（图 1-14）。β 转角第 4 个残基的—NH—与第一个残基的 C═O 间形成氢键，连接成一个紧密的环，使 β 转角成为比较稳定的结构。

有两种类型的 β 转角结构，Ⅰ型和Ⅱ型（图 1-14），最常见的是Ⅰ型。Ⅰ型与Ⅱ型 β

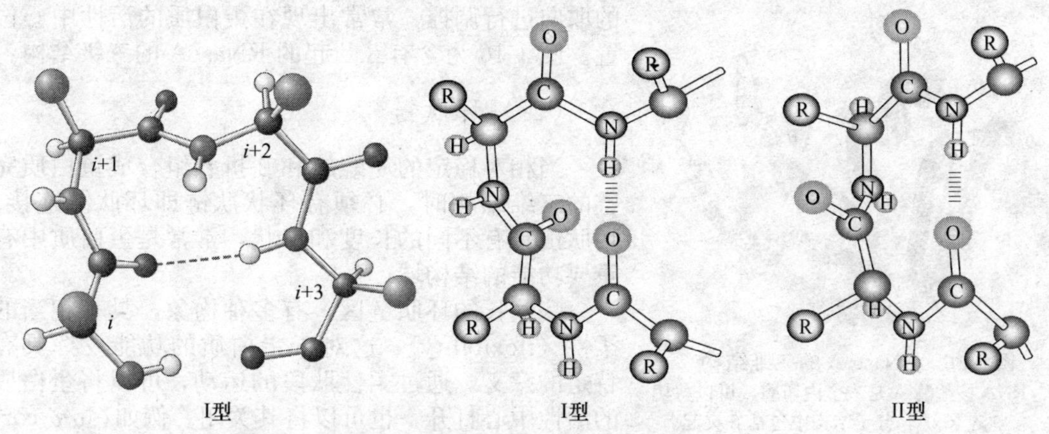

图 1-14　不同类型的 β 转角示意图
(引自 Berg et al.，2002)

转角的主要差别是它们的第二个肽单位具有相反的取向，由第二个氨基酸残基的 α-碳与第三个氨基酸残基的 α-碳构成的二面角决定。

在 β 转角序列中经常存在脯氨酸和甘氨酸。由于甘氨酸缺少侧链（只有一个 H），在 β 转角中能很好地调整其他残基上的空间阻碍；而脯氨酸具有环状结构和固定的 Φ 角，在一定程度上迫使 β 转角形成，促进多肽链自身回折，并有助于反平行 β-折叠片层的形成。

2. γ 转角

在蛋白质中还存在由三个氨基酸残基构成的转角，称为 γ 转角（γ-turn）。在 γ 转角中，肽链的转变没有了中间的缓冲，回折的角度显得更为锐利。

3. β 发夹

通过一段短的环链，将两条相邻的 β 链连在一起，就像一个弯折的发夹的结构称为 β 发夹（β-hairpin）（图 1-15）。β 发夹是最简单的 β 链结构，可单独存在，也可以作为 β-折叠片层的一个结构，常具有重要的功能，如参与配体-受体的结合，或位于酶活性中心。

β 发夹结构中的环链具有不同的长度，可分别包含 1、2、3、4 个各种氨基酸残基，常连接两条反向平行的 β 链，使肽链在空间结构上 C 末端与 N 末端相连。最常见的是含两个氨基酸残基的环链，即 β 转角。

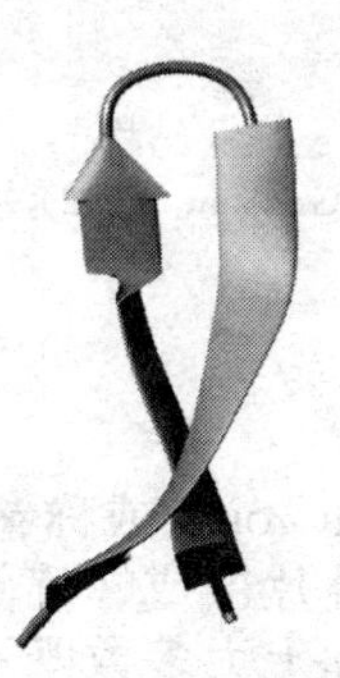
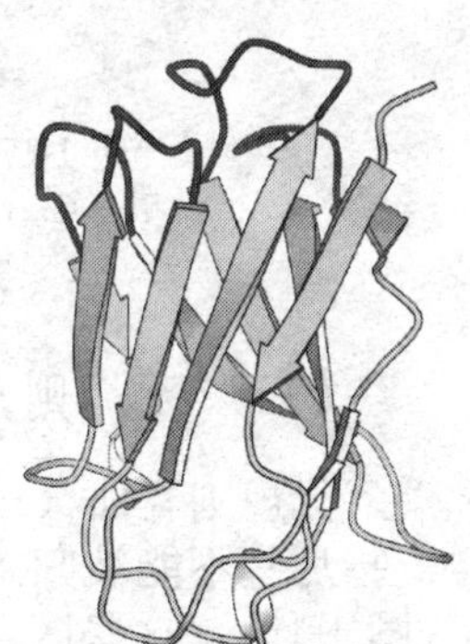

图 1-15　β 发夹结构
(引自 Berg et al.，2002)

4. β 凸起

β 凸起（β-bulge）是一种小片段的非重复性结构，是在两个连续 β 型氢键之间的一个凸起区域，一股链上的两个氨基酸残基对着另一股链上的一个残基，可以认为是在 β-折叠链中额外插入一个氨基酸残基。大多数 β 凸起都连接反平行 β 链，有时也单独存在。β 凸起能引起多肽链方向的改变，但改变的程度不如 β 转角。β 凸起能对局部侧链

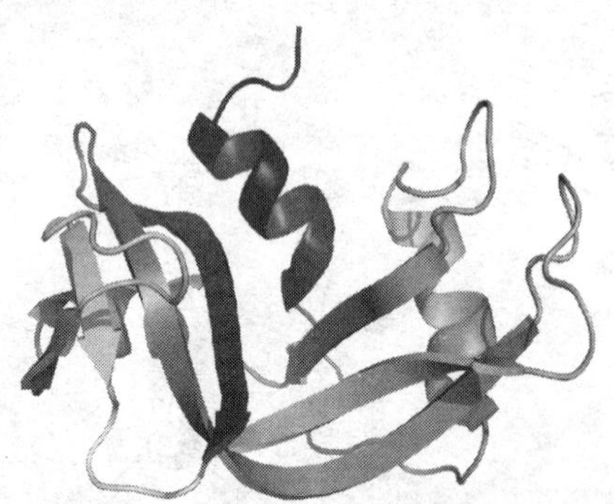

图 1-16 RNase A 的三维结构
RNA 核酸酶 A 是一个内切酶，可以剪切单链 RNA，分子结构中包括 β-突起、β-发夹、β-转折、α-螺旋

的取向进行调控，常常出现在蛋白质的活性中心位置。图 1-16 为含有 β 凸起的 RNaseA 的三级结构。

（四）环肽链

当相对稳定的 α-螺旋和 β-折叠组合成蛋白质完整的三维结构时，必须有环状肽链即环肽链连接。环肽链具有不同的长度和形状，常常是蛋白质中有重要功能的结构域。

一些长的环肽链区，有多种构象，具有相当的柔性（flexibility），这对于蛋白质的功能发挥具有特定的意义。通过柔性肽段的运动，可以将蛋白质的活性中心打开，也可以将其关闭。例如，α-α corner 是连接两个 α-螺旋之间的环形肽链（图 1-17）

还有一类环肽链的结构是 Ω 环（Ω loop），其外形和希腊字母“Ω”相似。这类短的环肽链是由不超过 10 个氨基酸残基组成，改变了肽链的方向，可以看成是转角的延伸（图 1-18）。

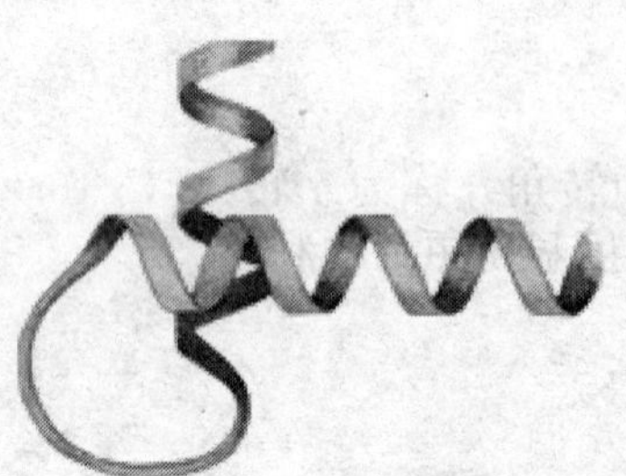

图 1-17 α-α corner 结构
（引自 Garret and Grisham，2002）

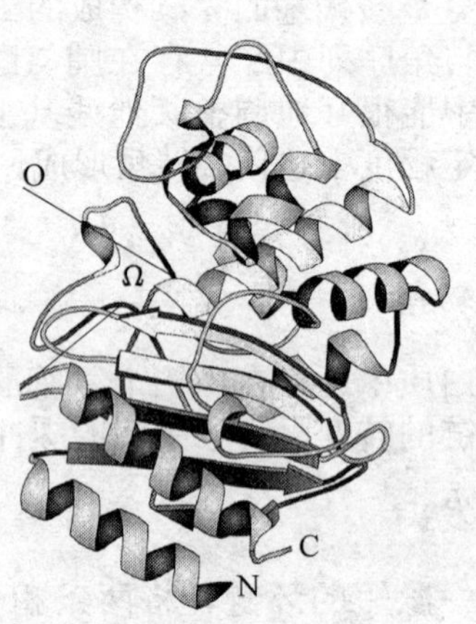

图 1-18 TEM-1 β-内酰胺酶分子中的 Ω 环结构
（引自 Hayes et al.，1997）

（五）无规则卷曲

无规则卷曲（random coil）或称卷曲（coil），泛指那些不能被归入折叠片层或螺旋的多肽区段（图 1-19）。这些区段实际上大多数既不是卷曲也不是完全无规则的。这些无规则卷曲也像其他基本构件一样有明确而稳定的结构，但是它们受侧链相互作用的影响很大，能不断地运动。这类有序的非重复结构经常是酶的活性部位和其他蛋白质特异的功能部位。

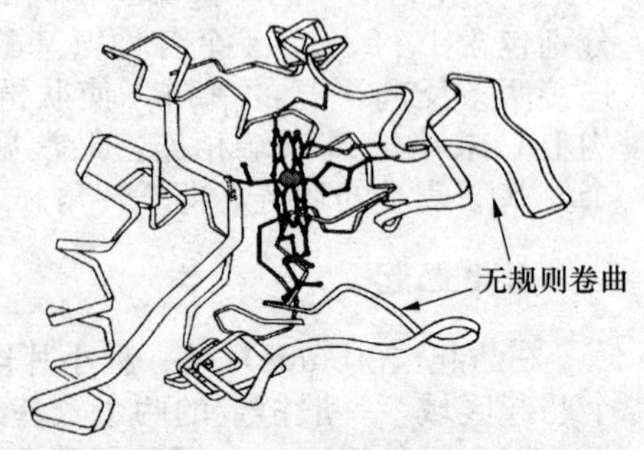

图 1-19 细胞色素 c 三级结构中的无规则卷曲

三、超二级结构

1973 年，Rossman 正式提出了超二级结构的

概念，即相邻的二级结构单元组合在一起，彼此相互作用，形成规则排列的组合体，以同一结构模式出现在不同的蛋白质中，这些组合体称为超二级结构（supersecondary structure），或结构模体（motif，structure motif）。超二级结构是蛋白质空间结构中很重要的一个结构层次，对它的研究对于蛋白质结构预测以及蛋白质多肽链的折叠研究具有重要意义。

现在已知的超二级结构主要是α-螺旋、β-链与环肽链的组合，有的超二级结构与特定的功能相关，而大多并没有专一的生物功能，只是高级结构的一个组成部分。

1. αα

这是一种α-螺旋束，是由两股或多股平行或反平行排列的右手螺旋段互相缠绕而成的左手卷曲螺旋（coiled coil）或称超螺旋（图 1-20）。α-螺旋束是纤维状蛋白的主要结构元件。在超螺旋中一股α-螺旋链的非极性边缘与另一股链的非极性边缘彼此啮合形成疏水核心，而带电荷的极性氨基酸残基位于超螺旋的外侧，与溶剂水相互作用，以此稳定超螺旋结构。

还有很多 coiled-coil 结构，由α-螺旋通过环链连接（图 1-21），具有重要的功能。例如，转录因子的亮氨酸拉链结构，可以识别 DNA，参与基因表达的调控，是由两个平行的α-螺旋间通过内侧亮氨酸间的疏水相互作用形成类似交叉的拉链而命名。

图 1-20　α-螺旋束结构

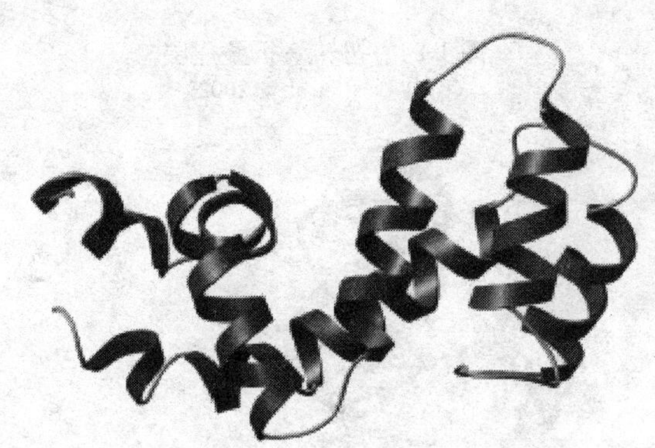

图 1-21　GCN4 的 coiled-coil 结构

2. ββ

ββ 型结构是由若干段反平行β链组合成的反平行β-折叠片层，两个β链间通过一个短环（发夹）连接起来。最简单的ββ-折叠是β发夹结构，由几个β发夹可以形成更大更复杂的结构［如β曲折（β-meander）］（图 1-22）和β-β-β-β回形拓扑结构（也称希腊钥匙结构，Greek key topology motif）（图 1-23），还有扭转β-折叠片层（twisted β sheet）（图 1-24）、ψ-loop（图 1-25）等。

3. 螺旋-转折-螺旋模体

具有特定功能的最简单的超二级结构是螺旋-转折-螺旋模体（helix-turn-helix motif，HTH 模体），是由一个环区连接的两段螺旋组成。有两种这类模体在蛋白质中被发现，它们各自具有特征的序列和几何结构。一种是 DNA 结合模体，专一地与 DNA 结合（图 1-26）；另一种是钙结合的 EF 手模体，它们对钙结合专一（图 1-27）。

图 1-22 β曲折

图 1-23 希腊钥匙式

图 1-24 扭转 β-折叠片层
（引自 Berg et al.，2002）

图 1-25 羧肽酶 A 中的 Ψ 环结构

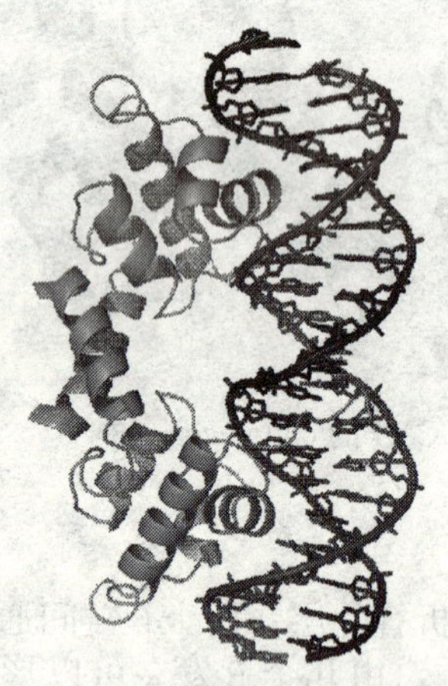

图 1-26 λ-噬菌体的 λ 衰减子中的 HTH 结构与 DNA 相互识别，结合在 DNA 的大沟中

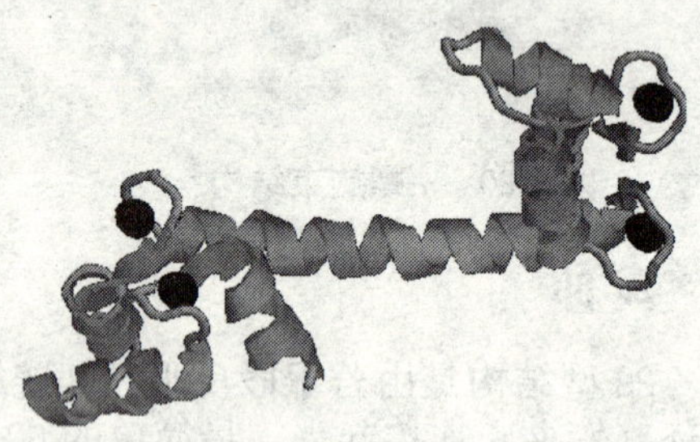

图 1-27 四个结合 Ca^{2+} 的 EF 手模体
图中蓝色的是钙离子，黄色的是 α-螺旋，绿色的是 β-折叠

4. β-α-β 模体与 β-α-β-α-β 模体

这是一类连接两股平行 β 链的结构组合体，两股链之间常常由 α-螺旋来连接，几乎在所有含有平行 β 层的结构中都有 β-α-β 模体（β-α-β motif）存在（图 1-28）。

两种 β-α-β 单元组合在一起，则形成一种特殊形式的 α/β 结构，β-α-β-α-β 单元，称为 Rossmann 折叠（Rossmann folding）（图 1-29）。在这种模体中，除了两股 β 链和一段 α-螺旋外，还必须有两个环链区，环链区的长度可以有很大的不同，从一两个氨基酸残基到上百个残基。两个环链区具有不同的作用，一股链连接β链的羧基端与α链的氨基端，常是蛋白质功能结合部位或活性位置的组成部分，在同源蛋白质中序列保守；另一股环链连接α-螺旋的羧基端与β链的氨基端，还没有发现它有任何生物活性。

图 1-28 β-α-β模体简单示意图

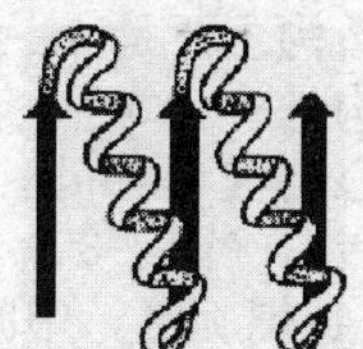

图 1-29 *Rossmann* 折叠

铁氧环蛋白（ferredoxin）的折叠是普通的α+β型结构，多肽链的主链形成βαββαβ的二级结构（图 1-30）。

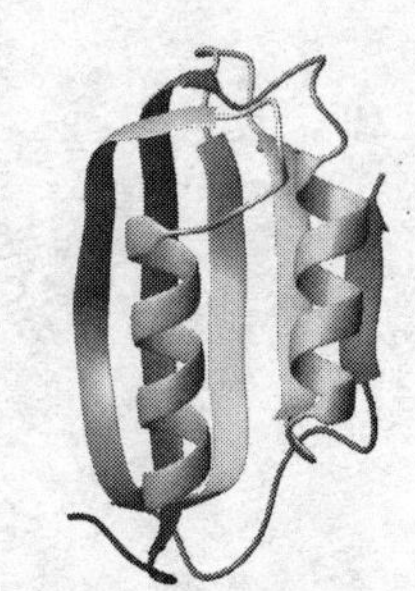

图 1-30 铁氧环蛋白的α+β结构

四、结构域

结构域（domain）是指二级结构和结构模体以特定的方式组织连接，在蛋白质分子中形成两个或多个在空间上可以明显区分的三级折叠实体。结构域是蛋白质折叠中的一个结构层次，介于超二级结构和三级结构之间，是蛋白质三级结构的基本单位，也是蛋白质功能的基本单位。

结构域可以由一条多肽链或多肽链的一部分独立折叠形成，一般由100～200个氨基酸残基组成，有独特的空间构象，并承担不同的生物学功能。一些分子质量较小的蛋白质只由一个结构域构成，这个结构域就是它的三维结构。而分子质量较大的蛋白质的多肽链常折叠成两个或两个以上的结构域，甚至可以由多达10个以上的结构域构成。结构域之间通过较短的柔性肽链连接组装成蛋白质的三级结构。

结构域大体可以分为4类：反平行α-螺旋结构域（全α结构）、平行或混合型β-折叠（α/β结构）、反平行β-折叠片层结构、富含金属或二硫键结构域（不规则小蛋白结构）。同一个蛋白质分子中几个结构域可以十分相似，也可以相差很大，而一些相似的结构域也可以出现在功能和序列都不同的蛋白质中。

1. 全α型结构域

这种结构域主要是由α-螺旋组成，α-螺旋大多以反平行方式排布和堆积，也称为反平行α-螺旋结构域（图 1-31，图 1-32）。

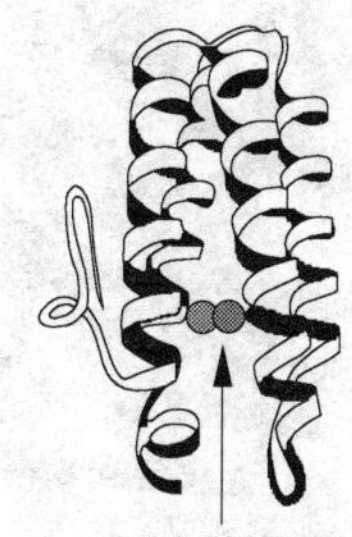

图 1-31 蚯蚓血红蛋白中四个α-螺旋组成的结构域

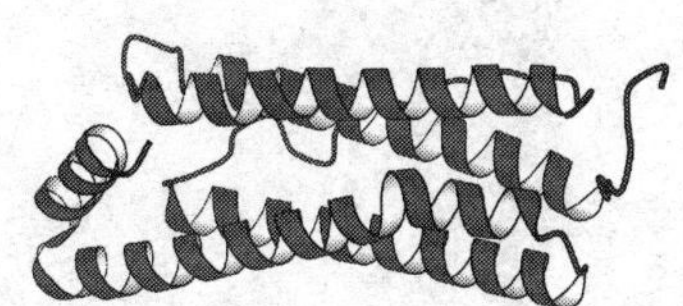

图 1-32 铁蛋白中的α-螺旋束结构域α-螺旋的四束结构
（引自 Berg et al.，2002）

2. α/β 型结构域

α/β 结构是已知数量最多的一类结构域，由平行的或混合的 β-折叠片层被 α-螺旋包围构成。这类结构主要是 β-α-β 模体的组合，依据 β 链组织方式的不同，表现出不同构象。大多数结构是一个 5～9 条链组成的平行 β-折叠片层在中央，两侧是平行的 α-螺旋，形成三层式夹心结构（sandwich），而 α-螺旋与相邻的 β 链之间是反平行的。

黄素氧环蛋白（图 1-33）是一个常见的 β-α-β 蛋白结构，类似于三明治夹心（sandwich），两侧是 α-螺旋层，中间是一个由 5 条平行的 β 链组成的 β-折叠片层。硫氧环蛋白催化二硫键的形成和二硫键的异构化，是典型的 α+β 型折叠，在 α-螺旋链之间有 4 条 β 链组成的 β-折叠片层（图 1-34）。

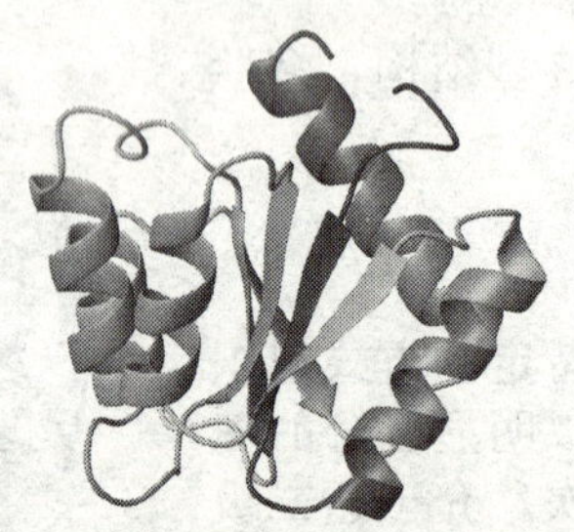

图 1-33　黄素氧环蛋白的 α/β 结构

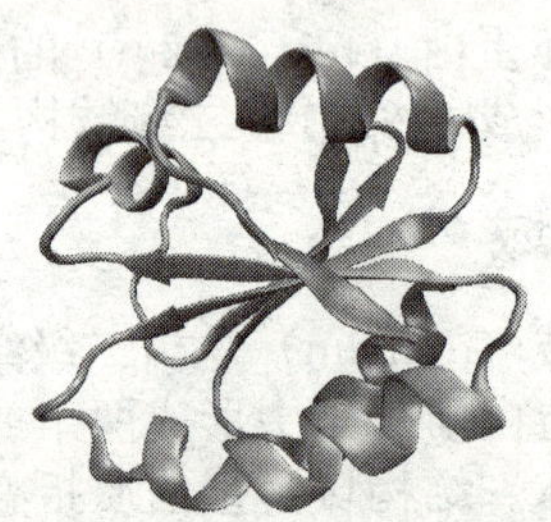

图 1-34　人硫氧环蛋白的分子结构中的 α/β 结构

在所有 α/β 型结构域中，分子的活性位点都出现在非常相似的位置，处于连接 β 链羧端与 α-螺旋羧端环链构成的一个漏斗状空腔的底部。β 链与 α-螺旋形成蛋白分子的结构框架，环链区决定分子的活性。

（1）TIM 桶（TIM barrel）。核心结构是折叠成桶状的平行 β 层，β 链被位于桶外沿的 α-螺旋连接。这一结构域首次发现在丙糖磷酸异构酶（triosephosphate isomerase）晶体结构中（图 1-35），所以采用 TIM 来命名。β 层在典型的桶式折叠中像一个封闭的桶板，一般需要多于 4 股 β 链才能形成闭合的结构。

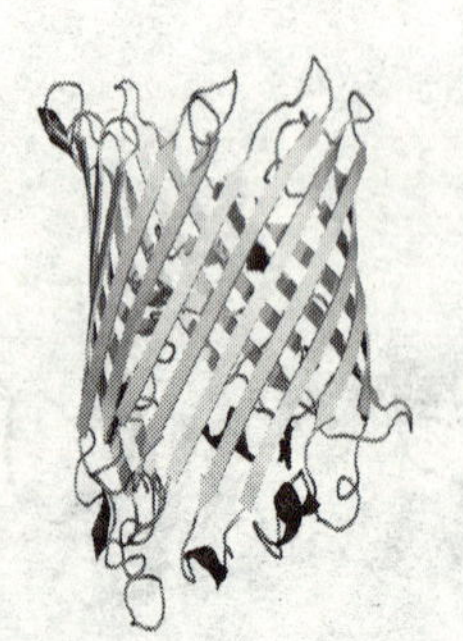

图 1-35　丙糖磷酸异构酶的 TIM 桶结构

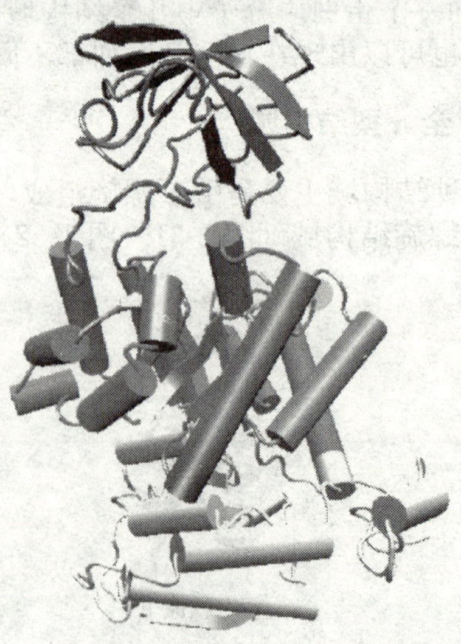

图 1-36　丙酮酸激酶分子中的开放式扭转折叠结构

（2）开放扭转式折叠结构。由 3～15 个反平行的 β-折叠组成，是扭曲的单层封闭结构，而 β-折叠之间由 α-螺旋及一些 β 转角或松散连接形成双层结构（图 1-36），如球状病毒的外壳蛋白。

（3）马蹄式结构（horseshoe fold）。由富含亮氨酸的模体（leucine-rich motif）串联式组合构成，已在 60 多个不同蛋白中发现，包括受体、细胞黏附分子、细菌毒力因子、参与 RNA 剪接和 DNA 修复分子等。核糖核酸酶抑制剂晶体具有典型的马蹄式结构（图 1-37）。

在这一类结构中，β-loop-α 结构重复出现，彼此连接，形成一个平行的 β-折叠片层，并类似马蹄状弯曲结构。所有 α-螺旋位于 β 链的外侧，连接 α-螺旋与 β 链之间的环形肽链是富含亮氨酸的疏水区域。

（4）三叶草型扭结（trefoil knot）。图 1-38 是细菌 *Thermus thermophilus* 甲基化转移酶（methyltransferase）的结构域，蛋白质多肽链扭转成三叶草型。这种结构域常常存在于 RNA 结合蛋白或 tRNA 修饰蛋白，是酶的活性部位和活性位点。

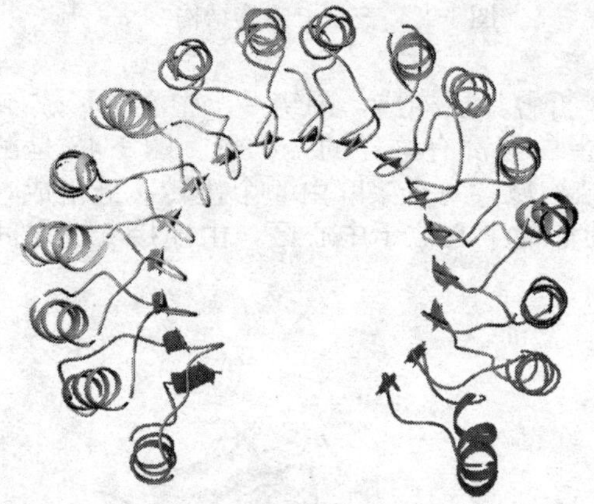

图 1-37　核糖核酸酶抑制剂的马蹄式结构

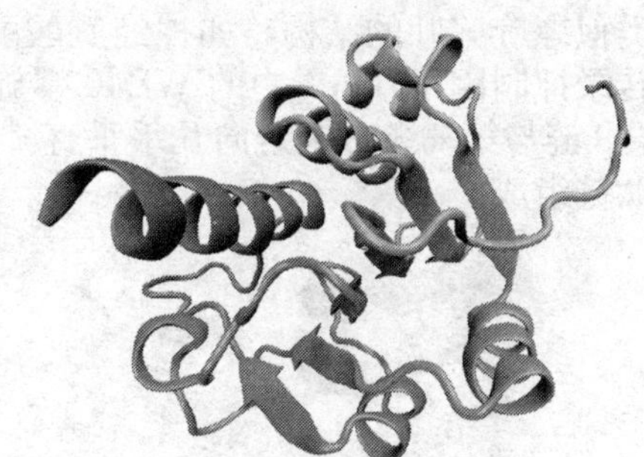

图 1-38　甲基化转移酶的三叶草型扭结结构

3. β 型结构域

β 型结构域组织复杂，种类多样。根据其形状和分子特征可分为上-下 β 桶（up-and-down β barrel）和上-下开放式 β 层（up-and-down open β sheet）、希腊钥匙（回纹）式折叠桶、β 螺旋折叠等。

（1）上-下 β 桶和上-下开放式 β 层。这种结构的最基本特征是 β 链以反平行的上-下方式顺序连接起来，直到最后一股链与第一股链以氢键结合，形成一个类似桶状或层状的结构（图 1-39，图 1-40）。在这种结构中，β 链的排布与在 α/β 结构中相似，只是这里的 β 链全部都是反平行的，并且都以发夹式回折相连接。

（2）希腊钥匙式 β 桶折叠（Greek key β barrel）。β 链以反平行方式折叠成两个分开的 β 层，它们彼此堆积形成一个变形的圆桶。

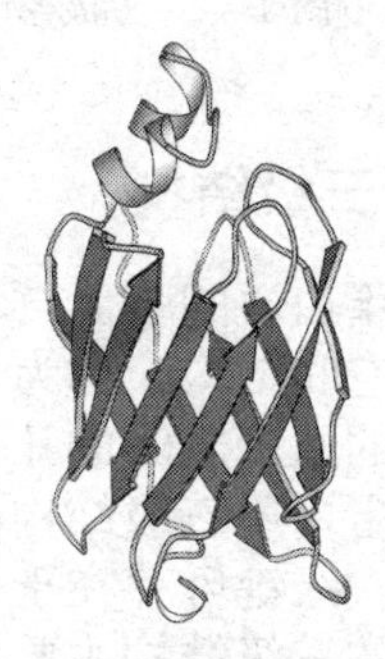

图 1-39　上-下 β 桶结构
（引自 Berg et al.，2002）

（3）平行 β 螺旋折叠（parallel β-helix fold）。多肽链卷曲折叠成为 β 链与环链区相间构成的宽松螺旋。可以分为两种，即双层β螺旋（two-sheet β helix）和三层β螺旋（three-sheet β helix）（图 1-41，图 1-42）。

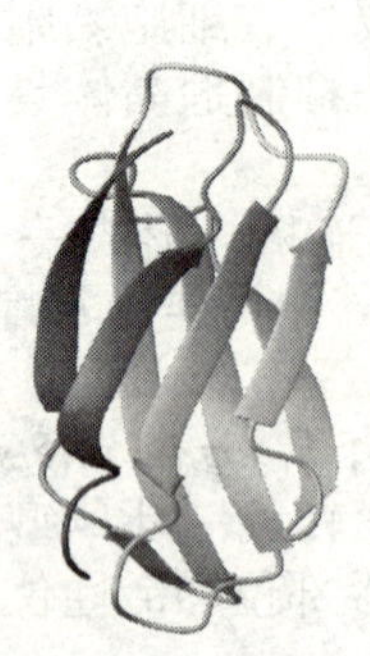

图 1-40 免疫球蛋白 V_L 的开放式β-折叠片层

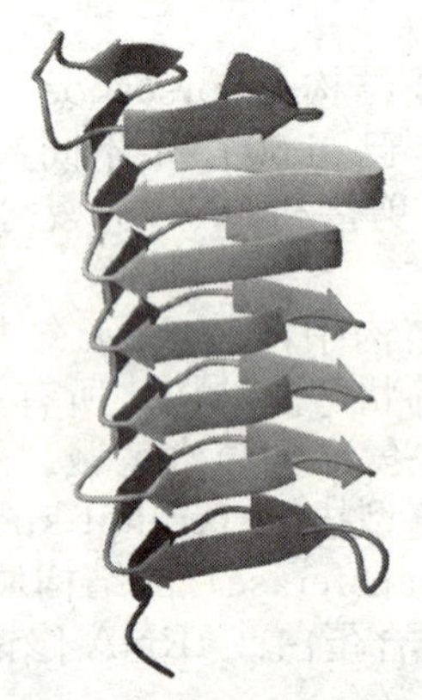

图 1-41 三层β螺旋结构

（4）β螺旋桨式折叠结构域。其主要由β-折叠片层构成，围绕一个中心轴形成 4～8 个类似螺旋桨叶的结构，如神经氨酸酶、G 蛋白等都有这样的结构域。图 1-43 是酵母中转录抑制因子 Tup1 中的 WD40 螺旋桨式结构域。每个桨叶由 4 个扭转β链组成，第 1 条β链与第 4 条β链走向几乎垂直，分子的活性中心位于中心区，由连接β链之间的环肽链组成。

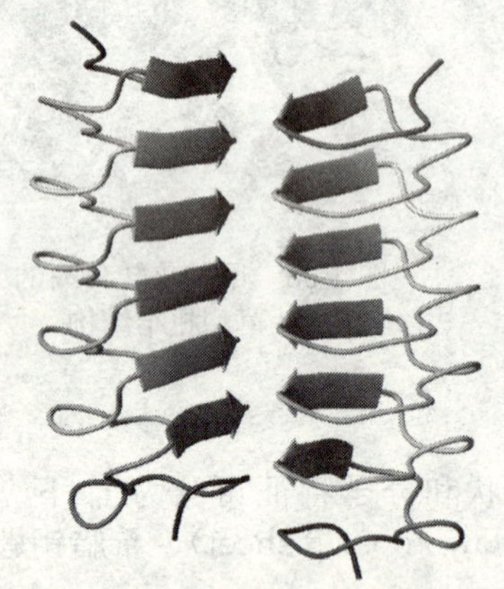

图 1-42 抗冻蛋白中的双层螺旋结构

图 1-43 Tup1 中的 WD40 螺旋桨式结构域

五、三级结构

蛋白质的多肽链在各种二级结构的基础上再进一步盘曲或折叠形成具有一定规律的三维空间结构，称为蛋白质的三级结构（tertiary structure）。包括肽链一级结构中相距较远的肽段之间的几何相互关系和侧链在三维空间中彼此间的相互关系。

蛋白质三级结构的稳定主要靠次级键，包括氢键、疏水键、盐键以及范德华力等。这些次级键可存在于一级结构相隔很远的氨基酸残基的 R 基团之间（图 1-44），因此蛋白质的三级结构主要指氨基酸残基的侧链间的结合。次级键都是非共价键，易受环境中 pH、温度、离子强度等的影响，有变动的可能性。二硫键不属于次级键，但在某些肽链中能使远隔的两个肽段联系在一起，这对于稳定蛋白质的三级结构起重要作用。

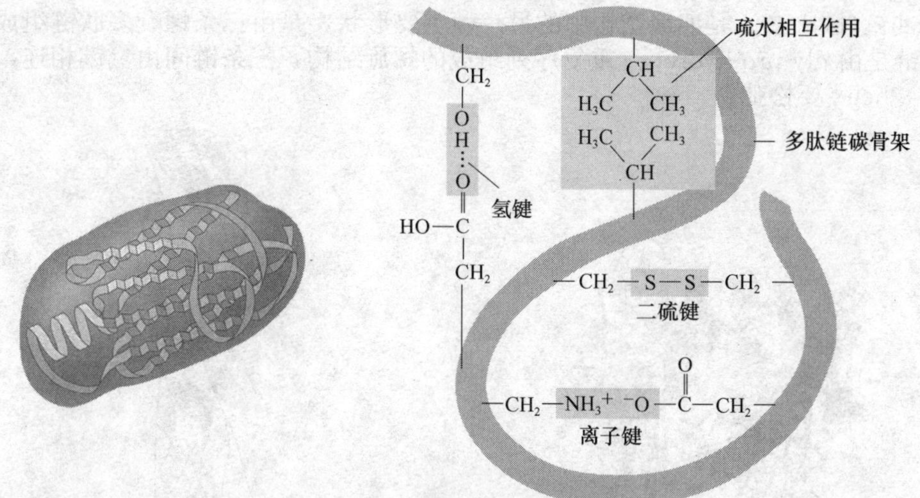

图 1-44　维持蛋白三级构象的作用力

具备三级结构的蛋白质从其外形上看，有的细长（长轴比短轴大 10 倍以上），属于纤维状蛋白质（fibrous protein），如丝心蛋白；有的长短轴相差不多基本上呈球形，属于球状蛋白质（globular protein），如血浆清蛋白、球蛋白、肌红蛋白（图 1-45）。球状蛋白的疏水基多聚集在分子的内部，而亲水基则多分布在分子表面，因而球状蛋白质表面是亲水的。

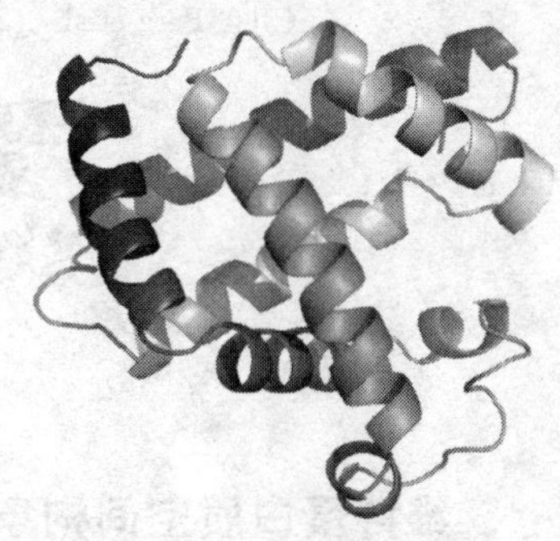

图 1-45　肌红蛋白的三维结构域

多肽链经过折叠、盘绕后，形成具有一定形状和构象的三级结构，并形成一些能发挥生物学功能的特定区域，如酶的活性中心、分子间识别位点等。

六、四级结构

由两条或两条以上具有独立三级结构的多肽链组成的蛋白质就是寡聚蛋白，分子中多肽链间通过次级键相互组合而形成的空间结构称为四级结构（quarternary structure），每个具有独立三级结构的多肽链单位称为亚基（subunit）。

图 1-46　Cro 蛋白的两个亚基（引自 Berg et al.，2002）

四级结构实际上是指亚基的立体排布、相互作用及接触部位的布局。亚基之间不含共价键，亚基间次级键的结合比二、三级结构疏松，因此在一定的条件下，四级结构的蛋白质可分离为其组成的亚基，而亚基本身构象仍可不变。构成寡聚蛋白质分子的亚基可以是相同的、相似的或完全不同的。例如，Cro 蛋白是由两个相同亚基构成的二聚体（图 1-46），血红蛋白是由两个 α 亚基和两个 β 亚基组成的四聚体（图 1-47）。

蛋白质亚基间紧密接触的界面存在极性相互作用和疏水相互作用。亚基间结合的主要驱动力是疏水相互作用，亚基结合的专一性是由相互作用的表面上的极性基团之间的氢键和离子键提供。

α-helical coiled coil 是仅由二级结构直接构成的四级结构，由 α-helical 相互螺旋而成（图 1-48）。在肌凝蛋白（myosin），纤维（fibrin），角蛋白（keratin）中存在。collagen helix（图 1-49）是四级结构中的另一种主要形状，是由三条螺旋多肽链组成，每条多肽链是由 gly-pro-hydropro 重复序列组成的螺旋结构，三条链间由氢键相连，这个螺旋比 α-helix 要松弛。

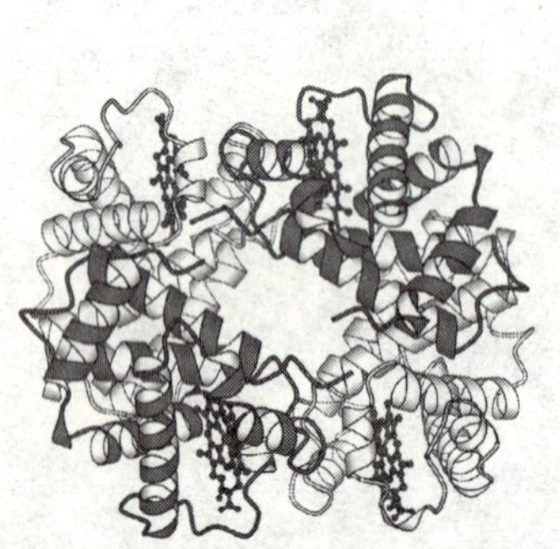

图 1-47　血红蛋白的四个亚基
（引自 Berg et al.，2002）

图 1-48　α-helical coiled coil 结构
（引自 Berg et al.，2002）

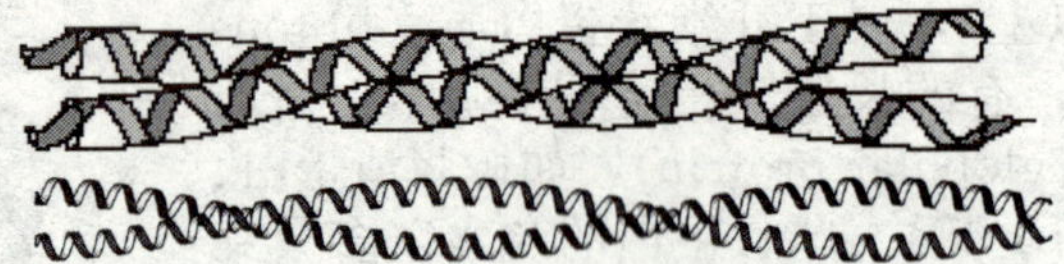

图 1-49　collagen helix 结构
（引自 Berg et al.，2002）

七、维持蛋白质空间构象的作用力

蛋白质的一级结构是通过肽键连接成的多肽链，二级结构是靠肽链骨架中的酰胺与羰基之间形成的氢键维持稳定的，而维持三级结构稳定主要靠大量的非共价因素，其中包括疏水效应、氢键、范德华力相互作用和离子相互作用等次级键。对于寡聚蛋白的亚基之间的作用力主要是一些非共价键，如疏水相互作用、静电引力等。虽然这些次级键单独存在时作用力比较弱，但大量的次级键加在一起，就产生了足以维持蛋白质天然构象的作用力。

1. 疏水效应

蛋白质分子分子内都有一个疏水内核，由紧密堆积的疏水侧链构成。蛋白质的疏水基团彼此靠近，聚集以避开水的现象称为疏水相互作用（hydrophobic interaction）或疏水效应（hydrophobic effect）。疏水相互作用既是蛋白质折叠的主要驱动力，在稳定蛋白质的三维结构方面起重要作用。

疏水相互作用是推动以二级结构为基础的蛋白质分子骨架形成的重要因素。由于疏水侧链的内埋，必然带动其主链也随之进入分子内部。主链是高度极性的，它们每个肽单位都带有一个氢键给体—NH 和一个氢键受体 C═O，在疏水内核中，这些极性基团必须通过形成氢键来彼此中和，这是蛋白质二级结构形成的驱动因素。通过这种精巧的方式，90％的主链极性基团将彼此形成氢键，以二级结构为基础形成相对刚性和稳定的蛋白质分子骨架。蛋白质的功能基团通过各种方式联结在这一稳定的分子骨架上。所以疏水内核是对蛋白质整体结构特征具有重要影响的基本结构因素。

疏水相互作用是非极性基团在任何极性环境中强烈趋于彼此聚集的择优效应，是一个从高能态趋于低能态的自动发生的过程。当非极性基团彼此集合在一起时，使水分子从碳氢基团转移到溶剂相中，这是一个使体系趋于能量极小的有利过程。当蛋白质中的疏水侧链聚集在蛋白质内部，而不是被水溶剂化时，蛋白质在水中是很稳定的。

2. 氢键和范德华力

酰氨基与羰基之间常常形成氢键使肽链产生 α-螺旋和 β-折叠结构。另外，在多肽链骨架和水之间，多肽链骨架和极性侧链之间，两个极性侧链之间以及极性侧链和水之间可以形成氢键，大多数氢键都是 N—H…O 类型。

范德华力包括吸引力和斥力两种相互作用，只有当两个非极性残基之间处于一定距离时范德华力才能达到最大。虽然范德华力相对来说比较弱，但由于范德华力相互作用数量大，有加和性，因此对球蛋白的稳定性有一定的作用。

3. 共价交联和离子相互作用

除氢键以外，共价交联（如二硫键）也有助于某些球蛋白的天然构象的稳定。大多数情况下，二硫键是在多肽链的 β 转角附近形成的。特别对于分泌蛋白，当离开细胞内环境时，由于有二硫键的存在，可使得蛋白质对去折叠以及降解不敏感，而维持蛋白质的稳定。

带有相反电荷的侧链之间的离子相互作用也能帮助稳定球蛋白的结构，虽然这种作用很弱。离子化的侧链一般都出现在球蛋白的表面，所以是溶剂化的，对整个球蛋白的结构稳定影响较小。

4. 配位键

两个原子之间由单方面提供共用电子对形成的共价键称为配位键。不少蛋白质含有某种金属离子，如 Fe^{2+} 、Cu^{2+} 、Mn^{2+} 、Zn^{2+} 等。金属离子往往以配位键与蛋白质连接，参与蛋白质高级结构的形成与维持。当用螯合剂除去金属离子时，会造成蛋白质四级结构或三级结构的破坏，丧失生物学功能。

八、研究蛋白质空间构象的技术和方法

在 20 世纪 30 年代，著名化学家 Pauling L 应用 X 射线衍射晶体学的方法来研究蛋白质的晶体结构，并于 1951 年首先提出了蛋白质的立体结构模型。1952 年，丹麦生物化学家 Linderstrom Lang 提出了蛋白质的三级结构理论。1958 年，英国晶体学家 Bernal 提出了蛋白质四级结构理论。现在，蛋白质结构的研究仍在不断发展和完善，已经有越来越多蛋白质空间结构被揭示，对研究蛋白质的折叠、蛋白质的功能提供了重要的实验证据。

研究蛋白质分子构象的方法可以包括两大类：一类是测定溶液中的蛋白质分子构象，如核磁共振法、圆二色性光谱法、荧光光谱法、紫外差示光谱法、激光拉曼光谱法以及氢同位素交换法等；另一类是晶体蛋白质分子构象的测定方法，如 X 射线衍射结构分析法、小角中子衍射法、负染色透射电子显微技术、低温电子显微技术、扫描隧道显微技术、原子力显微技术、电镜的三维重构等。

此外，也包括用化学修饰的方法研究蛋白质的结构与功能，利用计算机分析和分子模拟技术来预测蛋白质结构，应用质谱技术和液相色谱技术研究蛋白质的复性与折叠等。人们利用这些方法和技术进行蛋白分子的设计与修饰，广泛应用于医药或化工等领域。

第四节　蛋白质结构与功能的关系

一、氨基酸序列决定蛋白质的结构与功能

蛋白质的结构与它的功能密切相关，而蛋白质的空间结构取决于它的氨基酸序列。氨基酸序列的改变包括氨基酸的替换、氨基酸的插入、氨基酸的缺失等，常常会引起蛋白质结构的发生变化，导致蛋白质生物活性的改变。氨基酸的突变，也反映了同源蛋白质的物种差异，揭示物种间的进化。

1. 氨基酸序列的变异与蛋白质的功能

具有不同功能的蛋白质总是有不同的氨基酸序列，一些重要位置的氨基酸序列的变化会引起其功能的改变或丧失。

例如，镰刀状细胞贫血病患者血液中有许多呈新月状或镰刀状的红细胞，这种形状异常的红细胞比正常的细胞脆弱，易于溶血造成严重的贫血，还会堵塞小血管而损害多种器官。镰刀状细胞贫血病纯合子患者的血红蛋白与正常人的血红蛋白的β亚基有一个氨基酸残基不同，即β亚基的一个谷氨酸被缬氨酸取代。

2. 同源蛋白质的物种差异与生物进化

在不同生物体中具有相同或相似功能的蛋白质称为同源蛋白质，同源蛋白质的氨基酸序列具有明显的相似性，称为序列同源性。同源蛋白质的氨基酸序列中有许多位置的氨基酸残基在不同物种中是相同的，称为不变残基，对这类蛋白质的生物学功能是非常重要的。还有一些氨基酸残基在物种之间有相当大的变化，称为可变残基，通过比较可变残基的变化种类和数目，就可以对物种间的进化关系进行分析。来自任何两个物种的同源蛋白，其序列间的氨基酸差异数目与这些物种间的系统发生差异是成比例的，在进化位置上相差愈远，其氨基酸序列之间的差别愈大。

二、蛋白质的空间结构与功能的关系

蛋白质多种多样的功能与各种蛋白质特定的空间构象密切相关，蛋白质的空间构象是其功能活性的基础。蛋白质变性时，由于空间结构的破坏，致使蛋白质生物功能的丧失，变性蛋白质在复性后，构象复原，活性又能恢复。当某些小分子物质与某些蛋白质的非催化部分特异地结合，引起该蛋白（酶）的空间构象发生轻微变化，会使其生物活性升高或降低。

在研究蛋白的结构与功能关系方面，肌红蛋白和血红蛋白是研究得较清楚的蛋白质。

1. 肌红蛋白的结构与功能

肌红蛋白（myoglobin，Mb）是哺乳动物的肌细胞贮存和分配氧的蛋白质。肌红蛋白是由一条多肽链和一个辅基血红素构成，相对分子质量为 16 700，含有 153 个氨基酸残基。除去血红素的脱辅基肌红蛋白称珠蛋白（globin）。肌红蛋白多肽链先折叠成 8 段长度为 7～23 个氨基酸残基的 α-螺旋，螺旋区之间的拐角处为 1～8 个残基的无规则卷曲，C 末端的 5 个残基也形成无规则卷曲，组合成扁平的菱形（图 1-50）。

血红素是原卟啉 IX 与 Fe 的络合物——铁原卟啉 IX，在肌红蛋白中，作为辅基的血红素非共价的结合在肌红蛋白的疏水空穴中，通过配位键与肽链中的 93 位氨基酸残

基（His-93）结合，这对肌红蛋白天然构象的形成与稳定起到了显著的效应（图 1-51）。

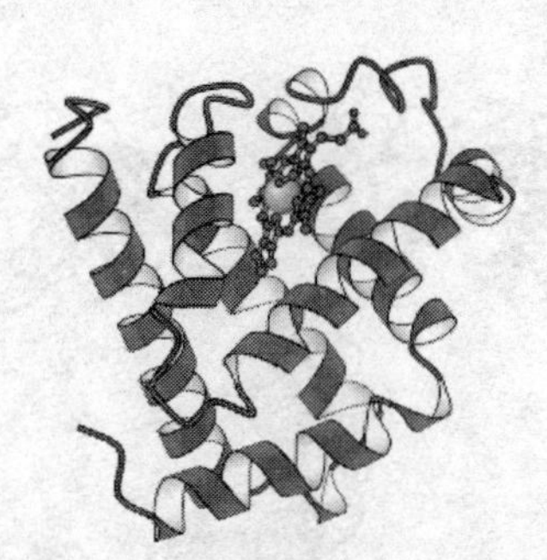

图 1-50 肌红蛋白的三维结构
（引自 Berg et al.，2002）

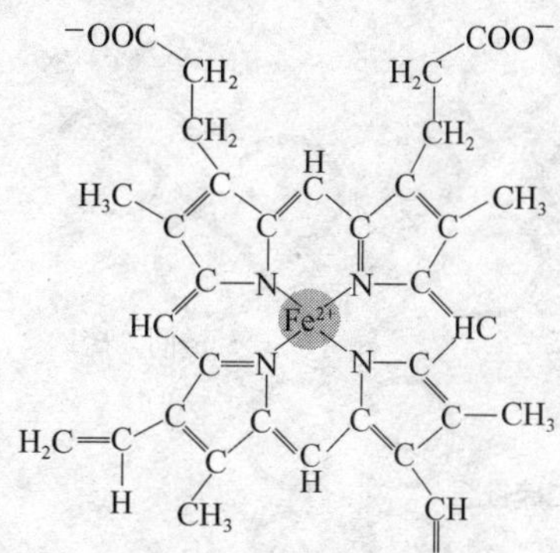

图 1-51 血红素的分子式

2. 血红蛋白的结构与功能

图 1-52 血红蛋白的四级结构
（引自 Berg et al.，2002）

血红蛋白（hemoglobin，Hb）是一个四聚体蛋白质（$\alpha_2\beta_2$），具有氧合功能，可在血液中运输氧。它的 α 链与 β 链与肌红蛋白的单体多肽链相比，氨基酸残基数稍少，而且氨基酸序列变化也较大，但它们的三级结构几乎完全相同。血红蛋白每一个亚基分子各有一个血红素，都能结合一分子 O_2，但由于亚基间的作用使脱氧血红蛋白与氧的亲和力很低，不易与氧结合。但一旦血红蛋白分子中的一个亚基与 O_2 结合，就会引起该亚基构象发生改变，并引起其他三个亚基的构象相继发生变化，使它们易于和氧结合（图 1-52）。

三、蛋白质间的相互作用与特殊结构

蛋白质结构单元组成的特定构象常常与蛋白质的功能有密切关系，在蛋白质之间、蛋白质与核酸分子之间、蛋白质与配体分子的相互识别和作用中具有生物学功能。

蛋白质分子中特定的结构域往往在蛋白质的相互识别和作用中起重要作用。例如，抗原与抗体的相互识别、含有 14-3-3 结构域、F-box 结构域的蛋白质等。

1. 抗原与抗体的相互识别

脊椎动物的免疫系统包括细胞免疫和体液免疫两种类型，体液免疫是通过抗体（antibody）或称为免疫球蛋白（immunoglobulin）的不同组合来是实现的，抗体能够特异识别的外源化合物是抗原（antigen），抗原可以是蛋白质、多糖或核酸，抗体是针对抗原表面不同区域结构的由淋巴细胞的白细胞合成的糖蛋白。

免疫球蛋白分为五类：IgA、IgD、IgE、IgG 和 IgM，其中在血液中含量最丰富的是 IgG。IgG 的空间结构呈 Y 字型，由两条相同的相对分子质量低的轻链和两条相同的相对分子质量高的重链组成，轻链和重链之间，重链和重链之间都有二硫键连接。整个分子共有 12 个结构域，轻链各含有两个结构域，重链含有 4 个结构域，这些结构域都有相似的超二级结构。重链和轻链 N 末端结构域是可变结构域，决定了结合抗原的特异性（图 1-53）。

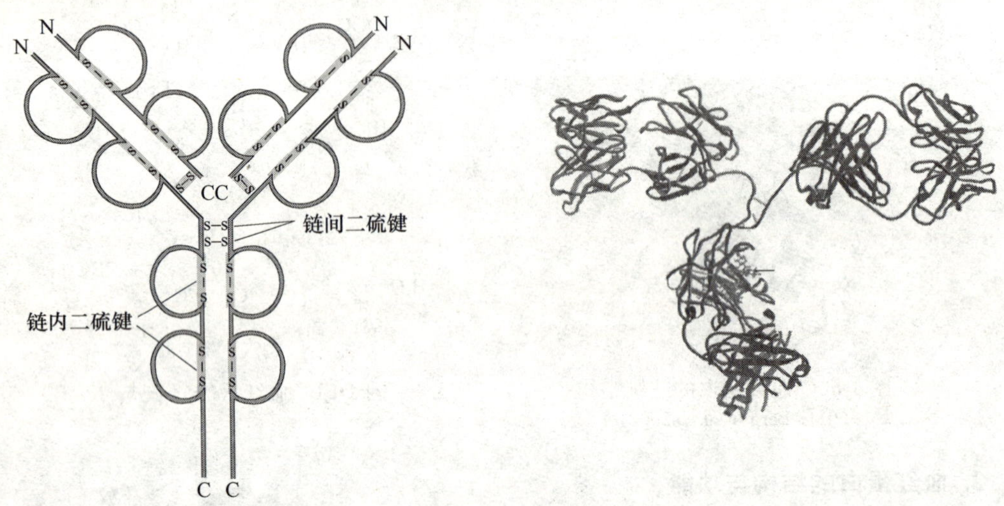

图 1-53　IgG 的空间结构
（引自 Garrett et al.，2002）

2. 14-3-3 结构域

14-3-3 蛋白最初发现于脑组织的一类高丰度酸性蛋白，是酪氨酸色氨酸羟化酶的激活剂，其活性受激酶调节，在细胞周期及信号传导途径中具有多元调节功能，可分为α、β、γ、δ、ε、ζ、η 等多种亚型。

14-3-3 蛋白是由 9 个反向平行的 α-螺旋组成，是相对分子质量大约 30 000 的多肽，可以与细胞膜密切结合，参与调节信号转导、程序化死亡以及细胞周期等过程。14-3-3 蛋白形成同源和异源的二聚体，像一个杯子的结构，在两个亚基之间形成了带负电荷的通道，这个通道是能够与含有磷酸丝氨酸残基多肽相结合的特定结构。所以，14-3-3 蛋白可以与两个含有磷酸丝氨酸的蛋白相结合（图 1-54），并且可以将结合的蛋白从细胞核转运到细胞质中。

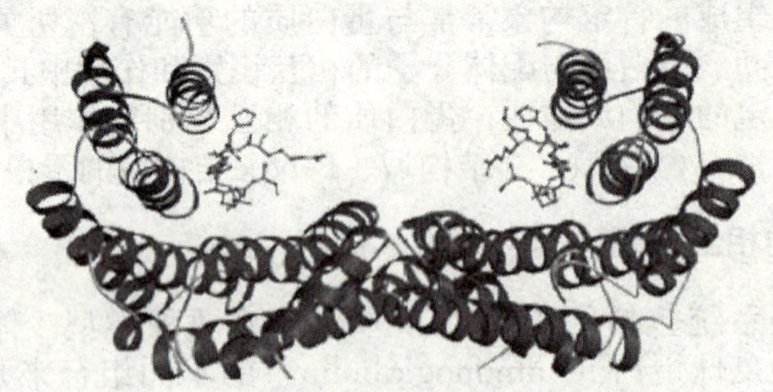

图 1-54　14-3-3 结构域

3. F-box 结构域

F-box 结构域含有 42～48 个氨基酸，常常出现在 F-box 蛋白的 N 末端，是由三个 α-螺旋组成，第一段螺旋与两个反向平行的 α-螺旋对相垂直。F-box 蛋白常常是 E3 泛素连接酶的分子伴侣（molecular chaperone），C 末端常含有其他结构域，可以与目标物质相结合。例如，蛋白 Skp2 和 Skp1 的相互作用就是借助 Skp1 的 F-box 结构域（图

1-55，图 1-56）。

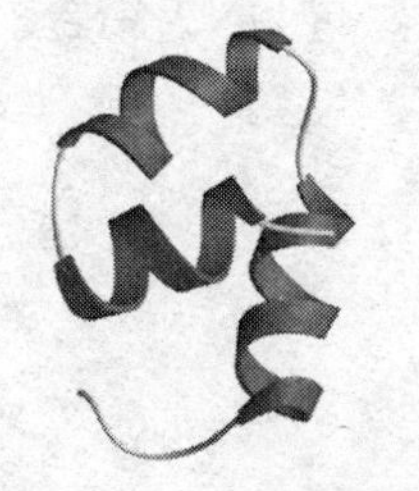

图 1-55　F-box 结构域

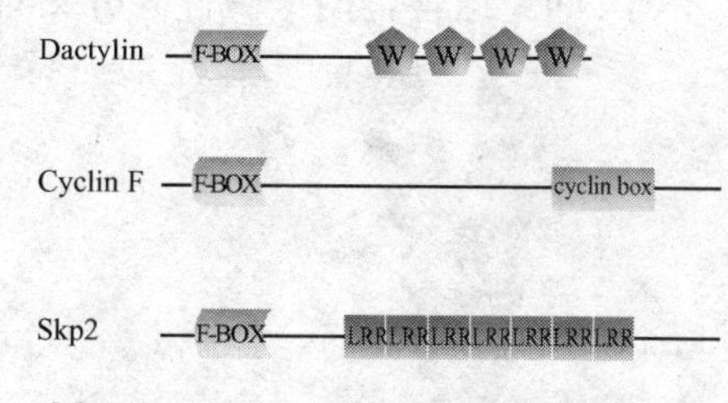

图 1-56　F-box 蛋白质的结构域示意图

四、参与蛋白质与 DNA 分子间相互作用的结构域

1. 螺旋-转角-螺旋

螺旋-转角-螺旋（HTH）是转录因子中的结构域（图 1-57），常常可以结合在 DNA 上。该结构域是由 60 个氨基酸组成，三个 α-螺旋由短的 loop 连接。N 末端的两个螺旋反向平行，C 末端的螺旋与前面两个螺旋垂直，并且将前面两个连接起来，就是这第三个螺旋可以与 DNA 相互作用。

2. 锌指结构

锌指结构也是一个能与 DNA 结合的蛋白质结构域（图 1-58）。包括由两个反向平行的 β-折叠片层与一个 α-螺旋共同构成的锌指，以及由两个相互平行或垂直的 α-螺旋构成的锌指。锌离子与半胱氨酸及其他疏水氨基酸连接，构成锌指区。锌离子对于稳定该结构域的构象起到关键作用，每个锌指的侧链都与 DNA 的磷酸基和碱基形成氢键。

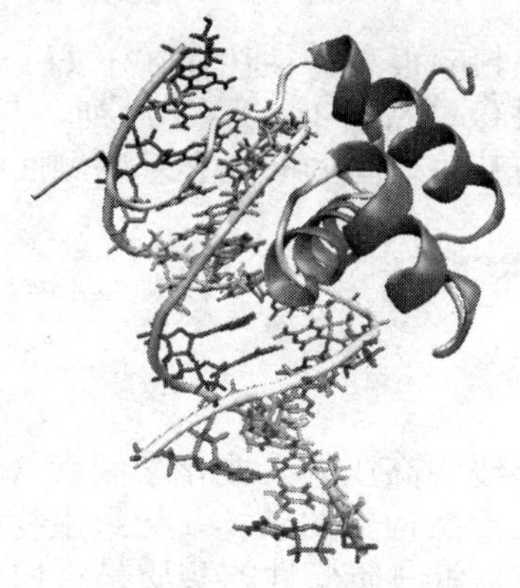

图 1-57　HTH 结构域

图 1-58　蛋白质 Zif268 的锌指结构

3. 亮氨酸拉链

亮氨酸拉链由平行的卷曲螺旋型 α-螺旋构成，当来自同一个或不同多肽链的两个 α-螺旋的疏水面（常常含有亮氨酸残基）通过亮氨酸侧链的疏水作用互相缠绕，相互作用形成一个圈对圈的二聚体结构时就形成了亮氨酸拉链（leucine zipper）（图 1-59）。肽链上每隔 6 个残基就有 1 个疏水的 Leu 残基，导致 Leu 残基都集中在 α-螺旋的同一侧。两条肽链靠 Leu 间的疏水作用形成二聚体，形同拉链状。每 7 个残基构成一个完整的重复。

在亮氨酸拉链式蛋白中，两个亮氨酸拉链作用形成一个“Y”形结构，其中，拉链构成茎，并不与DNA结合，两个碱性区分叉对称形成臂，与DNA结合。

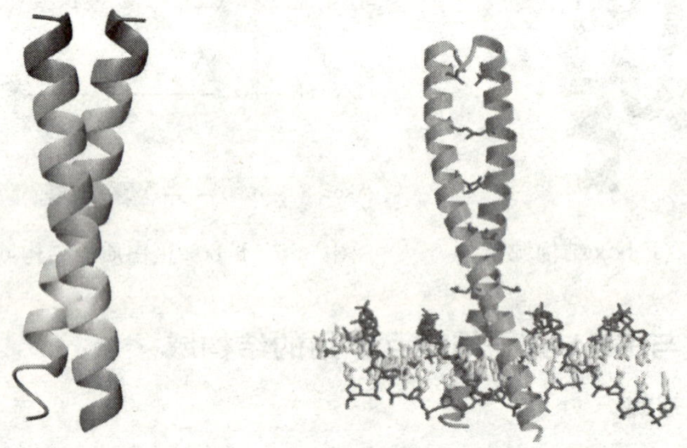

图 1-59　亮氨酸拉链结构域示意图

4. 螺旋-环-螺旋结构

螺旋-环-螺旋（helix-loop-helix，HLH）结构通常含有约40～50个氨基酸残基，2个α-螺旋（长15～16aa）既亲水又亲脂，由10～24个氨基酸残基的环状结构相连，同时具有DNA结合和形成蛋白质二聚体的功能。这类蛋白依靠两个α-螺旋间的疏水作用可形成同（或异）二聚体。与HLH相邻的较短的富含碱性氨基酸区段决定了HLH与DNA的结合。HLH与HTH的差别在于两个α-螺旋间有一个环。

5. SPXX序列

Ser（Thr）-Pro-X-X在DNA结合蛋白中的出现频率很高，往往存在于HTH基序或锌指结构域的侧面。组蛋白H1和H2B的N端和C端都含有SPXX序列，与DNA双螺旋小沟中的富含AT的序列结合，其结合强度与基序之间的间隔和基序侧面的序列有关。

五、蛋白质的变性与复性

1. 蛋白质的变性

天然蛋白质分子受到某些物理因素（如热、紫外线、高压等）或化学因素（如有机溶剂、脲、胍、酸、碱等）的影响时，会引起蛋白质天然构象的破坏，导致生物活性的降低或完全丧失，这一过程称为变性（denaturation）。蛋白质变性的实质是蛋白质分子中的次级键被破坏，引起天然构象解体，形成无规则卷曲的构象。

很多条件改变可使蛋白质变性，如pH变化改变了蛋白质中可解离侧链的离子状态使氢键断裂，或制造电荷排斥区和破坏离子对使蛋白质变性。加热可引起振动和旋转的能量增加，也会破坏蛋白质天然构象中的弱相互作用。高温、强酸或强碱条件下，除了会破坏非共价键的相互作用外，还会由于共价键的破坏引起蛋白质不可逆的失活。

除了改变条件使蛋白质变性外，一些化学试剂在较温和条件下也会引起蛋白质的变性，称为变性剂。这些试剂不破坏共价键，只是破坏二级结构、三级结构和四级结构。因此，这些试剂的影响有时是可逆的。高浓度的脲和盐酸胍（GuHCl），如8.0mol/L脲溶液中，6.0mol/L GuHCl，主要破坏了蛋白质分子内部的疏水键，促使疏水基的暴露，从而使蛋白分子失去立体结构。GuHCl 的变性作用可以使具有非极性侧链的蛋白分子表面基团更好的溶解。而脲与蛋白作用不仅与分子表面基团作用，而且还可以与蛋白分子的疏水内核发生作用，从而导致了分子结构的较大变化。

去污剂，如十二烷基硫酸钠（SDS），在比脲或盐酸胍浓度还低的浓度下就会引起蛋白质变性，这些去污剂分子的疏水尾巴插入到蛋白质的疏水内部，破坏内部的疏水相互作用，引起蛋白质变性。含有二硫键的蛋白质的彻底变性除了要破坏疏水相互作用之外，还需要切断二硫键。所以常在变性介质中加入巯基试剂，如β-巯基乙醇或二硫苏糖醇等，含有巯基试剂的变性剂不仅破坏疏水相互作用，还使二硫键还原。

2. 蛋白质的复性

当变性因素除去后，变性蛋白又可以重新恢复到天然构象，这一现象称为蛋白质的复性（renaturation）或再折叠（refolding）。多数人认为天然构象是处于能量最低的状态，认为变性是可逆的，即蛋白质的体外再折叠过程与生理条件下蛋白质的生物合成及折叠过程具有相同的原理和途径。但并不是所有变性的蛋白质在变性后都重新恢复活力，有些蛋白质变性后不能复性，主要是因为所需要的条件复杂，不容易满足。

复杂的蛋白质空间结构和众多的影响因素决定了蛋白质复性方法的多元化。分子间的疏水性作用所导致的聚集体生成是影响蛋白质复性收率的主要原因。针对这一问题，研究者们发展了“添加稀释”复性、分子伴侣和人工分子伴侣、液相色谱复性、反向胶束蛋白再折叠等技术。

人们已经发现多种具有抑制变性蛋白质分子间疏水相互作用、促进蛋白质复性的溶质——辅助因子。它包括聚乙二醇、环糊精、精氨酸、脯氨酸、表面活性剂和去垢剂等多种分子，其中精氨酸最常用。液相色谱（LC）是一种最有效的纯化蛋白质的方法，而近些年来已成为基因重组蛋白质复性的重要手段。用 LC 法进行蛋白质复性可以有效防止变性蛋白分子聚集，提高蛋白质的质量和活性回收率，而且可以使蛋白质在复性的同时得到纯化。

第五节 多肽链的折叠

蛋白质在体内的形成可以大致分为两个阶段，第一阶段，多肽链的生物合成；第二阶段，新生肽链折叠或蛋白质折叠（protein folding）成为具有完整结构和功能的蛋白质分子。蛋白质结构层次的产生是多肽链折叠的结果。

蛋白质折叠的研究，就是研究蛋白质特定三维空间结构形成的规律、稳定性和与其生物活性的关系。大量研究表明，蛋白质折叠形成的原因主要有三个：疏水作用、二级结构的形成和一些特殊作用力（如二硫键等）。起主导作用的是二级结构的形成，决定了蛋白质折叠的途径。

一、第二遗传密码

研究蛋白质折叠的过程，可以说是破译“第二遗传密码”——折叠密码（folding code）的过程。生命遗传信息的传递，应该是从核酸序列到功能蛋白质的全过程，而核苷酸三联体遗传密码（第一遗传密码）仅有从核酸序列到无结构的多肽链的信息传递是不完整的。大量实验充分说明氨基酸顺序与蛋白质三维结构之间存在着对应关系，人们称之为第二遗传密码或折叠密码。

第二遗传密码具有以下特点：

（1）简并性。在不同生物体中执行相同生物功能的蛋白质虽然可以有氨基酸序列上的差异，但却有相同的整体三维结构。有些功能上完全无关的氨基酸序列或差异很大的多肽链也可能具有完全相同的三维结构。

(2) 多义性。第二遗传密码的多义性是指某些相同的氨基酸序列可以在不同的条件下决定不同的三维结构，某些蛋白质在一定条件下可以有多种构象存在。

(3) 全局性和复杂性。维系蛋白质总体三维结构相对稳定的最大量弱键是协同作用的结果，并不是简单的一段特定的肽链只对应一种特定的三维结构。在肽链上相距很远的残基可以在空间上彼此靠近而相互作用，并对分子结构产生重要影响，这就决定了第二遗传密码的复杂性。在新生肽链合成过程中，后形成的肽段可以影响已经形成的肽段的构象从而造成对分子整体的影响。环境因子（如一些有机溶剂、离子强度、pH、疏水条件等）会对蛋白质的折叠和分子结构产生影响。

除了第二遗传密码的作用以外，分子伴侣在新生肽链折叠中关键作用的发现，已经把多肽链自发折叠的概念转变为“有帮助的肽链的自发折叠和组装”。另外，还有亚基间相互作用而组装成有功能的多亚基蛋白，以及错误折叠分子与特异蛋白水解酶的识别清除构象错误的分子等。细胞内的折叠过程也是一个蛋白质分子内和分子间肽链的相互作用的过程。

二、帮助折叠的蛋白质和酶

由蛋白质的一级结构生成三级结构的折叠过程是非常复杂的，包括多肽链中两个氨基酸残基的接触、螺旋-链环的转变、二级结构的初步形成、疏水塌缩、侧链的簇集、折叠中间体的形成、脯氨酸的顺反异构等过程。蛋白质的折叠是一个序变的过程，在蛋白质的折叠过程中可以形成稳定存在的半折叠状态，也称为中间态或熔球态。在折叠过程中可以存在各种构象，相互转换，并可以沿着不同路径进行折叠。

蛋白质折叠过程中，有可能受到阻碍，如中间态分子间的聚合、二硫键的错配以及脯氨酸的异构化等，停留在某一个中间状态，所以许多蛋白质的正确折叠需要其他因子的帮助才能完成。

帮助蛋白质完成正确折叠的因子分为两类：分子伴侣和折叠酶，分子伴侣帮助正确折叠，阻止和修正不正确的折叠；折叠酶催化与折叠直接有关的化学反应，限制蛋白质折叠的速率。

（一）分子伴侣

1993 年，Ellis 提出了分子伴侣的确切定义，即是一类相互之间有关系的蛋白，它们的功能是帮助其他含多肽结构的物质在体内进行正确的非共价键的组装，并且不是组装完成的结构在发挥其正常的生物功能时的组成部分。也就是说，分子伴侣可介导蛋白质的正确的折叠与装配，但并不构成被介导的蛋白质组分。

分子伴侣有下述功能：①帮助新翻译的蛋白的折叠；②帮助蛋白质的跨膜转运；③使一些聚合蛋白解聚；④催化不稳定蛋白的降解；⑤控制具有生物活性的调节蛋白的折叠，包括转录因子从而调节基因的转录；⑥参与细胞内囊泡的转运；⑦参与细胞骨架蛋白（肌动蛋白与微管蛋白）的装配从而影响细胞的发育。

分子伴侣的作用机制不是酶促反应，不是加快蛋白的折叠速度，而只是阻止新生肽链分子内或分子间的错误折叠，通过结合与释放帮助新生肽链正确折叠。

分子伴侣广泛存在于生物体内，很大一部分实属于热休克蛋白（heat stock protein），被热激诱导在温度升高时蛋白质的解折叠和聚合增加。现已鉴定出来的分子伴侣主要属于三类高度保守的蛋白质家族：伴侣素 60 家族（chaperonin-60 family）、应激蛋白 70 家族（stress 70 family）、应激蛋白 90 家族（stress 90 family）。

分子伴侣中研究最多的是大肠杆菌中的两种热激蛋白 Hsp60 和 Hsp10，被分别称为 GroEL 和 GroES，其各自的相对分子质量分别为 60 000 和 10 000，它们的三维结构已被测定。这些蛋白质在发挥功能时结合在一起构成一个复合物，称为伴侣蛋白。伴侣蛋白由 14 个 GroEL 和 7 个 GroES 亚基组成，当结合 ATP 和 GroES 后，GroEL 的构象会发生显著的变化，共同组装成一个带盖的圆柱。复合物形成中空的构象，作为新生肽链折叠的空间，帮助不稳定的蛋白折叠形成稳定的结构。

（二）帮助正确二硫键形成的酶

1. 帮助在蛋白质折叠过程中二硫键正确形成和配对的折叠酶

二硫键是两个半胱氨酸侧链巯基（—SH）氧化形成的共价键（—S—S—），出现在许多蛋白质中，对蛋白质正确三维结构的形成和稳定具有重要的作用。在非折叠的多肽链中半胱氨酸残基呈还原态。在折叠形成天然蛋白质中这些还原的—SH 需要在正确配对的基础上形成天然型二硫键。

含巯基多肽链的折叠与其天然二硫键的形成，是两个密切相关、协同作用的过程。在二硫键形成之前多肽链必须有所折叠（至少在某种程度上），使相应的巯基在空间上足够接近，以形成正确的二硫键。另一方面一旦二硫键形成势必影响后续的肽链折叠及构象调整以形成功能结构。

细胞中有两类酶分子可以帮助在蛋白质折叠过程中二硫键的正确形成和配对：二硫键形成酶（Dsb）和二硫键异构酶（protein disulfide isomerase，PDI）。

Dsb 主要存在于细菌的内膜间隙和外膜，催化二硫键的正确形成。

PDI 存在于内质网管腔内，含量丰富，具有非特异的多肽结合能力，是一个特殊的多功能蛋白，它的折叠酶活性由异构酶和分子伴侣两种活性共同组成。

在体外条件下，PDI 能够催化多肽链折叠成有利于形成天然二硫键所需的构象，而不需要其他分子伴侣的帮助。PDI 可以有效地防止二硫键的错配和分子间聚合。同时，错配二硫键可以在 PDI 催化下发生异构化反应，使无活性或低活性异构体转化为天然结构高活性构象蛋白。

PDI 的异构酶和分子伴侣两种活性是相互独立的，是在靶蛋白折叠过程中的不同阶段协同发挥作用。在折叠早期 PDI 可能主要是作为分子伴侣，防止部分折叠的肽链由于错误相互作用导致的聚合；在后期当多肽链已经折叠到一定程度，PDI 的基本功能则表现为异构酶，催化配对巯基的氧化或错配二硫键的异构。

2. 催化脯氨酸残基 *cis-trans* 异构化的酶

另一个折叠酶是肽基脯氨酰顺反异构酶（peptidyl-prolyl *cis-trans* isomerase，PPI），催化蛋白质分子中某些稳定的反式肽基脯氨酰键异构成顺式构型，使折叠能顺利进行。PPI 广泛存在于所有组织和器官中，新发现的一组小分子 PPI-Parvulins 对小肽比对大蛋白底物更有效。

三、蛋白质的去折叠

蛋白质的去折叠与折叠互为逆过程，当蛋白质变性后，就变成去折叠态（unfolding），当去除变性因素后，又逐渐恢复天然构象，就是再折叠的过程。对于蛋白质去折叠的研究可以探讨蛋白质由天然态变为去折叠态的机制，间接研究一级结构怎样决定高级结构的问题。

实验中促使蛋白质去折叠使用的方法主要有：变性剂诱导、温度诱导、压力诱导、

pH 诱导和蛋白酶诱导，以及电荷诱导和外力诱导。研究蛋白质去折叠的实验手段主要是采用物理学方法配合各种生物化学方法和分子生物学方法，如 X 射线晶体衍射分析、多维核磁共振波谱分析、电镜三维重组分析、电子和中子衍射技术、波谱技术、质谱技术、微量热技术、扫描隧道显微技术等，近年来的原子力显微技术、光镊实验和分子动力学模拟的采用促进了人们对蛋白去折叠的研究。

四、蛋白质的错误折叠

当蛋白质多肽链被正确翻译后，只有经过折叠形成正确的三维结构，才可能具有正常的生物学功能。但如果新生肽链的折叠在体内发生了故障，形成了错误的三维结构，就会使蛋白质丧失原有的生物学功能，而且会引起机体的多种病变。

例如，由朊病毒（prion protein，PrP）引起的疾病。天然型朊蛋白（PrP^c）在正常动物体内存在，是一种铜结合蛋白，存在高度保守的含组氨酸八肽重复序列 PHGGGWGQ 的结构域，对 Cu^{2+} 有很高的亲和力，不导致疾病。而感染型朊蛋白（PrP^{sc}，prion）则会引起某些神经性疾病，并导致天然型朊蛋白转变为感染型朊蛋白。

研究发现，朊病毒的传播主要是通过细胞中正常的蛋白质分子向疾病型蛋白质分子的转化，也就是 PrP^c 发生了错误的折叠，蛋白质的 α-螺旋向 β-折叠转化，形成了富含 β-折叠结构、抗蛋白水解的 PrP^{sc}（图 1-60）。错误折叠的 PrP^{sc} 有很强的聚集倾向，先形成淀粉样的小纤维，成为形成淀粉样斑块的前体，进一步聚合成淀粉样斑块，最后发展成为可被临床诊断的大脑海绵状退化变性病状。由 14～28 个朊蛋白分子组成的聚集体感染性最强，小于 6 个的聚集体没有感染性。

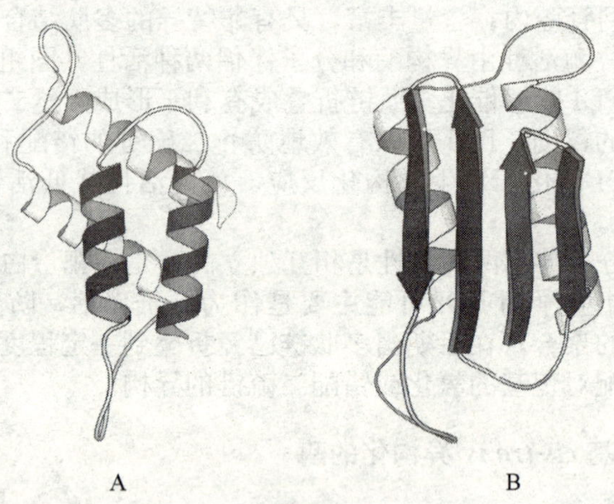

图 1-60 天然型（A）和感染型（B）朊蛋白的结构
（引自 Berg et al.，2002）

人们正在研究一些方法来治疗由于蛋白质的错误折叠引起的疾病。例如，基因疗法，将新基因拷贝引入到细胞中以补偿损伤或含量减少的基因；对于降低稳定性的突变，可以制造一个突变蛋白使其具有非常高的稳定性，而抵消降低稳定性突变所导致的结果。有些化合物［如 Anthracycline（IDX）］可以与淀粉样蛋白结合，诱导有序淀粉样蛋白病患者的淀粉样蛋白被吸收，但至今还没有有效的药物治疗这些由于蛋白质的错误折叠引起的疾病。认识导致蛋白质错误折叠的原因和途径，发展防止蛋白质错误折叠的方法是防止和治疗这类疾病的关键。

思考题

1. 名词解释

肽键　多肽链　一级结构　二级结构　三级结构　四级结构　超二级结构　结构域　亚基　α-螺旋　β-折叠　回折　蛋白质变性　蛋白质复性　蛋白质折叠　蛋白质的去折叠　分子伴侣　第二遗传密码

2. 组成蛋白质的常见氨基酸有哪些？可以将它们分成几类？
3. 简述蛋白质各个结构层次的基本特点。
4. 维持蛋白质三级结构和四级结构的作用力有哪些？
5. 为什么说蛋白质的一级结构决定它的高级结构？二硫键、α-螺旋、β-转角等结构的形成与氨基酸序列有什么关系？
6. 举例说明蛋白质的结构与功能之间的关系。
7. 蛋白质的变性涉及哪些变化？哪些因素会导致蛋白质的变性？
8. 什么是蛋白质的折叠？折叠的一般过程是什么？有哪些因素会影响到蛋白质的正确折叠？
9. 试述分子伴侣在蛋白质折叠中的作用。
10. 折叠酶帮助蛋白质正确折叠的机制是什么？
11. 关于蛋白质折叠的理论模型，你更赞同哪一种，试说明理由？
12. 你认为研究蛋白质分子结构有什么意义？

第二章　蛋白质分子设计

蛋白质是遗传信息的表现形式，是生命活动的最终执行者。在漫长的自然进化过程中，自然界已经筛选出了数量众多、种类各异的蛋白质。然而天然蛋白质只在自然条件下才能发挥最佳功能，在人造条件下往往就不行。因而需要对蛋白质进行改造，使其能够在特定条件下起到特定的功能。蛋白质的分子设计就是为有目的的蛋白质工程改造提供设计方案。蛋白质分子设计属于交叉领域，涉及多个学科（如材料科学、化学、生物学、物理学及计算机科学等）。其设计过程主要依赖于蛋白质结构的测定和分子模型的建立，按照蛋白质结构功能的关系，综合运用生物信息学、计算生物学、计算机技术、基因工程学等多学科的技术手段，确保获得比天然蛋白质性能更加优越的新型蛋白质。蛋白质分子设计是一门新兴的研究领域，也是蛋白质工程的一个重要方面，代表了蛋白质工程领域的核心问题与前沿领域。目前，蛋白质分子设计已经在很多方面取得显著进展，如DNA结合蛋白、血红素结合蛋白、氧化还原活性蛋白等。设计的蛋白质分子也不仅限于20种天然氨基酸，可以包括非天然氨基酸以及有机/无机模板等。最近美国利用β-氨基酸构建成蛋白质分子（图2-1）。

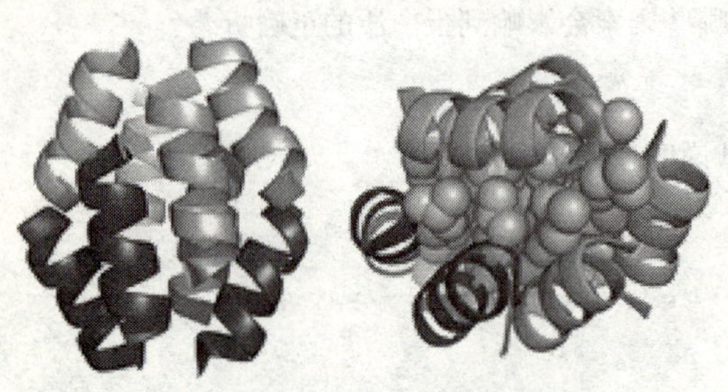

图2-1　β-肽束带状模型显示β-肽束由螺旋结构（左）和不亲水的“核”（绿色）组成（引自 Daniels et al.，2007）

第一节　蛋白质分子设计原理

天然蛋白质在人造条件下的应用往往受限，需要对蛋白质进行改造才能使其在特定条件下起到特定的功能。要使蛋白质分子设计容易成功，必须遵循一定的原理进行设计。目前蛋白质分子设计已有很多成功的实例，为进一步开展蛋白质分子设计提供了基础。

一、蛋白质分子设计的分类

开展蛋白质分子设计的主要目的有两个：一是为有目的的蛋白质工程改造提供设计方案和指导性信息，如通过蛋白质分子设计提高蛋白质的热、酸稳定性，增加活性，降低副作用，或提高酶蛋白的专一性以及通过蛋白质工程手段进行结构-功能关系研究等；二是探索蛋白质的折叠机理，如简单蛋白质骨架的从头设计是研究蛋白质内相互作用力的类型及本质的很好途径，也为解决蛋白质折叠问题寻找定性和定量的规律。蛋白质分子设计的目的不同，所采取的设计方法和步骤也会有所不同，因此蛋白质分子设计有不同层次和不同种类之分。

（一）蛋白质分子设计的层次

蛋白质分子设计依据蛋白质立体结构可以分为两个层次：一是在蛋白质三维结构已知基础上的分子设计。该层次的设计直接将三维结构信息与蛋白质的功能相关联，是一种高层次的设计。二是在三维结构未知的情况下，借助一级结构序列信息及生物化学性质进行分子设计工作。

在这两个层次的设计工作中，第一类的分子设计工作实际上已经包含了第二类工作，因为此类蛋白质分子设计中在利用三级结构信息的同时也运用了一级结构序列及有关生化信息。而第二类的分子设计工作实际上是在一种迫不得已的情形下所进行的尝试，因此第二类分子设计工作的可靠性较差。

（二）蛋白质分子设计的分类

在蛋白质分子设计的实践中，常依据改造部位的多少将蛋白质分子设计分为三类。

1. 定点突变或化学修饰法

这类蛋白质分子设计只进行小范围改造，是指在已知结构的天然蛋白质分子多肽链内的确定位置上，进行一个或少数几个氨基酸残基的改变或进行化学修饰，以研究和改善蛋白质的性质和功能，也称为“小改”。置换、删除或插入氨基酸，现在主要是依赖分子生物技术从基因水平上操作来实现的。这一类蛋白质分子设计是目前蛋白质工程中最广泛使用的方法，主要是通过定点突变技术或盒式替换技术来有目的地改变几个氨基酸残基。

2. 拼接组装设计法

这类蛋白质分子设计需进行较大程度的改造，是指对来源于不同蛋白质的结构域进行剪裁、拼接、组装，以期望能转移相应的功能，获得具有新特点的蛋白质分子，也称为“中改”。蛋白质的立体结构可以看作由结构元件组装而成的，因此可以在不同的蛋白质之间成段地替换结构元件。要进行蛋白质分子的剪裁，当前也主要是从基因水平上操作完成，故又称为“分子剪裁”。

3. 从头设计全新蛋白质

这类蛋白质分子是从设计氨基酸序列结构开始进行全新蛋白质的设计，即从头设计一个全新的自然界不存在的蛋白质，使之具有特定的空间结构和预期的功能，也称为全新蛋白质设计或蛋白质从头设计。这类设计可参考已有的类似蛋白质三维结构，或完全依赖于已知的蛋白质结构与功能的知识，从基因水平上翻译表达出全新蛋白质，或直接进行化学合成全新的蛋白质。

二、蛋白质分子设计的基础

当我们对一个天然蛋白质分子进行分子设计时，首先要通过各种方法来获得蛋白质的三维结构信息，在获得结构信息的基础上利用生物信息学及计算机模拟技术确定其特定功能相关的位点或结构域作为突变位点或要改变的序列区域，然后利用 PCR 等技术构建突变体并进行突变体的性质表征直到获得所需的蛋白质。从以上过程我们可以看出，蛋白质的序列、三维结构及结构与功能关系之间的信息对于蛋白质工程及蛋白质设计都非常重要。基于蛋白质序列和三维结构信息，预测蛋白质的功能以及对序列的改变如何影响蛋白质功能的了解，都将增加成功设计具有预定结构与功能的蛋白质的可能性。蛋白质的结构与功能是开展蛋白质分子设计的基础，对蛋白质结构与功能之间的认识对蛋白质分子设计是至关重要的，决定着蛋白质分子设计的成功与否。具体的包含以下几方面：

（一）蛋白质生物功能的多样性

蛋白质是对生命至关重要的一类生物大分子，几乎在一切生物学过程中都起着关键作用，如催化生物体中的生物化学反应、调控DNA的复制转录、调节生物体的生长与分化、协调多细胞生物中不同细胞的活动、蛋白质本身的表达等。所有这一切都说明，蛋白质不仅在催化、运动、结构、识别和调节等许多方面都是维持生命至关重要的分子，而且在医学和工农业方面都有重要的意义和用途。除此之外，一种基因可以编码产生多种蛋白质，一种蛋白质可以产生多种活性多肽，一种活性多肽可以产生多种功能。而且在同一蛋白质分子的内部，不同的肽段之间也可能存在着相互调控的现象。蛋白质分子生物功能的多样性，为我们进行蛋白质分子成功设计提供了可能。

（二）蛋白质功能由其高级结构决定

自然界中存在的成百亿天然蛋白质各自具有特殊的生物学活性。均是由20种氨基酸组成的蛋白质分子为何竟然有如此广泛而又各不相同的功能呢？这是因为组成蛋白质分子的20种氨基酸各具特殊的侧链，侧链基团的理化性质和空间排列各不相同，当它们按照不同的序列关系组合时，就可形成具有多种多样的空间结构和不同生物学活性的蛋白质分子。在生命活动过程中不同的多肽和蛋白质执行不同的生物功能，这种生物功能的实现不仅决定于一级结构，同时还决定于空间结构。

对于高度多样的各类分子，蛋白质具有识别并且与之相互作用的能力。而决定蛋白质这种特殊生物功能的关键因素，是它的分子构象，也就是蛋白质分子中原子的三维空间排列和分布。氨基酸通过肽键连接形成多肽链，但蛋白质分子的多肽链并非呈线性伸展，而是折叠和盘曲构成特有的比较稳定的空间结构。多肽链卷曲成具有一定形状和大小的分子，在分子的表面有特殊的互补区和裂缝；这些互补区和裂缝里的残基具有不同的侧链，使蛋白质分子和其他分子间形成氢键、静电相互作用和范德华力，而这些相互作用的强度和持续时间都是精确控制的。蛋白质的功能是与其高级结构相联系的，蛋白质的生物学活性和理化性质主要决定于空间结构的完整性，也就是说由分子中原子的三维空间排列分布所决定的。因此仅仅测定蛋白质分子的氨基酸组成和它们的排列顺序并不能完全了解蛋白质分子的生物学活性和理化性质。例如，球状蛋白质（多见于血浆中的白蛋白、球蛋白、血红蛋白和酶等）和纤维状蛋白质（角蛋白、胶原蛋白、肌凝蛋白、纤维蛋白等），前者溶于水，后者不溶于水，显而易见，此种性质不能仅用蛋白质的一级结构的氨基酸排列顺序来解释。蛋白质的天然构象被破坏的结果，必然导致其正常生物活力的丧失。

（三）蛋白质的一级结构与其构象及功能的关系

蛋白质一级结构的氨基酸顺序，决定多肽链的折叠方式和高级结构。蛋白质一级结构是空间结构的基础，特定的空间构象主要是由蛋白质分子中肽链和侧链R基团形成的次级键来维持。在生物体内，蛋白质的多肽链一旦被合成后，即可根据一级结构的特点自然折叠和盘曲，形成一定的空间构象。蛋白质的结构涉及一级结构（序列）、二级结构与三级结构，一级结构决定了二级、三级等高级结构。决定每一种蛋白质的生物学活性的结构特点首先在于其肽链的氨基酸序列即蛋白质的一级结构。Anfinsen以一条肽链的蛋白质核糖核酸酶为对象，研究二硫键的还原和氧化问题，发现该酶的124个氨基酸残基构成的多肽链中存在四对二硫键，在大量β-巯基乙醇和适量尿素作用下，四对二硫键全部被还原为—SH，酶活力也全部丧失。但是如将尿素和β-巯基乙醇除去，并在有氧条件下使巯基缓慢氧化成二硫键，此时酶的活力水平可接近于天然酶。Anfinsen

在此基础上认为蛋白质的一级结构决定了它的二级结构、三级结构，即由一级结构可以自动地发展到二级结构、三级结构。一级结构是空间构象和功能的基础，空间构象遭破坏的多肽链只要其肽键未断，即一级结构未被破坏，就能恢复到原来的三级结构，功能依然存在。

一级结构相似的蛋白质，其基本构象及功能也相似。即使是不同物种之间的多肽和蛋白质，只要其一级结构相似，其空间构象及功能也相似。物种越接近，其同类蛋白质一级结构越相似，功能也越相似。例如，不同种属的生物体分离出来的同一功能的蛋白质，其一级结构只有极少的差别，而且在系统发生上进化位置相距愈近的差异愈小。促肾上腺皮质激素（ACTH）和促黑激素（MSH）均为垂体分泌的多肽激素，α-MSH 和 ACTH 的 4～10 位的氨基酸结构与 β-MSH 的 11-17 位一样，故 ACTH 有较弱的 MSH 的生理作用。在蛋白质的一级结构中，参与功能活性部位的残基或处于特定构象关键部位的残基缺失或被替代，即使在整个分子中只有一个这样的残基发生异常，也会严重影响蛋白质的空间构象或生理功能。被称之为“分子病”的镰刀状红细胞性贫血，仅仅是 574 个氨基酸残基中的一个氨基酸残基即 β 亚基 N 端的第 6 号氨基酸残基发生了变异所造成的，这种变异来源于基因上遗传信息的突变。尽管不同生物中具有相似生理功能的蛋白质或同一种生物体内具有相似功能的蛋白质，其一级结构往往相似，但也有时相差很大。例如，催化 DNA 复制的 DNA 聚合酶，细菌的和小鼠的就相差很大，具有明显的种族差异，可见生命现象十分复杂多样。

（四）蛋白质空间构象与功能活性的关系

蛋白质多种多样的功能与各种蛋白质特定的空间构象密切相关，蛋白质的空间结构是其功能活性的基础，结构发生变化，其功能活性也随之改变。蛋白质变性时，由于其空间构象被破坏，故引起功能活性丧失；变性蛋白质在复性后，构象复原，活性即能恢复。在生物体内，当某种物质特异地与蛋白质分子的某个部位结合，触发该蛋白质的构象发生一定变化，从而导致其功能活性的变化，这种现象称为蛋白质的别构效应(allostery)。蛋白质或酶的别构效应在生物体内普遍存在，这对物质代谢的调节和某些生理功能的变化都是十分重要的。

以肌红蛋白（Mb）和血红蛋白（Hb）为例阐述蛋白质空间结构与功能的关系，Mb 与 Hb 都是含有血红素辅基的蛋白质。携带氧的是血红素中的 Fe^{2+}，Fe^{2+} 有 6 个配位键，其中四个与吡咯环 N 配位结合，一个与蛋白质的组氨酸残基结合，另一个即可与氧结合。而血红素与蛋白质的稳定结合主要靠以下两种作用：一是血红素分子中的两个丙酸侧链与肽链中氨基酸侧链相连，另一作用即是肽链中的组氨酸残基与血红素中 Fe^{2+} 配位结合。肌红蛋白的功能是在肌肉中输送氧，它只由一条含有 153 个残基的多肽链构成，但是与血红蛋白的 α 链和 β 链有很相似的基本三维结构。氨基酸顺序的比较研究表明，在这三条链的 141 个残基中，只有 21 个位置上的氨基酸相同，可见差别相当大的氨基酸顺序可以最终卷曲成十分相似的三维结构，并都具有结合氧分子的功能。但 Mb 只有一条肽链，故只结合一个血红素，只携带 1 分子氧，不存在协同效应，其氧解离曲线为直角双曲线；而 Hb 是由四个亚基组成的四级结构，共可结合 4 分子氧，Hb 的第一个亚基结合一个氧分子后会促进下一个亚基与氧分子的结合，即具有协同效应，其氧解离曲线为“S”形曲线。由此可见，Hb 与 Mb 在空间结构上的不同，决定了它们在体内发挥不同的生理功能。而血红蛋白和肌红蛋白分子所具有的基本结构模式，及其相应的原子在空间的三维排列分布，是它们可运载氧功能的结构基础。

具有别构效应的 Hb 有两种能够互变的天然构象，一种叫紧密型（T 型），另一种叫松弛型（R 态）。T 态对 O_2 的亲和力低，不易与 O_2 结合；R 态则相反，它与 O_2 的亲和力高，易于结合 O_2。T 态 Hb 分子的第一个亚基与 O_2 结合后，即引起其构象开始变化，将构象变化的“信息”传递至第二个亚基，使第二、第三和第四个亚基与 O_2 的亲和力依次增高，Hb 分子的构象由 T 态转变成 R 态。Hb 分子两型构象的互变，引起结合 O_2 与释放 O_2 的变化，这就微妙地完成了运输 O_2 的功能。在正常人体内，除了 O_2 本身作为效应剂对 Hb 功能进行调节外，还有 2,3-二磷酸甘油酸、CO_2 及 H^+ 等也是 Hb 的别构效应剂，它们与 R 型 Hb 的不同部位结合后，促进 Hb 的 R 态构象转变为 T 态，有利于 Hb 放氧。蛋白质构象的细微变化即可导致功能的改变，这充分说明了构象与功能的密切关系。

（五）结构生物学与生物信息学促进蛋白质分子设计

基于结构生物学与生物信息学，才能顺利开展蛋白质分子设计。结构生物学对蛋白质的静态空间结构研究及其动态结构与功能关系的研究为蛋白质分子合理设计提供理论依据，使蛋白质分子设计的目标性更加明确。由于在蛋白质工程中结晶学和光谱学方面的进展，测定蛋白质结构的速度越来越快，已阐明结构的蛋白质数量呈几何级数递增，如应用广泛的蛋白质数据库（the protein data bank，PDB）收载了蛋白质和核酸等生物大分子的 3D 结构、蛋白质 X 晶体衍射或 NMR 实验数据。X 衍射晶体结构数据库和生物大分子 3D 结构数据库对于蛋白质分子合理设计是非常宝贵的信息资源，在已知的结构中发现与新测定的生物大分子相似结构的概率也增加了。用计算机构建全新蛋白质库，比较库中全新蛋白质与天然蛋白质，可以得到大量有用的信息。另外利用生物信息学的研究成果可以将蛋白质与所有已知结构进行比较，对目标蛋白和天然蛋白的理论模拟和结构预测就显得十分重要，通过结构预测与模拟为天然蛋白质分子的改性和新蛋白分子的设计提供了理论依据。因此，可利用对已有的生物大分子结构和功能特性的认识，用生物信息学的方法通过计算机模拟和计算来“预测”目的蛋白的功能，为蛋白质分子合理设计奠定了基础。

三、蛋白质分子设计的原则

进行蛋白质分子设计需遵循一定的规则，以保证设计的成功，但蛋白质分子设计还处于发展中，其规则还有待于继续发展和完善。

1. 活性设计

活性设计是蛋白质分子设计的第一步，主要是考虑被研究的蛋白质功能，涉及选择化学基团和化学基团的空间取向。一般来讲，在这类设计中应采用天然存在的氨基酸来提供所需的化学基团，尽管原则上并不限制引入其他外来基团。例如，Cutte 等在构建具有核酸酶活性及核酸结合活性的蛋白质时，重点使用了组氨酸的催化活性。同时还应该考虑辅因子的使用，因为氨基酸组合有时并不能提供人们感兴趣的活性，所以在许多情况下可以通过加一些辅因子来达到预期的结果。

另外，如果缺少可信的经验数据来推测所需的催化基团，那么可以借助于量子力学计算来预测。虽然这方面的工作还不多，但已有先例，如溶菌酶的催化基团的设计就采用了理论计算。由于现在的蛋白质工程还仅限于对天然酶蛋白的局部修饰，酶的结构所提供的信息尚未发挥充分作用，然而当人们对天然酶的结构与活性有了深入了解，活性设计的思想和路线将会有很大改变。

2. 对专一性的设计

功能性蛋白质在发挥其生理功能时，总是与其他分子发生专一性相互作用。酶学知识告诉我们，蛋白质的功能区域可分为催化部位和底物结合部位。显然，专一性是与后一部位相关的。有的酶分子这两个部位是在一条肽链上，如丝氨酸蛋白水解酶类，也有些酶分子两个部位分处在不同的肽链上，如凝血酶的催化活性与其 B 链相关，而其 A 链具有底物结合的专一性。因此，理解并设计化学基团与底物的专一性结合对蛋白质设计也是十分重要的。

3. Scaffold 设计

Scaffold 设计即框架设计，是指对蛋白质分子的立体设计。天然蛋白质是框架化的，如最小的酶分子的相对分子质量也要超过 10 000，但只有约 3 个基团参与催化，还有几个基团参与结合底物，这些基团完成其使命的关键条件之一就是框架化。也就是说，催化部位和底物结合部位要适当地安装在大分子载体之中，给予各个基团以适当的空间排布，才能具有催化活性功能。因此要设计一个蛋白质活性分子，也必须框架化。在蛋白质活性分子中，该框架不仅可以提供各种活性基团的特定位置，而且还有其他必要功能，如吸附、运输以及可能的降解等活动。但是，这里有一个问题需要考虑，人工设计的蛋白质的框架是否也需要像天然蛋白质框架那样复杂？从小的人工酶取得的结果来看，两者并不需要完全等同起来。

在分子设计中框架设计是最难的一步，对小的蛋白质框架设计也许能给出适当的结果，但是对复杂的多肽链而言，需要预测三级结构，需要大量的计算筛选所需的一级结构，即使做了大量工作，其结果也很难预测。对较简单的小肽框架设计已经有成功的例子，这主要涉及二级结构预测，特别是设计形成比较牢固的 α-螺旋序列。例如，鸡蛋白溶菌酶活性分子的设计过程中，似乎还比较顺利，各种合成肽曾被用于试验有无酶活性，其中 EFAEEAASF 多肽能水解成几丁质和葡聚糖，但糖苷酶活性较低。Cutte 也成功设计了一个具有明显的核酸酶活性的 34 肽，这种人工设计肽可水解下列底物，但活性依次降低：polyC、polyA、polyU、polyG，其主要活性是源于二聚体；而天然核酸酶仅消化 polyC、polyU、polyA，特别倾向于水解 polyC 的 3′端。

4. 疏水基团与亲水基团需合理分布

对于新设计的蛋白质分子，它的疏水基团与亲水基团需要合理分布。但这种分布并不仅仅是简单地使暴露在外面的残基具有亲水性、埋藏在内部的残基具有疏水性，而是还应安排少量的疏水残基在表面，少量亲水残基在内部。因为蛋白质分子的侧链不总是完全地亲水或完全地疏水。例如，赖氨酸连接到主链上的碳原子是疏水的，但是侧链是一个带正电荷的 γ-氨基。所以在蛋白质分子的设计过程中要在原子水平上区分侧链的疏水部分与亲水部分。

5. 最优的氨基酸侧链几何排列

蛋白质的侧链构象由空间两个立体因素决定。第一，侧链构象决定于旋转每条链的立体势垒，择优构象可通过实验统计测量，也可由第一原理计算得到；第二，侧链构象由氨基酸在结构中的位置决定。蛋白质内部的密堆积表明侧链构象在折叠状态是一种能量最低的构象。为了获得蛋白质结构及功能的专一性，我们在构建一个蛋白质模型时必须满足所有合适的几何要求，并且要满足蛋白质折叠的几何限制。同时由于氨基酸的序列是简并的，许多序列可给出同一种构象而不具同源性。在立体结构设计中，由于底物可能迫使人工蛋白质进行诱导配合，因此结构太固定会妨碍蛋白质行使功能。氨基酸随机共聚后能显著地提高酶活性，甚至具有一定程度的专一性，其中包括立体化学专一性。如果降低序列上的随机性可能导致某种活性占优势。当评论一个设计的序列是否有效时，应以随机序列作对比。

由于对蛋白质结构-功能关系的了解还不够深入，尽管目前已经有蛋白质分子设计成功的实例，但蛋白质分子设计所需依据的原则还有待于在实践中继续摸索总结。

四、蛋白质分子设计的程序

蛋白质分子设计是一门试验性科学，是理论设计过程与实验过程相互结合的产物。理论设计与实验过程两部分相辅相成才构成了一个蛋白质分子设计的完整过程，在这个过程中计算机模拟技术和基因操作技术是两个必不可少的工具。蛋白质分子设计的过程简单说来就是首先通过生物信息学对所研究对象的结构和功能信息进行收集分析，建立研究对象的结构模型，在此基础上进行结构-功能关系研究，对其功能相关的结构进行研究和预测，然后提出蛋白质结构改造的设计方案，再通过基因工程改造得到设计产物，并通过相关试验进行验证，根据验证结果进一步修正设计，并且往往要经过几次这样的循环才能获得成功。一般的蛋白质分子设计工作可以按照以下步骤进行（图 2-2）。

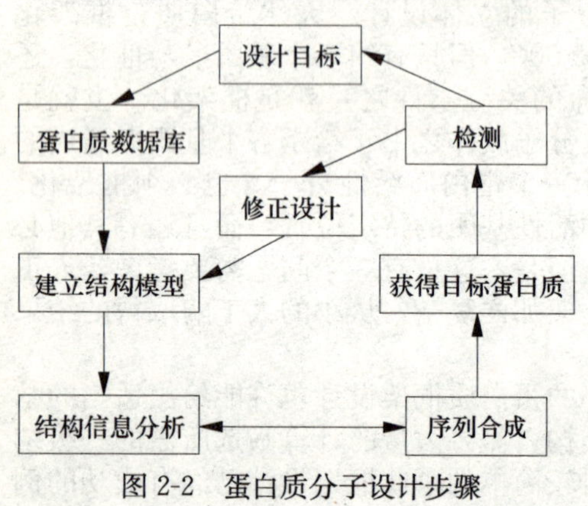

图 2-2　蛋白质分子设计步骤

1. 收集相关蛋白质的结构信息

收集待研究蛋白质一级结构、立体结构、功能结构域及与之相关的同源蛋白质等相关数据，为蛋白质分子设计提供依据和蓝本。目前蛋白质数据库已收集了很多的蛋白质晶体结构，但是通常蛋白质序列的数目比蛋白质三维结构的数目大许多倍。对某一天然蛋白质进行蛋白质分子设计时，首先要查找 PDB 了解这个蛋白质的三维结构是否已被收录，同时应查找同源性较高的蛋白质的三维结构。

2. 建立所研究蛋白质的结构模型

PDB 中或文献报道中有待研究蛋白质的三维结构，则直接采用，作为进行分子设计中的结构模型。如果 PDB 中没有收录又未见文献报道，可通过蛋白质 X 射线晶体学及 NMR 等方法测定蛋白质的三维结构，所测得的三维结构直接作为分子设计中的结构模型，不过测定蛋白质三维结构难度较高而且周期较长。此外可以依据已有的同源性较高蛋白质的三维结构，结合三维结构预测方法，对待研究蛋白质进行结构预测，预测出的三维结构再作为分子设计中的结构模型。有直接测定的待研究蛋白质的三维结构，将有助于提高分子设计的成功几率；而预测的三维结构，相对而言将增加蛋白质分子设计的工作难度。

3. 结构模型的生物信息分析

对所建立的待研究蛋白质的结构模型进行详细分析，分析确定其三维结构的特点、功能活性区域以及分布、结构中存在的二硫键数目和位置等，为选择设计目标提供依据。

4. 选择设计目标

设计的第一步是选择目标，确定所要建造的三级结构，找出对所要求的性质有重要影响的位点或区域。同一家族中的蛋白质的序列对比、分析往往是一种有效的途径，而待研究蛋白质的三维结构信息也是进行分析的重点。需要认真考虑所要求的性质受哪些因素的影响，然后逐一对各因素进行分析，找出重要位点或区域，这是分子设计工作的关键。选择时一方面要考虑使蛋白质可能具有所要求的性质，另一方面又要尽量维持原有结构，使其不做大的变动。一般尽量在同源结构中包含此位点已有的氨基酸残基序列中进行选择，当然还要考虑残基的体积、疏水性等性质的变化所带来的影响。就目前的水平而言，所选择的目标均是一些残基不多（60～80 个残基）、结构简单并且具有对称性的多肽结构。这类结构在自然界中广泛存在，如四螺旋束、上下 β 筒结构等，而且人们对此类结构研究较多，因而有许多经验规则可循。

5. 序列设计

选定目标之后就要进行序列设计，选择的序列应尽可能地不同于天然结构的序列。设计时，要充分考虑氨基酸残基形成特定二级结构的倾向性。例如，设计 α-螺旋时，应选择像 Leu、Glu 等易于形成 α-螺旋的残基；设计全 β 结构时，应选择 Val、Ile 等易于形成 β-折叠片的残基；而在设计转角时常选择 Pro-Asn 残基对，因为以这个残基对为中心极易形成转角，如在已有的蛋白质中 2/3 的 Pro-Asn 序列是转角的中心对。选择和排布残基对时，还要考虑到疏水相互作用、螺旋的偶极稳定作用、静电相互作用、氢键作用以及残基侧链的空间堆积，尽可能地使序列有利于形成预期的二级结构。最早的设计方法是序列最简化法（minimalist approach），其特点是尽量使设计的复杂性最小，一般仅用少数几个氨基酸。设计的序列往往具有一定的对称性和周期性，这种方法可使设计复杂性减少，并能检测一些蛋白质折叠的规律和方式。1988 年，Mutter 首先提出模板组装合成法（templates assembled synthetic protein approach），其主要思路是将各种二级结构片段通过共价键连接到一个刚性的模板分子上，形成一定的三级结构。模板组装合成法绕过了蛋白质三级结构中的氨基酸残基来研究蛋白质中长程作用力，是研究蛋白质折叠和进行蛋白质全新设计规律摸索的有效手段。

6. 预测结果

当选择好氨基酸残基后，需通过理论预测方法预测出所设计的多肽的二级结构和三级结构，初步检验设计的正确程度，检验目标模型与预期目标的吻合程度，并在此基础上加以调整和更正，使得目标模型达到预期的目标。目前二级结构预测主要有 Chou-Fasman 方法、Garnier 方法和 Cohen 方法等，所依据的基本思想是信息论和概率统计规律。三级结构预测方法和构象搜索方式很多，如系统搜索方法、分子动力学、蒙特卡罗方法等，所依据的原则是能量最低原理。因此设计与预测是紧密结合在一起的。

突变体结构的预测应尽量使用多种理论方法，使结构的预测具有高的可靠性。这是判断突变体是否具有所要求性质的基础，也是蛋白质设计成功与否的重要一环。定性或定量计算优化所得到的突变体结构是否具有所要求的性质，能否成功地进行分子设计，除了要求有好的计算机软件以外，还要求工作者有一个坚实的结构化学和物理化学基础，同时对所研究的问题有一个深入细致的了解。

7. 获得新蛋白质

对蛋白质分子进行计算机理论设计之后，还需要在实验室中将它付诸实现，以检验设计的成功与否。多肽化学合成方法，特别是固相合成技术，为合成新设计的蛋白质分子提供了有效途径。同时也可通过基因工程手段，人为合成或改造基因，实现蛋白质的改造，然后进行基因表达，并分离纯化获得新蛋白质分子，为进行新蛋白质功能的检验提供材料。

8. 新蛋白质的检验

对获得的新蛋白质分子，需检测其结构和功能，确定蛋白质分子设计成功与否。一般从三方面来检测：①是否存在蛋白质多聚体状态；②二级结构与预期的是否吻合；③是否具有三级结构。对蛋白质分子进行功能设计，还需检验新蛋白质的功能活性，看新蛋白质的功能活性是否达到设计目标。

9. 完成新蛋白质设计

通过实验手段验证设计的蛋白质分子是否符合要求，并对设计的蛋白质分子进行结构与功能的评价。然后依据设计出的结果，进行多轮反复设计、反复修改和反复试验，直至达到预期的设计目标，才算完成了蛋白质分子设计。

第二节　基于天然蛋白质结构的分子设计

蛋白质结构与功能的关系对于蛋白质分子设计是至关重要的，如想改变蛋白质的性质，则需要改变蛋白质的序列。基于已知天然蛋白质结构的分子设计有两类，一是进行蛋白质修饰或基因定位突变，即“小改”；二是进行蛋白质分子裁剪拼接，即“中改”。因蛋白质空间结构的复杂性以及现有技术的限制，尽管解析的蛋白质三维结构逐年增多，但依然无法满足进行蛋白质分子设计的需要。但随着 DNA 和蛋白质测序技术的成熟和自动化，已能快速地测定大量蛋白质分子的一级结构。由基因测序或直接进行测序获得的蛋白质序列增长非常迅速，因此现有的蛋白质分子设计大多数主要是依据蛋白质的一级结构。

一、定位突变

基于天然蛋白质结构的蛋白质分子“小改”是指对已知结构的蛋白质进行少数几个残基的修饰、替换或删除等，这是目前蛋白质工程中最广泛使用的方法，主要可分为蛋白质修饰和基因定位突变两类，这里简略介绍基因定位突变，关于详细的蛋白质修饰方法和基因定位突变方法可参见第三章。基因定位突变是指从基因水平上进行蛋白质分子的改造，即采用定位诱变的方法，对编码蛋白质的基因进行核苷酸密码子的插入、删除、置换和改组，然后对突变后的基因进行蛋白表达并分析所表达蛋白质的功能活性，其结果为蛋白质分子改造提供新的设计方案。

（一）定位突变的设计目标及解决方法

定位突变常见的设计目标是提高蛋白质的热酸稳定性、增加活性、降低副作用、提高专一性，以及通过蛋白质工程手段进行结构-功能关系的研究等。Hartley 等于 1986 年完成了一个我们所要的设计目标及解决的办法（表 2-1），该表至今仍有重要的参考价值。其中蛋白质的稳定性是蛋白质正常发挥生物活性的重要前提，因此改善蛋白质的稳定性成为蛋白质设计和改造的重要目标之一。

表 2-1　蛋白质定位突变的设计目标及解决方法

设计目标	解决办法	设计目标	解决办法
热稳定性	引入二硫桥	pH 稳定性	替换表面荷电基团
	增加内氢键数目		His、Cys 以及 Tyr 的置换
	改善内疏水堆积		内离子对的置换
	增加表面盐桥	提高酶学性质	专一性的改变
对氧化的稳定性	把 Cys 转换为 Ala 或 Ser		增加逆转数（turnover number）
	把 Met 转换为 Gln、Val、Ile 或 Leu		改变酸碱度
	把 Trp 转换为 Phe 或 Tyr		
对重金属的稳定性	把 Cys 转换为 Ala 或 Ser		
	把 Met 转换为 Gln、Val、Ile 或 Leu		
	替代表面羧基		

（二）定位突变的种类

要进行基因定位突变，改变 DNA 核苷酸序列，方法有很多种，如基因的化学合成、基因直接修饰法、盒式突变技术等。根据基因突变的方式，还可以分为以下三类：插入一个或多个氨基酸残基；删除一个或多个氨基酸残基；替换或取代一个或多个氨基酸残基。要达到基因定位突变的目的，多采用体外重组 DNA 技术或 PCR 方法。

1. 定点突变

蛋白质中的氨基酸是由基因中的三联密码子决定的，只要改变其中的一个或两个碱基就可以改变氨基酸的种类，从而产生新的蛋白质。通常是改变功能区域某个位置的氨基酸，以研究蛋白质的结构、稳定性或催化特性。点突变的工作是当前蛋白质工程研究的主体，到目前为止，已经对枯草杆菌蛋白酶、T4 溶菌酶、二氢叶酸还原酶、胰蛋白酶以及核糖核酸酶等许多种类的蛋白质进行改造试验。例如，将组织型纤维蛋白酶原活化剂（tissue-type plasminogen activator，t-PA）的 Asn117 替换为 Glu117，从而除去一个原有的糖基化位点。由于该处原有的糖链能促进 t-PA 从血浆清除，因此点突变后能够降低 t-PA 的血浆清除率，延长血浆半衰期。

2. 盒式突变

1985 年 Wells 提出的一种基因修饰技术-盒式突变，一次可以在一个位点上产生 20 种不同氨基酸的突变体，可以对蛋白质分子中重要氨基酸进行“饱和性”分析。利用定位突变在拟改造的氨基酸密码两侧添加两个原载体和基因上没有的内切酶切点，用该内切酶消化基因，再用合成的发生不同变化的双链 DNA 片段替代被消化的部分。这样一次处理就可以得到多种突变型基因。

（三）定位突变的程序

基因定位突变的蛋白质分子设计程序遵循设计原理中的程序，但基因定位突变又有其特殊性，其具体的程序如下。

1. 建立所研究蛋白质的结构模型

建立蛋白质三维结构模型，对确立突变位点或区域以及预测突变后的蛋白质的结构与功能是至关重要的。可以通过 X 射线晶体学、二维核磁共振等测定结构，也可以根据类似物的结构或其他结构预测方法建立起结构模型。

2. 找出对所要求的性质有重要影响的位置

在改造中如何恰当地选择突变残基是一个关键问题，这不仅需要分析残基的性质，同时还需要借助于已有的三维结构或分子模型。例如，通过引入二硫键期望提高蛋白质的稳定性，面临的一个问题是怎样选择合适的突变位点。蛋白质中的二硫键具有一定的结构特征，随机选择突变位点引入二硫键会给整个分子带来不利的张力，不但不会提高蛋白质的稳定性，反而会降低蛋白质的稳定性。选择突变残基，最重要的信息来自结构特征。因此，如果蛋白质的立体结构是未知的，则突变功能残基的研究带有不确定性，不能很好区别蛋白质构象扭曲变化的影响与原有功能残基突变的影响。①为解决这个问题，人们尝试了几何方法、分子力学方法、分子动力学等多种方法，并已经编制了一些实用的程序，可以在试验前筛选可能的以及较好的突变位点。相类似的，对于其他类型的突变也可以进行预测。目前已有许多方法和程序可以在已知天然蛋白质结构的基础上预测突变体的结构和性质，这些设计工作为人们的实验工作提供了信息和指导；②可以根据序列同源性或原先的生物化学实验证据来选择突变残基，也可以通过随机或合理筛选技术鉴定重要的功能区域，以便进一步重点分析蛋白质功能残基；③可以从天然蛋白质的三维结构出发，利用计算机模拟技术确定突变位点及替换的氨基酸。同一家族中的蛋白质的序列对比、分析往往是一种有效的途径。需要认真考虑此种性质受哪些因素的影响，然后逐一对各因素进行分析找出重要位点，这是分子设计的关键。

在具体选择突变残基时，一方面要满足蛋白质可能具有所要求的性质，另一方面又尽量维持原有结构，使其不做大的变动。尽量在同源结构中此位点已有的氨基酸残基表中进行选择，同时考虑残基的体积、疏水性等性质的变化所带来的影响。还应确定序列中对折叠敏感的区域，确定对功能重要的位置，考虑剩余位置对所希望改变的影响，考虑它们对结构特征的影响，以及它们对蛋白质功能的影响。

3. 预测突变体的结构

根据所选定的氨基酸残基位点及突变后的氨基酸种类，利用相关软件进行突变体的结构预测，将预测的结构与原始的蛋白质结构比较，利用蛋白质结构-功能或结构-稳定性相关知识及理论计算预测新蛋白质可能具有的性质，同时利用能量优化及蛋白质动力学方法预测修饰后的蛋白质结构，以修正所选择的氨基酸位点和突变后的氨基酸种类。

4. 构建突变体，获得突变体蛋白

依据所设计好的突变，利用化学合成或 PCR 等方法构建突变体。进行基因测序验证突变体后，将突变体进行表达，纯化蛋白质，获得所设计的新蛋白质。

5. 突变体蛋白质的检验

测定新蛋白质的序列、三维结构、稳定性、催化活性等，并与对应的天然蛋白质进行比较，检验突变设计的效果，同时进一步修正设计方案。要得到具有预期结构与功能的蛋白质是不容易的，可能需要经过几轮的循环才行。

（四）定位突变残基的鉴定

对于新蛋白质的功能分析，最重要的是对数据的解释。在数据分析过程中，如何区别由功能残基替换引起的效应及蛋白质构象变化引起的效应是所有突变分析中共同存在的困难。对于三维结构未知的蛋白质这个问题尤为严重，因为我们无法确定残基的立体位置与周围结构环境，残基对溶剂的暴露程度以及同附近残基的相互作用。下面介绍几种新蛋白质突变残基的鉴定方法。

1. 根据结构信息确定残基的突变

这种方法是鉴定新蛋白质分子中突变残基最有效最直接的方法。可利用 X 射线或 NMR 进行新蛋白质分子的三维结构测定，这种方法可以直接提供突变蛋白的高分辨率结构及评估结构整体性。根据新测定的三维结构与突变前的三维结构进行分析比较。重点分析突变位点的氨基酸残基在三维结构中的位置，以及与其他基团之间形成的氢键、离子对或疏水相互作用等，以证实该位点残基在蛋白质分子的结构与功能中的作用。Alan Fersht 和 GregWinter 等测定了酪氨酰-tRNA 合成酶突变体的三维结构，通过分析该酶的 Cys35 被结构相似的丝氨酸所取代后的结构，发现 Cys35 可能与酪氨酰腺苷酸中间体中的 3′羟基形成氢键，突变效应降低了酶的活性，证实了 Cys35 在结合腺苷酸部分的作用。蛋白质三维结构的测定，可用于鉴定最暴露于蛋白质表面的残基，还可用于估计专一性突变对结构改变的可能性。这种方法需要较大量的纯的突变蛋白，并要花较长时间，因此这种技术不能用于常规的大量突变体的分析。

2. 突变方法鉴定突变功能残基

定点突变引起的结构变化可以通过在蛋白质中引进另外一种突变来检测。这种多重突变中单一突变是有加和性的，偏离这个规则说明残基间的相互作用引起了构象的变化。随机突变、删除分析以及连接片段扫描突变等实验方法可用于鉴定功能残基。随机突变技术分析蛋白质功能的优势在于通过简单的方法就可产生突变体，但必须进行大数目的突变产生大量可解释的数据，因为随机突变对于突变没有加以控制。删除分析及连接片段扫描突变涉及在整个基因位置删除或插入少量的核苷酸，此类突变可以很容易通过重组 DNA 技术构建。这两种技术已经非常成功地用于确定在基因调控区域的 DNA 序列单元，这些方法也可用于蛋白质的分析。

3. 利用蛋白质同源性鉴定突变功能残基

将感兴趣的目的蛋白质序列与同源蛋白质进行序列比较，可以发现一些高度保守的残基，这些残基与同源蛋白的共同功能以及维持结构有关，因此通常将它们作为突变及功能进化的候选残基。每个残基所起作用的信息能够通过与不同种同源蛋白的序列比较或一类具有相应活性的蛋白质的序列比较而获得。另外同源蛋白质保守的残基是保持那类蛋白质共同功能或者是维持共同结构的关键因素，因此在一类蛋白质内非保守残基的变化可能涉及每个蛋白质独特的功能，如底物或结合专一性。因此非保守残基是分析的靶位点，特别是对于专一性研究。

此外，还可以利用蛋白质的溶解性、热力学分析及 NMR 谱等方法探测突变蛋白质结构的整体性质，以鉴定突变残基。在某些情况下，突变可能破坏蛋白质的球形整体结构，引起蛋白质失活、不溶性以及在细胞中降解，因此溶解度与突变蛋白质的稳定表达可以作为结构整体性的一个标志。热力学分析可以用于测量突变蛋白质的热稳定性及化学变化自由能，并可作为构象整体性的检测。除此以外，圆二色谱法可以快速分析突变体结构，但该方法存在很明显的不足，即需要较大量的纯突变蛋白，而且只提供二级结构及三级结构的相对变化。如果突变后的蛋白质仍保持蛋白质的整体构象，我们可以利用单克隆抗体的结合能力探测突变蛋白的构象变化，因为只有在单克隆抗体的抗原决定簇与突变位点重叠时，这种结合才会受到影响。然而，这种方法也只能检测蛋白质表面的构象变化，对于埋藏在口袋中的残基（如酶的活性位点）的结构微小变化是无法检测的。

利用突变的方法研究蛋白质的功能很难区别突变效应和结构微小变化之间的关系，因此带有一定的不确定性。比较好的解决办法是尽可能多地了解蛋白质的结构、进化保守以及生物化学信息，以减少突变过程对结构产生的影响。最好的突变策略依赖于所涉及的蛋白质、生物体系以及已掌握的信息。

（五）定位突变的应用

蛋白质结构的定位突变工作是蛋白质工程研究的主要内容，目前蛋白质分子设计集中在对具有明显生物功能的天然蛋白质分子（如胰岛素、天花粉等）加以改性。到目前为止，已经对枯草杆菌蛋白酶、T4 溶菌酶、二氢叶酸还原酶、胰蛋白酶以及 T_1 核糖核酸酶等许多种类的蛋白质进行过结构改造试验。

对 RNase T_1 的结构改造是分子设计中的一个成功实例。T_1 核糖核酸酶含有 104 个氨基酸残基，这个天然酶有两对二硫键（Cys2-Cys10，Cys6-Cys100）。为了能够在不失去酶活性的基础上增加它的热稳定性，日本大阪大学的 Niskikawa 等在 Tyr24 和 Asn84 位引入第三个二硫键。从 T_1 核糖核酸酶（RNase T_1）晶体结构可以看出 Tyr24 和 Asn84 这两个残基是远离催化位点的，经过分子动力学计算证明在这两个残基之间有可能形成二硫键，而且不会影响催化位点的结构。Nishikawa 等采用分子力学和动力学方法从 RNase T_1 的复合物晶体结构建立起 RNase T_1 突变体（RNase T_1S）的模型，将 Tyr24 和 Asn84 两个残基的侧链（保留 C_β，C_γ）消除，将 C_γ 转变为 S_γ，然后经过 1000 轮的突变部位能量最小化和 2000 轮整体能量最小化以及分子动力学模拟建立了 RNase T_1S 的结构模型，经检查结构模型中没有不合理的键长、键角和二面角，从设计的角度看这个突变体是合理的。随后采用盒式诱变基因表达技术得到了突变体，实验证明突变体在保持天然酶活性的基础上大幅度提高了酶的热稳定性，RNase T_1S 在 55℃ 保留约 70%的活性，而野生型酶的活性只有 10%；RNase T_1S 也要比野生型酶更耐脲的变性。RNase T_1S 与 RNase T_1 不同，在 100℃煮沸 15min 不可逆地几乎完全失活。

另一个实例是 T4 噬菌体溶菌酶（图 2-3），T4 噬菌体溶菌酶包含 164 个氨基酸残基。Gassner 和 Matthews 等对 T4 噬菌体溶菌酶的上百个突变体作了系统的分析，发现在 T4 噬菌体溶菌酶中不存在二硫键，只有 Cys54 和 Cys97 两个半胱氨酸。Matthews 等经过仔细的比较和计算设计引入 3 对二硫键。3 对二硫键的 6 个半胱氨酸中除了 Cys97 外，其他 5 个半胱氨酸由 Ile3、Ile9、Thr21、Thr142、Leu164 突变而来。在得到全部单个的二硫键 3-97、9-164、21-142 以及包含 2 个、3 个二硫键的突变体（6 个）后，实验证明所有的突变体在氧化态下均比天然蛋白质更为稳定，而且二硫键对蛋白质的稳定作用具有加合性，即 3 对二硫键的稳定效应相当于 3 个二硫键各自对蛋白质稳定作用的总和。另外，Matthews 等还研究了 Gly 和 Pro 对蛋白质稳定性的影响，发现去除 Gly 或引入 Pro 都使突变体的变性温度提高。此外，Matthews 等还研究了螺旋偶极的作用，T4 溶菌酶含有 11 个螺旋，其中有 7 段在 N 端带负电荷的残基，在剩余的 4 段螺旋中选择两段螺旋进行 N

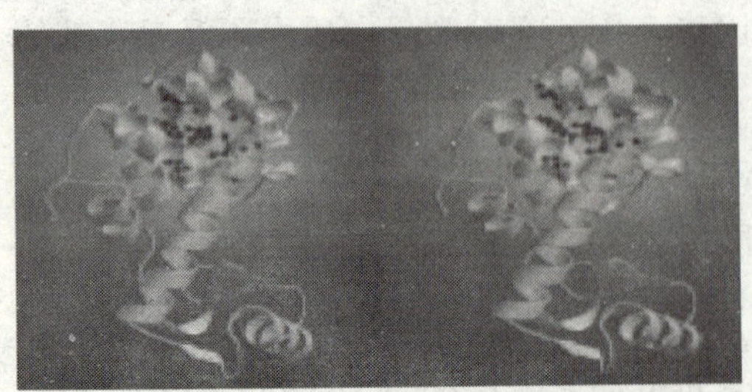

图 2-3 T4 溶菌酶的三维结构
红色强调的为 α-螺旋结构域核心中被蛋氨酸置换的 10 个残基
（引自 Gassner et al.，1996）

端残基的突变，即 Ser38→Asp 和 Asn144→Asp，每一个突变使得变性温度增加 2℃，双突变使得变性温度提高 4℃，证明稳定螺旋偶极能够增强蛋白质的整体稳定性。

二、蛋白质分子拼接

蛋白质分子种类繁多，结构复杂，其分子大小、形状也各不相同。在结构上，通常认为，蛋白质分子的一级结构即氨基酸序列按一定规则构成二级结构，再由二级结构折叠成三级结构。研究证明，在二级结构和三级结构之间，还有一个结构层次，英文名为 Domain，通常译为结构域。结构域是由 α-螺旋、β-折叠等二级结构单位按一定的拓扑学规则构成的三维空间结构实体。有些相对分子质量小的蛋白质分子，如蝎毒、蛇毒和蜘蛛毒素等多肽类神经毒素，只有一个结构域构成，而大部分蛋白质分子，则是由若干个结构域构成的。例如，有一种和癌症的发病有关的癌胚抗原 CEA（carcinoembryonic antigen），是由七个大小和形状都非常相似的结构域拼接构成的，各结构域之间由柔韧性较大的“铰链”片段相连。研究发现，癌胚抗原的这种多结构域特征有利于它所起的细胞识别和黏合作用。有的蛋白质分子则是由结构完全不同的几个结构域构成。例如，丙酮酸激酶的分子则是由四个完全不同的结构域组成。蛋白质的立体结构可以看作由结构元件组装而成的，因此可以在不同的蛋白质之间成段地替换结构元件，期望能够转移相应的功能，把优秀的功能结合在一起从而创造出新型蛋白质。这种方法可以将不同蛋白质的特性集中在一种蛋白质上，显著地改变蛋白质的特性。一般多是将编码一种蛋白质的部分基因移植到另一种蛋白质基因上或将不同蛋白质基因的片段组合在一起，经基因克隆和表达，产生出新的融合蛋白质。现在研究的较多的所谓“嵌合抗体”和“人源化抗体”等，就是采用的这种方法。

英国剑桥大学的 Winter 等利用分子剪裁技术成功地在抗体分子上作了实验。抗体分子由 2 条重链、2 条轻链组成。两条重链通过二硫键连接起来呈 Y 形；而两条轻链则通过二硫键连接在重链近氨基端的两侧。重链有 4 个结构域，轻链有 2 个结构域。抗原的识别部分位于由轻、重二链的处于分子顶部的各 1 个结构域的高度可变区。抗体分子与抗原分子互补的决定子是由可变区的一些环状肽段组成的。Winter 等将小鼠单抗体分子重链的互补决定子用基因操作办法换到人的抗体分子上。这个实验具有重大的医学价值，因为小鼠单抗比人的单抗容易制备，而在医学上使用的是人的单抗。采用分子剪裁法可以制备小鼠的单抗，然后将互补决定子转移到人的抗体分子上，达到与人的单抗分子同样的效果。

第三节　全新蛋白质设计

利用定点突变和蛋白质分子拼接的方法对天然蛋白质进行改造已有很多成功的实例，但他们只对天然蛋白质中少数的氨基酸残基进行替换，而蛋白质的高级结构基本保持不变，因而对蛋白质功能的改造极为有限。我们知道，蛋白质的空间结构受其氨基酸序列控制，而功能又与结构密切相关，同时基因工程的发展为蛋白质序列的表达提供了有力的手段，因此如果能够找到构造蛋白质结构的方法，我们就能得到具有任意结构和功能的全新蛋白质，这就是蛋白质全新设计问题。全新蛋白质分子设计也称为蛋白质分子从头设计，是指基于对蛋白质折叠规律的认识，从氨基酸的序列（一级序列）出发，设计制造自然界中不存在的全新蛋白质，使之具有特定的空间结构和预期的功能。

一、全新蛋白质设计方法

（一）全新蛋白质设计程序

蛋白质分子的全新设计是以人们对蛋白质结构的了解，对蛋白质结构与功能关系的认识为基础。成功地从头设计一个蛋白质或活性位点需要正确理解所有有关的相互作用，理论的正确与否与设计成功与否直接相关。由于设计的蛋白质是由一个算法（algorithm）采用一组描述相互作用的参数而产生，因此在设计参数和蛋白质特性之间可以建立直接的实验联系。在设计的过程中，计算机模拟技术和基因操作技术是两个必不可少的工具。

蛋白质全新设计的一般策略是“设计循环”（design cycle），就是理论设计和实验验证交互进行，逐步发展。Mayo 等提出典型的 PDA（protein design automation）方法，PDA 循环包括四个部分：设计、模拟、实验和分析。首先确定设计目标后，基于理论和研究结果，由一个算法设计出初始分子模型，经过结构预测和构建模型对序列进行初步的修改；然后进行多肽合成或基因表达，实际构建这个分子，再用各种手段分析它，寻找成功或失败或不理想的原因，接着修改算法、参数、理论基础、改进模型，进行重新设计，如此循环反复。每一个全新蛋白质分子的设计，一般都要经过反复多次设计→合成→检测→再设计的过程。只有经过几轮或多轮的设计、检验和再设计，方可获得一个正确折叠的蛋白质。在这个过程中，复杂程度渐进增强，对蛋白质结构和功能的理解也逐渐深刻丰富起来。

（二）全新蛋白质设计目标的选择

在“小改”和“中改”里，通常是从一个已知顺序、结构和功能的蛋白质出发，根据一定的目标和设计方案，使用多肽合成或者基因工程的方法，改变它的结构，期望达到改变其性质的目的。但在大改——从头设计中就不同了。它期望达到的目标是一个确定的结构，或者甚至是一个具有某种特定功能的结构，为此人们努力去创造一个氨基酸顺序，要求它能按照预想折叠成所期望的结构。为了使任务简单化，往往在确定所期望的目标结构时，使它对应于自然界现存的一个已知的基本结构图样（motif），如 α-螺旋束、夹心 β 层，或由 α-螺旋和 β 链共同组成的其他规则结构图样等，但又要不同于任何已知天然顺序。

全新蛋白质分子设计依据设计的目的可以分为结构的从头设计和功能的从头设计两类，目前的研究重点和难点是结构设计。如同所有的探索工作，结构设计也是从最简单的二级结构开始，以摸索蛋白质结构稳定的规律。在超二级结构和三级结构设计中，一般选择天然蛋白质结构中一些比较稳定的模块作为设计目标，如四螺旋束和锌指结构等。在蛋白质功能设计方向主要进行天然蛋白质功能的模拟，如金属结合蛋白和离子通道等。最近，Rose 等给蛋白质全新设计提出一个新目标——Paracelsus challenge，他们悬赏 1000 美元给第一位通过改变少于 50%的序列，将蛋白质从一种折叠类型成功地改变到另一种类型的设计者。

（三）设计方法

在初步选定了氨基酸顺序之后，再用 Monte Carlo 法或分子动力学计算将它的三维模型优化，继之以能量极小计算，使构象的能量水平达到最低和稳定。在实验室里，开始制备这个从头设计的蛋白质之前，人们通常都使用一切可能的计算工具，对设计的模型进行几轮甚至是许多轮的检验和修正。经验证明，这样做对实验工作获得成功是极端重要的。

1. 设计方法种类

目前构建新蛋白质的路径主要有两种：一种就是完全通过分子中原子的交互作用而设计出一种称之为氨基酸的蛋白质分子链；另一种是氨基酸可以随机进行多种化合物的

排列组合，这种逻辑的结论就是只要进行足够的组合最终就能够得到想要的新型蛋白质。目前所有的算法都基于一种思路，首先选择某种主链骨架作为目标结构，随后固定骨架，寻找能够折叠成这种结构的氨基酸组合。这也就是目前蛋白质从头设计具体步骤的主要两步，就是所谓的“逆折叠”（inverse folding）方法。寻找目标组合的直接想法是穷举法，检查合适大小范围内的每种组合，选出正确的组合。但实际上即使对设计一个小肽，穷举法也几乎是不可能的，一条特定的肽链所能采取的构象的数目是极其巨大的。以相对较小的 100 个残基的肽链为例，由 20 个天然氨基酸组成，就有 20^{100}（大于 10^{130}）种可能性，如果每种可能合成一个分子，把这些分子放到一个盒子里，这个盒子会比数个宇宙还大，更何况每个残基位置上都可能有许多转子，这个组合数就太大了。解决办法是先考虑“二元模式”和氨基酸的二级结构倾向性，各个位置上不是每个氨基酸都适合的，考虑到这些特性后，每个位置上就只有不多的氨基酸需要进一步检验了。至于每个氨基酸又有许多转子的问题，减少组合的办法多是基于“转子库”（rotamer library）方法。对蛋白质结构数据库的分析表明，侧链只是在某几个角度上分布的可能性比较大，搜索只考虑一组有限数目的不连续的可能旋转构象就可以了。即使经过这样的处理，组合数仍然是巨大的。例如，只考虑 15 个残基，每个残基 50 个转子，仍有 10^{25}种顺序，每秒计算 10^9 个，也还要算 10^9 年才能算完。一般都是用“死端排除法”（dead end elimination，DEE），以整体能量最小为标准，能发现组合中的一些死路而消除它们，从而大大减小了组合数。至此，所需搜索的组合数已经在当前计算能力允许范围内了。搜索完毕后，一般是按照搜索中的某种打分函数的评判，给出合适组合的清单。

最早的设计方法是序列最简化方法（minimalist approach），其特点是尽量使设计序列的复杂性最小，一般仅用很少几种氨基酸，设计的序列往往具有一定的对称性或周期性。这种方法使设计的复杂性减少，并能检验一些蛋白质的折叠规律（如 HP 模型），现在很多设计仍然采用这一方法。1988 年 Mutter 首先提出模板组装合成法（template assembled synthetic protein approach，TASP），其思想是将各种二级结构片段通过共价键连接到一个刚性的模板分子上，形成一定的三级结构。模板组装合成法绕过了蛋白质三级结构设计的难关，通过改变二级结构中的氨基酸残基来研究蛋白质中长程作用力，是研究蛋白质折叠规律和进行蛋白质全新设计规律探索的有效手段。还可从热力学第一定律出发设计蛋白质，即按热力学第一定律从头设计一个氨基酸序列，它能折叠成一个预期的结构。为了提高设计的速度和效率，现在已经发展了很多种自动设计方法，如 Jones 运用蛋白质反向折叠方法结合遗传算法发展的自动设计方法和来鲁华等运用三维剖面（3D profile）结合遗传算法发展的自动设计方法。

2. 设计中需考虑的因素

具体设计中要考虑的因素较多。例如，要正确选择二级结构倾向性的残基，正确布置适应目标结构的“二元模式”（binary pattern），正确选择转角、帽结构以连接和终止螺旋，正确选择适应于堆积核心的疏水侧链，另外还可以导入内部的极性作用，主要有二元模式、二级结构倾向性、互补堆积（complementary packing）等。所谓二元模式指的是氨基酸的亲疏水性在编码结构中的作用。对残基的亲疏水性的考虑几乎是设计中的唯一标准，是最重要的因素。二元模式的作用可能主要在二级结构上发挥出来，二级结构是具有周期性的，沿主链残基的亲疏水性也是有周期性的，并与二级结构相适应。例如，PHPPH（用 P 代表极性残基 polar，用 H 代表疏水残基 hydrophobic）、HPPHH 是 α-螺旋的常见模体（motif），而交替的 HPHPH 或 PHPHP 则适宜于双亲性 β 片层。为了衡量二元模式编码结构的能力，Kamtekar 作了如下实验：合成基因，用NAN来编码极性残基（Lys、His、Gul、Gln、Asp、Asn），用NTN（Met、Leu、Ile、Val、Phe）来编码疏水残基，按照四螺旋束的亲疏水模式安排残基，但具体是哪一个残基则随机决定；然后建库、表达。结果表明，符合这种模式的蛋白质许多都是紧密折叠的，而完全随机的蛋白质大多是松散的，甚至根本不折叠。不过另一方面，符合这种模式的蛋白质也不全具有类似天然的结构，也有根本不折叠的。显然，二元模式不是最佳的。对已知结构数据库的统计分析表明，各种氨基酸在不同的二级结构中出现的频率是不同的，就是说各种氨基酸形成不同二级结构的倾向性是不同的，这就是所谓的二级结构倾向性。设计时应将合适的氨基酸安排在其倾向的二级结构中，特定的序列还可以成为某种二级结构的起始或终止信号。例如，一个四残基的N帽出现在许多螺旋的N端，与两个特异的侧链-主链氢键有关，而C帽则常和甘氨酸的疏水作用有关。转角则将二级结构元件连接起来，有些转角模体在某些蛋白质家族中是高度保守的，如酪氨酸转角，但在Rop蛋白中把天然转角换成多聚甘氨酸，总体结构却保持不变。

设计中还要考虑到“互补堆积”。天然蛋白质的核心中的侧链相互镶嵌地堆积在一起，几乎不留出什么空间，这种作用即使疏水作用尽量的大，也不至于引起拥挤，这就是互补堆积。所以，对侧链的大小外形都是有一定要求的。尽管大多数极性侧链都是暴露在表面，而内部还有一些极性侧链构成盐桥或氢键网络。这些内部的盐桥或氢键网络并不是使蛋白质稳定而是建立了一种构象特异性。对已知结构数据库的统计分析发现，内部的极性残基比在表面的极性残基要保守得多。不少成功的设计工作都是内部引入了有限的几个极性残基。成功的设计需要仔细地考虑各种因素，但是目前人们对蛋白质结构并没有完全理解，每一条经验规律都存在着许多例外情况。

3. 设计中的困难

在以往的设计实验中普遍发现，很容易达到整体正确的构象，但局部细节却很难达到完全正确，从头设计的蛋白质经常是具有正确的拓扑学结构、明显的二级结构、合理的热力学稳定性，但却缺乏天然蛋白质的那种高度堆积特异的构象，呈一种“熔球”状态，或者说是部分折叠，这是目前面临的最大困难和最大挑战。为达到一种特异的构象，必须有一个高度特异的核心构象，这个核心在所有可能的状态中具有最低能量，并且与其他竞争状态有个较大的能量差异。有两种办法可以达到这个目的。一种是“反面设计”（negative design），就是升高竞争构象的能量。例如，使用一个甘氨酸或脯氨酸使该段不易形成α-螺旋而容易形成一个转角，或者在一些关键点上放上极性残基使该段不易形成错误的疏水核。另一种方法是“靶构象优化”（target state optimization），就是尽可能地搜索具有最小能量的靶构象，这就依赖于灵敏的搜索方法。也有采用“天然模体”方法（natural motif approach），就是将活性位点或结合位点移入不相关的天然的宿主蛋白质中而产生具有新功能的蛋白质。这样由于主体是天然蛋白质，具有特异的构象，可以避免产生熔球状态。Butcher等根据对PF4zip的研究结果，将GCN4zip肽段更换了4个氨基酸，既保持了稳定特异的构象，又模拟了PF4zip的肝素结合活性。当然，这已经不是“大改”的范畴了，只是在现有技术条件下才更有实用意义。

二、蛋白质结构的从头设计

（一）蛋白质结构的从头设计原则

根据蛋白质折叠的研究和全新设计的探索，人们发现一些蛋白质全新设计的原则和经验，若半胱氨酸形成二硫键的配对无法预测，一般都尽量少用甚至不用，特别是在自动设计方法中。但当序列能够折叠成预定的二级结构后，常常可以引入二硫键来稳定蛋白质的三级结构。蛋白质结构设计的核心问题是如何设计一段能够形成稳定、独特三维结构的序列，也就是说如何克服线性聚合链构象熵的问题。要使一段序列形成正确折叠的三维构象，必须设计足够多的相互作用能来超过构象熵。为了达到这个目的，我们可以采用以下两种方法：①使设计的相互作用强度和数目达到最大；②以共价交叉连接的方式减小折叠的构象熵。

目前，对于螺旋已有很好的认识，科学家逐渐把重点放在二级结构在三维空间形成的独特构象通过长程相互作用可控形成超二级结构。目前科学家可以比较有把握地设计并合成螺旋束，β-折叠片以及 ββα 模块，因为它们的形成规律比较清楚，成功的概率也比较高。以下分别概述各级结构的设计。

1. 二级结构的设计原则

α-螺旋结构简单，在溶液中比较稳定。因而，对 α-螺旋的设计积累了一些经验：①选择倾向于形成 α-螺旋的氨基酸，如 Leu、Glu 和 Met 等；②在设计两亲性的 α-螺旋时，为使结构中形成一个亲水面和一个疏水面，疏水性氨基酸残基应按 3 或 4 的间隔排列；③为稳定 α-螺旋，常常需要在其 N 端加一个 N 帽，形成 N 帽的氨基酸残基有 Gly、Asn、Set 和 Met 等，在其 C 端加一个 C 端帽，形成 C 帽的氨基酸有 Gly、Ser、Arg 和 Gln 等；④设计 α-螺旋时，常使带正电荷的氨基酸残基靠近 C 端，带负电荷的氨基酸残基靠近 N 端，因为 α-螺旋中所有的氢键指向同一方向，沿螺旋轴积累总的效果形成一个由 N 端指向 C 端的偶极矩。

β-折叠片的设计比 α-螺旋困难，主要是因为 β-折叠片结构中氢键形成在不同的 β-折叠股间，另外由于单个氨基酸残基平均形成的氢键数较 α-螺旋中少，因而结构稳定性较差，而且单个 β-折叠股结构不能稳定存在。β-折叠片的设计原则主要是选择形成 β-折叠片倾向性较大的氨基酸残基和使亲水性残基和疏水性残基相间排列。

转角对蛋白质各种二级结构的空间相对位置和稳定蛋白质的三级结构起着重要的作用。转角设计的关键是选择合适的转角类型。因为转角对每个位置的氨基酸残基的二面角有一定的要求，而这些二面角决定了连接的两个二级结构的空间关系。Pro 和 Gly 是 α-螺旋的中断者，Glu 是 β-折叠的中断者，所以设计时可利用这些氨基酸残基来终止和分隔不同的二级结构。

2. 超二级结构和三级结构的设计原则

超二级结构和三级结构的设计一般在二级结构设计好的基础上进行，并考虑疏水中心的形成。α-螺旋的 coiled-coil 的序列有周期性重复的七肽，用 abcdefg 来表示，其中 a 和 d 位置处于螺旋间的界面，因而设计时应选择疏水性氨基酸残基，而其他位置为暴露的表面，应选择亲水的氨基酸残基。β 发卡是另一种常见的超二级结构，单独的 β 发卡在溶液中通常不能稳定存在，常常因多肽聚集而形成分子间 β-折叠片。β 发卡设计的一个关键部分是其中 β 转角的设计，特别是选择合适的转角类型。

（二）蛋白质结构的从头设计实例

由于计算技术的发展，使应用物理学的原理处理上万个原子组成的生物大分子体系成为可能。蛋白质全新设计的研究工作，国外非常重视，但是由于人们目前对于蛋白质认识的局限性，现有的蛋白质分子设计工作一般侧重于一些结构简单、规律明显的蛋白质（图 2-4）。其中最著名的例子之一是四螺旋束和 β 筒结构的设计。四螺旋束和 β 筒结构都是自然界中广泛存在的结构类型，如细胞色素 b562、蚯蚓血红蛋白、烟草镶嵌病毒外壳蛋白等许多蛋白质都含有相连的四螺旋束。这些蛋白质的同源性很小，但巧的是都具有相似的三维结构，这显示了这类结构的稳定性，因此四螺旋束结构类型成为从头设计蛋白质的首选目标。四螺旋束结构可以作为一个独立的折叠单位，易于独立研究，最早由 W. F. DeGrado 等应用“设计循环”的策略完成了一个四聚体螺旋束的设计。该四聚体螺旋束共有 74 个氨基酸残基，4 段螺旋的序列完全相同，分别由 16 个氨基酸残基组成，螺旋之间的 3 段连接也完全相同，各由 3 个氨基酸残基组成。该四聚体螺旋束的一级序列如下：

螺旋（Helix）：Gly-Glu-Leu-Glu-Glu-Leu-Leu-Leu-Lys-Lys-Leu-Lys-Glu-Leu-Leu-Lys-Gly；

连接（Loop）：Pro-Arg-Arg；

肽链：NH_2-Met-Helix-Loop-Helix-Loop-Helix-Loop-Helix-COOH。

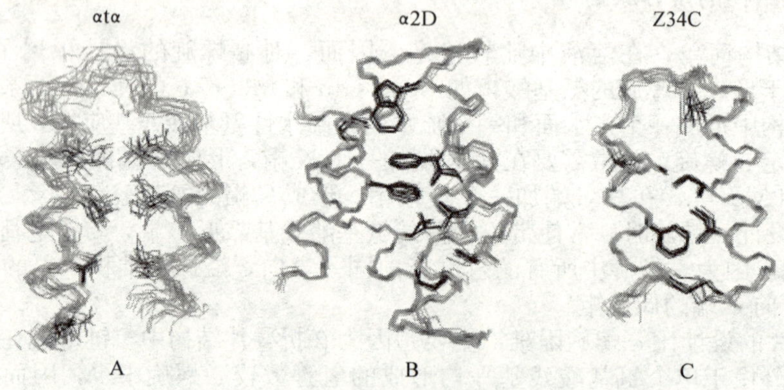

图 2-4 三种全新设计的螺旋束蛋白

A. αtα（引自 Fezoui et al.，1997）；B. α2D（引自 Hill and DeGrado，1998）；C. Z34C（引自 Starovasnik et al.，1997）

对螺旋的一级序列选择时，Degrado 等着重选择了 Leu、Lys 和 Glu 三种氨基酸残基。仅使用 Leu 作为疏水残基，放在螺旋的内侧；Lys 和 Glu 是带电残基，作为极性残基置于螺旋的外侧，作用是使螺旋稳定。在每个螺旋的两端各加上一个 Gly 结束，目的是中断螺旋，又为将来加环区埋下了伏笔。之后，研究者在两个反平行的螺旋间加了环区，并根据第一步的结果对螺旋进行了一些修改。环区开始是用单个 Pro 与两个螺旋的终结者 Gly 构成 Gly-Pro-Arg-Gly 的连接区，结果发现产物成了三聚体（含 6 个螺旋）而不是期望的二聚体（4 个螺旋），后来将连接的环区改成 Gly-Pro-Arg-Arg-Gly 才得到二聚体。然后在二聚体之间加了第三个连接体，用的仍是 Pro-Arg-Arg，这个肽共 74 个残基。最后，他们合成了该多肽的基因，在 *E. coli* 中实现了表达。整个四螺旋束结构具有对称性，相邻螺旋反平行，螺旋轴夹角大约在 18°，疏水性残基在内部，极性残基在表面，整个螺旋呈两性。由于四螺旋束中 4 条链的相互制约，每段螺旋的末端都向外张开，创造了一个潜在的结合位点。这项工作被誉为蛋白质分子设计的第一个里程碑。后来 Richardson 等也成功设计了四螺旋捆，称为 Felix（意为 four helix），79 个残基，由非重复序列组成，并在 1～4 螺旋间加了一个二硫键，新近 Dolphin 也设计出一个新的四螺旋束蛋白。

设计目标除了 α-螺旋外还有 β-折叠。β-折叠比 α-螺旋要困难一些，后者主要靠局域性的氢键就可以设计出来，而前者却涉及了序列上靠近或不靠近的不同股之间的氢键。著名的是 Betabellin（beta barrel bellshaped protein，β 喇叭筒状蛋白质），是由前后两个 β-折叠组成，每个折叠由四股组成，由美国学者 Erickson 和 Richardson 等设计的。Betabellin 由 2 个完全相同的 β-折叠片层组成，每一片层包含 4 条 β-折叠股，前 3 条 β-

折叠股各有 8 个氨基酸残基，最后一条 β-折叠股由 7 个残基组成，因而每一片层包含 31 个残基；在设计 betabelliin 时考虑形成 β-折叠的倾向性以及肽链之间的相互作用，选择了 Thr、Ser、Val、Leu、Ile 和 Ala。这些残基中，Thr 和 Ser 是极性残基，位于表面，以便与溶剂形成氢键；Val 和 Ile 是 β 形成体；Ala 的体积小，有利于内部堆积。在排布残基位置时，充分考虑了 β 链之间的成对效应，即尽可能地安排疏水性残基与疏水性残基相对排列，带异性电荷的残基相对排列。带有大支链残基与不带支链残基相对排列，这样的排布使得在肽链之间产生最强的相互作用；两个片层依靠交联分子连接在一起，形成了一个筒状结构。Kortemme 等利用结构骨架模板和分级迭代算法（an iterative hierarchical approach）设计出一个 20 个氨基酸残基的 Betanova 蛋白质，该蛋白形成一个呈单体、3 条链、反向平行的 β-折叠（图 2-5）。美国 Duke 大学的 Thomas 等从头设计了由 66 个氨基酸组成的 β-折叠结构，该结构是由两个完全相同的 4-链式 β-折叠二聚化后，形成一个称为 β 二聚体（betadoublet）的 β-三明治蛋白质，两个 β-折叠之间由二硫键将二聚体连成一个球状蛋白（图 2-6）。

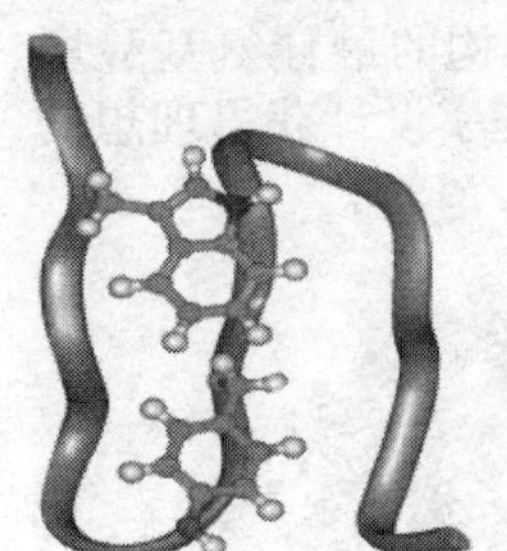
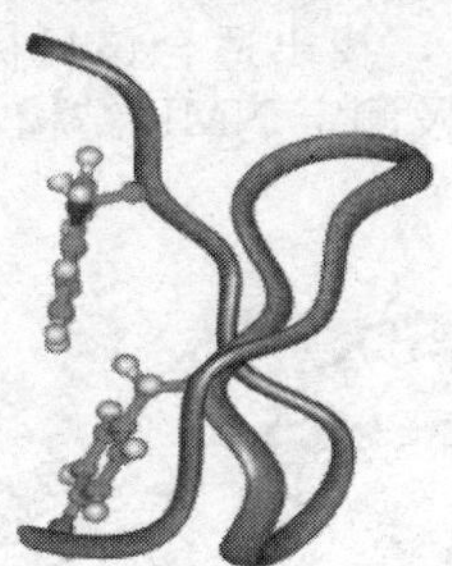

图 2-5　从头设计的 20 个氨基酸残基的三股式 β-折叠
（引自 Kortemme et al.，1998）

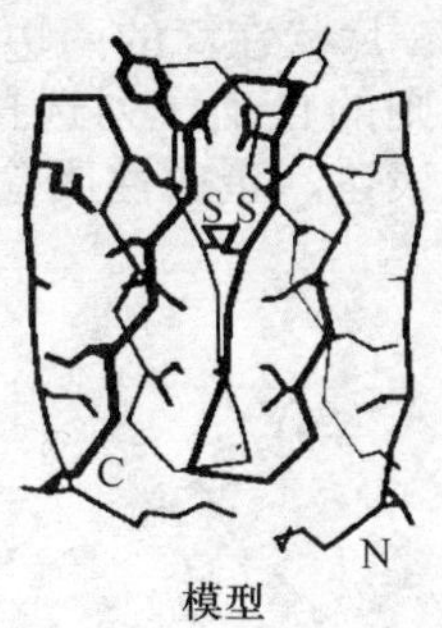

图 2-6　从头设计的 β 二聚体
（引自 Thomas et al.，1994）

随着理论和技术的发展，人们又把目标瞄向 α/β 混合蛋白质，以及进一步优化已经成功的结果和将设计工作自动化。最近 Struthers 等根据锌指结构成功地设计了一个不含二硫键也无需任何金属离子而形成 ββα 三级结构的 23 肽，其结构通过 NMR 检测得到证实，这是迄今为止最为成功的三级结构设计实例（图 2-7A）。Ali 等在 Struthers 的工作基础上继续展开 ββα 聚合体的蛋白质从头设计工作（图 2-7B），最近他们利用结构分析和计算机设计将一同源四聚体转换成已知最小的 α/β-异源四聚体，通过计算机筛选

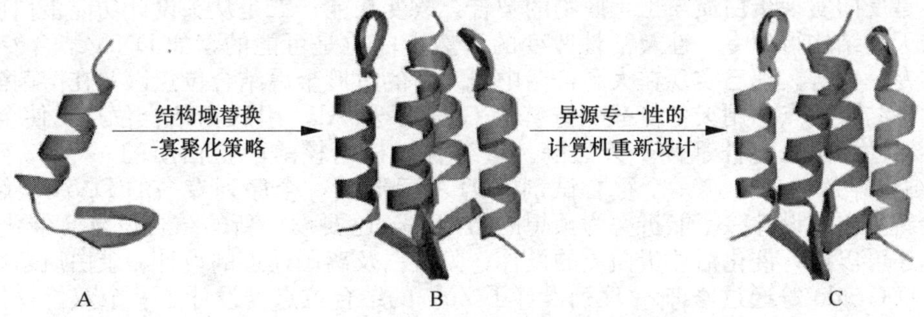

图 2-7　ββα 型异源四聚体的设计历程

A. 23 个氨基酸自动折叠成的锌指结构（ββα5）的核磁共振（NMR）结构（引自 Struthers et al.，1996，1998）；B. ββα5 同源四聚体衍生物 ββαT2 的 X 射线结构（引自 Ali et al.，2004）；C. ββαT2 异源四聚体衍生物 ββαhetT1 的 X 射线结构（引自 Ali et al.，2005）。

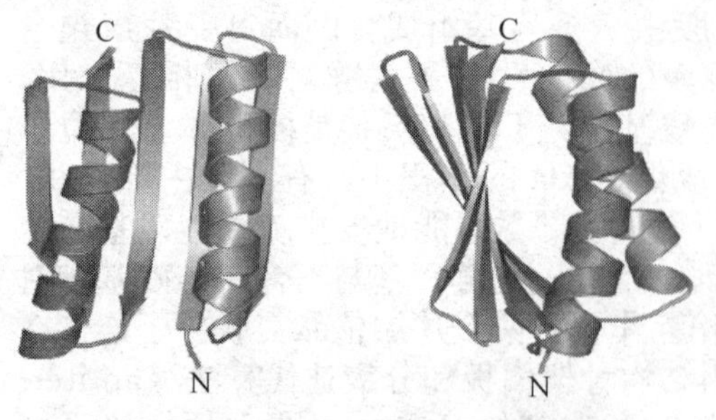

图 2-8　全新设计的 Top7 蛋白
（引自 Kuhlman et al.，2003）

得到由 21 个氨基酸残基组成的多肽能够自动协同折叠成一特殊结构（图 2-7C）。2003 年 Kuhlman 等利用 ROSETTA 来设计成功一种称为 Top7 的 α/β 新蛋白，氨基酸序列和蛋白拓扑结构都是新颖的（图 2-8），这种 93 种氨基酸的蛋白被证明是单体并且是折叠的，X 光结构分析表明与预测非常吻合，证明该现代蛋白设计方法可以在原子水平上准确设计一种崭新的蛋白，为设计自然界不存在的大结构蛋白提供了可能。Offredi1 等设计合成了一个由 216 个氨基酸残基组成的 α/β-筒状蛋白质（图 2-9），该设计是经过两步：第一步，利用代表目标蛋白折叠的几何参数来定义一个理想的蛋白质骨架：骨架中心是一个 8 条平行链的 β-片状（sheet），四周由 8 个 α-螺旋环绕，β-片状在筒的两边与短结构的转角相连。第二步，运用一个基于死端排除法（DEE）原则的自动序列选择运算，找出适合该目标结构的最佳氨基酸序列，经合成基因、蛋白表达、蛋白性质检测以及测定 NMR 结构，证实设计获得理想的目标蛋白。

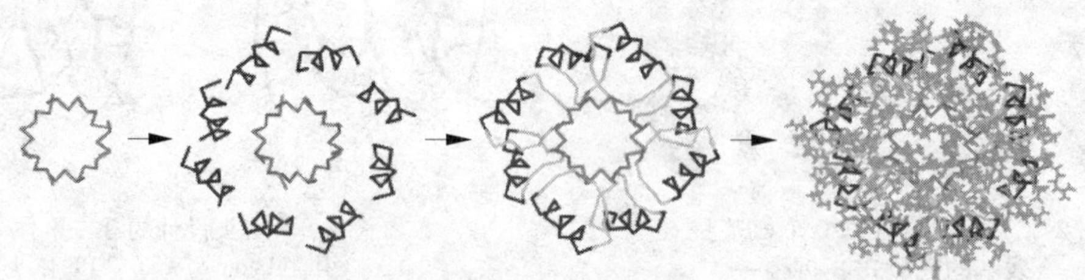

图 2-9　α/β-筒状蛋白质的全新设计
（引自 Offredi1 et al.，2003）

三、蛋白质功能的从头设计

除了努力达到设计出具有目标结构的蛋白质外，人们更希望设计出有目标功能的蛋白质。蛋白质功能设计主要涉及键合和催化，为达到这些目的可以采用两条不同的途径：一是反向实现蛋白质与工程底物的契合，改变功能；二是从头设计功能蛋白质。通过修饰天然结构得到专一性及活性改变的天然蛋白质是可能的，如 DNA 结合专一性、底物的专一性等。现已实现在大肠杆菌中引入新的过渡金属结合位点以及在溶菌酶中引入新的钙结合位点。用天冬氨酸侧链替代 Gln_{86} 以及 Ala_{92} 引入钙结合位点，使金属-溶菌酶的活性及热稳定性都优于天然酶。重组脱氧核糖核酸酶蛋白质的一个 52 残基的 DNA-结合碎片共价连接一个螯合试剂 EDTA 后形成一个序列专一的 DNA 裂解蛋白质。全新蛋白质设计除了能折叠为预想的结构外，还要设计新的结合位点及催化性质。此外，还可以进行催化活性蛋白质的设计、膜蛋白及离子通道的设计、蛋白质新材料的设计。DeGrado 等通过修饰 α_4 序列设计了 Zn^{2+} 的结合位点，设计了一个双价锌指结构蛋白（图 2-10）；该新蛋白与野生型的相比，更加稳定，活性洞穴能容纳更多的小分子化合物，但结合小分子化合物的解离速度加快。Munson 等合理设计出 4 螺旋束蛋白质（the 4-helix-bundle protein rop），该蛋白质具有新的疏水核心，比野生型蛋白更加稳定（图 2-11）。

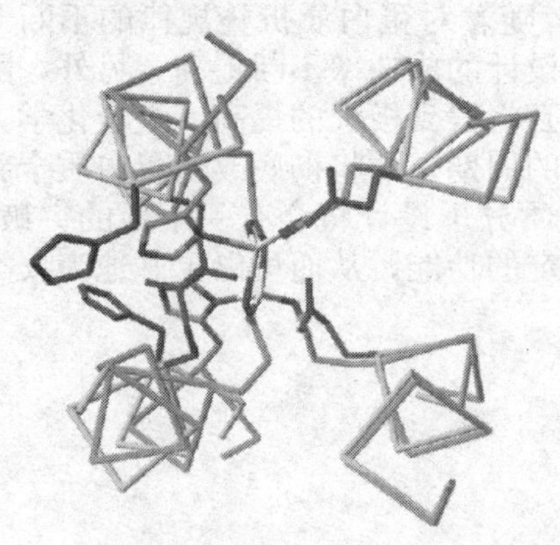
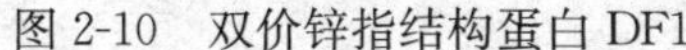
图 2-10　双价锌指结构蛋白 DF1

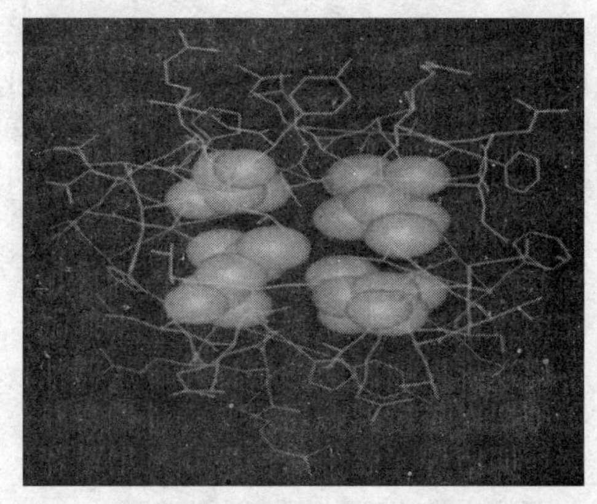
图 2-11　全新设计具疏水核心的四螺旋束蛋白
（引自 Munson et al.，1994）

最近北京大学的来鲁华教授课题组发展了一种“蛋白质关键残基嫁接”的算法来进行蛋白质功能设计。主要依据的是蛋白质和蛋白质结合时，往往存在少数几个非常关键的残基对结合起到主要作用。基于这种情况，用于将一个蛋白质的关键功能性残基嫁接到另一个不同结构的蛋白质上，并取得了成功。促红细胞生成素（EPO）通过和它的受体（EPOR）相互作用，促进红细胞的分化和成熟。将 EPO 上的关键功能性残基嫁接到一个结构完全不同的 PH 结构域蛋白上后，PH 蛋白具有了和 EPOR 结合的功能，而这种功能在自然界中是不存在的。这种方法将有可能应用在更为广泛的例子上，实现蛋白质功能的自由设计。

对于蛋白质分子设计，目前逐步开始走向自动化设计，已有很多现成的蛋白质分子设计软件。国外的一些大型软件包主要有 SYBYL、BIOSYM 等。国内的北京大学化学系（来鲁华课题组）有 PEPMODS 蛋白质分子设计系统，以及中国生物物理研究所（陈润生课题组）和中国科学院上海生物化学研究所（丁达夫课题组）等设计有 PMODELING 程序包。

四、全新蛋白质分子设计的展望

蛋白质全新设计不仅使我们有可能得到自然界不存在的具有全新结构和功能的蛋白质，而且已经成为检验蛋白质折叠理论和研究蛋白质折叠规律的重要手段。国内外都非常重视蛋白质全新设计的研究工作，但是由于我们对蛋白质全新设计的理论基础即蛋白质折叠规律的认识还不够，蛋白质全新设计还处在探索阶段。蛋白质从头设计这个领域还有许多挑战性的问题，如 β-折叠蛋白质、α/β 交替蛋白的设计还有困难，即使对 α-螺旋蛋白而言，要设计各种性能都和天然蛋白质一样仍然是个问题。序列组合中只有极少数序列能形成精确的结构、高水平的活性，要设计出这样的分子无疑是个难度更高的课题。在设计思想上，目前往往偏重考虑某一蛋白质结构稳定因素，而不是平衡考虑各种因素，如在超二级结构和三级结构的设计中，常常是力求使各二级结构片段都具有最大的稳定性，这与天然蛋白质中三级结构的形成是二级结构形成和稳定的重要因素刚好相反。从设计的结果看，目前还只能设计较小的蛋白质，现有的蛋白质分子设计工作一般侧重于一些结构简单、规律明显的蛋白质，而且其水溶性也较差，而且大多不具备确定的三级结构。

蛋白质分子设计是一个难度极大又十分吸引人深入研究的领域，尽管目前还没有通过蛋白质设计得到具有所希望的结构和功能，并具有重要应用价值的新蛋白质，但在许多方面已取得显著的进展，如通过纳米管、血红素结合蛋白、氧化还原活性蛋白、

DNA结合蛋白以及基于蛋白质的高分子材料等方面。随着对蛋白质折叠规律的不断了解及蛋白质设计经验的不断积累，也将使蛋白质全新设计的成功率不断提高。另外，随着新实验技术的发展，蛋白质全新设计的速度和效率必将得到极大的提高。组合化学方法应用到蛋白质全新设计中必然能够大大地缩短设计的周期，并将彻底改变蛋白质全新设计的面貌。随着新的设计思路和方法的出现，蛋白质分子设计将会有一个新的突破。通过对蛋白质的全新改造使其能在特定条件下起到特定的功能，从而可以更好地为人类所用。

思考题

1. 试述蛋白质分子设计的概念和它的基本内容。
2. 试述蛋白质分子设计与蛋白质工程的关系。
3. 蛋白质分子设计的种类有哪些？他们各自有哪些特点？
4. 试述蛋白质分子设计的原理。
5. 试述蛋白质分子设计的程序。
6. 实施蛋白质设计需遵循哪些原则？
7. 定位突变的有哪些种类？试述其基本方法。
8. 试述蛋白质结构的全新设计方法与特点。
9. 试述蛋白质功能的全新设计方法与特点。
10. 如何促进蛋白质分子设计的发展与利用？

第三章　蛋白质的修饰和表达

蛋白质的修饰和表达是蛋白质工程的重要研究内容和手段。蛋白质的修饰作为改善蛋白质物理化学和生物学特性的有效手段，已经得到了越来越多的研究和开发。本章将从化学途径和分子生物学途径两个方面对蛋白质的修饰进行介绍。不同蛋白质在不同系统中的表达水平有显著差异，所以选择一种合适的表达系统对蛋白质的表达非常关键。大肠杆菌、酵母、杆状病毒和哺乳动物细胞是目前常用的表达系统，本章将同时对不同的表达系统进行简要的介绍，并讨论各自优缺点及常见问题。

第一节　蛋白质的化学修饰

作为生命活动物质基础的蛋白质的生物学活性不仅取决于其特定的一级结构，而且还取决于其特定的空间结构。从广义上说，凡通过活性基团的引入或去除，而使蛋白质一级结构发生改变的过程统称为蛋白质的化学修饰。有的情况下，化学结构改变并不影响蛋白质的生物学活性，这些修饰称为非必需部分的修饰。但是在大多数情况下，蛋白质化学结构的改变将导致生物活性的改变。在生物医学方面，化学修饰可以降低免疫原的免疫反应性、抑制免疫球蛋白的产生等；在生物技术领域，酶经过化学修饰后能够在有机溶剂中高效地发挥催化作用，并表现出特异的催化性能。化学修饰是研究蛋白质的结构与功能关系的一种重要手段，也是定向改造蛋白质性质的一种有力工具。

影响蛋白质化学修饰反应的主要因素有两方面：一是蛋白质功能基的反应活性；二是修饰剂的反应活性。影响蛋白质功能基反应活性的因素可以归纳为两个方面：一是基团之间的氢键和静电作用等；二是基团之间的空间阻力。根据化学修饰剂与蛋白质之间反应的性质不同，修饰反应主要分为酰化反应、烷基化反应、氧化还原反应、芳香环取代反应等类型，对蛋白质的巯基、氨基和羧基等侧链基团进行化学修饰。

一、蛋白质侧链基团的化学修饰

蛋白质化学修饰的主要部位是蛋白质的侧链基团。蛋白质侧链基团的化学修饰是一种广泛使用的研究手段，也是一种比较成熟的经典技术，在蛋白质特别是酶的结构与功能研究中，起着十分重要的作用。蛋白质侧链基团的化学修饰（以下简称化学修饰）是通过选择性试剂或亲和标记试剂与蛋白质分子侧链上特定的功能基团发生化学反应而实现的。在 20 种天然氨基酸的侧链中，大约有一半可以在足够温和的条件下产生化学取代而不使肽键受损，其中巯基、氨基和羧基特别容易产生有用的取代（图 3-1）。

（一）巯基的化学修饰

由于巯基具有很强的亲核性，巯基基团一般是蛋白质分子中最容易反应的侧链基团，因而人们最先研究它的特异性修饰试剂，并研究了巯基在酶催化过程中的重要作用以及在一些蛋白质中对维持亚基间相互作用所做的贡献。

烷基化试剂是一种重要的巯基修饰试剂，特别是碘乙酸和碘乙酰胺。通常，在蛋白质的氨基酸组成分析和测序前，要用碘乙酸来使巯基基团羧甲基化，以防止半胱氨酸的降解，而且羧甲基化的半胱氨酸很容易被氨基酸分析仪所识别。其他一些卤代酸（如溴代乙酸）卤代酰胺也被应用来修饰巯基，但反应比碘乙酸和碘乙酰胺要慢。

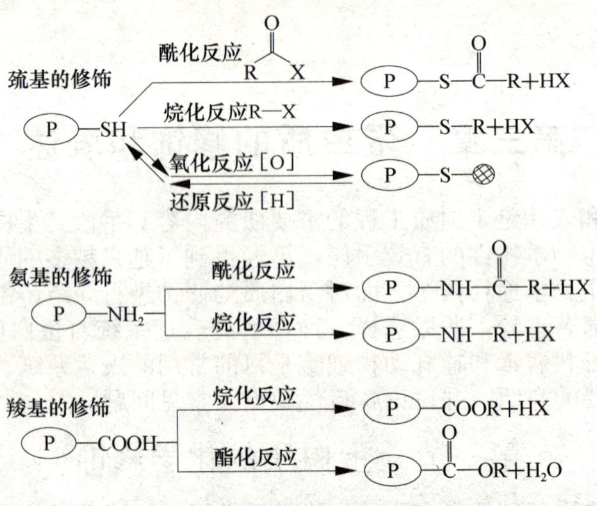

图 3-1　蛋白质侧链化学修饰反应类型

（引自谢芳等，2002）

N-乙基马来酰亚胺也是一种有效的巯基修饰试剂（图 3-2），该反应具有较强的专一性并伴随光吸收的变化，可以很容易通过光吸收的变化确定反应的程度。另外，*N*-马来酰亚胺自旋标记物可以作为自旋探针来研究蛋白质分子构象变化，如有效地研究了丙酮酸脱氢酶复合体系臂的运动性。

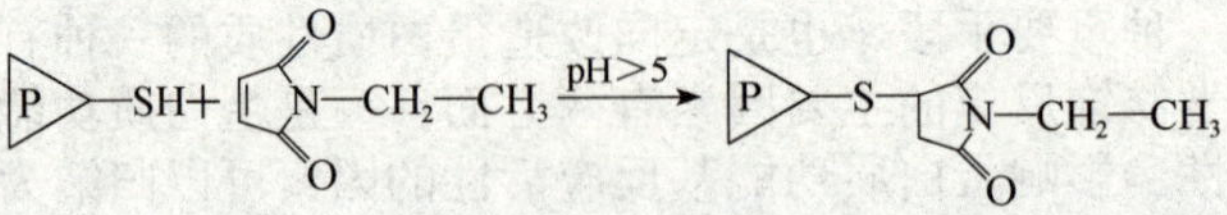

$$\text{P—SH} + \text{(maleimide)N—CH}_2\text{—CH}_3 \xrightarrow{pH>5} \text{P—S—(succinimide)N—CH}_2\text{—CH}_3$$

图 3-2　巯基的 *N*-乙基马来酰亚胺修饰

5,5-二硫-2-硝基苯甲酸（DTNB）是目前最常用的巯基修饰试剂之一。DTNB 可以与巯基反应形成二硫键（图 3-3），使蛋白质分子上标记 1 个 2-硝基-5-硫苯甲酸（TNB），同时释放 1 个有很强颜色的 TNB 阴离子。该阴离子在 412nm 具有很强的吸收，可以很容易通过光吸收的变化来监测反应的程度。

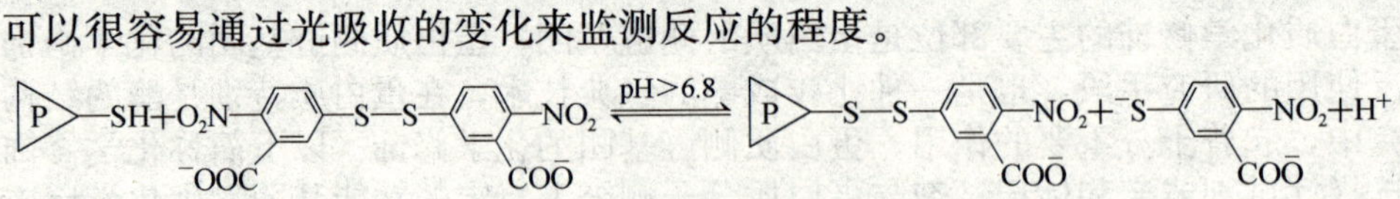

$$\text{P—SH} + O_2N\text{—Ar(COO}^-\text{)—S—S—Ar(COO}^-\text{)—}NO_2 \xrightleftharpoons{pH>6.8} \text{P—S—S—Ar(COO}^-\text{)—}NO_2 + {}^-\text{S—Ar(COO}^-\text{)—}NO_2 + H^+$$

图 3-3　巯基的 DTNB 修饰

（二）氨基的化学修饰

非质子化的赖氨酸的 ε-氨基是蛋白质分子中亲核反应活性很高的基团，因此是蛋白质或多肽分子比较容易与修饰剂发生作用的位点。ε-氨基的 pK_a 值一般为 10，由于微环境的影响，蛋白质分子中也可能存在低 pK_a 值的赖氨酸残基，这些残基具有更强的可反应性，因而可以被选择性地修饰。有许多化合物都可用来修饰赖氨酸残基，比较常见的有三硝基苯磺酸（TNBS）、烷基化试剂、氰酸盐以及磷酸吡哆醛（PLP）等。

三硝基苯磺酸能够与赖氨酸残基的 ε-氨基发生反应形成一种三硝基苯基化的氨基磺酸复合物（图 3-4），该复合物呈黄色，在 420nm 下有最大吸收峰。目前，氨基的烷基化已经成为一种重要的赖氨酸修饰方法，这些试剂包括有卤代乙酸、芳基卤和芳族磺酸，或者在氢的供体存在的条件下使蛋白质分子与醛或酮反应，称为还原性烷基化（图3-5）。在硼氢化钠的存在下，用不同的羰基试剂使卵类粘蛋白、溶菌酶、卵转铁蛋白的赖氨酸残基烷基化，修饰程度为40%～100%。

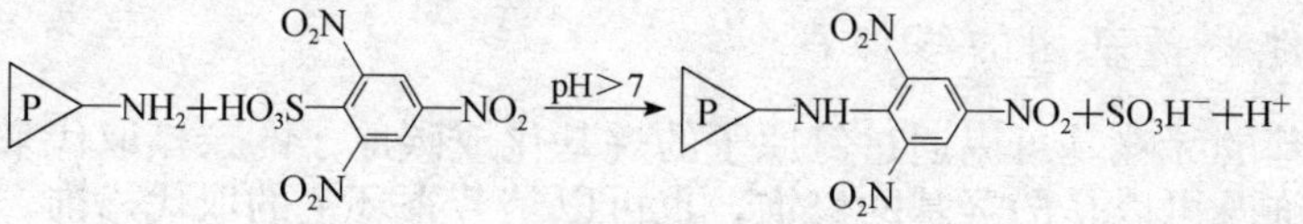

$$\text{P}-NH_2 + HO_3S-C_6H_2(NO_2)_2-NO_2 \xrightarrow{pH>7} \text{P}-NH-C_6H_2(NO_2)_2-NO_2 + SO_3H^- + H^+$$

图 3-4　氨基的TNBS修饰

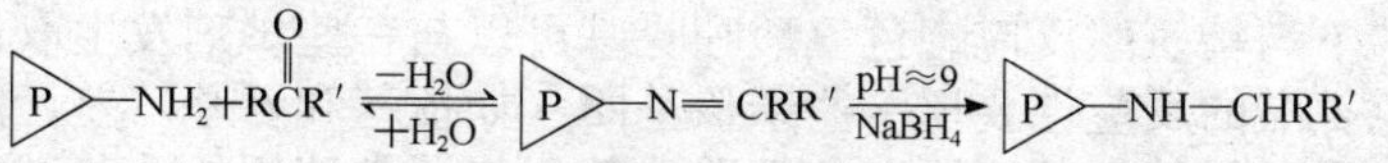

$$\text{P}-NH_2 + RC(=O)R' \underset{+H_2O}{\overset{-H_2O}{\rightleftharpoons}} \text{P}-N{=}CRR' \xrightarrow[NaBH_4]{pH\approx 9} \text{P}-NH-CHRR'$$

图 3-5　氨基的还原性烷基化修饰

磷酸吡哆醛是一种非常专一的赖氨酸修饰试剂，可逆反应生成的Schiff碱可通过硼氢化钠还原来固定，反应可通过光吸收或^3H-H_2B还原来定量。利用氰酸盐使氨基甲氨酰化也是一种常用的修饰赖氨酸残基的手段，这种方法的一个主要优点是氰酸根离子很小，比较容易接近所要修饰的基团。

（三）羧基的化学修饰

由于羧基在水溶液中的化学性质使得蛋白质分子中谷氨酸和天冬氨酸的修饰方法很有限，产物一般是酯类或酰胺类。蛋白质分子中的羧基可以通过碳二亚胺法、混合酸酐法等与蛋白分子上的氨基形成酰胺键，其中水溶性碳二亚胺法在这类化合物的偶联反应中的应用最为广泛，它在比较温和的条件下就可以进行（图3-6）。

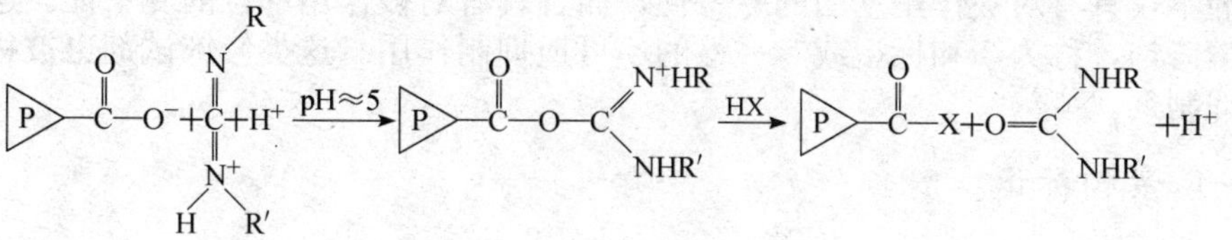

$$\text{P}-C(=O)-O^- + RN{=}C{=}N^+HR' + H^+ \xrightarrow{pH\approx 5} \text{P}-C(=O)-O-C(=N^+HR)(NHR') \xrightarrow{HX} \text{P}-C(=O)-X + O{=}C(NHR)(NHR') + H^+$$

图 3-6　羧基的碳二亚胺修饰

（四）二硫键的化学修饰

二硫键同巯基基团类似，具有其特有的特性，可以被特异地修饰，通常是通过还原的方法。这些方法通常与某些巯基修饰方法相结合以阻止再氧化成二硫键或计算断裂开的二硫键数目。用巯基乙醇将二硫键还原成游离的巯基是一种很常用的方法，具有高度的选择性和长的半衰期。为使二硫键充分还原，反应应该在有变性剂存在下进行，并且由于反应的平衡常数接近于1，必须使用超剂量的巯基乙醇。二硫键经还原剂处理后被还原成巯基，一般情况下很容易自动氧化回去，因而需要经过羧甲基化处理，以防止重新氧化成二硫键。

由于二硫键在序列分析中以及在蛋白质折叠研究中具有重要的地位，因此二硫键的化学修饰、二硫键数目的测定以及二硫键位置的确定非常重要。蛋白质分子中有无二硫键，是链内二硫键还是链间二硫键，这需要以试验的手段来证实。常用的判断方法是通过非还原/还原双向SDS电泳技术进行鉴定。第一向样品未经还原处理，第二向样品经还原处理。结果分子内既无链内二硫键又无链间二硫键的蛋白质由于两个方向的迁移率相等出现在对角线上；而分子内存在链间二硫键的蛋白质，二硫键的断裂会导致分子变小，所以第二向电泳时会出现在对角线的下方；只含有链内二硫键的蛋白质分子由于链内二硫键被还原，使分子伸展体积增大，所以会出现在对角线的上方。

（五）其他侧链基团的修饰

组氨酸残基的咪唑基可以通过氮原子的烷基化或碳原子的亲核取代来进行修饰。酪氨酸残基的修饰既可以是酚羟基的修饰，也可以是芳香环上的取代修饰。精氨酸残基含有1个强碱性的胍基，由于精氨酸残基的强碱性，使其与大多数试剂很难发生修饰反应，反应所需的高pH也会导致蛋白质结构的破坏，而一些二羰基化合物则能够在中性或弱碱性的条件下与精氨酸反应。色氨酸吲哚基可以与一些试剂发生取代反应或者被氧化裂解。由于色氨酸的反应性要比一些亲核基团（如巯基和氨基）差，而且色氨酸残基一般是位于蛋白质分子的内部，所以色氨酸残基不与通常使用的一些试剂反应。一种常用的修饰色氨酸残基的试剂是*N*-溴代琥珀酰亚胺（NBS），可以使吲哚基团氧化成羟吲哚衍生物，反应可以通过280nm处光吸收的减少而进行监测。但是酪氨酸残基也可与该修饰试剂发生反应，并且干扰光吸收的测定。蛋氨酸残基的化学修饰主要是由于硫醚的硫原子的亲核性所引起的，尽管该残基的极性较弱。在温和的条件下，很难选择性地修饰蛋氨酸残基，但可以用几种氧化试剂使蛋氨酸成为蛋氨酸亚砜，更多剧烈的氧化剂使它氧化成砜。

二、蛋白质的位点专一性修饰

蛋白质的化学修饰具有专一性，其专一性包括两个方面的含义：一是试剂对被修饰基团的专一性，如DTNB对半胱氨酸巯基是专一性的修饰试剂；二是试剂对蛋白质分子中被修饰部位，如膜蛋白质上的激素结合部位、酶的活性部位等位点的专一性，一般这类试剂不仅具有对被作用基团的专一性，而且具有对被作用部位的专一性。这类专一性的化学修饰，称为亲和标记或专一性的不可逆抑制作用。这类修饰试剂也被称为位点专一性抑制剂。

（一）亲和标记

亲和标记是一类位点专一性的化学修饰，试剂（抑制剂）可以专一性地标记于酶的活性部位上，使酶不可逆地失活，因此又称为专一性的不可逆抑制作用。属于这一方面的抑制剂可分为两类：一类是K_s型的不可逆抑制剂；另一类是K_{cat}型的不可逆抑制剂。前者是根据底物的结构设计的，它具有和底物结构相似的结合基团，同时还具有能和活性部位氨基酸残基的侧链基团反应的活性基团；后者则是根据酶催化过程设计的。设计或应用此类抑制剂，要求对酶的作用机制预先有一定的了解。这类抑制剂具有和底物类似的结构，具有被酶结合和催化的性质。此外，还有一个潜伏反应基团，在酶对它进行催化反应时，这个潜伏的反应基团被酶催化而活化，对活性部位起不可逆抑制作用。这类抑制剂的专一性很高，常被人们称为“自杀性底物”。

（二）光亲和标记

光亲和标记是亲和标记中极其重要的一类。光亲和标记试剂在结构上除了有一般亲和试剂的特点外，还具有一个光反应基团。这类试剂反应一般分两步进行：第一步，试剂先与蛋白质的活性部位在暗条件下发生特异性结合；第二步，光照，试剂被光激活后，产生一个高度活泼的功能基团，与活性部位的侧链基团发生反应。

三、蛋白质的聚乙二醇修饰

在大分子修饰剂中，聚乙二醇（PEG）类修饰剂以其优良的性能而应用最多。聚乙二醇是一类具有独特理化性质的大分子聚合物，它具有良好的水溶性，也能溶于二氯甲烷、N,N'-二甲基甲酰胺、苯、乙腈和乙醇等有机溶剂。聚乙二醇由环氧乙烷聚合而成，通过控制反应条件可得到平均分子量由几百到几万的聚合物。普通的聚乙二醇分子两端各有一个羟基，若一端以甲基封闭则得到单甲氧基聚乙二醇（mPEG）。在多肽和蛋白质的聚乙二醇化修饰研究中应用最多的是 mPEG 的衍生物。

PEG 修饰是 20 世纪 70 年代后期逐渐发展起来的一项热门技术，目前已用于多种蛋白质药物或非蛋白质药物的修饰。PEG 为一种亲水、不带电荷的线性大分子，当它与蛋白质的非必需基团共价结合时，可作为一种屏障挡住蛋白质分子表面的抗原决定簇，避免抗体的产生，或者阻止抗原与抗体的结合而抑制免疫反应的发生。蛋白质经 PEG 修饰后，分子质量增加，肾小球的滤过减少。PEG 的屏障作用保护了蛋白质不易被蛋白酶水解，同时减少了抗体的产生，这些均有助于蛋白质类药物循环半衰期的延长。当然，PEG 修饰也会影响到蛋白质的生物学活性，这种影响的大小与修饰剂、修饰条件以及蛋白质本身的性质等有关。

PEG 末端的羟基是其化学反应的功能基团，但必须在较剧烈的条件下才能与其他基团发生反应。为使蛋白质能在温和条件下，以较高的速率与 PEG 偶联，需先对 PEG 进行活化。活化的 PEG 可与蛋白质分子侧链上的各种化学基团反应而与蛋白质相偶联，蛋白质分子上与 PEG 进行偶联的基团主要是氨基、巯基和羧基，常用的聚乙二醇类修饰剂见图 3-7。

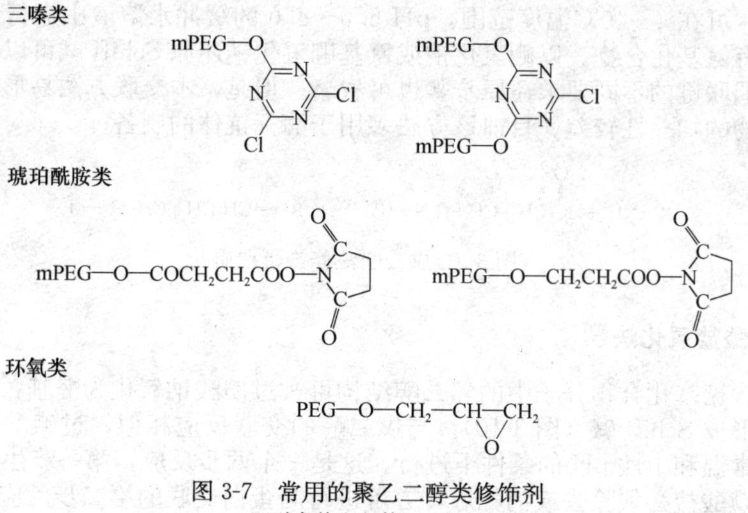

三嗪类

mPEG—O　N　N　Cl　N　Cl　　　mPEG—O　N　N　Cl　N　mPEG—O

琥珀酰胺类

mPEG—O—COCH$_2$CH$_2$COO—N(C=O)$_2$　　　mPEG—O—CH$_2$CH$_2$COO—N(C=O)$_2$

环氧类

PEG—O—CH$_2$—CH—CH$_2$（O）

图 3-7　常用的聚乙二醇类修饰剂

（引自姜忠义等，2001）

四、蛋白质的化学交联和化学偶联

蛋白质的化学交联是一类重要的化学修饰反应，所用的交联剂为含有双功能基团的化学试剂。化学交联可以发生于分子内的亚基与亚基之间，也可以发生于蛋白质分子与分子之间，也可发生于多个分子之间，而形成网状交联。蛋白质的化学偶联是指将蛋白质分子偶联到一个化学惰性的水不溶性的载体上，形成固定化蛋白质。

（一）蛋白质修饰的交联方法和试剂

蛋白质修饰的交联方法通常有重氮化法、戊二醛法、过碘酸盐氧化法、混合酸酐法以及碳二亚胺法，现分别叙述。

1. 重氮化法

含芳香胺的化合物，可以与亚硝酸反应形成重氮盐，然后直接连接于蛋白质分子中酪氨酸残基上酚羟基的邻位，即得到以偶氮键相连的结合物（图 3-8）。这种重氮盐也能与组氨酸残基上的咪唑环或色氨酸残基的吲哚环反应。

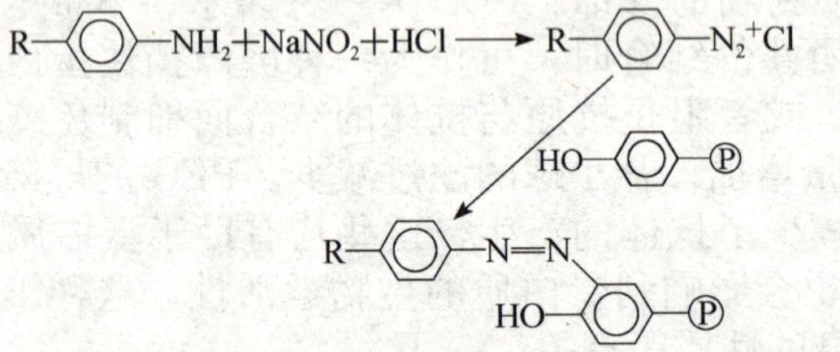

$$R-C_6H_4-NH_2+NaNO_2+HCl \longrightarrow R-C_6H_4-N_2^+Cl^-$$

$$R-C_6H_4-N_2^+Cl^- + HO-C_6H_4-Ⓟ \longrightarrow R-C_6H_4-N=N-C_6H_3(OH)-Ⓟ$$

图 3-8　重氮化法修饰蛋白质

2. 戊二醛法

同型双功能交联剂戊二醛的两个醛基可以分别与两个相同或不同分子上的伯氨基形成 Schiff 碱，将两分子以五碳链的桥连接起来（图 3-9）。戊二醛连接反应是最温和的交联反应之一，可在 4～40℃温度范围，pH 6.0～8.0 的缓冲水溶液中进行，但是缓冲组分中不得含有氨基化合物。以硼氢化钠或氰基硼氢化钠还原 Schiff 碱可以形成稳定的单键，根据对偶联键的不同要求还原步骤也可省略。但是，本交联方法易形成相同蛋白间的连接，产物的均一性较差。目前该方法多用于酶标抗体的制备。

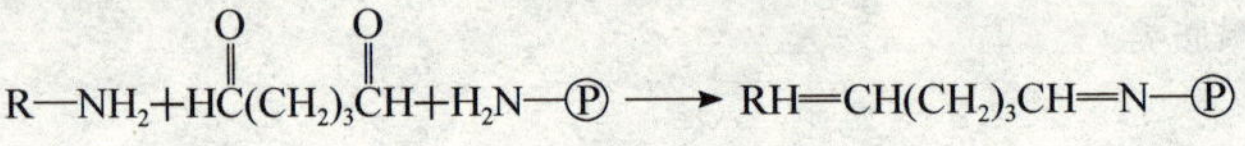

$$R-NH_2+HC(=O)(CH_2)_3C(=O)H+H_2N-Ⓟ \longrightarrow RH=CH(CH_2)_3CH=N-Ⓟ$$

图 3-9　戊二醛法修饰蛋白质

3. 过碘酸盐氧化法

糖类或含糖基化合物分子中的邻二醇结构可被过碘酸钠氧化为醛基，然后与蛋白分子中的氨基形成 Schiff 碱（图 3-10）。与戊二醛的交联反应相似，过碘酸钠氧化法比较温和，可在常温和中性 pH 的条件下进行。这是一个两步反应，第一步生成醛基衍生物后过量的过碘酸盐必须除去或消耗后，方可进行与蛋白交联的第二步反应。

本法只适用于含糖量较高的酶。辣根过氧化物酶（HRP）的标记常用此法。反应时，过碘酸钠将 HRP 分子表面的多糖氧化为活泼的醛基，可与蛋白质上的氨基形成 Schiff 碱而结合。酶标记物按摩尔比例联结，其最佳比例为：酶/抗体＝1～2/1。此法简便有效，一般认为是 HRP 最可取的标记方法。

4. 混合酸酐法

半抗原或药物及其衍生物分子中的羧基可以在三级胺存在下与氯甲酸异丁酯反应生成活泼中间体混合酸酐，然后与蛋白载体上的伯氨基反应，形成酰胺交联键（图

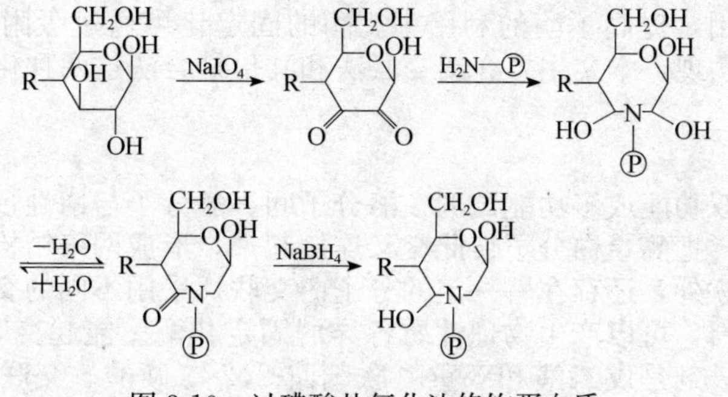

图 3-10　过碘酸盐氧化法修饰蛋白质

3-11）。本反应过程简单，不需制备和分离中间产物。

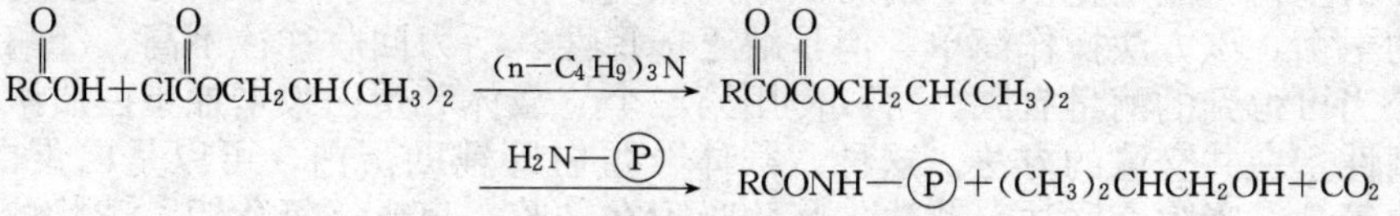

$$RCOOH + ClCOOCH_2CH(CH_3)_2 \xrightarrow{(n-C_4H_9)_3N} RCOOCOOCH_2CH(CH_3)_2$$

$$\xrightarrow{H_2N-Ⓟ} RCONH-Ⓟ + (CH_3)_2CHCH_2OH + CO_2$$

图 3-11　混合酸酐法修饰蛋白质

5. 碳二亚胺（EDC）法

碳二亚胺是一类很强的脱水剂，能使羧基和氨基脱水形成酰胺键。在反应时，一种分子中的羧基先与碳二亚胺反应生成一个加成中间产物，再与另一分子上的氨基反应形成酰胺键，实现两者的交联（图 3-12）。脂溶性的二环已基碳二亚胺至今仍被广泛用于多肽合成领域，但其反应必须在有机溶剂中进行，不适用于蛋白质交联。水溶性的 EDC 等的出现，使这一缩合反应成功地用于蛋白质交联中。本交联反应条件温和，即使在冷却（0℃）条件下，也能于中性 pH 中进行。但是，由于碳二亚胺的缩合反应没有选择性，易形成蛋白分子间的自身聚合，产生非均一性产物，所以先将含羧基的药物或半抗原分子与 EDC 反应，活化羧基后，再加入蛋白反应物，可以减少蛋白分子间的交联。

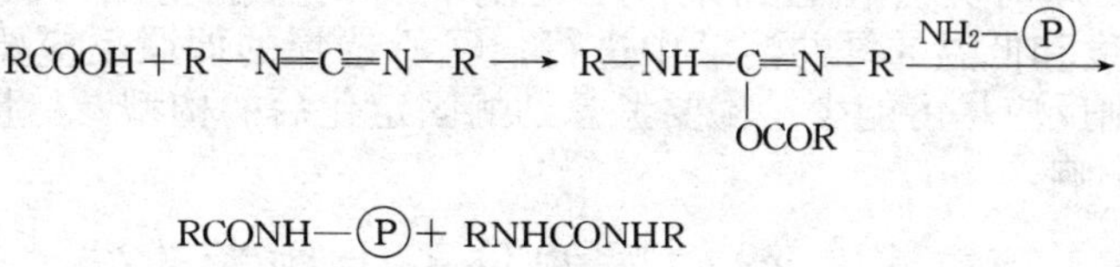

$$RCOOH + R-N=C=N-R \longrightarrow R-NH-C(OCOR)=N-R \xrightarrow{NH_2-Ⓟ}$$

$$RCONH-Ⓟ + RNHCONHR$$

图 3-12　碳二亚胺法修饰蛋白质

（二）蛋白质分子的固定化

蛋白质分子的固定主要是酶分子的固定。作为游离状态的酶对热、强酸、强碱、高离子强度、有机溶剂等稳定性较差，易失活，并且反应后混入催化产物等物质，纯化困难，不能重复使用。为了克服这些问题，酶固定化技术于 20 世纪 60 年代应运而生并发展起来。酶的固定化，是用固体材料将酶束缚或限制于一定区域内，酶仍能进行其特有的催化反应，并可回收及重复使用的一类技术。酶固定化后，既能保持酶的催化活性又能克服游离酶的一些不足，提高酶分子结构的稳定性；能与反应物分开，有效地控制生产过程；能与产物分开，可省去热处理使酶失活的步骤，简化生产工艺；固定化酶可在生产中反复连续使用，提高了酶的利用率。酶的固定化可通过吸附法、交联法、包埋法、共价结合法去实现。本文主要介绍交联法和共价结合法这两种化学修饰的方法。

1. 交联法

交联法是利用双功能或多功能试剂在酶分子间、酶分子与惰性蛋白间或酶分子与载体间进行交联反应，把酶蛋白分子彼此交叉连接起来，形成网络结构的固定化酶。除了酶分子之间发生交联外，还存在着一定的分子内交联。采用不同的交联条件和在交联体系中添加不同的材料，可以产生物理性质各异的固定化酶。能起交联作用的试剂很多，但目前常用的交联试剂是戊二醛和双重氮联苯胺-2,2-二磺酸。交联法常与吸附法结合使用，或者与包埋法配合，目的是使酶紧紧地结合于载体上。

交联法基本有 4 种形式：①酶直接交联法：在酶液中加入适量多功能试剂，使其形成不溶性衍生物。固定化依赖于酶与试剂的浓度、溶液 pH 和离子强度、温度和反应时间之间的平衡。该方法操作简单，但是缺乏选择性，活力回收往往不高；②酶辅助蛋白交联法：当可得到的酶量有限，可以使用第二个“载体”蛋白来增加蛋白质浓度，从而使酶与惰性蛋白共交联的方法。这种“载体”蛋白即辅助蛋白，可以是白蛋白、明胶、血红蛋白等；③吸附交联法：此法先将酶吸附在硅胶、皂土、氧化铝、球状酚醛树脂或其他大孔型离子交换树脂上，再用戊二醛等双功能试剂交联，用此法所得固定化酶也可称为壳状固定化酶；④载体交联法：用多功能试剂的一部分功能基团化学修饰高聚物载体，而其中的另一部分功能基团偶联酶蛋白。

2. 共价结合法

共价结合法是酶蛋白分子上功能团和固相支持物表面上的反应基团之间形成化学共价键连接，以固定酶的方法。由于酶与载体间连接牢固，不易发生酶脱落，有良好的稳定性及重复使用性，成为目前研究最为活跃的一类酶固定化方法。其常用载体包括天然高分子（纤维素、琼脂糖、淀粉、葡萄糖凝胶、胶原及其衍生物等）、合成高聚物（尼龙、多聚氨基酸、乙烯-顺丁烯二酸酐共聚物等）和无机支持物（多孔玻璃、金属氧化物等）。

共价结合法中的几个影响因素：①载体的物化性质要求载体亲水，并且有一定的机械强度和稳定性，同时具备在温和条件下与酶结合的功能基团；②反应必须在温和 pH、中等离子强度和低温的缓冲溶液中进行；③所选择的偶联反应要尽量考虑到对酶的其他功能基团副反应尽可能少；④要考虑到酶固定化后的构型，尽量减少载体的空间位阻对酶活力的影响。

第二节　蛋白质的分子生物学改造

分子生物学的突飞猛进，使得在分子水平上对蛋白质进行改造成为可能。进入 70 年代，由于重组 DNA 研究和 PCR 技术的突破，以分子生物学为基础的基因工程已经在实际中广泛应用，根据人的意愿改造蛋白质的结构和功能也已经成为现实。根据技术手段的不同，蛋白质的分子生物学改造主要有基因突变、基因融合和掺入非天然氨基酸等方法。

一、基因突变技术

基因突变技术是通过在基因水平上对其编码的蛋白质分子进行改造，在其表达后用来研究蛋白质结构功能的一种方法。这一技术的出现使蛋白质结构功能关系的研究产生了革命性的变化，可以使人们随心所欲地研究特定氨基酸残基、特定结构元件在蛋白质结构形成和功能表达中的作用。根据改造策略的不同可以分为定点突变和定向进化两种技术，前者属于理性的设计方法，后者属于非理性的设计方法。

（一）定点突变

利用定点突变进行蛋白质的理性设计是蛋白质工程最早使用的技术，而且现在也在广泛使用。与使用化学因素、自然因素导致突变的方法相比，定点突变具有突变率高、简单易行、重复性好的特点。对某个已知基因的特定碱基进行定点改变、缺失或者插入，可以改变对应的氨基酸序列和蛋白质结构，对突变基因的表达产物进行研究有助于我们了解蛋白质结构和功能的关系，探讨蛋白质的结构/结构域。例如，野生型的绿色荧光蛋白（wtGFP）是在紫外光激发下能够发出微弱的绿色荧光，经过对其发光结构域的特定氨基酸定点改造，现在的 GFP 能在可见光的波长范围被激发（吸收区红移），而且发光强度比原来强上百倍，甚至还出现了黄色荧光蛋白、蓝色荧光蛋白等。定点突变技术的潜在应用领域很广，如研究蛋白质相互作用位点的结构、改造酶的不同活性或者动力学特性、改造启动子或者 DNA 作用元件、提高蛋白的抗原性或者是稳定性和活性、研究蛋白的晶体结构以及药物研发和基因治疗等方面。其中，在优化酶特性方面占有重要地位，近几年已利用定点突变技术对天然酶蛋白的催化活性、底物特异性、稳定性、改变抑制剂类型、辅酶特异性、提高表达量、进化新的代谢途径等方面进行了成功的改造。定点突变的方法主要有重叠延伸 PCR 技术和快速定点突变方法两种。

1. 重叠延伸 PCR 技术（over-lap extension PCR）

重叠延伸 PCR 技术由于采用具有互补末端的引物，使 PCR 产物形成了重叠链，从而在随后的扩增反应中通过重叠链的延伸，将不同来源的扩增片段重叠拼接起来。

这里先介绍重叠延伸 PCR 的原理及两基因的引物设计。该方法必须在特定的待突变位点和上下游分别设计引物（图 3-13），引物 A、B 为上下游引物，且分别与模板链互补，引物 C、D 为突变引物。先以引物 B、C 在一定条件下进行 PCR，得产物 BC，再以引物 A、D 进行 PCR 得产物 AD，混合这两个扩增产物，以 A、B 为引物进行 PCR，即可得到带突变点的 DNA 片段。将其装入特定的载体中，转化入相应的宿主菌，扩增后经鉴定得到目的 DNA。

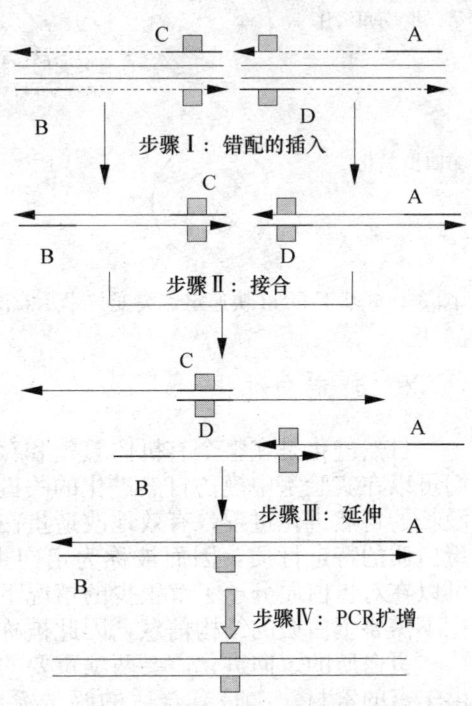

图 3-13 重叠延伸 PCR 介导的定点突变
（引自周亚凤等，2002）

该方法早在 20 世纪 80 年代就被人们所接受和应用，很有普遍性。为提高葡萄糖异构酶的热稳定性，朱国萍等（1998）用双引物法对葡萄糖异构酶基因进行了体外定点突变，以 Pro138 替代 Gly138，在酶比活相近的情况下，突变型葡萄糖异构酶的热半衰期比野生型长一倍，最适反应温度提高 10～12℃。张先恩等（2003）用类似的方法对大肠杆菌碱性磷酸酶基因进行了定点突变，发现 D101S 比活比野生型提高 10 倍，R166K 能抗磷酸抑制，D101S/R166K 则兼具上述两种性能。

2. 快速定点突变

快速定点突变方法是基于 DpnI 的突变方法，其应用最为广泛。Stratagene 公司的 QuikChange Site-directed Mutagenesis kit 就是基于该原理开发的快速定点突变试剂盒，通过巧妙设计，将质粒定点突变技术变得简单有效。准备突变的质粒必须是从常规 *E. coli* 中经纯化试剂盒或者氯化铯纯化抽提的质粒（图 3-14）。设计一对包含突变位点的引物（正、反向），和模板质粒退火后用 Pfu Turbo 聚合酶“循环延伸”（所谓的循环延伸是指聚合酶按照模板延伸引物，一圈后回到引物 5′端终止，再经过反复加热退火延伸的循环，这个反应区别于滚环扩增，不会形成多个串联拷贝）。正反向引物的延伸产物退火后配对成为带缺口的开环质粒。DpnI 酶切延伸产物，由于原来的模板质粒来源于常规大肠杆菌，是经 dam 甲基化修饰的，对 DpnI 敏感而被切碎（DpnI 识别序列为甲基化的 GATC，GATC 在几乎各种质粒中都会出现，而且不止一次），而体外合成的带突变序列的质粒由于没有甲基化而不被切开，因此在随后的转化中得以成功转化，即可得到突变质粒的克隆。这个试剂盒非常巧妙的利用甲基化的模板质粒对 DpnI 敏感而合成的突变质粒对 DpnI 酶切不敏感，利用酶切除去模板质粒，得到突变质粒，使得操作简单有效。另外，由于 Pfu 聚合酶是公认的最好的高保真聚合酶之一，能够有效避免延伸过程中的错配发生。试剂盒采用的是低次数的循环延伸而非 PCR，有助于减少无意错配。只需要一次酶切和转化，实验可以在一天完成。该方法一步引入突变位点，整个操作无需对 PCR 产物进行末端处理，也无需连接，阳性率高，尤其对大肠杆菌来源的 DNA 更为简单、适用。

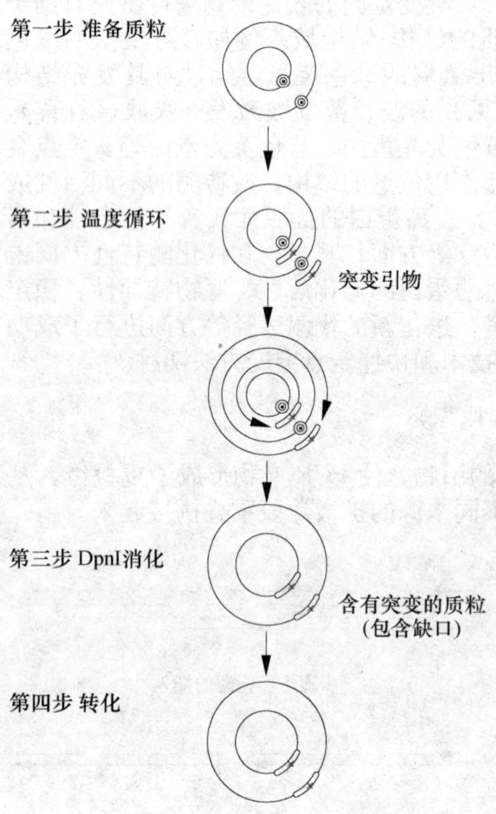

图 3-14　基于 DpnI 快速定点突变技术示意图

（二）定向进化

自然进化是在整个有机体繁殖和存活的过程中自发出现的一个非常缓慢的过程。我们可以在实验室中模仿自然进化的关键步骤——突变、重组和筛选，在较短时间内完成漫长的自然进化过程，有效地改造蛋白质，使之适于人类的需要。这种策略只针对特定蛋白质的特定性质，因而被称为定向进化（directed evolution）。定向进化技术使我们可以在对蛋白质分子了解很少的情况下，寻求自然环境中并不需要的功能。由于定向进化不需要蛋白质的结构信息，因此被称为非理性设计。

蛋白质的定向进化需要两项重要的支撑技术，一是产生大量突变体为进一步筛选提供丰富的素材；二是有合适的筛选系统，可迅速从突变体库中筛选到符合目标的蛋白质。

1. 制造突变体

对于定向进化，关键步骤是创造基因的多样性，主要是利用易错 PCR 或是 DNA 改组技术。

易错 PCR（error prone PCR）是一种利用 PCR 技术简便快速在 DNA 序列中随机制造突变的方法，其基本原理是通过改变正常 PCR 反应体系中某些组分的数量或质量（如增加 Mn^{2+} 或改变 Mg^{2+} 的使用浓度，使用低保真度的 DNA 聚合酶等），随机引入错误碱基从而创造序列多样性的 DNA 序列文库。本法的关键在于选择适当的突变频率，一般有益突变的频率很低，绝大多数突变是有害的或中性的。当突变频率太高时，几乎无法筛选到有益突变；当突变频率太低，则未发生任何突变的野生型将占据突变群体的优势，也很难筛选到理想的突变体。一般目标基因内有 1.5～5 个碱基发生碱基替换时，诱变结果是最理想的。它一般适用于片段小于 1000bp 的基因。枯草杆菌蛋白酶(Subtilisin)是一种重要的工业用酶，广泛应用于合成洗涤剂、鞣革和医药行业。Chen 和 Arnold（1991）通过易错 PCR 对枯草杆菌蛋白酶 E 进行了系列体外进化研究。经筛选得到几个在高浓度的二甲基甲酰胺（dimethylformamide，DMF）中酶活力明显提高的突变株。其中三点突变体 D60N＋Q103R＋N218S 在 85％DMF 条件下的酶活力是野生型的 38 倍。

由于一轮易错 PCR 往往很难获得满意的结果，因此常用连续易错 PCR 方法。连续易错 PCR 方法是将一次 PCR 扩增得到的有利突变基因作为下一次 PCR 扩增的模板，连续反复地进行随机诱变，使每一次获得的突变积累而产生重要的有益突变。徐卉芳等（2002）通过两轮连续易错 PCR 对大肠杆菌碱性磷酸酶进行分子进化，获得了催化活力比野生型提高 35 倍的进化酶。

DNA 改造（DNA shuffling）技术是目前分子定向进化技术中最成功，也是应用最广泛的随机突变方法，其原理大致如下：单个基因或一组相关基因经酶切产生一系列随机大小的 DNA 片段。无引物 PCR，具有互补 3′末端的片段互为引物，各为模板，通过不断的 PCR 循环在不同模板上随机互补结合并进一步延伸。最后利用基因两端序列为引物合成全长的重排产物，这些重排产物的集合被称为突变文库。对突变文库进行筛选，选择改良的突变体进行下一轮 shuffling 循环，重复多次重排和筛选，直到最终获得性状比较理想的突变体（图 3-15）。DNA 改组成功与否取决于三个因素：相关基因组中基因的相似程度、酶切产生的 DNA 片段大小和退火温度。此外，如果将突变频率控制在适度范围内，能有效地在目的基因中引入点突变，这使得 DNA 改组技术有更广阔的应用空间。DNA shuffling 不仅可在单个基因中引入突变，它也能对基因家族进行改造。该方法可以跨过物种界限，在不同物种来源的 DNA 基因之间进行重组。

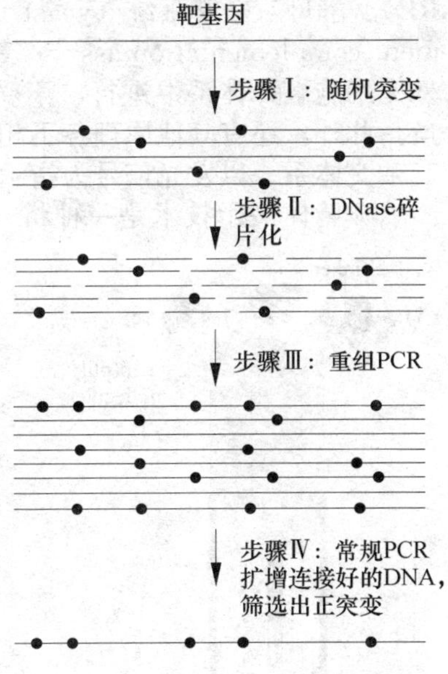

图 3-15　DNA Shuffling 原理示意图
（引自周亚凤等，2002）

2. 筛选

由于筛选的条件确定了蛋白质预期特性的进化方向，因此，在确定了合理的方法产生突变体文库之后，建立有效的方法搜索蛋白质文库得到预期的性状是决定定向进化成功与否的关键。虽然选择（selection）是一种非常有效的搜索机制，但只有在突变体蛋白质或酶可赋予宿主细胞生长或存活的优势时才能使用选择机制。因此，突变体文库通常需要筛选（screening）而非选择。

（1）表型观察选择和筛选。当我们感兴趣的功能可产生可见信号时，简单的肉眼可见的筛选方法（如易被观察的菌落表型）被广泛地应用。菌落分泌的蛋白酶可在含酪蛋白的琼脂平板上产生清晰的水解圈，其大小与水解活性成正比。又如，采用在高温并有蓝色木聚糖底物存在的条件下，根据菌落周围底物的颜色变化这一肉眼可见的简单信号来筛选耐高温的木聚糖酶。

许多酶活力测定不能在固态条件下完成，这些酶的单个克隆必须在微量滴定板孔中生长和测活。液态酶活测定比固态酶活测定更消耗时间。96 孔板微量滴定法是液态酶活测定最常用的一种方法，它是当前和机器手臂、液体处理系统、自动微量酶标分析仪最兼容的酶活测定方法，是最普遍的适于自动化、高通量的筛选方法，筛选的结果非常可靠。该方法的优点是测酶活的体积可以减少，还可以从背景中区分低溶度的、弱活性的酶表达克隆。徐卉芳等（2002）利用 96 孔微孔板结合酶标仪成功筛选到活力提高 35 倍的碱性磷酸酶。1536 和 3456 孔板以及多通道，多波长检测仪的出现、每秒钟分配几千滴样品（pL 级）的非接触式压电配样仪的问世等大大提高了这种筛选方法的样品处理速度，从而增加了筛选的通量，节约了筛选的时间。

（2）高通量筛选方法。近几年，与创建多样性突变体文库的发展相适应，在高流通量和超高流通量筛选技术方面也取得了令人瞩目的成就，发展了一系列新技术，如噬菌体表面展示技术（phage display）、细菌表面展示技术（surface display on bacteria）、酵母表面展示技术（surface display on yeast）、核糖体展示技术（ribosome display, RD）、酵母双杂交系统（yeast two-hybrid system）、蛋白片段互补实验（protein fragment complementation assay）等。其中核糖体展示技术与 mRNA 展示技术，由于在体外无细胞翻译体系中进行，不受细胞转化效率的限制，大大提高了文库容量和筛选通量。此外，还有其他原理各不相同的高通量筛选方法，如将靶活力与转录信号相偶联的三杂交体系、以发光信号为指示的反射增进系统等。

噬菌体展示技术是一种将外源肽或蛋白质与特定噬菌体衣壳蛋白融合并展示于噬菌体表面的技术（图 3-16）。1985 年 Smith 等首次利用基因工程技术将外源抗原决定簇与丝状噬菌体基因组中次要外壳蛋白基因融合，并证实两者能同时在噬菌体表面展示，在噬菌表面展示的抗原决定簇能被特异性抗体所识别，展示在噬菌体表面的外源蛋白同样具有天然蛋白质的免疫反应原性。该技术的主要特点是将特定分子的基因型和表型统一在同一病毒颗粒内，即在噬菌体的表面展示特定蛋白质，而在噬菌体核心 DNA 中则含有该蛋白的结构基因。

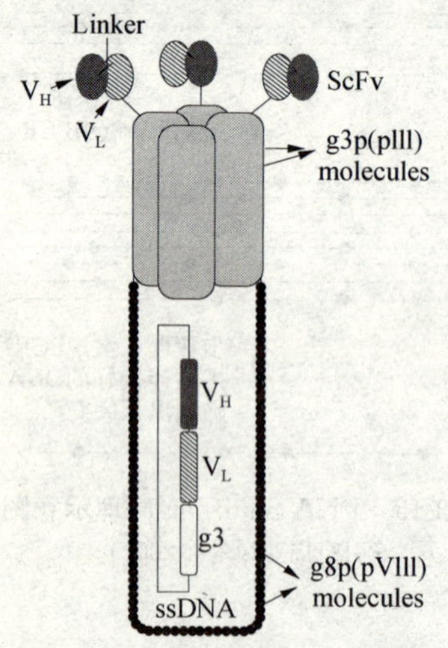

图 3-16　噬菌体展示示意图
（引自 Azzazy and Highsmith，2002）

噬菌体展示技术的基本原理是一种将基因表达产物和亲和筛选相结合的技术，它以改构的噬菌体为载体，把待选基因片段定向插入噬菌体外壳蛋白质基因区，使外源多肽或蛋白质表达并展示于噬菌体表面，进而通过亲和富集法筛选有特异肽或蛋白质的噬菌体（图 3-17）。噬菌体展示技术是第一个真正用于体外高通量筛选的方法。将筛选的靶蛋白偶联到固相支持物（磁珠或酶联板）上，加入噬菌体作用一段时间后，去掉与靶蛋白不结合的噬菌体，将有特异结合活性的噬菌体侵染细菌，几轮筛选后就富集到了与靶细胞高亲和力的噬菌体克隆。

随着展示内容的多样化及展示库质量的提高，人们利用目标蛋白来筛选噬菌体展示库，能很容易获得相应的配体，通过分析所获肽段的序列及结构，就能准确地分析出蛋白分子间的相互作用，如抗原抗体反应、受体与配体、酶与底物之间的相互作用机制及相应分子的特征。因此，噬菌体展示库亦称全能库，在免疫学、细胞生物学及药物开发等领域有着广泛的应用前景。

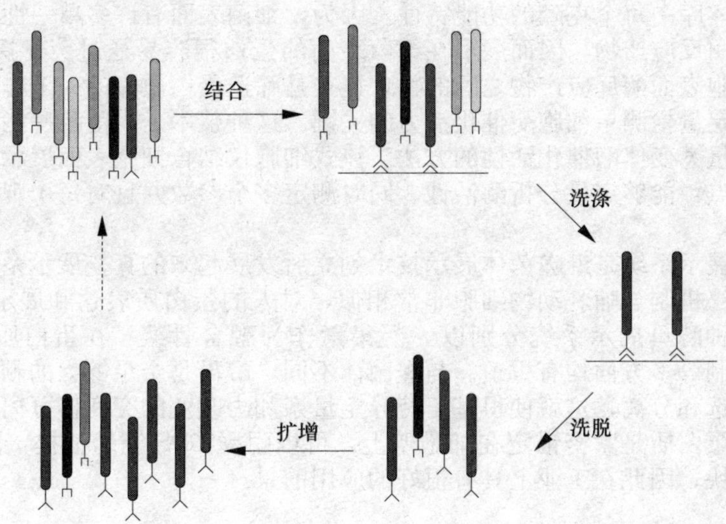

图 3-17 噬菌体展示技术筛选原理

核糖体展示技术与 mRNA 展示技术由于在体外无细胞翻译体系中进行，用 mRNA 的可复制性，使靶基因（蛋白）得到有效富集，不受细胞转化效率的限制。它大大提高了文库容量和筛选通量（10^{12}～10^{14}），而且能够增加表达的蛋白质溶解度。

核糖体展示技术的基本原理是通过 PCR 扩增目的基因的 DNA 文库，同时加入启动子、核糖体结合位点及茎环，并置于具有偶联转录/翻译的无细胞翻译系统中孵育，使目的基因的翻译产物展示在核糖体表面，并形成“mRNA-蛋白质-核糖体”三元复合体，最后利用常规的免疫学检测技术，通过固相化的靶分子直接从三元复合体中筛选出感兴趣的核糖体复合体，再利用 RT-PCR 扩增，进行下一循环的富集和选择，最终筛选出高亲和力的目标分子（图 3-18）。

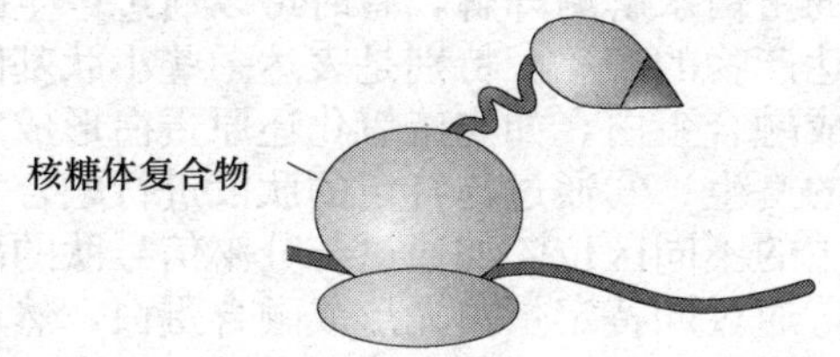

图 3-18 核糖体展示原理示意图
（引自 Sergeeva et al，2006）

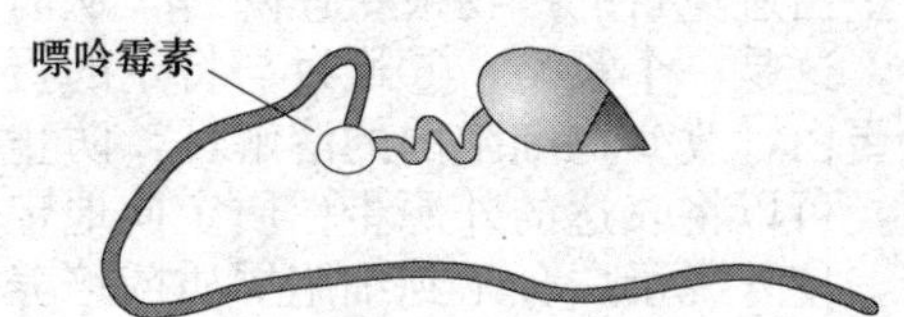

图 3-19 mRNA 展示技术原理示意图
（引自 Sergeeva et al，2006）

和核糖体展示相似，mRNA 展示技术也是以 mRNA 和多肽复合体作为筛选的基本单元。区别之处在于，复合体中 mRNA 与蛋白质通过一个小分子共价连接，如嘌呤霉素（图 3-19），且该复合体的产生完全在体外，因此很容易构建大型突变文库（含 10^{12}～10^{13} 个独立序列）。另外，利用 mRNA 展示技术，还可分析鉴定蛋白质功能及小分子药物。应用 mRNA 展示的多肽大部分都是 10～110 个氨基酸残基，较大的蛋白（如相对分子质量为 24 000）的蛋白磷酸酶也有研究，但活性比较低。尽管如此，应用 mRNA 展示技术的文献比核糖体展示技术的少，开发出来的筛选系统也比较少。

细菌表面展示技术，结合荧光激活细胞筛选仪（fluorescence activated cell sorting，FACS）或流式细胞筛选仪（flow cytometry）是非常有效的高通量筛选方法。此方法能够决定突变体库中每个克隆的功能特性。因为，细菌表面有许多单一性状能显示保留在细胞表面的酶反应产物，因而展示在细菌表面的蛋白很容易通过荧光探针显示出来，荧光产物和细胞表面酶反应产物之间的物理连接是筛选蛋白质库的一个非常有价值的特性，同时也是定量检测单细胞酶催化活力的关键。这种技术是当前唯一能够定量检测单细胞水平和大量突变体酶催化活性的方法。流式细胞仪结合细胞表面展示技术具有以下几个明显的优点：能够定量分析酶活性、同时测定多个参数并且对每个观察到的克隆进行记录。

酵母表面展示系统是继噬菌体展示技术创立后发展起来的真核展示系统。酵母的蛋白质折叠和分泌机制与哺乳动物细胞非常相似，对人的蛋白质表达和展示更具优越性。目前报道的两种酵母展示系统分别以 α-凝集素作为融合骨架。在蛋白质的定向进化、口服疫苗的研制等多方面均有报道。与噬菌体不同，酵母是个足够大的颗粒，可用流式细胞仪进行筛选和分离，这就使得基于特异定量亲和力改变的突变体分离成为可能。由于酵母展示的蛋白质是紧密锚定在细胞壁上，可以耐受 SDS 等的抽提，同时酵母有发酵特性且生长快，因此在工业上具有很好的应用前景。

二、基因融合

DNA 重组技术的发展与应用使不同基因或基因片段的融合可以方便地进行，融合蛋白经合适的表达系统表达后，即可获得由不同功能蛋白拼合在一起而形成的新型多功能蛋白。构建融合蛋白的基本原则是：将第一个蛋白基因的终止密码子删除，再接上带有终止密码子的第二个蛋白或多肽基因，即可实现两个基因的融合表达，融合蛋白具有衍生因子的双重活性。

利用基因融合技术表达外源基因的缘由是：①通过与一特异性蛋白质或其特异的结构域形成融合蛋白，可使表达产物得到有效的回收、纯化。常见用于蛋白质纯化的亲和标签见表 3-1；②通过与具有不同功能的蛋白质融合，产生新的多功能蛋白；③与报告分子，如 β-半乳糖苷酶（LacZ）、β-葡萄糖苷酸酶（GUS）、分泌型胎盘磷酸酯酶（SSEAP）、萤火虫荧光素酶（LUC）、绿色荧光蛋白（GFP）的融合蛋白，应用于蛋白定位及转基因动物；④外源蛋白通常易被宿主的蛋白水解酶降解，有时可以通过产生融合蛋白避免目的产物被快速降解，从而稳定表达产物的产率。特别是表达一些小肽基因时，这是一个策略；⑤通过与特定的蛋白质形成融合蛋白，如与硫氧化还原蛋白形成融合蛋白，改变在细胞内的溶解性，防止包涵体的产生；⑥通过与特定的肽段进行融合表达，可以将表达的外源蛋白质定向地定位在宿主的不同区位。如通过与分泌信号肽的融合，使外源蛋白分泌到细胞周质或培养基中；⑦通过同特定蛋白先形成融合蛋白，然后再通过体外切割去除融合部分，是获得蛋白的可靠和可重复性的方法；⑧基因融合也是对基因进行改造的手段，广泛用于蛋白质结构功能的研究。

表 3-1　亲和标签及其基质和洗脱条件

亲和标签	基　质	洗脱条件
Poly-Argine	阳离子交换树脂	碱性 pH>8.0；NaCl 线性梯度 0-400mM
Poly-His	Ni^{2+}-NTA，Co^{2+}-CMA（Talon）	150mM 咪唑或低 pH
FLAG	Anti-FLAG 单抗	pH 3.0 或 2-5mM EDTA
Strep-tag II	Strep-Tactin（修饰的链球菌抗生物素蛋白）	2.5mM 脱硫生物素
GST	谷胱甘肽	5-10mM 还原谷胱甘肽
SBP	Streptavidin	2mM 生物素
纤维素结合结构域	纤维素	1 型 盐酸胍或大于 4 摩尔尿素 2/3 型 乙二醇
麦芽糖结合蛋白	交联淀粉	10mM 麦芽糖

引自 Terpe，2003

（一）基因融合的策略

1. 基因融合的方式

最简单的融合方式是将融合基因通过合适的酶切位点直接剪接到适当的信号肽之后，其优点在于，在转运过程中如果信号肽被正确地加工，产生的重组蛋白就可具有天然的 N 末端。同时可以选择在目的基因的两端分别加上不同的亲和标签，有利于以后的蛋白纯化。此外也可以将目标基因插入到信号肽序列和一插入序列之间，此插入序列是一种可插入到细胞膜或细胞壁的蛋白编码。这种设计的目的是将受体或抗原定位于细胞的外表面或装配成融合蛋白进入类病毒颗粒。这样的系统对于开发疫苗，或产生具免疫原的复合物是有意义的。这些基因融合方式，主要是有利于外源基因的表达、表达产物的分离、纯化以及细胞定位。作为蛋白质分子改造可以借用这些策略对蛋白质分子中的特定序列、结构元件乃至结构域通过基因剪接来进行操作。

2. 融合蛋白接头（linker）的设计和选择

将 2 个或多个不同的模块连接成为一个大分子，其中起连接作用的氨基酸链即为 linker，linker 一般具有一定柔性以允许两侧的分子完成各自独立的功能。设计 linker 接头时应考虑以下几个因素。linker 的长度一般是在 10～15 个氨基酸之间。若使用的 linker 较长，由于在重组蛋白的生产过程中对蛋白裂解比较敏感，可能会导致融合蛋白产量的降低；同时又涉及免疫原性的问题，因接头序列本身就是新的抗原。应用较短的 linker 虽可克服蛋白酶分解的问题，但可能使两个分子相距太近，影响两种蛋白高级结构的折叠，从而相互干扰，导致蛋白功能丧失。linker 序列的组成对融合蛋白的稳定折叠有重大影响。设计 linker 序列时需要仔细分析以避免二级结构的产生。linker 中常见的氨基酸是非极性的疏水氨基酸［如甘氨酸（Gly）、丝氨酸（Ser）］，因其结构简单，具有构象的广泛性，有利于运动，常出现在蛋白质中运动性大的区域，如铰链区；而且其体积小的特点又使其利于堆积，不易产生碰撞。在蛋白质融合表达中比较常用的 linker 序列是 $(GGGGS)_3$，单链抗体（single chain fragment variable，scFv）中连接轻、重链可变区的 linker 就是采用该序列。Trinh 等发现调整 linker 序列 $(GGGGS)_3$ 的核苷酸组成，虽未改变原接头 linker 的氨基酸序列，结果却发现重组融合蛋白在 mRNA 水平上显著增加 30 倍，产生高水平转染，克隆更稳定。Zhou 等（2001）用 $(SG)_5$ 作为 linker 成功地表达了糖化酶和葡萄糖氧化酶的双功能融合蛋白。

（二）融合蛋白标签

随着蛋白质组学和蛋白质工程的发展，有许多不同的蛋白质、结构域或多肽作为融合蛋白标签用于构建融合蛋白。其中一种是很小的肽标签，这些标签不会与融合的蛋白质发生干扰。使用最为广泛的有：多聚精氨酸、多聚组氨酸、FLAG、c-myc、Strep-tag II 等（表 3-2）。对于某些应用，小标签不需去除。另一种方法是使用大的肽类或蛋白质。融合标签最初只是为了方便重组蛋白质的纯化，随着新的融合系统的不断开发，应用范围越来越广，包括目的蛋白质的检测和定向固定，体内生物事件的可视化，提高重组蛋白质的产量，增强重组蛋白质的可溶性及稳定性等。

表 3-2　亲和标签的序列和大小

标　签	氨基酸数目	序　列	大小/$\times10^3$
poly-Arg	5-6（通常 5 个）	RRRRR	0.80
poly-His	2-10（通常 6 个）	HHHHHH	0.84
FLAG	8	DYKDDDDK	1.01
Strep-tag II	8	WSHPQFEK	1.06
c-myc	11	EQKLISEEDL	1.20
S-Tag	15	KETAAAKFERQHMDS	1.75
HAT	19	KDHLIHNVHKEFHAHAHNK	2.31
3x FLAG	22	DYKDHDGDYKDHDIDYKDDDDK	2.73
calmodulin-binding peptide	26	KRRWKKNFIAVSAANRFKKISSSGAL	2.96
SBP	38	MDEKTTGWRGGHVVEGLAGELEQLRAR-LEHHPQGQREP	4.03
chitin-binding domain	51	TNPGVSAWQVNTAYTAGQLVTYNGK-TYKCLQPHTSLAGWEPSNVPALWQLQ	5.59
cellulose-binding domains	27-189	domains	3.00-20.00
glutathione S-transferase	211	protein	26.00
Maltose-binding protein	396	protein	40.00

引自 Terpe，2003

（三）融合蛋白报告分子

报告分子是一类易于检测的蛋白质，将其与目的分子的基因融合，可以通过它的表达产物来标定目的基因的表达调控。该技术的主要优点是高灵敏度、检测方便且适合大规模检测。目前已广泛应用于启动子分析、监控转基因及其表达、细胞的信号转导与药物的筛选等多种细胞事件。作为报告分子必须具备以下特点：①报告分子应不存在于宿主中或易于和内源性基因相区别；②应该有一个简单、快速、灵敏及经济的分析方法来检测报告分子；③报告分子的分析结果应具有很宽的线形范围，以便于分析启动子活性的幅度变化；④报告基因的表达必须不改变受体细胞或生物的生理活动。

（四）蛋白质剪接-内含肽（intein）

1990 年，由 Kane 领导的研究小组在对编码酵母空泡 ATP 酶 69 000 亚基（the vacuolar of Saccharomyces cerevisiae）的基因 *TFP1* 的研究中，发现野生型的开放阅读框架理论上应编码一个含有 1071 个氨基酸且相对分子质量为 119 000 的蛋白质，而实际上得到的却是相对分子质量分别为 69 000 和 50 000 的两种蛋白质。前者被证实就是 H^+-ATPase 的 69 000 亚基，后者则被他们称为"spacer domain"。接下来的实验证明：①"spacer domain"与任何已知的空泡 H^+-ATPase 亚单位无氨基酸序列同源性；②TFP1的"spacer domain"编码序列存在于成熟的 mRNA 中；③"spacer domain"与 69 000 亚基在翻译时使用同一个阅读框架；④要获得有功能的 69 000 亚基，"spacer domain"必须被正常翻译；⑤将 TFP1 转移至体外或在 *E. coli* 中进行翻译，均可得到同样的结果，说明这一现象的发生与蛋白质表达环境无关；⑥翻译产物的剪接成熟速度极快，以至于分离不到原始的 119 000 蛋白产物。由此看来，人们似乎发现了一种新的蛋白质翻译后成熟机制。1994 年，Perler 将上文提到的"spacer domain"正式命名为"intein"，即内含肽。并将其定义为：在蛋白质成熟过程中被剪切掉的一段框内融合于前体蛋白的氨基酸序列。

自 1998 年发展起来的一种新的蛋白质工程技术称为"表达蛋白连接"（expressed protein ligation，EPL）或"内含肽介导的蛋白连接"（intein-mediated protein ligation，IPL）。通过改变裂解条件以及对内含肽进行适当修饰，可以生物合成 C 端带有硫酯键或 N 端带有半胱氨酸的蛋白质分子。两种蛋白质混合以后，硫酯键和半胱氨酸利用"自然化学连接"（native chemical ligation）的原理进行自发的连接反应，在硫酯和半胱氨酸之间形成肽键，从而将两种蛋白质连接起来。自然化学连接是从蛋白质半合成研究中发展起来的技术，其基本原理是，C 端带有 α-硫酯的合成肽与 N 端带有半胱氨酸的合成肽或蛋白质混合后，硫酯和半胱氨酸之间会发生高效的化学选择性反应，形成的硫酯键将两个蛋白质分子连接起来，随后的 S—N 的酰基重排将硫酯键转变为肽键。整个过程除了没有发生 Asn 的环化以外，与内含肽的作用机理基本一致。但是，自然化学连接法不能在细胞中表达 C 末端 α-硫酯蛋白，而且固相合成的肽链长度也有限。

目前 IPL 主要用于满足以下几方面需要：利用内含肽载体质粒生物合成 C—S 酯键肽链或 N-半胱氨酸肽链；内含肽介导的异源蛋白质体外连接；用反式剪接技术实现蛋白质体内、体外连接；双内含肽分子介导的蛋白质自身环化以及蛋白多聚体的生成；反式剪接介导的蛋白质体内自身环化等。

（五）tRNA 介导的蛋白质工程

在蛋白质的生物合成过程中，每个氨基酸都有一个对应的氨酰 tRNA 合成酶和至少一个转移 RNA（tRNA）。氨酰 tRNA 合成酶负责把正确的氨基酸加载到对应的 tRNA 上。tRNA 带着氨基酸被其他酶运送到核糖体，在那里 tRNA 的反密码子与信使 RNA 的密码子匹配，氨基酸从 tRNA 转接到肽链中。因此，DNA 的遗传信息被转译成蛋白质中的氨基酸序列。事实上，在蛋白质工程中借助于校正 tRNA 定点掺入非天然氨基酸可以提供蛋白质的结构信息、改进蛋白质检测与分离的方法，甚至赋予蛋白质某些新的特性。随着生物技术的发展和完善，tRNA 介导蛋白质工程将不仅在蛋白质工程中发挥潜能，而且在研制新型生物材料和疾病诊断及药物治疗方面起到推动作用。增添一个非天然氨基酸到遗传密码中需要创建一套新的组分，包括 tRNA、密码子和氨酰 tRNA 合成酶。具体地说，这个新 tRNA（正交 tRNA）不能被宿主的内源氨酰 tRNA 合成酶识别，但必须有效地参与蛋白质的翻译。这个正交 tRNA 必须解码一个不编码任何 20 个普通氨基酸的密码子（独特密码子）。另外还需要构建一个新的氨酰 tRNA 合成酶（正交氨酰 tRNA 合成酶）来识别正交 tRNA，但不识别任何内源 tRNA。正交氨酰 tRNA 合成酶只能加载所需的非天然氨基酸但不加载任何普通氨基酸到正交 tRNA 上。同理，非天然氨基酸也不能是任何内源氨酰 tRNA 合成酶的底物。最后，非天然氨基酸在加入培养基后必须能高效地进入细胞质，或是设法由细胞自己生物合成。

应用这个系统和方法，迄今为止超过 20 个非天然氨基酸已经被掺入到遗传密码中。其中许多氨基酸具有普通氨基酸所不具备的独特性质，遗传编码它们进入蛋白质使随意地在活体细胞中改变蛋白质成为可能。例如，酮基是能参与许多有机化学反应的一个功能团，但普通氨基酸恰恰缺失它。含有酮基的对乙酰苯丙氨酸已能被编码进蛋白质中。利用酮基的独特反应性能，含有这个氨基酸的蛋白质能够选择性地被荧光标记用以跟踪和成像，或是被生物素标记用作高灵敏度检出。其他试剂都可以类似地通过酮基这个化学手柄选择地结合到目标蛋白上。例如，连接自旋标记可用于电子顺磁共振测量，连接金属离子螯合剂可用于产生新的催化功能，连接交联剂可用来研究蛋白-蛋白或蛋白-DNA 的相互作用等。此外，定位地掺入含有重原子的非天然氨基酸到蛋白质中，将加速解决蛋白质 X 射线晶体结构的位相问题。电化学活性或光活性的非天然氨基酸选择性地掺入蛋白质中后，体外讯号便可用于控制体内的蛋白等。

第三节 重组蛋白质的表达

由于基因功能最终通过其表达产物——蛋白质来实现，因此重组蛋白质的表达对于蛋白质结构功能的研究以及实际应用具有重要意义。微生物、植物、动物都可以作为蛋白质的表达系统，但由于每一类表达系统都有其自身的特点和适用范围，并且不同的目的蛋白结构不同，并受其产率和蛋白的可溶性、稳定性、分子质量大小的制约，因此如何选择高效的表达系统就显得尤为重要。大肠杆菌、酵母、杆状病毒和哺乳动物细胞是常用的表达系统，本节将对不同的表达系统进行简要的介绍。

一、目标蛋白质在大肠杆菌中的表达

大肠杆菌作为外源基因表达的宿主，由于其遗传背景清楚、技术操作简单、培养条件简单、大规模发酵经济等，因此备受遗传工程专家的重视。目前大肠杆菌是应用最广泛、最成功的表达体系，常做高效表达的首选体系。只有在大肠杆菌中的表达产物由于不能正确折叠或缺少转译后修饰而没有生物活性，或当天然蛋白质的回收率太低时，才考虑选择其他表达体系。但是大肠杆菌表达系统也有明显的缺陷，如表达产物缺少翻译后修饰（如糖基化、烷基化、磷酸化、特异性的蛋白水解加工等），同时高表达时易折叠错误导致表达产物没有活性，而且大肠杆菌本身含有内毒素和有毒蛋白，可能混杂在终产物里，导致在医药方面的使用受到局限。

（一）表达载体的构建

用于大肠杆菌细胞的表达载体有很多种，为了使外源基因能高效表达载体至少应该包括如下的成分。

1. 复制起始点

目前，大部分载体是基于 pBR322 或 pUC 质粒的复制起始点，复制起始点主要决定了细胞内质粒的拷贝数。对于 pBR322 和 pUC 来源的复制起始点，可分别保持每个细胞中 20～50 个拷贝和 150～200 个拷贝。pBR322 和 pUC 来源的复制起始点都来源于 ColE1 质粒。值得指出的是质粒具有不相容性，即使使用同一复制系统的不同质粒也不能稳定共存于一个受体细胞中。

2. 选择性基因

载体上要含有至少一个选择性基因，其作用一方面用于对转化体的确定，而另一方

面在培养过程中保持质粒的稳定性。选择性基因一般为抗生素抗性基因（如氨苄青霉素以及四环素、卡那霉素抗性基因）或报道基因（如 *lacZ*）。

3. 启动子

原核细胞的启动子的主要作用是促进转录的有效起始。原核细胞的启动子由－10区（TATAAT）和－35区（TTGACA）两部分组成，－10区是RNA聚合酶的牢固结合位点，－35区是RNA聚合酶的识别位点，这两个序列是决定启动子强度的重要因素。其中－10区和－35区之间的距离为17碱基对时转录效率最高。

4. 核糖体结合位点

原核微生物的mRNA结合核糖体的序列称为SD序列。不仅SD序列对翻译效率有明显影响，SD序列与起始密码子之间的序列和距离对翻译效率也有影响，这种影响对于不同的基因不一样。

5. 多克隆位点

具有多个单一酶切位点的多克隆位点，便于外源基因插入及筛选。

6. 转录终止序列

转录终止子指一段位于基因或操纵子的3′末端，具有终止转录功能的特定DNA序列。高效表达载体应该含有终止子，因为合成的mRNA过长，不仅消耗细胞内的底物和能量，且易使mRNA形成妨碍翻译的二级结构。

（二）在大肠杆菌中影响外源基因表达的因素

1. 启动子结构对表达效率的影响

在 *E. coli* 表达系统中，许多不同类型的启动子影响外源基因的表达效率。一个合适的高表达外源基因的启动子应符合以下几点：第一，必须是较强的启动子，表达效率在10%～30%（目标蛋白占菌体总蛋白）；第二，由启动子控制的本底转录很低，这在表达一些对宿主有毒害的外源蛋白尤为重要；第三，启动子能够由一些简单及经济合算的方式诱导启动。温度诱导及化合物诱导已被大量使用。

乳糖操纵子是长期以来用于大肠杆菌表达外源基因的主要启动子，其他外源基因转录的启动子很多是从乳糖启动子构建而来的。Lac启动子和LacUV5启动子（LacUV5是非cAMP依赖型的启动子）是弱启动子，一般很少用于高水平的外源蛋白的表达。但是对于LacY突变菌株的梯度表达和有毒外源蛋白的表达来讲，采用IPTG诱导，这两种启动子非常有效。人工合成的tac启动子和trc启动子都是强启动子，当IPTG的含量在50～100umol/L时，就可以使外源蛋白表达水平达到菌体蛋白的15%～30%。

T7启动子是当今大肠杆菌表达系统的主流，这个功能强大兼专一性高的启动子经过巧妙的设计而成为原核表达的首选，尤其以Novagen公司的pET系统为杰出代表。强大的T7启动子完全专一受控于T7 RNA聚合酶，而高活性的T7 RNA聚合酶合成mRNA的速度比大肠杆菌RNA聚合酶快5倍。当二者同时存在时，宿主本身基因的转录竞争不过T7表达系统，几乎所有的细胞资源都用于表达目的蛋白；诱导表达后仅几个小时目的蛋白通常可以占到细胞总蛋白的50%以上。由于大肠杆菌本身不含T7 RNA聚合酶，需要将外源的T7 RNA聚合酶引入宿主菌，因而T7 RNA聚合酶的调控模式就决定了T7系统的调控模式——即非诱导条件下，可以使目的基因完全处于沉默状态而不转录，从而避免目的基因毒性对宿主细胞以及质粒稳定性的影响；通过控制诱导条件控制 T7 RNA 聚合酶的量，就可以控制产物表达量，某些情况下可以提高产物的可溶性部分。

2. 转录终止区对外源基因表达效率的影响

在原核生物中，转录终止有两种不同的机制。一种是依赖六聚体蛋白 rho 的 rho 依赖性转录终止，rho 蛋白能使新生 RNA 转录本从模板解离。另一种是 rho 非依赖性转录终止，它特异性依赖于模板上编码的信号，即在新生 RNA 中形成发卡结构的一回文序列区，和位于该回文序列下游 4～9bp 处的 dA、dT 富含区。虽然转录终止子在表达质粒的构建过程中常被忽略，但有效的转录终止子是表达载体必不可少的元件，因为它们具有极其重要的作用。贯穿启动子的转录将抑制启动子的功能，造成所谓的启动子封堵。这种效应可以通过在编码序列下游的适当位置放置一转录终止子，阻止转录贯穿别的启动子来避免。

3. mRNA 稳定性的影响

mRNA 的稳定性与外源蛋白的合成有很大关系，也是影响表达效率的重要因素之一。mRNA 的快速降解势必影响蛋白质的产生。通常用非常强的启动子来弥补不稳定的 mRNA 转录物，从而使蛋白质的合成达到可接受的水平。然而想尽办法来提高 mRNA 的稳定性并不一定会提高蛋白质的合成。

4. 密码子偏好性

遗传密码有 64 种，但是绝大多数生物倾向于利用这些密码子中的一部分。那些被最频繁利用的称为最佳密码子（optimal codons），那些不被经常利用的称为稀有或利用率低的密码子（rare or low-usage codons）。实际上用做蛋白表达或生产的每种生物（包括大肠杆菌、酵母、哺乳动物细胞、植物细胞和昆虫细胞）都表现出某种程度的密码子利用的差异或偏爱（表 3-3）。对 *E. coli* 中密码子的使用频率进行系统分析得到以下结论：①对于绝大多数的简并密码子中的一个或两个具有偏好；②某些密码子对所有不同的基因都是最常用的，无论蛋白质的含量多少，如 CCG 是脯氨酸最常用的密码子；③高度表达的基因比低表达的基因表现更大程度的密码子偏好；④同义密码子的使用频率与相应的 tRNA 含量有高度相关性。这些结果暗示，富含 *E. coli* 不常用密码子（AGA、AGC、AUA、CCG、CCT、CTC、CGA、GTC）的外源基因有可能在 *E. coli* 中得不到有效表达。已经证明微精氨酸 $\text{tRNA}^{\text{Arg(AGG/AGA)}}$ 是多种哺乳动物基因在细菌中表达的限制因子。

表 3-3　大肠杆菌、酵母、果蝇和灵长类中的稀有密码子

大肠杆菌	酵　母	果　蝇	灵长类	氨基酸	大肠杆菌	酵　母	果　蝇	灵长类	氨基酸
AGG	AGG			精氨酸		CCG		CCG	脯氨酸
AGA		AGA		精氨酸		CUC			亮氨酸
AUA		AUA		异亮氨酸		GCG		GCG	丙氨酸
CUA				亮氨酸		ACG		ACG	苏氨酸
CGA	CGA	CGA	CGA	精氨酸			UUA		亮氨酸
CGG	CGG	CGG	CGG	精氨酸			GGG		甘氨酸
CCC				脯氨酸			AGU		丝氨酸
UCG			UCG	丝氨酸			UGU		半胱氨酸
	CGC		CGC	精氨酸				CGU	精氨酸

5. 表达定位

大肠杆菌细胞学结构特点使表达的外源蛋白可能定位的五个位置是：胞内、胞质膜、胞周质、外膜和胞外培养基。

（1）表达的外源蛋白定位在胞内。将外源基因插到原核表达载体强启动子和有效SD序列下游，以外源基因 mRNA 的 AUG 为起始翻译，表达产物位于胞内，氨基端和羧基端不含其他蛋白或多肽序列。小分子蛋白较易表达，产物接近天然蛋白，但易被水解不稳定。当外源基因在大肠杆菌高效表达，特别是表达出大分子蛋白时，则易在胞内形成包涵体。包涵体无生物学活性或活性很低，需变性、复性才可能得到活性蛋白。包涵体的形成是在细胞质中进行基因表达的一个主要障碍。至今尚不明了包涵体形成的精确机制。包涵体形成可能主要与分子伴侣和折叠酶二类分子数量不足有关，也与蛋白折叠时环境条件密切相关。蛋白质在细胞质中被降解的可能性比其他的定位要大得多。因为在细胞质中含有大量的蛋白酶。另外，从细胞质蛋白混合物中纯化目的蛋白相对比较困难，因为细胞质内包含总细胞蛋白的绝大部分蛋白。

（2）细胞外周质表达。在细胞外周质进行蛋白质表达有许多优越之处。在外周质只有 4%的总细胞蛋白，这显然有利于目的蛋白的纯化，外周质的氧化环境有利于蛋白质的正确折叠，在转移到外周质的过程中，信号肽在细胞内剪切更有可能产生目的蛋白的天然 N 末端。此外，外周质中的蛋白质降解也少得多。蛋白质通过内膜转运到外周质需要信号肽。许多原核和真核细胞来源的信号肽已成功地用于 *E. coli* 中蛋白质从内膜到外周质的转运。例如，*E. coli* 的 *PhoA* 信号、*OmpA*、*OmpT*、*LamB* 和 *OmpF* 以及金黄色葡萄球菌的 A 蛋白，鼠 RNase 和人生长激素信号肽等。但是，蛋白质转运到细菌外周质是一个特别复杂和尚未完全明了的过程，信号肽的存在并不总能保证有效的蛋白质通过内膜转运。改善蛋白质转运到外周质的策略包括提供蛋白质转运和加工所需的成分：过量表达信号肽酶 I，利用 *prlF* 突变株，共表达参与膜转运的几种蛋白质，降低蛋白质的表达水平以防止转运工具的过载。

（3）细胞外分泌（外泌）。将蛋白质分泌到细胞外是人们最期望的一种策略。因为这样容易纯化目的蛋白质，减少细菌的蛋白酶对目的蛋白质的裂解。但是，*E. coli* 在正常情况下只有很少量的蛋白质分泌到细胞外。要解决蛋白质外泌方面的难题，必须弄清 *E. coli* 的分泌途径。Pugsley（1993）对革兰氏阴性菌的分泌途径进行了详细的研究。在 *E. coli* 中将蛋白质分泌到培养基中的方法大致分为两类：①利用已有的“真正”的分泌蛋白所采用的途径；②利用信号肽序列、融合伴侣和具有穿透能力的因子。第一种方法具有将目的蛋白质特异性分泌的优点，并最小限度地减少了非目的蛋白的污染。第二种方法依赖于有限渗透的诱导而导致蛋白质的分泌。例如，应用 *pelB*、*ompA* 和 A 蛋白引导序列；与细菌素释放蛋白的共表达；丝裂霉素诱导的细菌素释放蛋白和在培养基中添加甘氨酸以及与 *kil* 基因共表达而进行膜穿透。但通常情况下，外泌蛋白质的产量是中等的。

（4）外源蛋白表达定位在胞质膜上。膜蛋白在分子识别、信号传导、物质运输、细胞代谢等方面有重要的意义。由于结构和功能研究的需要，常需获得一定量的具生物活性的膜蛋白。将跨膜蛋白表达定位在大肠杆菌质膜，已有些成功的报道。G 蛋白偶联受体含七个跨膜区，有重要的生理和药理学意义。大肠杆菌内膜上表达定位的 G 蛋白偶联受体，已用于受体与配基的结合、G 蛋白与效应物的偶联、受体自身的结构等研究。

（5）表达外源蛋白定位于菌体表面。大肠杆菌蛋白经分泌可定位于菌体表面。以大肠杆菌表面蛋白与外源肽或蛋白融合，表达外源肽或蛋白的菌株可用于构建活菌苗、筛选文库，研究蛋白与配体的相互作用、细胞间的粘附等。按菌体表面蛋白的类型，外源蛋白表达定位方式有三种：第一种方式是将外源肽插入大肠杆菌外膜蛋白的膜外区，使一些短肽在细菌表面呈现。Nakajima 等（2000）将随机多肽与细菌侵袭素膜外环状结构域融合，在大肠杆菌表面呈现，从而构建成随机多肽文库，并用于筛选与人的细胞表面受体结合的靶肽。第二种方式是将外源蛋白序列插入菌体表面的结构，如鞭毛和菌毛的蛋白中。插入片断多为小片断，但也有长至 300 多个氨基酸的外源蛋白。外源蛋白与鞭毛蛋白序列融合，在鞭毛蛋白缺陷型菌体表面呈现。又如，将抗原性肽序列插入一型菌毛蛋白序列的特定区域，外源肽随一型菌毛蛋白在外膜表面呈现。菌株的这些结构有利于抗原与宿主免疫系统接触，可用于构建重组活疫苗。第三种方式以菌体表面脂蛋白或 Lpp-OmpA 融合体作为靶向载体蛋白，将外源蛋白或肽序列与脂蛋白或 Lpp-OmpA 的 N 端或 C 端序列融合，表达定位于菌体表面，可以表达大到 40 000～50 000 的外源蛋白。GFP 蛋白与 Lpp-OmpA 的 C 端融合，融合蛋白达 43 000，经免疫电镜、免疫荧光、蛋白印迹证实被锚定到细菌表面，可用于多肽文库构建、活疫苗开发、信号传导研究。

6. 宿主选择对表达的影响

作为原核表达的宿主，宿主菌对外源基因的表达会产生一定的影响。例如，菌株内源的蛋白酶过多，可能会造成外源表达产物的不稳定，所以一些蛋白酶缺陷型菌株往往成为理想的起始表达菌株。BL21 系列就是 lon 和 ompT 蛋白酶缺陷型，也是我们非常熟悉的表达菌株。BL21（DE3）溶源菌则是添加 T7 聚合酶基因，为 T7 表达系统而设计。真核细胞偏爱的密码子和原核系统有不同，因此，在用原核系统表达真核基因的时候，真核基因中的一些密码子对于原核细胞来说可能是稀有密码子，从而导致表达效率和表达水平很低。改造基因是比较麻烦的做法，Rosetta 2 系列就是更好的选择，这种携带 pRARE2 质粒的 BL21 衍生菌，补充大肠杆菌缺乏的七种（AUA、AGG、AGA、CUA、CCC、GGA 和 CGG）稀有密码子对应的 tRNA，提高外源基因尤其是真核基因在原核系统中的表达水平。

当要表达的蛋白质需要形成二硫键以形成正确的折叠时，可以选择 K-12 衍生菌 Origami 2 系列，它是硫氧化还原蛋白还原酶（thioredoxin reductase，trxB）和谷胱甘肽还原酶（glutathione reductase，gor）两条主要还原途径双突变菌株，显著提高细胞质中二硫键形成机率，促进蛋白可溶性及活性表达。Rosetta-gami™ 2 则是综合上述两类菌株的优点，既补充 7 种稀有密码子，又能够促进二硫键的形成，帮助表达需要借助二硫键形成正确折叠构象的真核蛋白。Origami B 是衍生自 lacZY 突变的 BL21 菌株，这个突变能根据 IPTG 的浓度精确调节表达产物，使得表达产物量呈现 IPTG 浓度依赖性。

7. 培养条件的控制对表达效率的影响

E. coli 中的蛋白质产量可以通过高细胞密度培养系统而获得显著提高。高细胞密度培养系统可以分成三类：分批培养、补料分批培养和连续培养。这些方法能获得超过 100g/L 的细胞浓度，从而获得廉价的重组蛋白。有关大规模培养系统的资料已有详细的综述。培养基的组成需要仔细地计算和监控，因为这对细胞和蛋白质的产生具有重要的代谢效应。例如，不同 mRNA 的翻译可以因温度和培养基的变化而受到不同程度的影响。营养成分和培养参数（如 pH、温度和其他参数）都会影响蛋白酶的活性、分泌和产量。已经证明对培养基的特殊操作能明显提高蛋白质释放到培养基中。例如，在培养基中添加甘氨酸能增强外周质蛋白释放到培养基中，且不引起明显的细菌裂解。

（三）真核基因在原核细胞中表达及调控

真核细胞基因在原核细胞中表达将遇到一系列困难，如真核生物的启动子不能被原核细胞的RNA聚合酶所识别，真核生物的mRNA上没有SD序列，因此不能被原核细胞核糖体结合；真核生物的基因含有内含子，原核细胞缺乏将它们的转录物进行拼接加工的机制；真核细胞的基因产物，往往需要翻译后加工，原核细胞缺乏有关的加工酶；真核生物基因表达的蛋白质易被原核细胞蛋白酶所降解等。

因此在用原核细胞表达真核生物基因时，应注意以下三个问题：①基因的编码区必须是连续的，因此要用切除内含子的cDNA；②基因必须置于原核细胞启动子、终止子和SD序列的控制之下，才能被宿主的转录与翻译系统有效识别；③产生的mRNA必须相对稳定并能有效进行翻译和蛋白质折叠。此外还要防止外源蛋白被宿主蛋白酶降解掉。

二、目标蛋白质在酵母细胞中的表达

酵母表达系统作为基因工程最常用的外源基因表达系统之一，它既具有原核表达系统操作简易、易于培养、生长速度快、表达量高、成本低等优点，还具有原核生物表达系统所不具有的对外源蛋白的翻译后修饰等特点，如糖基化、蛋白磷酸化等。最先被研究和应用的是酿酒酵母（*Saccharomyces cerevisiae*）体系，但酿酒酵母系统也有其局限性，如缺乏强有力的启动子、分泌效率差、表达质粒易丢失等。于是，人们改进和发展了新一代的酵母表达系统，即甲醇酵母表达系统。其中以*Pichia pastoris*（巴斯德毕赤酵母）为宿主菌建立的外源基因表达系统，应用比较广泛。

巴斯德毕赤酵母表达系统是上世纪80年代初期发展起来的一种新型的外源蛋白表达系统，由于它在蛋白质表达方面还具有以下几个其他表达系统所不可比拟的优点而使得该系统成为目前研究最多、应用最广泛的真核表达系统之一：①具有强有力的乙醇氧化酶基因（AOX1）启动子，可严格调控外源蛋白的表达；②由于它可以对表达蛋白进行糖基化、蛋白磷酸化、折叠、信号序列加工、脂类酰化等一系列的翻译后修饰，从而使其表达的蛋白具有生物活性；③表达量高，迄今为止，已有300多种异源蛋白在该表达系统中获得了高效表达，如破伤风毒素片段c可达12g/L；④在甲醇营养型酵母中表达的蛋白既可存在于胞内，又可分泌到胞外。由于甲醇营养型酵母自身分泌的背景蛋白非常少，而培养基中又不含其他的蛋白质，这样分泌的外源蛋白十分有利于外源蛋白的分离和纯化；⑤整合有外源基因的重组子表达系统十分稳定。有文献报道通过同源重组整合有外源基因的重组子表达系统可连续培养50代却未见外源基因丢失的现象；⑥糖基化程度低，毕赤酵母中加到外源蛋白每条侧链的平均长度为8～14个甘露糖残基，较之酿酒酵母每条侧链平均50～150个甘露糖残基要短得多，同时，由于毕赤酵母不能像酿酒酵母那样在核心多糖末端形成α-1,3-末端甘露糖，使得它的蛋白抗原性远远低于后者。因而更适合于治疗用途；⑦该表达系统由于对营养要求低，培养基成分简单廉价，可进行高密度高产量的发酵培养，便于工业化生产。

（一）表达菌株

该表达系统常用的表达宿主菌有GS115、KM71、PMAD11、PMAD16等，均为甲醇诱导型，在以葡萄糖或甘油为碳源的培养基上生长时，该表达系统的宿主菌中AOX1基因的表达受到抑制，而在以甲醇为唯一碳源时，宿主菌中*AOX*1启动子被强烈诱导，使外源蛋白大量表达。新近问世的一类蛋白酶缺陷株，如SMD1168（his4，pep4）、SMD1163（his4，pep4，prb1）、SMD1165（his4，prb1），可以减少分泌蛋白的酶解消化，为外源蛋白的成功表达创造了条件。

（二）表达载体

巴斯德毕赤酵母没有附加型载体，所以现在一般用整合型载体作为外源基因的表达载体。整合型载体的特点是载体与酵母宿主细胞基因组 DNA 整合，因此稳定性高，但是基因的拷贝数量低。这种载体被设计成穿梭载体，即它可以在大肠杆菌中保存、扩增和构建，线性化后又可转入酵母细胞中，操作方便、简单。常见的整合型载体分为胞内表达和分泌表达两类（表 3-4），表达胞内蛋白的载体有：pPIC3、pPIC3K、pPIC3. 5K、pHIL-D2、pPICZA（B，C）等；分泌表达的载体有：pPIC9、pPIC9K、pHIL-S1、pAC0815、pPICZαA（B，C）等。载体通常含有 AOX 启动子（5′AOX）、多克隆位点（MCS）和一个从 *AOX1* 基因上拷贝下来的终止序列；同时含有筛选标记 *his4* 基因和在细菌中进行复制的起始点及选择标记（如 ColE1 复制起始点和抗氨苄青霉素基因）；同时也含有 3-AOX1 的非编码区序列，使外源基因能以同源重组的方式整合到染色体的 AOX1 位（图 3-20）。

表 3-4　常见的酵母表达载体及其选择标记

载体类型	名　称	分泌类型	选择标记
诱导型	pPICZ	胞内	ble^r
	pPICZα	胞外	ble^r
	pPIC3. 5K	胞内	his4 kan^r
	pPIC9K	胞外	his4 kan^r
	pH IL-D2	胞内	his4
	pH IL-S1	胞外	his4
组成型	pGAPZα	胞外	ble^r
	pGAPZ	胞内	ble^r
	pAO815	胞内	his4

引自王黎明等，2004

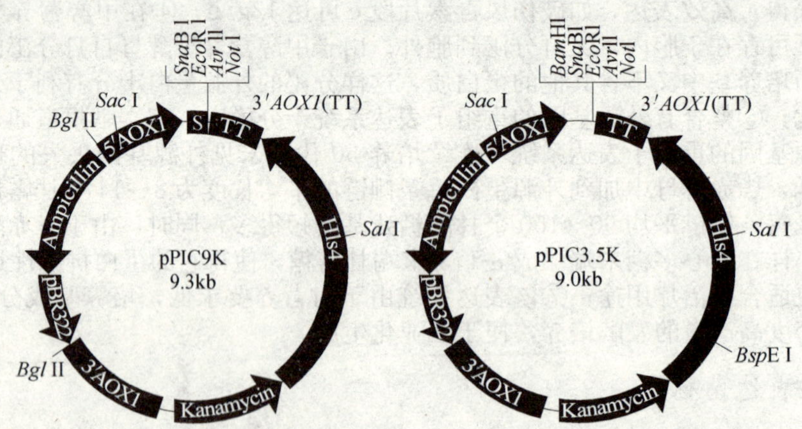

图 3-20　巴斯德毕赤酵母分泌表达载体 pPIC9K 和胞内表达载体 pPIC3. 5K 图谱

1. 启动子

启动子是基因表达的关键元件，直接关系到表达水平。巴斯德毕赤酵母最常用的启动子是 AOX1 启动子，仅受甲醇诱导，在它控制下的外源基因能得到较高水平的表达。虽然利用 AOX1 基因启动子已成功表达了多种外源蛋白，但此基因表达系统不适用于食品生产，而且由于发酵培养时添加大量甲醇存在火灾隐患。因此，人们又研制成功了不以甲醇为唯一诱导物的启动子：GAP、FLD1、DAS 和 AOX2 等启动子。Waterham 等从巴斯德毕赤酵母基因组文库中克隆到一个新的 3-磷酸甘油醛脱氢酶基因（*GAP*）的启动子，可在多种碳源如葡萄糖、甘油、甲醇或油酸诱导下表达。由于该组成型启动子不需甲醇诱导，发酵工艺应该更为简单，同时其产量很高，所以成为最有潜力的替代 AOX1 的启动子。

2. 选择标记

选择性标记一般有两种：①营养缺陷型选择标记，如 His4、Suc2、Arg4、Ura3 等，是常见的转化子筛选标记；②抗性选择标记，如来自大肠杆菌转座子 Tn903 编码的 *G418* 抗性基因（用抗生素 G418 来筛选），载体上的 *Amp* 基因是为了方便在大肠杆菌中筛选重组子。

3. 信号肽序列

可供毕赤酵母选择的信号肽有外源蛋白自身的信号肽和酵母本身的信号肽。有些蛋白的自身信号肽不能被毕赤酵母有效利用，可试用甲醇酵母信号肽。目前可供选择的酵母信号肽有 α-接合因子的前导肽序列、酸性磷酸酶信号肽和蔗糖酶信号肽等。其中，酿酒酵母 α-接合因子前导肽序列的使用最为广泛。

4. 表达载体的转化及与毕赤酵母的整合

携带完整组件的表达载体首先以质粒的形式转化大肠杆菌并在其内进行扩增，经酶切和测序证明表达载体构建正确后，经 DNA 内切酶线性化后，转入巴斯德毕赤酵母中进行表达。表达载体在转化至酵母细胞后，以整合方式进入毕赤酵母染色体基因组中。整合方式有两种：①单交换：外源基因通过重组插入到毕赤酵母染色体基因组 his 4 位点或 *AOX1* 基因的上游或下游，*AOX1* 基因仍然保留，此种整合的成功率为 50%～80%，而且这一整合过程可重复发生，使得更多拷贝的表达单位插入基因组中，形成多拷贝的转化子；②双交换：载体经酶切后，使其外源基因表达元件和标记基因的两端与酵母染色体 *AOX1* 基因 3′端和 5′端发生双交换性整合（整合率为 10%～20%），即酵母染色体 *AOX1* 基因被载体外源基因表达元件和标记基因所代替。因此，酵母只能依赖 *AOX2* 基因编码的活性较低的醇氧化酶进行甲醇代谢，此种转化子利用甲醇的效率很低，但它表达外源基因的效率高。一般双交换产生的转化子多为单拷贝。但无论是采用单交换还是双交换，得到的 his 转化子其中一部分是假阳性，这是因为当载体的 his4 位点和宿主基因组 his4 位点发生同源重组时，不带任何其他载体的野生型 his4 基因也可以发生同源重组，此种概率约占 his 转化菌落的 10%～50%，采用电激转化法时发生频率最高。只通过在不含组氨酸的培养基筛选是远远不够的，需要利用 PCR 方法对少量转化子进行复筛。一般认为单交换整合的转化子在高密度发酵时不稳定，酵母生长迅速而外源基因表达较低，所以建议采用双交换整合方式表达。

（三）外源基因在毕赤酵母中的表达

1. 异源蛋白在酵母中表达的一般步骤

异源蛋白在酵母中表达包含四个步骤：①将编码异源蛋白的 DNA 序列克隆进含有

酵母启动子和转录终止序列的表达框中；②转化及在宿主中稳定维持此 DNA 融合产物；③异源蛋白在特定培养条件下合成；④异源蛋白的纯化及其与天然产物的比较。一般而言，所使用的启动子必须是可调控的。这样，可以在诱导前维持培养基以一种非表达模式，从而降低了在生长阶段选择非表达突变细胞的机会。这种不利选择通常会在异源蛋白高度表达给细胞造成重负及异源蛋白表现毒性时发生。

2. 外源蛋白的表达方式

目前，利用毕赤酵母表达系统已成功地表达了许多外源蛋白。外源蛋白在毕赤酵母中的表达分为胞内表达和分泌到胞外两种方式。胞内表达如破伤风毒素蛋白的产量达12g/L。胞内表达适宜于通常在胞浆中表达或不含二硫键的非糖基化蛋白，其较胞外分泌表达水平高，但产物纯化较复杂。对于那些易于降解的不稳定蛋白或具有毒素活性及对宿主菌有毒害作用的蛋白，胞内表达可以将它们存储在广泛存在于甲醇酵母细胞内的特异性细胞分隔一过氧化物酶体中。因巴斯德毕赤酵母只分泌很低水平的内源蛋白，分泌表达的外源蛋白纯化非常方便，故分泌表达为优先选择的方式。

3. 表达产物的翻译后加工、修饰

毕赤酵母能进行类似哺乳动物细胞的蛋白翻译后修饰，如信号肽加工、蛋白折叠、二硫键形成、O-连接和 N-连接糖基化修饰、磷酸化修饰等。因此，大部分利用毕赤酵母表达的重组蛋白具有同天然蛋白相似的生物学功能。

在分泌表达外源蛋白的过程中，信号肽的加工对外源蛋白的 N 端均一化至关重要。信号肽加工包括在内质网中由信号肽酶去除前肽、Kex2 内肽酶在原肽的精氨酸和赖氨酸间切割、Stel3 蛋白对谷氨酸一丙氨酸重复序列进行切割三个步骤。酶切位点周围氨基酸序列及外源蛋白的三级结构可影响信号肽加工效率。巴斯德毕赤酵母能对表达的蛋白进行 N-糖基化和 O-糖基化，其中由于 N-糖基化发生较多且其对许多蛋白质的折叠、药物动力学的稳定性及功能是必需的，故对其研究也相对较为深入。当蛋白质含有一致性序列 Asn-Xaa-Thr/Ser（Xaa 代表任何氨基酸）时，可通过 N-连接使寡糖链与外源蛋白肽链糖基化识别位点天冬酰胺上的氮原子（N）共价结合，即产生 N-糖基化。若对蛋白质中的苏氨酸/丝氨酸上的羟基进行糖基化即产生 O-糖基化。

4. 影响外源蛋白在毕赤酵母中高效表达的因素

影响外源蛋白在毕赤酵母中表达的因素很多，它不仅受目的基因的特性、基因剂量、整合位点、mRNA 5′和 3′非翻译区（UTR）、cDNA 的（A+T）含量、翻译起始区和信号肽等上游因素的影响，也受宿主菌、Mut（甲醇利用）表型、蛋白酶、蛋白加工、酶切和糖基化及培养条件的影响。

（1）目的基因的特性。目的基因的特性是决定表达成败的首要因素。外源基因主要在以下几个方面影响巴斯德毕赤酵母对其自身的高效表达：①特定的（A+T）富含区可作为多腺苷酸或转录终止信号，导致仅产生低水平或截短的 mRNA；②外源基因序列中的 mRNA 5′端非编码区（5′-UTR）的核苷酸序列和长度是影响外源基因能否高效表达的又一重要因素，适当长度的 5′-UTR 可极大地促进 mRNA 的有效翻译。5′-UTR 太长或太短都会造成核糖体 40S 亚单位识别的障碍；③某些稀有密码子，尤其是稀有密码子密集区往往成为制约翻译速率的因素。在某些情况下，可通过定点突变去除成熟前终止结构域和替换稀有密码子。但在更极端的情况下，即基因中存在大量（A+T）富含区和稀有密码子密集区时，往往需要进行全基因合成，使编码序列符合毕赤酵母偏爱性密码子用法和更高的（G+C）含量。

（2）启动子的影响。启动子在转录水平上调控基因的表达。常用的启动子是 AOXI 启动子，是由甲醇诱导的强启动子。因甲醇具有毒性，在某些情况下 AOX1 的使用受到限制，故其他不用甲醇诱导的启动子也引人注目。例如，PGAP（3-磷酸甘油醛脱氢酶启动子）是一种组成型强启动子。PGAP 也不宜用于表达对细胞有毒性的蛋白。PFLD1（依赖谷胱甘肽的甲醛脱氢酶启动子）在以甲醇为单一碳源或以甲胺为单一氮源时，可被强烈诱导。使用 PFLD1 时可选择以甲醇或甲胺（一种廉价的无毒氮源）诱导高水平表达，为选择符合实际应用要求的启动子提供了灵活性。在这些强启动子 AOX1、PGAP 和 PFLD1 的驱动下，一些外源蛋白因表达水平过高，超过宿主细胞翻译后处理加工能力所能承担的最大负荷量，引起蛋白的错误折叠、不加工或错误定位。在此情况下，应选择较温和的启动子，如 PPEX8（一种过氧化物酶体基质蛋白启动子）和 PYPT1（一种 GTP 酶启动子）。

（3）基因剂量。许多成功表达的事例证明，单拷贝的表达盒就可得到较理想的表达产量，增加拷贝数对提高产量没有明显作用。但在另一些例子中，提高拷贝数可大大增加表达水平，如鼠表皮生长因子、人肿瘤坏死因子在毕赤酵母中的高效表达就是通过表达载体的高拷贝整合而实现的。也有极少情况，增加拷贝数反而降低了表达水平。高拷贝低表达的原因可能是 mRNA 翻译、蛋白折叠效率的限制，对于分泌效率低的蛋白，过高的表达会对分泌途径产生反馈抑制。事实证明，基因拷贝数对表达量的影响很难预测。因此，高表达菌株的筛选只应以表达的蛋白量为唯一标准，基因剂量与表达水平的关系取决于特定的外源蛋白。

（4）宿主、整合方式及转化子表型。毕赤酵母表达载体均为整合型，可通过同源重组整合于宿主菌染色体的 *AOX1* 位点或 *his4* 位点。在 AOX1 位点的整合有两种方式，一种是同源双交换引起的基因置换。转化子细胞表现为甲醇利用缓慢，在甲醇为唯一碳源的琼脂培养平板上的菌落小于以甘油为碳源时的菌落，其表型为 Mut^s（甲醇利用慢）。另一种方式是点特异性单交换引起的基因插人，表型为 Mut^+，在甲醇为唯一碳源的培养基中正常生长。在 his4 位点的整合方式为位点特异性单交换，不涉及基因组的 *AOX1* 基因，所以重组转化子的表型为 Mut^+。在哪个位点的整合更稳定还没有明确的说法。但有学者发现整合在 his4 位点的 *LacZ* 表达单元偶尔发生丢失，他认为这可能是由于基因组中突变的 *his4* 与表达单元中的 *his4* 基因之间发生了基因转换（gene conversion）所致，所以整合在 AOX1 位点似乎更稳定些。一般情况下，对于胞内表达最好选择 Mut^s表型，因为 Mut^s表型转化子胞内醇氧化酶含量很低，利于目的蛋白的纯化。对于分泌表达，应尽量选用 Mut^+表型，它能正常利用甲醇生长，所以发酵培养时更容易达到高密度，产量可能相对较高。但至今不少外源基因在 Mut^s表型的转化子中也都实现了高效分泌表达，因此转化子表型与表达量之间也没有明确和必然的关系，很难预见某种外源蛋白以哪种方式整合、在哪种 Mut 表型的菌株中的表达水平更高。在利用毕赤酵母表达外源基因时，整合位点、整合方式、转化子表型的选择没有明显的规律，应根据外源基因的特点和研究目的设计合理的技术路线。

（5）影响蛋白质稳定性的因素。外源蛋白的稳定性直接影响到基因表达的产量，几乎没有一种高表达蛋白是特别稳定的。宿主菌内蛋白酶水平也决定着表达产物的降解速度。有些蛋白质，尤其是小分子肽易受蛋白酶（多在中性 pH 条件下产生）的影响。提高外源目的蛋白稳定性的方法如下：①降低培养基的 pH 和培养温度（22～30℃），破坏蛋白酶作用的最适条件，可减少外源目的蛋白的酶解；②培养基中添加蛋白胨和酵母提取物以增加蛋白酶作用的底物，可减少对目的蛋白的酶解；③选用蛋白酶缺陷型菌株作宿主菌进行表达。

（6）发酵条件的影响。通气量是影响表达水平的重要因素。用发酵罐进行培养，外源蛋白的表达水平一般要比普通摇瓶发酵高出 10～100 倍。用毕赤酵母表达胰岛素前体，在摇瓶发酵时为 40mg/L。而在 10L 的发酵罐中的表达水平是 250mg/L。碳源也是影响表达水平的重要因素。毕赤酵母表达培养基常用的碳源是甘油。但甘油对 AOX 启动子有抑制作用。甘油的添加量也影响外源蛋白的表达。甘油添加的最适水平应该是在利用甲醇诱导时能够被消耗殆尽。甲醇诱导的方式、用量、诱导时间都会对外源蛋白的表达水平产生影响。现在一般用甘油培养使细胞达到一定的浓度，再加甲醇诱导的两步法来表达外源蛋白。而 Ohashi 等证明两步法是诱导甲醇酵母高水平表达外源基因的好方法，比普通产率高出 10 倍。甲醇添加量对外源蛋白的表达会产生影响，一般添加量为 0.5%～1%。诱导时间也是影响因素之一，诱导时间应该在 5 天左右，外源基因的表达才能达到最高。而有些菌表达时需要诱导 7 天以上，过短的时间（3 天）表达量很低，过长的时间外源蛋白的降解增加。因此寻求一个最佳产量时间比就特别重要。诱导外源蛋白表达时的起始 pH 可能是影响巴斯德毕赤酵母高效表达重组蛋白的关键因素之一，通过改变诱导时的 pH，可使表达量提高。在培养基中添加特殊的营养物质，也能提高一些蛋白的表达水平。

三、昆虫杆状病毒表达系统

杆状病毒表达系统的建立得益于其多角体蛋白的性质。核型多角体病毒（nuclear polyhedresis virus，NPV）的多角体蛋白（polyhedrin）基因是病毒感染晚期高效表达的基因，其缺失对病毒的复制增殖毫无影响，因而可以作为外源基因理想的插入位点。而且多角体蛋白基因被外源基因取代后，不形成多角体，在光学显微镜下很容易与形成多角体的野生病毒相区别，这些特征使得 NPV 特别适合于表达外源基因。这一构想由 Miller 于 1981 年提出，并由 Summers 等于 1983 年首次实现。他们用苜蓿尺蠖核型多角体病毒（autographa californinca NPV，AcNPV）的多角体蛋白基因构建了一个转移载体，并将 β-干扰素基因克隆到上面，和野生型 AcNPV DNA 共转染草地夜蛾（spodoptera fragiperda）培养细胞 sf9，实现了 β-干扰素的高效表达。此后各种来源不同的外源基因在杆状病毒载体表达系统中也得到高效表达。

（一）杆状病毒表达系统的原理

由于 NPV 基因组庞大（约 130kb），故不能通过酶切、连接的方式直接进行体外重组而插入外源基因，而必须构建一个能与 NPV 基因组 DNA 进行重组的转移载体质粒作介导。其方法是：首先建立一个转移载体质粒，在这个转移载体上含有多角体蛋白基因的启动子及多角体蛋白基因的旁侧序列；然后将外源基因克隆至转移载体的多接头的合适酶切位点处，使其处于多角体蛋白基因启动子的控制之下；再将重组转移载体与野生型病毒 DNA 一起共转染昆虫细胞，外源基因通过细胞内同源重组而插入病毒基因组中。最后利用空斑形态的差异进行筛选、纯化重组病毒，再以纯化的重组病毒感染宿主细胞或幼虫，即可获得大量的外源基因表达产物。

（二）杆状病毒表达系统的特点

AcNPV 病毒用作外源基因的表达载体，通常是通过体内同源重组的方法，用外源基因替代多角体蛋白基因而构建重组病毒。由于多角体基因启动子在感染后 18～24h 开始转录和翻译，一直持续到 70h。外源基因置换掉多角体基因后，并不影响后代病毒的感染与复制，意味着重组病毒不需要辅助病毒的功能。

杆状病毒表达系统自从第一次用来表达干扰素以后，在许多重组蛋白的表达中得到广泛应用，如用于表达白介素（IL)-2,3、BMP 及多种病毒蛋白等。相对其他表达系统它具有以下几个方面的特点。①重组蛋白具有完整的生物学功能：杆状病毒表达系统可为高表达的外源蛋白在细胞内进行正确折叠、二硫键的搭配及寡聚物的形成提供良好的环境，可使表达产物在结构及功能上接近天然蛋白；②能进行翻译后的加工修饰：杆状病毒表达系统具有对蛋白质完整的翻译后加工能力，包括糖基化、磷酸化、酰基化、信号肽切除及肽段的切割和分解等，修饰的位点与天然蛋白在细胞内的情况完全一致。对比实验证明，在昆虫细胞发生的糖基化位点与哺乳动物细胞中完全一致，但修饰的寡糖种类却不完全一样。这种不一致对不同目的蛋白的活性影响不同，所以昆虫表达系统还可作为一个研究糖基化对蛋白质结构与功能影响方面的理想模型；③表达水平高：与其他真核表达系统相比较，此系统最突出的特点就是能获得重组蛋白高水平的表达，最高可使目的蛋白的量达到细胞总蛋白的50%；④能容纳大分子的插入片段（约10kb）：杆状病毒毒粒可以扩大，并能包装大的基因片段，但目前尚不知杆状病毒所能容纳的外源基因长度的上限；⑤能同时表达多个基因：杆状病毒表达系统具有在同一细胞内同时表达多个基因的能力。既可采用不同的重组病毒同时感染细胞的形式，也可在同一转移载体上同时克隆两个外源基因，表达产物可加工形成具有活性的异源二聚体或多聚体；⑥适合表达细胞毒性蛋白：应用晚期多角体蛋白基因启动子表达外源基因，即使表达产物是细胞毒性蛋白，也不影响表达水平，因为在这些有毒产物表达之前，病毒已经完成复制并释放出大量成熟的子代毒粒，不会干扰病毒的复制；⑦安全：因为家蚕等昆虫属无脊椎动物，与人类的亲缘关系较远，且重组NPV无多角体蛋白形成，失去了病毒粒子的天然保护物多角体蛋白结晶体，病毒粒子极易在自然环境中失活，因而不会产生对环境及人畜的污染。另外，昆虫杆状病毒表达系统具有剪切的功能，能表达基因组DNA；还有对重组蛋白进行定位的功能，如将核蛋白转送到细胞核上，膜蛋白则定位在膜上，分泌蛋白则可分泌到细胞外等。

尽管杆状病毒表达系统的优点很多，但也存在一些不足之处：①非连续性表达：由于重组杆状病毒能导致宿主的死亡，所以每一轮外源蛋白的表达必须重新感染新鲜的培养细胞或宿主；②其表达产物的糖基化相对简单，多不分支，糖侧链甘露糖成分高，缺乏复合寡糖。

（三）杆状病毒载体表达系统的改进

由于传统的同源重组策略构建的重组病毒，其重组率低（一般仅为0.1%～1%），会给重组病毒的纯化带来许多不便，所以近年来NPV表达系统无论在病毒的筛选方法上，还是在重组效率上都有较大的技术改进。

在重组病毒的筛选方法上，近几年开发了如下一些新方法：①应用β-半乳糖苷酶基因（*lacZ*）。1990年，Vialard等在多角体基因的上游，利用*p10*基因启动子带动*lacZ*基因构建了转移载体pJVNheI。将其共转染sf细胞后，重组病毒可表达β-半乳糖苷酶，通过加入x-gal使之形成蓝色空斑，便可进行重组病毒的筛选；②采用斑点杂交或原位杂交的方法；③应用PCR技术进行扩增，根据扩增片段的大小即可判定是否发生了重组；④应用新霉素抗性基因（*neo*）等选择性标记来提高筛选效率。*neo*是经典的显性选择标记，是一种细菌编码的磷酸转移酶基因，可使氨基糖苷类抗生素G418失活。后者又是一种蛋白质合成抑制剂，可干扰真核细胞80S功能。1989年，Javis将*neo*引入sf细胞染色体中而得到G418抗性的细胞系，说明*neo*可作为选择标记用于重组病毒的筛选。

在提高病毒的重组效率方面，近年来采用了以下新技术：①线性化病毒DNA技术。1990年Kitts等将线性化技术引入昆虫病毒基因工程中，这一策略的原理是线性化的杆状病毒DNA没有感染性，但仍能和导入宿主细胞中的同源序列重组，即病毒

DNA 可重新环化并恢复感染性。由于 *AcNPV* 基因组上没有任何酶的单一位点，不能线性化，于是人们在多角体蛋白基因区域引入一个唯一的限制性酶切位点（Bsu36I）。酶切后的线性杆状病毒基因组与转移载体共转染昆虫细胞时，重组病毒的比例明显上升；②去除 *ORF1629* 基因的线性化技术。1993 年 Kitts 等进一步完善了上述线性化策略。他将这个系统与肉眼可识别的 β-半乳糖苷酶基因和一个与复制有关的开放阅读框 1629（ORF1629）基因联系起来。利用这种方法产生重组病毒的效率为 85%～99%，但仍需要空斑纯化；③大肠杆菌内转座子介导的重组策略。杆状病毒基因组像一个能在大肠杆菌中增殖的复制子，如 1993 年 Luckow 等构建的杆状病毒基因组像一个巨型质粒一样能在大肠杆菌中复制，被称为 Bacmid。Bacmid 含可在大肠杆菌中复制的 F 因子复制子、卡那霉素抗性基因和转座接触位点 attTn7，这种方法可得到 100%的阳性重组病毒。因此，鉴定与纯化一个重组病毒所需的时间大大缩短，且可快速、同时分离出多个重组病毒，特别适于表达不同蛋白变种以研究结构和功能的关系。王汉中等（2002）根据 Bacmid 表达系统的基本原理，也构建了一种新颖的棉铃虫单粒包埋核多角体病毒表达系统（HaBac-to-Bac）。该系统中供体质粒 pFastPhP10 中插入了带有多角体启动子序列的完整的多角体蛋白基因，因而多角体蛋白基因的表达和包涵体的形成也可作为转染成功的重要识别标记等，这是商品化的 AcBac-to-Bac 系统（Invitrogen 公司）所不具备的。除上述几种重组策略外，还发展了酵母-昆虫细胞穿梭载体和体外酶促定位重组等策略。

四、哺乳动物细胞表达系统

与其他真核细胞表达系统相比，目的基因在哺乳动物细胞中表达的蛋白与天然蛋白的结构、糖基化类型和方式几乎相同且能正确组装成多亚基蛋白，并且哺乳动物细胞能以悬浮培养或在无血清的培养基中达到高密度且培养体积能达到 1L 以上。在表达这一类蛋白药物时人们往往首选 CHO 细胞表达系统。与大肠杆菌相比，哺乳动物细胞的表达水平低、获得高表达细胞株所需的时间长、细胞大规模培养的成本高等导致哺乳动物细胞生产的蛋白质类药物的成本较高。因此，建立哺乳动物细胞高效表达体系以及高表达工程细胞株的获得，是制约基因工程药物研究和生产的瓶颈。

（一）表达载体的类型

根据进入宿主细胞的方式，可将表达载体分为病毒载体与质粒载体。病毒载体是以病毒颗粒的方式，通过病毒包膜蛋白与宿主细胞膜的相互作用使外源基因进入到细胞内。常用的病毒载体有腺病毒、腺相关病毒、逆转录病毒、semliki 森林病毒（sFv）载体等。质粒载体则是借助于化学方法（如脂质体法、磷酸钙法、DEAE 沉淀法）和物理方法（如电转化法和微注射法）将 DNA 直接导入细胞中。

依据质粒在宿主细胞内是否具有自我复制能力，可将质粒载体分为整合型和附加体型载体两类。整合型载体无复制能力，需整合于宿主细胞染色体内方能稳定存在；而附加体型载体则是在细胞内以染色体外可自我复制的附加体形式存在。整合型载体一般是随机整合入染色体，其外源基因的表达受插入位点的影响，同时还可能会改变宿主细胞的生长特性。相比之下，附加体型载体不存在这方面的问题，但载体 DNA 在复制中容易发生突变或重排。

（二）表达载体的结构元件

哺乳动物细胞表达载体的必要元件包括：一个高活性的启动子、转录终止序列和一个有效的 mRNA 翻译信号。可视实验需要加入标志基因、复制起始点序列、内部核糖体进入位点等。基于启动子/增强子是表达载体中最重要的元件，广义而言的启动子一般包含增强子在内。目前常用的强启动子包括人巨细胞病毒早期启动子（CMV-IE）、人延伸因子 1-α 亚基启动子和 Rous 肉瘤长末端重复序列；Invitrogen 公司开发的 pcDNA、pEF 和 pRL 三种系列载体即分别是以这三种启动子驱动目的基因的表达。近年来又发现了一些新的强启动子：如人 *leukosialin* 基因和鼠 3-磷酸甘油激酶 1（PGKI）基因启动子，活性与 CMV-IE 相当。

（三）宿主细胞

常用的几种用于表达重组蛋白的细胞株有 CHO 细胞、骨髓瘤细胞株（如 Sp2/0 和 J558L)、COS 细胞、293 细胞等。不同的细胞对重组蛋白的修饰可能会稍有差别，如人 CHO 细胞表达的人白血病抑制因子和人组织因子旁路抑制剂分别存在 N 端和 C 端氨基酸的缺失，而这些改变在另外的一些细胞株中并未出现。近几年也陆续发现了几种新的有较大应用价值的细胞株：如来源于 Madin-Darby 犬肾的高分化内皮细胞株（MDCK)。Pei 等用该细胞株表达分泌型的基质金属蛋白酶 MMPI3，发现高表达的阳性细胞克隆可占转染细胞的 5%～10%，其中一个克隆的表达量可占细胞上清总蛋白的 15%～20%。

（四）表达系统

根据目的蛋白表达的时空差异，可将表达系统分为瞬时、稳定和诱导表达系统。瞬时表达系统是指宿主细胞在导入表达载体后不经选择培养，载体 DNA 随细胞分裂而逐渐丢失，目的蛋白的表达时限短暂。瞬时表达系统的优点是简捷，实验周期短，可作为遗传工程构建是否正确的早期指征。稳定表达系统是指载体进入宿主细胞并经选择培养，载体 DNA 稳定存在于细胞内，目的蛋白的表达持久、稳定。由于需抗性选择甚至加压扩增等步骤，稳定表达相对耗时耗力。诱导表达系统是指目的基因的转录受外源小分子诱导后才得以开放。早期实验常使用糖皮质激素、重金属离子等诱导体系来调控基因表达，但存在特异性低和毒性高等诸多缺点。近几年以突变的或非哺乳动物细胞来源的调控蛋白为平台建立了一些新的诱导表达系统，在这些系统中外源基因的表达本底低，诱导倍增效应高，药物诱导后目的基因的表达可提高数万倍。

五、体外翻译系统

体外翻译系统又称无细胞蛋白质合成系统，是一种相对胞内表达系统而言的开放表达体系。翻译系统内的组分和翻译条件可以根据需要进行适当的改变，因而体外翻译系统中翻译特定的基因较胞内表达系统具有许多优点，如内源性 mRNA 干扰很小（由于体外翻译系统是用指定的模板进行目的蛋白质合成，因而可以大大降低或消除在体内翻译系统中由于内源 mRNA 所造成的背景）；通过同时加入多种基因模板研究多种蛋白质的相互作用；体外翻译系统可以对基因产物进行特异性标记，便于在反应混合物中检测。此外体外翻译系统是一种蛋白质快速鉴定系统，蛋白质表达可以不需要先进行克隆。目前，体外翻译系统有兔网织红细胞系统、麦胚提取物系统、*E. coli* S30 系统三种。

（一）兔网织红细胞系统

兔网织红细胞可以说是应用得较早的一个体外表达系统。网织红细胞由红细胞分化而来，在体内主要是负责合成大量血红蛋白（90%以上）以及球蛋白。这种未成熟的红细胞本身不带细胞核，但却保留了这种高效翻译各种核酸信息的能力，可减少背景，即使在较低的丰度下也能比较高效地合成产物。根据测定，体外合成外源蛋白的效率接近完整网织红细胞自身合成内源蛋白的效率。此外网织红细胞体系内源的核酸酶很少，有助于长链 RNA 的稳定（包括有帽子或者没帽子结构的 RNA），因而可以合成较大的蛋白。体外翻译系统中兔网织红细胞系统是真核体外翻译系统中应用最广泛的一种，常用于较大的 mRNA 种类鉴定、基因产物性质的分析、转录和翻译调控的研究以及共翻译加工的研究等。兔网织红细胞用新西兰大白兔制备，通过纯化除去兔网织红细胞以外的污染细胞。网织红细胞裂解后，提取物用微球菌核酸酶破坏内源 mRNA，最大限度降低翻译背景。裂解物包含蛋白质合成所必需的细胞内组分（tRNA，核糖体，氨基酸，起始、延伸、终止因子）。为了使系统更适于 mRNA 的翻译，兔网织红细胞中还添加了磷酸肌酸和磷酸肌酸激酶的能量生成系统，以及氯化高铁血红素防止翻译起始的抑制，此外还添加了 tRNAs 混合物用于扩大 mRNA 翻译的范围，以及乙酸钾和乙酸镁等。兔网织红细胞具有一定的翻译后加工活性，包括翻译产物的乙酰化、异戊二烯化、蛋白酶水解和一些磷酸化活性。信号肽切除以及蛋白质糖基化等翻译后加工事件可以通过加入犬微粒体膜来实现。

（二）麦胚提取物系统

麦芽提取物是不同于网织红细胞裂解物的另一个无细胞体外合成体系。通过碾磨麦胚，离心去除细胞残渣，上清液通过层析将抑制翻译的内源氨基酸和植物色素等分离出去。提取物用微球菌核酸酶处理破坏内源 mRNA，最大限度降低翻译背景。提取物中添加磷酸肌酸和磷酸肌酸激酶的能量生成系统和增加链延伸效率的亚精胺，以及一定量的乙酸镁。由于内源的 mRNA 很少，这个系统可用于各种病毒、酵母、高等植物乃至哺乳动物蛋白的合成。当表达产物较难与球蛋白区分（12 000～15 000），或者表达产物正好可能是哺乳动物细胞中富含而植物中没有的调控因子一类的蛋白时，或者是不明原因表达不出时，可以尝试麦芽提取物体系。此系统广泛用于放射标记多肽和蛋白的合成。合成量不太高，直到最近才通过延长合成时间的方式提高了产率。如果要保持麦芽提取物系统持续数日的合成效率，就必须要保证反应体系不含有任何会破坏核糖体或者其他合成中使用到的蛋白的酶。这种情况下此系统的合成效率可以被不断加强，24 小时内最高的合成量可达 1mg/mL。

（三）原核体外翻译系统

S30 原核体外翻译系统的 *E. coli* S30 提取物是由 OmpT 内切蛋白酶和 Lon 蛋白酶缺陷的 *E. coli* B 菌株制备，所以在 S30 系统中表达基因可以增加产物的稳定性，尤其适用于在体外表达时易被蛋白酶降解的蛋白质。S30 体外翻译系统也适合表达那些在体内表达时由于宿主编码的抑制酶作用而表达水平低的蛋白质，使其能高水平表达。S30 系统还可用于转录和翻译调控的研究。此外，S30 体外翻译系统的应用还包括用于合成放射性同位素标记的蛋白质及合成少量标记蛋白质用于蛋白纯化中作为示踪物质以及在蛋白质中掺入非天然的氨基酸用于研究蛋白质的结构功能。

思考题

1. 蛋白质化学修饰的反应类型有哪些？主要修饰部位是什么？
2. 基因突变的种类有几种？各自的特点是什么？
3. 突变文库的筛选方法主要有哪些？
4. 为什么要发展基因融合技术？

5. 常见的融合蛋白标签和报告分子是什么？
6. 如何利用内含肽实现蛋白质的连接？
7. 如何在遗传密码中增添一个非天然氨基酸？
8. 重组蛋白质的表达系统主要有哪些？各自的优缺点是什么？
9. 如何在大肠杆菌中实现外源蛋白的高效表达？
10. 酵母表达载体有哪些类型？影响外源蛋白在毕赤酵母中高效表达的因素是什么？

第四章　蛋白质的物理化学性质

上一章介绍了蛋白质的修饰和表达、蛋白质化学修饰途径、蛋白质改造的分子生物学途径、重组蛋白质表达等，这对蛋白质分子的改造具有十分重要的意义。本章将从蛋白质及其突变体的稳定性和可折叠性等几个方面介绍，涉及了对多肽链溶液的热力学和动力学的研究。随着人们对此领域研究的深入，积累了大量数据，同时把我们带向对蛋白质认识的新阶段。

蛋白质折叠问题被列为“21 世纪的生物物理学”的重要课题，同时也是生物化学和分子生物学的前沿课题之一。蛋白质是一种生物大分子，关于蛋白折叠在分子水平上的研究主要集中在两个方面：第一，折叠过程是由热力学控制还是由动力学控制？天然蛋白质是否为最稳定的构象？天然蛋白质是否只有唯一的稳定结构？第二，折叠过程的途径怎样？是否有中间体存在？中间体的数目和性质是怎样的？要想解决这些问题，必须对蛋白质折叠的有关方面的性质和结构有所了解。

第一节　热力学函数与蛋白质构象

一、热力学函数与热力学平衡

内能指的是组成物体的所有分子的无规则运动的动能与分子间相互作用的势能之和。不考虑化学键的变化，多肽链的内能 E 由构象和内部运动所确定。多肽链的构象是随着溶液的变化而变化，蛋白质的天然构象就是在多肽链与溶液的相互作用中形成的。

焓（enthalpy），是一个系统的热力学参数。它描述的是体系的一个状态性质，它的改变量仅仅取决于系统的始态和终态，用符号 H 表示，即

$$H = E + pV$$

式中，E——系统内能；

p——其压强；

V——体积。

熵（S）是度量体系混乱度的热力学函数。从微观的角度来看，熵具有统计意义，它是体系微观状态数（或无序程度）的一种量度。熵值小的状态对应于比较有秩序的状态，熵值大的状态对应于比较无秩序的状态。

内能（E）和焓（H）是体系自身的性质，要认识它们需凭借体系和环境间热量和功的交换从外界的变化来推断体系 E 和 H 的变化值（如 DE＝Qv，DH＝Qp）。熵也是这样，体系在一定状态下有一定的值，当体系发生变化时要用可逆变化过程中的热温熵来衡量它的变化值。熵的概念最早是克劳修斯引进来的。熵的量纲是 JK^{-1}。

G 叫做吉布斯自由能（Gibbs free energy），亦称吉布斯函数，它是定温定压下系统的状态函数，可以用公式表示为：

$$G = H - TS = E + pV - TS$$

式中，T——绝对温度；

S——体系的熵。

此式的意义是在等温等压下，一个封闭体系所能做的最大非膨胀功等于其吉布斯自由能的减少；若过程是不可逆的，则所做的非膨胀功小于体系的吉布斯自由能的减少。

应注意吉布斯自由能是体系的性质，它的大小只决定于体系的始态和终态，而与变化的途径无关（即与可逆与否无关）。

二、热容量

系统在某一过程中，温度升高（或降低）1℃所吸收（或放出）的热量叫做这个系统在该过程中的“热容量”。如果在一定的过程中，当温度升高 ΔT 时，系统从外界吸收的热量为 ΔQ，那么在该过程中该系统的热容量（C）为：

$$C = \lim_{\Delta T \to U} \frac{\Delta Q}{\Delta T}$$

热容量的单位是 J/K。系统的热容量与状态的转变过程有关。在提到系统或物质的热容量时，必须指明状态的转变过程。系统的热容量还与它所包含的物质的质量成正比，不同过程的热容量不同。

为计算简便，常用水当量的概念，如某系统的热容量与多少克水的热容量相等，即称该系统的水当量为多少克。所以任何系统的热容量在数值上就等于它的水当量。

通常规定，系统吸收的热量为正值，而释放的热量为负值，故在系统吸收热量引起温度升高时，热容量为正值。有的系统（如饱和水蒸气），在温度升高时，释放热量，故其热容量为负值。量热实验，特别是近几十年发展起来的使用微分扫描量热仪的实验，使得在蛋白质的折叠或退折叠转变过程中，直接测定热容量的变化成为可能。实验中，量热池中的蛋白质溶液被放在其中的仪器以恒定的速率加热，装有缓冲液的另外一个量热池也同时被加热作为参照。仔细地分别加热两个量热池，使样品池和参考池在温度逐渐升高或降低的过程中始终保持相同的温度。为维持相同温度，两个量热池在热量需求上的差别，就是两个池中液体热容量的差别。这个热容量差反映了热过程中的能量信息。

三、van’t Hoff 焓

荷兰科学家范特霍夫（van’t Hoff，1901 年诺贝尔奖获得者）提出，温度每升高 10K，反应速度一般增加到原来的 2～4 倍，该规律被称作 van’t Hoff 规则。根据此规则可大致估计温度对反应速度的影响。

物质的熵（混乱度）随体积的增大而增加。如收集的气体分子占据所有可能占据的体积，它的熵值达到最大。类似地溶解的分子能均匀地分布在溶液中，因此熵是浓度的函数。

当溶液中的活性状态（N）与失活状态（U）处于平衡时，平衡常数 $K=[\mathrm{U}]/[\mathrm{N}]$（式中的方括号表示取浓度）取决于两种自由能之差 $\Delta G = G_{\mathrm{U}} - G_{\mathrm{N}}$：

$$K = \exp(-\Delta G/RT)$$

自由能差 ΔG 也可以用焓差 $\Delta H = H_{\mathrm{U}} - H_{\mathrm{N}}$ 和熵差 $\Delta S = S_{\mathrm{U}} - S_{\mathrm{N}}$ 表示为：

$$\Delta G = \Delta H - T\Delta S$$

于是

$$-RT \cdot \ln K = \Delta H^0 - T\Delta S^0$$

由此可以看出，平衡常数对温度的依赖关系可以用来估计 ΔH 的大小。H^0 和 S^0 分别表示标准状态下的焓和熵。

所以

$$\ln K = -\Delta H^0/RT + \Delta S^0/R$$

即

$$\ln K = (-\Delta H^0/R)(1/T) + \Delta S^0/R$$

由此可以看出平衡常数随温度的变化，此方程表示了线性关系 $y=mx+b$。以 $\ln K$

对 $1/T$ 作图称为 van't Hoff 曲线，ΔH^0 和 ΔS^0（由此能得到 ΔG^0）的值可以通过两个（或更多）不同温度下测出的 K 求出。这种方法比直接用量热计测定 ΔH 和 ΔS 更具有实用性（量热计能测量一个过程的热量）。同时也可以利用 van't Hoff 作图，就可以从平衡常数随温度的变化关系中得到 van't Hoff 焓。van't Hoff 焓主要在“两态转变”模型的分析中做出了贡献。

四、蛋白质构象与热运动

由于单键基本自由旋转以及键角有一定的柔性，一种具有相同结构和构型的分子在空间里可采取多种形态，分子所采取的特定形态称为构象。蛋白质具有生物活性的天然结构是由含有特定初级序列的多肽链折叠而成的，正确的理化条件下蛋白质的折叠是自发的；不正确的理化条件下蛋白质一般没有致密的结构。蛋白质通过多肽链的折叠完成了从遗传信息到生物功能的信息传递表达过程。也可以说多肽链结构或氨基酸序列决定了蛋白质的结构。遗传信息通过表达、翻译为相应的多肽链结构，再经过加工与修饰（如二硫键的形成与断裂等），多肽链的变化主要依赖于溶液中相应的氧化还原剂的存在。多肽链通过折叠形成具有特定生物学活性的结构。分子的三维结构由绕着双原子共价键的旋转来决定，围绕单键旋转的角度称为构象角，它决定了多肽链的一种结构。在一定的构象下，多肽链仍可进行复杂的内部运动。这就涉及到蛋白质溶液中的热运动问题。

这里讨论的热运动是指蛋白质溶液中所有分子的不停运动，包括了分子相对于容器的运动和分子内部各部分之间的相对运动。虽然要确定某一时刻蛋白质分子的运动状态非常困难，甚至不可能，但我们必须了解蛋白质的热运动，因为蛋白质的三维结构取决于两个方面：一是多肽链与溶液分子的瞬时的相互作用，二是蛋白质分子永不停息的无规则热运动。

一般而言，蛋白质分子与溶剂分子的相互作用会增加蛋白质的有效分子质量和内部运动自由度，使内部运动能级增加，分布加密加宽，可被激发的内部运动增加，同时溶剂在溶液中的比例减少。

除了热运动的能量变化外还有热运动的涨落影响，任何体系的能量分布都有一定的宽度，正是这个宽度反映它围绕平均值的涨落。而涨落的大小与体系的大小相关，体系大，涨落小；体系小，涨落大。因为蛋白质分子所构成的体系比较小，所以涨落现象就变得特别显著。热力学能量的变化决定着蛋白质的动力学性质。多肽链之所以能够克服改变构象角所需要的位垒，就是因为热运动的涨落而聚集了足够的能量所致。这种变化还可以促使多肽链完成折叠或退折叠过程。

热运动之所以可以在溶液中和多肽链的各部分之间传播，主要是通过多肽链各部分之间和多肽链与溶液分子之间的相互作用来实现的。体系达到热力学平衡的标志是当在空间的一定范围内和在时间的一定间隔内的平均热运动能量不再发生变化。此时蛋白质分子基本都有一个较为稳定的构象，这个构象就是蛋白质的天然态。当溶液的生理条件发生变化，如存在失活剂等的时候，蛋白质分子的天然构象就可能被破坏，不同蛋白质的破坏程度是不同的。有的蛋白质分子只是一部分天然构象得到破坏；有的蛋白质分子在不同数目的可能构象间不停地转换；也有的蛋白质分子具有各种不同程度随机性的状态，直至形成可逆或不可逆的聚集。

五、热力学参数在分子水平上的解释

在生理溶液条件下，蛋白质分子通过与水分子相互作用，在溶液中的热运动达到热力学平衡时，其构象就稳定在它的天然态。天然态的稳定性可以用折叠与退折叠的吉布斯自由能差 ΔG 定量。只要是可逆的折叠与去折叠转变，它的热力学参数以及稳定自由

能 ΔG 都可以测定，但是如何在分子水平上用残基—残基或原子—原子间的相互作用来解释这些热力学参数，即如何从分子的相互作用来理解蛋白质天然结构的稳定性还不清楚。

为了使蛋白质折叠起来，就需要通过多肽链各部分间相互作用所引起的内能的减少来抵消构象熵减少带来的自由能增加。退折叠态是多肽链在大量不同构象间不停地变换的状态，这种状况使得蛋白质在退折叠态有较大的构象熵。从理论和实验两方面都对构象熵作出过估计。包括来自于侧链可动性减少的贡献在内，对每个残基由于限制主链构象角所引起的熵减少估计在 15～25J/(K·mol) 范围内，这大约对应于每个残基 6kJ/mol 或更多的自由能（$T\Delta S$）。这些增加了的自由能需要由折叠所引起的蛋白质内部与溶剂之间以及溶剂与溶剂之间相互作用改变所导致的自由能的净减少来克服。

稳定蛋白质三维结构的作用力主要是一些弱的相互作用或者称为非共价键或者是次级键，包括氢键、范德华力、疏水作用力和盐键（离子键）。

同时这些弱的相互作用也是稳定核酸构象、生物膜结构的作用力。此外共价二硫键在稳定某些蛋白质的构象方面也起着重要作用。稳定蛋白质结构的几种键的键能见表 4-1。

表 4-1　蛋白质中存在的几种键的键能

键	键能[a]/（kJ/mol）
氢键	13～30
范德华力	4～8
疏水作用	12～20[b]
盐键	12～30
二硫键	210

a 键能是指断裂该键能所需的自由能。

b 此数值表示在 25℃非极性侧链从蛋白质内部转移到水界之中所需的自由能。它与其他键的键能不同，此数值在一定的温度范围内随温度升高而增加。实际上它并不是键能，此能量的大部分并不用于伸展过程中键的断裂。

蛋白质构象主要通过弱的相互作用力得以稳定。在蛋白质结构中稳定（stability）可以被定义为保持天然构象的趋势。活性蛋白质只是处于有限的稳定中，区分生理状态下典型蛋白质的折叠和非折叠状态的 ΔG 在 20～65kJ/mol 的范围之间。一个多肽链理论上可假设存在无限多的不同构象，因此可以用构象上的熵值来描述蛋白质的非折叠状态，熵以及多肽链中许多基团与溶剂（水）之间的相互作用倾向于维持非折叠状态，氢键、疏水相互作用和离子键，它们有助于稳定天然构象。对这些弱的相互作用力的正确评价对我们理解多肽链是怎样折叠成特殊的二级结构和三级结构、怎样与其他蛋白质组合以形成四级结构等尤为重要。

打开一个共价单键大约需要能量 200～460kJ/mol，而对于弱的相互作用力则仅需 4～30kJ/mol。个别有助于形成蛋白质天然构象的共价键，如连接一条多肽链的两个分离部分的二硫键，要比单独的弱相互作用力强得多，但弱的相互作用力才是在蛋白质结构中起稳定作用的主要作用力。一般来说，具有最低自由能（即最稳定构象）的蛋白质构象有最大数量的弱相互作用力。

蛋白质的稳定性不仅是其中许多弱的相互作用力形成的自由能的简单加和。折叠多肽链中的每个氢键基团在折叠前都是与水形成氢键，而对于蛋白质中形成每个氢键，在相同基团与水之间同等强度的氧键就被打破了，所以一个弱的相互作用力对稳定的净贡献，或者说在折叠和非折叠状态间的自由能差异可能接近于零，因此我们必须从其他方面来解释为何蛋白质的天然构象状态是最佳的。

我们发现弱的相互作用力对蛋白质稳定性的作用可以用水的性质来理解。纯水含有由水分子形成的氢键网络，水中没有其他分子具有形成氢键的潜能，存在于水溶剂中的其他分子干扰了水分子间氢键的形成。当水包围着一个疏水分子时，氢键的最佳排列立即在其邻近区域形成高度有结构的壳层或溶剂层（solvation layer）。溶剂层中水分子有序的升高与水不利的熵值下降相关联。然而，当非极性基团聚集在一起时，溶剂层的范围下降，这是由于每个基团不再在溶液中暴露整个表面，结果造成有利的熵的升高。熵是水溶液中形成疏水基团间结合的主要热动力学驱动力。

在生理条件下，蛋白质中氢键和离子键的形成主要也是由熵的作用所驱动的，极性基团一般可与水形成氢键，因此易溶。水的单位质量里的氢键数一般大于其他任何液体或溶液，但是即使是最极性的分子仍有溶解度的极限，因为它们的存在引起了单位质量里氢键数的净减少。所以在极性分子周围也形成一定程度的水结构溶剂层。尽管在大分子的两个极性基团间形成分子内氢键或离子键的能量主要被排除相同的基团与水之间相互作用力的能量所抵消掉了，但分子内形成相互作用时造成的水结构的破坏提供了熵驱动力用于折叠。因此蛋白质中弱的相互作用形成时发生的大多数自由能的净改变来自于因疏水表面埋入而引起的周围水溶液熵的升高，这超过了迫使多肽成为单一的折叠构象时熵的大量损失。

疏水相互作用显然在稳定蛋白质构象中起着主要作用，蛋白质内部一般是由疏水侧链形成的紧密堆集的核。蛋白质内部任何极性的或带电的基团都能合适地形成氢键或离子键。一个氢键看上去对稳定天然结构贡献很少，但是如果蛋白质疏水核出现没有配对的氢键或带电基团将会非常不稳定，有这种不成对基团的构象常常是在热动力学上不允许的。通过这样的基团与周围溶液中相应基团的连接，实现有利的自由能改变要比折叠状态和非折叠状态间的自由能差值大。而且蛋白质的基团间氢键的形成具有协同性，一个氢键的形成有利于更多氢键的形成。

无论是多肽链各部分之间，还是多肽链与溶剂及溶剂与溶剂之间的相互作用都是属于或类似于分子之间的非共价相互作用，这些相互作用可以分为几种类型：

1. 静电相互作用

在水溶液中，一个大分子的某些原子会带上电荷，因为水分子是极性分子，氢离子带正电荷，氢氧根离子带负电荷，于是在它们的极性作用下，周围的原子或离子也会带上相应的电荷。蛋白质的折叠态与退折叠态的空间结构不同，在水溶液中表现为同一个可电离基团附近环境的有效介电常数的变化，于是它们的 pK_a 值也会变化，即折叠态与退折叠态的 pK_a 值不同。虽然对于大多数残基来说 pK_a 值的移动很小，但是蛋白质大分子可电离基团相当多，小 pK_a 值移动的大量积累对蛋白质稳定性很重要。

事实上，蛋白质结构中的离子对数量是相当少的，在进化中也不属于高度保守的残基，而且大多数的离子对都分布在分子表面，分子内部的离子对很少（有数据表明，每150个残基有一个离子对在分子内部）。但是从小 pK_a 值移动的大量积累对蛋白质稳定性影响和利用简单的库伦相互作用模型计算蛋白质静电自由能看来，离子对（离子键、盐键）对蛋白质的稳定性有强烈的影响。但事实上蛋白质似乎并不倾向于用离子对间的静电相互作用来维持其天然结构的稳定。这是因为简单的库伦模型把缓冲电解质引起的屏蔽等效应忽略了。离子对对蛋白质稳定性的强烈影响说明静电相互作用对折叠稳定性潜在的重要性。

2. 范德华相互作用

在物质的聚集态中，分子间存在着一种较弱的吸引力，当两个不带电荷的原子非常靠近时，它们的电子云相互作用，核周围电子位置的随机变化可能产生一个瞬间电偶。该电偶能够诱导邻近的原子产生一个短暂的反向电偶。这两个电偶之间会产生微弱的引力（作用能的大小一般只有每摩尔几千焦至几十千焦，比化学键的键能小 1～2 个数量级），从而拉近两个原子核。这种微弱的吸引力即为范德华力，亦称范德华引力、范氏力或范德华键，其实质也是静电引力。它由三部分作用力组成：①当极性分子相互接近时，它们的固有偶极将同极相斥而异极相吸，定向排列，产生分子间的作用力，叫做取向力，偶极矩越大，取向力越大；②当极性分子与非极性分子相互接近时，非极性分子在极性分子的固有偶极的作用下，发生极化，产生诱导偶极，然后诱导偶极与固有偶极相互吸引而产生分子间的作用力叫做诱导力，当然极性分子之间也存在诱导力；③非极性分子之间由于组成分子的正、负微粒不断运动，产生瞬间正、负电荷重心不重合，而出现瞬时偶极，这种瞬时偶极之间的相互作用力叫做色散力，分子质量越大，色散力越大。当然在极性分子与非极性分子之间或极性分子之间也存在着色散力。范德华引力是存在于分子间的一种不具有方向性和饱和性作用范围在几百个皮米之间的力。它对物质的沸点、熔点、汽化热、熔化热、溶解度、表面张力、黏度等物理化学性质有决定性的影响。

广义上的范德华力包括三种较弱的作用力：定向效应、诱导效应、分散效应。

分散效应（dispersion effect）是在多数情况下主要作用的范德华力，它是非极性分子或基团间仅有的一种范德华力即狭义的范德华力，也称 london 分散力。这是瞬时偶极间的相互作用，偶极方向是瞬时变化的。

范德华力包括吸引力和斥力。吸引力只有当两个非键合原子处于接触距离（contact distance）或称范德华距离即两个原子的范德华半径之和时才能达到最大。就个别来说范德华力是很弱的，但其相互作用数量大且有加和效应和位相效应，因此成为一种不可忽视的作用力。

3. 氢键（Hydrogen bond）

氢键（hydrogen bond）在稳定蛋白质的结构中起着极其重要的作用。由电负性原子与氢形成的基团（如 N—H 和 O—H）具有很大的偶极矩，成键电子云分布偏向负电性大的原子，因此氢原子核周围的电子分布就少，正电荷的氢核（质子）就在外侧裸露。这一正电荷氢核遇到另一个电负性强的原子时就产生静电吸引，即所谓氢键(图 4-1)。

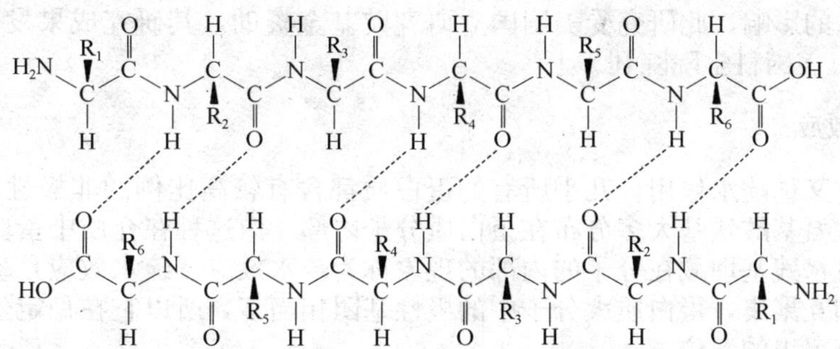

图 4-1　蛋白质分子中的氢键示意图

两个电负性原子中提供氢原子的原子称为给体，接受氢原子的原子称为受体。氢键的强度取决于两个成氢键原子的电负性以及三个原子所成角度，一般在 8.36～41.8kJ/mol 的范围内。氢键键能的主要成分是静电相互作用。

在生物相中最常见的氢键是羟基（—OH）和氨基（$—NH_2$）之间，其稳定性递减次序大约是 OHN＞XON＞HN—NHO，这种键可以发生在分子间、分子内或者二者的结合。

水本身就含有大量氢键，水分子既是氢键的给体，又是氢键的受体。在水溶液中，多肽链既可以形成链内氢键，又可以与水分子形成氢键。若所有能形成的氢键都形成了，那么无论蛋白质在折叠态还是在退折叠态，溶液中的氢键总数并没有改变。因此，氢键对蛋白质天然结构的稳定作用只能来自于水-水氢键和链内氢键和水-肽链氢键两种情况下的自由能之差。由于在蛋白质中有许多的氢键，只要这些氢键在强度上有细微的差别就足以影响蛋白质的稳定性，这增加了正确分析氢键在蛋白质天然结构中的稳定作用的难度（表 4-2）。

表 4-2　氢键的类型

分　类	υ_{OH}/cm^{-1}	R（O…O）/nm	实　例
弱氢键	＞3200	＞0.270	H_2O（水、水合物） R—OH（醇、酚）
中强氢键	2800～3100	0.260～0.270	R—COOH（羧酸）
强氢键	700～2700	0.240～0.260	$MH(RCOO)_2$（酸盐）

最近用新方法研究了氢键在蛋白折叠过程中的作用。通过改变蛋白质关键部位的单个原子，杜克大学的化学家们发现了相对作用力较弱的氢键在使线形蛋白折叠成能发挥生物活性的最稳定结构中的重要作用。这些蛋白合成后要马上折叠才能在细胞中发挥其生物学功能。尽管比生物分子中能结合原子“共价”化学键要弱，但氢键对所有折叠蛋白质中央“骨架”却至关重要。它由夹在分子结构内的相邻氢原子和氧原子之间的吸引力造成。氢键在蛋白折叠中究竟起着多大的作用始终是一个有争议的问题，杜克大学化学系副教授 Michael Fitzgerald 的两个学生为回答这个问题进行了多年的研究工作。在折叠方式类似的两个不同蛋白分子中，他们在蛋白主链骨架的 5 个相似位置上，一个接一个地“突变”其中的原子进而有效破坏氢键，再分析这些氢键的破坏是怎样影响蛋白稳定性的。Fitzgerald 说，这个研究实验在技术上非常具有挑战性，首先需要在试管中准确地合成突变形式的蛋白，而通常情况下，研究人员一般都是利用重组 DNA 技术来进行的，其缺点是不能选择性的破坏单个氢键来产生某种突变，而使得其他部位的结构保持不变，但这种新方法将精确地设计出单原子突变，在不拆开蛋白折叠的整体结构的同时检测对它的影响。此研究受美国国立研究院基金资助，其研究成果发表于 2006 年 2 月 10 日的《美国科学院院刊》上。

4. 疏水效应

疏水效应又称疏水作用。几乎所有的蛋白质都含有较高比例的非极性氨基酸残基，而这些非极性氨基酸残基大多分布在蛋白质分子内部，像这种在介质中蛋白质的折叠总是倾向于把疏水残基埋藏在分子的内部的现象称为疏水效应。疏水效应是疏水基团避开水的极性而相互聚集，蛋白质大分子中的极性基团相当多，所以它在稳定蛋白质的三维结构方面占有突出的地位。

水介质中球状蛋白质的折叠总是倾向于把疏水残基埋藏在分子的内部。这一现象被称为疏水作用（hydrophobic effect）或疏水效应，也曾不正确地称为疏水键。疏水作用其实并不是疏水基团之间有什么吸引力的缘故，而是疏水基团或疏水侧链出自避开水的需要而被迫接近。当疏水基团接近到等于范德华距离时，相互间将有弱的范德华力，但这不是主要的。

蛋白质溶液系统的熵增加（熵变化 ΔS 为正值）是疏水作用的主要动力。熵增加主要涉及介质水的有序度改变，因为疏水基团的聚集（相互作用）本身是有序化的过程，造成熵减少。

疏水作用对稳定蛋白质折叠结构有重大贡献。要使疏水氨基酸 R 基团排除水而埋在内部，至少需要两层二级结构。两种简单形式，β-α-β 环（β-α-β loop）和 α-α 角（α-α corner）图 4-2，具备这一条件蛋白质的稳定折叠形式。两个简单的常见基序，可产生两层二级结构。二级结构单元界面之间的氨基酸侧链是远离水的。注意β-α-β环中的β链倾向于以右手形式扭曲。

图 4-2　β-α-β环和α-α角

目前还有很多人认为疏水基团之间的相互作用通常是没有方向性的，但是最近对剑桥晶体结构数据库（CSD）和蛋白质晶体结构数据库（PDB）的研究发现，疏水作用是有方向倾向性的。例如，富电子的吲哚芳环与苯环通常以边对面的T型方式接触（图4-3A），而缺电子的恶唑环则多与苯环面对面地平行接触（图4-3B）。

图 4-3　疏水作用的方向倾斜性实例图

A. 吲哚（下）与苯环（上）边对面T型接触；B. 恶唑环（下）与苯环（上）面对面平行接触

近年的研究还发现，非极性基团芳环的电子可以与水分子形成弱的氢键，从而增加了芳香化合物在水中的溶解度，芳环的电子还可以与 Na^+、K^+ 等阳离子形成较强的非共价键相互作用。这些研究有助于进一步揭示疏水效应的本质。

5. 二硫键

二硫键又称S—S键，是2个SH基被氧化而形成的—S—S—形式的硫原子间的键。在生物化学的领域中，通常指在肽和蛋白质分子中的半胱氨酸残基中的键。此键在蛋白质分子的立体结构形成上起着一定的重要作用。为了确定蛋白质的一级结构，首先必须将二硫键打开使成为线状多肽链。为此需要在2-巯基乙醇、二硫苏糖类、巯基乙酸等的硫化合物与尿素那样的变性剂同时存在下使之发生作用，使还原成—SH（为了防止再氧化通常用适当的—SH试剂将该基团烷基化）或是在过甲酸的氧化作用下衍生成—SO_3H 基或是采用在氧化剂共存下用亚硫酸的作用诱导成—S—SO_3H 基的方法。

绝大多数情况下二硫键是在多肽链的β-转角附近形成的。二硫键的形成并不规定多肽链的折叠，然而一旦蛋白质采取了它的三维结构则二硫键的形成将对此构象起稳定作用。假如蛋白质中所有的二硫键相继被还原将引起蛋白质的天然构象改变和生物活性丢失。在许多情况下二硫键可选择性的被还原。

另外研究表明，复性后的产物与天然的RNA酶并无区别，所有正确配对的二硫键都获得重建。值得注意的是，在复性过程中肽链上的8个—SH借空气中的氧重新氧化成4个二硫键时，它们的配对完全与天然的相同准确无误。如果在随机重组的情况下，8个—SH形成4个正确配对的二硫键的概率是 $1/7\times1/5\times1/3=1/105$。因为第一个二硫键的形成有7种可能，第二个二硫键有5种可能，第三个有3种可能，第四个只有一种可能。事实上，当还原后的 RNA 酶在 8mol/L 尿素中被重新氧化时，只恢复原来天然酶活性的1%左右。这说明 RNA 酶肽链上的一维信息控制肽链自身折叠成特定的天然构象，并此确定了 Cys 残基两两相互接近的正确位置。由此看来，二硫键对肽链的正确折叠不是必要的，但它对稳定折叠态结构作出贡献。含二硫键的分子有较小的构象熵变化（因为可转变为伸展态构象的数目较少）并因此而稳定。

长期以来人们一直不能直接在细胞内观察二硫键的形成，有关二硫键蛋白质组的形成与细胞功能关系的研究领域进展缓慢。最近，我国二硫键蛋白质组学的研究取得新突破。近日出版的《美国科学院院刊》（PNAS），发表了华东理工大学生物反应器工程国家重点实验室及药学院教授杨弋、哈佛大学医学院教授 Joseph Loscalzo 合作完成的论文——《哺乳动物细胞中线粒体对二硫键蛋白质组的调节》。杨弋等建立了一种灵敏、特异性的荧光标记方法，首次通过成像方法成功观察到细胞内二硫键的位置与水平。利用这种方法发现伴随线粒体呼吸产生的活性氧被细胞利用形成细胞表面蛋白质中的二硫键，而线粒体这一细胞“能量工厂”功能的改变，可以影响二硫键的水平，进而调节这些蛋白质的折叠、转运及功能。这项研究成果在细胞对蛋白质二硫键的调控研究上获得突破性进展，对了解二硫键的形成及其对生命的调控以及相关重大疾病机制研究与治疗具有重要意义。

6. 盐桥或离子键

盐桥或离子键又称盐键，它是正电荷与负电荷之间的一种静电相互作用。吸引力 F 与电荷电量的乘积（Q_1Q_2）成正比，与电荷质点间的距离平方（R^2）成反比，在溶液中此吸引力随周围介质的介电常数 ε 增大而降低。

$$F = Q_1Q_2/\varepsilon R^2$$

在近中性环境中，蛋白质分子中的酸性氨基酸残基电离后带负电荷，而碱性氨基酸残基电离后带正电荷。在蛋白质表面，带电集团与水分子相互作用形成一层水化层；在蛋白质分子内部主要形成氢键，但是无法形成氢键时带有不同电荷的基团就相互吸引形成盐键。而这种吸引之所以能发生有个主要的原因是疏水介质中的介电常数比水中的低。由于极性残基从水中转移到分子内部，由极性环境进入到疏水环境，把周围排列有序的水分子释放到介质水中表现为熵增效应，所以说盐键的形成既是静电相互作用的过程也是熵增的结果。

总之，弱相互作用对大分子的结构功能至关重要，前面描述的各种非共价键作用（氢键、盐键、疏水作用及范德华相互作用）均远弱于共价键。若破坏 1mol C—C 共价键需要 350kJ 的能量，破坏 1mol C—H 共价键则需要提供 410kJ 的能量，然而破坏 1mol 的典型范德华力则只需 4kJ 的能量即可。疏水作用也同样如此，即使在高极性溶剂（如高盐溶液）中疏水作用大大增强的条件下，它也仍然远弱于共价键。氢键的强度均随溶剂的极性而变化，但通常情况下也显著弱于共价键。例如，在 25℃水溶液中，其热能与这些弱作用力在同一数量级，同时溶质与溶剂（水）之间的作用力也与溶剂与溶剂间的作用力强度相似。因此氢键、离子键、疏水作用及范德华作用均处于不断的形成与破坏之中。此外共价二硫键在稳定某些蛋白质的构象方面也起着重要作用。

六、折叠/退折叠转变

一般多肽链的折叠/退折叠是非常复杂的过程，而且往往是不可逆的。具有生物活性的蛋白质天然态是在热力学平衡状态下存在的单一构象状态，而失活态则是多构象状态。引起蛋白质失活的因素有很多，如温度、pH 和失活剂的浓度增加等。前面已经提到蛋白质有各种各样的失活状态，当失活过程中形成不可溶的聚集体或沉淀时，这样的失活就是不可逆的。从活性态到失活态的可逆转变过程是人们更感兴趣的研究。对于蛋白质工程来说，如何使细胞内不溶的包涵体溶解，进一步使溶解的多肽链复活仍然是很有意义的研究方向。

在可逆的折叠/退折叠实验中，可以引起多肽链发生折叠/退折叠转变的溶液条件中的一个条件发生变化的时候，利用一些技术来监测多肽链的结构变化。体系对热量的吸收（焓）在温度作为控制转变参数的时候成为监测变量。如果用 F 来表示该类实验中反映结构变化的观测量，用 x 来表示引起结构变化的调节参数作图，调整一个 x 值就测定一个 F 值，在测 F 值之前一定要让体系达到新的热力学平衡，这样我们就可以得到 F 随 x 的变化而变化的曲线图。不过如果被研究的是可以快速折叠和退折叠的小蛋白，就有可能看到可以用“两态转变”模型来解释的典型的 S 形曲线。

如图 4-4 所示，曲线的始末在基本平直的基础上略显倾斜，中间部分变化较大基本垂直。在始末端向中间部分作用外推法作延长线，可以得到两条延长线，我们把它们记做 F_0(x) 和 F_1(x)，它们分别表示天然态和退折叠态随 x 值变化而变化的趋势。F_0 和 F_1 都表示在假定蛋白质不发生转变的前提下的 F 值，只是前者是在纯天然态下高 x 值时的 F 值，后者是在失活态下低 x 值时的 F 值。两条直线的倾斜程度决定着 F_0 和 F_1 的大小，都随参数 x 的改变而改变。

转变前后的基线及外推部分由虚线示出，经基线校正后的曲线见图 4-5。

我们所研究的每一个蛋白质分子，不是在天然态就是在失活态，即折叠态与退折叠态。这两态间的转变模型称为“协同转变”模型。在这个转变模型中，不存在于介于天然态和退折叠态之间的中间态，因为转变过程相当快几乎垂直。正因为描述这种转变的曲线呈 S 形，所以又称这种转变为 S 形转变（图 4-5）。

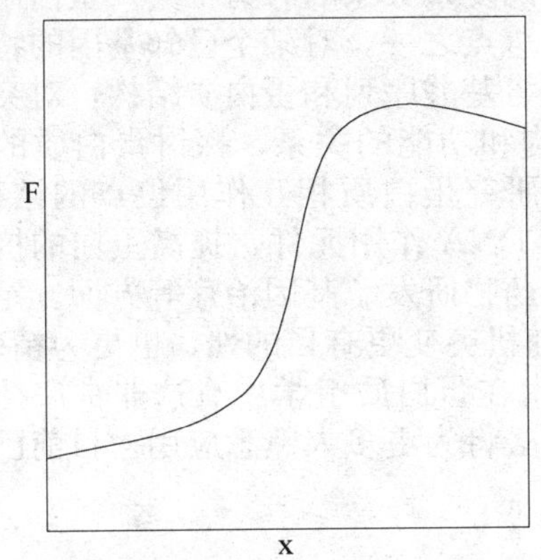

图 4-4　两态转变中观察量（F）随转变控制参数（x）变化的 S 形曲线示意图（实线）
（引自王大成，2002）

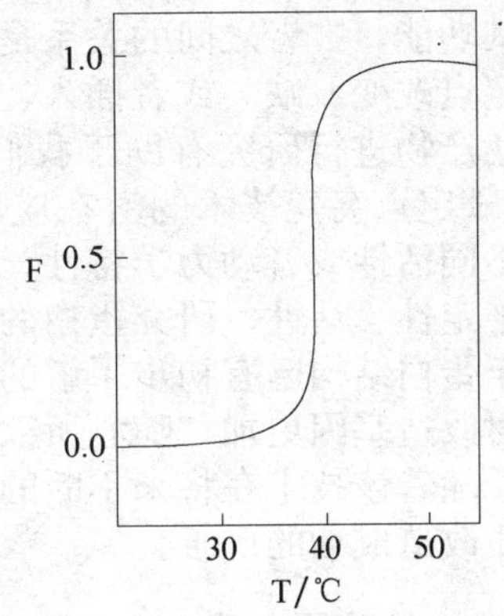

图 4-5　van't HoH 转变的 S 形曲线，显示转变程度（F）与温度（T）的关系
典型蛋白质分子在 40℃的退折叠，$\Delta H_{vH} \approx 400$kJ/mol（～100kcal/mol）
（引自王大成，2002）

我们可以说，蛋白质分子的折叠/退折叠转变与小冰块的结冰和熔化过程一样，并不存在中间态，它是发生在蛋白质分子尺度上的一级相变过程（即相变潜热不为零的相变过程），这是以大分子为协同单位的协同过程。蛋白质分子的折叠在分子内部是协同的，在分子之间却是相互独立的。

第二节　突变、稳定性和折叠

蛋白质的功能取决于它的一级结构即氨基酸序列。天然蛋白质的序列是在自然选择的结果，以适应当时的生存环境。由于科技的发展，人类有可能通过改变蛋白质的一级结构而改变蛋白质的功能，当天然蛋白质的序列被改变后，适用于天然蛋白质的某些结论可能就再不适用于突变蛋白质。通过对天然蛋白质序列的比较，人们发现当序列同源性高于一定阈值时，即使是不同序列的蛋白质也会折叠为非常相似，或者在粗略的眼光下看来完全相同的结构。但是通过突变实验，人们还发现即使是单位的点突变，也有可能使得到的多肽链无法折叠为期待的单构象状态。

一、体外突变技术

体外突变技术是用酶学方法和化学方法剪切或合成DNA，将突变导入到克隆化的基因中，再将改变的基因重新克隆到生物体中分析该基因的功能变化的一项技术。该技术的发展解决了在高等生物体中进行遗传学分析的难题。体外突变可分为随机突变和定点突变两大类。随机突变常用于鉴定克隆的DNA中特定功能在基因中所处的位置及其与周围区域的关系。包括利用限制性内切酶位点改变DNA序列；将寡核苷酸接头随机插入到质粒中；用化学方法在体外破坏质粒DNA和DNA体外合成时核苷酸错误配对等方法。但随机突变引入的突变常常是多个位点而不是单个位点，这样就使结果的分析变得复杂化，无法确定到底是哪个或哪几个突变与观察到的突变体的功能有关，它更适于分析基因的调控区。为了克服这一缺点，可采用定点突变技术来特异性改变任何一个特定的碱基。该技术在进一步研究基因的结构与功能，以及通过使特异的氨基酸发生改变来获得突变体蛋白质方面发挥重要的作用。这两种方法都具有在体外产生突变体而不需进行表型筛选的优点。

体外定点突变技术是研究蛋白质结构和功能之间的复杂关系的有力工具。蛋白质的结构决定其功能，二者之间的关系是蛋白质组研究的重点之一。对某个已知基因的特定碱基进行定点改变、缺失或者插入，可以改变对应的氨基酸序列和蛋白质结构，对突变基因的表达产物进行研究有助于我们了解蛋白质结构和功能的关系，探讨蛋白质的结构/结构域。定点突变技术的潜在应用领域很广，如研究蛋白质相互作用位点的结构、改造酶的不同活性或者动力学特性，改造启动子或者DNA作用元件，提高蛋白的抗原性或者是稳定性、活性、研究蛋白的晶体结构，以及药物研发、基因治疗等方面。定点突变适用于蛋白结构已有初步了解的基因，比PCR随机突变更有目的性，也更为精确、简单，同时改造基因更加“随心所欲”。定点突变技术在蛋白质组学中有这非常广泛的应用前景，随着该技术在将来不断的改进和发展，也必将为更多人熟悉应用。目前已有几个蛋白质改造成功的例子。

1. 改进α-抗胰蛋白酶

α-抗胰蛋白酶是丝氨酸蛋白酶抑制剂家族的成员，它是一个糖基化的血清蛋白，由394个氨基酸组成，主要功能是抑制嗜中性白细胞弹性硬蛋白酶的活性。嗜中性白细胞弹性硬蛋白酶可对肺造成损害，长期作用可发展成肺气肿，实际上肺气肿就是一种肺不可逆地失去弹性的疾病。在健康情况下，α-抗胰蛋白酶扩散至组织间隙，然后同嗜中性白细胞弹性蛋白酶形成复合体，复合体经循环系统，最后在肝脏和肾脏中解毒排出。如果患有α-抗胰蛋白酶缺损这一遗传病，那么患者的关节组织还没成熟就会分解。α-抗胰蛋白酶对嗜中性白细胞弹性硬蛋白酶的抑制过程可以大致为：α-抗胰蛋白酶与嗜中性白细胞弹性蛋白酶迅速结合，然后α-抗胰蛋白酶在嗜中性白细胞弹性蛋白酶的Met358和Ser359之间切断，经α-抗胰蛋白酶切割后，复合体就很难再分开了。

由于氧化作用可使α-抗胰蛋白酶的Met358转变为甲硫氨酸亚砜，而甲硫氨酸亚砜分子比甲硫氨酸分子大得多，无法嵌入弹性硬性蛋白酶的活性位点中，因此氧化后的

α-抗胰蛋白酶的抑制作用极差。于是研究人员通过寡聚核苷酸介导的点诱变，把Met358变成Val358，使α-抗胰蛋白酶的抗氧化能力增强。突变的α-抗胰蛋白酶有效地抑制了弹性硬蛋白酶活性，而且不会因氧化而失活。对于患α-抗胰蛋白酶缺损症的患者来说，必须要通过静脉注射替换血浆浓缩的α-抗胰蛋白酶来治疗，因此α-抗胰蛋白酶的这种在氧化条件下也保持稳定的特性就显得非常重要了。

2. 提高重组干扰素的专一活性

人的β干扰素（β-IFN）基因在大肠杆菌中表达，产物的抗病毒活性为106U/mg，只有天然糖基化蛋白的10%，而且虽然合成的β-IFN总量很多，但多数是以无活性的二聚体或多聚体形式存在的。人们通过对β-IFN基因的分析发现，β-IFN有3个Cys，因此推测可能有一个或几个Cys形成了不正确的二硫键，因而在大肠杆菌中形成二聚体与寡聚体，但在人体中却不会聚合。因此人们进一步推测若将一个或几个Cys转变为Ser，就有可能不会形成寡聚体。由于Ser和Cys在结构上，除了—OH与—SH的差异外别无区别。进行此项研究时，人们还不知道β干扰素分子的哪一个Cys参与了分子间二硫键的形成，但人们知道一个结构类似的蛋白“干扰素”，并知道它形成内部二硫键的Cys的位置。在比较了这两个分子的一级结构以后，人们发现β-IFN分子和Cys31和Cys141的位置与α-IFN中的Cys29和Cys138类似，α-IFN中的Cys29和Cys138形成分子间二硫键，因此推测β-IFN分子中的另一个Cys（即Cys17）可能带有游离的巯基；将Cys突变成Ser的实验证明，突变后的干扰素抗病毒活性提高到了108U/mg，与天然β-IFN干扰素相比，其贮存稳定性也大大增强了，有利于蛋白质的临床应用。

3. 提高T4溶菌酶的热稳定性

提高酶的热稳定性的方法之一就是在一个没有二硫键的蛋白分子中导入二硫键。具有二硫键的蛋白一般不易去折叠，热稳定性较高，这种蛋白往往在有机溶剂或非正常生理条件下（如极端pH条件）也不易变性。在T4溶菌酶中只有两个半胱氨酸，而且这两个半胱氨酸之间不可能形成二硫键（Cys54和Cys97）。通过三维结构分析发现，如果把第3位的异亮氨酸（Ile3）变成Cys3，那么与Cys97在空间上彼此接近，保证形成新的二硫键后，分子的总体构象不会受到太大的影响，可保持T4溶菌酶的活性。而对位于酶的活性中心的氨基酸进行突变极可能改变其构象，因此通过定点诱变把几个不同位置上的密码子都变成了TGT，生化研究证明突变后的蛋白确实分别在第3位与第97位，第9位与第194位以及第21位与第142位之间形成了新的二硫键。在氧化条件下，野生型T4溶菌酶和突变后的溶菌酶具有相同的酶活性，但突变的溶菌酶热稳定性更高，67℃时野生型溶菌酶的半衰期为11min，突变的溶菌酶却达28min。而且突变体的酶活始终保持在最大酶活的50%以上，而野生型溶菌酶活在3h后即降0.2%。将突变基因在大肠杆菌中进行表达，纯化突变蛋白，然后测定其酶活与热稳定性。蛋白的热稳定性通常用蛋白总体结构的50%发生变性时的温度来表示，而蛋白的变性程度可由蛋白在溶液中的圆二色性来测定。野生型T_4溶菌酶有2个游离的Cys，不形成二硫键。在假野生型蛋白中，这两个Cys被突变为Thr和Ala，酶活与热稳定性不变。假野生型可以作为一个标准，比较各种突变体中二硫键对热稳定性的作用，且可避免突变体中的Cys与正常蛋白中的Cys形成二硫键。实验结果表明：有二硫键存在时，酶的热稳定性升高，二硫键越多酶就越稳定。Cys21与Cys142双突变蛋白比野生型或假野生型更稳定，但却失去了酶活性，这说明21位与142位之间形成的二硫键使肽链骨架发生了扭曲，破坏了酶活性中心的构象，使酶的生物功能发生了显著改变。

4. 磷酸丙糖异构酶的结构改造提高其稳定性

在高温条件时 Asn 与 Gln 容易脱氨而变成 Asp 与 Glu，这种改变有可能导致肽链的局部构象发生改变而使蛋白失活。因此，通常都将 Asn 与 Gln 突变为其他氨基酸以提高蛋白的稳定性。根据这一原理对酿酒酵母的磷酸丙糖异构酶进行诱变改造。由于这种酶有两个相同的亚基，每个亚基含有两个 Asn，都位于亚基之间的界面上，因此它们可能对酶的热稳定性有决定作用。通过寡聚核苷酸介导的诱变改变 14 位与 78 位的 Asn。实验证明把任意一个 Asn 突变为 Thr 或 Ile 都能增强酶的热稳定性，而将任一个 Asn 突变为 Asp 都会降低酶的热稳定性。当两个 Asn 均突变为 Asp 时，酶的热稳定性与酶活性均很低。有人还检验了酵母磷酸丙糖异构酶对蛋白水解作用的抗性，结果发现酶的热稳定性与对蛋白水解作用的抗性呈正相关。因此可以确定对蛋白中非必需的 Asn 进行突变可以提高蛋白的稳定性。

实际上，导入二硫键和突变 Asn 及 Gln 并不是提高热稳定性的唯一方法。通过提高热稳定性的方法来增加折叠蛋白中稳定相互作用的数目，同样可以提高蛋白的稳定性。对有些蛋白来说，天冬酰胺氨基、分子内二硫键的形成或断裂以及破坏甲硫氨酸，都会导致蛋白的不可逆失活。把 Asp、Cys 和 Met 替换掉可以防止这种失活现象的发生，从而提高热稳定性。许多研究都表明氨基酸替换的效果可定量，其稳定性的效果还可以叠加，如枯草杆菌蛋白酶中替换了 6 个氨基酸，每个氨基酸替换可提高稳定性 1.25～5.43kJ/mol；如果 6 个同时替换，热稳定性则提高到 15.884kJ/mol。因此可以应用蛋白质工程技术来构建稳定性很高的酶。近来对植酸酶的热稳定性研究也表明，增强酶的糖基化水平、改变其二级结构和较长片段的氨基酸链序列，也能显著提高其热稳定性，为生产应用奠定了初步基础。

二、突变与热稳定性

20 种氨基酸侧链的大小、组成、性质等均不相同，当蛋白质在折叠态时，大部分的侧链都折叠在分子内部的疏水环境中，不能与水接触；但是在退折叠态时，分子内或分子间的氢键会发生位置上的不断变化。通过研究疏水突变、氢键突变等定点突变对蛋白质稳定性的影响，可以了解这些物理化学性质对蛋白质稳定性的关系。

氨基酸的插入和删除、寡聚化和脯氨酸取代这三因素可以稳定个别嗜热蛋白，但不同蛋白质可能有相反倾向。对嗜热和寻常生物体内 18 种不同的蛋白质进行了系统的序列和结构的比较分析。比较过的可能导致热稳定性的因素包括堆积、寡聚化、氨基酸插入和删除、脯氨酸取代、螺旋含量、螺旋倾向、极性表面积、氢键和盐桥。如图 4-6，等高线上稳定化自由能相等，数字表示出 ΔG(kJ/mol) 的值。在 $\Delta G=0$ 的线的左边折叠态更稳定；右边退折叠态更稳定。从比较分析的结果发现了两个问题。首先在一种蛋白质内存在的导致热稳定的机制与跨种分析得到的倾向不符合；其次并不是所有嗜热与寻常生物的区别都会用于提高蛋白质的热稳定性，它们可能只是种系发生上的区别。没有一个被认为是增进热稳定性的因素对所有这 18 种蛋白质都百分之百相符。特别是疏水性、堆积和极性非极性表面积分数这三种因素，在嗜热和寻常生物之间只表现出非常小的定量区别。这种观察到的区别也可能只是种系发生上的区别。有可能对于同一种蛋白质来说不是一种而是多种因素共同作用导致热稳定性的增加。在不同蛋白质间符合得最好的因素是盐桥和侧链间的氢键。在大部分的嗜热蛋白中盐桥与侧链氢键数都增加了。

如图 4-7，嗜热蛋白质的稳定化不是通过如（c）那样使整条曲线向高温方向移动，而是使曲率变小，稳定的温度范围变宽（d），或使最高稳定自由能增加（b）。两种变

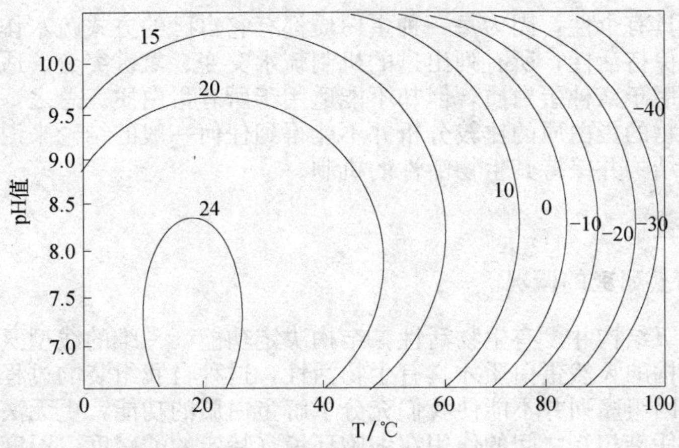

图 4-6 表示折叠态稳定性与 pH 和温度的关系的两维相图

(引自王大成，2002)

化的结果都使熔化温度升高。寻常的和嗜热的两种有机体的最佳生长温度 Topt 和 Topt′都比它们各自的蛋白质最稳定的温度（在这个温度下，稳定化自由能 ΔG 极大）高许多，说明有机体只希望蛋白质保持适当的稳定性。

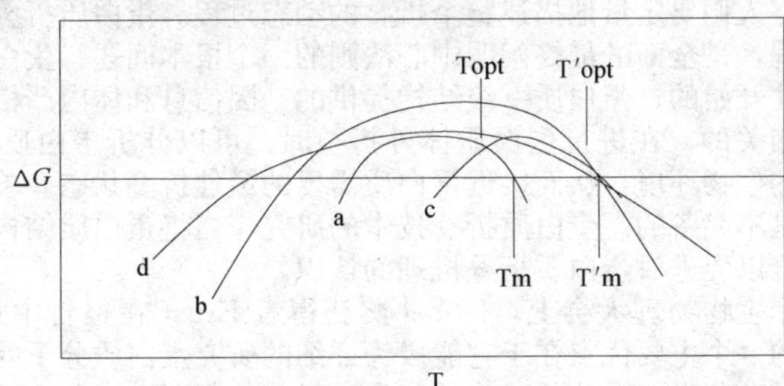

图 4-7 寻常生物蛋白质和嗜热蛋白质的稳定化自由能 ΔG 的温度截面

a. 寻常生物蛋白质的稳定化自由能曲线；b～d. 嗜热蛋白质的稳定化自由能曲线；

Tm 和 Tm′. 分别为寻常蛋白质和嗜热蛋白质的熔化温度（退折叠转变温度）

(引自王大成，2002)

α-螺旋的稳定性和含量对蛋白质的热稳定性有影响。我们知道嗜热蛋白有较高比例的残基在螺旋构象中。精氨酸就常见于 α-螺旋中，而半胱氨酸、组氨酸和脯氨酸则很少见于 α-螺旋中。在嗜热与寻常两类生物间，这 18 种蛋白的序列相同残基所占比例在 24.0%～73.3%，而对序列进行检查发现，与高度的同源性相反，两类生物间的氨基酸分布区别相当显著。嗜热蛋白中半胱氨酸和丝氨酸显著减少，而精氨酸和酪氨酸却显著增加。

亲盐蛋白的活性需要保持在高盐浓度下，否则在低盐溶度下它们会失活。从嗜盐菌 *Haloarcula marismortui* 得到的苹果酸脱氢酶就是首次得到晶体结构的极度亲盐的酶。它的不寻常的性质在于比碱基残基过量的酸性残基和与非亲盐同原物相比分子内盐桥的增加。它为什么会具有亲盐性？较为广泛的一种解释是它具有在其表面增加结合水的倾向，以与高盐溶液争夺用于水合的水分子。这种想法得到了 2Fe-2S 铁氧还原蛋白的晶体结构的证实。但是又有突变试验表明，把亲盐的苹果酸脱氢酶中的唯一的谷氨酸替换为精氨酸后，酶的亲盐性显著增加。

蛋白质非常具有个性，因为每一种蛋白质都有它自己的方式疏水作用，静电作用等来增加稳定性和保持活性，所有列出过的机制疏水突变、氢键突变、适应极端条件的突变体等都可以适用于某种蛋白质，但却不能适用于所有蛋白质。总之，从对亲极端条件的生物与寻常生物的蛋白质的比较分析并不能得到任何一般的结论来说明可以在极端条件下稳定蛋白质结构并保持其生物活性的机制。

三、蛋白质折叠

1. 蛋白质折叠研究的概况

蛋白质的一级结构并没有生物活性，结构决定功能，一维的线型氨基酸序列转化为具有特征三维结构的天然蛋白质才具有生物活性，这种自我组装的过程被称为蛋白质折叠。仅仅知道基因组序列并不能使我们充分了解蛋白质的功能，更无法知道它是如何工作的。蛋白质可凭借相互之间的作用在细胞环境（特定的酸碱度、温度等）下自己组装自己，而这种自我组装的过程对于研究蛋白质的功能十分重要。

研究人员用实验方法去追踪蛋白质重折叠的全过程，尽可能捕捉折叠过程中的每一个中间状态。特别是近年来发展的快速测定方法已得到了广泛的应用。蛋白质折叠不同阶段的折叠速度不同，有的比较慢，比较容易发现和捕捉；但有的非常快，必须借助特殊的设备配合各种测试技术去进行研究。最近有人尝试大幅度降低温度使折叠速度减慢而得以追踪。最终人们要定量地描述整个折叠的动态过程。蛋白质折叠过程，尤其是新生肽段的折叠过程，是全面的最终阐明中心法则的一个根本问题。蛋白质体内折叠并不是在表达完成后才开始的，蛋白质一级结构提供的基因信息和体内严格的调控系统与蛋白质折叠是密切相关的。在进行蛋白质体外折叠时，可以分析蛋白质在体内的生理环境，并模拟体内的生物环境，从而接近蛋白质需要的最佳折叠状态。单纯以活性为目标来衡量折叠效果是不完备的。蛋白质折叠技术的研究应当将蛋白质结构研究与折叠过程动力学研究相结合以促进对蛋白质折叠机理的认识。

第十三届国际生物物理大会上，Nobel 奖获得者 Ernst 在报告中强调指出，NMR 用于研究蛋白质的一个主要优点在于它能极为详细的研究蛋白质分子的动力学，即动态的结构或结构的运动与蛋白质分子功能的关系。目前的 NMR 技术已经能够在秒到皮秒的时间域上观察蛋白质结构的运动过程，其中包括主链和侧链的运动，以及在各种不同的温度和压力下蛋白质的折叠和去折叠过程。蛋白质大分子的结构分析也不仅仅只是解出某个具体的结构，而是更加关注结构的涨落和运动。例如，运输小分子的酶和蛋白质通常存在着两种构象，结合配体的和未结合配体的。一种构象内的结构涨落是构象转变所必需的前奏，因此需要把光谱学、波谱学和 X 射线结构分析结合起来研究结构涨落的平衡，构象改变和改变过程中形成的多种中间态，又如为了了解蛋白质是如何折叠的，就必须知道折叠时几个基本过程的时间尺度和机制，包括二级结构（螺旋和折叠）的形成、卷曲、长程相互作用以及未折叠肽段的全面崩溃。多种技术用于研究此过程，如快速核磁共振、快速光谱技术（荧光、远紫外和近紫外圆二色）。

蛋白质折叠的研究，比较狭义的定义就是研究蛋白质特定三维空间结构形成的规律、稳定性和与其生物活性的关系。在概念上有热力学的问题和动力学的问题；蛋白质在体外折叠和在细胞内折叠的问题；有理论研究和实验研究的问题。这里最根本的科学问题就是多肽链的一级结构到底如何决定它的空间结构？既然前者决定后者，一级结构和空间结构之间肯定存在某种确定的关系，这是否也像核苷酸通过“三联密码”决定氨基酸顺序那样有一套密码。

在生物体内，生物信息的流动可以分为两个部分：第一部分是存储于 DNA 序列中的遗传信息通过转录和翻译传入蛋白质的一级序列中，这是一维信息之间的传递，三联体密码介导了这一传递过程；第二部分是肽链经过疏水塌缩、空间盘曲、侧链聚集等折叠过程形成蛋白质的天然构象，同时获得生物活性，从而将生命信息表达出来。而蛋白质作为生命信息的表达载体，它折叠所形成的特定空间结构是其具有生物学功能的基础，也就是说，这个一维信息向三维信息的转化过程是表现生命活力所必需的。

蛋白质是一种生物大分子，基本上是由 20 种氨基酸以肽键连接成肽链。肽链在空间卷曲折叠成为特定的三维空间结构。有的蛋白质由多条肽链组成，每条肽链称为亚基，亚基之间又有特定的空间关系，称为蛋白质的四级结构。所以蛋白质分子有非常特定的复杂的空间结构。诺贝尔奖得主 Anfinsen 认为每一种蛋白质分子都有自己特有的氨基酸的组成和排列顺序，由这种氨基酸排列顺序决定它的特定的空间结构。具有完整一级结构的多肽或蛋白质，只有当其折叠形成正确的三维空间结构才可能具有正常的生物学功能。如果这些生物大分子的折叠在体内发生了故障，形成错误的空间结构，不但将丧失其生物学功能，甚至会引起疾病。蛋白质折叠的研究是生命科学领域的前沿课题之一。不仅具有重大的科学意义，而且在医学和在生物工程领域具有极大的应用价值。

20 世纪生物学领域最重要的成就之一，是继 DNA 双螺旋结构的发现总结出分子生物学的中心法则，揭示生命遗传信息传递的方向和途径。近半个世纪以来对阐明中心法则有关问题有杰出贡献而获得诺贝尔奖的学者先后多达 34 位。分子生物学的中心法则中 DNA 和核糖核酸（RNA）的复制、DNA 转录成 RNA、RNA 逆转录成 DNA 以及以信使 RNA 为模板翻译成多肽链的过程和机制，即 3 个相连的核苷酸序列决定蛋白质分子肽链的一个氨基酸，即所谓的“三联体密码”（“第一遗传密码”），基本上已经阐明。但从多肽链折叠成蛋白质的过程，即所谓“新生肽的折叠”问题，是中心法则至今留下的空白，又是从“遗传信息”到“生物功能”的关键环节，有待我们去解决。因此分子生物学中心法则比较严格的表达应该写成：DNA→RNA→polypeptide→protein。由此可见翻译并不是基因表达过程的最终一步。从核糖体中出来的新生肽是没有活性的，在细胞中执行其功能之前必须进行翻译后加工。例如，蛋白质折叠（protein folding）；蛋白质水解切割（proteolytic cleavage）；化学修饰（chemical modification）；内含肽剪接（intein splicing）。必须明白的是多肽必须进行的几种翻译加工中的折叠过程，不同类型的肽链需要不同的加工方式。不经过折叠过程的蛋白质是不能正确表达其生物功能的。

自从 20 世纪 60 年代，Anfinsen 基于还原变性的牛胰 RNase 在不需其他任何物质帮助下，仅通过去除变性剂和还原剂就使其恢复天然结构的实验结果，提出了“多肽链的氨基酸序列包含了形成其热力学上稳定的天然构象所必需的全部信息”的“自组装学说”以来，随着对蛋白质折叠研究的广泛开展，人们对蛋白质折叠理论有了进一步的补充和扩展。Anfinsen 的“自组装热力学假说”得到了许多体外实验的证明，的确有许多蛋白在体外可进行可逆的变性和复性，尤其是一些小分子质量的蛋白，但是并非所有的蛋白都如此。而且由于特殊的环境因素，体内蛋白质的折叠远非如此。体内蛋白质的折叠往往需要有其他辅助因子的参与，并伴随有 ATP 的水解。因此 Ellis 于 1987 年提出了蛋白质折叠的“辅助性组装学说”。这表明蛋白质的折叠不仅仅是一个热力学的过程，显然也受到动力学的控制。有的学者基于有些相似氨基酸序列的蛋白质具有不同的折叠结构，而另外一些不同氨基酸序列的蛋白质在结构上却相似的现象，提出了 mRNA 二级结构可能作为一种遗传密码从而影响蛋白质结构的假说。但目前为止，该假说尚没有任何实验证据，只有一些纯数学论证。那么蛋白质的氨基酸序列究竟是如何确定其空间构象的。围绕这一问题科研人员已进行了大量出色的工作，但迄今为止我们对蛋白质的折叠机制的认识仍是不完整的，甚至有些方面还存在着错误的观点。

有人把这设想的一级结构决定空间结构的密码称作“第二遗传密码”或“折叠密码”。而蛋白质折叠研究就是解决这一问题的关键。目前国际上对这一问题的研究主要从两个方面进行研究。一是从理论上假设蛋白质分子天然构象处于热力学最稳定能量最低状态，考虑蛋白质分子中所有原子间的相互作用以及蛋白质分子与溶剂之间的相互作用，采用分子力学的能量优化方法，计算出蛋白质分子的天然空间结构；蛋白质折叠第二个根本的科学问题是具有完整一级结构的多肽链又是如何折叠成为它特定的高级结构，这是一个折叠的动力学的问题，蛋白质如何能够在它近天文数字的构象中选择其自由能最低的构象，如何在很短的时间内避开局部最小的势能陷沿着某种特定的途径进行折叠，从而达到其天然态。长期以来，研究多肽链是如何折叠形成其由一级结构决定的高级结构。当前主要是用变性失去空间结构的蛋白质在去除变性因素再折叠为模型来研究的。虽然已有四五十年，但至今尚未解决。

2. 蛋白质折叠机制

从蛋白质变性研究了解到肽链松散是一个快速过程，变性后肽链在合适条件下的再折叠基本上是变性的逆过程，同样也是十分快速的。

目前对折叠过程，基本上有两种不同的假设。一种假设认为肽链中的局部肽段先形成一些构象单元即α-螺旋、β-折叠和β转角等二级结构，然后再是二级结构的组合、排列形成蛋白质的三级结构；另一种假设认为首先是肽链内部的疏水作用起作用，产生一个塌陷过程，然后经调整形成不同层次的结构。

尽管是不同的假设，但是很多学者都认为有一个所谓“熔球态”的中间状态。在折叠中，第一个可观测到的中间体是未折叠多肽卷折成局部有组织的球状态，此即称为熔球体。这时蛋白质的二级结构已基本形成，整体空间结构也初具规模。在熔球态时，分子立体的结构再作一些局部调整，最后形成正确的立体结构。这些局部调整可以理解为内部一些残基之间的疏水/亲水平衡的“完善”。

受 Anfinsen 实验的影响，蛋白质折叠研究大部分集中于将完全去折叠或部分折叠蛋白质置于折叠态蛋白质能够稳定存在的溶液中研究其重折叠过程，来探究蛋白质折叠的机制与原理。实验发现，绝大多数蛋白质的再折叠是一个自组装过程，在这一过程中所需要的信息贮藏在蛋白质的氨基酸序列中，而且再折叠会在合适的条件下自动发生，这一观点就是在分子伴侣和蛋白质折叠异构酶发现之前占主导地位的蛋白质折叠“自装配学说”。在体外条件下不能再折叠的蛋白质通常是因为经历某些干扰共价修饰过程，从而失去了某些折叠态所需要的辅助因子，或者产生了沉淀。然而某些蛋白质在体内的折叠确实需要生物因子，主要是防止蛋白质的聚沉。

蛋白质的自发折叠确实有些令人惊奇，因为多肽链从完全伸展态到其天然态整个折叠过程之间能够采取的构象个数应该非常之多。假设一条多肽链含有 100 个氨基酸，就算每个氨基酸平均有 10 个自由度，那么此肽链就有 10^{100} 种可能构象；如果从一个构象转变到另一个构象需要最少时间约为 10^{-13}s，那么此蛋白尝试其所有的构象所需要的折叠时间是也要 10^{85} s 约 10^{77} 年，显然这是不可能的。事实上，蛋白质在体内和体外折叠的时间是 10^{-1}～10^{-3}s，因此我们就可以得到一个必然的结论，蛋白质一定是沿着某种确定的途径进行的，而不是随机尝试所有可能的构象直到遇到某个自由能最低的构象进行的。

近些年来的研究使蛋白质在天然结构的形成问题上发生了概念性的变化。过去曾认为新生肽链能够自发地折叠成完整的空间结构，但是分子伴侣和蛋白质折叠酶的发现把这种概念转变成为“有帮助的肽链的自发折叠和组装”。分子伴侣防止正确折叠的聚合，它只结合未折叠、部分折叠和折叠错误的蛋白质分子，而不结合折叠好的天然态分子。“自发”是指决定最终态的“内因”也就是热力学因素，而“帮助”则是为保证该过程能高效完成的“外因”，是由一类新发现的分子伴侣蛋白和折叠酶来帮助完成的，主要是帮助克服动力学和熵的障碍，从而帮助克服细胞内由各种因素引起的折叠错误、翻译后多肽链分子的聚集沉淀和信息传递终止。

20 世纪 60 年代 Anfinsen 和 White 等所做的核糖核酸酶变性及复性再折叠实验，和以后的蛋白质折叠的实验和理论研究，为从蛋白质氨基酸序列预测蛋白质的三维空间结构建立了实验和理论基础。由于蛋白质分子结构本身的极端复杂性决定了结构预测不可能一蹴而就。目前结构预测的方法大致可分为两大类：一类是假设蛋白质分子天然构象处于热力学最稳定，能量最低状态，考虑蛋白质分子中所有原子间的相互作用以及蛋白质分子与溶剂之间的相互作用，采用分子力学的能量极小化方法，计算出蛋白质分子的天然空间结构；第二类是找出数据库中已有的蛋白质的空间结构与其一级序列之间的联系总结出一定的规律，逐级从一级序列预测二级结构，再建立可能的三维模型，根据总结出的空间结构与其一级序列之间的规律，排除不合理的模型，再根据能量最低原理得到修正的结构。这也就是所谓“基于知识的预测方法”。但是第一类方法遇到在数学上难以解决的多重极小值问题，而逐级预测又受到二级结构预测精度的限制。因此必须解决这些困难，或者发展新的方法，将基于知识的预测方法与计算化学以及统计物理学结合起来，才有希望能破译“第二遗传密码”。

3. 蛋白质折叠研究的最新进展

来自巴西圣保罗州立大学、美国纽约州立石溪大学以及中科院长春应用化学研究所电分析化学国家重点实验室的研究人员在之前研究的基础上发现了扩散（diffusion）在蛋白折叠动力学方面的重要作用，这修改了经典的转换状态理论，也为进一步了解折叠机制，更加完善定量经典转换状态理论提供了重要依据。这一研究成果公布在《美国国家科学院院刊》（PNAS）杂志上。在这篇文章中，研究人员则在之前研究的基础上发现了扩散（diffusion）在蛋白折叠动力学方面的重要作用，并且这种扩散属于典型的构造或反应坐标（reaction coordinate）依赖型。扩散系数（diffusion coefficient）随着蛋白质天然状态折叠级数的增加而减少，这主要是由于构造空间约束的一种紧密状态的坍塌造成的。而构造或位置依赖性扩散系数除了热力学自由能障碍外对于动力学也贡献巨大，它能有效的改变动力学域值，以及相应转变状态的位置，从而改变折叠动力学比率和动力学路径。这一理论修改了经典的转换状态理论，研究人员也需要进一步了解折叠机制，更加完善定量经典转换状态理论。

2006 年 PNAS 上发表了美国加州康奈尔大学和 Scripps Research Institute 的研究者发现的，支持一种沿用已久的关于蛋白质怎样折叠成独特的性状和生物功能的理论的实验证据。该研究提出：沿着肽链具有很多疏水基团依赖自身折叠的位点，生成了小型的非极性疏水袋（hydrophobic pocket），蛋白质沿着包含有非极性基团或者含有不带电荷的分子的氨基酸链处开始折叠，并通过这些非极性基团的组合进一步折叠。

4. 蛋白质折叠研究意义及应用前景

有人把一级结构决定空间结构的密码叫做“第二遗传密码”。多肽链的一级结构到底如何决定它的空间结构。经过多年的研究，由 DNA 到 RNA 再到多肽链合成的信息传递过程已经基本清楚了。但是有了一级结构完整的肽链，还不是问题的最终所在，蛋白质需要特定的空间结构表现其生物活性。如果说“三联密码”已被破译为明码，那么破译“第二遗传密码”正是“蛋白质结构预测”从理论上最直接地去解决蛋白质的折叠问题，这是蛋白质研究最后几个尚未揭示的奥秘之一。对于此 Afinsen 提出了“蛋白质一级结构决定空间结构”的著名论断。虽然这一假说已被广泛接受，但是一定氨基酸序列的多肽链如何决定蛋白质的空间结构，这一过程又怎样遵循热力学和动力学规律的。这都是分子生物学中心法则中至今尚未解决的一个很重要的问题。只有透彻地了解肽链如何通过自身内在所包含的信息，及其周围微环境的相互作用，而最终形成具有特定空间结构和完整生物活性的蛋白质，才能最终阐明遗传信息传递的全过程，才完全建立了分子生物学的中心法则。蛋白质折叠问题不仅具有上面提到的重大科学意义，而且在生物工程上具有极大的应用价值。基因工程和蛋白工程已经逐渐发展成为产值以数十亿美元计的大产业，进入21世纪后，还将会有更大的发展。但是当前经常遇到的困难是在简单的微生物细胞内引入异体DNA后所合成的多肽链往往不能正确折叠成为有生物活性的蛋白质而形成不溶解的包含体或被降解。这一“瓶颈”问题的彻底解决有待于对新生肽链折叠更多的认识。随着人类基因组计划的胜利完成，解读了人类DNA的全序列，蛋白质一级结构的数据增长必定会出现爆炸的态势，而空间结构测定的速度远远滞后，因此二者之间还会形成更大的距离，这就更需要进行蛋白质结构的预测。

除了揭示生命体内第二套遗传密码的理论意义以外，蛋白质折叠机制的阐明还存在重要的潜在应用前景。

(1) 利用DNA重组技术可以将外源基因导入宿主细胞。但重组基因的表达产物往往形成无活性的、不溶解的包涵体。折叠机制的阐明对包涵体的复性会有重要帮助。

(2) DNA重组和多肽合成技术的发展使我们能够按照自己的意愿设计较长的多肽链。但由于我们无法了解这一多肽将折叠为何种构象，从而无法按照自己意愿设计我们需要的、具有特定功能的蛋白质。

(3) 许多疾病，如老年性痴呆症、疯牛病（mad cow，BSE)、家族性高胆固醇症、某些肿瘤、白内障、帕金森氏症（Parkinson's）等。正是由于蛋白质折叠异常而造成分子聚集甚至沉淀或不能正常转运到位而造成的，那就是所谓“构象病”，或称“折叠病”。因此，深入了解蛋白质折叠与错误折叠的关系对于这些疾病的致病机制的阐明以及治疗方法的寻找将大有帮助。

(4) 蛋白质折叠机制的阐明是我们对于蛋白质相互作用、配体与蛋白质的作用等结构与功能关系研究的基础。另外只有当我们对于维持蛋白质结构，驱动蛋白质折叠的理化因素更为了解，才能提高蛋白质结构预测的可靠性。

第三节　蛋白质折叠热力学与动理学

蛋白质是生命机体的基本组成部分，它是连接分子运作和生物功能的一个主要组成部分。蛋白质是由氨基酸组成的链状生物大分子，氨基酸与氨基酸之间通过缩水作用而形成肽键，进而形成多肽链。通常的多肽链一般包含约100～1500个氨基酸，多肽链的氨基酸序列即是蛋白质的一级结构。一级结构只表示蛋白质分子中的氨基酸构成和排列，而不表示其三维的空间结构。二级结构是指蛋白质的一些基本三维结构，如α-螺旋、β-片、β-发卡等。而三级结构则是由一些二级结构组成的三维构型，它反映了多肽链各个部分在三维空间中的具体构型和协调，是多肽链的折叠结构而且具有生物功能。四级结构的形成则是由于生物体中蛋白质的稳定性和功能的需要，通常由多条多肽链组成并形成折叠结构。根据著名的安芬森（Anfinsen）原理，每一种蛋白质分子都有自己特定的氨基酸组成和排列顺序，蛋白质一级结构的氨基酸序列包含和确定了其三维折叠结构的全部信息，即一级结构决定了蛋白质的高级结构。蛋白质折叠包含以下两个方面的内容：①变性的蛋白质或多肽链的折叠；②通过三联密码翻译成的氨基酸序列链（新生肽链）的折叠。机体内蛋白质必须折叠成合适的结构才能正确地发挥其功能，然而蛋白质折叠成精确而紧密的结构是一个复杂而容易出错的过程。一般发生错误折叠的蛋白质会被运送到细胞的再循环“垃圾箱”中。但如果发生错误折叠的蛋白质过多，则会使再循环机制无法应付，导致废弃蛋白质不断积累、聚集，最终会引起或有助于引起阿尔茨海默氏症在内的若干种神经退化疾病。因而有关蛋白质折叠的研究对于致病机理和药物开发有很大意义。

蛋白质折叠的研究最根本的科学问题就是多肽链的一级结构如何决定它的空间结构，X 射线晶体衍射是至今为止研究蛋白质结构最有效的方法，所能达到的精度是其他任何方法所不能比拟的。但是蛋白质分离纯化技术要求高，蛋白质晶体难以培养，晶体结构测定的周期较长，从而制约了蛋白质工程的进展。随着近代物理学、数学和分子生物学的发展，特别是计算机技术的进步，人们开始用理论计算的方法，利用计算机来预测蛋白质的结构。同源模建方法是最常用、最有效的蛋白质结构预测方法。但是利用同源模建方法预测蛋白质结构时，需用同源蛋白质的已知结构作为模板。当缺乏这种模板结构时，预测则很难奏效。这是该方法的天生缺陷，是否能从蛋白质序列出发，直接预测蛋白质的结构。

从理论上最直接地去解决蛋白质的折叠问题，就是根据测得的蛋白质的一级序列预测由 Anfinsen 原理决定的特定的空间结构。蛋白质氨基酸序列，特别是编码蛋白质的核苷酸序列的测定现在几乎已经成为常规技术，利用分子生物学技术可以从互补 DNA（cDNA）序列可以推定氨基酸序列，大大加速了蛋白质一级结构的测定。目前蛋白质数据库中已经存有大约 17 万个蛋白的一级结构，但是测定了空间结构的蛋白大约只有 1.2 万个，这中间有许多是很相似的同源蛋白，已经有人根据基因组的数据用统计方法重新估计了蛋白质折叠类型数目大约为 1000 种。

一、蛋白质折叠的热力学研究

目前，蛋白质折叠作为一个十分复杂的研究课题，其内容既涉及其动理学又涉及热力学问题。安芬森认为，蛋白质的折叠结构在一定条件下是热力学最稳定的，即通常的自由能极小的状态。根据热力学方法的特点，热力学只能解决某一变化的趋势问题，即变化的可能性问题，而不能解决变化的现实性问题。本文通过物理化学中学过的熵函数和吉布斯自由能，简要分析蛋白质折叠结构中所蕴涵的热力学基本原理。

环境条件不同，热力学平衡移动的方向就不同，可以向天然态方向移动，也可以向退折叠方向移动，就有了平衡态的折叠和退折叠转变过程。蛋白质的天然态和退折叠态都是可以用热力学方法鉴别的多肽链的不同状态。虽然不同条件下的退折叠态是不相同的，而且也并未得到充分的研究，但一般的仍可以认为可以重折叠的退折叠态是多肽链在热力学平衡状态下构象不停变化的状态。多肽链构象的变化是折叠/退折叠过程研究中的重点，不涉及化学键的变化。

“蛋白质结构预测”属于理论方面的热力学问题，蛋白质分子结构本身的复杂性决定了结构预测的复杂性。目前结构预测的方法大致可分为两大类。一类是假设蛋白质分子天然构象处于热力学最稳定，能量最低状态，考虑蛋白质分子中所有原子间的相互作用以及蛋白质分子与溶剂之间的相互作用，采用分子力学的能量极小化方法，计算出蛋白质分子的天然空间结构。第二类方法是利用存入蛋白质数据库的数据进行预测相比，基于同源性的重复循环技术非常可靠地灵敏地进行结构预测。找出数据库中已有的蛋白质的空间结构与其一级序列之间的联系总结出一定的规律，逐级从一级序列预测二级结构，再建立可能的三维模型，根据总结出的空间结构与其一级序列之间的规律，排除不合理的模型，再根据能量最低原理得到修正的结构。但是第一类方法遇到在数学上难以解决的多重极小值问题，而逐级预测又受到二级结构预测精度的限制。

图 4-8 为蛋白质折叠研究的漏斗模型。从能量的角度看，漏斗表面上的每一个点代表蛋白质的一种可能构象，变性状态的蛋白质构象位于漏斗顶面，漏斗最底部的点表示

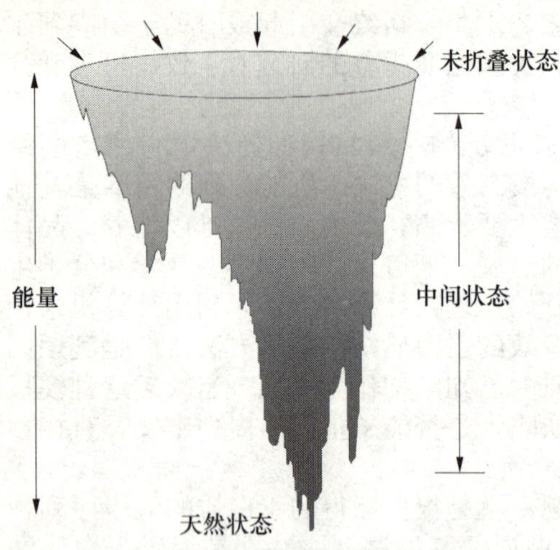

图 4-8　典型的蛋白质的折叠漏斗

用 X 射线单晶衍射或 NMR 测定的蛋白质天然构象，而漏斗侧面的斜率用来说明蛋白质折叠路径。

1. 熵效应

熵（S）是热力学中非常重要的一个状态函数，其改变值只与体系的始、终状态有关，而与变化的具体途径无关。由克劳修斯不等式可以得出结论：在绝热条件下，体系发生不可逆过程时，其熵值增大；而体系发生可逆过程时，其熵值不变；不可能发生熵值减小的过程。此即熵增加原理。可以表示为 $\Delta S_{绝热} > 0$，此过程能发生，且是绝热不可逆的。此过程能发生，且是绝热可逆的，体系已达平衡在孤立体系中，也只能发生熵值增加的过程，而不可能发生熵值减少的过程。能够稳定蛋白质三维结构的作用力除氢键、范德华力、盐键和二硫键外，还有疏水作用。例如，疏水作用是肌红蛋白支持其多肽链折叠的主要驱动力，这种疏水作用使水介质中球状蛋白质的折叠总是倾向于把疏水残基隐藏在分子的内部，其在稳定蛋白质的三维结构方面占有突出的地位。疏水作用的主要动力来自于蛋白质溶液体系的熵增效应。熵产生于热力学的第二定律，是产生有序性所需的能量。

2. 吉布斯自由能变化

吉布斯自由能是热力学中的一个重要的状态函数。它虽然是在定温定压体系中导出的，但在任意其他条件下，只要有状态变化就有吉布斯自由能的改变。因而可以根据系统吉布斯自由能变化的正、负值即可判断体系反应过程的方向。当蛋白质处于伸展状态时，多肽链及其侧链与溶剂水之间存在相互作用，因而折叠时吉布斯自由能变化应同时考虑多肽链和溶剂两者对体系焓值变化和熵值变化的贡献，即

$$\Delta G_{总} = \Delta H_{链} + \Delta H_{溶剂} - T\Delta S_{链} - T\Delta S_{溶剂}$$

折叠态蛋白质与伸展态相比，是一种高度有序化的结构，因此 $\Delta S_{链}$ 是负数，则 $-T\Delta S_{链}$ 为正值。折叠态蛋白质中疏水侧链主要是通过范德华力彼此相互作用，而伸展态蛋白质的疏水侧链和溶剂分子间存在相互作用，其作用力比范德华力强。结果导致 $\Delta H_{链}$ 对疏水侧链为正值，从而有利于伸展态，然而 $\Delta H_{溶剂}$ 对疏水侧链是负值，有利于折叠态。这是因为蛋白质处于折叠态时，许多水分子之间的相互作用将代替水分子和疏水侧链的相互作用。$\Delta H_{链}$ 与 $\Delta H_{溶剂}$ 值都不大，一般对折叠不起主要作用。如前所述，在蛋白质折叠过程中会打破水的有序化，则 $\Delta S_{溶剂}$ 为较大的正值，因而有利于折叠态。对于典型的蛋白质来说，对折叠结构的稳定性做出单项最大贡献的是疏水残基引起的 $\Delta S_{溶剂}$。在不同类型的蛋白质中，总熵变化和总焓变化所做的贡献是不同的，但结果一样，蛋白质折叠结构是生理条件下自由能最低的构象。因此，从吉布斯自由能的变化值来考虑，多肽链的折叠是热力学中的自发过程。

蛋白质肽链可能存在的构象似乎是无穷无尽的，事实上，肽链寻求的是能量最低的构象。在水中蛋白质的非极性部分倾向于形成非极性聚集体，也就是疏水作用。现在越来越多的人已认识到，在肽链序列上相隔较远的氨基酸残基间的疏水作用力对维持和稳定蛋白质分子的构象具有重要影响。蛋白质结构预测方法总体上可分为三大类，即比较

建模法、反向折叠法和从头预测法。近年来，蛋白质结构预测，特别是蛋白质折叠预测方面的研究不断取得新的进展。从前预测法用于蛋白质折叠预测获得了很好的结果，几个研究小组对若干测试蛋白质所作的预测与X射线衍射测定的折叠结构已相当接近。

3. 折叠/退折叠转变

蛋白质的化学结构是由20种氨基酸线性连接形成的“高”分子链。链上的相邻氨基酸的氨基和羧基通过脱水反应而形成肽链，肽链上氨基酸的剩余部分称为残基，链的长度一般在几十到几百残基不等。蛋白质链是柔性的，可以采取很多构象。因此，一个展开的长链可以在特定条件下卷曲成一个直径很小的球形链。一般我们称展开的状态为“去折叠态”，去折叠态也称为“伸展态”，而称卷曲的状态为“折叠态”，折叠态也称为“天然态”，因为大部分蛋白质只在折叠态才具有正常的生物功能。在这里实验测定蛋白质分子的结构，特别是它的原子结构，指的是测定天然态的结构。蛋白质分子的结构可以帮助我们解释和理解蛋白质是如何行使它的生物功能。例如，如何参与催化反应，如何把化学能转换成机械能等。

蛋白质的失活状态由许多因素（如温度、pH和失活剂的浓度增加）引起，当有不可溶的聚集体或沉淀形成时，失活过程是不可逆的。由于对不溶的聚集体的研究存在困难，所以，人们更感兴趣的是对从活性态到失活态的可逆转变过程的研究。但是对于蛋白质工程来说，如果使细胞内不溶的包涵体溶解，并使溶解的多肽链复活，仍是有重要意义的课题。

蛋白质折叠归根结底取决于在某温度（T）下折叠态（F）和伸展态（U）之间的吉布斯（Gibbs）自由能差（ΔG）：

$$\Delta G = G_{\mathrm{F}} - G_{\mathrm{U}} = \Delta H - T\Delta S = (H_{\mathrm{F}} - H_{\mathrm{U}}) - T(S_{\mathrm{F}} - S_{\mathrm{U}}) \tag{1}$$

在伸展态中多肽主链及其侧链是与溶剂水（也称介质水或环境水）相互作用的，因此折叠时自由能变化（ΔG）的任何测量必须考虑多肽链和溶剂两者对焓变化（ΔH）和熵变化（ΔS）的贡献：

$$\Delta G_{\text{总}} = \Delta H_{\text{链}} + \Delta H_{\text{溶剂}} - T\Delta S_{\text{链}} - T\Delta S_{\text{溶剂}} \tag{2}$$

蛋白质的折叠态与伸展态相比，它是高度有序的结构，因此$\Delta S_{\text{链}}$（构象熵变化）是负数，并因而方程中$-T\Delta S_{\text{链}}$项是正值。其他各项取决于特定的全体侧链的本质。$\Delta H_{\text{链}}$的本质，决定于残基与残基的相互作用和残基与溶剂的相互作用。

折叠态蛋白质中疏水侧链主要是通过弱的范德华力（分散效应）彼此相互作用。伸展态蛋白质中疏水侧链与溶剂相互作用，其作用力比分散效应强，因为极性水分子诱导疏水基团中的偶极，产生明显的静电相互作用（范德华力中的诱导效应）。结果是ΔH链对疏水侧链是正值，它有利于伸展态。然而$\Delta H_{\text{溶剂}}$对疏水侧链是负值，它有利于折叠态。这是因为折叠造成许多水分子彼此相互作用（有利的）代替水分子与疏水侧链相互作用（不利的）。$\Delta H_{\text{链}}$大小比$\Delta H_{\text{溶剂}}$小，但这两项都不大，一般对折叠不起主要作用。然而$\Delta S_{\text{溶剂}}$（疏水熵变化）疏水侧链是大的正值，因此极有利于折叠态。这是因为在伸展态时疏水侧链强迫溶剂水有序化的结果。

极性侧链$\Delta H_{\text{链}}$是正值，而$\Delta H_{\text{溶剂}}$是负值。因为溶剂水分子在极性基团周围在一定程度上也是有序的，所以$\Delta S_{\text{溶剂}}$是小的正值。对蛋白质的极性侧链来说，$\Delta G_{\text{总}}$接近于零，对蛋白质折叠不作实质性的贡献（图4-9）。

总之，构象熵变化（$\Delta S_{\text{链}}$）是阻碍折叠，而疏水熵变化（$\Delta S_{\text{溶剂}}$）和因分子内侧链相互作用引起的总焓变化（$\Delta H_{\text{链}} + \Delta H_{\text{溶剂}}$）是有利于折叠；对于典型的蛋白质来说，对折叠结构的稳定性作出单项最大贡献的是疏水残基引起的$\Delta S_{\text{溶剂}}$。在不同蛋白质中总熵变化（$\Delta S_{\text{链}} + \Delta S_{\text{溶剂}}$）和总焓变化对折叠结构的稳定性所做的贡献的份额是不同的

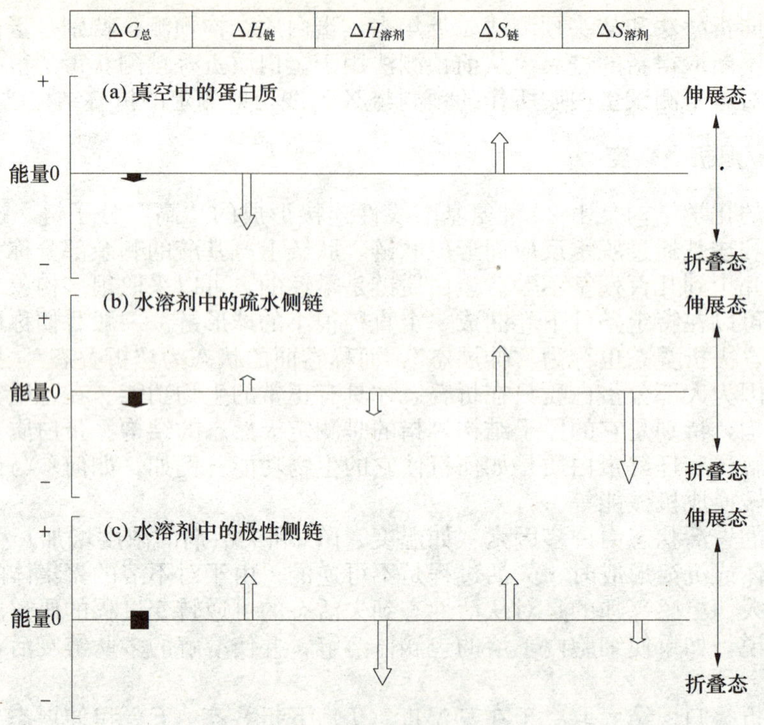

图 4-9 决定球状蛋白质折叠自由能的各项的贡献方式的图解

(表 4-3)。但总的结果一样，折叠结构在生理条件下是自由能最低的构象，因此多肽链的折叠是自发过程。

表 4-3 几种蛋白质折叠的热力学数据

蛋白质	条 件	ΔG/(kJ/mol)	ΔH/(kJ/mol)	ΔS/[J/(k·mol)]
核糖核酸酶 A	pH 2.5	−7.3	−238	−774
胰凝乳蛋白酶	pH 3.0	−32	−163	−439
肌红蛋白	pH 9.0	−57	−157	−397
β-乳球蛋白	5mol/L 尿素	−1.7	+88	+301

4. 量热法与折叠过程热力学

量热试验是近年来发展起来的一种微分扫描量热仪，用它可以直接测定热容量的变化，还可以测定焓变、熵变。

微分扫描量热仪以恒定的速率加热两个量热池，一个量热池装蛋白质溶液，另一个量热池装缓冲液作对照，为了保持两个量热池的温度相同分别给热，它们热量需求的差别就是两个池中热容量的差别。此时微分扫描量热仪测定的是简单球蛋白溶液的热容量与参考缓冲液热容量之差随温度的变化（图 4-10）。

水分子是极性分子，分子与分子之间的氢离子与氢氧根离子相互作用形成氢键，分子与分子之间结合紧密，于是水分子具有较高的热容量，这使得水比蛋白质溶液具有较高的热容量。而在多数情况下，蛋白质溶液的热容量又比参考缓冲液的热容量要小。以缓冲液曲线为基线对此曲线作相减修正，可以看出该曲线可以分为 3 个不同的区域：转变发生之前的低温区域，蛋白质溶液的热容量随温度的增加而小幅度增加；在较高的温度区域，开始发生退折叠转变时，由于退折叠要吸热，所以热容量急剧增加；转变后曲线回到基线状态，这是蛋白质溶液在退折叠态的热容量。两个基线状态存在一定的差值，退折叠态比折叠态热容量大，而且这个差值几乎不随温度的改变而改变。

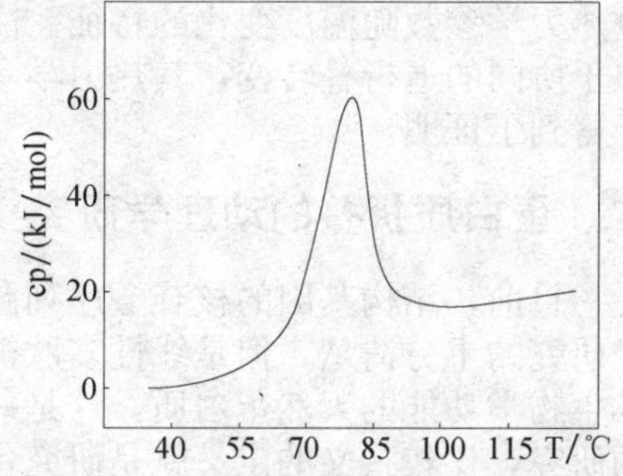

图 4-10　典型的球蛋白退折叠微分描述量热曲线示意图

峰线下的面积即为转变潜热

（引自王大成，2002）

由图 4-10 可知，曲线吸热峰下的积分面积除以量热池中的蛋白质总量，就是退折叠转变的量热焓（ΔH_{cal}）。量热焓表示在退折叠过程中每摩尔或每克蛋白所吸收的热量。转变的中间点温度是蛋白质的一半退折叠的温度，又称转变温度（T_m）。此时的平衡常数为 1。

对于那些小而简单的球蛋白的可逆退折叠，理想情况下，$\Delta H_{vH}=\Delta H_{cal}$。但通常情况下，$\Delta H_{vH}>\Delta H_{cal}$，这说明在使用微分扫描量热仪的实验中，转变范围比预期的要窄。原因可能是实际上的协同单位由于双聚体或有更多单体参加的寡聚体的形成比预料的单体要大。此种情况下，ΔH_{vH}与 ΔH_{cal}的比率表示有多少蛋白质单体加入退折叠协同单位。但是如果退折叠的蛋白分子在聚集时放热，其过程将不可逆，此时量热仪的扫描峰会出现不正常情况，如突然变陡或者缩短。

生理条件下，平均每个氨基酸残基对稳定自由能的贡献比在相同条件下的平均热运动能要小许多，退折叠态和折叠态间的实验自由能差通常只在 20～60kJ/mol 范围内。多年的微分扫描量热仪研究表明，蛋白质的折叠态稳定性并不比退折叠态的显著，这同时也强调了蛋白质折叠的协同性。单个的残基与残基之间的相互作用是不足以维持蛋白质稳定的构象的，但蛋白质分子是大分子，当大量的残基作用积累在一起时，他们合起来的协同作用却足以维持蛋白质的稳定构象。

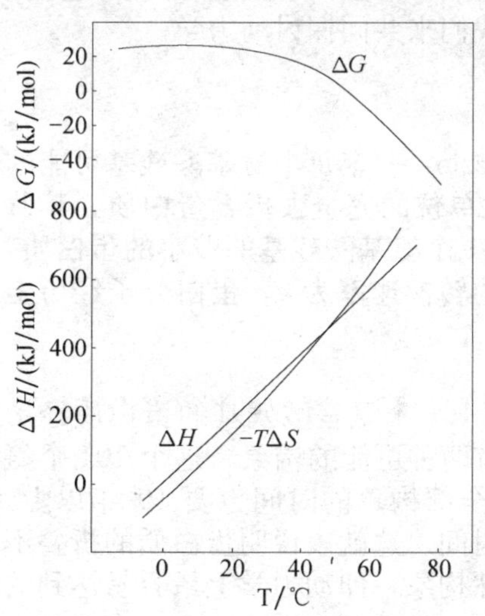

图 4-11　小的球蛋白退折叠热力学参数随温度变化的特征

注意 ΔG 为两个大数 ΔH 与 $T\Delta S$ 之差，并在温度升高或降低时都减小

（引自王大成，2002）

生理温度范围内，大多数蛋白质的折叠态是稳定的。温度在 20～40℃的时候，ΔG 随温度的变化不大；但是随着温度的升高，ΔG 明显的降为负值。从这个温度开始，退折叠态变得更加稳定。$\Delta G=0$ 的温度即为退折叠转变的中间点温度（Tm）。退折叠通常是吸热的，但随着温度的升高，ΔH 迅速变大，ΔS 也随着温度迅速变大，焓和熵的变化相互抵消后就剩较小的自由能变化 ΔG。实际上 ΔG 在生理范围内的变化较为平坦，而在某个温度下却又极大值。设这个温度为 T0，在低于这个温度的地方应该有一个点使得 $\Delta G=0$。低于这个温度后退折叠态更稳定，这就是所谓的蛋白质的冷失活。

通常情况下，蛋白质外推的冷失活温度处于冰点之下。疏水作用主导蛋白质稳定性的证据是冷失活。一般认为非极性化合物在水中的溶解度在温度降低时增加。但在其他几种情况下却也观察到了冷失活，如溶液的冰点可以因为加入盐而降低；折叠态的稳定性可因加入失活剂而降低，从而使冷失活转变温度落在冰点之上。图 4-11 为小的球蛋白退折叠叠热力学参数随温度变化的特征。冷失活的量热实验是很困难的，但冷失活在行为上类似于协同的退折叠转变，其热力学参数与高温退折叠数据的外推估计值相符，这一点已经得到了证明。

二、蛋白质折叠的动理学研究

目前，结构基因的核苷酸序列翻译成多肽链的氨基酸序列，这一个信息传递过程已经研究的十分清楚，但是线性多肽链的一级结构如何最终形成具有三维结构特征并表现其生物学功能的天然蛋白质，这是一个非常复杂的过程，称为蛋白质折叠。蛋白质折叠的研究，比较狭义的定义就是研究蛋白质特定三维空间结构形成的规律、稳定性和与其生物活性的关系。

目前蛋白质折叠的研究包括相互联系的两个方面：体内新生肽链的折叠和体外变性蛋白的重折叠。当前了解蛋白折叠的知识大多来自于后一方面，因为前者在研究方法和技术上存在着许多困难。目前有关蛋白质折叠研究主要涉及以下主要问题：①蛋白质折叠的热力学和动力学。前面已经介绍了蛋白质折叠的热力学，蛋白质折叠既受热力学制约，也受动力学驱动控制；而且蛋白质折叠过程主要是一个由动力学因素决定的过程；②辨识折叠中间体。从化学反应的观点来看，从天然态（N）到退折叠态（U）的转变可以看成是一个可逆的化学反应 N$\longleftrightarrow$U。据此人们提出了不管是简单的两态转变，还是由多步反应组成的复杂转变，每步反应是否有过渡态，在转变中有没有中间态的问题；③促进或催化折叠的分子伴随物的研究。过去人们认为蛋白质折叠是自发进行的，但在 20 世纪 90 年代一类具有新的生物功能的蛋白，分子伴侣的发现，以及在更广泛意义上说的帮助蛋白质折叠的辅助蛋白的提出，说明细胞内新生肽不是自发进行的，是需要辅助的。

图 4-12 表明科学研究应遵循由简到繁、由浅入深的原则，对蛋白质折叠动理学研究也不例外，首先应当研究 α-螺旋、β 发卡形成等这样一些最简单的折叠过程，并以蛋白质天然构象为目标。这一假定包含着静态与动态的观点，为蛋白折叠过程的研究提供了理论基础。我们在前面已经讲述了静态观点，下面我们来共同探讨动力学。

1. 折叠原理研究技术与方法

1968 年，由 Levinthal 提出了著名的 Levinthal puzzle：假定每个氨基酸残基可能的构象状态数为 j，一个有 $N+1$ 个氨基酸残基，N 个肽单位的完全去折叠蛋白质，其肽链可能获得的构象状态数为 j^N。假定 $j=8$，一个有 101 个氨基酸残基的较小的蛋白质，其肽链的可能构象状态为 8^{100}（10^{89}）。如果构象之间的转换速率为 k，蛋白分子经历全部构象的平均时间为

$$\tau=(Nk)^{-1}j^N$$

构象之间的转换速率 k 不可能快于 $10^{13}\,s^{-1}$。上述 101 个氨基酸残基的蛋白质经历全部构象的时间多于 10^{66} 年。即使假定每个肽键只能有两种可能的构象，这个 101 个氨基酸残基肽链的可能构象也有 2^{100}（10^{30}）种。它经历全部构象的时间也要 10^7 年以上。一般变性蛋白的体外折叠大约只需几分钟至几小时的时间。这就表说明蛋白质的折叠不是一个随机过程，而是通过特定的动力学途径达到天然构象，即动力学上最容易达到的构象。

Baker 等认为，如果多肽链所采取的所有构象中仅有一个低自由能状态，即天然构象，那么所有非天然构象多肽链将遵循热力学假说由高能态向低能态转变，最终形成天然构象（图 4-13）。但是对某些蛋白质而言，天然构象也许并非是多肽链自由能最低状态或唯一的低能态，多肽链采取的某些非天然构象也很稳定。若某一多肽链具有两种低

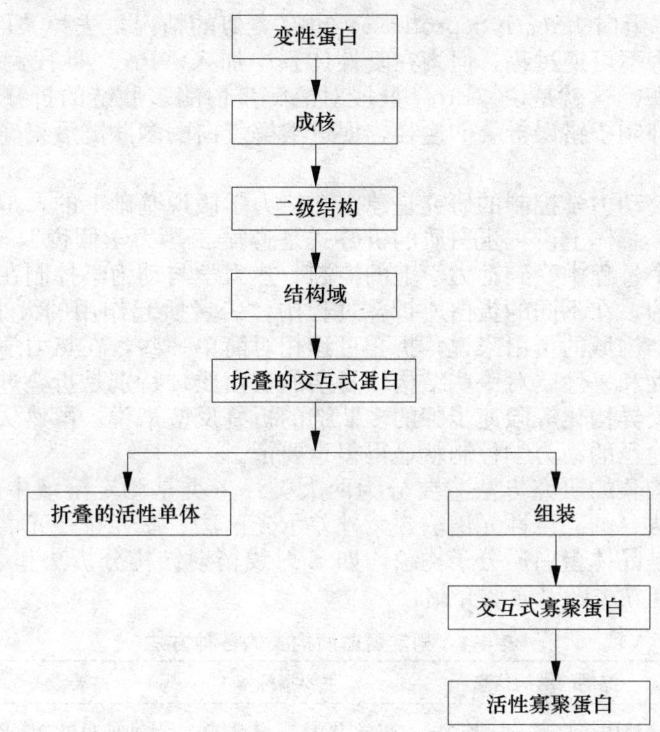

图 4-12　蛋白折叠过程中各折叠步骤间的关系

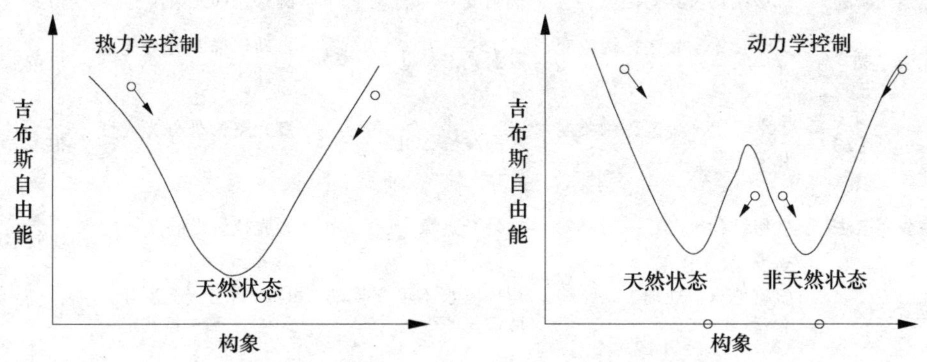

图 4-13　蛋白质折叠的热力学控制和动力学控制

能量状态：一种是天然构象；另一种是非天然构象，而且这两种处于低能量状态的多肽链的相互转变由于要克服能垒（energy barrier）而难以实现，那么在蛋白质折叠过程中就会有以下两种途径的相互竞争，即正确折叠形成天然构象的途径（on-pathway）和错误折叠形成稳定的非天然构象的途径（off-pathway）。蛋白质多肽链之所以能正确折叠是由于某些因素在蛋白质折叠的动力学过程中起到控制作用，促进多肽链走入正确折叠途径。据报道，I 型人类胰岛素生长因子（IGF-I）就存在两种稳定的构象：一种是天然构象；另一种是具有错配二硫键的非天然构象，这两种构象的 IGF-I 多肽链具有相似的自由能，但二级结构不同。另外，枯草杆菌蛋白酶（subtilisin）以酶原的形式（pro-subtilisin）存在时，多肽链可以正确折叠，当 N 端由 77 个氨基酸残基构成的前导链（“Pro”区）被切除后，枯草杆菌蛋白酶多肽链在相同的条件下（或其他条件下）难以正确折叠。α-溶解蛋白酶（α-lyticprotease）也有类似的情况，去掉“Pro”区的多肽链的变性与复性成为不可逆过程，但当在复性体系中加入“Pro”肽段后，又能产生有活性的 α-溶解蛋白酶。这就是说“Pro”肽段对溶解蛋白酶多肽链的折叠在动力学上起到了控制作用，它抑制了错误折叠的途径，促进溶解蛋白酶多肽链沿正确途径折叠而形成天然构象。

对蛋白质折叠动力学控制的研究是建立在热力学假说基础上的，是对蛋白质折叠研究的补充和完善。总体上讲，蛋白质的折叠式是遵循“热力学假说”，从高能态向低能态转变，但在这个过程中受到动力学上的控制。热力学与动力学控制在蛋白多肽链的折叠反应中是统一的，在不同的蛋白质折叠过程中，二者所起作用的大小可能有所不同。对一些小分子单结构域的蛋白来说，折叠过程相对简单一些，在热力学控制下就能较容易地进行可逆变性和复性。对一些结构较复杂的蛋白质，特别是折叠过程中涉及二硫键重排，脯氨酰顺反异构化等限速步骤的多肽链的折叠反应来说，虽然从总体上讲受热力学控制，但折叠途径的动力学控制就显得很重要了。

研究蛋白质构象的研究方法主要分为两大类：一类是测定溶液中的蛋白质分子构象，如核磁共振法、圆二色性光谱法、紫外差示光谱法、激光拉曼光谱法以及氢同位素交换法；另一类是晶体蛋白质分子构象，如 X 射线衍射结构分析法和小角中子衍射法。表 4-4 对这些测定方法做了简要介绍：

表 4-4　测定蛋白质构象的各种方法

方　法	提供的结构信息	主要指标	主要设备	应　用
核磁共振	溶液中蛋白质分子构象；构象动力学	化学势移，谱线强度，自旋偶合常数	脉冲傅里叶 NMR 波谱仪	越来越多
圆二色性光谱法	二级结构及其变化	椭圆度	圆二色性光谱仪	很多
荧光光谱	Tyr 或 Tyr 微区；构象变化	发射光谱，量子产率	自动扫描荧光分光光度计	很多
紫外差示光谱法	Tyr 或 Tyr 微区；构象变化	不同波长 ΔOD	双光路紫外分光光度计	很多
激光拉曼光谱法	二级结构	拉曼光谱峰	激光拉曼光谱仪	不够成熟应用比较困难
氢同位素交换	氢键数目，规则二级结构含量	与环境水不可交换的肽键氢的个数	1. 红外分光光度计 2. 分子筛＋氚测定	较少
X 射线衍射结构分析	多肽链上所有原子的空间排布，但氢原子除外	衍射点的强度和位置	高分辨率 X 射线衍射仪	很多
小角中子衍射	多肽链上所有原子的空间排布	散射强度的分布	中子源；小角相机	刚起步

2. 过渡态

从图 4-14 所示的模拟过程中，我们可以看到蛋白质简单的折叠情况。过渡态理论是在研究小分子的化学反应中形成的，用来描述反应中化学键的形成与断裂过程的热力学，这种理论是否适合于描述蛋白质分子的折叠/退折叠过程还有待研究。在已研究过的蛋白质中，大多数蛋白质都是沿着多途径而非单一、特定的途径进行重折叠的，如果折叠没有唯一的路径，就不会有唯一的热力学过渡态。

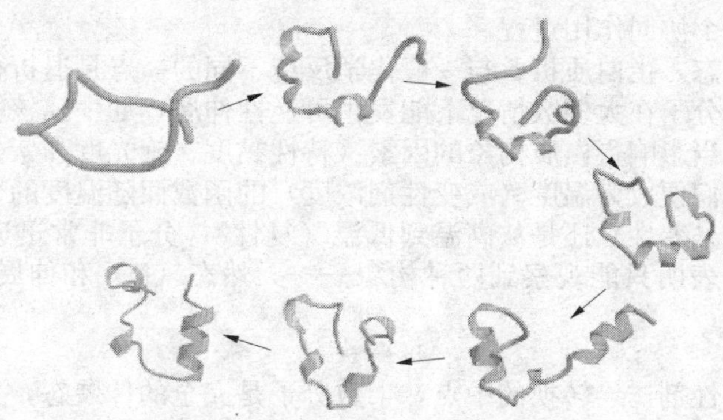

图 4-14　模拟的折叠过程

3. 折叠中间态

从热力学角度看，一个蛋白质会从一个能量较高的非折叠态折叠为一个能量较低的折叠状态。这个过程是一个快速的过程，一般持续一秒到数秒时间。折叠的速度说明折叠是经过一个直接的途径，而不是经过随机的构象搜索直到无意中发现最稳定的结构排列。折叠途径是从起始快速形成一个比较致密的、部分折叠的“熔球（molten globule)”开始，然后以较慢的速度完成折叠进程。

（1）熔球态。熔球这个词最早由 Ohgushi 和 Wada 提出，用来描述早期 α-乳清单白（α-LA）和碳酸酐酶（CAB）的折叠研究中得到的一个平衡态中间体。熔球态是蛋白折叠紧密中间态的一种类型。Kuwajima 认为熔球态有以下一些主要特性：①天然态二级结构，但三级结构却不完整；②它比天然态有较多的疏水区域暴露；③当熔球态变性到伸展态时，温度跃迁消失。Goto 等发现，在强酸导致肽链完全伸展时，可以得到 β-乳球蛋白（β-Lactoglobulin)、细胞色素 C（cytochrome C）及去辅基肌红蛋白（apo-Mb）的熔球态。

蛋白质折叠缺陷可能是大部分人类遗传性紊乱的分子基础。例如，囊性纤维症的病因在于囊性纤维化转膜传导调节因子（CFTR）基因突变所引起，该基因编码一种氯化物通道，CFTR 中第 508 位的 Phe 残基发生缺失突变，产生了不正确的折叠，最常见的囊性纤维症由此引起。胶原蛋白中的一些突变也能引起折叠缺陷，导致疾病发生。对蛋白质折叠的进一步理解可能产生治疗上述或许多其他疾病的新方法。

蛋白质折叠前自由能漏斗顶端的构象数最多，构象熵较高，那些决定天然构象的分子间相互作用这时只有少部分存在。随着折叠的进行，热动力学途径减少了存在的构象数目，沿漏斗向下熵值降低，而天然构象的蛋白质数目增多，自由能降低。漏斗两侧的凹陷代表了亚稳定的折叠中间体，在某些情况影响下可能减慢折叠过程。

很多蛋白质在体外都可以自发且无误折叠，尽管某些蛋白质折叠在体内慢，而且准确度低。虽然蛋白质的三级结构最终是由一级序列决定的，但在正确折叠过程中仍然存在一些阻碍，它们包括：①部分折叠的中间体在分子间疏水作用下而引起的聚集；②脯氨酸残基的异构化；③半胱氨酸错误配对而形成的二硫键连接。在进化过程中细胞似乎具有不同的机制来克服或尽可能减少这些障碍。

继平衡转变研究中发现熔球态以后，在折叠的动理研究中发现熔球态是具有中心意义的中间态。如果在折叠的早期新生肽链就迅速地蜷缩成粗略的球形，同时伴随以氢键结合的二级结构的自发而大量形成时，这样的蜷缩就是最有效的，因为氢键减少了蛋白质骨架的极性，因而增加了疏水蜷缩的驱动力。随着二级结构的形成，这些氢键转移到低极性区域而趋向稳定。疏水相互作用与氢键的这种相互促进效应提示，即使在早期阶段折叠就已经是一个协同作用过程。

(2) 快态与慢态。蛋白质折叠与一般化学反应不同的一点是退折叠态的构象上具有多样性。小蛋白质分子在大多数情况下能发生可逆性伸展，如牛胰核糖核酸酶在变性条件下发生退折叠，当影响蛋白质构象的因素（特性黏度、旋光度和紫外吸收）在平衡条件下被破坏时，它们便成为温度（或变性剂浓度）的函数而随温度的变化而变化；并且不论从低温到高温（变性）还是从高温到低温（复性），分子非常迅速地在各种的构象间相互转变。结果表明只能观察到两种构象——天然态（N）和伸展态（U），并且它们处于快速平衡中：

$$U \longleftrightarrow N$$

因此在热或变性剂诱导转换的中点，半数分子是完全的伸展态，另一半数分子是完全的折叠态。然而快速动力学研究揭示，RNase 的重折叠是快相（毫秒范围）和慢相（10～100s）的双相动力学过程，并认为这是由于存在两种不同的伸展态 U_S 和 U_F 的结果。其重折叠反应可表示为：

$$U_S \overset{慢}{\longleftrightarrow} U_F \overset{快}{\longleftrightarrow} N$$

式中，U_S 是完全的伸展态，它以慢速率转换为另一种伸展态 U_F，后者以快速率完成折叠。虽然 U_S 和 U_F 表观上都是伸展形式，但 U_F（中间态）易形成部分折叠的结构，并以此为核心折叠成天然构象（N）。

其他蛋白质（如 α-乳清蛋白）在某些变性条件下平衡中除 U 和 N 外还有另一状态。α-乳清蛋白（相对分子质量为 14 000）酸性条件诱导其构象转换。远紫外 CD 光谱研究证明，pH 4 时 α-乳清蛋白具有和天然蛋白一样的二级结构，然而近紫外 CD 光谱显示，许多芳香族侧链的相互作用被酸处理破坏，如同用 6mol/L 盐酸胍或其他强变性剂处理。流体动力学研究表明，pH 4 时 α-乳清蛋白分子的凝缩程度与天然分子相近，而用强变性剂产生的无规卷曲则伸展得多。这些平衡研究指出，蛋白质折叠过程中存在一个熔球态，它含有二级结构，但无完整的三级结构。这里“球”字是突出它的凝缩状态，“熔”字是强调它的二级结构单元之间相互作用的变动性质。实际上熔球态 M 是许多蛋白质中伸展态和天然态之间常见的中间体：

$$U \longleftrightarrow M \longleftrightarrow N$$

在各种退折叠蛋白质中，脯氨酰异构化是研究得较为清楚的慢反应。慢反应还可以由其他一些原因引起，如慢的配体交换、二硫键连接的链套的重新安排等。慢反应分子和快反应分子的共存是由于退折叠态多样性引起的折叠路径的多样性的最简单例子。

(3) 二硫键引起的中间态。蛋白质分子中天然二硫键的形成要求肽链上存在处于非相邻位置的巯基，肽链首先要经过一定程度的折叠，才能使巯基相互接近而正确形成二硫键。一方面，二硫键异构酶具有催化蛋白质天然二硫键快速形成的能力；另一方面，蛋白质二硫键异构酶的特异性较低，可与各种不同的肽链结合，该酶在内质网中含量丰富，又是一个钙结合蛋白和能被磷酸化的蛋白，这些都已经符合了其作为分子伴侣的条件。因此人们推测蛋白质二硫键异构酶很可能首先通过与伸展的或部分折叠的肽段结合，而阻止了错误的折叠途径，促进生成正确的中间物，帮助肽链折叠使相应的巯基配对，从而使正确的二硫键得以形成，然后催化巯基的氧化或二硫键的异构而形成天然二硫键。

天然态中含有二硫键的蛋白质的二硫键必须在折叠反应中通过氧化反应形成。一个类似氧化和还原的谷胱甘肽混合物那样的氧化还原体系是二硫键生成反应所必需的。在这种体系下可以进行共价的巯基/二硫键交换。大肠杆菌中有 DsbA 和 DsbC 蛋白，真核细胞中有二硫键异构酶，这些巯基/二硫键氧化还原酶在二硫键生成反应中起着氧化剂的作用。BPTI 中各二硫键形成的顺序和它们与构象折叠之间的关系目前已经研究得很清楚。

（4）多结构域蛋白的折叠。蛋白质结构域是三级结构的局部折叠区，它是在二级结构或超二级结构的基础上形成的。结构域在三维空间中可明显区分和相对独立，并且具有一定的生物学功能（如结合小分子等）。组成结构域的氨基酸残基数目一般为 50～300 个，相邻的结构域常由一个或两个多肽片段连接。组成结构域的亚单位称为模体或基序（motif），通常由 2～3 个 α-螺旋、β-折叠和环一类的二级结构单位组成。

一般来说那些较小的球状蛋白质分子或亚基只有一个结构域，对它们而言结构域和三级结构意思相同。而较大的蛋白质分子或亚基则不然，它们的三级结构一般含有两个以上的结构域，也就是说是多结构域的，相邻的结构域间通过柔性的铰链相连。蛋白质分子中能独立存在的功能单位称为功能域，它可以是一个结构域也可以是由两个或两个以上结构域组成，因而蛋白质中的某些结构域同时也是功能域。结构域包括四种基本类型，即全平行 α-螺旋结构域，平行或混合型 β-折叠片结构域，反平行 β-折叠片结构域和富含金属或二硫键结构域。

分子质量较大的蛋白质通常由多个结构域组成，其三级结构是在结构域构象的基础上通过肽链连接形成的。连接肽构象的不同会导致各个结构域的空间排布发生变化，整个蛋白质的三级结构呈现出各结构域的综合，蛋白质的功能也与各结构域的功能及连接肽的作用有关。

4. 折叠的基本过程

目前人们认为折叠主要经历以下三种基本过程：①接触形成。蛋白质折叠过程中最简单的基本过程可能就是在退折叠的多肽链中两个残基间接触的形成。这个过程虽然很重要，但是在光解实验用于细胞色素 c 之前并未得到证实；②螺旋-链环转变。迄今为止螺旋-链环转变的热力学和动理学已经研究了 40 多年，但直到 20 世纪 80 年代的后期，大小和组成与蛋白质相同的多肽才被大量证明在纯水溶液中为螺旋。从此以后，开展了大量的分离肽 α-螺旋形成机理研究和理论分析。由于具有强螺旋形成倾向，所以丙氨酸含量高的肽特别适合于这种研究，加之这样的多肽又容易制备，使其成为首选对象；③β-发卡。β-发卡是普遍存在于球状蛋白中的一种结构，由一条构象伸展的多肽链弯曲后彼此靠近成反向平行而形成，含有 10 个或 11 个氨基酸残基，两条等长的肽段依靠 1～6 个氢键连接。

思考题

1. 何谓焓、熵？它们分别有何意义？
2. 如何测量蛋白质溶液的热容量？
3. 蛋白质折叠动力学的研究技术有哪些？
4. 蛋白质折叠反应需满足的实验标准是什么？
5. 何谓熔球态？有何生物学意义？
6. 简述蛋白质折叠的基本过程。
7. 简述第二遗传密码的含义及意义。
8. 简述蛋白质折叠的意义及应用前景。
9. 简述蛋白质折叠的机制。
10. 试述蛋白质折叠的最新研究进展。

第五章 蛋白质结构解析

蛋白质工程的核心工作就是按照人类意愿改造、创造符合人类需要的蛋白质。而要达到这一目的必须把核酸与蛋白质、蛋白质空间结构与生物功能结合起来研究。而蛋白质空间结构的解析就是其中必不可少的基础环节之一。它可以让我们从分子水平来理解生命现象：哪些分子间在相互作用，如何相互作用，酶如何发挥催化作用，药物怎样发挥作用等。目前大量的工作集中在通过收集大量的蛋白质分子结构的信息来建立结构与功能之间关系的数据库，为蛋白质结构与功能之间关系的研究奠定基础。

第一节 X射线晶体结构分析

我们经常用光学显微镜来观察微小的物品，但是对于光学显微镜来说有一个衍射极限。当你要观察的物品比可见光的波长还要小得多的时候，光学显微镜将无法得到物品的图像。我们知道可见光的波长大概是 $10^{-7}\sim10^{-6}$ m，而蛋白质分子的大小在 10^{-8} m 左右，分子中的原子距离甚至在 0.1nm 即 1Å 左右。这时我们观察电磁光谱会发现 X 射线的波长在 0.5Å～1.5Å，刚好匹配蛋白质分子中原子之间的距离，所以非常适合用来研究蛋白质分子结构。

一、X射线晶体结构分析发展史

自 1895 年伦琴发现 X 射线后的一百余年间，X 射线在物质结构研究上立下了不可磨灭的伟大功绩。从简单物质系统到复杂的生物大分子，X 射线已经为我们提供了很多关于物质静态结构的信息。1912 年 Lauer 发现晶体的 X 射线衍射，开创了晶态物质结构的新纪元。1920 年，X 射线衍射技术就已列入蛋白质结构研究，阿斯特伯里用 X 射线衍射技术研究毛发、丝和羊毛纤维结构等，发现了由氨基酸残基链形成的蛋白质主链构象。1934 年 Bernal 和 Crowfoot 成功地拍摄到第一张蛋白质（胃蛋白酶）单晶体的 X 射线衍射照片。1953 年 Perutz 发现了同晶置换法可以解决生物大分子晶体结构测定中的位相问题，在 1957 年和 1959 年 Kendrew 和 Perutz 应用重原子同晶置换技术和计算机技术，分别获得了鲸肌红蛋白和马血红蛋白的低分辨率（6Å 和 5Å）立体结构，拉开了生物大分子晶体结构测定的序幕，在此期间 Watson 和 Crick 共同建立了 DNA 双螺旋的结构模型。从 1957 年到 1967 年的十年里，随着溶菌酶结构之后，胰凝乳蛋白酶 A、核糖核酸酶、核糖核酸酶 S 和羧肽酶也分别获得了高分辨率的结果，表明 X 射线晶体结构分析技术已经成熟。从 60 年代末进入 70 年代，蛋白质晶体学从对生物大分子三维结构测定迈入生物大分子三维结构与其生物学功能之间的关系研究，从而它既是分子生物学研究的有力的重要手段，同时也开始为结构分子生物学的建立和发展创造着条件。

X 射线晶体结构分析是最早也是迄今最主要的测定蛋白质结构的方法。它的优点是分辨率高，达到原子分辨率，既可研究水溶性蛋白也可研究膜蛋白和大分子组装体与复合体。它能给出生物大分子的分子结构和构型，确定活性中心的位置和结构，从分子水平理解蛋白质如何识别和结合客体分子，如何催化，如何折叠和进化等生命的基本过程，进而阐明生命现象。1990 年以后，利用 X 射线晶体学解析蛋白质结构取得了突飞猛进的发展，平均每天有 15 个蛋白质通过该方法获得结构。2003 年 7 月蛋白质结构数据库（protein data bank，PDB）的统计数据表明：收录的蛋白质的结构 84.8%是利用X射线晶体结构分析方法测定的。目前国际上很多难度高、意义重大的三维结构，均是在近十几年实现突破的。例如，1997 年底，应用 X 射线单晶衍射方法完成了有关核小体（nucleosome）的核心颗粒分辨率为 0.28nm 的精细空间结构的测定，每个核小体的盘状核心含有 8 个组蛋白形成的八面体、外绕 146 个碱基对组成的 DNA，这一杰出的成果对了解基因转录、DNA 复制与修复的动态过程都很重要。2004 年 3 月 18 日，世界上权威性的著名杂志《Nature》以主题论文的方式发表了由中国科学院生物物理研究所和植物研究所合作完成的“菠菜主要捕光复合物（LHC-II）2.72Å 分辨率的晶体结构”研究成果。该晶体的结构彩图被选作本期杂志的封面图片。该成果首次基于精确的结构数据对高等植物的光能吸收、传递和光保护等光合作用机理研究的热点问题进行了探讨，发现了膜蛋白结晶的第三种类型，命名为“TYPE-III”膜蛋白晶体，并建立了包括膜蛋白、色素分子和脂分子在内的蛋白脂质体的完整的 LHC-II 结构模型，提供了近 3 万个独立的精确的原子坐标。2005 年 7 月 1 日，清华大学中国科学院生物物理研究所结构生物学联合研究小组经过 3 年努力，率先在世界上解析了线粒体膜蛋白复合物 II 的精细结构，填补了线粒体结构生物学和细胞生物学领域的空白，成为线粒体呼吸链研究领域的一个新的里程碑。进一步研究发现复合物 II 是一个跨膜蛋白复合物，从而纠正了教科书中认为“复合物 II 是一个外周膜蛋白”的传统认识。这一结构的解析，为研究与人类很多疾病（如嗜铬细胞瘤、副神经节瘤和李氏症等）相关线粒体疾病提供了真实可用的模型。此外，应用 X 射线单晶衍射技术测定蛋白质和核酸的晶体结构并结合分子模拟技术，已为新药物的设计提供了一个全新的方向，大大缩短了新药的研制过程。新药的设计和开发，要求对这些药物靶标（drug target）的结构、性能有精确的了解，由于迄今对其了解甚少，现有临床药物绝大多数是通过尝试筛选获得，导致研制一个新药常常需十多年，甚至几十年的时间。通过对艾滋病病毒（HIV）蛋白酶的精细结构测定，并以此为靶标设计酶的抑制剂作为治疗艾滋病的有效药物获得巨大成功，已显著减少艾滋病死亡数量。

二、X 射线晶体结构分析基本原理

X 射线衍射分析所依赖的基本原理是 X 射线衍射现象。X 射线衍射分析是利用 X 射线的波长和晶体中原子的大小及原子间距同数量级的特性来分析晶体结构。衍射现象是由于光的干涉形成的，当 X 射线入射到样品晶体分子上时，分子上的每个原子使 X 射线发生散射，这些散射波之间相互叠加形成衍射图形。因而衍射图形能给出样品内部结构的许多资料，如原子间的距离、键角、分子的立体结构、绝对构型、原子和分子的堆积、有序或无序的排列以及非计量的程度等。衍射点的位置和强度取决于分子中原子的排列和相互干扰。

（一）X 射线在晶体中的衍射

高能电子碰到铜钼等金属制成的阳极靶材料时，原子的内层电子跃迁到外层后又跳回到内层时即发出单色 X 射线。单色 X 射线的波长与靶极材料有关，故又叫做特征 X 射线。布拉格（Bragg）把晶体对 X 射线的衍射看作晶体中平面点阵组对 X 射线的反射，当入射 X 射线的波长与晶体中的原子间距离处于同一数量级且散射源是在周期地规则排列的条件下，散射光按照位相关系彼此叠加，当晶体中相邻的两个点阵平面上的波源在某一方向上的波程差等于波长的整数倍时，它们发出的波相互最大程度地加强，而在其他方向上则相互减弱。在射线以外的方向，可以观察到许多明暗相间的条纹，结晶学上称这种波的加强为衍射。相应的方向为衍射方向，即衍射图上斑点的位置，用它

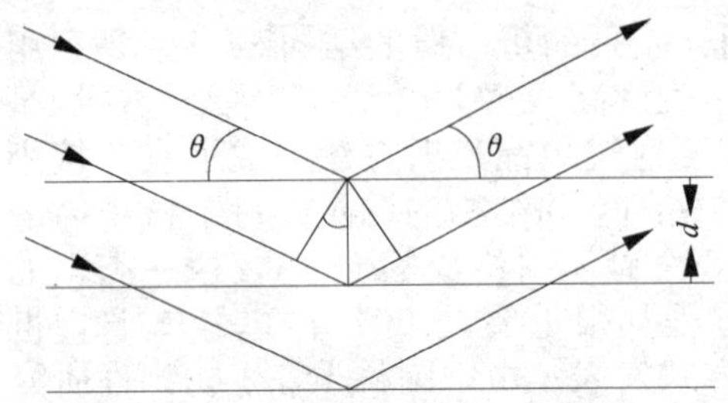

图 5-1　布拉格公式推导示意图

可以确定布拉格方程：$2d_{(hkl)}\sin\theta=n\lambda$。其中 d 是相邻点阵面间距；h、k、l 为衍射线指标，为互质的整数；θ 为衍射角；n 为衍射级次，$n=0，1，2，\cdots$；λ 为入射线波长。布拉格公式推导图解（图 5-1）。一组以晶体指标（hkl）表示的平面点阵，X 射线和平面点阵组成 θ 角方向反射，且满足布拉格（Bragg）方程 $2d_{(hkl)}\sin\theta=n\lambda$。当 λ 固定时，晶面组 hkl 只有满足上述方程时才有反射。通常是从小的散射角开始结构分析，先分析衍射图中的一小部分，从较低的分辨率开始，然后逐渐提高分辨率，直到获得一张完整的衍射图为止。布拉格方程的物理意义在于它将入射线波长、衍射线方向和点阵平面间距通过建立数学定量关系联系了起来，为 X 射线晶体结构分析奠定基础。

（二）晶体的结构特征

晶体是指离子、原子或分子这些微粒在三维空间中周期性重复排列形成的结构。晶体中微粒的排列周期性重复出现，其中的微粒可以抽象为几何学中的点，无数的点在空间按一定的重复规律排列而成的几何图形就叫做点阵。点阵结构是很有规律的结构，除了平移群能使它复原，还有一些对称因素能使它复原，如对称中心、镜面、旋转反轴和旋转轴。通常空间点阵中只能容纳二重轴、三重轴、四重轴和六重轴。也就是说，基本的对称元素只有七种。

空间点阵按确定的单位划分后称为空间格子，在晶体中叫晶格，空间点阵的单位在晶体中叫晶胞。晶胞是晶体结构的最小单位。晶胞在三维空间的周期重复（平移）或对称操作构成晶体。根据晶胞形状和对称元素可以把晶胞分为七个晶系。特征对称元素是区分晶系的关键。

七个晶系中特征对称元素与基本对称元素相互组合可以得到 32 种不同的对称元素组合即 32 个点群。为了获得较高的对称性，把原有晶胞扩大为带心的晶胞，于是七个晶系中可以得到 14 种不同的布拉菲格子，带心的晶胞称为复晶胞，不带心的晶胞称为素晶胞。所有类型的对称元素与 32 个点群和 14 种不同的布拉菲格子按照一定规律组合可以得到 230 个空间群。

我们要说明的是这 230 种空间群并非都适合蛋白质晶体。因为组成蛋白质大分子只有 L 型氨基酸，且单个氨基酸有不对称碳原子，因此蛋白质晶体的对称元素无镜面及中心对称只有对称轴。因此在蛋白质晶体中只有 65 种仅含有对称轴的空间群。

三、蛋白质 X 射线晶体结构测定程序

蛋白质晶体结构的 X 射线衍射分析包含样品制备、蛋白质结晶和晶体生长、衍射数据收集和处理、位相求解、模型建立和修正等五个主要步骤。五个步骤彼此密切相关，每一个部分取得进展都可以促进下一步的研究，同样任何一个部分的瓶颈也可以成为下一步的限速步骤。

（一）样品制备

制备均一的蛋白质样品并获得晶体是测定蛋白质晶体结构的前提。可以通过针对所选目的基因的特性构建和改造高效表达质粒，利用多种表达系统进行表达，如大肠杆菌、酵母、杆状病毒、哺乳动物细胞表达系统以及无细胞（cell free）表达系统。利用

亲和层析、离子交换、分子筛、疏水层析和反相层析等多种层析技术，大量表达、分离和纯化目标蛋白，为晶体的生长提供足量的样品。

（二）蛋白质结晶和晶体生长

解析蛋白质晶体结构的前提是得到高分辨率的晶体。

1. 蛋白质结晶原理

与小分子结晶一样，蛋白质在溶液中处于过饱和状态时，分子间可以规则的方式堆积起来形成晶体析出，也可以无规则堆积方式形成沉淀。要得到高分辨率的蛋白质晶体，就要经过大量的结晶条件的筛选和优化工作，以使蛋白质分子间的弱相互作用促使蛋白质分子形成高度有序的晶体而非随机聚集形成的沉淀。

2. 晶体生长过程

晶体生长第一步是形成晶核，然后周围的分子向晶核聚集，晶体逐步变大。一定大小的晶核的形成是晶体生长成败的关键。而晶核的形成受各种物理、化学和生物化学等很多因素的影响。因为不同蛋白质的物理化学性质差别很大，而且蛋白质的各种修饰和相互作用增加了蛋白质的复杂性，所以并非所有的蛋白质都可以获得单晶。一种蛋白质晶体生长的条件通常不适用于另外一种蛋白质晶体的生长；同一结晶条件有时能得到大的单晶体可有时却无重复性，甚至得不到结晶。因此蛋白质的结晶没有固定的一成不变的规律可循。

3. 蛋白质晶体生长的影响因素

蛋白质晶体是有序的分子聚集体，蛋白质的结晶受到各种物理、化学和生物化学等很多因素的影响。物理因素包括温度、重力、压力、震动、时间、电场磁场、介质的电解质性质和黏度、均相或非均相成核等。化学因素包括 pH、沉淀剂类型和浓度、添加剂、离子种类、离子强度、过饱和度、氧化还原环境、蛋白质浓度等。生物化学因素包括蛋白质纯度、配合体、抑制剂、化学修饰、遗传修饰、蛋白质的聚集状态、蛋白质水解、蛋白质自身的对称性、蛋白质的稳定性和等电点等。下面将对蛋白质结晶过程中的部分影响因素进行介绍，希望能为蛋白质结构分析、新药设计、生化研究以及工业化生产提供参考。

（1）温度。温度的变化会引起蛋白质溶解度的变化从而引起蛋白质溶液过饱和度的变化，进而影响大晶体的形成和生长。一般来说，在低离子强度下蛋白质溶解度通常随温度的增加而增大，在高离子强度下蛋白质的溶解度随温度的增加而减小。大多数蛋白质的结晶是在 4～22℃范围内进行。不同的蛋白质有不同的结晶温度，如触珠蛋白在高温下结晶；牛血清清蛋白在低温下结晶；而溶菌酶的结晶和温度有很大关系，4℃时生长的溶菌酶晶体容易破裂，会出现裂纹并且纯度较低。随温度升高溶菌酶溶解度增大，溶菌酶可以形成更好的晶体形状和质量。

（2）压力。由于不同晶型蛋白质分子的亲水与疏水程度不同，随着压力的变化，其与水的作用效果不同并能反映出溶解度变化的不同。Sazaki 等用双光束干涉仪测定了高压下的溶菌酶蛋白四方结晶及正交结晶的溶解度变化。实验表明，随着压力的增高其正交结晶的溶解度降低，而四方结晶的溶解度增大。目前，已有越来越多的研究者开始利用压力作为蛋白质结晶过程中的一个重要的调整参数以期得到目的产物。

（3）外加物理场。不同蛋白质分子由于带有不同的离子和极性基团，当施加外加电场时有可能会导致带电分子在结晶体系中分布的变化，从而引起结晶行为的变化。

Taleb 等研究了外加电场对溶菌酶蛋白结晶的影响。结果表明，在外加电场的作用下，溶菌酶蛋白的结晶成核速率低于无外加电场时的结晶成核速率，但所得蛋白质晶体变大。一些研究人员研究了外加磁场对蛋白质分子结晶的影响，发现磁场不仅能够影响结晶速率，而且可以通过抑制或加速某一生长方向的速率来改变最终获得晶体的晶型。

（4）pH。由于蛋白质是两性物质，结晶体系 pH 的变化影响蛋白质晶体的形成。多数蛋白质对结晶溶液的 pH 都很敏感，调节 pH 可以改变晶体的形状和大小。通常缓冲液 pH 在蛋白质的等电点附近时，有利于晶体析出，远离等电点则不利于晶体形成。一般来讲，越靠近最佳 pH，所得晶体晶型越单一质量越高。

（5）沉淀剂类型和浓度。沉淀剂的目的是增大蛋白质之间的吸引力，促进构成晶体的键的生成。沉淀剂主要分为盐类和有机类两大类。盐类沉淀剂能破坏蛋白质的水化层以减小蛋白质与水的结合力，增大蛋白质与蛋白质之间的结合力并修正蛋白质间的相互作用，形成不同的晶体类型；有机类沉淀剂能降低溶质的介电常数使它们之间的静电斥力与极性减弱。在蛋白质浓度不变的情况下，沉淀剂浓度过高会使结晶溶液处于成核区，甚至直接进入沉淀区，即使蛋白质刚刚达到过饱和状态，高浓度沉淀剂依然使其直接生成少量的沉淀。

（6）溶液过饱和度。要得到大的蛋白质晶体，控制过饱和度的量和达到过饱和度的速度是关键。溶液的过饱和度是蛋白质进行结晶的驱动力，是控制蛋白质结晶的决定因素。过饱和度的高低决定了蛋白质结晶过程中晶核形成及晶体生长的速度，进而决定了晶体的质量。

大分子晶体的获得需要过饱和度低的溶液以延迟诱导时间来降低成核数量，而工业化生产过程需要高的过饱和度，其诱导时间一般不能超过几小时，由高的过饱和度驱动的高结晶率会导致缺陷晶体的形成和杂质的掺入。这就要求存在一个临界过饱和度。高于临界过饱和度，可能发生无定形沉淀。在低过饱和度、盐浓度适中的液滴部分区域内只出现少数较大的单晶体；随着过饱和度的增加，溶液中的晶体数增加，单个晶体的体积减小，同时晶体由液滴部分区域向整个液滴分散。当过饱和度大于 10，沉淀剂浓度较低时，除了很小的一个区域外，液滴中基本上出现的是均匀分布的大量微晶；当沉淀剂浓度升高，蛋白质分子快速聚合，导致出现沉淀。生长适于衍射分析的高质量晶体的最佳区域是亚稳区，该区域内溶液的过饱和度又不足以生成新的晶核，但已有的晶体可以继续生长。当溶液的过饱和度刚刚高于亚稳区的上界时，因生成晶核导致溶液中蛋白质浓度下降而直接进入亚稳区，已生成的晶核就可以慢慢地长大为晶体，这应是最佳的蛋白质结晶条件。临界过饱和度通常受缓冲溶液、pH、沉淀剂、搅拌、晶种、加热速率等很多参数影响。

（7）蛋白质纯度。要获得高质量的蛋白质晶体，一般要求蛋白质的纯度不低于 50%。通常蛋白质的纯度越高，越容易结晶。杂质会与待结晶的溶质聚合成沉淀物，造成假晶现象，还会影响微晶的形成和单晶的生长，因此蛋白质的纯度关系到能否获得高纯度的蛋白质晶体。

4. 蛋白质结晶方法

刚刚我们提到蛋白质的结晶受很多因素的影响，要成功制备高质量的晶体不是件易事。但是由于科研人员的不断摸索，至今已经形成了多种实践中切实可行的结晶技术和方法，其发展的趋势是微量化和自动化，现做简单介绍。

（1）批量结晶法（batch crystallization）。批量结晶法是通过在待测结晶蛋白质溶液的体积、浓度和组成固定的条件下，直接将不同量的饱和沉淀剂加入未饱和的蛋白质溶液以产生一个浓度梯度而使蛋白质在不同的过饱和溶液中结晶。这种方法的要点是控制所加沉淀剂的量而使蛋白质溶液逐步达到低过饱和度。这是一种最简单、最传统的蛋白质结晶方法，曾经主要用于研究和监控晶体生长过程，现在已经被用于大规模结晶条件的筛选。它可用计算机控制的自动分析来配制微量的蛋白质溶液，用油作惰性的密封材料，从而为晶核的形成和晶体的生长创造有利条件，也可以提高单晶生长的重复性。

（2）透析法（crystallization by dialysis)。此法是利用半透膜允许小分子透过而大分子不能透过的性质来调节蛋白质溶液的沉淀剂浓度、pH 或离子强度，从而使蛋白质溶液缓慢形成过饱和状态以形成晶核。该法是培养蛋白质晶体的常用方法。

（3）液相扩散法（liquid diffusion)。该法是利用液相平衡原理而设计的。由于蛋白质在不同溶液中的溶解度不同，把待结晶蛋白质溶液缓慢加入溶解性差异大的溶剂中，在界面处形成沉淀剂浓度梯度在局部达到瞬间过饱和从而促使晶核形成。

（4）气相扩散法（vapour diffusion)。把待结晶蛋白质、高于此蛋白质结晶所需盐浓度的溶液和低于这种浓度的盐溶液放在一个密闭体系内，两种浓度不同的溶液由于发生蒸汽扩散最后达到平衡，随着溶液中沉淀剂浓度的增加蛋白质溶解性降低，从而蛋白质达到过饱和而析出晶体。

近年来一些新技术的应用提高了晶体培育的成功率，如加利福尼亚大学圣地亚哥医学院的研究者利用一种氢氘交换质谱技术（enhancedamidehydrogen/deuterium-exchangemass spectrometry，DXMS）来观察那些不能结晶的蛋白中不能很好折叠的部分，然后设计重组蛋白去除这一部分。结果去除不能正确折叠部分后，已折叠的部分结构没有变化。试验的 24 个蛋白在经过这样的检测和操作后有 6 个成功结晶并解出结构。

（5）蛋白质结晶新方法。来自伦敦皇家学院和 Surrey 大学的研究人员利用成核剂（nucleant）使蛋白质分子附着其上并形成一个晶格（crystal lattice)。然后研究人员使用一种由钙、磷酸和硅制成的多孔材料 Bioglass（生物玻璃）作为支架让细胞在其上生长。这种生物玻璃的尺寸比一粒盐还小有若干小孔，其中能容纳生物分子，这是一种新的蛋白质结晶方法。这种方法能够更好地分析蛋白质，从而促进靶标药物的开发。

5. 蛋白质晶体的初步鉴定

在蛋白质晶体生长过程中，母液中会长出某些盐或沉淀剂的结晶，因此我们要加以鉴定。在体视显微镜下用针来触碰晶体，若晶体破碎成粉末则该晶体为蛋白质晶体，盐晶等小分子晶体则不容易破碎成粉末；将晶体置于空气中，蛋白质晶体会因脱水而分裂或降解，盐晶等小分子晶体则不会这样；由于蛋白质吸收染料的能力强，可以被染色，而盐晶不会被染色，所以在母液中加入染料（如甲基蓝或伊兹特晶体染色剂等）可以鉴别蛋白质晶体；用晶体制备电泳样品，若电泳结果显示目的蛋白带就是蛋白晶体，否则是盐晶；用偏振光观察晶体时，由于盐晶等小分子晶体的偏光性强于蛋白质晶体会出现双折射现象而蛋白质晶体无此现象；此外利用密度差法也可鉴别晶体。由于蛋白质晶体的密度接近母液的密度，常在母液呈半悬浮状态，而盐晶体等小分子晶体则会沉在溶液底层。

（三）晶体衍射数据收集和处理

衍射数据的好坏决定结果的精度。好的衍射数据是结构分析的基础，它与很多因素有关，如 X 射线源的类型、晶体的处理和收集数据的仪器等。晶体衍射数据收集和处理流程见图 5-2。

1. X 射线光源的类型

随着科技的发展，用于 X 射线衍射的仪器也得到巨大的改进，使得高质量的 X 射

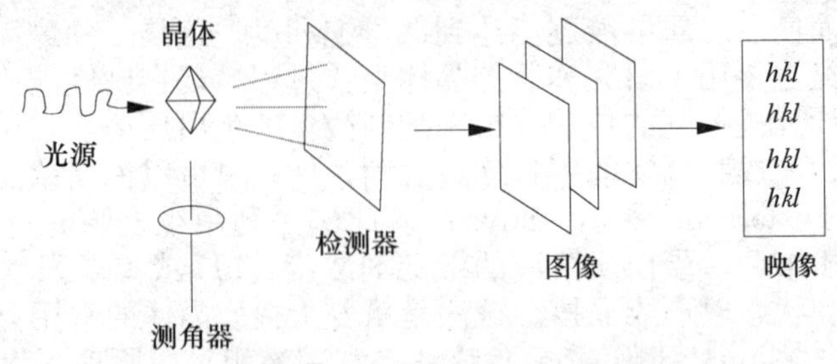

图 5-2　晶体衍射数据收集和处理流程图

线衍射数据的收集得以实现。

高强度 X 射线的产生取决于 X 射线光源的类型。X 射线光源的强度越高，晶体的衍射线强度就越大，数据误差就会越小。X 射线光源有两类：阳极靶式和同步加速器辐射。使用较多的是产生波长为 1.5418Å 的 X 射线的旋转阳极 Cu 靶。但是同步辐射光源的快速发展极大推动了蛋白质晶体学的发展。同步辐射是速度接近光速的高能电子在真空的环形加速器中作曲线运动时沿轨道切线方向发出一种极强的电磁辐射。它的光强度高、光脉冲短、稳定性高、准直性好、波长覆盖范围大且连续可调、超纯净等优点提高了数据质量和分辨率，缩短了曝光率和数据收集时间，降低晶体用量和对晶体线度大小的要求，减少了辐射衰减产生的影响。这些优点加速了蛋白质三维结构解析的速度。

最早应用同步辐射光源进行 X 射线衍射的是德国汉堡的 DESY 同步辐射实验室 Rosenbaum，于 1971 年报道同步辐射小角衍射对肌肉研究的结果。同时很多科学家讨论了利用同步辐射进行蛋白质晶体学研究的可行性，并在斯坦福的 SPEAR 上进行了一些早期的尝试性实验。近年来，美、日、欧各发达国家同步辐射光源发展很快，第三代同步辐射光源已经投入运行和使用，如美国的 Argonne、日本的 Spring 和法国的 ESRF 等改变了蛋白质晶体学的面貌。

2. 晶体的收集和储存

蛋白质晶体暴露于空气中会因脱水而解体，所以一旦获得晶体，必须被收集起来用于数据收集。由于生物大分子晶体耐辐射的能力很差，高强度 X 射线会对蛋白质晶体造成辐射损伤，20 世纪 90 年代后，低温液氮气冷流技术开始用于蛋白质 X 射线晶体测定研究中。它可以延长晶体的寿命以利于晶体的运输和储存，从而促进 X 射线衍射数据的收集。此外，同步辐射光源的高通量可缩短晶体被 X 射线照射的时间，在每个晶体“死亡”之前就可以获得大量的衍射数据。它减少了数据收集时间，提高了数据质量，从而使衍射数据的收集进入了新阶段。

依靠同步辐射设备对衍射数据进行快速、有效的收集时，必须把样品包埋和储存起来。在大分子结晶学同步加速器数据收集方面的突破是蛋白质晶体的常规冷冻。这对多波长反常色散（multi-wavelength anomalous dispersion，MAD）数据收集特别重要。

美国 Brookhaven 国家实验室的 Sweet 把闪电冷却的晶体保存在低温下，然后转移到数据收集设备中。目前这些过程还是手工操作的，科研人员在显微镜下选择样品，将其固定到一个低温环上，经液氮闪电冷却然后保存到杜瓦瓶（Dewar）中。目前实现 X 射线晶体衍射自动化虽然充满挑战，但仍然取得了进展。SSRL（Stanford synchrotron radiation laboratory）设计的方法能在液氮温度下在 96 孔板中操作 96 个晶体，自动机器能从储存设备中提取单个样品安装到衍射计上，96 孔板是标有条形码的，每个晶体的位置通过协同系统是可以鉴定的，允许对每个样品进行单独鉴定从而提高了效率。

近年来，随着 X 衍射实验技术的发展和实验仪器的革新，衍射线记录装置面探测器已越来越多的应用于衍射数据的收集。面探测器是由金属丝构成的，它可以将X射线光子强度转换成电信号，可同时收集多个衍射点。常用的探测器有IP（imagine plate）和CCD（charged coupled device）。IP面探测器装置是在一块支持平板上附着一层光敏感光物质，其上再覆盖一层保护膜。CCD面探测器原理是通过电子探头将每个衍射点记录下来，将收集到的光信号转换成电信号输入计算机处理以获得晶体衍射的数据信息。

生物大分子晶体对X射线的衍射能力相对于小分子晶体来说要弱得多，同步辐射光源具有高通量，可以使得晶体衍射强度提高若干个数量级。几乎在所有的情况下，同步辐射光源可以显著地提高晶体的衍射分辨率，数据的精度明显优于常规光源所收集的数据。某些生物大分子（如人感冒病毒等）晶体的X射线衍射数据只有使用同步辐射光源才有可能探测到。

3. 衍射数据的处理

大多数结构检测需要筛选多个晶体，目的是选择最合适的衍射质量和取向的样品。例如，突变蛋白质和有抑制剂的蛋白质的结构检测需要很少的实验就可以测定其晶体的结构，膜蛋白或者多结构域蛋白需要几百次实验才能测定其结构。

自动化的处理和数据收集减少了手工误差的机会，结晶学软件开发研究小组正在开发和测试多种软件来估价衍射质量和建立最适当的数据收集方法。目前已经开发出成熟的数据处理程序，如Denzo和Scalepack程序。该程序能对衍射点进行自动指标化，可以求出每个衍射点（h、k、l）的指标，从而分析出晶体内蛋白质分子堆积的信息，如晶体大小和布拉菲格子类型等。Scalepack程序是用来处理结果中的完整度，冗余度和衍射强度R因子等，可以初步判断该套数据的质量。一套好的数据要求其完整度大于80%，冗余度达2～3以上，衍射强度R因子在3%～11%。衍射数据中使用的最高分辨率采用R作为指标来监测，一般认为衍射数据的最高分辨率R不高于25%。

（四）位相确定

位相问题是X射线晶体结构测定中的关键环节。因为衍射效应包含衍射波的振幅和位相，而目前能够普遍使用的试验方法只能记录到衍射波的振幅，而不能由实验直接得到位相。要推算出蛋白质的结构，就必须通过间接方法推导出丢失的位相。用于解决位相问题的主要方法有以下三种：即分子置换法（molecular replacement，MR）、多对同晶型置换法（multiple isomorphous replacement，MIR）和多波长反常散射法（multiwavelength anomalous dispersion，MAD）。此外还有单对同晶型置换法（single isomorphous replacement，SIR）和单波长反常散射法（single-wavelength anomalous dispersion，SAD）等方法，在实际操作中不同方法可以联合使用。

1. 分子置换法（MR）

分子置换法就是把已知结构的蛋白质分子放到待测蛋白质晶体的晶胞中建立起初始结构模型并借助此模型计算待测蛋白质晶体各个衍射点的相角的方法。此法的前提是待测蛋白质晶体结构与已知结构的蛋白质分子在结构上至少有50%的近似性，两种蛋白质的三维结构相差极小，不同的只是分子的包装和周期排布即晶型不同。分子置换法是通过旋转和平移完成的。已知结构的蛋白质模型分子先经过旋转使其取向和待测晶体中目标分子的取向一致，然后平移该模型分子，找到目标分子在待测晶胞中的位置，再把与目标分子一致取向的模型分子正确放置到未知结构的待测晶胞中，用模型分子置换目标分子，如果两个结构相似，则它们的 Patterson 函数也应该相似。

分子置换法中旋转函数计算的 Patterson 函数晶胞中分子内向量在原点周围的分布，采用旋转函数分析可以决定模型的取向，采用平移函数可以决定分子在晶胞中的位置。

交叉旋转函数表示为：$R=\int_V P_{cryst}(u)P_{model}(Cu)du$。其中 $P_{cryst}(u)$ 是目标晶体的 Patterson 函数；$P_{model}(Cu)$ 是根据模型分子旋转后计算的模型 Patterson 函数。当两个 Patterson 函数图的自向量峰很好地叠合，交叉旋转函数具有最大相关系数时，可得到模型的正确取向。模型分子被调到正确取向并平移至待测晶胞中，即可得到正确定位。

平移函数表示为：$T=\int_V P_{cryst}(u)P_{model}(u,t)du$。其中，其中 $P_{cryst}(u)$ 是待测晶体的 Patterson 函数；$P_{model}(u,t)$ 是模型分子平移一个向量 T 后计算的晶体 Patterson 函数。经过正确的旋转和平移后，就可以得到模型分子在待测晶体中的正确位置。

分子置换法通常用于与已知蛋白质结构属于同一蛋白质家族的同源蛋白的结构解析，也用于同一蛋白质不同晶型的晶体结构解析。

2. 多对同晶型置换法（MIR）

多对同晶型置换法就是在蛋白质晶体中引入散射能力强的重金属原子（如 Pb 和 Hg 等）作为标志原子，制备出重原子的衍生物，然后求出这些重原子在晶胞中的坐标，根据坐标计算出重原子散射波在各个衍射点的相角，最后推测出蛋白质分子在各个衍射中的位相。“同晶型”是指重原子衍生物的电子密度分布除置换位置有变化外其余仍保持母体晶体中晶格的线度和原子排列，而晶格的空间群和结构并不改变。为此，首先要制备与母体同晶型的衍生物晶体，常用浸泡法来制备重原子衍生物。即把母体晶体浸泡在含有一定浓度重原子化合物的缓冲液中，重原子通过晶体通道进入晶体内结合到蛋白质分子表面，利用母体晶体和衍生物晶体衍射波的衍射强度变化差别就可以计算同晶差值 Patterson 函数，根据差别 Patterson 函数图可以确定重原子的位置和推出母体晶体衍射波的位相。

为了提高晶体的机械强度和稳定性并防止晶体放入重原子缓冲液时裂痕和浸泡过程中晶体的溶解，制备重原子衍生物时，通常先用戊二醛交联剂短暂处理蛋白质晶体使交联仅发生在蛋白质晶体的表面。

此法是位相确定的经典方法，1960 年 Kendrow 就是采用该法首次测定肌红蛋白的晶体结构。我国对胰岛素和 R-藻红蛋白晶体结构的测定也是采用这一方法。

3. 多波长反常散射法（MAD）

多波长反常散射法的原理是利用同步辐射波长连续可变的特点，使用一个重原子衍生物作为母体，用一个晶体就可以收集到重原子反常散射吸收边两侧的多套数据并解出结构。在正常散射条件下，轻原子中的电子对入射 X 射线进行弹性散射，其衍射图谱是中心对称的，遵从 Friedel 定律。对于重原子来说，当 X 射线的能量达到电子从被束缚的原子轨道发生跃迁的能量时，电子加速因共振而加强，电子 X 射线的吸收增强从而扰乱了正常散射，这种散射叫做反常散射（anomalous dispersion）。反常散射的出现破坏了 Friedel 定律。

大分子晶体多由轻原子（C、H、O、N 等）组成，轻原子的反常散射非常弱，而重原子的反常散射比较强，因此当蛋白质中存在重原子或外加入重原子时，就会出现较强的可以观测到的反常散射。利用重原子、轻原子对反常散射的差别可以确定相角。通过X射线衍射测定反常散射可以确定反常散射原子的位置，接着可通过计算该重原子的散射模式来确定整体散射模式的相角。

反常散射的重原子可能来源于两种情况：一是母体蛋白质结构中原有的铁、铜、硫等重原子；二是外加的附着于蛋白质上的附加重原子。因此该法较多地用于金属蛋白的晶体结构测定。目前对无金属的蛋白质晶体结构的测定常用硒基蛋氨酸修饰该蛋白质晶体，然后进行多波长反常散射法（MAD）测定其结构。

（五）模型建立和修正

获得衍射线的振幅和位相后，就可根据公式计算电子密度图，它包含了结构的全部信息。由于实验操作的误差会呈现在电子密度图上，因此解析电子密度图前要对其进行修饰使其得到改善，为分析电子密度图提供便利。随着计算机技术的发展，人们可以利用计算机结构模型显示系统和相关软件来分析电子密度图并在屏幕上构建原子结构模型。由于屏幕上可以显示电子密度图和原子结构，它们可以任意旋转，人们可以从不同角度观察电子密度和原子模型的匹配情况。结构模型的建立是一个反复修正原子坐标、改善位相的过程，直到获得精确的结构模型。

一般来说，建立的初始模型比较粗糙，为了获得更加精细的结构信息，要对初始模型进行修正，以使模型更加接近实际结构。修正内容为修正原子坐标参数、提高电子密度函数和晶胞中原子分布的符合程度、提高结构振幅的计算值和实验值符合的程度等。在修正过程中主要采用刚体修正法，立体化学制约法以及能量最小化的最小二乘法和动力学模拟退火法。不同方法得到的结果模型其修正策略也有所区别。一般来说，对于分子置换法得到的初始模型，先进行刚体修正，把分子作为整体进行旋转和平移以使结构模型在晶胞中的取向和位置进一步得到调整；对于同晶型置换法得到的结构模型先进行原子坐标的修正，待R因子基本稳定后，再加入整体温度因子的修正，最后用同性温度因子进行修正。

目前已有许多程序用于结构的修正。例如，可以用O程序在实空间中对电子密度图直接进行修饰，对模型进行手工调整以使之尽可能与电子密度图相匹配；也可以用CNS程序在倒易空间中对能量函数进行最小二乘法极小化的间接修正或动力学模拟退火修正等。

模型质量的好坏可以用相关参数来衡量晶体学R因子、键长偏差、键角偏差、二面角构象分布等。模型质量参数衡量标准如下：晶体学R因子一般要求达到0.2以下；键长偏差大约为0.015Å；键角偏差约为3°；二面角构象分布要求除了甘氨酸的二面角构象是随机的外，其他残基的二面角构象分布受到立体化学的限制。模型质量的评估可用一些软件进行，如WHATCHECK、PROCHECK 3.0和CNS 1.0等程序。

在各种测量方法中，由于X射线衍射方法具有不损伤样品、无污染、快捷、测量精度高、能得到有关晶体完整性的大量信息等优点而被广泛应用于蛋白质晶体结构的测定。但是X射线衍射方法依然存在一些缺点，如由于分子在晶体中往往是被锁定于某一状态，所得到的晶体往往是分子在晶格中时间和空间上的原子平均位置。但分子行使功能时多发生在激发态、过渡态，因此X射线晶体技术很难捕捉到分子的动态信息。随着人们对蛋白质晶体研究的日益深入，生物大分子晶体学已不再满足静态晶体结构的测定，而追求动态晶体结构的测定，以了解分子结构的动态特性与生命过程的关系。而生物物理学中核磁共振法（nuclear magnetic resonance，NMR）的发展则适应了这一需要。不论如何X射线衍射曾是蛋白质晶体结构测定的唯一手段，也是现在或将来在原子水平上解析蛋白质结构的最方便、最重要的手段。

第二节　核磁共振波谱的溶液结构解析

核磁共振（NMR）波谱学是一门年轻而发展非常迅速的科学，从发展到现在只有60年的历史。NMR波谱法通过从图谱中谱峰的位置来获取基团的化学势移，从峰形来获取耦合常数及基团间的耦合关系，从峰面积或峰强度来获取核的相对数量以及弛豫等信息，从而分析化合物分子内部存在的基团及其相互的连接关系，以及分子链运动等完整或比较完整的化学结构的信息。

在瑞士苏黎世高工维特里希教授建立研究蛋白质结构的核磁共振方法之前，蛋白质分子的空间结构只能用X射线晶体衍射方法确定，该方法只能得到蛋白质分子在晶体状态下的空间结构，这种结构与蛋白质分子在生物细胞内的本来结构存在较大差异，因为生物细胞中的蛋白质都是处于液体环境中，有流动性和运动性。而本节将介绍的核磁共振（NMR）波谱法可以在溶液状态下对蛋白质进行研究，1983年维特里希教授实验室首次使用核磁共振方法解析了胰高血糖素多肽的溶液构象，然后在1985年运用二维同核核磁共振方法确定了蛋白酶抑制剂IIa的溶液三维结构。而到了1994年，一年内测定的蛋白质的溶液结构总数已超过100个。

运用二维同核核磁共振方法，即检测组成蛋白质的氢原子核的二维核磁共振信号，已可以解析氨基酸残基数在100以下的蛋白质的溶液三维结构。二维同核核磁共振方法只要求稳定的、可溶于水的自然丰度的蛋白质样品。如果多肽的二级结构单元主要是α-螺旋或者蛋白质相对分子质量大于10 000，则需运用多维（三维、四维）异核核磁共振方法进行结构解析。与二维同核核磁共振方法不同，多维异核核磁共振方法主要检测蛋白质中的^{1}H、^{13}C、^{15}N核之间的相关共振信号，用来确定蛋白质溶液三级结构。

一、概述

核磁共振的方法与技术作为分析物质结构的手段由于其可深入物质内部而不破坏样品，并具有迅速、准确、分辨率高等优点而得以迅速发展和广泛应用，已经从物理学渗透到化学、生物、地质、医疗以及材料等学科，在科研和生产中发挥了巨大作用。

（一）核磁共振法的基本理论和概念

核磁共振（nuclear magnetic resonance，NMR），是指核磁矩不为0的核，在外磁场的作用下，核自旋能级发生塞曼分裂，共振吸收某一特定频率的射频辐射的物理过程。

原子核由质子、中子组成，带正电荷，具有一定质量，还有自旋现象，因此具有磁矩。核自旋运动的固有特性用核的自旋量子数I描述。不同核素具有不同的I值。在组成蛋白质分子的基本元素H、C、N、O中，原子核自旋量子数$I=1/2$的核^{1}H、^{13}C、^{15}N是多维核磁共振检测的主要对象。凡$I\neq 0$的核，在外加静磁场（恒定超导磁场）H_0的作用下，核能级发生分裂。如果同时将射频磁场H_1作用到原子核系统上，当射频场频率$\omega=rH_0$，原子核将吸收射频场能量从低能级跃迁到高能级。这种共振跃迁现象就是核磁共振现象。

（二）核磁共振法中几个常用的参数

核磁共振波谱的谱峰包含有相当丰富的与蛋白质分子结构信息相关的波谱信息，它们由波谱参数表示。

1. 化学势移

在给定的射频频率下，引起原子核共振跃迁的磁场强度 H 并不等于外加磁场 H_0，而是受核外电子云的屏蔽作用影响。化学势移来源于核外电子云的磁屏蔽效应，原子核总是处在核外电子的包围中，电子的运动形成电子云。若处于磁场的作用之下，核外电子会在垂直外磁场方向的平面上作环流运动，从而产生一个与外磁场方向相反的感生磁场——屏蔽效应。如果是抗磁性屏蔽作用，则原子核实际感受到的磁场将小于外加磁场 H_0，从而产生了核磁共振谱线的化学势移。化学势移的大小与外加磁场强度成正比。核磁共振波谱的化学势移用 δ 表示，δ 为量纲 1 的量，定义为：

$$\delta = \frac{H_{参考} - H_{样品}}{H_0} \times 10^6 \text{ppm}$$

由于化学势移的大小与原子核所处的化学环境密切相关，因此有可能根据化学势移的大小来考虑原子核所处的化学环境，亦即蛋白质的分子结构特征。由于化学势移是由核外电子云密度决定的，所以影响电子云密度的各种因素（如蛋白质的三维结构及局部微环境结构情况）都可以通过化学势移反映出来。

2. 耦合常数

核与核之间以价电子为媒介相互耦合引起谱线分裂的现象称为自旋裂分。由于自旋裂分形成的多重峰中相邻两峰之间的距离被称为自旋－自旋耦合常数，用 J 表示。耦合常数用来表征两核之间耦合作用的大小，具有频率的因次单位是赫兹，它决定了谱峰裂分的宽度。耦合常数 J 的大小不受磁场强度的影响。蛋白质分子中，^{15}N—^{1}H、^{13}C—^{1}H、^{13}C—^{13}C 等异核之间的单键 J 耦合常数都具有较大值，这也是异核多维核磁共振方法的基础。

3. NOE（核欧沃豪斯效应）信号强度

当分子内有两个空间距离小于 0.5nm 的原子核时，如果用双共振法照射其中一个核，使干扰场的强度增加到刚使被干扰的谱线达到饱和，则另一个靠近的原子核的共振信号就会增加，这种现象称 NOE。产生这一现象的原因是由于两个质子空间位置很靠近，交叉弛豫较强，交叉弛豫将导致核自旋之间的磁化强度转移，从而引起 NOE 的发生。这一效应的大小与原子核之间距离的六次方成反比。当质子间距离超过 0.5nm 时，就看不到这一现象。NOE 信号强度也是蛋白质分子溶液三维结构计算中最重要的距离参数，它可以提供蛋白质中氢原子对之间的距离。

4. 谱峰面积

谱峰面积和分子中同一化学环境的原子核数目的多少成正比，因此峰面积的积分值是定量分析的基础。

5. 弛豫时间

原子核从激化的状态回复到平衡排列状态的过程叫弛豫过程。它所需的时间叫弛豫时间，弛豫过程有两种，即自旋晶格弛豫和自旋-自旋弛豫。

自旋晶格弛豫：处于高能态的氢核，把能量转给周围的分子（固体为晶格，液体则为周围的液体分子或同类分子）变成热运动，氢核就回到低能态。于是对全体的氢核而言，总的能量是下降了，故又称纵向弛豫，纵向弛豫时间以 t_1 表示。

自旋-自旋弛豫：两个进动频率（原子核摇头运动即进动时的频率，又称拉摩尔频率）相同，进动取向不同的磁性核，即两个能态不同的相同核，在一定距离内时它们相互交换能量，改变进动方向，这就是自旋-自旋弛豫，又称横向弛豫，横向弛豫弛豫时间以 t_2 表示。

（三）蛋白质的结构

蛋白质分子由 20 种氨基酸按不同组合和排列顺序构成。其中碳、氢、氧和氮是组成蛋白质的主要元素。蛋白质的氨基酸组分以及氨基酸的排列顺序构成了蛋白质的一级结构。蛋白质的二级结构主要有 α-螺旋、β-折叠、转角和环链，它们体现了蛋白质的局部肽段骨架原子在空间中的有规则排列的构象特征。其中，α-螺旋是蛋白质中最常见、最典型、含量最丰富的二级结构元件。α-螺旋是一种重复性结构，其肽键扭转角 φ 和 Ψ 分别为－60°和－40°，每圈螺旋占 3.6 个氨基酸残基，沿螺旋轴方向上升 0.54nm，成为移动距离或螺距。每个残基绕轴旋转 100°，沿轴上升 0.15nm。在 α-螺旋中，N—H 与 C═O 键取向近似于平行螺旋轴，第 i 位残基的 C═O 与第 i＋4 位残基的 N—H 形成氢键。因此组成 α-螺旋的相邻氨基酸残基的酰胺质子（^1H_N）在空间上相距很近，而 i 位残基的 α 质子（^1Ha）与 i＋1 位残基的 ^1H_N 相距较远。β-折叠片层也是一种重复性的结构，可以把它想像为由折叠的条状纸片侧向并排而成，折叠片可以有两种形式：一种是平行式（parellel），另一种是反平行式（antiparallel）。β-转角（β-turn）是一种简单的非重复性结构。在 β-转角中第一个残基的 C═O 与第四个残基的 N—H 氢键键合形成一个紧密的环，使 β-转角成为比较稳定的结构，多处在蛋白质分子的表面，在这里改变多肽链方向的阻力比较小。在多维核磁共振方法中所要提取的蛋白质的结构信息就是这些具有不同结构特征的原子核间距、肽链二面角以及肽链的动态特性，因为它们直接反映了蛋白质的三维结构特征。

（四）各波谱参数反映的蛋白质结构信息

由各波谱参数可以提取蛋白质分子的结构信息，从而解析蛋白质的二级结构单元以及三级空间折叠。

1. 化学势移

化学势移是分析分子中各类氢原子所处位置的重要依据。δ 值越大，表示屏蔽作用越小，吸收峰出现在低场；δ 值越小，表示屏蔽作用越大，吸收峰出现在高场。

影响化学势移的因素主要有取代基的诱导效应和共轭效应、各向异性效应、氢键和溶剂效应。所以化学势移参数可以直接反映出蛋白质的二级结构信息，可以用于直接判断氨基酸肽段的 α-螺旋及 β-折叠等二级结构。

2. NOE 信号强度

由 NOE 信号强度可以直接反映蛋白质中质子对间的距离，是测定蛋白质溶液三维结构的重要的实验依据。两个质子之间越近，则 NOE 信号强度越大，有相邻氨基酸残基间的短程强 NOE；相隔 1～4 个氨基酸残基间的中程中 NOE 以及相隔 5 个以上氨基酸残基间的远程弱 NOE。

3. 耦合常数

耦合常数大小主要与连接两个核的化学键数目有关，还与影响标量耦合核之间电子云分布的因素有关。在蛋白质分子中，通过三个单键的核磁矩之间的远程 J 耦合常数是反映蛋白质主链及侧链构象的重要参数。

（五）多维核磁共振实验简介

核磁共振技术可分为一维和多维技术，根据多维核磁共振波谱的共振信号可以是两个、三个或四个频率变量的函数，多维技术又可分为二维、三维和四维技术。在多维技术中，又可以根据所涉及的核素分为同核和异核实验。

各种多维核磁共振实验脉冲程序的序列设计都基于一个共同的基本原理：在射频脉冲的作用下，相互耦合的核自旋之间发生磁化强度的转移（magnetization transfer）有两种机制：一是磁化强度的相干转移（coherent transfer），即核自旋之间通过成键电子介导的自旋-自旋耦合，由于磁化强度的传递而交换信息；二是磁化强度非相干转移，它是核自旋之间通过偶极-偶极相互作用（dipole-dipole interaction）产生的磁化强度转移。在多维核磁共振实验中，绝大多数的脉冲程序都源自磁化强度的相干转移，提供J耦合信息及建立^{1}H、^{13}C和^{15}N之间的化学势移相关。也有一部分脉冲程序基于磁化强度的非相干转移机制，以建立NOE相关。

二维核磁共振实验包括同核和异核实验。同核实验主要有^{1}H-^{1}H COSY、TOCSY、E. COSY、NOESY、ROESY和relay-NOESY等实验，主要用于自旋体系（残基内部）的谱峰确认，耦合常数的测定，顺序识别，以及由NOE交叉峰的强度得出质子间距离约束条件，这也是非标记样品所能进行的主要实验。

^{1}H-^{1}H COSY是最常用和最简单的二维同核核磁共振实验，测量目的是了解全部^{1}H之间的J耦合常数。从COSY谱上可以了解分子中各个质子之间的耦合关系，那么在相应于正方形的两个角上会出现交叉峰。这对判断结构顺序，验证假设的结构式很有用。

二维异核核磁共振实验包括^{1}H-^{15}N HSQC、HMQC、^{1}H-^{13}C HSQC、HMQC，用于标记样品中质子与其他核之间的关联和谱峰识别。在核酸结构研究中，^{1}H-^{31}P HET-TOCSY也被广泛采用来作核糖谱峰的识别和序列的顺序识别。以二维异核（^{1}H-^{15}N/^{13}C）HMQC实验为例介绍二维异核核磁共振实验：其实验设计也是运用了磁化强度相干转移机制，HMQC的脉冲程序比较简单（图5-3）。在脉冲序列的准备周期内^{1}H自旋从平衡态I_z变为非平衡态$-I_y$。而后，180°脉冲消除t_1周期内^{1}H核自旋与^{13}C或^{15}N核自旋间的J耦合作用，同时使^{1}H化学势移聚焦。在D_2周期内，异核间的J耦合作用建立了单量子反相位磁化强度I_xS_z。异核通道的第一个90°脉冲将单量子反相位磁化强度项转化为双量子项I_xS_y，而后在t_1周期内演化，从而带有异核化学势移标记。t_1周期结束后带有$I_xS_y\cos\omega_s t_1$项。第二个异核90°脉冲又使双量子项转化为单量子反相位项$I_xS_z\cos\omega_s t_1$。而后，在第二个D_2周期中，异核J耦合作用将反相位项转化为同相位项$I_y\cos\omega_s t_1$。在最后的检测周期t_2中检测到一组FID信号，它们的幅度被异核化学势移所调制，经傅里叶变换得到二维^{1}H-^{15}N或^{1}H-^{13}C单键相关谱。

对于较大的蛋白质分子，还需要利用^{15}N或^{15}N/^{13}C标记的样品进行三维实验。这些实验又可大致分为两类，即利用异核编辑技术的三维实验和三共振实验。前者是利用不同残基中^{15}N和^{13}C核的化学势移的差异，将二维COSY、TOCSY、NOESY谱中重叠在一个平面内的谱峰按照不同的^{15}N和^{13}C化学势移，分别放入不同的平面内，这样就大大地简化了谱图。这些实验在确定残基的自旋体系和NOE相关峰指定时起着重要作用。三共振实验在标记样品的实验中起着非常重要的作用，这类实验完全利用^{1}H、^{13}C、^{15}N核之间的化学键连接来得到核磁共振相关信号。与只利用^{1}H-^{1}H耦合常数的实验相比，由于大多数异核之间的耦合常数J都较大，使得它们之间的信号传递较有效；利用异核化学势移使得谱图被大大地简化；谱图的顺序指认比依赖NOE信号的方法更

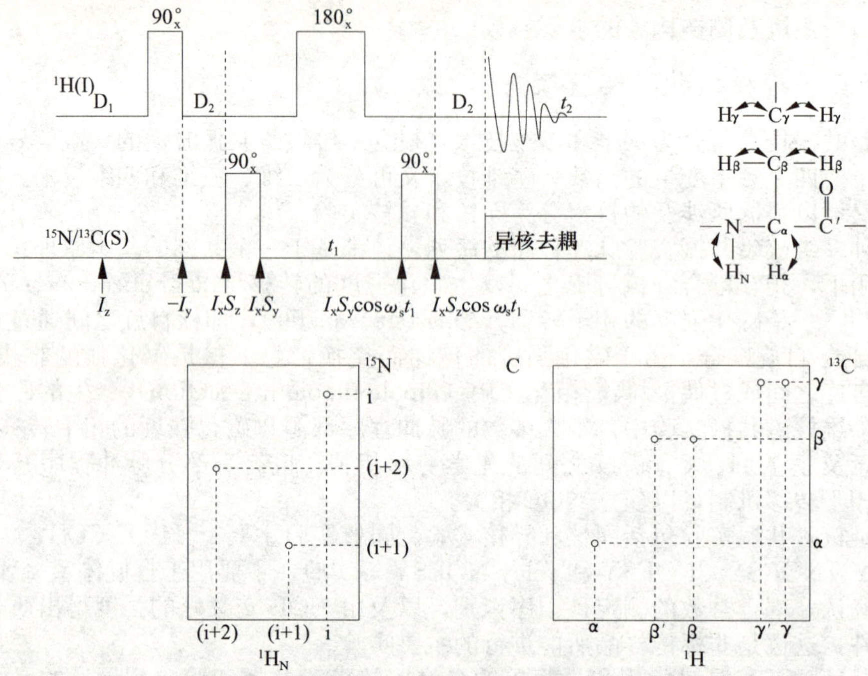

图 5-3 二维^1H-^{15}N/^{13}C HMQC 实验原理示意图

（引自阎隆飞等，1999）

可靠。所有的三共振实验都是根据信号传递路径来取名的。在三维^1H-^{15}N 实验中，其脉冲序列由二维^1H-^1H NOESY 和^1H-^{15}NHMQC 脉冲序列组合而成。保留 NOESY 实验中的 t_1 演化周期，并将 HMQC 实验中的演化周期设定为 t_2，同时略去 NOESY 脉冲序列的检测周期和 HMQC 的准备周期（图 5-4）。t_1 周期内^1H 核自旋以各自的频率进动，所以带有各自的化学势移标记。在 t_m混合周期内，^1H 核自旋与其他的相距≤0.5 的^1H 核自旋通过偶极相互作用建立 NOE 相关。而后，在^1H90°脉冲和^{15}N90°脉冲共同作用下，^1H 核自旋与通过单键直接相连的^{15}N 核之间建立了异核相干磁化强度转移。在^{15}N 演化周期 t_2 之后的第二个^{15}N 90°脉冲将^1HN 和^{15}N 核自旋在 t_1 和 t_2 周期内所带有的化学势移信息，^1H_N核自旋在 t_m周期内建立的 NOE 相关都转移到^1HN 核磁化强度中。t_3 检测周期内收集到^1H_N共振的 FID 信号同时包含了 NOESY 和 HMQC 实验的信息，最后经过三维傅里叶变换生成具有^1H、^{15}N 和^1H 的三维频率的立方体核磁共振波谱。

有时候还需要引入第四维频率，即四维异核核磁共振实验，将三维核磁共振波谱在第四维频率上展开，以提高蛋白质空间结构的分辨率。

二、核磁共振方法测定蛋白质结构的实验技术

NMR 法测定蛋白质溶液结构有以下几个特点：①可以测定接近于生理状态的溶液中的蛋白质构象；②可以测定小分子和蛋白质作用的动力学过程；③可以测定蛋白质可变形的尾巴部分的构象；④NMR 法是一种非损伤性测定法，对样品无破坏作用。

灵敏度低是核磁共振的生物应用所碰到的最大问题。核磁共振信号的强度与处于谱仪中“灵敏体积”内的样品的量成正比。通常所用的样品管为 5mm，最佳样品体积大约为 400μl。为了提高信噪比，信号通常会被累加许多次，信噪比的增加正比于累加次数的平方根。例如，要得到同样的信噪比，一个 0.5mol/L 的样品所需累加时间为一个 1.0mol/L 样品的 4 倍。对结构研究而言，大分子的浓度至少需要 0.5mol/L 以上，对

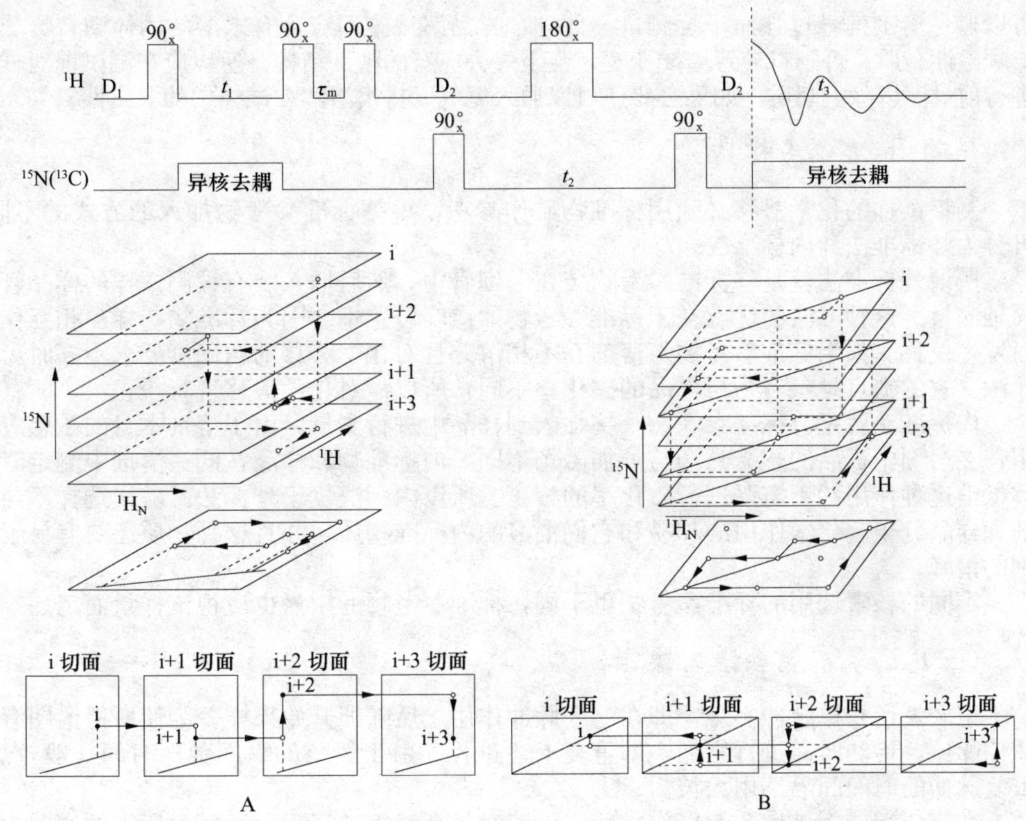

图 5-4　三维^{1}H—^{15}N NOESY-HMQC 实验的脉冲序列及三维核磁共振波谱和二维切面示意图
A. ^1H_N 与其他^{1}H 自旋的 NOE 关联；B. ^{1}H-^{1}H 自旋的 NOE 关联
(引自阎隆飞等，1999)

多维实验则需要 1～3mol/L。随着磁场强度的提高以及低温探头的出现，核磁共振的灵敏度正在逐步提高。在样品量足够的情况下，溶解度则成了限制因素。

样品还必须能在核磁共振实验过程中保持稳定。要防止空气氧化，微生物污染，水解等现象的发生，以延长样品在样品管中的寿命。对那些本来就不稳定的样品，则很难得到高分辨谱图。在长时间核磁共振实验的前后，最好对样品用电泳或测酶活性等方法进行检查，以确保样品仍保持正常状态。其实最简单又好的方法就是做一张^{1}H 谱，如果前后的谱图是一致的，则证明样品没有变化。

（一）样品的制备

要想获取分子内部结构信息的分辨程度很高的图谱，一般应采用液态样品。样品分析前，必须精制充分，不应含有铁和其他杂质。黏度不要过高（影响弛豫时间），黏度越大分辨率越差，样品可适度稀释来提高分辨率。溶剂对样品要有足够的溶解度，对^{1}H 谱一般需要 5mg，^{13}C 谱最好用 10～15mg。溶剂与样品不发生化学反应，溶剂的吸收峰对样品信号没有干扰。CCl_4 无^{1}H 信号峰，而且价格便宜，是进行^{1}H 谱时常用的试剂，但测试时应采用外锁方式。在做精细测量时应用内锁方式，这时试样配制时务必用氘代溶剂，常用的氘代溶剂有 $CDCl_3$、D_2O、$(CD_3)_2SD$、C_6D_6、D_5N 等。氘代溶剂价格较贵，应注意其氘代纯度，一般含量应大于 99.5%，但即使这样，在^{1}H 谱中仍有残存^{1}H 的信号，并可粗略地作为化学势移的相对标准。另一个选择氘代溶剂的原因是可以避免溶剂信号过强而干扰测量。此外，样品溶液中不应含有未溶的固体微粒、灰尘或顺磁性杂质，否则将导致谱线变宽，甚至失去应有的精细结构。所以应在测试前对样品进行前过滤以除去杂质。如果必要还可以通入氮气以排出溶解在试样中的顺磁性氧气。

（二）标准参考样品

测量试样的化学势移必须用标准物质作参考，根据标准参考物加入的方式的不同，可分为外标准法和内标准法。

所谓外标准法就是将标准参考物装在毛细管中，然后插入装有被测试样的样品管中同轴测量。这种方法的优点在于标准参考物的谱峰位置不会因为标准物与样品相互作用而发生偏移。如果标准参考物与溶剂互不相溶并且对化学势移的精确度要求不高时可用此法。它的缺点是参考物与样品的磁化率不同，所以需对化学势移进行校正。

内标准法就是将标准参考物直接加入到样品中进行测量，由于溶剂本身的磁感应作用，在溶剂中样品的感受磁场与外加磁场不同，内标准物和样品在同一溶剂中测定时能够抵消这种作用，不需要进行磁化率的校正。所以内标法优于外标法。应当选择不与溶剂和样品分子起化学作用的却易和它们混溶的内标准物质，并且这种物质还要有易于识别的谱峰。

不同的核素选用的标准参考物也不同，标准参考物的用量也应视试样量而定。

（三）记录常规氢谱的操作

记录氢谱是单脉冲实验，即在一个脉冲作用之后随即开始采样。为使所得谱图有好的信噪比，检测时需进行累加，即重复上述过程。由于氢核的纵间弛豫时间一般较短，重复脉冲的时间间隔不用太长。

在完成记录氢谱谱图的操作之后，随即对每个峰组进行积分，最后所得的谱图含有各峰组的积分值，因而可计算各类氢核数目之比。

若怀疑样品中有活泼氢（杂原子上连的氢）时，可在作完氢谱之后滴加两滴重水振荡，然后再记谱，原活泼氢的谱峰会消失，这就确切地证明了活泼氢的存在。

当谱线重叠较严重时，可滴加少量磁各向异性溶剂（如氘代苯），重叠的谱峰有可能分开，也可以考虑用同核去耦实验来简化谱图。

（四）二维核磁共振实验

在进行二维核磁共振实验时，必须采用一定的脉冲序列。不同的脉冲序列得到不同的二维核磁共振谱，它们各自有其不同的功效和应用。

在每种二维谱脉冲序列中，都有一个时间变量，通常称为 t_1。例如，t_1 可能是某两个脉冲之间的时间间隔。在进行二维核磁共振实验时，t_1 是逐渐变化的，即

$$t_1 = t_0 + n\Delta t_1$$

式中，t_0——一个微秒级常数，由仪器决定；

Δt_1——t_1 的增量；

n——正整数，$n=0$，1，2…。

n 的多少决定了二维核磁共振谱 F1(ω_1) 维的分辨率。F1 或 ω_1 维是二维核磁共振谱的垂直方向，常用的 n 的数值为 128 或 256，特殊时可到 512。

t_1 是从 t_0 开始然后逐渐增加的，对每一个 t_1 数值，还可能进行相循环，即进行若干次采样（最多可达 16 次），然后相加。经相循环（若干次采样相加）可提高信噪比。然而当样品浓度足够大时，为选出所需的信号，相循环仍是不可少的。如果核磁共振谱仪配有脉冲-场梯度装置，样品浓度又足够大，就不用相循环了。此时对每一个 t_1，只

进行一次采样，因而可大大缩短记录二维核磁共振谱所需的时间。

当样品浓度不够大时，在每一个 t_1，均需进行采样的累加，如采用相循环，这二者就结合进行了。

（五）NMR 法测定蛋白质结构的基本实验步骤

NMR 法的测定步骤包括：①样品制备，一般应采用液态样品；②一维 NMR 实验，测定 ^{1}H NMR 谱图，用重水交换以及做 pH 和温度的影响实验等，以获取化学势移、耦合常数及有关形成氢键等的信息；③二维 NMR 实验，测定 ^{1}H-^{1}H COSY、DQF-COSY、Relay-COSY 等，以进行序列识别；④三维 NMR 实验，测定 CBCANH、HNCO、HCCH-COSY 等三维图谱，以识别更多的序列和确定二级结构单元；⑤有的还要做四维 NMR 实验，测定 ^{13}C/^{15}N 编辑的 NOESY 或 ^{13}C/^{13}C 编辑的 NOESY 谱，对重叠严重的一些谱峰的 NOE 相关性进行分析，目的是要获得酰胺质子的交换速率、短程 NOE 以及三键耦合常数等信息。蛋白质的二级结构主要由各残基的酰胺质子以特征的方式形成氢键所致。形成氢键的质子和重水的交换速率要比一般的酰胺质子慢几个数量级，因此用 NMR 测得一段残基中有交换速率很低的酰胺质子，就表明有二级结构存在。利用 NMR 的 NOE 信息，还可以判断蛋白质的二级结构属于哪一类型。例如，α-螺旋中残基 i 和 i+3 及 i+4 较近，它们之间有 NOE，β-折叠中相邻二肽所产生短程的 ^{1}H-^{1}H NOE 信息较多。

（六）NMR 测定蛋白质溶液结构的计算方法

用 NMR 方法确定蛋白质溶液三维结构的流程（见图 5-5）。在用 NMR 方法确定蛋白质的一级结构及二级结构后，根据得到的约束条件和蛋白质序列产生的链状结构的基础上，通过结构计算程序，使用距离几何（DG）、模拟退火（SA）或者受约束的分子动力学（RMD）等方式，计算出蛋白质一系列的三维结构，然后通过分子动力学方法对收敛好的一组结构进行能量最小化优化，得到一组优化后的结构，常用的软件有 X-PLOR、DYANA、CNS 等。

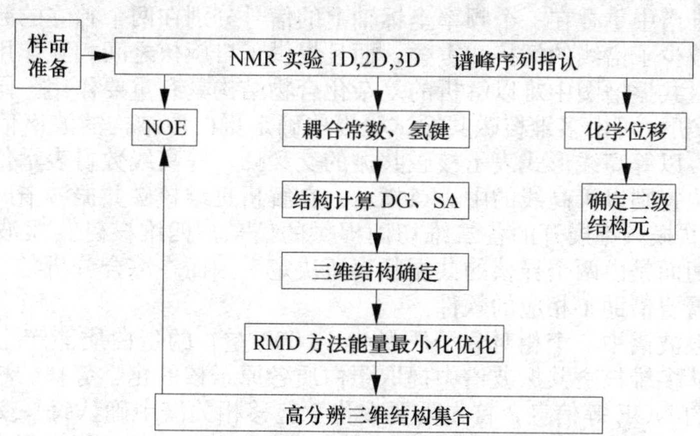

图 5-5　NMR 方法确定蛋白质溶液三维结构的流程图

结构的好坏由方均根偏差（RMSD）来衡量。如果计算出的大部分结构都能满足所有的核磁共振约束条件，并且每一对结构之间的 RMSD 小于 0.2nm，则表明计算得到的结构与实际结构是接近的。RMSD 在 0.15～0.2nm 的 NMR 结构通常缺乏细部结构。而分辨率较高的结构其主干原子的 RMSD 一般在 0.08nm 左右，主干原子及一部分侧链重原子的 RMSD 在 0.1nm 左右，包括所有原子的 RMSD 在 0.15nm 左右。

单从约束条件来讲，每个残基只需 5 个约束条件就能获得低分辨率的结构，而要得到分辨率很高的结构，只靠^{1}H 数据每个残基大约需要 15 个约束条件。在此情况之下，对于有很好二级结构的区域，主干原子与平均结构的 RMSD 只有 0.05nm。如果采用^{15}N 或^{13}C 标记的样品，则可以使更多的^{1}H-^{1}H NOE 被确认，从而使每个残基的约束条件增加到 20～25，得到的结构的精度也大大提高。这样就必须对数百上千个 NOE 交叉峰进行准确无误的指认。而对于前手性基团的空间特异性指认，是得到高精度结构的关键之一。

三、核磁共振波谱综合解析

从测得的核磁共振波谱信息提取蛋白质结构信息，要从分析二维平面波谱开始，下面首先介绍二维核磁共振波谱。

二维核磁共振谱可分为以下三类：①*J* 分辨谱：*J* 分辨谱亦简称 *J* 谱，它包括异核 *J* 谱和同核 *J* 谱，它将自旋耦合和化学势移的作用分辨开来；②化学势移相关谱：化学势移相关谱是二维核磁共振谱的核心，包括同核耦合、异核耦合、NOE 和化学交换四种类型，它能表明共振信号的相关性；③多量子谱：通常测定的核磁共振谱线为单量子跃迁（$\Delta m=\pm1$）。发生多量子跃迁时 Δm 是大于 1 的整数，用脉冲序列可以检出多量子跃迁，得到多量子跃迁的二维谱。

二维核磁共振谱的表现形式主要有堆积图和等高线图。堆积图由很多条“一维”谱线紧密排列构成，类似于倒转恢复法测 T_1 的线簇。堆积图的优点在于是直观、有立体感；缺点是难以定出吸收峰的频率、大峰后面可能隐藏较小的峰。等高线图类似于等高线地图，最中心的圆圈表示峰的位置，圆圈的数目则表示峰的强度。最外圈表示信号的某一定强度的截面，其内第二、三、四圈分别表示强度依次增高的截面。这种图的优点是作图快，同时也易于找出峰的频率；缺点是低强度的峰可能漏画。以上两种图形是二维谱的总体表现形式，对于局部谱图还有别的表现形式，如通过某点作截面、投影等。

二维核磁共振谱的特点是将化学势移、耦合常数等核磁共振参数展开在二维平面上，这样在一维谱中重叠在一个频率坐标轴上的信号分别在两个独立的频率坐标轴上展开，这样不仅减少了谱线的拥挤和重叠，而且提供了自旋核之间相互作用的信息。这些对推断一维核磁共振谱图中难以解析的复杂化合物结构具有重要作用。同时基于对二维 NMR 波谱的分析，可由多维核磁共振试验提取确定蛋白质结构的波谱信息。在二维核磁共振波谱中，以等高线形式表示核磁共振的交叉峰，等高线数目表示信号的强弱，而共振峰的频率位置则以等高线的中心点指示。在解析三维核磁共振波谱时，需要综合分析按^{13}C 或^{15}N 共振频率展开的各二维切面提供的信息。四维核磁共振波谱的分析较复杂，每个二维切面是由两个异核的共振频率所决定，因而在综合分析各二维切面所提供的信息时，就需要借助于相应的软件。

在核磁共振波谱中一个相对分子质量为 10 000 左右的蛋白质能产生成百上千个共振交叉峰。要从多维核磁共振波谱中提取蛋白质各原子核的化学势移、核间的 J 耦合常数以及所产生的 NOE 等信息，首先需要在化学势移相关谱中确认每一交叉峰属于哪一类氨基酸，也就是确认各共振交叉峰的归属，氨基酸在蛋白质一级序列中的位置即共振峰的序列识别。所以对多维核磁共振波谱的正确解析是获得精确且正确的蛋白质三维溶液结构的基础。以下是多维核磁共振波谱解析的两个重要方面。

（一）核磁共振谱峰的序列识别

瑞士维特里希教授在 20 世纪 80 年代中期建立了一套核磁共振谱图的解析方法，用来分析二维核磁共振试验数据。这种方法首先是分析从蛋白质的水溶液样品以及重水溶液中收集的两套二维^{1}HCOSY 及 TOCSY 波谱，因为 20 种氨基酸的^{1}H 共振谱峰在 COSY和 TOCSY 波谱中的具有不同分布特征，所以根据收集的波谱信息分析各共振峰所属的氨基酸种类，确定出在同核化学势移相关谱中每一交叉峰所属的氨基酸种类及原子基团类型。完成 COSY 波谱中呈现的交叉峰的自旋系统归属的分析之后，再分析在蛋白质水溶液样品中收集的 COSY 和 NOESY 波谱，并对这两项波谱的$^1H_\alpha$—^1H_N化学势移范围的交叉峰进行比较，能够在 NOESY 波谱的指纹区中指认 NOE 交叉峰及每一NOE 交叉峰的归属。当测量大分子质量蛋白质时，由于大分子质量蛋白质磁化强度效率较低，分析灵敏度也相应较低，所以将使用三维、四维波谱进行分析。

（二）立体定向指认

蛋白质主链的三维结构可以正确的通过核磁共振获得，但是蛋白质三维空间结构与蛋白质局域结构有关，所以需要进行立体定向指认。

如图 5-6，氨基酸两个 β-亚甲基^{1}H 的空间取向有 3 种主要的旋转异构构像的 Newman 投影。从图中可以看出，原则上根据 J 耦合常数和 NOE 信号强弱可以对两个$^1H_\beta$的立体定向构象作出判断，可实际上不可能获得每一个$^1H_\beta$ 的耦合常数和 NOE。随着蛋白质分子质量的增大，这个问题也将更加显著。如图 5-6 的下部，氨基酸残基内的核自旋之间的 NOE 强弱分布具有 3 种不同的情况。分析目前的多维核磁共振方法确定的蛋白质三维结构，可以说氨基酸侧链的两个 β-氢原子的构象大概有两种情况：一种是有序构象，也就是 X′角接近于 3 种交错旋转异构构象中的一种；另一种是无序构象，也就是说存在 2～3 种构象处于快速的平衡状态中，另外需要注意 20 种氨基酸的前手性不同。

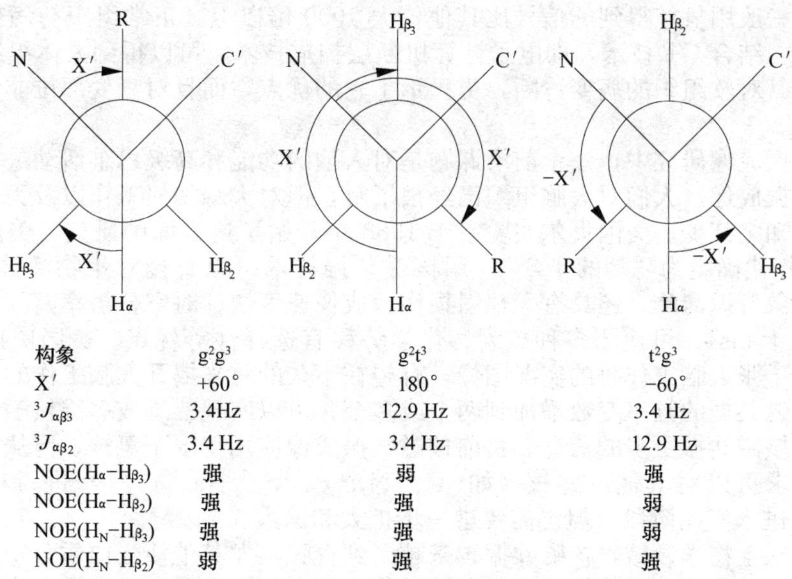

构象	g^2g^3	g^2t^3	t^2g^3
X′	+60°	180°	−60°
$^3J_{\alpha\beta3}$	3.4Hz	12.9 Hz	3.4 Hz
$^3J_{\alpha\beta_2}$	3.4 Hz	3.4 Hz	12.9 Hz
NOE(H_α-H_{β_3})	强	弱	强
NOE(H_α-H_{β_2})	强	强	弱
NOE(H_N-H_{β_3})	强	强	弱
NOE(H_N-H_{β_2})	弱	强	强

图 5-6　氨基酸侧链 CC 键的 3 种交错旋转构象态的 Newman 投影图

相应于这 3 种构象态的$^1H_\alpha$ 和两个$^1H_\beta$ 的 J 耦合常数及 NOE 强弱，

^1H_N与两个$^1H_\beta$ 的 NOE 强弱在图的下方

（引自阎隆飞等，1999）

缬氨酸的两个甲基有 3 种绕 C_α—C_β 键的能量上有利的旋转异构空间状态。所以对于小分子的蛋白质，同样可以通过$^{3}J_{\alpha\beta}$耦合常数和$^{1}H_{N}$与甲基质子之间的 NOE 强弱完成两个甲基基团的立体定向指认。但对于蛋白质大分子需要通过样品的特殊制备，使缬氨酸与亮氨酸的前手性甲基基团的碳原子得到不同模式的^{13}C同位数的富集，然后在^{1}H—^{13}C共振波谱中基于^{13}C频率上甲基基团的分裂情况，能够确定两个甲基基团的立体定向。

四、核磁共振技术的发展和应用

核磁共振无论在理论上还是在实际应用中都有重要意义，伴随着脉冲傅里叶技术的又一次突破，核磁共振将拥有更广泛的发展和应用前景。

早期核磁共振主要用于对核结构和性质的研究，如测量核磁矩、电四极距、及核自旋等，后来广泛应用于分子组成和结构分析、生物组织与活体组织分析、病理分析、医疗诊断、产品无损监测等方面。对于孤立的氢原子核（也就是质子），当磁场为 1.4T 时共振频率为 59.6MHz，相应的电磁波为波长 5 米的无线电波。但在化合物分子中这个共振频率还与氢核所处的化学环境有关，处在不同化学环境中的氢核有不同的共振频率称为化学势移。这是由核外电子云对磁场的屏蔽作用、诱导效应、共轭效应等原因引起的。同时由于分子间各原子的相互作用，还会产生自旋-耦合裂分。利用化学势移与裂分数目，就可以推测化合物尤其是有机物的分子结构，这就是核磁共振的波谱分析。用核磁共振法进行材料成分和结构分析有精度高、对样品限制少、不破坏样品等优点。

最早的核磁共振成像实验是由 1973 年劳特伯发表的，并立刻引起了广泛重视，短短 10 年间就进入了临床应用阶段。作用在样品上有一稳定磁场和一个交变电磁场，去掉电磁场后，处在激发态的核可以跃迁到低能级，辐射出电磁波，同时可以在线圈中感应出电压信号，称为核磁共振信号。人体组织中由于存在大量水和碳氢化合物而含有大量的氢核，一般用氢核得到的信号比其他核大 1000 倍以上。正常组织与病变组织的电压信号不同，结合 CT 技术，即电子计算机断层扫描技术，可以得到人体组织的任意断面图像，尤其对软组织的病变诊断，更显示了它的优点，而且对病变部位非常敏感，图像也很清晰。

核磁共振成像研究中，一个前沿课题是对人脑的功能和高级思维活动进行研究的功能性核磁共振成像。人们对大脑组织已经很了解，但对大脑如何工作以及为何有如此高级的功能却知之甚少。美国贝尔实验室于 1988 年开始了这方面的研究，美国政府还将 20 世纪 90 年代确定为“脑的十年”。用核磁共振技术可以直接对生物活体进行观测，而且被测对象意识清醒，还具有无辐射损伤、成像速度快、时空分辨率高（可分别达到 100μm 和几十 ms）、可检测多种核素、化学势移有选择性等优点。美国威斯康星医院已拍摄了数千张人脑工作时的实况图像，有望在不久的将来揭开人脑工作的奥秘。

若将核磁共振的频率变数增加到两个或多个，可以实现二维或多维核磁共振，从而获得比一维核磁共振更多的信息。目前核磁共振成像应用仅限于氢核，但从实际应用的需要，还要求可以对其他一些核（如^{13}C、^{14}N、^{31}P、^{33}S、^{23}Na、^{127}I 等）进行核磁共振成像。^{13}C已经进入实用阶段，但仍需要进一步扩大和深入。

总之，在生物学领域，核磁共振越来越受到青睐，尤其他使蛋白质分子在水溶液中的构象研究成为可能，这是推动磁共振波谱仪往更高频率发展的重要推动力之一。核磁共振的应用面越来越广，发挥着越来越重要的作用。

第三节　蛋白质结构测定的其他方法

在当前蛋白质空间结构测定上，X 射线晶体衍射技术依然是主要的方法，它是目前确定蛋白质结构最准确的方法。而近几十年迅速发展起来的核磁共振技术在测定蛋白质三维空间结构、研究蛋白质反应动力学和蛋白质与配体之间的作用等方面也发挥着越来越重要的作用。X射线晶体衍射和核磁共振技术是测定蛋白质结构的传统方法。但前者要求蛋白质是晶体存在状态，而对一些柔性的、结构复杂的生物大分子蛋白质来说，比较难以得到所需的晶体结构；后者能测出溶液状态下分子质量较小蛋白质的结构，但对分子质量较大的蛋白质的数据处理显得比较复杂。因此本节介绍一些其他测定蛋白质结构的方法，如现代光谱技术、三维电镜衍射技术、动力学全精研究技术等。

一、现代光谱技术

除传统的紫外-可见光光谱法和荧光光谱法外，圆二色谱、激光拉曼光谱以及质谱也在测定蛋白质溶液构象方面发挥着重要的作用。

（一）圆二色谱（circular dichroism，CD）

圆二色谱是研究稀溶液中蛋白质结构的一种简单、快速而又较准确的方法。1969年，Greenfield用圆二色光谱数据估计了蛋白质的二级结构。此后，关于利用圆二色谱研究蛋白质空间结构的报道逐渐增多。圆二色谱是利用不对称分子对左、右圆偏振光吸光率的不同来分析蛋白质的结构。

1. 平面偏振光、圆偏振光和椭圆偏振光

平面偏振光是指振动方向在同一平面内的电磁波。当两束振幅相等、互相垂直的偏振光位相相差1/4波长（90°）时，其合成矢量E绕光传播方向旋转前进，朝着光源方向观察时，电场矢量E末端轨迹为圆形，所以称之为圆偏振光。电场矢量方向顺时针方向旋转的称为右圆偏振光，逆时针方向旋转的则称左圆偏振光。通常用这两种光的电矢量E_R和E_L来表示。平面偏振光即由振幅相等的左、右圆偏振光合成。而振幅不等的左、右圆偏振光则合成椭圆偏振光，它的特性常用主轴方向和椭圆度来描述。主轴方向即椭圆长轴的方向，它决定于左右圆偏振光的位相，椭圆度表示一个角度用θ表示，其正切为椭圆的短轴与长轴之比。

2. 圆二色性和圆二色谱

当左、右圆偏振光进入物质时，光学活性物质分子对它们的吸收ε_L、ε_R不一样，它们的差值$\Delta\varepsilon=\varepsilon_L-\varepsilon_R$就是圆二色性。若$\varepsilon_L-\varepsilon_R>0$，即CD为“+”，相应于正Cotton效应。这种吸收差造成矢量振幅差，从介质出来的光成为椭圆偏振光，用椭圆度θ或吸收差$\Delta\varepsilon$表示，它们可用圆二色仪测定：

$$\theta_\lambda=\frac{1}{4}(A_L-A_R)d$$

式中，A_L和A_R为经介质吸收后左右圆偏振光的振幅，d为介质长度。

在实际工作中我们常用比椭圆度$[\varphi]_\lambda$和摩尔椭圆度$[\theta]_\lambda$，c为旋光物质的浓度，它们的关系如下：

$$[\varphi]_\lambda=\frac{[\theta]_\lambda}{cd}$$

$$[\theta]_\lambda=[\varphi]_\lambda\times\frac{M}{100}=\frac{\theta_\lambda M}{100cd}$$

$[\theta]_\lambda$与圆二色$\Delta\varepsilon$之间的关系为：

$$[\theta]_\lambda=3300\,(\varepsilon_L-\varepsilon_R)_\lambda=3300\Delta\varepsilon_\lambda$$

根据圆二色谱的峰高和带宽可以计算光学活性物质的旋光强度R：

$$R \approx 1.23 \times 10^{-42} [\theta^0] \frac{\Delta}{\lambda_0}$$

式中，$[\theta^0]$ 是峰位波长 λ_0 处的摩尔椭圆度，Δ 为相当于峰高 1/2 处的带半宽。

圆二色谱就是指椭圆度（或比椭圆度等）与波长的关系，它在本质上与旋光色散谱是一样的。

3. 圆二色谱的应用

运用圆二色谱原理制造的圆二色仪在测定生物大分子空间结构方面发挥着十分重要的作用。圆二色仪的测定的过程是先用 CD 调制器将平面偏振光调制成左、右圆偏振光，再以非常高的频率交替通过样品。常用氙灯作光源，使其辐射通过由两个棱镜组成的双单色器以后，就成为两束振动方向互相垂直的平面偏振光，然后由单色器的出射狭缝排出一束非寻常光后，CD 调制解调器将寻常光调制成交变的左、右圆偏振光，它们通过样品时产生的吸光差被光电倍增管接受并检测。

在分子生物学中，圆二色仪主要应用于测定生物大分子的空间结构。生物大分子很多是不对称的，即光学活性分子，通过圆二色谱测定和计算能够了解生物大分子在溶液状态下的二级结构。蛋白质分子的基本组成单位-氨基酸残基的 α 碳为不对称碳具有光学活性，又由于主链构象也是不对称结构，因此整个分子也有光学活性。所以圆二色仪可以对蛋白质的主链构象（α-螺旋、β-折叠、β 转角和无规则卷曲等）进行结构测定。

（二）激光拉曼光谱

激光拉曼光谱法是研究生物大分子结构、动力学及功能的重要手段，它在物理、化学、医学及生物学等领域都有着十分重要的应用价值。在蛋白质等结构研究方面，拉曼光谱分析可以提供大量的信息，促进蛋白质等生物大分子研究进展。

1928 年印度物理学家拉曼（Raman）发现了拉曼光谱，同时期的苏联物理学家兰斯伯格（G. Landsberg）也独立地发现了这一现象。从那时起，拉曼光谱逐渐发展成为一个分析物质结构的有力工具，然而由于拉曼光谱技术强度很弱、时间较长、测定有色物质和发光样品存在困难等缺陷，给其应用带来了很大困难，故在后来很长一段时间内发展比较缓慢，曾一度有被红外光谱取代的趋势。直到 1960 年激光出现以后，由于激光具有高亮度、单色性和方向性好以及高偏振度等特点，非常适合作为拉曼光谱的激发光源，因而迅速为科研工作者所利用。激光器的发展和它在拉曼光谱中的应用，使得拉曼光谱得以复兴，并自此开辟了激光拉曼光谱学的研究，许多新的拉曼效应相继被发现，产生了非线性拉曼光谱学，如受激拉曼光谱学、超拉曼效应、倒拉曼效应、相干反斯托克斯光谱学（coherent anti-Stokes Raman scattering，CARS）以及拉曼感应霍尔效应光谱（RIKES）。

下面介绍一下激光拉曼光谱的基本理论及应用：

1. 瑞利散射和拉曼散射

拉曼光谱属于光散射现象的一种。单色光束的光子与分子相互作用时可发生弹性碰撞和非弹性碰撞。弹性碰撞过程中，二者之间无能量交换，光子只改变运动方向，频率不发生改变，将这种散射过程命名为瑞利散射（Rayleigh scattering），以纪念英国物理学家瑞利。在非弹性碰撞过程中，分子与光子发生能量交换，光子运动方向改变同时光子传递一部分能量给分子，或者分子的振动和转动能量传递给光子，使光子频率改变，这种散射过程称为拉曼散射过程。

2. 特征拉曼频率

拉曼光谱中的振动频率是某一确定的原子团或化学键的特性，称这个振动频率为特征拉曼频率。特征拉曼频率在假定某一个基团的振动不与邻近的基团发生耦合作用的前提下提出的，在这个前提下可将这个振动的频率和强度看作该基团的特征。但是任何一个基团的振动都不可能完全孤立存在，它必定要受到化学环境的影响而产生微小的频率位移，位移的方向和大小是该基团的化学环境变化的依据，因此根据特征频率及其位移情况我们可以判断基团存在与否及它的化学环境发生变化的情况。

在拉曼光谱中通常用波数 σ 来表示特征频率，σ 与频率 ν 及波长 λ 的关系如下：

$$\sigma = 1/\lambda = \nu/c$$

式中，c 为电磁波的速度，σ 的单位是 cm^{-1}。

在拉曼光谱分析中，拉曼波数差 $\Delta\sigma$ 比散射光的绝对波数 σ 更有意义，斯托克斯线和反斯托克斯线的 $\Delta\sigma$ 常常是对称的。

3. 退偏比

晶体和分子都具有一定的对称性，他们的振动膜同样具有相应的对称性质，在拉曼散射谱中就表现为振动膜的偏振特性。对无规取向的分子系统，其拉曼散射谱偏振特性取其统计平均值，各振动膜的偏振性质常用退偏比 ρ 来描述，定义其为：

$$\rho = \frac{3r^2}{45\alpha^2 + 4r^2}$$

式中，α 是该振动膜拉曼导数极化率张量的各向同性部分，r 则是其各向异性部分。当 $r=0$，$\rho=0$ 时，该振动膜是完全偏振的；当 $\alpha=0$，$\rho=3/4$ 时，退偏比为最大值，这个振动膜是完全退偏的；$0<\rho<3/4$ 时，这个振动膜被称为是部分偏振或部分退偏振的。

上述公式只对对称散射张量使用，而对于非对称散射张量，退偏比为：

$$\rho = \frac{3r_s^2 + 5r_{as}^2}{45\alpha^2 + 4r_s^2}$$

式中，s 和 as 分别代表对称和反对称振动。

4. 共振拉曼散射

一个化合物被入射光激发，当激发光的频率处于该化合物的电子吸收谱带以内时，因为分子振动和电子跃迁的耦合，某些拉曼谱线的强度在短时间内大幅增加，这个现象被称作共振拉曼散射。

共振拉曼散射比普通拉曼谱带强度大 10^4～10^8 倍，并且在其光谱中还可出现多级倍频和合频的谱带，而分子的非生色团部分的拉曼散射并没有加强，与生色团相比就成为较弱的背景，这样使得共振拉曼技术具有高度的灵敏性和选择性，既能检测生色团存在与否，又能检测生色团的结构和微环境的变化。

5. 激光拉曼光谱在蛋白质等大分子结构研究中的应用

蛋白质、核酸等生物大分子在生命活动中起着至关重要的作用，弄清楚它们的结构有助于我们更好地了解它们的功能及其与结构之间的关系，并为进一步研究和改造这些大分子以及探究生命的奥秘提供重要的理论基础。

激光拉曼光谱技术可以观察自然状态下的蛋白质等生物大分子的特点，并且能够探究经过各种物理、化学方法处理以后生物大分子构象和构型的变化。该技术适用于从固体到稀溶液的各种形态的样品，而且对样品没有破坏性。

激光拉曼光谱技术在生物大分子中的应用能提供丰富的信息，以蛋白质为例，不仅能得到它的一级结构和一些二级结构的信息，还能用于优化蛋白质产品的稳定性和贮存条件。激光拉曼光谱分析可以提供丰富的关于蛋白质结构的信息，使得科研人员在X射线晶体衍射分析、核磁共振技术之外有了更多的新的手段对蛋白质结构进行研究。

（三）质谱（mass spectrometry，MS）

自美国科学家John B. Fenn和日本学者田中耕一（Koichi Tanaka）发明了对生物大分子进行确认和结构分析的方法及发明了对生物大分子的质谱分析法以来，随着生命科学及生物技术的迅速发展，生物质谱目前已成为有机质谱中最活跃、最富生命力的前沿研究领域之一。生物质谱的发展使人类基因组计划及其后基因组计划得以提前完成，对其实施也起着重要的推动作用。质谱分析法在研究生物大分子特别是蛋白质方面已发展成为主要的技术手段之一，在蛋白质结构的研究中占据着十分重要的地位。

1. 基本原理

质谱分析是将样品转化为运动的气态带电离子，于磁场中按质荷比（m/z）大小分离并记录的分析方法，其过程可简单描述为：

离子源轰击样品→带电荷的碎片离子→电场加速（zeU）→获得动能（mv^2）→磁场分离→检测器记录

其中，z为电荷数，e为电子电荷，U为加速电压，m为碎片质量，v为电子运动速度。

2. 质谱分析的特点

MS用于蛋白质等生物大分子的研究具有以下优点：高灵敏度，易操作性，准确性，快速性和很好的普适性。高灵敏度能为亚微克级试样提供信息，可以有效地与色谱联用，适用于复杂体系中痕量物质的鉴定或结构测定。

3. 质谱分析的方法

近年来出现的较成功地用于生物大分子质谱分析的软电离技术主要有下列几种：①电喷雾电离质谱；②基质辅助激光解吸电离质谱；③快原子轰击质谱；④离子喷雾电离质谱；⑤大气压电离质谱。在这些技术中，以前面三种近年来研究得最多，应用得也最广泛。

4. 蛋白质的质谱分析

蛋白质结构包括肽链线型序列的一级结构和肽链卷曲折叠形成的三维空间结构（二级、三级结构、有的还有四级结构）。质谱分析目前主要测定一级结构，包括分子质量、肽链氨基酸排序及多肽或二硫键数目和位置。

5. 蛋白质质谱分析原理

质谱分析以前只用于小分子挥发物质的分析，随着一些新的离子化技术的出现，如介质辅助的激光解析/离子化、电喷雾离子化等，各类新的质谱技术也逐渐用于生物大分子的分析。

蛋白质质谱分析原理为，通过电离源将蛋白质分子转化为气相离子，然后利用质谱分析仪的电场、磁场将具有特定质量与电荷比值（M/Z值）的蛋白质离子分离开来，经过离子检测器收集分离的离子，确定离子的M/Z值，分析鉴定未知蛋白质。

6. 蛋白质的质谱分析方法

MS用于多肽和蛋白质测序可分为三种方法：第一种称为蛋白图谱（protein mapping)，它是使用特异性的酶解或化学水解的方法将蛋白切成小的片段，然后用质谱检测各产物肽的分子质量，将所得肽谱数据输入数据库，搜索与之相对应的已知蛋白，从而获取待测蛋白序列；第二种方法是利用待测分子在电离及飞行过程中产生的亚稳离子，通过分析相邻同组类型峰的质量差，识别相应的氨基酸残基，其中亚稳离子碎裂既包括“自身”碎裂，又有外界作用诱导的碎裂；第三种方法称为梯状测序（ladder sequencing)，是用化学探针或酶解使蛋白或肽从N端或C端逐一降解下氨基酸残基，形成相互间差一个氨基酸残基的系列肽，再经质谱检测，由相邻峰的质量差可知相应氨基酸残基。

肽和蛋白的质谱测序具有速度快、用量少、易操作等优点，使它非常适合现代科研工作的要求。但是在蛋白质的质谱分析中，质谱测定的准确性对结果的影响非常大，这使得质谱在未知蛋白测序方面受到限制。

二、三维电镜重构法

三维电镜重构技术是电子显微束、电子衍射与计算机图像处理相结合而形成的具有重要应用前景的一门新技术。它与X射线晶体衍射技术及核磁共振技术是当前结构生物学（structural biology）的主要实验手段。电子显微镜在三维电镜重构技术中起着十分重要的作用，电镜二维晶体学在膜蛋白的三维精细结构解析上有着特殊的优势。

所谓三维电镜重构是指通过样品的一个或多个投影图得到样品中各组成部分之间的三维关系。具体内容可以概括为对电子显微图像进行傅里叶变换，一张显微图像的傅里叶变换相当于成像物体的三维傅里叶变换的一个中心截面，改变生物样品在电镜下的倾斜角度，就能够得到相当于傅里叶变换的其他中心截面。通过收集在不同倾斜角度下样品的显微图像，就可得到一套完整的三维倒易空间数据，用这套数据进行傅里叶变换运算就可以得到样品结构的三维图像。对于具有螺旋对称性的生物大分子复合体系，一个图像就可以代表各个方向的投影，因此在理论上一个图像的傅里叶变换可以提供三维重构的全部信息。而对于非螺旋对称性的粒子，则需要有不同的投影图像获得足够多的数据，并对这些数据进行差值处理。

冷冻电镜三维重构的基本技术路线为：利用快速冷冻技术对样品进行冷冻固定，然后利用冷冻电镜和低剂量成像技术对样品进行电子成像，利用高灵敏底片进行成像记录，利用高分辨率扫描仪对底片进行数字化，对数字化的图像进行二维图像分析——选点、分类、校正和平均，最后完成样品的三维重构计算。

生物大分子的三维电镜重构流程如下所示：

电镜照片的数字化→傅里叶变换→谱峰的指认与晶格参数的优化→振幅和相位信息的提取→相位原点的确定→判定晶体的空间群特征→按对称性进行平均→傅里叶逆变换→重构的大分子电子密度投影结构。

三维重构技术的优势在于：①可以直接获得分子的形貌信息，即使在较低分辨率下，电子显微学也可给出有意义的结构信息；②适于解析那些不适合应用X射线晶体学和核磁共振技术进行分析的样品，如难以结晶的膜蛋白、大分子复合体等；③适于捕捉动态结构变化信息；④易同其他技术相结合得到分子复合体的高分辨率的结构信息；⑤电镜图像中包含相位信息，所以在相位确定上要比X射线晶体学直接和方便。

同X射线衍射晶体技术比较，生物大分子（以蛋白质为例）的二维结晶和三维电镜重构技术有一些明显的优点：首先，实践证明很多蛋白质尤其是膜蛋白，更容易形成二维晶体，比较难于长出三维晶体，而X射线衍射晶体技术分析的是三维晶体。所以二维晶体和三维电镜重构是对生物大分子结构分析的重要补充。其次，通过电子显微图像的傅里叶变换能直接测定结构因子的相位，因此不需要制备蛋白质的重原子衍生物，并且由电镜显微图像得到的相位质量高于由同晶置换法得到的X射线晶体学中的相位。第三，蛋白质二维晶体组装的进程比三维结晶更便于人工控制，前者甚至可以进行原位检测。第四，二维结晶化技术可能更适合于研究生物大分子的复合体系。

三、动力学全精研究技术

动力学全精（dynamics ensemble refinement，DER）研究技术是将两个核磁共振光谱和分子动力学结合起来的一种方法。核磁共振的序参数可测定该分子的可能移动范围或在其他结构内运动。分子动力学技术可以预测分子在蛋白质内移动。DER技术用蛋白质动力学及结构信息来绘制蛋白质移动的全范围图谱，运用了核磁共振实验的序参数，模拟分子动力学，可以得到一套代表蛋白质结构及其动态变化的构型。该技术还可结合其他方法进行更复杂的试验测定，如X射线衍射、核磁共振化学测定等。

思考题

1. 简述X射线衍射现象的产生机理。
2. 常用的蛋白质结晶的方法有哪些？
3. 简述解决位相问题的几种主要方法。
4. 核磁共振波谱的各项参数各反映了蛋白质的哪些结构信息？
5. 简述多维核磁共振实验脉冲程序的序列设计原理。
6. 二维核磁共振谱的表现形式主要有哪些并说出它们的优缺点。
7. 简述圆二色谱技术的三种偏振光。
8. 什么是共振拉曼散射？试述它的基本原理。
9. 简述蛋白质的质谱分析方法。
10. 简述冷冻电镜三维重构的基本技术路线。

第六章　生物信息学在蛋白质工程中的应用

生物信息学（bioinformatics）是生物学、计算机科学和信息学相互渗透形成的交叉学科，在蛋白质工程中具有广泛应用。本章在简要介绍生物信息学概况及其应用的基础上，以鼠伤寒沙门氏菌（*Salmonella typhimurium*）*H-1-i* 基因及其编码蛋白质为例，按照由基因到蛋白，由序列比对到结构预测的思路，以图文并茂的形式着重介绍蛋白质工程中常用的核酸序列数据库、蛋白质序列数据库、蛋白质结构数据库、蛋白质结构分类数据库等生物信息学最基本的数据库以及序列比对、蛋白质结构预测等生物信息学基本内容。

第一节　生物信息学与蛋白质工程

生物信息学是一门新兴的交叉学科，生物信息学理论和技术在蛋白质研究中具有重要应用。本节对生物信息学的发展简史、研究内容、研究现状与展望以及生物信息学在蛋白质工程研究中的应用作以简要介绍。

一、生物信息学概述

生物信息学是生物学与计算机科学以及应用数学等学科相互交叉而形成的一门新兴学科。它通过对生物学实验数据的获取、加工、存储、检索与分析，进而达到揭示数据所蕴含的生物学意义的目的。

广义地说，生物信息学是一门交叉学科，从事对生物信息的获取、加工、存储、分配和解释，并综合应用数学、计算机科学、物理学、化学和生物学等工具，来阐明和理解大量生物数据所包含的生物学意义。

（一）生物信息学发展简史

生物信息学的产生最早可上溯至 20 世纪 50 年代末期计算机在生物学中的应用工作。早期研究主要是利用数学模型、统计学方法和计算机处理宏观生物学数据。例如，数量分类学和数量生态学就是在那一时期产生的，并在 70 年代后逐渐成熟。随后，计算机开始应用于分子生物学研究，其中包括建立分子生物学数据库以及蛋白质结构的计算机辅助分析与预测等。在上述学科领域中，人们已经逐步建立了理论基础和一批方法、模型和软件。

生物信息学的发展大致经历了三个阶段：前基因组时代（包括生物数据库的建立、检索工具的开发以及 DNA 和蛋白质序列分析）；基因组时代（包括基因寻找和识别、网络数据库系统的建立和交互界面的开发等）；后基因组时代（标志是大规模基因组分析、蛋白质组分析以及各种数据的比较和整合）。

从以下发展史可以大致了解生物信息学的发展脉络：

1956 年，在美国田纳西州盖特林堡（Gatlinburg）召开的首次“生物学中的信息理论研讨会”上，孕育了生物信息学的概念。

1987 年，佛罗里达州立大学 32 岁的林华安（Hwa ALim）博士首创“Bioinformatics”（生物信息学）一词，被誉为“世界生物信息之父”。

1990 年，林华安博士发起第一届国际 Bioinformatics 学术会议。

1990 年 10 月，被誉为生命科学“阿波罗登月计划”的国际人类基因组计划（HGP）启动。

1995 年，美国人类基因组计划第一个五年总结报告中给出生物信息学一个较为完整的定义：生物信息学是一门交叉科学，包含生物信息的获取、加工、存储、分配、分析、解释等方面，它综合运用数学、计算机科学和生物学的各种工具，来阐明和理解大量数据所包含的生物学意义。

2000 年 6 月 26 日，美、英、日、德、法、中等六国科学家共同努力，完成了人类基因组工作草图，这是人类科学史上又一个里程碑式的事件。

2003 年 4 月 14 日，国际人类基因组测序组隆重宣布：美、英、日、德、法和中国科学家历经 13 年共同努力，人类基因组序列图（“完成图”）提前绘制成功。人类迈入“后基因组时代”（post-genomic era）。

（二）生物信息学的主要研究内容

目前，国际公认的生物信息学研究内容主要有以下几个方面。

1. 生物信息的收集、存储、管理与提供

全面的、不断更新的生物信息数据的收集、存储、管理与提供是进行同源性检索以及进一步序列模式分析、功能及结构预测的基础。这一方面的工作包括建立国际基本生物信息库和生物信息传输的国际互联网系统；建立生物信息数据质量的评估与检测系统；生物信息的在线服务；生物信息的可视化和专家系统等。这些是生物信息学研究的基本内容。

2. 基因组序列信息的提取和分析

基因的发现与鉴定、基因组中非编码区的信息结构分析、模式生物完整基因组的信息结构分析和比较研究，利用生物信息研究遗传密码起源、基因组结构的演化、基因组空间结构与 DNA 折叠的关系以及基因组信息与生物进化关系等生物学的重大问题，都需要大量不同的数据分析软件系统。其中主要集中在数据的注释和比对、序列片段的拼接、基因区域的预测、基因的电脑克隆、非编码区分析和 DNA 语言研究、分子进化与比较基因组学的研究等方面。

3. 功能基因组相关信息分析

功能基因组学是后基因组研究的核心内容，它强调用发展和整体的（基因组水平或系统水平）实验方法分析基因组序列来阐明基因功能，特点是采用高通量的实验方法结合大规模数据统计进行研究，基本策略是从研究单一基因或蛋白质上升到从系统角度一次研究所有基因或蛋白质。这一方面的研究主要包括：与大规模基因表达谱分析相关的算法、软件的研究；基因表达调控网络的研究；与基因组信息相关的核酸、蛋白质空间结构的预测和模拟以及蛋白质功能预测的研究。

4. 生物大分子结构模拟和药物设计

人类基因组计划的目的之一在于阐明人体 3 万～4 万种蛋白质的结构、功能、相互作用以及与人类各种疾病之间的关系和各种预防方法，还包括药物治疗在内的治疗方法，即生物大分子结构模拟和药物设计。这一方面的研究包括 RNA 结构模拟和反义 RNA 分子设计；生物活性分子的结构预测和设计；纳米生物材料的模拟与设计；基于酶和功能蛋白质结构、细胞表面受体结构的药物设计；基于 DNA 结构的药物设计等。

5. 生物信息分析的技术与方法研究

生物信息学中生物信息分析的技术与方法研究的主要内容包括：发展有效的能支持大尺度作图与测序需要的软件、数据库以及数据库分析工具，如电子网络等远程通讯工具；改进现有的理论分析方法，如统计方法、模式识别方法、隐马尔可夫过程方法、分维方法、神经网络方法、复杂性分析方法、密码学方法、多序列比较方法等；创建一切适用于基因组信息分析的新方法、新技术，包括引入复杂系统分析技术、信息系统分析技术等；建立严格的多序列比较方法；发展与应用密码学方法以及其他算法和分析技术，用于解释基因组的信息，探索DNA序列及其空间结构信息的新表征；发展研究基因组完整信息结构网络的研究方法等；发展进行生物大分子空间结构模拟、电子结构模拟和药物设计的新方法和新技术。

（三）生物信息学研究现状与展望

目前，国内外生物信息学研究尚处于起步阶段，由于生物信息学研究具有诱人前景，各国纷纷置身于生物信息学相关研究领域。

1. 国外生物信息学研究现状

随着“人类基因组计划”的提前完成，以蛋白质和药物基因学为研究重点的后基因组时代已经来临。挖掘大量生物学数据所隐含的生物学规律，破译基因组这本“生命天书”已成为目前自然科学面临的巨大挑战之一。

生物信息学研究投资少、见效快，具有潜在的经济效益，2004年IBM公司与生物信息技术相关的年销售额达到30亿美元。国际上众多科研机构、高等院校、企业纷纷投入到生物信息学相关领域的研究之中，推动了生物信息学的迅猛发展。

2. 我国生物信息学研究现状

我国的生物信息学研究已显露出蓬勃发展的势头。北京大学在1997年3月成立生物信息学中心，在国内建立EMBL镜像数据库。复旦大学建立了一整套生物信息系统用于新基因克隆研究。中国科学院上海生命研究院、生物物理所等单位在结构生物学和基因预测领域已崭露头角。中国科学院、军事医学科学院、清华大学、浙江大学、天津大学等单位已率先开展生物信息学科研和教学工作，为我国培育更多的生物信息学后备力量。中国生物信息、生物实验网、丁香园、小木虫等网站、论坛为生物信息学知识的普及和经验交流提供了方便快捷的网络平台。

3. 我国生物信息学研究目标

2001年科技部在“生物和现代农业技术领域生物信息技术主题课题申请指南”中提出了我国生物信息学研究目标：实现基因组数据、蛋白质组和结构基因组数据、天然及合成化合物数据的计算机处理、分析和可视化，以及生物实验和生物分子的模拟设计，解析蛋白质三维结构和蛋白质组的时空表达关系等，提高生物信息处理、分析和利用的水平，为我国生命科学和生物技术的源头创新奠定基础。

目前国内外生物信息学研究大多处于起步阶段，而且绝大多数生物信息学资源全世界免费共享，为我国生物信息学研究跻身国际先进行列提供了一个极好的历史机遇。我国已经错失了成为IT业国际舞台主角的历史时机，但是只要充分发挥我国巨大的智力资源优势，深入开展生物信息学相关领域研究，经过不懈努力，我国完全有希望在世界生物信息学舞台上扮演主角。

二、生物信息学与蛋白质工程

生物信息学与蛋白质研究之间具有密切的关系。蛋白质研究为生物信息学提供了极为丰富的研究数据，极大地推动了生物信息学的发展。生物信息学在蛋白质的序列分析、结构预测、功能预测、分子设计等方面具有重要应用。

（一）蛋白质序列分析

序列比对是生物信息学的基础，通过比较两个或多个蛋白质序列的相似区域和保守性位点，确定相互间具有共同功能的序列模式和分子进化关系，进一步分析其结构和功能。此外，把未知结构的蛋白质序列与已知具有三维结构的蛋白质序列进行序列比对，有助于进一步了解该未知结构蛋白质的空间折叠信息。

通过生物信息学手段可以对核酸和蛋白质序列进行分析，预测其理化性质、空间结构及生物学功能。

（二）蛋白质结构预测

蛋白质结构预测包括二级和三维结构预测，是生物信息学最重要的课题之一。

目前，蛋白质结构预测的方法分为理论分析方法和统计分析方法两种。理论分析方法是在理论计算的基础上进行结构预测；统计分析方法则是在对已知结构的蛋白质进行统计分析的基础上，建立由序列到结构的映射模型，对未知结构的蛋白质直接从氨基酸序列预测其结构。

（三）蛋白质功能预测

利用生物信息学理论和技术可以对蛋白质的功能进行预测。由于蛋白质不同区段进化速率不同，通过与相似序列的数据库和序列模体数据库的比对，确定某蛋白质序列中的保守区域，从而进一步预测功能。也可以直接从蛋白质序列预测其疏水性、跨膜螺旋等。蛋白质功能预测流程图见图 6-1。

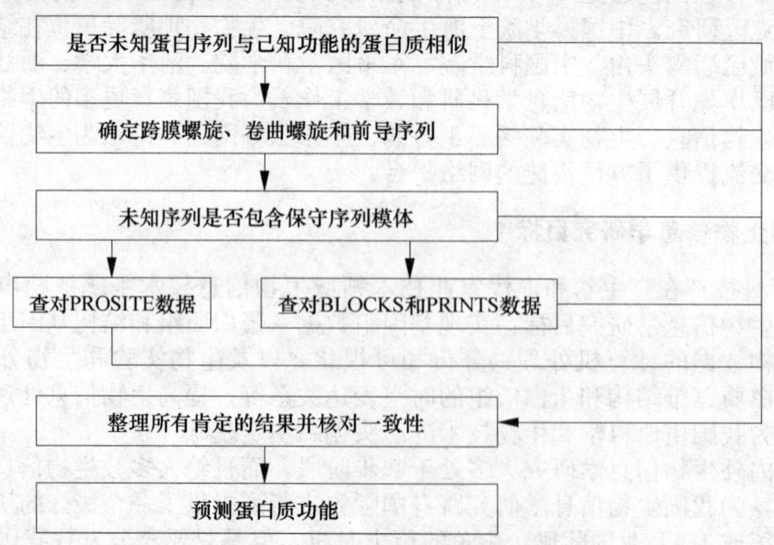

图 6-1　蛋白质功能预测流程

（四）蛋白质分子设计

蛋白质一级结构决定其空间结构，蛋白质空间结构决定其生物学功能。因此可通过对蛋白质进行分子设计，有目的的改造其空间结构，使其发挥特定的功能。

蛋白质分子设计按照被改造部位的多少可以分为“小改”、“中改”和“大改”三种类型。“小改”即通过对目标蛋白质进行定位突变或化学修饰改变其结构和功能；“中改”即通过对来源于不同蛋白质的结构域进行拼接和组装，从而较大程度的改变其结构和功能；“大改”即完全从头设计出一种具有特异结构与功能的全新蛋白质。

三、生物信息学与蛋白质组学

1994 年，澳大利亚 Macquarie 大学的 Wilkins 和 Willians 首先提出蛋白质组（proteome）的概念：由全部基因表达的全部蛋白质及其存在方式，是一种细胞、组织或完整生物体在特定时空上所拥有的全套蛋白质。蛋白质组学（proteomics）以蛋白质组为研究对象，其目的在于阐明某生物体全部蛋白质的表达模式及功能模式。蛋白质组学研究内容主要包括蛋白质的表达、存在方式、结构、功能以及蛋白质间的相互作用等。

生物信息学与蛋白质组学研究关系密切，生物信息学理论、技术方法和软件等在蛋白质组学相关数据库的建立、应用以及蛋白质组分析等方面具有重要的应用。运用生物信息学方法处理肽指纹图谱可得到具有一定功能意义的结构信息，甚至可以预测蛋白质的功能。生物信息学相关软件在蛋白质 2-DE 电泳图像分析、质谱数据的综合分析以及未知蛋白质的序列分析、结构、功能、等电点等预测方面已被广泛应用。

第二节　蛋白质常用数据库

生物信息学数据库是将不断积累的生物学实验数据按一定的目标收集和整理而成，其几乎涉及生命科学各个研究领域。*Nucleic Acids Research* 每年第 1 期均详细介绍各种最新版本的生物信息学数据库，截至 2007 年已有 14 类 968 个生物信息学数据库，比 2006 年新增 110 个。用户可通过 NAR 网络版的数据库分类目录网络链接各数据库：（http://www. oxfordjournals. org/nar/database/cap/），也可根据数据库的名称进行网络链接：（http://www. oxfordjournals. org/nar/database/a/＃R）。常用的数据库有：

核酸序列数据库（Nucleotide Sequence Databases）；
RNA 序列数据库（RNA Sequence Databases）；
蛋白质序列数据库（Protein Sequence Databases）；
结构数据库（Structure Databases）；
基因组数据库［Genomics Databases（non-vertebrate）］；
代谢酶相关产物（Metabolic and Signaling Pathways）；
人类和其他脊椎动物基因组（Human and other Vertebrate Genomes）；
人类基因和疾病（Human Genes and Diseases）；
芯片和其他基因表达数据库（Microarray Data and other Gene Expression Databases）；
蛋白组资源（Proteomics Resources）；
其他分子生物学数据库（Other Molecular Biology Databases）；
细胞器官数据库（Organelle Databases）；
植物数据库（Plant Databases）；
免疫学数据库（Immunological Databases）。

根据数据来源又可将生物信息学数据库分为一次数据库和二次数据库两大类。一次数据库的数据直接来源于实验获得的原始数据，仅对原始数据进行简单的归类整理和注释。例如，GenBank、EMBL 和 DDBJ 等核酸序列数据库；SWISS-PROT、PIR 等蛋白质序列数据库；PDB 等蛋白质结构数据库。二次数据库非常多，针对不同的研究内容和需要在一次数据库、实验数据和理论分析的基础上对相关生物学知识和信息进行进一步分析和整理，如人类基因组图谱库 GDB、转录因子和结合位点库 TRANSFAC、蛋白质结构家族分类库 SCOP 等。

各数据库提供相关的数据查询、数据处理等服务，大多可以通过网络免费访问或者下载到本地使用。一些生物学计算中心将多个相关数据库进行整合，提供综合服务。例如，EBI 的 SRS（sequence retrieval system）包含核酸序列库、蛋白质序列库，蛋白质三维结构库等多个数据库，用户可利用 CLUSTAL-W、PROSITE SEARCH 等搜索工具进行多数据库查询。

生物信息学数据库相互关系见图 6-2。蛋白质工程常用数据库见表 6-1。

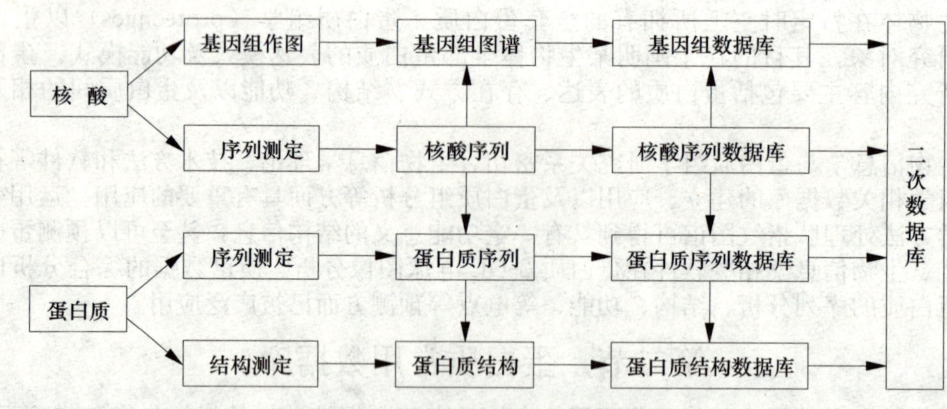

图 6-2　生物信息学数据库相互关系

表 6-1　蛋白质工程常用数据库

类　型			名　称	网　址
核酸	序列	一次数据库	GenBank	http://www.ncbi.nlm.nih.gov/Genbank/
			EMBL	http://www.ebi.ac.uk/embl/
			DDBJ	http://www.ddbj.nig.ac.jp/Welcome.html.ja/
	基因组	一次数据库	GDB	http://www.gdb.org/
蛋白质	序　列	一次数据库	SWISS-PROT	http://www.expasy.org/sprot/
			PIR	http://pir.georgetown.edu/
			TrEMBL	http://www.ebi.ac.uk/trembl/
			UniProt	http://www.ebi.uniprot.org/index.shtml/
			MIPS	http://mips.gsf.de/
			GenPept	ftp://ftp.ncifcrf.gov/pub/genpept/
			NRL-3D	http://www.psc.edu/general/software/packages/nrl_3d/nrl_3d.html/
		复合数据库	NRDB	http://www.nrdb.co.uk/
			OWL	http://www.bioinf.manchester.ac.uk/dbbrowser/OWL/
			SWISS－PROT＋TrEMBL	http://www.ebi.ac.uk/clustr/

续表

类型			名称	网址
蛋白质	序列	二次数据库	PROSITE	http://www.expasy.org/prosite/
			PRINTS	http://www.bioinf.man.ac.uk/dbbrowser/PRINTS/
			BLOCKS	http://blocks.fhcrc.org/
			Pfam	http://pfam.sanger.ac.uk/
			IDENTIFY	http://dna.stanford.edu/identify/
			COGs	http://www.ncbi.nlm.nih.gov/COG/
			ProDom	http://www.toulouse.inra.fr/prodom.html/
	结构	一次数据库	PDB	http://www.rcsb.org/pdb/home/home.do
			MMDB	http://www.ncbi.nlm.nih.gov/Structure/MMDB/mmdb.shtml/
		二次数据库	DSSP	http://www.sander.embl-heidelberg.de/dssp/
			HSSP	http://www.sander.embl-heidelberg.de/hssp/
			FSSP	http://www.ebi.ac.uk/dali/fssp/
			PSdb	http://www.psc.edu/~geigel/PSdb/PSdb.html/
		结构分类	SCOP	http://scop.mrc-lmb.cam.ac.uk/scop/
			CATH	http://www.cathdb.info/latest/index.html/
			PDBsum	http://www.ebi.ac.uk/thornton-srv/databases/pdbsum/
	分类	二次数据库	ProtoMap	http://protomap.cornell.edu
	蛋白质组	氨基酸索引	AAindex	http://www.genome.ad.jp/dbget/
		蛋白质间功能关系	Predictome	http://visant.bu.edu/
		蛋白质组分析	Proteome Analysis	http://www.ebi.ac.uk/integr8/EBI-Integr8-HomePage.do/
		二维凝胶电泳	GELBANK	http://gelbank.anl.gov/
			SWISS-2DPAGE	http://www.expasy.org/ch2d/
		酵母蛋白质定位	YPL.db	http://ypl.tugraz.at/
		模式生物蛋白质组	Bioknowledge Librnary	http://www.biobase-international.com/pages/index.php?id=home/

一、核酸数据库

蛋白质工程研究中常用的核酸数据库主要包括核酸序列数据库、基因组数据库。

（一）核酸序列数据库

目前，国际上主要有 GenBank、EMBL、DDBJ 三大核酸序列数据库，三大核酸数据库之间每天相互交换数据，保持数据同步更新。

1．GenBank

GenBank 由美国国立生物技术信息中心（NCBI）建立维护，其主页见图 6-3。

GenBank 数据直接来源于测序工作者提交的序列、测序中心提交的大量 EST 序列、其他测序数据以及与其他数据机构协作交换的数据。

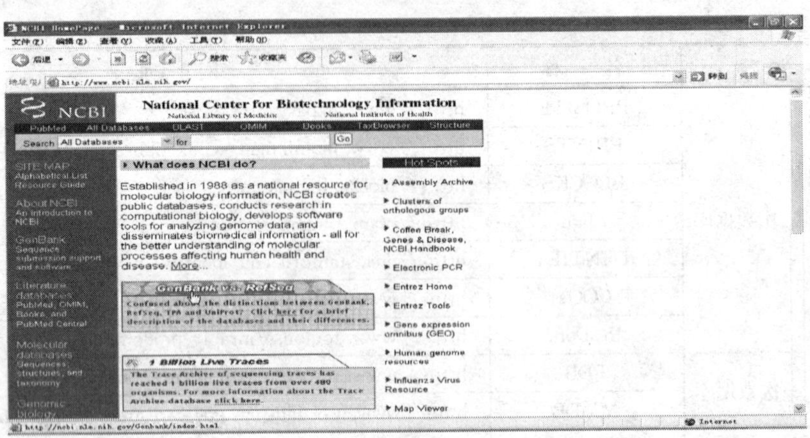

图 6-3　NCBI 网站主页

GenBank 包含所有已知的核酸序列和蛋白质序列，还包括对序列的简要描述、科学命名、物种分类名称、参考文献、序列特征表等辅助信息。序列特征表包含编码区、转录单元、重复区域、突变位点或修饰位点等对序列的生物学特征的注释。为方便查询 Genbank 将所有数据记录划分为细菌类、病毒类、灵长类、啮齿类、EST 数据、基因组测序数据、大规模基因组序列数据等 16 类。

（1）GenBank 数据检索

通过 NCBI 首页“Search”选项中的“Gene”或“Nucleotide”等选项，在检索窗口输入检索词进行直接检索；或利用 NCBI 网站的综合生物信息数据库检索系统 Entrez 提供的限制条件（Limits）、索引（Index）、检索历史（History）和剪贴板（Clipboard）等功能进行精细检索（图 6-4）。

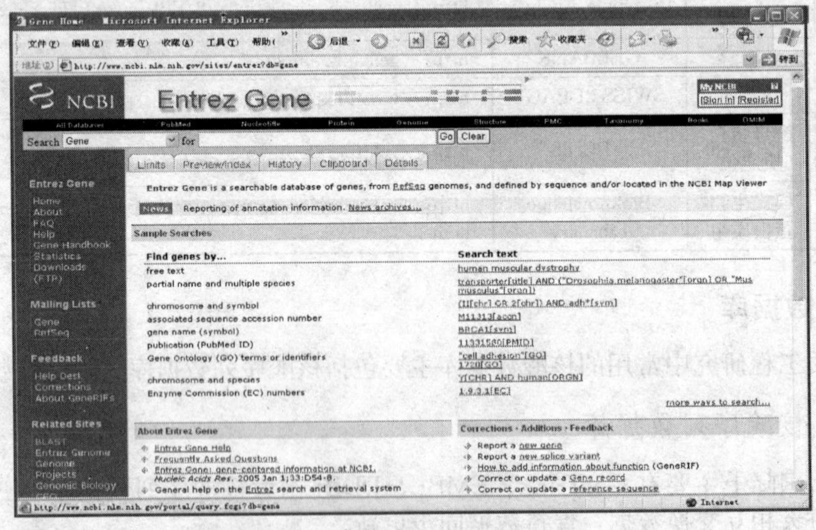

图 6-4　NCBI-Entrez gene 检索界面

Entrez 综合生物信息数据库检索系统将核酸序列、蛋白质序列、基因图谱、蛋白质结构等数据库整合在一起，而且可以通过其生物医学文献摘要数据库（MEDLINE），获取序列相关的文献信息，还可以利用 Entrez cross-database 数据库进行综合信息检索（图 6-5）。

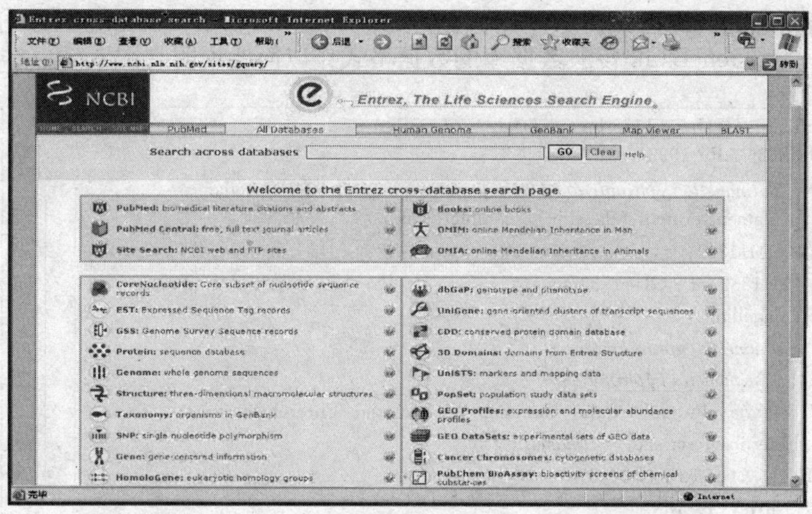

图 6-5　NCBI-Entrez cross-database 检索界面

EMBL 和 GenBank 数据库识别标志见表 6-2。

表 6-2　EMBL 和 GenBank 数据库的行识别标志含义

EMBL 识别标志	GenBank 识别标志	含　义
ID	LOCUS	标识字符串及短描述字
XX		为阅读清晰而加的空行
AC	ACCESSION	唯一的提取号
SV	VERSION	序列版本号
DT	DATE	建立日期
DE	DEFINITION	简单的描述
KW	KEYWORDS	关键字
OS	SOURCE	来源生物体
OC	ORGANISM	生物体分类谱系
RN	REFERENCE	引文编号
RC	REMARK	引文注释
RP		其他注释
RX	MEDLINE	MEDLINE 引文代码
RA	AUTHORS	引文作者
RT	TITLE	引文题目
RL	JOURNAL	引文出处
CC	COMMENT	评注
DR		相关数据库交叉引用号
FH	FEATURES	特性表头
FT		特征表
SQ		EMBL 序列开始，后跟长度、字母数
	BASE COUNT	GeneBank 碱基数
	ORIGIN	GeneBank 序列开始标志，为空行
//	//	序列结束标志

参考：张阳德，2004；赵国屏等，2002

以人畜共患的病源菌鼠伤寒沙门氏菌（*Salmonella typhimurium*）H1 相抗原基因 *H-1-i* 为例，对 GeneBank 核酸数据库的数据格式作以简要说明（图 6-6）。

LOCUS STYFLGH1I 1485 bp DNA linear BCT 26-APR-1993	序列标识
DEFINITION *Salmonella typhimurium H-1-i* gene encoding phase 1 flagellar filament protein（flagellin），complete cds.	简单描述
ACCESSION M11332	序列编号
VERSION M11332. 1 GI：153978	版本号
KEYWORDS flagellin.	关键词
SOURCE *Salmonella typhimurium*	物种来源
ORGANISM *Salmonella typhimurium* Bacteria；Proteobacteria；Gammaproteobacteria；Enterobacteriales； Enterobacteriaceae；*Salmonella*.	物种分类
REFERENCE 1 （bases 1 to 1485）	引文编号
AUTHORS Joys，T. M.	引文作者
TITLE The covalent structure of the phase-1 flagellar filament protein of *Salmonella typhimurium* and its comparison with other flagellins	引文标题
JOURNAL J. Biol. Chem. 260（29），15758-15761（1985） PUBMED 2999134	引文出处
COMMENT Original source text：S. typhimurium SL877 DNA. Draft entry and clean copy sequence for [1] kindly provided by T. M. Joyce，18-FEB-1986. Individual *Salmonella* serotypes usually alternate between the production of two antigenic forms of flagella，termed phase-1 and phase-2，each specified by separate structural genes. Both ends of the flagellin gene act in the regulation of flagellin synthesis.	评注
FEATURES Location/Qualifiers source 1.. 1485 /organism=“*Salmonella typhimurium*” /mol _ type=“genomic DNA” /db _ xref=“taxon：602”	特征表
CDS 13.. 1485 /note=“phase-1 flagellar filament protein” /codon _ start=1 /transl _ table=11 /protein _ id=“AAA27072. 1” /db _ xref=“GI：153979”	编码区
/translation=“MAQVINTNSLSLLTQNNLNKSQSALGTAIERLSSGLRINSAKDD AAGQAIANRFTANIKGLTQASRNANDGISIAQTTEGALNEINNNLQRVRELAVQSANS TNSQSDLDSIQAEITQRLNEIDRVNGQTQFSGVKVLAQDNTLTIQVGANDGETIDIDL KQINSQTLGLDTLNVQQKYKVSDTAATVTGYADTTIALDNSTFKASATGLGGTDEKID GDLKFDDTTGKYYAKVTVTGGTGKDGYYEVSVDKTNGEVTLAAVTPATVTTATALSGK MYSANPDSDIAKAALTAAGVTGTASVVKMSYTDNNGKTIDGGLAVKVGDDYYSATQDK DGSISIDTTKYTADNGTSKTALNKLGGADGKTEVVTIDGKTYNASKAAGHDFKAEPEL AEQAAKTTENPLQKIDAALAQVDTLRSDLGAVQNRFNSAITNLGNTVNNLSSARSRIE DSDYATEVSNMSRAQILQQAGTSVLAQANQVPQNVLSLLR”	蛋白序列
ORIGIN 98 bp upstream of TaqI site. 1 aaggaaaaga tcatggcaca agtcattaat acaaacagcc tgtcgctgtt gacccagaat	基因序列

```
  61 aacctgaaca aatcccagtc cgctctgggc accgctatcg agcgtctgtc ttccggtctg
 121 cgtatcaaca gcgcgaaaga cgatgcggca ggtcaggcga ttgctaaccg ttttaccgcg
 181 aacatcaaag gtctgactca ggcttcccgt aacgctaacg acggtatctc cattgcgcag
 241 accactgaag gcgcgctgaa cgaaatcaac aacaacctgc agcgtgtgcg tgaactggcg
 301 gttcagtctg ctaacagcac caactcccag tctgacctcg actccatcca ggctgaaatc
 361 acccagcgtc tgaacgaaat cgaccgtgta aatggccaga ctcagttcag cggcgtgaaa
 421 gtcctggcgc aggacaacac cctgaccatc caggttggtg ccaacgacgg tgaaactatc
 481 gatatcgatc tgaagcagat caactctcag accctgggtc tggatacgct gaatgtgcaa
 541 caaaaatata aggtcagcga tacggctgca actgttacag gatatgccga tactacgatt
 601 gctttagaca atagtacttt taaagcctcg gctactggtc ttggtggtac tgacgagaaa
 661 attgatggcg atttaaaatt tgatgatacg actggaaaat attacgccaa agttaccgtt
 721 acggggggaa ctggtaaaga tggctattat gaagtttccg ttgataagac gaacggtgag
 781 gtgactcttg ctgcggtcac tcccgctaca gtgactactg cgacagcact gagtggaaaa
 841 atgtacagtg caaatcctga ttctgacata gctaaagccg cattgacagc agcaggtgtt
 901 accggcacag catctgttgt taagatgtct tatactgata ataacggtaa aactattgat
 961 ggtggtttag cagttaaggt aggcgatgat tactattctg caactcaaga taaagatggt
1021 tccataagta ttgatactac gaaatacact gcagataacg gtacatccaa aactgcacta
1081 aacaaactgg gtggcgcaga cggcaaaacc gaagtcgtta ctatcgacgg taaaacctac
1141 aatgccagca aagccgctgg tcatgatttc aaagcagaac cagagctggc ggaacaagcc
1201 gctaaaacca ccgaaaaccc gctgcagaaa attgatgctg ctttggcaca ggttgacacg
1261 ttacgttctg acctgggtgc ggtacagaac cgtttcaact ccgctattac caacctgggc
1321 aacaccgtaa acaacctgtc ttctgcccgt agccgtatcg aagattccga ctacgcgacc
1381 gaagtctcca acatgtctcg cgcgcagatt ctgcagcagg ccggtacctc cgttctggcg
1441 caggcgaacc aggttccgca aaacgtcctc tctttactgc gttaa
//
```

记录结束

图 6-6　GenBank 核酸数据库实例

（2）向 GenBank 提交序列数据。少量序列利用 BankIt 提交，大量序列利用 Sequin 程序进行提交。

NCBI 网站提供数据查询、序列相似性搜索等服务，从其 FTP 服务器上可免费下载 GenBank 数据。

NCBI 网址：　　http://www.ncbi.nlm.nih.gov/

BankIt 网址：　　http://www.ncbi.nlm.nih.gov/BankIt/

Sequin 网址：　　http://www.ncbi.nlm.nih.gov/Sequin/

Genebank 网址：　　http://www.ncbi.nlm.nih.gov/Genbank/

Entrez gene 网址：　　http://www.ncbi.nlm.nih.gov/sites/entrez? db=gene

Entrez cross-database 网址：　　http://www.ncbi.nlm.nih.gov/sites/gquery/

2. EMBL 核酸序列数据库

EMBL 核酸序列数据库创建于 1982 年，由欧洲生物信息学研究所（EBI）管理维护。它使用序列提取系统（SRS）进行查询检索，利用基于网络的 WEBIN 工具，或利用 Sequin 软件向 EMBL 核酸序列数据库提交序列。

EMBL 网址：　　http://www.ebi.ac.uk/embl/

SRS 的网址：　　http://srs.ebi.ac.uk/

WEBIN 网址：　　http://www.ebi.ac.uk/webin-align/webinalign_help.html/

Sequin 网址：　　http://www.ebi.ac.uk/Sequin/

3. DDBJ 数据库

DDBJ 核酸序列数据库创建于 1986 年，由日本国家遗传学研究所负责维护和管理。

它使用 SRS 工具进行数据检索和序列分析，利用 Sequin 软件向该数据库提交序列。为方便检索 DDBJ，主页可进行日文和英文互换。

DDBJ 的日文版网址： http://www.ddbj.nig.ac.jp/index-j.html/

DDBJ 的英文版网址： http://www.ddbj.nig.ac.jp/index-e.html/

（二）基因组数据库 GDB

基因组数据库（GDB）创建于 1990 年，是一个专门汇集人类基因组数据的数据库，以对象模型来保存数据，提供基于网络的数据对象检索服务，可搜索各种类型的对象，并以图形方式观看基因组图谱。

GDB 的网址： http://www.gdb.org/

二、蛋白质数据库

常用的蛋白质数据库主要包括蛋白质序列数据库、蛋白质结构数据库和蛋白质结构分类数据库等。其中蛋白质序列数据库分为蛋白质序列（一次）数据库和蛋白质序列二次数据库；蛋白质结构数据库分为蛋白质结构（一次）数据库和蛋白质结构二次数据库。

（一）蛋白质序列数据库

常用的蛋白质序列数据库有 SWISS-PROT、PIR、TrEMBL、UniProt、GenPept 等，分述如下。

1. SWISS-PROT

SWISS-PROT 数据库由瑞士日内瓦大学于 1986 年创建，现由欧洲生物信息学研究所（EBI）进行维护和管理，是目前国际上权威的蛋白质序列数据库之一。

SWISS-PROT 数据库提供蛋白质序列查询及相似蛋白质序列搜索等服务，2007 年 10 月 SWISS-PROT 54.3 版本收录了 285335 条序列。

SWISS-PROT 数据库网站主页见图 6-7。

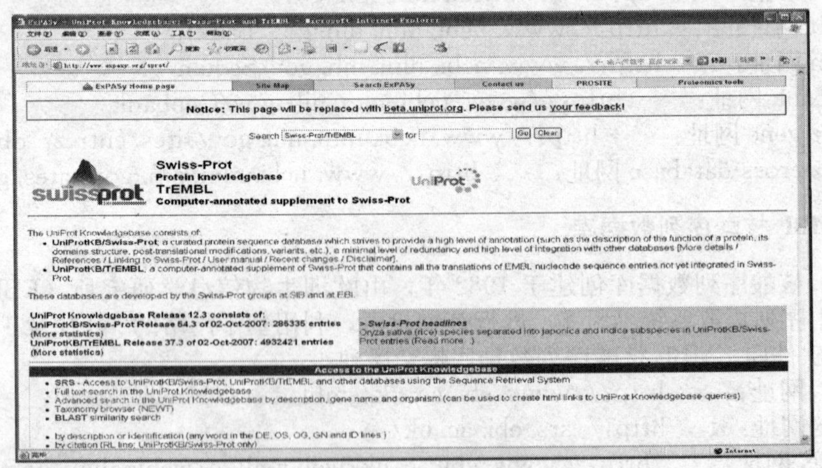

图 6-7 Swiss-Prot 数据库网站主页

SWISS-PROT 数据库注释精炼完善，数据库每条蛋白质序列按照各种数据行的格式排列，分为核心数据和注释两大类。核心数据包括：蛋白质序列、引用文献、分类信息等；注释包括：结构域、功能位点、跨膜区域、二硫键位置、翻译后修饰与其他蛋白质的相似性等。

SWISS-PROT 将广泛收集的相关数据进行合并，如果数据间相互矛盾，则在相应序列特征表中加以注释，从而尽可能地减少数据库的冗余程度，而且 SWISS-PROT 数据库与蛋白质三维结构数据库（PDB）、蛋白质类型和位点数据库（PROSITE）等其他数据库交互索引。

通过 SWISS-PROT 数据库可以得到某蛋白质的序列，再通过交互引用从 PDB 数据库得到其结构。SWISS-PROT 数据由数据行排列组成，SWISS-PROT 数据库数据格式与 EMBL 数据库数据格式基本相同（表 6-3）。

表 6-3　SWISS-PORT 数据库的行识别标志及含义

缩　写	全　称	含　义
ID	Identification	标识号
AC	Accession Number	序列编号
DT	Date	登录日期或最后更新日期
DE	Description	描述
GN	Gene name（s）	基因名称
OS	Organism species	来源物种
OG	Organelle	来源细胞器
OC	Organism classification	物种分类
RN	Reference number	引文序号
RP	Reference position	引文位置
RC	Reference comments	相关内容
RX	Cross-reference	交叉引用
RA	Reference authors	引文作者
RT	Reference tile	引文标题
RL	Reference location	引文出处
CC	Comments or notes	评注或注释
DR	Database cross-reference	交叉引用数据库
KW	Keywords	关键词
FT	Feature table data	特征表
SQ	Sequence header	序列标头
//	Termination line	中止符号

参考：赵雨杰，2002

以鼠伤寒沙门氏菌（*Salmonella typhimurium*）*H1-i* 基因编码的鞭毛蛋白 FLIC_SALTY 为例介绍 SWISS-PORT 数据库的数据格式（图 6-8）。

2. PIR

20 世纪 80 年代初，Margaret Dayhoff 等搜集了当时所有已知的蛋白质序列和结构信息，编著了《蛋白质序列与结构图册》。在此基础上，1984 年美国国家生物医学研究基金会（NBRF）创建蛋白质信息资源数据库。1988 年成立了国际蛋白质信息中心（PIR-International），共同收集和维护 PIR 国际蛋白质序列数据库（PIR-PSD）。

PIR 是第一个蛋白质分类和功能注释数据库，数据量较大，包含尚未验证的序列，而且注释也不完善。PIR 包括蛋白质序列数据库（PIR-PSD）、蛋白质分类数据库（iProClass）和非冗余的蛋白质参考资料数据库（PIR-NREF）三个子数据库。

ID FLIC _ SALTY Reviewed; 495 AA.	序列标识
AC P06179; P97160; Q02871; Q56088;	序列编号
DT 01-JAN-1988，integrated into UniProtKB/Swiss-Prot.	登录日期
DT 23-JAN-2007，sequence version 4.	
DT 24-JUL-2007，entry version 69.	
DE Flagellin (Phase 1-I flagellin).	描述
GN Name=fliC; Synonyms=flaF，hag; OrderedLocusNames=STM1959;	基因名称
OS *Salmonella typhimurium*.	来源物种
OC Bacteria; Proteobacteria; Gammaproteobacteria; Enterobacteriales; Enterobacteriaceae; *Salmonella*.	物种分类
OX NCBI _ TaxID=602;	物种分类号
RN [1]	引文序号
RP NUCLEOTIDE SEQUENCE [GENOMIC DNA].	引文位置
RX MEDLINE=86059460; PubMed=2999134;	交叉引用
RA Joys T. M.;	引文作者
RT "The covalent structure of the phase-1 flagellar filament protein of *Salmonella typhimurium* and itscomparison with other flagellins.";	引文标题
RL J. Biol. Chem. 260: 15758-15761 (1985).	
……	引文出处
RN [9]	
RP NUCLEOTIDE SEQUENCE [GENOMIC DNA] OF 476-495.	
RC STRAIN=LT2 / ATCC 23564;	
……	相关内容
CC -! - FUNCTION: Flagellin is the subunit protein which polymerizes to form the filaments of bacterial flagella.	评注功能
CC -! - MISCELLANEOUS: Individual *Salmonella* serotypes usually alternate between the production of 2 antigenic forms of flagella，termed phase 1 and phase 2，each specified by separate structural genes，*fliC* and *fljB*.	其他特性
CC -! - SIMILARITY: Belongs to the bacterial flagellin family.	相似性
CC …………………………………………	交叉引用数据库
DR EMBL; M11332; AAA27072. 1; -; Genomic _ DNA.	EMBL
DR EMBL; D13689; BAA02846. 1; -; Genomic _ DNA.	
DR EMBL; AE008787; AAL20871. 1; -; Genomic _ DNA.	核酸序列数据库
DR EMBL; X51740; CAA36029. 1; -; Genomic _ DNA.	
DR EMBL; J01801; AAA27074. 1; -; Genomic _ DNA.	
DR PIR; A24262; A24262.	
DR PIR; S16121; S16121.	RIR蛋白序列数据库
DR PDB; 1IO1; X-ray; A=54-451.	
DR PDB; 1P95; Model; A=57-451.	
DR PDB; 1UCU; EM; A=1-495.	
……	PDB蛋白结构数据库
PE 1: Evidence at protein level;	
KW 3D-structure; Complete proteome; Flagellum.	
FT INIT _ MET 1 1 Removed (By similarity).	
FT CHAIN 2 495 Flagellin.	

```
FT                              /FTId=PRO_0000182578.
FT   CONFLICT 127 127    S -> N (in Ref. 1).
FT   CONFLICT 133 133    N -> S (in Ref. 1).
......
FT   HELIX          3      32
FT   TURN          37      39
FT   HELIX         44      98
......
SQ   SEQUENCE   495 AA;    51612 MW;    4BD7849FA3B936BA CRC64;

     MAQVINTNSL SLLTQNNLNK SQSALGTAIE RLSSGLRINS AKDDAAGQAIANRFTANIKG
     LTQASRNAND GISIAQTTEG ALNEINNNLQ RVRELAVQSA NSTNSQSDLD SIQAEITQRL
     NEIDRVSGQT QFNGVKVLAQ DNTLTIQVGA NDGETIDIDL KQINSQTLGLDTLNVQQKYK
     VSDTAATVTG YADTTIALDN STFKASATGL GGTDQKIDGDLKFDDTTGKYYAKVTVTGGT
     GKDGYYEVSV DKTNGEVTLA GGATSPLTGGLPATATEDVKNVQVANADLTEAKAALTAAG
     VTGTASVVKM SYTDNNGKTI DGGLAVKVGD DYYSATQNKD GSISINTTKYTADDGTSKTA
     LNKLGGADGK TEVVSIGGKT YAASKAEGHN FKAQPDLAEA AATTTENPLQKIDAALAQVD
     TLRSDLGAVQ NRFNSAITNL GNTVNNLTSA RSRIEDSDYA TEVSNMSRAQ ILQQAGTSVL
     AQANQVPQNV LSLLR
//
```

关键词

特征表

不同来源数据库的冲突位点

二级结构信息

序列标头

蛋白质序列

记录结束

图 6-8　SWISS-PROT 数据库条目实例

PIR 数据库按照数据的性质和注释层次分为四个不同部分：PIR1 序列已经验证，注释最为详尽；PIR2 为尚未确定的冗余序列；PIR3 序列既未检验，也未注释；PIR4 序列来自其他渠道，既未验证，也无注释。PIR 提供基于文本的交互式检索、序列相似性搜索以及结合序列相似性、注释信息和蛋白质家族信息的高级检索。

PIR 网址：http://pir.georgetown.edu/

3. TrEMBL

TrEMBL 数据库创建于 1996 年，是一个经计算机注释的蛋白质数据库，采用 SWISS-PROT 数据库格式，主要包含从 EMBL/GenBank/DDBJ 三大核酸数据库中根据编码序列翻译的、尚未集成到 SWISS-PROT 数据库中的蛋白质序列。TrEMBL 为 SWISS-PROT 数据库及时提供补充。

TrEMBL 网址：http://www.ebi.ac.uk/trembl/

4. UniProt

2002 年 PIR、EBI（European Bioinformatics Institute）和 SIB（Swiss Institute of

Bioinformatics）组建了一个蛋白质数据仓库 UniProt（Universal Protein Resource）（图 6-9）。目前，UniProt 将 SWISS-PROT、PIR、TrEMBL 三个数据库合并。通过文本检索、序列相似检索以及 UniProt Ftp 网站可获得蛋白质序列。

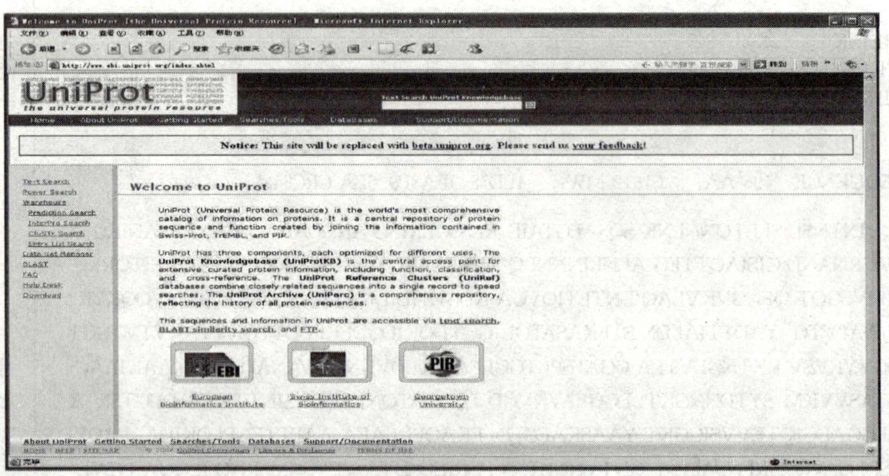

图 6-9　UniProt 网站主页

UniProt 包含 UniProtKB、UniRef 和 UniParc 三个部分：

（1）UniProtKB 数据库（UniProt Knowledgebase）：蛋白质序列、功能、分类、交叉引用等信息存取中心。

（2）UniRef 数据库（UniProt Reference Clusters）：为提高检索的速度，将紧密相关的蛋白质序列合并到同一条记录中。目前，根据序列相似程度可将 UniRef 数据库分为 UniRef100、UniRef90 和 UniRef50 三个子库。

（3）UniParc（UniProt Archive）：储存大量蛋白质研究的历史信息。

利用 UniProt 可方便的进行蛋白质序列的交互检索，图 6-10 至图 6-13 为 *Salmonella typhimurium H-1* 相鞭毛蛋白 P06176 的 UniProt 检索截图。

UniProt 网址：http://www.ebi.uniprot.org/index.shtml/

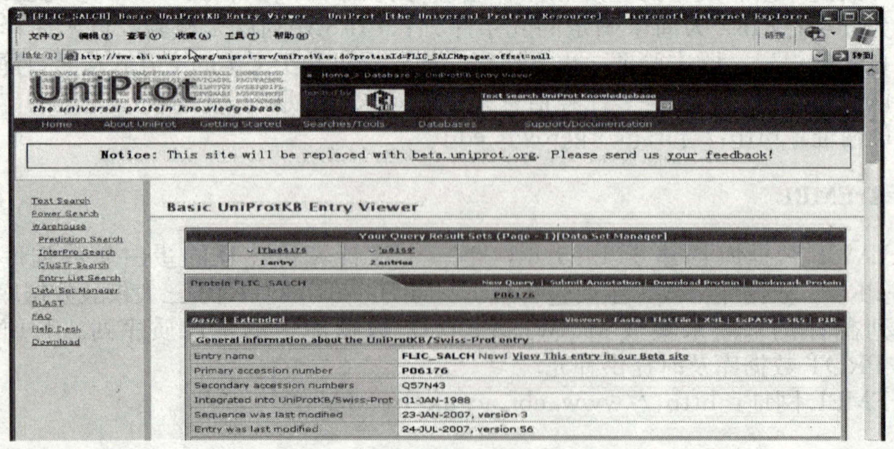

图 6-10　核心数据

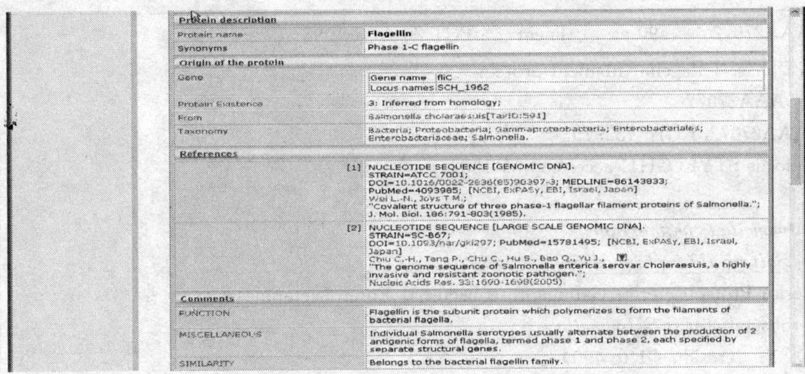

图 6-11　核心数据（续）、引用文献与评注

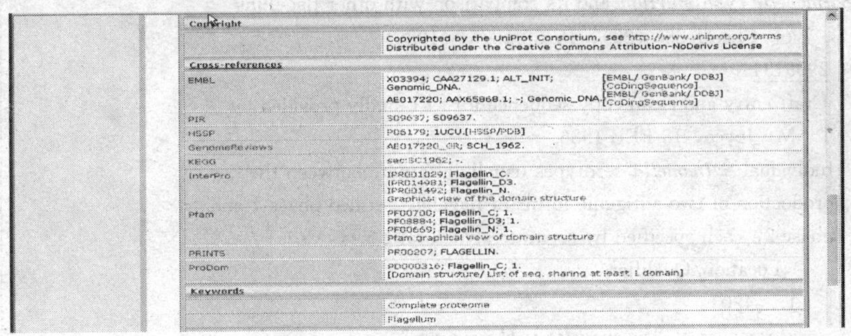

图 6-12　交互检索与关键词

Features

Type	From	To	Length	Description	Feature ID
INIT_MET	1	1		Removed (By similarity)	
CHAIN	2	501	500	Flagellin	PRO_0000102565
CONFLICT	285	265		T -> A (in Ref. 1).	
CONFLICT	290	307		MISSING (in Ref. 1).	
CONFLICT	348	348		A -> R (in Ref. 1).	
CONFLICT	406	406		A -> R (in Ref. 1).	

Sequence information

Length	501 AA
Molecular weight	52112 Da
CRC64	69F85666ADD866D3　[This is a checksum on the sequence]

```
MAQVINTNSL SLLTQNNLNK SQSALGTAIE RLSSGLRINS AKDDAAGQAI  50
ANRFTANIKG LTQASRNAND GISIAQTTEG ALNEINNNLQ RVRELAVQSA 100
NSTNSQSDLD SIQAEITQRL NEIDRVSGQT QFNGVKVLAQ DNTLTIQVGA 150
NDGETIDIDL KQINSQTLGL DTLNVQKKYD VSDTAVAASY SDSKQNIAVP 200
DKTAITAKIG AATSGGAGIK ADISFKDGKY YATVSGYDDA ADTDKNGTYE 250
VTVAADTGAV TFATTPTVVD LPTDAKAVSK VQQNDTEIAA TNAKAALKAA 300
GVADAEADTA TLVKMSYTDN NGKVIDGGFA FKTSGGYYAA SVDKSGAASL 350
KVTSYVDATT GTEKTAANKL GGADGKTEVV TIDGKTYNAS KAAGHNFKAQ 400
PELAEAAATT TENPLQKIDA ALAQVDALRS DLGAVQNRFN SAITNLGNTV 450
NNLSSARSRI EDSDYATEVS NMSRAQILQQ AGTSVLAQAN QVPQNVLSLL 500
R                                                   501
```

图 6-13　特征表与序列信息

5. GenPept 数据库

GenPept 数据库由 GeneBank 数据库的核酸序列经翻译后产生。GenPept 数据量大，随核酸数据库的更新而更新，但未经实验证实，也未有详细注释。图 6-14 为鼠伤寒沙门氏菌 *H-1-i* 基因编码的鞭毛蛋白 GenPept 数据库检索实例。

GenPept 网址：ftp://ftp. ncifcrf. gov/pub/genpept/

与核酸序列数据库不同，蛋白质序列数据库种类繁多，各具特色。因此应根据实际情况选择几个不同的数据库，并对结果加以比较。

LOCUS　　AAA27072　　490 aa　　linear　　BCT 26-APR-1993	序列标识
DEFINITION　phase-1 flagellar filament protein.	简单描述
ACCESSION　AAA27072	序列编号
VERSION　AAA27072. 1 GI：153979	版本号
DBSOURCE　locus STYFLGH1I accession M11332. 1	
KEYWORDS.	关键词
SOURCE　*Salmonella typhimurium*	物种来源
ORGANISM　*Salmonella typhimurium*	物种分类
Bacteria；Proteobacteria；Gammaproteobacteria；Enterobacteriales；	
Enterobacteriaceae；*Salmonella*.	
REFERENCE　1　（residues 1 to 490）	引文编号
AUTHORS　Joys，T. M.	引文作者
TITLE　The covalent structure of the phase-1 flagellar filament protein of *Salmonella typhimurium* and its comparison with other flagellins	引文标题
JOURNAL　J. Biol. Chem. 260 (29)，15758-15761 (1985)	引文出处
PUBMED　2999134	
COMMENT　Draft entry and clean copy sequence for [1] kindly provided by T. M. Joyce，18-FEB-1986.	评注
Individual *Salmonella* serotypes usually alternate between the production of two antigenic forms of flagella，termed phase-1 and phase-2，each specified by separate structural genes. ……	
FEATURES　　Location/Qualifiers	特征表
source　　1.. 490	
/organism= "*Salmonella typhimurium*"	
/db _ xref= "taxon：602"	
Protein　　1.. 490	
/name= "phase-1 flagellar filament protein"	
Region　　1.. 490	
/region _ name= "PRK08026"	
/note= "flagellin；PRK08026"	
/db _ xref= "CDD：76379"	
Region　　29.. 163	
/region _ name= "Flagellin _ N"	
/note= "Bacterial flagellin N-terminus. Flagellins Apolymerise to form bacterial flagella. This family includes flagellins and hook associated protein 3；pfam00669"	
/db _ xref= "CDD：64529"	
Region　　191.. >256	
/region _ name= "Flagellin _ D3"	
/note= "Flagellin D3 domain. This domain is found in the central portion bacterial flagellin FliC. The domain contains a structural motif called a beta-folium fold；pfam08884"	
/db _ xref= "CDD：72304"	
Region　　397.. 468	
/region _ name= "Flagellin _ C"	
……	
/db _ xref= "CDD：64558"	

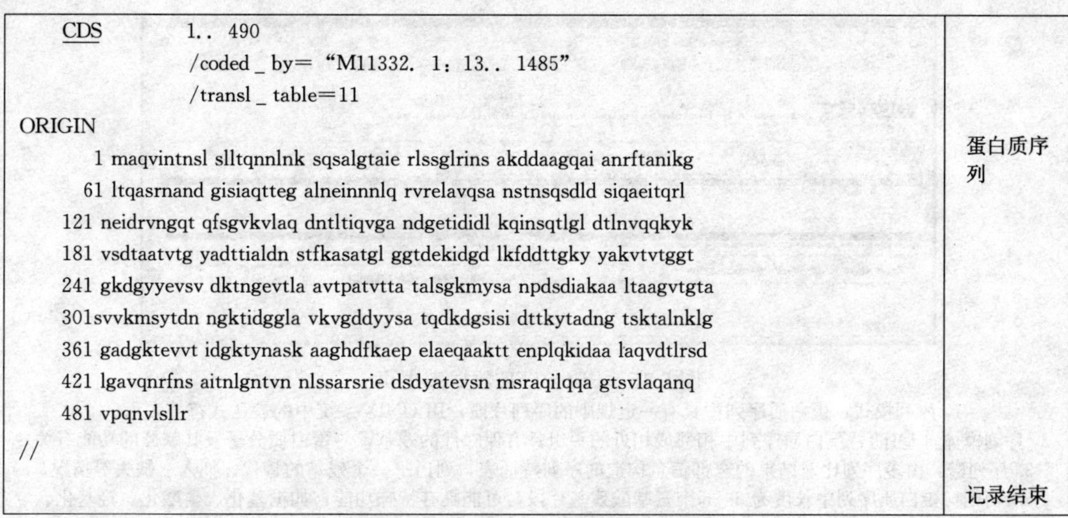

```
     CDS          1.. 490
                  /coded_by= "M11332. 1: 13.. 1485"
                  /transl_table=11
ORIGIN                                                                              蛋白质序列
        1 maqvintnsl slltqnnlnk sqsalgtaie rlssglrins akddaagqai anrftanikg
       61 ltqasrnand gisiaqtteg alneinnnlq rvrelavqsa nstnsqsdld siqaeitqrl
      121 neidrvngqt qfsgvkvlaq dntltiqvga ndgetididl kqinsqtlgl dtlnvqqkyk
      181 vsdtaatvtg yadttialdn stfkasatgl ggtdekidgd lkfddttgky yakvtvtggt
      241 gkdgyyevsv dktngevtla avtpatvtta talsgkmysa npdsdiakaa ltaagvtgta
      301svvkmsytdn ngktidggla vkvgddyysa tqdkdgsisi dttkytadng tsktalnklg
      361 gadgktevvt idgktynask aaghdfkaep elaeqaaktt enplqkidaa laqvdtlrsd
      421 lgavqnrfns aitnlgntvn nlssarsrie dsdyatevsn msraqilqqa gtsvlaqanq
      481 vpqnvlsllr
//                                                                                  记录结束
```

图 6-14　Genpept 蛋白质数据库实例

国际上主要的蛋白质序列数据库的种类和特点见表 6-4。

表 6-4　主要蛋白质序列数据库种类和特点

名称	维护单位	注释	冗余度	数据量	更新
PIR	NCBI、JIPID、MIPS	部分完善	较大	较大	较慢
SWISSPORT	EBI、SIB	完善	小	不大	较慢
NRL－3D	NCBI	完善	小	小	较慢
TrEMBL	EBI、SIB	不完善	大	大	快
GenPept	NCBI	不完善	大	大	快
NRDB	EBI	一般	小	大	较快
OWL	HGMP	一般	小	大	较慢

引自赵国屏等，2002

（二）蛋白质序列二次数据库

1. PROSITE

PROSITE 是蛋白质家族保守区域和功能位点数据库，也是第一个蛋白质序列二次数据库，由瑞士生物信息学研究所 SIB 建立和维护，收录蛋白质家族中同源序列多重比对所确定的保守性区域，如酶活性位点、配体结合位点、金属离子结合位点、其他蛋白质结合位点等，已知具有重要生物学功能蛋白质位点和序列模式。

PROSITE 数据库包含 Prosite（数据文件）和 PrositeDoc（说明文件）两个文件数据库。2007 年 10 月发布的第 20 版含有 1494 个文件（documentation entries），1319 个序列模式（patterns），746 个序列谱（profiles），764 个简则（ProRule）。PROSITE 数据库主页见图 6-15。

通过检索 PROSITE 数据库，可确定一段新蛋白质序列中包含的功能位点以及其归属的蛋白质家族。

PROSITE 的网址：http://www. expasy. ch/prosite/或 http://www. expasy. org/prosite/

PROSITE 的中国镜像网址：http://cn. expasy. org/prosite/

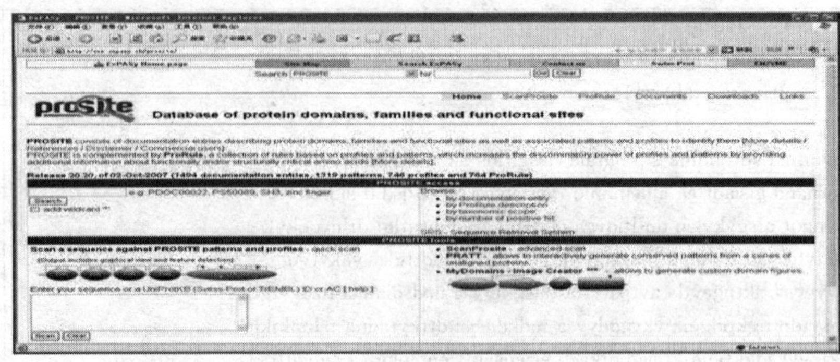

图 6-15 PROSITE 数据库主页

1. 序列模式：蛋白质序列中具有一定规则的序列片段，用 UNIX 系统中的表达式符号表示。
2. 序列模体（基序）：蛋白质序列中相邻或相近的一组具有保守性的残基，与蛋白质分子及其家族的功能有关。
3. 序列谱：由多序列比对结果的全部信息构造的序列特征表，列出每一个残基的替代、插入、缺失等情况。
4. 简则：蛋白质序列中长度为 3～6 个氨基酸残基片段，可能具有特殊功能，如糖基化、磷酸化、羟基化、磺酸化位点等。由于长度太短，不能作为模式识别的依据，只能提供功能位点预测的参考

2. PRINTS

PRINTS 蛋白质指纹图谱数据库将多个保守的序列模式作为识别蛋白质家族的特征，与 PROSITE 数据库的单个序列模式相比，PRINTS 具有更好的识别率。

PRINTS 网址：http://www.bioinf.man.ac.uk/dbbrowser/PRINTS/

3. BLOCKS

序列模块（block）是通过序列比对得到的若干蛋白质序列中具有较高相似性的序列片段，通常不含空位。BLOCKS 由通过自动检测 PROSITE 数据库和 PRINTS 蛋白质指纹图谱数据库中蛋白质家族高度保守区域产生的序列模块组成。

BLOCKS 的网址：http://blocks.fhcrc.org/

（三）蛋白结构数据库

1. PDB

PDB（Protein Data Bank）蛋白质结构数据库是国际上最完整的蛋白质、核酸、糖类、蛋白质-核酸复合物及病毒等生物大分子三维结构数据库。1971 年建立于美国 Brookhaven 国家实验室，当时只有 7 个结构，截止 2007 年 10 月，PDB 数据库已收录 46818 个结构。1998 年 10 月起 PDB 由结构生物学合作研究组织（RCSB）负责管理和维护。PDB 主页见图 6-16，其数据库增长曲线见图 6-17。

PDB 数据库收录通过 X 射线晶体衍射、核磁共振（NMR）实验测定和由理论计算得出的生物大分子的三维结构，其中主要是蛋白质的三维结构。PDB 数据库提供序列详细信息、原子坐标、三维结构、交叉检索等与结构相关的信息。

本节以鼠伤寒沙门氏菌 *H1-i* 鞭毛蛋白（P06176）F41 片段晶体结构为例，图示 PDB 数据库格式（图 6-18）和网页格式（图 6-19）。

三维结构在网页格式为静止平面结构，可通过 KiNG Viewer、Jmol Viewer、SWISS-PDB Viewer 等插件进行立体结构的动态展示（图 6-20）。

PDB 数据库检索结果也可以通过网页格式显示（图 6-19）。

PDB 的地址：http://www.rcsb.org/pdb/home/home.do

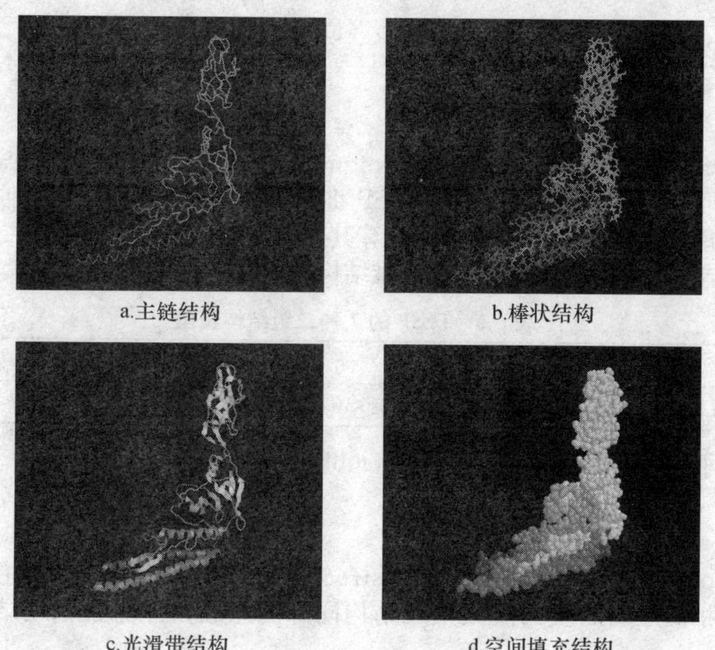

a.主链结构　　b.棒状结构

c.光滑带结构　　d.空间填充结构

图 6-20　鼠伤寒沙门氏菌 *H-1-i* 鞭毛蛋白（P06176）F41 片段 PDB 三维结构图（SWISS-PDB Viewer）

2. MMDB

分子模型 MMDB（Molecular Modeling Database）是 NCBI 生物信息数据库集成系统 Entrez 的组成部分，只收录通过 X 射线晶体衍射和核磁共振实验测定的生物大分子结构数据。

MMDB 增加了大分子的生物学功能及产生机制、分子进化历史、生物大分子之间关系等附加信息，还具有生物大分子三维结构模型展示、结构分析和结构比较等功能。

鼠伤寒沙门氏菌 *H-1-i* 鞭毛蛋白（P06176）F41 片段 MMDB 三维结构图（图 6-21）。

MMDB 的地址：http://www.ncbi.nlm.nih.gov/Structure/

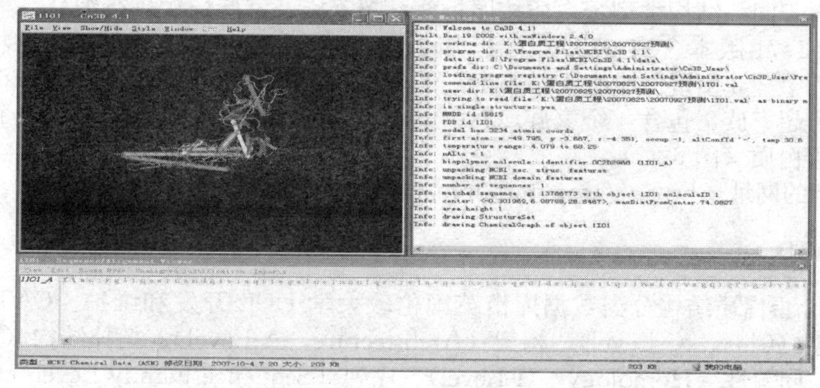

图 6-21　鼠伤寒沙门氏菌 *H-1-i* 鞭毛蛋白（P06176）F41 片段 MMDB 三维结构图（Cn3D 4.1）

（四）蛋白质结构二次数据库

1. DSSP

DSSP（database of secondary structure of protein）是一个二级结构推导数据库，用于研究蛋白质序列与蛋白质结构的关系。DSSP将蛋白质二级结构分为7种类型（表6-5），针对PDB数据库中蛋白质的原子坐标，计算其各个氨基酸残基中氢键、二面角、二级结构类型等二级结构构象参数，从而根据三维结构推导出其对应的二级结构。

表6-5 DSSP的7种二级结构类型

类型	H	E	G	I	B	T	S
含义	α-螺旋	β-折叠	3（10）螺旋	π螺旋	孤立β桥	氢键转折	弯曲

DSSP的网址：http://www.sander.embl-heidelberg.de/dssp/

2. HSSP

HSSP（homelogy-derived secondary structure of protein）是一个蛋白质同源序列比对数据库，将相似序列的蛋白质聚集成结构同源的家族，并隐含二级结构和空间结构信息。

HSSP可用于分析蛋白质保守区域、确定序列模式，也可用于蛋白的折叠、进化关系、分子设计等研究。

HSSP的网址：http://www.sander.embl-heidelberg.de/hssp/

（五）蛋白质结构分类数据库

1. SCOP

SCOP（Structural Classification of Proteins）是一个蛋白质结构分类数据库，由英国医学研究委员会（MRC）分子生物学实验室和蛋白质工程研究中心开发和维护。SCOP数据库包括PDB数据库所有蛋白质，对已知三维结构的蛋白质分类，并提供蛋白质之间的结构和进化关系的信息。此外，对于收录的每一个蛋白质，SCOP数据库提供PDB链接、蛋白质序列、空间结构图像展示、参考文献链接等服务。

SCOP数据库先将蛋白质分为：全α型，全β型，α/β型，α+β型等11个结构类型，再将属于同一结构类型蛋白质按照折叠、超家族、家族层次进行细分。

SCOP 1.71版本含有27599条PDB蛋白条目（Entries），75930个结构域（Domains）。其中全α型蛋白质有46456个，下分226个折叠类，类球蛋白是226个折叠类中的第一个超家族，包含4个家族，其中第一个家族又包含6个结构域，每个结构域又包含多个蛋白质（图6-22）。

SCOP的网址：http://scop.mrc-lmb.cam.ac.uk/scop/

2. CATH

CATH蛋白质结构分类数据库由英国伦敦大学UCL开发和维护。CATH数据库分为：类型（Class，C-Level）、构架（Architecture，A-Level）、拓扑结构（Topology，T-Level）、同源性（Homology，H-Level）、序列（Sequence Family Levels）等层次。

类型层次以蛋白质结构域不同分为：α主类、β主类、α-β类（α/β型和α+β型）、低二级结构类四类。构架层次依据由α-螺旋和β-折叠形成的超二级结构排列方式进行分

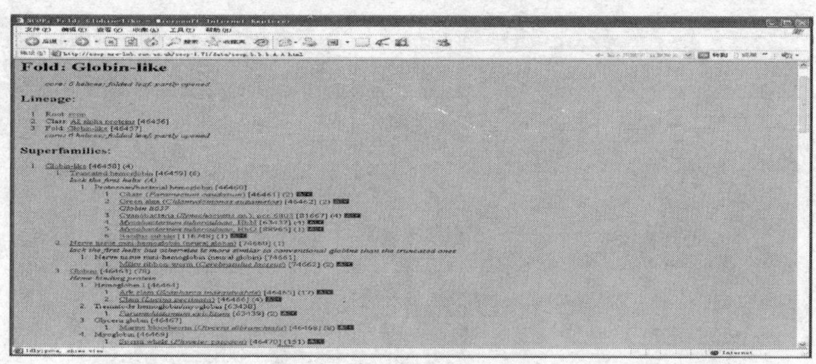

图 6-22　Scop 结构分类图

类，而不考虑它们之间的连接关系。拓扑层次为二级结构的形状和二级结构间的联系。同源性层次通过序列比较和结构比较确定。序列层次根据序列同源性不同分为 S、O、L、I、D 5 种。

CATH 的网址：http://www.cathdb.info/latest/index.html/

3. PDBsum

PDBsum 数据库通过对 PDB 数据库中所有蛋白质结构信息进行总结和分析，给出蛋白质的主链数目、配体、金属离子、二级结构、折叠图等相关信息。

PDBsum 数据库图文并茂，提供检索蛋白质各级结构信息的统一界面。

PDBsum 的网址：http://www.ebi.ac.uk/thornton-srv/databases/pdbsum/

（六）蛋白质分类数据库

ProtoMap 蛋白质分类数据库是利用计算机对 SWISS-PROT、TrEMBL 和 TrEMBL-new 数据库中全部蛋白质进行层次分类，将相关的蛋白质聚类分组而成。ProtoMap 数据库有助于对已知蛋白质家族进行精细划分，阐释家族间的相互关系。

ProtoMap 网址：http://protomap.cornell.edu/

第三节　蛋白质结构预测

蛋白质的空间结构决定其生物学功能。大量的实验结果证明：蛋白质的空间结构由蛋白质的氨基酸序列决定。随着生物信息学的发展，利用生物信息学手段直接从氨基酸序列预测蛋白质空间结构的效率和精确度不断提高。目前，蛋白质结构预测方法主要有理论分析方法和统计方法两种。本节简要介绍蛋白质结构预测理论，结合具体实例进行蛋白质结构预测。蛋白质结构预测流程见图 6-23。

一、蛋白质序列比对

通过序列比对确定两个或多个序列之间的相似性或不相似性，是生物信息学研究中最常用和最经典的研究手段，也是生物信息学相关研究的基础。

通过蛋白质序列之间或核酸序列之间的双重比对或多重比对，确定序列之间的相似区域、保守性位点，从而探寻相互间的分子进化关系以及产生共同功能的序列模式。通过蛋白质序列与对应核酸序列间的比对有助于确定核酸序列中可能的阅读框，分析和预测一些新基因的功能。通过蛋白质序列与已知空间结构信息的蛋白质序列间的比对，预测该蛋白质的空间结构及生物学功能。此外，将所提交序列与整个数据库序列进行比对，找出最相似的序列，从而获得有价值的参考信息，有助于进一步分析该序列的结构和功能。

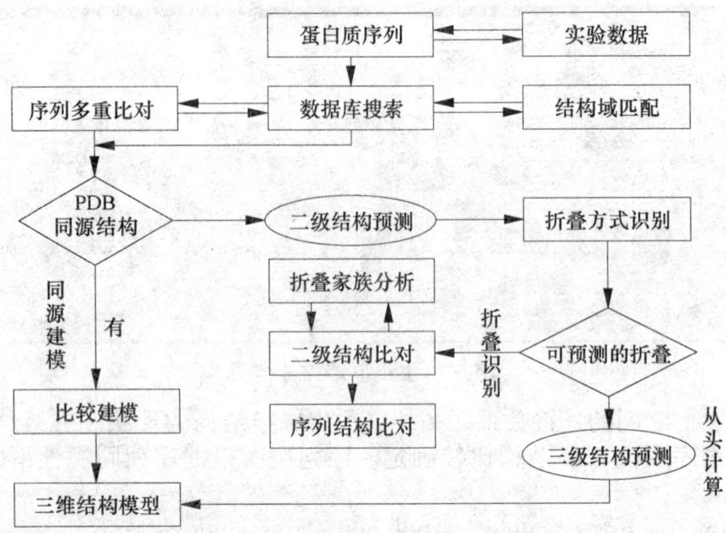

图 6-23 蛋白质结构预测流程图

序列比对常用软件有：Blast、ClustalW 等，可从 NCBI 和 EBI 网站免费下载到本地比对，也可进行网上远程比对。NCBI 网站 Blast 的基本类型见表 6-6。

表 6-6 BLAST 基本类型

程 序	数据库	查询序列	应 用
nucleotide blast (blastn)	核 酸	核苷酸	同源比对
protein blast (blastp)	蛋白质	蛋白质	同源比对
blastx	蛋白质	已翻译核苷酸	DNA 序列、EST 序列分析
tblastn	已翻译核苷酸	蛋白质	编码区分析
tblastx	已翻译核苷酸	已翻译核苷酸	EST 序列分析

为便于进行序列比较，22 种基本氨基酸均有其对应的单字符（表 6-7）。

表 6-7 基本氨基酸简写字符表

英文名称	三字符	单字符	中文名称	英文名称	三字符	单字符	中文名称
alanine	Ala	A	丙氨酸	proline	Pro	P	脯氨酸
arginine	Arg	R	精氨酸	pyrrolysine	Pyl	O	吡咯赖氨酸
asparagine	Asn	N	天冬酰胺	serine	Ser	S	丝氨酸
aspartic acid	Asp	D	天冬氨酸	selenocysteine	Sec	U	硒代半胱氨酸
cysteine	Cys	C	半胱氨酸	threonine	Thr	T	苏氨酸
glutamine	Gln	Q	谷氨酰胺	tryptophan	Trp	W	色氨酸
glutamic acid	Glu	E	谷氨酸	tyrosine	Tyr	Y	酪氨酸
glycine	Gly	G	甘氨酸	valine	Val	V	缬氨酸
histidine	His	H	组氨酸	asparagine	Asn	B*	天冬酰胺
isoleucine	Ile	I	异亮氨酸	aspartic acid	Asp		天冬氨酸
leucine	Leu	L	亮氨酸	glutamine	Gln	Z*	谷氨酰胺
lysine	Lys	K	赖氨酸	glutamic acid	Glu		谷氨酸
methionine	Met	M	甲硫氨酸			X*	不明氨基酸
phenylalanine	Phe	F	苯丙氨酸			-*	空位

* FASTA 格式含义

鼠伤寒沙门氏菌 *H-1-i* 基因 ClustalW 多重比对见图 6-24。

```
H1-c-1482    GGTACCGAAAAAAACTGCTGCGAATAAATTAGGTGGCGCAGACGGTAAAACCGAAGTTGTT 1116
H1-c-1602    GGTACCGAAAAAAACTGCTGCGAATAAATTAGGTGGCGCAGACGGTAAAACCGAAGTTGTT 1236
H1-i-1500    GGTACATCCAAAACTGCACTAAACAAACTGGGTGGCGCAGACGGCAAAACCGAAGTTGTT 1134
H1-i-1826    GGTACATCCAAAACTGCACTAAACAAACTGGGTGGCGCAGACGGCAAAACCGAAGTTGTT 1340
H1-i-1485    GGTACATCCAAAACTGCACTAAACAAACTGGGTGGCGCAGACGGCAAAACCGAAGTCGTT 1119
H1-r-1479    GGTACATCCAAAACTGCACTAAACAAACTGGGTGGCGCAGACGGCAAAACCGAAGTTGTT 1116
H1-a-1497    GGCAACACTAAAACTGCACTAAACCAACTGGGTGGCGCAGACGGTAAAACTGAAGTTGTT 1131
H1-d-1521    GGCGTTGCTCAAACTGGAGCTGTGAAATTTGGTGGCGCAAATGGTAAATCTGAAGTTGTT 1152
             **         *******         ***  ** ********** **  ***   ** *******  *****

H1-c-1482    ACT---ATCGACGGTAAAACCTACAATGCCAGCAAAGCCGCTGGGCACAACTTCAAAGCA 1173
H1-c-1602    ACT---ATCGACGGTAAAACCTACAATGCCAGCAAAGCCGCTGGGCACAACTTCAAAGCA 1293
H1-i-1500    TCT---ATTGGTGGTAAAACTTACGCTGCAAGTAAAGCCGAAGGTCACAACTTTAAAGCA 1191
H1-i-1826    TCT---ATTGGTGGTAAAACTTACGCTGCAAGTAAAGCCGAAGGTCACAACTTTAAAGCA 1397
H1-i-1485    ACT---ATCGACGGTAAAACCTACAATGCCAGCAAAGCCGCTGGTCATGATTTCAAAGCA 1176
H1-r-1479    TCT---ATTGGTGGTAAAACTTACGCTGCAAGTAAAGCCGAAGGTCACAACTTTAAAGCA 1173
H1-a-1497    TCT---ATCGACGGTAAAACCTACAATGCCAGCAAAGCCGCTGGTCACAACTTTAAAGCA 1188
H1-d-1521    ACTGCTACCGATGGTAAGACTTACTTAGCAAGCGACCTTGACAAACATAACTTCAGAACA 1212
              **     *    *   *******  ***  ****     ***  ***    *       *         ***    *  ***  *  *  ***

H1-c-1482    CAGCCAGAGCTGGCGGAACGGGCTGCTACAACCACTGAAAACCCGCTGCAGAAAATTGAT 1233
H1-c-1602    CAGCCAGAGCTGGCGGAAGCGGCTGCTACAACCACTGAAAACCCGCTGCAGAAAATTGAT 1353
H1-i-1500    CAGCCTGATCTGGCGGAAGCGGCTGCTACAACCACCGAAAACCCGCTGCAGAAAATTGAT 1251
H1-i-1826    CAGCCTGATCTGGCGGAAGCGGCTGCTACAACCACCGAAAACCCGCTGCAGAAAATTGAT 1457
H1-i-1485    GAACCAGAGCTGGCGGAACAAGCCGCTAAAACCACCGAAAACCCGCTGCAGAAAATTGAT 1236
H1-r-1479    CAGCCTGATCTGGCGGAAGCGGCTGCTACAACCACCGAAAACCCGCTGCAGAAAATTGAT 1233
H1-a-1497    CAGCCAGAGCTGGCTGAAGCGGCTGCTGCAACCACCGAAAACCCGCTGGCTAAAATTGAT 1248
H1-d-1521    GGCGGTGAGCTTAAAGAGGTTAATACAGATAAGACTGAAAACCCACTGCAGAAAATTGAT 1272
                      ***  ***     ***          *        *      ***   ***********   *****   **************

H1-c-1482    GCTGCTTTGGCGCAGGTGGATGCGCTGCGTTCTGACCTGGGTGCGGTTCAGAACCGTTTC 1293
H1-c-1602    GCTGCTTTGGCGCAGGTGGATGCGCTGCGTTCTGACCTGGGTGCGGTTCAGAACCGTTTC 1413
H1-i-1500    GCTGCTTTGGCACAGGTTGACACGTTACGTTCTGACCTGGGTGCGGTACAGAACCGTTTC 1311
H1-i-1826    GCTGCTTTGGCACAGGTTGACACGTTACGTTCTGACCTGGGTGCGGTACAGAACCGTTTC 1517
H1-i-1485    GCTGCTTTGGCACAGGTTGACACGTTACGTTCTGACCTGGGTGCGGTACAGAACCGTTTC 1296
H1-r-1479    GCTGCTTTGGCACAGGTTGACACGTTACGTTCTGACCTGGGTGCGGTACAGAACCGTTTC 1293
H1-a-1497    GCCGCGCTGGCGCAGGTTGATGCCGTGCGTTCTGACTTGGGTGCGGTTCAGAACCGTTTC 1308
H1-d-1521    GCTGCCTTGGCACAGGTTGATACACTTCGTTCTGACCTGGGTGCGGTTCAGAACCGTTTC 1332
             ***  ***    ******  ******  ***    *     *    ************    ***********  ****************
```

图 6-24　鼠伤寒沙门氏菌 *H-1-i* 基因 ClustalW 多重比对截图

由图 6-24 可知，*H-1-i* 基因在鼠伤寒沙门氏菌不同菌株间（H1-i-1500、H1-i-1826、H1-i-1485）具有极高的同源性，而与其他沙门氏菌具有较高的同源性。

鼠伤寒沙门氏菌 H-1-i 蛋白 blastp 比对，运行界面见图 6-25，序列同源性见图 6-26，双重比对见图 6-27。

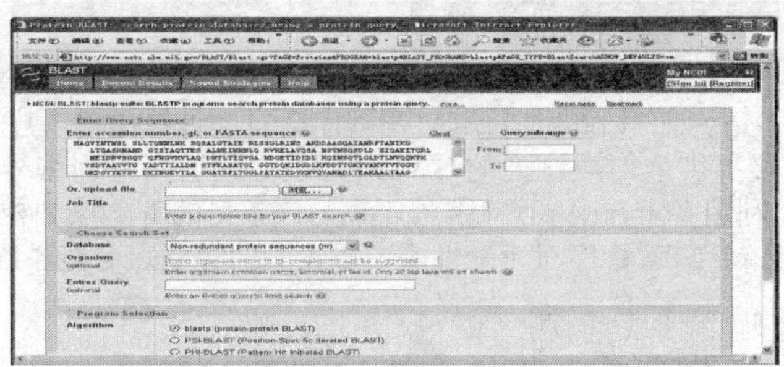

图 6-25　鼠伤寒沙门氏菌 *H-1-i* 编码蛋白质 blastp 比对运行界面

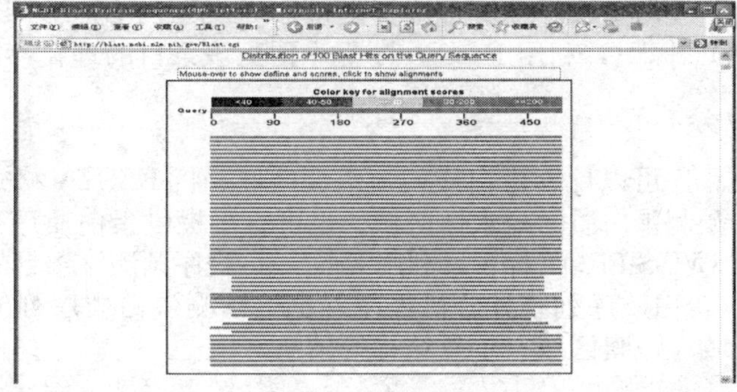

图 6-26　鼠伤寒沙门氏菌 *H-1-i* 鞭毛蛋白 blastp 比对同源性图

由鼠伤寒沙门氏菌 *H-1-i* 基因编码的鞭毛蛋白质 blastp 双重比对结果可知，鼠伤寒沙门氏菌 H1 相鞭毛蛋白与其他沙门氏菌 H1 相鞭毛蛋白质之间具有极高的同源性。

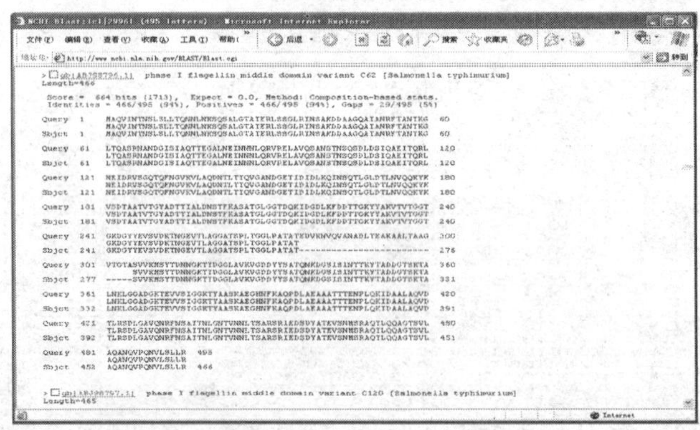

图 6-27　鼠伤寒沙门氏菌 *H-1-i* 编码蛋白质 blastp 双重比对截图

二、蛋白质基本性质分析

利用生物信息学软件可直接预测蛋白质的许多基本性质，如氨基酸组成、相对分子质量（MW）、等电点（pI）、疏水性、电荷分布、信号肽、跨膜区域及结构功能域分析等。可将相关软件下载到本地后再进行预测，也可以直接在相关网站预测蛋白质的基本性质。

用于蛋白质基本性质预测的生物信息学软件较多，本节以 SWISS-PROT 数据库相关的蛋白质基本性质预测软件为例，作以简要说明。

（一）等电点和相对分子质量预测

利用 Compute pI/MW 程序可以计算出蛋白质序列的等电点和相对分子质量。输入 FASTA 格式的蛋白质序列，Compute pI/MW 程序会自动计算出输入序列的等电点和相对分子质量。也可直接提供蛋白质序列的 SWISS-PROT 数据库序列编号（AC）或 SWISS-PROT 标识（ID），利用 Compute pI/MW 程序预测该条目的等电点和相对分子质量。需要说明的是，Compute pI/MW 程序对于碱性蛋白质预测的等电点可能不准确。

（二）蛋白质理化参数预测

利用 ProtParam 程序可以预测蛋白质序列的理化参数。将蛋白质序列整理成 FASTA 格式后输入 ProtParam 程序，会自动给出输入序列的氨基酸组成、分子式、等电点、相对分子质量等理化参数。也可直接提供蛋白质序列的 SWISS-PROT 数据库序列编号或 SWISS-PROT 标识，利用 ProtScale 程序预测该条目的理化参数。

（三）疏水性分析

利用 ProtScale 程序可以计算蛋白质的疏水性区域，将 FASTA 格式的蛋白质序列输入 ProtScale 程序，预测蛋白质的疏水性区域。也可直接提供蛋白质序列的 SWISS-PROT 数据库序列编号或 SWISS-PROT 标识，利用 ProtScale 程序预测该条目的疏水性区域。

此外，SAPS（蛋白质序列统计分析程序）也可预测蛋白质序列的氨基酸组成、电荷分布、疏水性区域、跨膜区域、重复结构等信息。

（四）酶切肽段预测

利用 PeptideMass 程序可以预测蛋白质在特定蛋白酶作用下的酶切产物或化学试剂作用下的内切产物。将 FASTA 格式的蛋白质序列输入 PeptideMass 程序，可以预测胰蛋白酶（trypsin）、糜蛋白酶（chymotrypsin）等蛋白酶酶切产物，CNBr 等化学试剂的内切产物。也可直接提供蛋白质序列的 SWISS-PROT 数据库序列编号或 SWISS-PROT 标识，利用 PeptideMass 程序预测该条目的酶切结果。

三、蛋白质二级结构预测

（一）二级结构预测

蛋白质的二级结构具有较强的规律性，每一段相邻的氨基酸残基具有形成一定二级结构的倾向。二级结构预测通常作为蛋白质局部结构预测和三维空间结构预测的基础。

通过分析、归纳已知结构蛋白质的二级结构信息，建立各自的预测规则来预测蛋白质序列的二级结构。目前蛋白质二级结构预测的方法已有几十种，可分为统计方法、基于已有知识的预测方法和混合方法三类。

1. 统计方法（statistical method）

蛋白质二级结构预测常用的统计方法有：Chou-Fasman 方法、GOR（Garnier-Gibrat-Robson）方法、神经网络方法（neural network method）、最近邻居方法（nearest neighbor method）等，目前神经网络法的预测结果比较理想。

2. 基于已有知识的预测方法（knowledge-based method）

蛋白质二级结构预测常用的基于已有知识的预测方法有：Lim 方法和 Cohen 方法。其中 Lim 方法综合了氨基酸残基的理化性质和邻近氨基酸残基的相互作用，有助于深入了解蛋白质结构的相关信息。

3. 混合方法（hybrid system method）

单一的预测方法通常存在一些不足，结合几种方法各自的优点进行综合应用，可以提高蛋白质二级结构预测的准确率。

常用的蛋白质二级结构预测程序有以下几种：

(1) nnPredict。nnPredict 程序运用神经网络方法预测蛋白质的二级结构，对全 α 蛋白质预测的准确率可达到 79%。

(2) PredictProtein。PredictProtein 程序提供序列搜索和结构预测服务，输出结果中包含大量的预测过程中产生的信息，还包含每个氨基酸残基位点预测的可信度。PredictProtein 程序的平均预测准确率可达到 72%以上。

(3) SSPRED。SSPRED 程序与 PredictProtein 程序相似，先在数据库中搜索与目标序列相似的蛋白质序列，构建多序列比对，然后进行预测。在比对时考虑非保守位点的替换，并利用比对结果作为初始预测结果。

(4) SOPMA。SOPMA 程序将 GOR 等几种预测方法综合成一个“一致预测结果”，从而使蛋白质二级结构预测的准确率得到提高。

（二）特殊局部结构预测

蛋白质特殊局部结构具有明显的序列特征和结构特征，主要包括膜蛋白的跨膜螺旋、信号肽、卷曲螺旋（Coiled Coils）等。

常见的蛋白质特殊局部结构的预测程序主要有以下几种。

(1) TMpred。TMpred 程序依据跨膜蛋白数据库 TMbase，结合蛋白质序列中跨膜结构区段的数量、位置以及侧翼信息，通过加权评分来预测蛋白质的跨膜区段及其在膜上的定位。

(2) SignalP。SignalP 程序依据已知的信号肽序列，利用神经网络方法预测分泌型蛋白质序列中信号肽的剪切位点。

(3) COILS。COILS 程序用来预测蛋白质在溶液中呈现出的左手卷曲螺旋，对右手螺旋或包埋在蛋白质内部的螺旋预测精确度较低。将目标蛋白质序列在已知的平行双链卷曲螺旋数据库中进行比对，得出相似性得分，并依此计算出形成卷曲螺旋的概率。

（三）三维结构预测

蛋白质三维结构预测是最复杂和最困难的预测技术，序列组成相似的蛋白质可能折叠成相似的三维结构，序列差异较大的蛋白质也可能折叠成相似的三维结构。研究发现蛋白质二级结构与三级结构之间的序列模体（基序 motif）、结构域（domain）和折叠单元（fold）对于蛋白质分类和三维结构预测具有重要作用。

蛋白质三维结构可通过实验测定和理论预测确定。实验测定是利用仪器来测定蛋白质三维结构，主要包括 X 射线衍射和核磁共振（NMR）。理论预测是利用计算机根据已有理论和已知氨基酸序列等信息来预测蛋白质的三维结构，主要包括同源模建（Homology Modeling）、折叠识别（Fold Recognition）和从头计算（Ab Initio）。

1. 同源模建

同源模建又称比较性模拟，将同源蛋白质家族中已知结构的蛋白质作为模板来模拟目标蛋白质的结构。同源模建方法预测速度较快，精度较高，但由于已知结构的蛋白质数量较少，许多蛋白质没有同源序列，导致同源模建法具有很大的局限性。

SWISS-MODEL 自动蛋白质同源模建服务器可用于对目标蛋白质进行三维结构预测，其有简捷模式（first approach mode）和优化模式（optimise mode）两种工作模式。先在 ExPdb 晶体图像数据库中搜索与目标蛋白质相似性足够高的同源序列，建立最初的原子模型，再通过对该模型进行优化，预测目标蛋白质三维结构。

2. 折叠识别

折叠识别又称穿针引线法（threading），在无法进行同源序列比对的情况下，将目标蛋白质序列“穿”入蛋白质数据库中已知的各种蛋白质折叠模板的骨架内，由计算机来识别目标蛋白质序列与数据库中的蛋白质折叠模板是否“匹配”。设计一个评分系统，计算目标蛋白质序列折叠成各种已知折叠模板的可能性，根据得分高低判断目标蛋白质序列是否会折叠成该种结构。折叠识别法适用于对大量蛋白质进行结构预测，评分系统设计是决定折叠识别方法预测准确度高低的关键。

3. 从头计算

从头计算方法源于安芬森的“最低自由能构型假说”，与同源模建和折叠识别相比，从头计算方法不需要模板，而是以自由能作为基础预测蛋白质的折叠类型。能量函数设计和最低自由能的确定是决定从头计算方法预测准确度高低的关键。

（四）蛋白质结构预测方法准确性评估

蛋白质结构预测方法评估（CASP）大赛是一个世界性的蛋白质结构预测技术评比活动，自 1994 年起每两年举行一次。CASP 已成为代表蛋白质结构预测领域的世界前沿水平间的竞争，被誉为蛋白质结构预测领域的奥林匹克竞赛，经受住 CASP 检验的预测方法，将得到普遍接收和认同。

为了客观地评价各蛋白质预测方法地准确性，CASP 组织方将收集到的已完成结构测定但尚未公开结果的蛋白质序列发给各预测小组，各小组在一定期限内将预测结果发回评估中心，中心对所有预测结果进行评估，并召开大会讨论后公布评估结果。1994 年第一届 CASP 只有 33 个目标蛋白质、35 个参加小组。2006 年第 7 届 CASP 共有 100 个目标蛋白质、207 个参加小组和 98 个服务器，在大会公布的测评排列名单上中国学者张阳获得第一名。

四、蛋白质结构预测实例

以鼠伤寒沙门氏菌 H-1 鞭毛蛋白（FLIC SALTY）的结构预测为例进行说明。

（一）从 Swissprot 数据库获取 Fasta 格式的鼠伤寒沙门氏菌 H-1 鞭毛蛋白质序列

(1) 进入 Swissprot 主页：http://www.expasy.org/sprot/。

(2) 选择"search Swiss-prot/TrEMBL"，搜索"Flagellin"，在结果中选择"FLIC_SALTY"，检索得到 *S. typhimurium* Flagellin 鞭毛蛋白（AC：P06179）。

(3) 点击 FLIC SALTY 序列右下方的"P06179 in FASTA format"，将 FLIC SALTY 的序列"P06179.fas"，格式另存为"P06179.txt"格式（图 6-28）。

```
>P06179 | FLIC_SALTY Flagellin-Salmonella typhimurium.
MAQVINTNSLSLLTQNNLNKSQSALGTAIERLSSGLRINSAKDDAAGQAIANRFTANIKG
LTQASRNANDGISIAQTTEGALNEINNNLQRVRELAVQSANSTNSQSDLDSIQAEITQRL
NEIDRVSGQTQFNGVKVLAQDNTLTIQVGANDGETIDIDLKQINSQTLGLDTLNVQQKYK
VSDTAATVTGYADTTIALDNSTFKASATGLGGTDQKIDGDLKFDDTTGKYYAKVTVTGGT
GKDGYYEVSVDKTNGEVTLAGGATSPLTGGLPATATEDVKNVQVANADLTEAKAALTAAG
VTGTASVVKMSYTDNNGKTIDGGLAVKVGDDYYSATQNKDGSISINTTKYTADDGTSKTA
LNKLGGADGKTEVVSIGGKTYAASKAEGHNFKAQPDLAEAAATTTENPLQKIDAALAQVD
TLRSDLGAVQNRFNSAITNLGNTVNNLTSARSRIEDSDYATEVSNMSRAQILQQAGTSVL
AQANQVPQNVLSLLR
```

图 6-28　鼠伤寒沙门氏菌 FLIC SALTY 蛋白 P06179 序列的文本格式

（二）理化性质预测

1. 等电点（pI）、相对分子质量（MW）计算

利用 Compute pI/MW 计算蛋白质序列"P06179.txt"相对分子质量、等电点。

(1) 进入 Swissprot 主页 http://www.expasy.org/sprot/，选择 Proteomics tools。

(2) 点击"Primary structure analysis"，选择"Compute pI/Mw"，输入序列"P06179.txt"中的氨基酸序列进行计算。结果见图 6-29。

2. 蛋白质参数预测

利用 expasy 工具中的 ProtParam 软件，可以更加全面的预测蛋白质各相参数。

(1) 进入 Swissprot 主页 http://www.expasy.org/sprot/，选择 Proteomics tools。

(2) 点击"Primary structure analysis"，选择"ProtParam"，输入序列"P06179.tex"中的氨基酸序列。预测结果见图 6-30。

利用 ProtParam 软件预测出 P06179 蛋白氨基酸数目及组成、相对分子质量、等电点等参数。其中相对分子质量、等电点与 Compute pI/MW 计算结果一致。

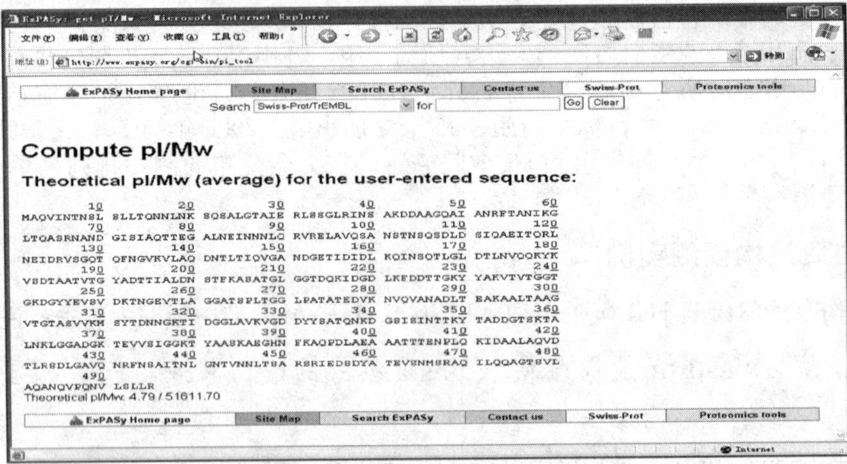

图 6-29 FLIC SALTY 蛋白（P06179）等电点、相对分子质量预测结果图

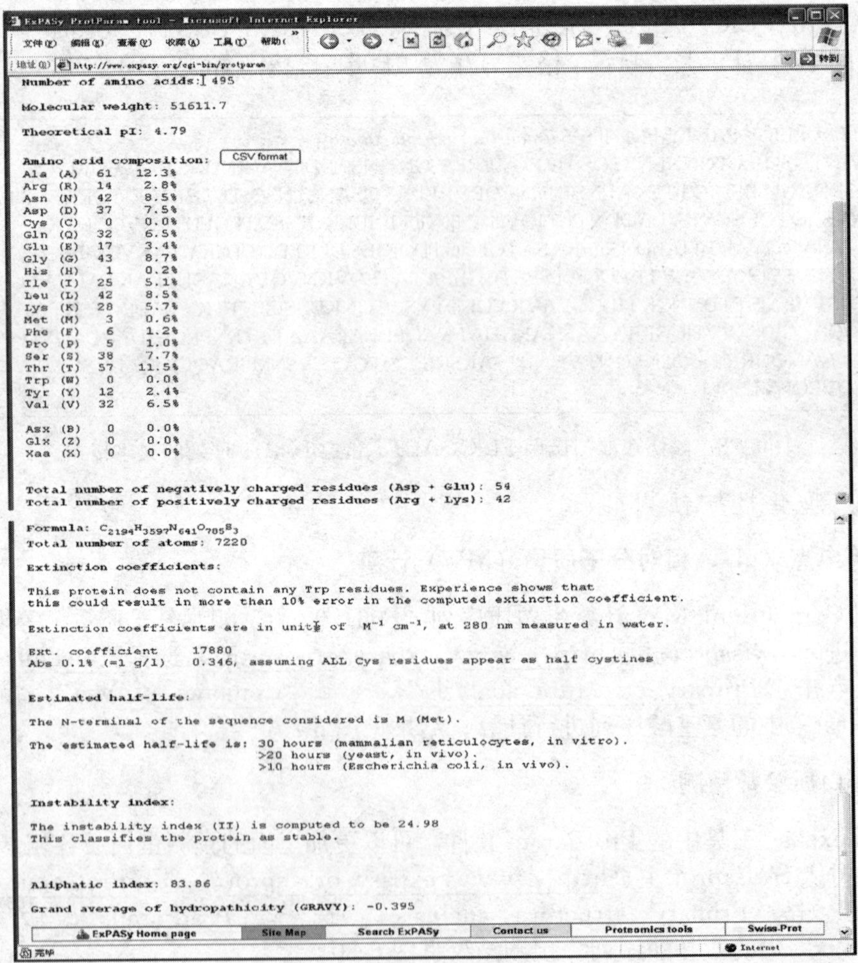

图 6-30 FLIC SALTY 蛋白参数预测结果图

3. 氨基酸组成、电荷分布、疏水区域、跨膜区域等预测

利用SAPS软件预测蛋白质P06179中氨基酸组成、电荷分布、疏水区域、跨膜区域等。

(1) 进入Swissprot主页http://www.expasy.org/sprot/，选择Proteomics tools。

(2) 点击"Primary structure analysis"，选择"SAPS"，输入序列"P06179.txt"中的氨基酸序列。部分预测结果见图6-31。

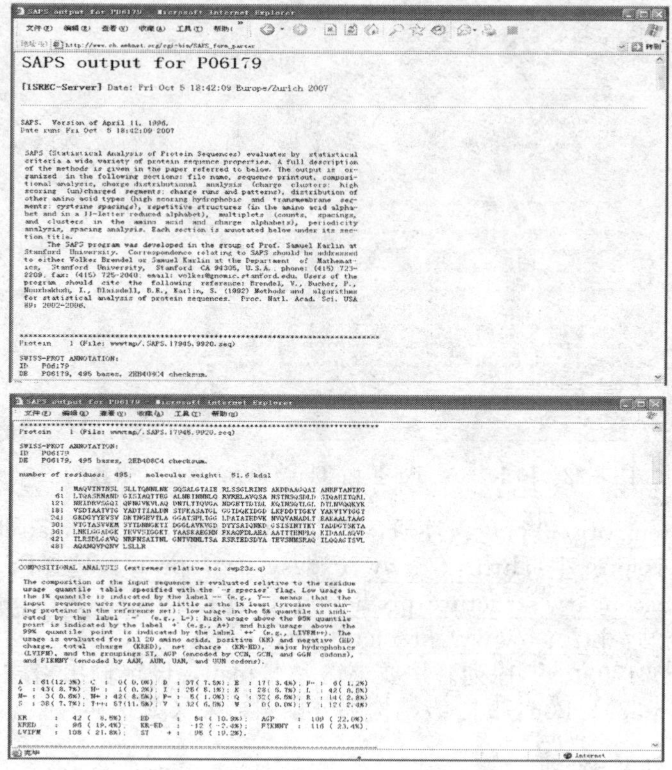

图6-31 FLIC SALTY蛋白SAPS软件部分预测结果图

4. 酶切结果预测

利用PeptideMass分析蛋白质P06179酶处理后的内切产物，以Themolysin蛋白酶切为例。

(1) 进入Swissprot主页http://www.expasy.org/sprot/，选择Proteomics tools。

(2) 点击"Protein identification and characterization"，选择"PeptideMass"，输入序列"P06179.tex"中的氨基酸序列，选择"Themolysin"，设定相关选项进行预测。酶切结果见图6-32。

(三) 二级结构预测

利用PredictProtein软件进行FLIC SALTY蛋白(P06179)二级结构预测。利用PredictProtein软件进行蛋白质结构预测前，需要先在PredictProtein主页http://

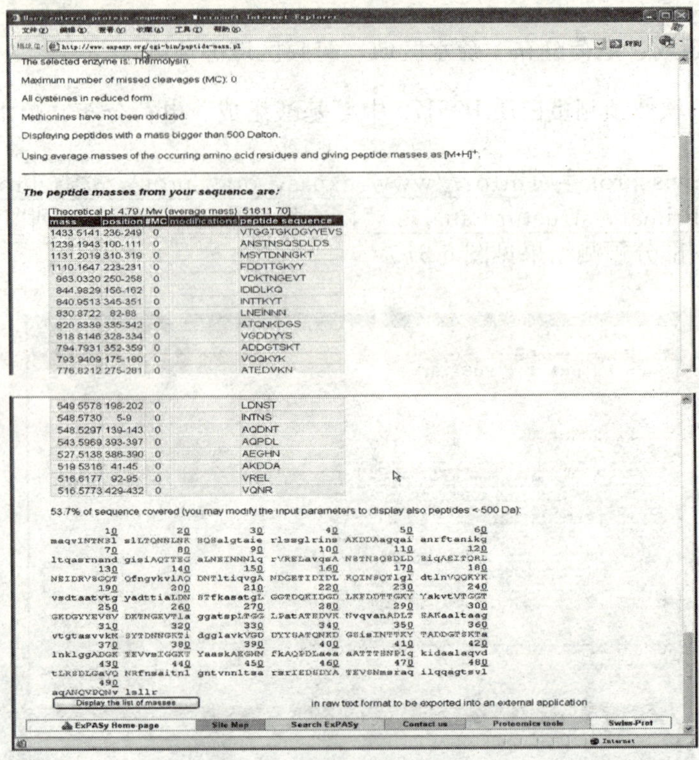

图 6-32 FLIC SALTY 蛋白 Themolysin 酶切结果预测图

www. predictprotein. org/进行免费注册，提供接受预测结果的 E-mail 地址。

（1）进入 Swissprot 主页http://www. expasy. org/sprot/，选择Proteomics tools。

（2）点击“Secondary structure prediction”，选择“PredictProtein”，或直接进入PredictProtein 网站：http://www. predictprotein. org/。

（3）输入“P06179. tex”序列。按要求输入 E-mail，设定输出格式后提交序列，选择所需结果（图 6-33）。P06179 二级结构部分预测结果（图 6-34）。

（四）局部结构预测

1. 跨膜区段预测

利用 Tmpred 软件预测 FLIC SALTY 蛋白（P06179）跨膜区域。

（1）进入 Swissprot 主页http://www. expasy. org/sprot/，选择Proteomics tools。

（2）点击“Topology prediction”，选择“TMpred”，或者直接进入 Tmpred 网站：http://www. ch. embnet. org/software/TMPRED_form. html。

（3）在 Query title 中输入序列名称，提交“P06179. tex”中的氨基酸序列。

（4）任选一种格式显示结果格式：GIF-format；Postscript-format；numerical format。

P06179 跨膜区域预测 GIF-format 结果见图 6-35。

由图 6-30 可以看出 FLIC SALTY 蛋白中存在两个跨膜螺旋，分别位于 257～276 位氨基酸之间和 294～310 位氨基酸。

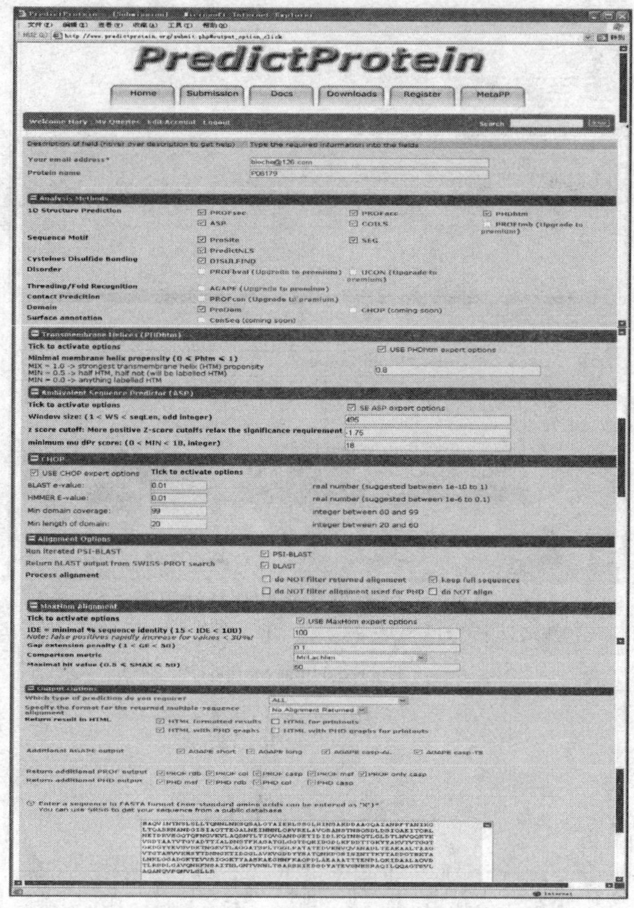

图 6-33　PredictProtein 蛋白质结构预测界面图

2. 信号肽及其剪切位点预测

利用 SingalP 软件预测 FLIC SALTY 蛋白（P06179）信号肽及其剪切位点。

（1）进入 Swissprot 主页http://www.expasy.org/sprot/，选择Proteomics tools。

（2）点击"Post-translational modification prediction"，选择"SignalP"，或者直接进入 SignalP 网站：http://www.cbs.dtu.dk/services/SignalP/。

（3）提交"P06179.tex"中的氨基酸序列，设定相关选项（图 6-36）。预测结果见图 6-37 和图 6-38。

SingalP 软件预测结果显示：神经网络模型（Neural networks）预测结果表明 FLIC SALTY 蛋白分子当中可能存在信号肽，其剪切位点在第 14～15 位氨基酸，而隐马尔可夫模型则预测 FLIC SALTY 蛋白分子中没有信号肽。

3. 卷曲螺旋预测

利用 Coils 软件预测 FLIC SALTY 蛋白（P06179）中的卷曲螺旋。

（1）进入 Swissprot 主页http://www.expasy.org/sprot/，选择Proteomics tools。

（2）点击"Primary structure analysis"，选择"Coils"，或直接进入 Coils 网站：http://www.ch.embnet.org/software/COILS_form.html。

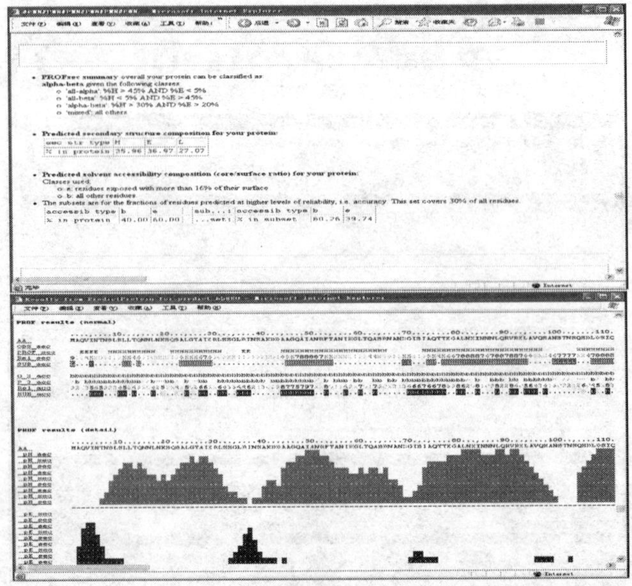

图 6-34　二级结构预测部分结果图

图 6-34 预测结果中“H”代表 α-螺旋、“E”代表 β-折叠、“L”代表其他

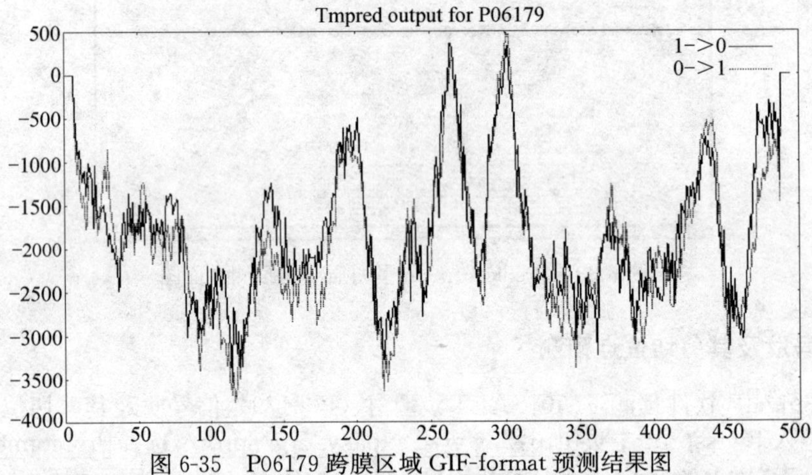

图 6-35　P06179 跨膜区域 GIF-format 预测结果图

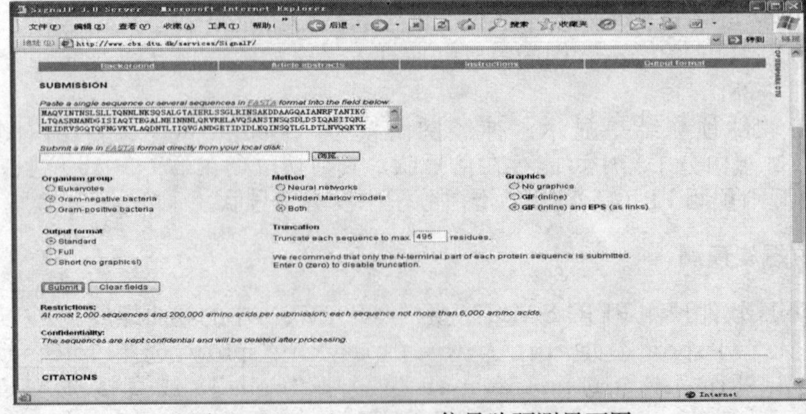

图 6-36　PredictProtein 信号肽预测界面图

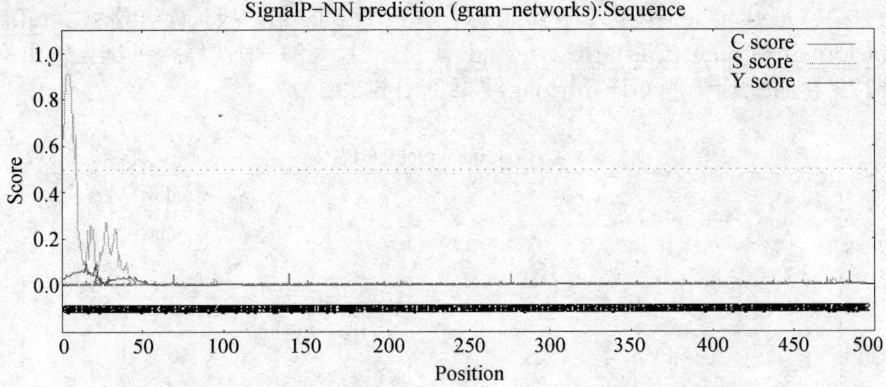

in EPS format

>Sequence　　　length=495

#Measure　Position　Value　Cutoff　signal peptide?

max. C	484	0.055	0.52	NO
max. Y	15	0.094	0.33	NO
max. S	4	0.919	0.92	NO
mean S	1-14	0.540	0.49	YES
D	1-14	0.317	0.44	NO

Most likely cleavage site between pos. 14 and 15: LLT-QN

图 6-37　神经网络模型（Neural networks）预测结果图

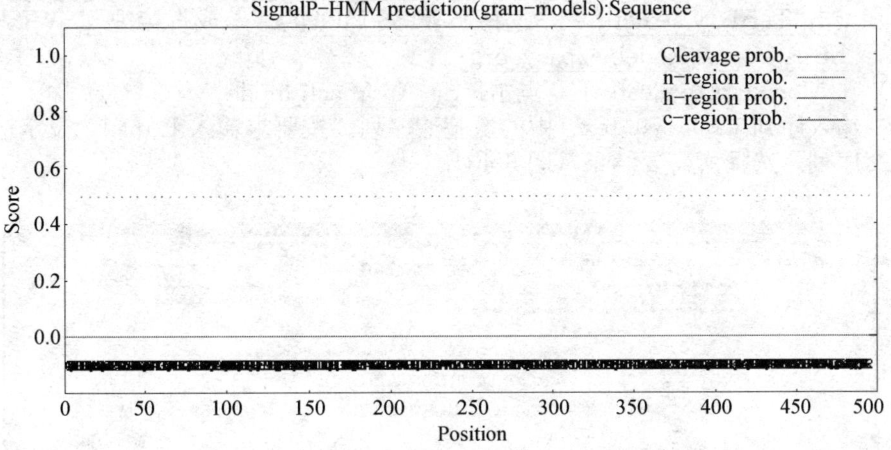

in EPS format

>Sequence

Prediction: Non-secretory protein

Signal peptide probability: 0.000

Max cleavage site probability: 0.000 between pos. -1and 0

gnuplot script

for making the plot(s)

图 6-38　隐马尔可夫模型（Hidden Markov models）预测结果图

（3）在 Query title 中输入序列名称，提交序列。在三种输出格式：GIF-format、Postscript-format 和 numerical format（window 14，21，28）中选择一种结果输出格式。

P06179 卷曲螺旋预测 GIF-format 结果见图 6-39。

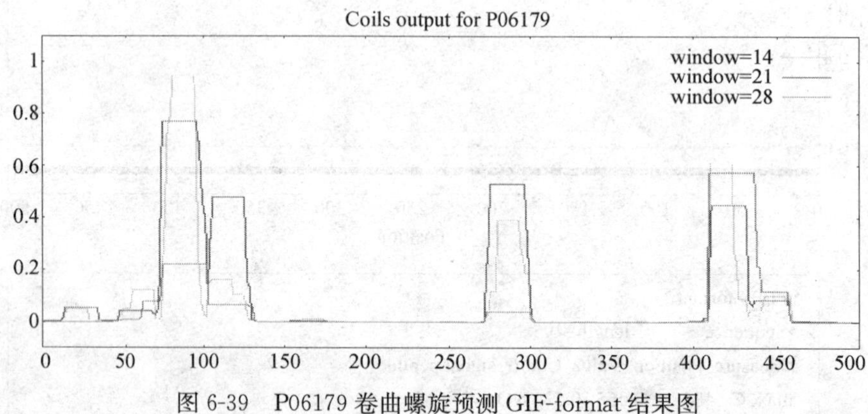

图 6-39　P06179 卷曲螺旋预测 GIF-format 结果图

（五）三维结构预测

利用 SWISS-MODEL 软件进行 FLIC SALTY 蛋白（P06179）三维结构预测。利用 SWISS-MODEL 软件进行蛋白质结构预测前，可事先在 SWISS-MODEL 网站主页：http://swissmodel.expasy.org/进行免费注册，提供接受预测结果 E-mail 地址。

（1）进入 Swissprot 主页http://www.expasy.org/sprot/，选择Proteomics tools。

（2）点击"Tertiary structure"，选择"SWISS-MODEL"，或直接进入 SWISS-MODEL 网站：http://swissmodel.expasy.org/。

（3）在 Modeling requests 下，点击First Approach mode。

（4）输入序列"P06179.tex"中的氨基酸序列。按要求输入 E-mail，设定输出格式后，提交序列，选择所需要结果（图 6-40）。

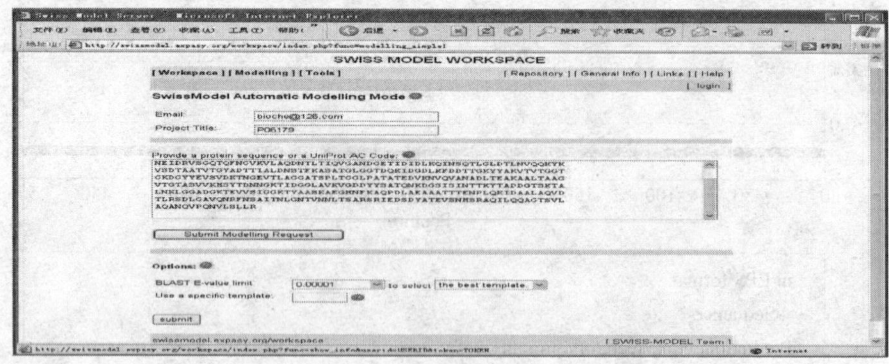

图 6-40　SWISS-MODEL 蛋白质三维结构预测界面图

（5）直接从 SWISS-MODEL 网站获得预测结果，也可以从 E-mail 得到结果。

（6）将预测结果以 PdbViewer 软件打开，保存为图片形式。

P06179 三维结构预测结果截图（图 6-41）。三维结构见图 6-42。

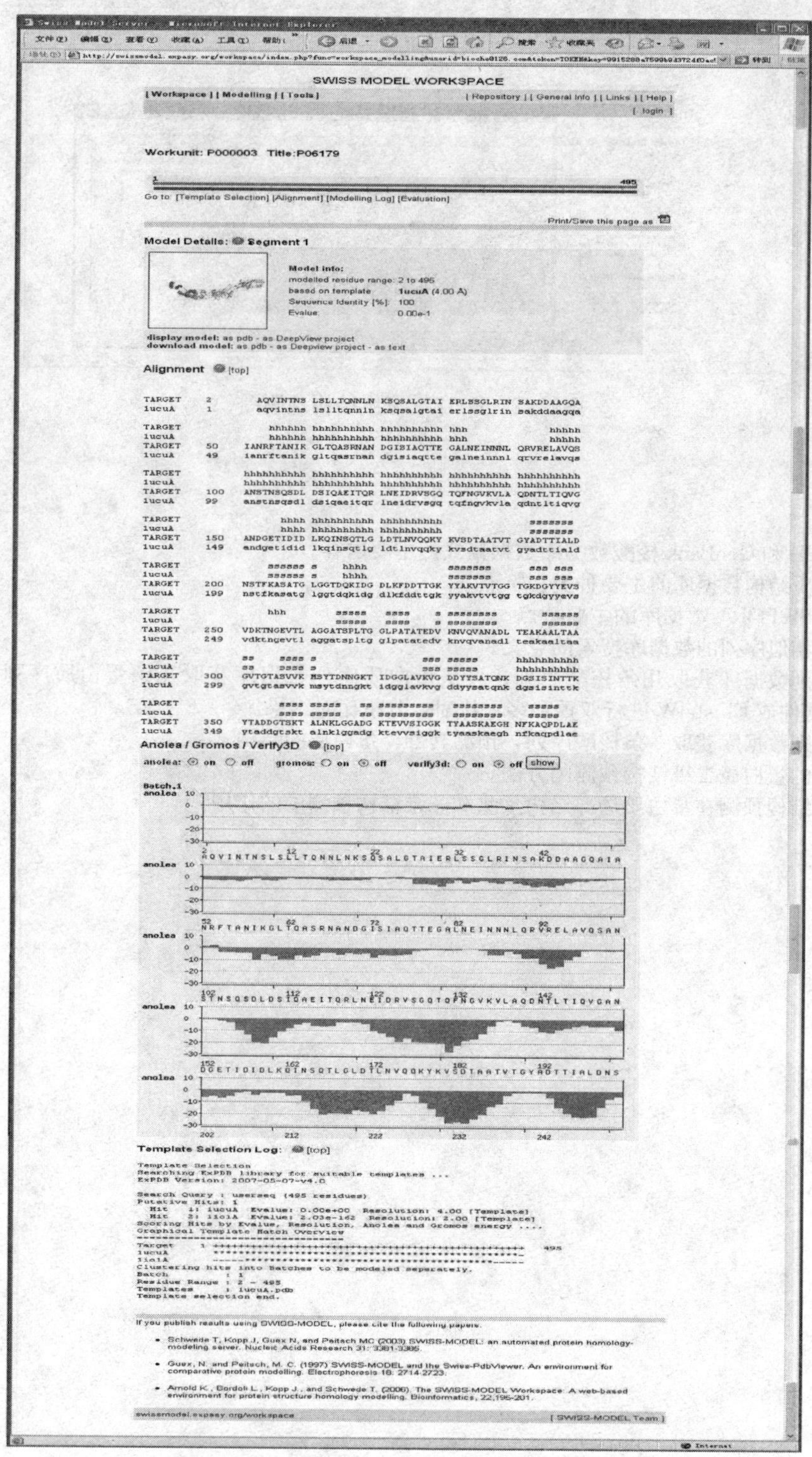

图 6-41　P06179 三维结构预测结果系列截图

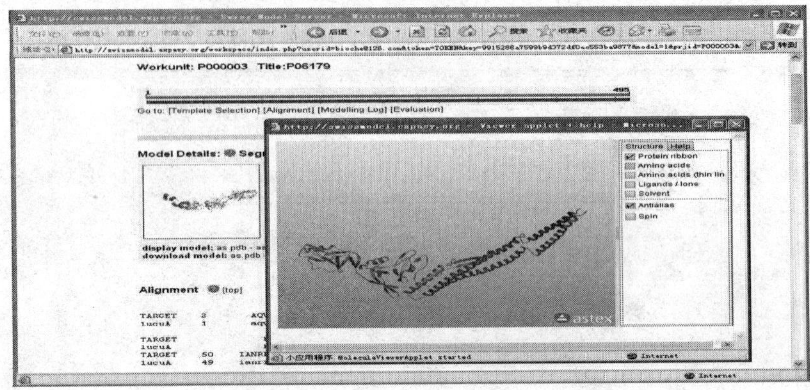

图 6-42　P06179 三维结构预测图

思考题

1. 简述 EMBL 和 GenBank 核酸数据库数据格式的主要内容。
2. 简述蛋白质结构数据库的主要种类和特点。
3. 简述 SWISS-PORT 数据库的主要特点。
4. 简述进行相似序列的数据库搜索的意义。
5. 从核酸序列数据库获取几条核酸序列，再从蛋白质序列数据库获取几条蛋白质序列，分别利用 BLAST 软件或 ClustalW 进行双重和多重比对，分析比对结果。
6. 从核酸序列数据库获取一条核酸序列，预测其翻译蛋白质的结构。
7. 比较常见的蛋白质二级结构预测的方法。
8. 简述二级结构预测在蛋白质局部结构预测和三维结构预测中的作用。

第七章　蛋白质的分离纯化与鉴定

在蛋白质工程中，无论是对现有蛋白质的修饰改造，还是人工设计新的蛋白质，很多时候都需要对蛋白质进行分离、纯化与鉴定。第一，当采用化学法对蛋白质进行修饰改造时，需要单一蛋白质作为原材料；第二，为了检验蛋白质工程的效果，需要单一的蛋白质作为实验材料研究其结构与功能；第三，为了生产出性能比现有蛋白质更优异、更符合人类需要的蛋白质产品，需要对设计改造过的蛋白质进行大量纯化，从而开发出相关产品。因此，蛋白质的分离、纯化与鉴定是蛋白质工程的重要组成部分之一。

蛋白质的分离、纯化与鉴定都是在蛋白质本身的物理化学特性的基础上发展而来的。这些主要的物理化学特性有以下几点。①蛋白质的分子大小：主要取决于蛋白质的肽链数目及每条肽链的氨基酸残基数目，透析、超滤、分子筛层析、变性聚丙烯酰胺凝胶电泳等就是依据蛋白质分子大小进行分离纯化蛋白质的；②蛋白质的带电特性：蛋白质肽链的氨基末端、羧基末端、酸性氨基酸残基的侧链 R 基以及碱性氨基酸残基的侧链 R 基等，在不同的 pH 条件下会带有不同的电荷，等电点沉淀、离子交换层析、等电聚焦电泳等都是以此为依据来分离纯化蛋白质；③蛋白质的溶解特性：大多数蛋白质在水溶液中会形成稳定的胶体溶液，易溶于稀酸、稀碱或稀盐等，当破坏胶体稳定存在的条件时，蛋白质会沉淀析出，硫酸铵分级沉淀、有机溶剂分级分离等均依据此原理；④蛋白质的变性与复性：蛋白质在一定的物理化学条件下会失去原有的空间结构、生物学功能以及部分理化特性等称为变性，在变性条件不剧烈，某些蛋白质在除去变性条件后会恢复原有的空间结构和生物学功能即为复性。例如，采用尿素变性复性的方法从包含体中纯化原核表达蛋白；⑤蛋白质的结晶：天然蛋白质在一定的物理化学条件下，浓度达到过饱和状态时就会结晶析出，如从鸡蛋中纯化溶菌酶等就可以采取结晶与再结晶的方法；⑥蛋白质分子表面的特性：蛋白质分子表面疏水氨基酸残基的数目、比例以及分布区域不同，因此它们与吸附剂的吸附作用力不同，蛋白质的吸附层析就是依据此原理；⑦蛋白质的分子形状：不同的蛋白质具有不同的分子形状，因此其与特定的配基（或配体）具有专一的结合特性，如酶与底物、酶与其抑制剂或激活剂，抗体与抗原，凝集素与葡聚糖等，亲和层析就是以此为依据；⑧蛋白质的紫外吸收：蛋白质中的芳香性氨基酸，主要是苯丙氨酸、酪氨酸及色氨酸，它们的芳香侧链在紫外区域（200～300nm）具有较强的紫外吸收，据此可以测定蛋白质含量；⑨蛋白质的颜色反应：具有特殊侧链的氨基酸残基与一些化学试剂反应呈现特定的颜色，如精氨酸胍基的坂口反应、酪氨酸酚羟基的米伦反应等。据此可以鉴定蛋白质的存在。

生物体主要由蛋白质、糖类、核酸、脂类等有机大分子以及维生素等小分子所组成，要从这样复杂的生物组成物质中分离纯化到某一种蛋白质，实际上是非常困难的。虽然没有一套统一的方法适用于分离纯化所有的蛋白质，但每一种蛋白质可能都有一套适合的分离纯化程序，而且所用的主要技术手段都基本相同。本章就各种蛋白质分离纯化与鉴定技术进行简要阐述。

第一节　蛋白质的分离纯化概述

蛋白质主要由 20 种常见的氨基酸以肽键相连组成，由于氨基酸的种类、含量及其排列顺序的不同，形成了生物界百亿种以上的蛋白质。分离纯化蛋白质的最终目的是提

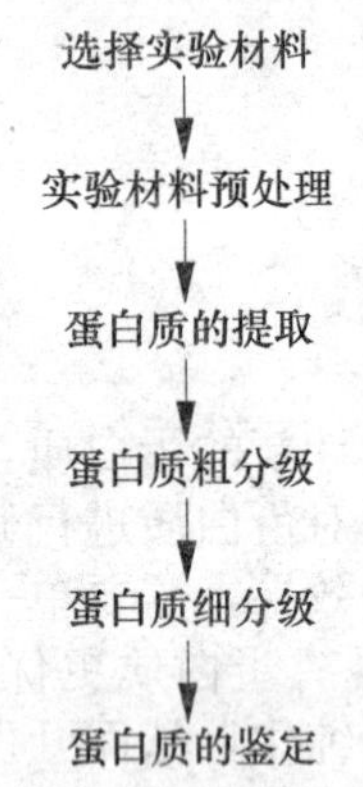

图 7-1　蛋白质分离纯化与鉴定的主要步骤

高蛋白质纯度，通过对分离纯化程序的优化来提高蛋白质产量，并在分离纯化过程中通过对实验条件的控制尽可能保持蛋白质的活性。

蛋白质的分离纯化与鉴定一般包含以下主要步骤（图 7-1），在后面的章节中将分别进行详细的介绍。

（1）选择实验材料：要分离纯化某一种蛋白质，首先要确定从什么实验材料中进行纯化，通常情况下要选择目标蛋白质含量高、其他杂质少、容易获得、成本低的实验材料。实验材料可能是细胞、组织、器官或整个生物体，也可能是培养基或培养液（分泌型蛋白质）。对于给定的生物材料，则要考虑从该生物体的哪个部分进行纯化，如植物的不同器官（如根、茎、叶、花、果实和种子），或者是不同组织（如植物茎的形成层、种子的胚或胚乳等）。

（2）实验材料的预处理：根据实验材料的不同特点，选用适合的预处理方法。如果是液体材料，通常采用过滤或离心的方法除去固体杂质即可获得粗制品；如果是固体材料，则要经过洗涤、材料破碎等处理。为了除去材料表面的杂质，通常要对实验材料进行洗涤，洗涤的一般顺序为自来水、蒸馏水、蛋白质提取缓冲液。在无菌操作条件下，使用消毒剂杀菌后还要用无菌水进行洗涤。对于比较大的实验材料，如植物的根、茎、叶等，可直接进行洗涤；对于比较小的实验材料，如细菌或单细胞藻类等，则要借助于过滤或离心的方法进行洗涤，即将材料悬浮于溶液中，然后过滤或离心除去溶液，再悬浮、离心，反复几次。洗涤好的实验材料要进行破碎，使其内容物释放出来。根据实验材料的大小形状等的差异，选用不同的破碎方法。例如，大的组织、器官或生物体，可首先采用机械的方法（如用剪刀等）将其剪碎，然后再采用研磨、匀浆、超声、酶解、溶胀等方法破碎细胞。对于细菌、单细胞藻类等小的实验材料，则可以直接采用酶解、超声、反复冻融等方法来破碎细胞。常用的细胞破碎方法见表 7-1。

表 7-1　常用的细胞破碎方法

细胞破碎方法	细胞类型
研钵研磨法	植物材料
组织捣碎机捣碎法	动物内脏、肉质植物材料
匀浆器匀浆法	动物脑组织、肉质植物材料
超声波法	细菌、微藻
反复冻融法	微藻、肉质植物材料
化学溶胀法	动物细胞、细菌
酶解法	细菌、酵母、植物细胞
有机溶剂法	细菌、酵母、组织培养细胞

（3）蛋白质的提取：为了使蛋白质从实验材料中释放并分离出来，除了难溶蛋白（如角蛋白、细菌包含体蛋白等），通常都采用特定的缓冲液将蛋白质溶解，然后通过离心或过滤的方法除去不溶物，就得到蛋白质粗提取液。缓冲液对蛋白质的溶解、蛋白质活性的保持以及部分杂质的去除都具有重要意义，它不仅要控制溶液的 pH 和离子强度，还要根据不同蛋白质的需要，加入氧化还原物质、蛋白酶底物或抑制剂、保护性蛋白、非离子去污剂、防腐剂等，因此缓冲液的成分是非常复杂的，它往往决定了目标蛋白质分离纯化的成败。

（4）蛋白质粗分级：采用简单的实验技术手段（如盐析、等电点沉淀、透析、超速离心等）对蛋白质粗提取液进行初步分离纯化，经浓缩后得到蛋白质粗制品。

（5）蛋白质细分级：采用分子筛层析、离子交换层析、亲和层析等手段结合多种电泳技术，包括聚丙烯酰胺凝胶电泳、等电聚焦电泳等进一步对蛋白质粗制品分离纯化，以获得高纯度的蛋白质样品，用于蛋白质结构、功能及其应用研究。

（6）蛋白质的鉴定：包括对蛋白质分子质量、等电点、氨基酸组成及其顺序、免疫特性、结晶特性、生物学功能等进行测定，以确定纯化的蛋白质是什么蛋白质，它的结构与功能如何，它有何用途，为相关产品的开发奠定基础。

以大肠杆菌中表达的融合有组氨酸标签的绿色荧光蛋白的分离纯化为例来说明蛋白质分离纯化与鉴定的全过程。

(1) 选择实验材料：大肠杆菌（含有 His-GFP 表达质粒）在液体 LB 培养基中培养，离心除去 LB 培养基，收集菌体沉淀。

(2) 实验材料预处理：用蛋白质提取缓冲液悬浮菌体，离心后收集菌体沉淀，再用蛋白质提取缓冲液洗涤菌体一次，用少量提取缓冲液悬浮菌体，冰浴条件下超声波破碎菌体，离心后的上清液即为绿色荧光蛋白粗提取液。

(3) 蛋白质粗分级：将绿色荧光蛋白粗提取液装入透析袋中浓缩，透析除去小分子杂质。

(4) 蛋白质细分级：使用镍亲和层析柱亲和纯化带有组氨酸标签的绿色荧光蛋白。

(5) 蛋白质的鉴定：使用聚丙烯酰胺凝胶电泳测定绿色荧光蛋白分子质量，使用荧光分光光度计测定绿色荧光蛋白荧光光谱等。

第二节 蛋白质的提取

除少数蛋白质（如硬蛋白、基因工程菌表达的包含体蛋白等）难以溶解在普通溶液中外，其他大多数蛋白质都能够溶解于水、稀盐溶液、稀酸溶液、稀碱溶液或有机溶剂中，因此采用相应的溶液即可将所要的目标蛋白质提取出来。提取不同的蛋白质往往需要选用不同的缓冲液，选择的重要原则之一是缓冲液不能与目标蛋白质相互作用，如磷酸盐缓冲液往往是蛋白激酶（kinase）的底物或产物，因此纯化蛋白激酶时就不能使用磷酸盐缓冲液。另一个原则是在尽可能的情况下选用常用的缓冲液以降低实验成本，因为在蛋白质分离纯化过程中往往需要大量的缓冲液，如选用 PIPES [piperazine-*N*,*N*′-bis (2-ethanesulfonic acid)]、MOPS [3-(*N*-morpholino) propanesulfonic acid] 等成本较高。为了使蛋白质充分溶解并保持蛋白质的结构及活性，蛋白质提取缓冲液常常含有如下多种成分。

(1) 控制溶液 pH 的缓冲对：蛋白质是两性电解质，溶液的 pH 不仅影响其解离状态，而且影响其功能及溶解特性。溶液 pH 处于蛋白质等电点附近时，蛋白质溶解度最低。因此，为了保持蛋白质的结构与功能，提高其溶解度，溶液 pH 应尽量远离其等电点并接近其生理 pH。常用的缓冲对有：磷酸氢二钠（钾）/磷酸二氢钠（钾）、三羟甲基氨基甲烷（Tris）/盐酸（HCl）、Tris/甘氨酸（Gly）、Gly/HCl、巴比妥钠/HCl、柠檬酸/柠檬酸钠、乙酸/乙酸钠等，所选择的缓冲对的解离常数与所使用的 pH 越接近越好，这样缓冲液的缓冲能力最大。需要注意的是，缓冲液的 pH 与温度有关，因此调节缓冲液 pH 时要注意其使用温度，最好在同一温度进行。调节缓冲液 pH 目前多用酸度计，新型的酸度计一般有温度矫正功能，调节时要把温度探头同时放入缓冲液中。还原剂对酸度计电极有一定的干扰破坏作用，因此常在调节 pH 后再加入还原剂。为了使用方便，常配制高浓度的母液，一般为使用浓度的 10 倍或 100 倍，注意不能超过缓冲对的最大饱和度。高浓度母液稀释后使用，此时需注意溶液 pH 的变化，如 100mmol/L 的磷酸氢二钠/磷酸二氢钠（pH 6.7），稀释 100 倍后，其 pH 会升高 0.3 个 pH 单位左右，如果对实验有影响，需要重新调节。

(2) 控制溶液离子强度的无机盐：蛋白质在生理环境下，都处于一定离子强度的溶液中，如动物体液的离子强度通常相当于 0.9%的生理盐水。在蛋白质提取液中加入一定浓度的 NaCl/KCl，不仅有助于维持蛋白质的结构与功能，同时有利于增加蛋白质的溶解度，一般情况下，植物蛋白大多使用 KCl，动物蛋白大多使用 NaCl。

（3）控制溶液氧化还原状态的还原剂：生物体细胞的氧浓度往往远低于大气的氧浓度，因此，细胞内的蛋白质相当于处于一个还原性的环境中，当细胞破碎，蛋白质从细胞内被释放出来后，由于氧浓度的增高，会导致蛋白质的部分巯基发生氧化，从而引起蛋白质结构变化或失活，因此，在缓冲液中通常加入一定浓度的还原剂，如β-巯基乙醇（β-mercaptoethanol，母液浓度为14.3mol/L左右，使用时稀释到5～20mmol/L），或使用二硫苏糖醇（dithiothreitol，DTT，为固体粉末，使用时配制浓度一般为0.5～1mmol/L）。

（4）蛋白酶抑制剂：在生物体细胞中，蛋白酶往往处于特定的区域，如植物细胞的液泡，它与目标蛋白质往往没有直接接触，当细胞破碎后，蛋白酶被释放出来，会降解目标蛋白质，因此，在提取缓冲液中需要加入蛋白酶抑制剂，常见的蛋白酶抑制剂有多种，见表7-2。在实际使用中，往往要用多种蛋白酶抑制剂的混合物，从而最大限度地抑制目标蛋白质的降解。

表7-2　常用的蛋白酶抑制剂

蛋白酶抑制剂种类	蛋白酶抑制剂	抑制的蛋白酶
丝氨酸蛋白酶抑制剂	TPCK，TLCK，AEBSF，PMSF，3，4-Dichloroisocoumarin，Trypsin Inhibitor，Elastinal，Aprotinins，Antithrombin III，Subtilisin Inhibitor	羧肽酶Y、糜蛋白酶、木瓜蛋白酶、纤溶酶、蛋白酶K、枯草杆菌蛋白酶、凝血酶及胰蛋白酶、菠萝蛋白酶、Arg-C内切蛋白酶、无花果蛋白酶
半胱氨酸蛋白酶抑制剂	Cathepsin Inhibitor，NCO-700，Cystatin，E-64 Protease Inhibitor	组织蛋白酶B及L、木瓜蛋白酶，钙激活中性蛋白酶
丝氨酸和半胱氨酸蛋白酶抑制剂	Antipain，Cathepsin，Chymostatin，Leupeptin	糜蛋白酶、枯草杆菌蛋白酶、Lys-C内切蛋白酶、激肽释放酶、木瓜蛋白酶、凝血酶、组织蛋白酶B、胰蛋白酶
金属蛋白酶抑制剂	Phosphoramidon，Leuhistin，EDTA	嗜热菌蛋白酶、氨基肽酶M、羧肽酶B
天冬氨酸蛋白酶抑制剂	Pepstain	HIV-1和2蛋白酶、胃蛋白酶、血管紧张肽原酶
氨肽酶抑制剂	Arphamenine A，Arphamenine B	氨肽酶A、氨肽酶B
羧肽酶抑制剂	Amastatin，EDTA，DFP，Iodoacetate，PCMB，AEBSF，Aprotinin，PMS	羧肽酶A、羧肽酶P、羧肽酶Y
广谱蛋白酶抑制剂	Alpha2-Marcoglobulin	菠萝蛋白酶、糜蛋白酶、弹性蛋白酶、无花果蛋白酶、胃蛋白酶、纤溶酶、枯草杆菌蛋白酶、嗜热菌蛋白酶、凝血酶、胰蛋白酶

（5）金属离子螯合剂（chelators）：为消除某些金属离子对目标蛋白质的影响，常用一些金属离子螯合剂，如乙二胺四乙酸（ethylene diamine tetraacetic acid，EDTA）、乙二醇双（2-氨基乙基醚）四乙酸［ethylenebis（oxyethylenenitrilo）tetraacetic acid，EGTA］。它们同时也是金属蛋白酶的强烈抑制剂。

（6）标准牛血清白蛋白（bovine serum albumin，BSA）：蛋白质在高浓度条件下，蛋白质分子间相互作用，有利于降低溶剂对蛋白质的不良影响，因此，通常加入标准牛血清白蛋白以提高溶液中的蛋白质浓度，有利于蛋白质的稳定。

（7）去污剂：去污剂有利于提取膜蛋白，常用的去污剂有多种，如曲拉通X-100（Triton X-100），吐温（Tween-20，Tween-80），诺纳德（Nonidet P-40），十二烷基磺酸钠（SDS），3-(3-胆酰胺丙基）二甲氨基-1-丙磺酸［3-(3-cholamidopropyl dimethylammonio）propanesulfonate，CHAPS］等。需要注意的是，低浓度的去污剂有利于蛋白质的溶解，但随着去污剂浓度的提高，有可能导致蛋白质变性。

(8) 水和防腐剂：为了避免细菌及其他杂质的污染，通常选用蒸馏水、重蒸水、三蒸水、去离子水或无菌水，有时还需要加入防腐剂（如 NaN_3 等）。

(9) 甘油（glycerol）：甘油有利于蛋白质结构和活性的保持，在蛋白质保存过程中常加入 20%～50%的甘油。

在蛋白质提取过程中，除了考虑缓冲液成分外，还要考虑实验温度。通常情况下，低温有利于降低蛋白酶的活性，抑制微生物生长，有助于目标蛋白质的稳定。通常采用的实验温度为 0～4℃。蛋白质短时间内的保存温度为 0～4℃，长时间保存时需加入甘油保存在－20℃、－80℃或液氮中，也可以冷冻干燥成干粉室温长期保存。

第三节　蛋白质粗分级

使用蛋白质提取缓冲液提取实验材料后，所获得的蛋白质粗提取液中，目标蛋白质的浓度往往很低，这时可采用一些简单的方法使目标蛋白质浓缩，同时可除去少量的杂质，并可将蛋白质粗提取液初步分为几份，这些纯化方法就属于蛋白质的粗分级。主要包括硫酸铵分级沉淀、有机溶剂分级沉淀、超速离心、等电点沉淀、透析、超滤、蛋白质结晶等。

一、硫酸铵分级沉淀

蛋白质在高浓度中性盐溶液中会沉淀析出，称为盐析（salt out），盐析的主要原理在于高浓度盐离子与蛋白质分子争夺水化水，破坏蛋白质分子表面的水膜，同时盐离子也会影响蛋白质分子所带电荷，从而引起蛋白质沉淀，但通常不会导致蛋白质变性，因此，盐析是蛋白质浓缩和初步分离纯化的主要方法之一。蛋白质盐析中最常用的盐是硫酸铵，由于不同的蛋白质沉淀所需要的盐离子浓度不同，因此通过调节硫酸铵的浓度可使不同的蛋白质分阶段沉淀下来，这就是硫酸铵分级沉淀。该法具有硫酸铵溶解度高、蛋白质沉淀完全、溶解过程中发热少、价格便宜等优点，被广泛用于多种蛋白质的粗分级。

硫酸铵的溶解度受温度的影响较大。例如，在 0℃条件下，在 1L 水溶液中需要加入硫酸铵 697g 就可达到饱和，而在 25℃条件下，1L 水溶液中需要加入 767g 硫酸铵才能达到饱和。通常情况下，在 24%硫酸铵饱和度以下很少有蛋白质沉淀下来，而大多数蛋白质在 55%硫酸铵饱和度时会沉淀下来，当硫酸铵饱和度达到 80%以上时，几乎所有的蛋白质都会沉淀下来。实际工作中每升溶液需要加入多少克硫酸铵才能达到所需要的硫酸铵饱和度可以查阅硫酸铵饱和度常用表（表 7-3）。

硫酸铵的加入量也可采用公式进行计算，在 0℃条件下，硫酸铵饱和度由 C_1 提高到 C_2，在 1L 溶液中需要加入硫酸铵的克数为 505（C_2-C_1）/（1－0.285 C_2）。

硫酸铵的加入会引起溶液 pH 的轻微改变，因此为了控制溶液 pH 中性，可加入 50mmol/L 的磷酸缓冲液。此外，硫酸铵的溶解也会引起溶液温度的轻微改变，因此实验过程最好在低温条件下进行。当向蛋白质溶液中加入固体硫酸铵时，可能会造成局部硫酸铵浓度偏大而导致蛋白质的不可逆变性，因此添加硫酸铵过程中，要不断搅拌溶液，最好在磁力搅拌器上进行。在实验体系不大的情况下，还可以用添加饱和硫酸铵溶液的方法来降低这种不良影响。

硫酸铵分级沉淀举例如下：在 25℃条件下，要将蛋白质粗提取液中硫酸铵饱和度从 0 提高到 20%，则需要在 1L 溶液中加入固体硫酸铵 113g（表 7-3），搅拌溶解 30～60min后部分蛋白质沉淀，离心后的沉淀为蛋白质 A 部分，上清液中硫酸铵饱和度则为 20%，如进一步提高硫酸铵饱和度到 40%，则还需加入固体硫酸铵 121g（表7-3），搅拌溶解 30～60min 后另一部分蛋白质沉淀，离心后的沉淀为蛋白质 B 部分，上清液

表 7-3　部分硫酸铵饱和度常用表（25℃）（1L 溶液中需要加入硫酸铵的克数）

饱和度/%		硫酸铵终浓度															
		5	10	15	20	25	30	35	40	45	50	55	60	70	80	90	100
硫酸铵起始浓度	0	27	55	84	113	144	176	208	242	277	314	351	390	472	561	662	767
	5		27	56	85	115	146	179	212	246	282	319	357	439	526	621	723
	10			28	57	86	117	149	182	216	251	287	325	405	491	584	685
	15				28	58	88	119	151	185	219	255	292	371	456	548	647
	20					29	59	89	121	154	188	223	260	337	421	511	609
	25						29	60	91	123	157	191	227	304	386	475	571
	30							30	61	92	126	160	195	270	351	438	533
	35								30	62	94	128	163	136	316	402	495
	40									31	63	96	130	202	281	365	457
	45										31	64	97	169	245	329	419
	50											32	65	135	210	292	381
	55												33	101	175	256	343
	60													67	140	219	305
	70														70	146	228
	80															73	152
	90																76

中硫酸铵饱和度则为 40%，如进一步提高到硫酸铵饱和度到 55%，则还需加入固体硫酸铵 96g（表 7-3），搅拌溶解 30～60min 后又一部分蛋白质沉淀，离心后的沉淀为蛋白质 C 部分，经上述操作，则将蛋白质粗提取液分为 A、B、C 沉淀和上清溶液共四个部分。

硫酸铵分级沉淀不仅使蛋白质得到了初步分离纯化，而且还可以使蛋白质得到浓缩，如上述 1L 提取缓冲液，经过硫酸铵分级沉淀后分为 A、B、C 三个部分，如果分别用 10mL 的溶液再溶解蛋白质，每一部分的蛋白质都被浓缩了 100 倍。

硫酸铵分级沉淀虽然广泛用于多种蛋白质粗分级，但其分辨率不高，同一种硫酸铵饱和度下沉淀的蛋白质往往是一大类，如上述举例中 A、B、C 三个部分中都含有不只一种蛋白质。而对于一种特定的蛋白质而言，往往在不同饱和度硫酸铵条件下都有沉淀，只是比例不同而已，如在上述举例中，要分离纯化的目标蛋白质为 P，则 P 在 A、B、C 三个部分可能都有，只是在 A 中可能有 2 个分子，B 中有 5 个分子，C 中有 3 个分子。因此，蛋白质粗提取液经硫酸铵分级沉淀后，还需进一步纯化才能得到纯度更高的目标蛋白质。

硫酸铵分级沉淀后的蛋白质中含有大量硫酸铵，可能对后续纯化过程有不良影响，如会影响蛋白质与离子交换柱的结合，也可能对蛋白质的生物学活性有不良影响，因此硫酸铵沉淀后的蛋白质往往需要通过凝胶过滤、超滤或透析除去硫酸铵。

二、有机溶剂分级沉淀

蛋白质在水溶液中以稳定的胶体形式存在，其表面的水膜和电荷是其稳定存在的主要原因。当水溶液中加入有机溶剂（通常为甲醇、乙醇或丙酮）后，这些有机溶剂一方面会降低水的介电常数，从而降低蛋白质分子间的电荷相互作用，另一方面，会和蛋白质争夺水分子，破坏蛋白质分子表面的水膜，因此，有机溶剂会引起蛋白质沉淀，通常在 50%（*V*/*V*）的有机溶剂浓度下，大多数蛋白质会沉淀。不同的蛋白质，其分子表面的极性与非极性氨基酸的比例不同，因此其受到有机溶剂分子的影响不同，沉淀所需要的有机溶剂浓度也不同，从而把不同的蛋白质分开。

有机溶剂沉淀比硫酸铵分级沉淀分辨能力更高，而且蛋白质沉淀不用脱盐，有机溶剂的去除相对容易（容易挥发），缺点是容易引起蛋白质分子变性，实验过程需要严格在低温下进行，一般在0～4℃，不能超过10℃。纯化动物骨骼肌肌动蛋白（actin），将肌肉组织绞碎后，用预冷的丙酮（0～4℃）进行抽提，一方面肌动蛋白会沉淀，另一方面能够除去血液、脂类物质等杂质，得到的肌肉丙酮粉可进一步用超速离心法进行纯化。

三、超速离心法

离心是蛋白质分离纯化过程中最常用的实验手段之一。在强大离心力的作用下，溶液中不溶解的颗粒状物质会沉淀析出，从而把溶液和沉淀物质分开。离心力常用地球引力的倍数来表示，也称为相对离心力“relative centrifugal force，RCF”，常用数字乘“*g*”来表示（0.98m/s^2），如5000*g*。相对离心力“RCF”与每分钟转数间“revolutions per minute，r/min”可以用公式 $RCF=1.119\times10^{-5}\times(r/min)^2R$ 进行换算（R表示离心机转头半径），不同的离心机转头一般都配有相互转换的表格。目前的离心机通常都有自动转换功能，如果用“r/min”表示离心力大小时，必需指出离心机的品牌及其转头的型号，而相对离心力“RCF”与离心机转头半径无关，应用起来更为方便。颗粒物质越小所需要的离心力越大，需要的离心时间越长。一般的真核细胞在1000*g*离心力作用下，5min即可沉淀，而核糖体则需要在100 000*g*离心力条件下离心3h以上才能沉淀。

常用的离心机根据其转速分为三种主要类型：普通离心机、高速冷冻离心机和超速离心机。普通离心机最大相对离心力约为5000～6000*g*，只能用于沉淀大颗粒物质，如组织碎片、真核细胞等。高速冷冻离心机最大相对离心力在80 000～90 000*g*，一般有制冷系统及真空系统，制冷系统可以使整个离心过程在0～4℃条件下进行，避免离心过程中产生的热量引起温度升高，进一步引起蛋白质变性，真空系统则使整个离心环境在稀薄的空气中进行，减少离心机转头与空气的摩擦，减少热量的产生。高速冷冻离心机常用于微生物菌体、细胞碎片、大细胞器、硫酸铵沉淀和免疫沉淀物等的分离纯化工作。超速离心机的相对离心力最大可达500 000～600 000*g*，不仅能使亚细胞器得到分级分离，还可以分离病毒、核酸、蛋白质和多糖等。不同离心机要求配平的精度不同，普通低速离心机只需把对称放置的两个离心管配平即可，采用普通台式天平，误差在0.1*g*左右即可满足需要，高速及超速离心机的配平常使用电子天平，误差在0.01*g*以下，对于超速离心机，最好一个转头上的6～8个离心管重量全部一致。

例如，从肌肉丙酮粉中分离纯化肌动蛋白就是采用超速离心法。首先用提取缓冲液浸泡肌肉丙酮粉，然后通过超速离心除去不溶解部分，球状肌动蛋白溶解在上清液中，然后向此上清液中加入适当浓度的KCl和Mg^{2+}，球状肌动蛋白聚合成为丝状肌动蛋白，再经过超速离心，200 000×g离心3h，丝状肌动蛋白沉淀，其他杂质则在上清中，收集丝状肌动蛋白沉淀，在透析除去KCl和Mg^{2+}的条件下，丝状肌动蛋白又解聚成球状肌动蛋白，再通过超速离心可除去变性蛋白，从而得到高纯度高活性的肌动蛋白。重复聚合-解聚过程，可进一步提高肌动蛋白的纯度。

四、等电点沉淀法

蛋白质由氨基酸以肽键相连组成，分子中含有大量的带电基团，如肽链两端游离的氨基和羧基、天冬氨酸和谷氨酸的侧链羧基、赖氨酸的侧链氨基、精氨酸的胍基、组氨酸的咪唑基等，这些带电基团的解离常数不同，因此在不同的pH条件下，分别带有不同的电荷，整个蛋白质分子所带总电荷就是上述带电基团所带电荷的总和。在一定的pH条件下，蛋白质所带的正负电荷数相等，净电荷为零，此时溶液的pH即为该蛋白质的等电点。pH 高于蛋白质等电点，蛋白质带负电，反之，蛋白质带正电。同种蛋白质分子表面带有同种电荷所产生的电荷排斥力是蛋白质在溶液中稳定存在的原因之一。

不同蛋白质所含有的氨基酸数目和种类不同，因而其所含有的带电基团的种类和数目不同，因此其等电点不同。蛋白质在等电点时，由于净电荷为零，分子间的电荷排斥力消失，因而分子间相互聚集而沉淀。这样，在蛋白质混合样品中，通过调节溶液 pH，使不同的蛋白质先后发生沉淀，结合离心法可以把不同的蛋白质分开。例如，一种混合溶液的 pH 为 4，其中含有三种蛋白质 A、B、C，它们的等电点分别为 6、8、10，首先将溶液的 pH 调高为 6，离心后 A 在沉淀 1 中，将上清液的 pH 再调高为 8，离心后则 B 在沉淀 2 中，再将上清液的 pH 调高为 10，离心后则 C 在沉淀 3 中，从而把蛋白质 A、B、C 分开。

除极端 pH 外，等电点沉淀不会导致蛋白质变性，与硫酸铵分级沉淀一样，将蛋白质沉淀溶解在较小体积的缓冲液中，同样可用于蛋白质溶液的浓缩。由于蛋白质等电点沉淀的 pH 往往是一个范围，除非两个蛋白质的等电点相差极大，否则一个 pH 条件下的沉淀中常含有不只一种蛋白质，如上述举例中，沉淀 2 中可能同时含有少量的 A 和 C。因此，等电点沉淀法也是用于蛋白质的粗分级。

五、透析法

利用半透膜（semipermeable membrane）对溶液中不同分子的选择性透过作用，可以将蛋白质与其他小分子物质分开。例如，通过硫酸铵分级沉淀后得到的蛋白质溶液中含有的高浓度硫酸铵，就可以通过透析法（dialysis）除去。常用的透析装置见图 7-2，首先将处理好的透析袋一端用橡皮筋或夹子封闭，将含有高浓度硫酸铵的蛋白质溶液装入透析袋，封闭透析袋另一端（通常透析袋内溶质浓度高会导致溶剂从袋外进入袋内，为了避免透析袋被胀破，通常留有一小段空隙），然后将透析袋悬浮于透析液中（不含有硫酸铵），在浓度差的驱动下，硫酸铵就会从透析袋内扩散到透析袋外，直到透析袋内外硫酸铵浓度相等为止，而蛋白质由于是生物大分子，不会扩散到透析袋外。通过磁力搅拌器加快透析速度，一般透析达到平衡需要 0.5～2h 左右。

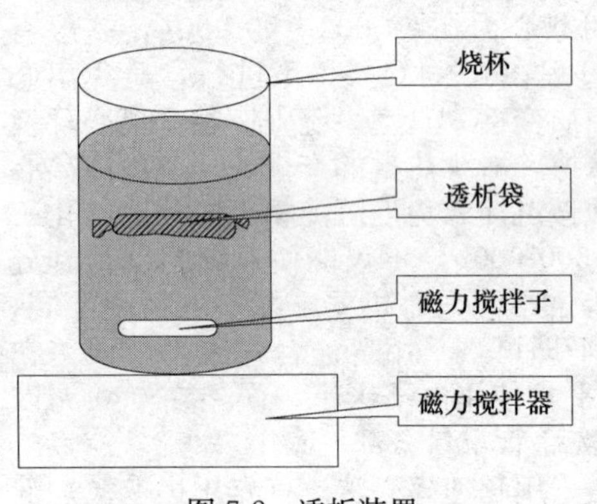

图 7-2　透析装置

透析法不仅用于蛋白质粗分级，同样可以用于蛋白质溶液的浓缩。先将低浓度蛋白质溶液装入透析袋，然后将透析袋埋在蔗糖、聚乙二醇（PEG，聚合度 5000～10 000）或葡聚糖凝胶（SephadexG100～200）中，水会通过透析袋被蔗糖、PEG 或 Sephadex G 吸收，控制包埋时间的长短可以调节浓缩倍数，如在透析袋中装入 50mL 的蛋白质溶液，浓缩后变为 0.5mL，则蛋白质溶液被浓缩了 100 倍。

新购买的透析袋为长筒状，筒臂紧紧贴在一起，质地较脆，同时可能含有灰尘、金属离子等杂质，需要处理以后才能使用。透析袋的直径在 1～5cm 不等，使用时，根据样品体积的多少将透析袋剪成所需要的长度（5～20cm），然后将透析袋在溶液（10mmol/L $NaHCO_3$，1mmol/L EDTA）中煮沸 10min，用蒸馏水彻底漂洗，再在 1mmol/L EDTA 中煮沸 10min，再用蒸馏水彻底漂洗后即可使用。处理后的透析袋使用时一定要戴手套或用干净的镊子操作，避免污染。透析袋用后用蒸馏水充分冲洗，浸泡在 70％乙醇或 1mmol/L EDTA 溶液中长期保存，并可重复利用。

六、超滤法

超滤法是利用压力或离心力使溶液中的小分子物质通过超滤膜，而大分子则被截留，一次实验可以把蛋白质混合物分为分子大小不同的两个部分。目前用作超滤膜的材料主要有聚砜、聚砜酰胺、聚丙烯氰、聚偏氟乙烯、醋酸纤维素等，截留相对分子质量范围为 5～500 000。根据实验需要，可以选择不同规格的超滤膜。例如，要除去蛋白质以外的小分子物质，选用截留相对分子质量为 5000～6000 的超滤膜即可，如果要分开两种不同分子质量的蛋白质，则要选择特定规格的超滤膜。

超滤膜通常被固定在一个支持物上，制成超滤装置，可以用加压、减压或离心等方法使溶剂及小分子物质透过超滤膜，然后再用溶剂溶解大分子物质。离心超滤装置见图 7-3。超滤技术不仅用于蛋白质的粗分级，也可用于蛋白质溶液的浓缩。例如，5mL 样品装入离心超滤装置，控制离心速度及时间，使溶液离心后变为 0.5mL，则溶液被浓缩了 10 倍，或者将溶剂全部离心除去，再用 0.5mL 溶液溶解蛋白质，则溶液同样被浓缩了 10 倍。超滤法操作简便，快捷，但超滤膜通常为一次性用品，因此实验成本较高。

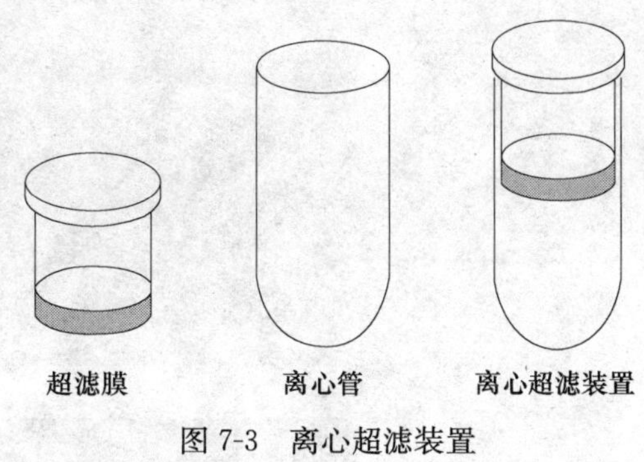

图 7-3　离心超滤装置

七、结晶法

当某种蛋白质在溶液中由于沉淀剂的作用而聚集沉淀时有可能形成特定结构的晶体，如溶菌酶在高浓度硫酸铵作用下就会形成晶体。由于溶剂挥发而使蛋白质溶液达到过饱和状态时也可能使蛋白质结晶析出，如通过气相悬滴扩散法培养蛋白质晶体。蛋白质形成晶体后很容易通过离心或过滤等方法与溶液中其他成分分开，因此，也是蛋白质粗分级的方法之一。由于蛋白质晶体难以得到，本方法只适用于特定蛋白质的分离纯化。通常只有高活性、高纯度、高浓度的蛋白质才能正常结晶，因此，蛋白质结晶也是判断蛋白质纯度和活性的一个重要指标。蛋白质晶体还是蛋白质三维结构分析的重要材料，目前已经测定的蛋白质结构绝大多数来自于蛋白质晶体的 X 射线晶体衍射数据的分析结果。

常用的微量结晶方法为气相悬滴（座滴）扩散法，扩散装置见图 7-4。在没有专门扩散装置的情况下，使用 16 孔细胞培养板可以进行悬滴气相扩散法培养蛋白质晶体。以培养藻蓝蛋白晶体为例。藻蓝蛋白晶体培养所用溶液为 A 液：2-甲基-2,4-戊二醇（2-methyl-2,4-pentadiol，MPD）5％，饱和（NH_4）$_2SO_4$ 6％（V/V），PEG6000 5％，0.1mol/L Na_2HPO_4-NaH_2PO_4，pH 7.0；B 液：3.5mg 藻蓝蛋白溶解于 100μL 磷酸缓冲液（0.1mol/L Na_2HPO_4-NaH_2PO_4，pH 7.0）。C 液：饱和（NH_4）$_2SO_4$ 与 50mmol/L Na_2HPO_4-NaH_2PO_4（pH 7.0）以 1∶3 混合。在 16 孔细胞培养板上每孔加入 C 液 0.8mL；取 A 液 6μL、B 液 2μL 混匀放在盖玻片上作为悬滴，倒置盖玻片，盖在细胞培养板的孔上，用真空脂或凡士林油密封，室温下避光培养 1～2 周。培养获得的晶体在可见光下进行显微观察与照相，结果见图 7-5A。通过本方法培养获得的别藻蓝蛋白、溶菌酶、胰蛋白酶晶体见图 7-5B、C、D。

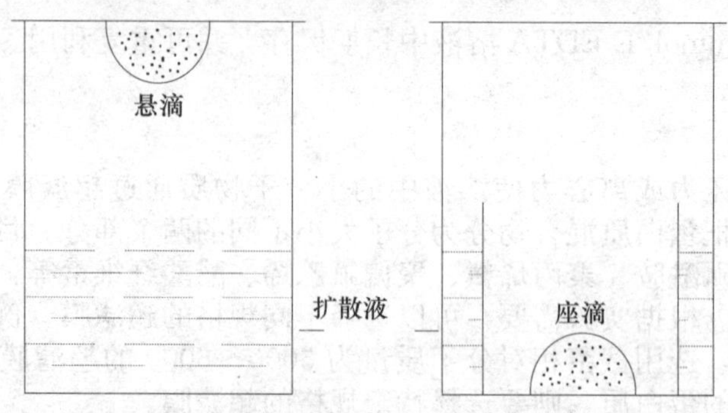

图 7-4 气相扩散结晶装置

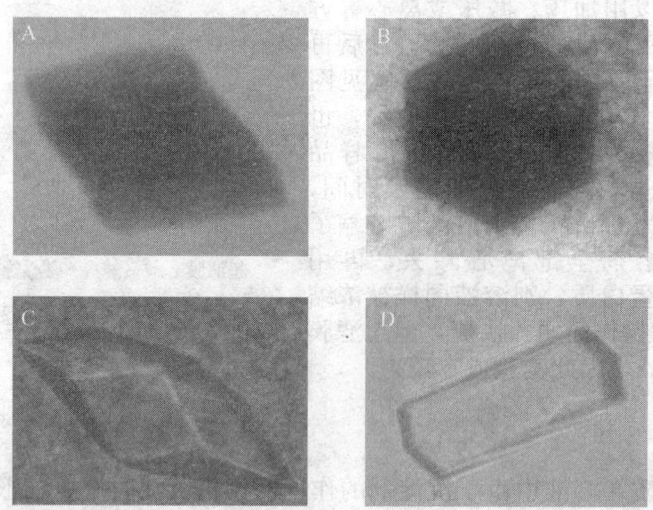

图 7-5 蛋白质晶体

A. 螺旋藻藻蓝蛋白晶体；B. 螺旋藻别藻蓝蛋白晶体；C. 溶菌酶晶体；D. 胰蛋白酶晶体

八、其他方法

除上述常用的蛋白质粗分级方法以外，还有一些其他方法，如凝胶过滤脱盐，通常采用的凝胶为 Sephadex G-25。样品上样后，蛋白质等大分子先被洗脱下来，而盐离子等小分子物质后被洗脱下来，从而除去蛋白质溶液中的小分子杂质。聚乙二醇沉淀法，大多数蛋白质在 30% PEG6000 条件下会沉淀，通过离心法可以除去上清液中的杂质。三氯乙酸（TCA）沉淀法，在 10% TCA 条件下，大多数蛋白质会变性沉淀，在纯化变性蛋白质时可以采用此法。此外，丙酮沉淀法、免疫沉淀法、加热变性沉淀法等都可以对蛋白质进行粗分级。

九、蛋白质粗分级举例

以藻胆蛋白的分离纯化为例，介绍实验材料的选择，实验材料的预处理和藻胆蛋白的粗分级。

（1）选择实验材料：藻胆蛋白是藻类的光合作用蛋白，在螺旋藻中含量很高，可以达到螺旋藻干重的 20%以上，钝顶螺旋藻是生产中应用最广的一个藻种，选用它的一个直线型高产突变株为实验材料，以经典 Zarrouk 培养基在 25～30℃和自然光条件下培养，大约培养 2 周，OD_{560} 达到 2.0 时进行采收。

（2）实验材料预处理：螺旋藻为多细胞蓝藻，形体很小，用 110 目网膜过滤收集藻体，除去培养基后，用蒸馏水反复冲洗、过滤，最后用蛋白质提取缓冲液冲洗、过滤。2g 鲜藻用 20mL 蛋白质提取缓冲液（5mmol/L Na_2HPO_4-NaH_2PO_4，pH 7.0，含有 0.02mmol/L PMSF，0.1mmol/L EDTA，0.4mmol/L NaN_3，2mmol/Lβ-巯基乙醇）悬浮，在冰浴上超声波破碎（功率 200W，超声 1min，间歇 1min，重复 3 次），10 000g 离心 30min，去掉沉淀，上清液即为藻胆蛋白粗提取液。

（3）藻胆蛋白粗分级：采用硫酸铵分级沉淀和透析相结合的方法。先将硫酸铵加到 30%饱和度，根据硫酸铵饱和度表，0℃条件下需加入固体硫酸铵 164g/L，4℃搅拌 2h，离心，去沉淀。再将上清的硫酸铵浓度调节到 55%饱和度，还需加入固体硫酸铵 148g/L，4℃搅拌 2h，离心，去上清，将沉淀悬浮于 5mL 蛋白质提取缓冲液中。将此悬浮物装入透析袋，用 500mL 蛋白质提取缓冲液透析，2h 后透析平衡，则硫酸铵的浓度降为原来的百分之一，再换 500mL 透析液透析，共换两次，透析平衡后，硫酸铵浓度降为原来的百万分之一，不会影响蛋白质的稳定性和后续实验。透析结束，打开透析袋，将透析袋内的蛋白质提取物在 4℃离心，12 500g，30min，除去含有变性蛋白的沉淀，上清液即为藻胆蛋白粗提取物，用于藻胆蛋白的细分级。

第四节　蛋白质细分级

从实验材料中提取的蛋白质经粗分级后，只是使蛋白质得到浓缩和初步分离纯化，多数情况下，还要根据蛋白质分子大小、分子形状、分子表面特征或分子带电状况进一步纯化，这就是蛋白质细分级，常用的实验技术主要有多种层析和电泳等。

一、分子筛层析

（一）原理

分子筛层析（molecular sieve chromatography）也称为凝胶过滤（gel filtration）、分子排阻（molecular exclusion）层析、凝胶渗透（gel permeation）层析等，它是以多孔性凝胶材料为支持物，当蛋白质溶液流经此支持物时，分子大小不同的蛋白质所受到的阻滞作用不同而先后流出，从而达到分离纯化的目的。采用的凝胶材料主要有葡聚糖、琼脂糖、聚丙烯酰胺、多孔玻璃珠等，凝胶颗粒内部呈网孔状结构，分子质量大的蛋白质难以进入凝胶颗粒内部，因此主要从凝胶颗粒的间隙里通过，所受到的阻滞作用小，而分子质量小的蛋白质则容易进入凝胶颗粒内部，所受到的阻滞作用大，因此大分子蛋白质先流出凝胶，而小分子蛋白质后流出凝胶，从而将分子质量大小不同的蛋白质分开。

分子筛层析的原理见图 7-6。混合样品上样（图 7-6A）后，大分子不能进入凝胶颗粒，从凝胶颗粒之间通过，分子扩散小，受到凝胶的阻力小，所走过的路径短，因此大分子移动的快，而小分子能够进入凝胶颗粒内部，分子横向扩散大，受到凝胶的阻力大，所走过的路径长（图 7-6B，C），因此大分子先从层析柱被洗脱下来（图 7-6D），小分子则后从层析柱被洗脱下来（图 7-6E）。

（二）凝胶介质

1. 葡聚糖凝胶

凝胶过滤最常采用的凝胶是交联葡聚糖，主要由 Amersham biosciences（Pharmacia）公司生产，商品名为 Sephadex G，它是由 1-氯-2，3 环氧丙烷交联右旋糖苷而制成，右旋糖苷是酵母和细菌的贮存多糖，主链是以 α-1,6-糖苷键连接而成的葡聚糖，

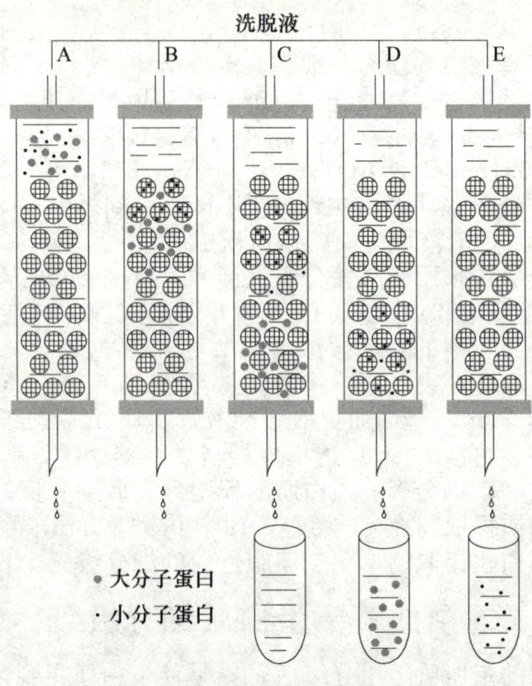

图 7-6　分子筛层析原理

约占总量的 95%，支链是以 α-1，3-糖苷键相连，因菌种不同，也有 α-1，2-糖苷键 α-1，4-糖苷键连接的。根据环氧丙烷的百分比不同来控制凝胶孔径的大小，Pharmacia 公司生产了一系列孔径大小不同的凝胶，根据凝胶孔径由小到大分别命名为 Sephadex G-10、G-15、G-25、G-50、G-75、G-100、G-150 和 G-200，G 后面的数字是 1g 干胶吸水毫升数的 10 倍。例如，1g Sephadex G-200 干粉可吸水 20mL，余类推，G 后面的数字越大，凝胶的孔径越大，适于分离的蛋白质分子质量越大，不同型号凝胶分离的分子质量范围见表 7-4。根据凝胶颗粒大小又分为粗（coarse）、中（medium）、细（fine）和超细（super fine）四种类型，颗粒越小，分离效果越好。但装柱困难，洗脱流速慢，实验周期长，操作难度大。Sephadex G 具有较好的化学稳定性，能耐受一定的酸碱，工作 pH 2～10，洗脱流速一般在 2～5cm/h。为提高凝胶的机械强度，提高洗脱效率，目前有一种改进型凝

表 7-4　葡聚糖 Sephadex G 系列

Sephadex G 系列	分离相对分子质量范围	凝胶溶胀体积/凝胶干粉/(mL/g)
Sephadex G-10	＜700	2～3
Sephadex G-15	＜1 500	2.5～3.5
Sephadex G-25（粗、中、细、超细）	1 000～5 000	4～6
Sephadex G-50（粗、中、细、超细）	1 500～30 000	9～11
Sephadex G-75	3 000～80 000	12～15
Sephadex G-75（超细）	3 000～70 000	12～15
Sephadex G-100	4 000～150 000	15～20
Sephadex G-100（超细）	4 000～100 000	15～20
Sephadex G-150	5 000～300 000	20～30
Sephadex G-150（超细）	5 000～150 000	18～22
Sephadex G-200	5 000～600 000	30～40
Sephadex G-200（超细）	5 000～250 000	20～25

胶 Sephacryl，它是由葡聚糖与甲叉双丙烯酰胺交联而成的，型号有 Sephacryl-100、200、300、400、500，不仅洗脱速度可以提高到 20cm/h 以上，而且最大分离范围可以达到 10^8 以上。另外，在 Sephadex G-25（G-50）中分别加入羟丙基基团反应，合成 Sephadex LH-20 和 LH-60，适用于有机溶剂中分离脂溶性物质。

除葡聚糖凝胶外，用于分子筛层析的凝胶还有琼脂糖凝胶、聚丙烯酰胺凝胶、多孔硅胶和多孔玻璃珠等。

2. 琼脂糖凝胶

琼脂糖凝胶是由半乳糖及其衍生物以氢键方式相互连接凝聚而成。其商品名因生产厂家不同而异，常见的主要有 Amersham biosciences（Pharmacia）公司生产的 Sepharose-2B、4B、6B（琼脂糖的百分含量分别为 2%、4%、6%），分离分子质量范围从 10^5 到 10^7，以及 Bio-Rad 公司生产的 Bio-gel A 系列（型号有 0.5mol/L、1.5mol/L、5mol/L、15mol/L、50mol/L、150mol/L），分离相对分子质量范围从 10^4～10^8，分离范围广，适于分离大分子物质。琼脂糖凝胶在 pH 4～9 是稳定的，对样品的吸附作用小，机械强度和稳定性也很好，洗脱速度比较快。但琼脂糖凝胶分辨率较低，不耐高温，在 40℃以上开始融化，使用温度以 0～30℃为宜。

Sepharose 与 2,3-二溴丙醇反应，合成 Sepharose CL 型凝胶（CL-2B、CL-4B、CL-6B），它们的分离特性基本没有改变，但热稳定性和化学稳定性都有所提高，可以在更广泛的 pH 范围内应用，稳定工作的 pH 3～13，Sepharose CL 型凝胶还特别适合于含有有机溶剂的物质分离。

近年来，Amersham biosciences（Pharmacia）公司又有新产品 Sepharose 4/6 Fast Flow 问世，Sepharose 6 Fast Flow 分离的相对分子质量范围为 1×10^4～4×10^6，Sepharose 4 Fast Flow 分离的相对分子质量范围为 6×10^4～2×10^7。本凝胶的突出优点是机械强度高，洗脱速度快，可达 80mL/min，适合于连续大规模的分离纯化。它的化学稳定性很高，工作 pH 2～12，在 2mol/L NaOH、6mol/L 盐酸胍、8mol/L 尿素、1% SDS、30%乙腈、30%异丙醇、70%乙醇等溶液中都很稳定。Sepharose 4/6 Fast Flow 使用后可以在位清洗（cleaning in place）。清除杂质蛋白，可以用 4 倍柱床体积的 1～2mol/L NaOH 洗脱；除去脂类等杂质，可以用 4～10 倍柱床体积的 30%异丙醇（或 70%乙醇）洗脱；使用上述试剂洗脱后，立即用 3 倍柱床体积的起始缓冲液洗脱，然后就可以再次上样使用。

琼脂糖凝胶一般保存在 4～8℃，在 20%乙醇中或含有 0.04% NaN_3 中以防细菌污染，可重复使用 5～10 年。在分子筛层析中，琼脂糖凝胶应用不多，它主要作为凝胶基质，在其上连接其他分子制成离子交换层析、亲和层析等介质。

3. 聚丙烯酰胺凝胶

聚丙烯酰胺凝胶是丙烯酰胺（acrylamide，Acr）与甲叉双丙烯酰胺（*N*,*N*-methylene- bisacylamide，Bis）交联而成。调节 Acr 和 Bis 的浓度，就可以得到孔径大小不同的交联物。聚丙烯酰胺凝胶主要由 Bio-Rad 公司生产，商品名为 Bio-Gel P，主要型号有 Bio-Gel P-2、P-4、P-6、P-10、P-30、P-60、P-100、P-150、P-200、P-300，P 后面数字的 10^3 倍代表凝胶的排阻极限。聚丙烯酰胺凝胶分离的分子质量范围、吸水率等性能基本近似于 Sephadex，分辨率较高，它在 pH 1～10 的水溶液中较为稳定，不耐碱和高温，吸附作用较大，相比于葡聚糖凝胶和琼脂糖凝胶更好保存，不容易被微生物所分解。

4. Sephacryl 凝胶

Sephacryl 凝胶是葡聚糖凝胶的改进型，它由葡聚糖和甲叉双丙烯酰胺组成。它的突出优点是机械强度大、洗脱速度快，此外，它还具有分离的分子质量范围大、凝胶稳定性强、重复利用率高、非特异性吸附小、适合大规模工业化生产使用等特点。Sephacryl 凝胶系列有 S-100（分离相对分子质量 $1\times10^3\sim1\times10^5$），S-200（分离相对分子质量 $5\times10^3\sim2.5\times10^5$），S-300（分离相对分子质量 $1\times10^4\sim1.5\times10^6$），S-400（分离相对分子质量 $2\times10^4\sim8\times10^6$），S-500（分离相对分子质量 $4\times10^4\sim2\times10^7$）。Sephacryl 凝胶颗粒平均直径 47μm，使用 pH 3～12，洗脱流速可以达 30cm/h 以上。Sephacryl 凝胶的化学稳定性很高，不仅可用于普通水溶液，还可以用于 0.2mol/L NaOH、0.1mol/L HCl、1mol/L 乙酸、2mol/L NaCl、6mol/L 盐酸胍、8mol/L 尿素、1% SDS 等，还可以用于有机溶剂中，如 24%乙醇、丙酮、二甲亚砜、30%丙醇、30%乙腈等。

5. Superdex 凝胶

Superdex 凝胶由 Amersham biosciences（Pharmacia）公司生产，它是由葡聚糖和琼脂糖交联而成，交联葡聚糖提供凝胶较好的物理化学稳定性，而其中的琼脂糖则提供凝胶高的分辨率。Superdex 凝胶系列主要有 Superdex pepti、Superdex 30（分离效果在 Sephadex G-25 和 G-50 之间）、Superdex 75（相当于 Sephadex G-75）和 Superdex 200（相当于 Sephadex G-200）。颗粒平均直径为 34 μm，机械强度高，能够耐受较高的压力，因此可以用较快的速度洗脱，可达 50cm/h 以上（Sephadex G-50 只有 2～5cm/h），大大缩短纯化时间，有利于目标蛋白质的稳定和活性的保持。Superdex peptide 主要用于分离多肽，分离的相对分子质量 100～7000，它的物理化学稳定性极高，使用的 pH 1～14，还可以在 70%乙腈、甲醇、6mol/L 盐酸胍、8mol/L 尿素等条件下使用。Superdex 30 分离的相对分子质量 5000～10 000，Superdex 75 分离的相对分子质量 3000～70 000，Superdex 200 分离的相对分子质量为 10 000～600 000。Superdex 30、75、200 物理化学稳定性也很高，使用的 pH 3～12，在 1mol/L 乙酸、6mol/L 盐酸胍、8mol/L 尿素、2% SDS、30%异丙醇、30%乙腈、70%乙醇中都可使用。

6. Superose 凝胶

Superose 凝胶也是由 Amersham biosciences（Pharmacia）公司生产，由琼脂糖交叉连接而成，主要有两个产品，即 Superose 6 和 Superose 12。Superose 凝胶具有洗脱速度快（1mL/min）、分辨率高和样品容量大等特点。Superose 12 分离的相对分子质量 1000～300 000，Superose 6 分离的相对分子质量 5000～5 000 000。凝胶颗粒大小在 20～40μm，工作 pH 3～12，可以在 6mol/L 盐酸胍、8mol/L 尿素、30%乙腈等缓冲液中使用。

7. 其他凝胶

多孔硅胶，它们是由硅胶制成的网孔状球形颗粒。它最大的特点是机械强度高、化学稳定性好和使用寿命长。多孔硅胶分离的相对分子质量 $10^2\sim10^6$，最大的缺点是吸附作用较强，在实验中需要通过表面处理和选择洗脱液等来降低对目标蛋白质的吸附。

多孔玻璃珠，它们是由玻璃所制成的网孔状球形颗粒。它的特点与多孔硅胶相似，机械强度高、化学稳定性好。多孔玻璃珠分离的相对分子质量 $10^3\sim10^6$。

（三）实验方法

1. 凝胶预处理

购买的葡聚糖凝胶 Sephadex G 为干粉状，使用前需吸水膨胀，凝胶型号越大，所需溶胀时间越长，如 Sephadex G-10、G-15 需要室温溶胀 3h（或沸水浴 1h），Sephadex G-25、G-50 需要室温溶胀 6h（或沸水浴 2h），Sephadex G-75 需要室温溶胀 24h（或沸水浴 3h），G-100 需要室温溶胀 48h（或沸水浴 5h），G-150、G-200 需要室温溶胀 72h（或沸水浴 5h）。凝胶溶胀后，漂浮在液面上的细小颗粒等杂质除去不用，经室温溶胀的凝胶还要排除凝胶中的空气（将凝胶装在烧杯中，放入真空干燥器，然后用真空泵抽气，可以看到气泡从凝胶颗粒中散出，直到气泡出尽，抽真空结束），然后准备装层析柱。凝胶的使用量根据所选层析柱的柱体积和凝胶溶胀体积计算得出。例如，层析柱高 60cm，直径为 2cm，则柱体积约为 $60\times3.14\times1^2\approx188$mL；如使用 Sephadex G-100，则约需要干粉 $188/17.5\approx10.6$g，再考虑实验损失，多用 10%～20%，称量 12～13g 凝胶干粉即可。

2. 装层析柱

选好的层析柱洗净，将带有滤膜的螺帽在层析柱下端旋紧，封闭柱子下端。在层析柱内加一段水柱，使用注射器吸满水，从柱子下端从下往上打水，排除柱子下端及滤膜中的空气，保持柱子下端的水柱高 2～3cm，用弹簧夹封闭柱子下端，将溶胀好的凝胶与水按照 1∶1 体积比制成悬浮液，从柱子顶端轻轻倒入，一次性将柱子倒满，凝胶颗粒在重力作用下自由下沉，当柱子下端出现 1～2cm 高的沉实的凝胶界面时可以打开柱子下端出水口，此时凝胶颗粒沉淀速度加快，用玻璃棒轻轻搅混柱子顶端的凝胶，避免柱子中出现界面，逐步加入凝胶悬浮液，直到沉实的凝胶达到所需要的柱高为止，此时凝胶顶端要保留一段水柱，为避免液滴等破坏凝胶平面，通常在凝胶顶端加入一片滤纸片（有转换接头 Adaptor 的凝胶柱不用滤纸片，转换接头可以直接旋紧到凝胶表面）。装好的凝胶柱表观颗粒均匀、无裂纹、无界面、无气泡，否则会影响分离效果。为检查凝胶柱的均匀性，可以用蓝色葡聚糖 2000 上样，如果色带均匀，不脱尾即可。

3. 平衡、上样、洗脱、检测与收集

整个蛋白质柱层析系统见图 7-7，凝胶装在层析柱中，凝胶顶端保持 2～3cm 高水柱，蠕动泵将缓冲液吸入层析柱，由蠕动泵控制缓冲液流速，Sephadex G-100 洗脱速度一般控制在 0.5～1mL/min。洗脱溶液流经凝胶柱后，先经过紫外检测器，检测 280nm 的光吸收值，在有蛋白质经过时，紫外吸收值会增加，形成洗脱峰，不同分子大小的蛋白质先后流经紫外检测器，就形成了一系列的洗脱峰，不同的洗脱峰由部分收集器收集在不同试管中，再根据后续电泳等检测手段确定目标蛋白质在哪个试管，从而纯化到目标蛋白。装好的层析柱先用 3～5 倍柱体积的蒸馏水洗脱平衡，以排除凝胶中的杂质并使凝胶结构均匀，洗脱直到紫外吸收值低于 0.02 为止，然后再用 2～3 倍柱体积的洗脱缓冲液洗脱平衡，使凝胶中的环境与蛋白质提取缓冲液相似，然后准备上样。首先停止蠕动泵，打开柱子顶端的螺帽，然后用弹簧夹夹住柱子下端水管，柱子顶端残留的溶液用胶头滴管吸走，直到液面与凝胶表面的滤纸片相切，然后用胶头滴管上样（样品需经过离心或过滤，以避免样品中颗粒状物质污染凝胶），小心让样品滴到滤纸片中央，尽量减小对凝胶的冲击，避免凝胶顶面被破坏，否则会造成洗脱峰脱尾。上样量一般为柱体积的 1%～5%，然后打开止水夹，当样品进入凝胶，液面与滤纸片相切时，

再关闭止水夹，同样用胶头滴管添加洗脱溶液，溶液高度达到 2～3cm 为止，然后拧紧层析柱顶端螺帽，打开止水夹，打开蠕动泵，用洗脱缓冲液进行洗脱，不同分子大小的蛋白质随缓冲液在凝胶中移动的速度不同，大分子先从凝胶柱流出，小分子后流出，通过紫外检测器检测从层析柱流出液体在 280nm 的光吸收值，同时用部分收集器收集。以洗脱体积为横坐标，以 280nm 光吸收值为纵坐标，绘制洗脱曲线。根据洗脱峰的位置，确定不同分子大小的蛋白质所在的试管，进一步用电泳等实验手段鉴定目标蛋白。

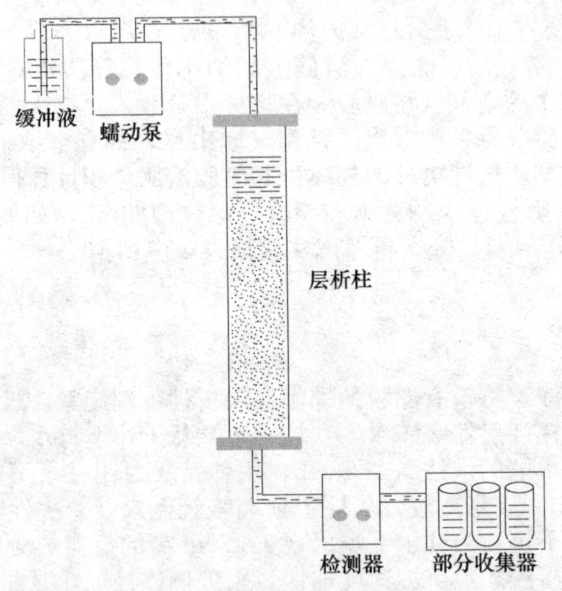

图 7-7　柱层析装置

4. 层析柱再生

洗脱结束后，如果还要纯化同种样品，一般情况下，只需将层析柱用 3～5 倍柱体积的洗脱液缓冲平衡，然后即可继续上样和洗脱，可以上样 3～5 次。当使用次数较多，或者要纯化不同样品时，需要用 2～3 倍柱体积的非离子去污剂在位洗脱除去吸附在凝胶中的杂质（或者将凝胶从层析柱中卸下，用 0.2mol/L NaOH 浸泡，然后再用蒸馏水清洗）。

5. 层析柱拆卸

停止蠕动泵、紫外检测器和部分收集器，层析柱正下方放一个大口烧杯，准备装接凝胶，打开层析柱下端螺帽，由于层析柱顶端还是封闭的，此时凝胶一般不会流出，当打开层析柱顶端螺帽时，凝胶就会落入烧杯中，如果凝胶不能自由下落，可以用吸耳球等吹气装置从层析柱顶端加压（或者用玻璃棒搅拌），这样也可把凝胶挤压出来。

6. 凝胶的保存

使用过的凝胶要经过再生处理（去污剂或 NaOH 浸泡洗脱），除去凝胶中的杂质，然后加入 20%乙醇或者 0.04% NaN_3（避免细菌污染，破坏凝胶结构），在 4～8℃长期保存，可重复使用 8～10 年。未使用过的凝胶干粉可以在室温下长期保存。

二、离子交换层析（ion exchange chromatography）

（一）原理

蛋白质是两性分子，在一定的pH条件下带有电荷，不同的蛋白质所带有电荷的种类和数量不同，因此它们与带电的凝胶颗粒间的电荷相互作用不同。这样，当蛋白质混合物流经带电凝胶时，电荷吸引作用小的蛋白质先流过，而电荷吸引作用大的蛋白质后流过凝胶，从而把不同的蛋白质分开，这种层析方法即为离子交换层析。如果凝胶本身带有正电荷，则带有负电荷越多的蛋白质与凝胶的电荷相互作用越大，越难于被洗脱，此为阴离子交换层析。相反，凝胶本身带有负电荷，则带有正电荷越多的蛋白质与凝胶的电荷相互作用越大，越难于被洗脱，此为阳离子交换层析。当蛋白质与凝胶以电荷相互作用结合后，可以通过改变溶液的离子强度，通过离子间的竞争作用而把蛋白质洗脱下来，也可以改变溶液的pH，从而改变凝胶和蛋白质的带电情况而把蛋白质洗脱下来，与凝胶电荷作用力弱的蛋白质先被洗脱，而作用力强的蛋白质后被洗脱，从而把带电不同的蛋白质分开。

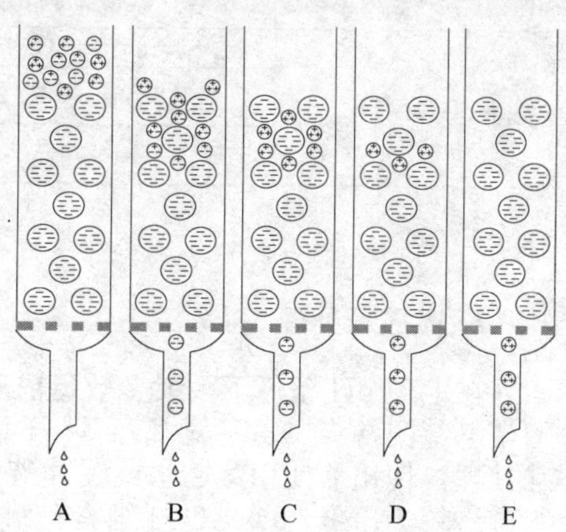

图 7-8 阳离子交换层析原理

图7-8为阳离子交换层析的基本过程，按照A、B、C、D、E的顺序，带有正电越多，洗脱时需要的盐离子浓度越高。凝胶介质带有负电，混合样品中带有负电的蛋白质与凝胶间为电荷排斥作用，直接被洗脱，蛋白质带有正电越多，与凝胶介质电荷吸引力越强，越难于被洗脱，随着盐离子浓度的增加，依次被洗脱下来。离子交换层析中使用的盐常为NaCl或KCl，使用浓度一般为0～1mol/L。

（二）凝胶介质

离子交换层析介质由三部分组成，一部分是惰性支持物，如纤维素、葡聚糖、琼脂糖或它们的衍生物；另一部分为带电基团，如羧甲基（带负电）、二乙基氨基（带正电），惰性支持物与带电基团为共价连接；第三部分为平衡离子，带负电基团的平衡离子为氢离子或钠离子，带正电基团的平衡离子为氢氧根离子或氯离子。通常所说的离子交换，实际上是蛋白质分子与平衡离子间相互交换，它们共同竞争离子交换层析介质中的带电基团。

如果平衡离子为阳离子（氢离子或钠离子），层析介质的带电基团带有负电，则为阳离子交换层析。阳离子交换层析介质常用的带负电基团有：CM为羧甲基，[$-O-CH_2-COO^-$]，属于弱酸型；P为磷酸，[$-O-PO_3^-$]，属于中酸型；S为磺酸甲基，[$-CH_2-SO_3^-$]，属于强酸型；SE为磺酸乙基，[$-C_2H_4-SO_3^-$]，属于强酸型；SP为磺酸丙基，[$-C_3H_6-SO_3^-$]，属于强酸型。

如果平衡离子为阴离子（氢氧根离子或氯离子），层析介质的带电基团带有正电，则为阴离子交换层析。阴离子交换层析介质常用的带正电基团有：AE为氨基乙基，[$-O-CH_2-CH_2-NH_2$]，属于弱碱型；DEAE为二乙基氨基乙基，[$-O-CH_2-CH_2-N(C_2H_5)_2$]，属于中强碱型；QAE为二乙基（2-羟丙基）-氨基乙基，[$-O-CH_2-CH_2-N^+(C_2H_5)_2(C_3H_6-OH)$]，属于强碱型；Q为四甲基胺，[$-CH_2-N^+(CH_3)_3$]，属于强碱型。常见的离子交换层析介质见表 7-5。

表 7-5　离子交换层析介质

阳离子交换层析介质	型号	阴离子交换层析介质	型号
CM-纤维素	CM-22	DEAE-纤维素	DE-22
	CM-23		DE-23
	CM-32		DE-32
	CM-52		DE-52
CM-琼脂糖	CM Sepharose F. F.	DEAE-葡聚糖	DEAE-A-25
CM-葡聚糖	CM Sephadex C-25		DEAE-A-50
	CM Sephadex C-50	DEAE-琼脂糖	DEAE-Sepharose CL-6B
SP-葡聚糖	SP Sephadex C-25		DEAE-Sepharose F. F.
	SP Sephadex C-50	QAE-葡聚糖	QAE-Sephadex A25
SP-琼脂糖	SP Spharose H. P.		QAE-Sephadex A50
	SP Sepharose F. F.	Q-琼脂糖	Q Sepharose F. F.
			Q Sepharose H. P.
	SP Sepharose Big Beads		Q Sepharose Big Beads

（三）实验方法

1. 凝胶预处理

在生理 pH 条件下，大多数蛋白质带负电，因此，常用阴离子交换层析，凝胶采用的带电基团常为二乙基氨基乙基（DEAE）。DEAE-琼脂糖一般为液态保存，不需要特殊处理，使用前使用蒸馏水或缓冲液洗脱平衡即可，用后保存在 20％乙醇溶液中，但其价格较为昂贵。DEAE-纤维素机械稳定性、分辨率等稍差，但其价格较为便宜，更适合于大规模分离纯化。DEAE-纤维素为干粉状，使用前需要在水中充分溶胀，除去悬浮的杂质和细小颗粒后，还要用“酸-碱-酸”进行活化处理。具体操作方法为：先用 0.5mol/L 的 HCl 溶液浸泡 30min，然后水洗近中性，再用 0.5mol/L 的 NaOH 溶液浸泡 30min，再水洗近中性，最后再用 0.5mol/L 的 HCl 溶液浸泡 30min，水洗近中性，此时平衡离子为氯离子，带有负电荷的蛋白质与其进行离子交换。DEAE-纤维素也可以反复使用，但每次使用后，需要用高浓度盐洗脱杂蛋白等杂质，必要时还要用“酸-碱-酸”处理后才能使用。使用后的凝胶可以加防腐剂液态短期保存，也可以制成干粉长期保存。对于阳离子交换介质，如 CM-纤维素，则通常用“碱-酸-碱”进行活化处理。具体操作方法为：先用 0.5mol/L 的 NaOH 溶液浸泡 30min，然后水洗近中性，再用 0.5mol/L 的 HCl 溶液浸泡 30min，再水洗近中性，最后再用 0.5mol/L 的 NaOH 溶液浸泡 30min，水洗近中性，此时，平衡离子为钠离子，带有正电荷的蛋白质与其进行离子交换。

2. 装柱

离子交换层析介质吸附蛋白的量很大，每毫升凝胶可以结合几毫克到几十毫克的蛋白质，因此所用的凝胶介质较少，相比于分子筛层析，所用的层析柱可以短而粗。溶胀并用“酸-碱-酸”处理凝胶，真空排气泡后即可装柱，具体方法与分子筛层析相同，装柱的均匀度等没有分子筛层析要求高。

3. 平衡、上样、洗脱、检测与收集

凝胶在层析柱中沉实后，依次用 2～3 倍柱体积的蒸馏水和起始缓冲液平衡，然后

上样。样品中盐离子浓度不可过高，否则目标蛋白可能结合不牢或完全不能结合造成实验失败，上样的多少主要决定于样品的蛋白质含量，而与体积关系不大。在起始缓冲液洗脱下，带有与凝胶电性相同电荷或不带电荷的物质直接被洗脱下来，然后改变溶液pH或提高盐离子浓度，如果用阶段梯度洗脱，则选用几个pH或盐离子浓度，通常情况下就可以得到几个洗脱峰（如分别用0.1mol/L、0.2mol/L、0.3mol/L、0.4mol/L、0.5mol/L的NaCl进行洗脱，每个浓度梯度使用3～5倍柱体积的溶液，则有可能得到五个洗脱峰），或者用连续梯度洗脱（如0～0.5mol/L NaCl，浓度线性增加，则可以得到多个洗脱峰），后者的分辨率更高。目前生产的很多蠕动泵可以实现连续梯度洗脱，没有这样的蠕动泵时也可以使用梯度混合器。梯度混合器一般由两个等高等体积容器组成，它们底部相连组成一个连通器，一个容器A中装有低浓度溶液，它与层析柱直接相连，另一个容器B装有高浓度溶液，当A容器中低浓度溶液流出进入层析柱后，它的液面高度会下降，此时容器B中的高浓度溶液就会流入A容器，直到两个容器液面高度相等，A容器中的溶液浓度就会增加，A容器中的溶液持续流入层析柱，则容器B中的高浓度溶液就会持续流入容器A，这样A容器中的溶液浓度不断增加，从而实现连续浓度梯度洗脱。洗脱液流出后，样品检测和收集方法与分子筛层析相同。

三、吸附层析（adsorption chromatography）

蛋白质是由氨基酸以肽键相连形成的高分子有机复合物，这些氨基酸的侧链R基的极性不同，在蛋白质折叠形成高级结构后，大多数蛋白质分子表面极性氨基酸较多，分子内部非极性氨基酸较多，因此，多为水溶性蛋白质。由于不同的蛋白质所含有的氨基酸的种类和数目不同，分子表面的极性氨基酸和非极性氨基酸的数目、分布区域不同，因此它与分子比表面积大的吸附剂间的相互作用力大小不同，根据此原理对蛋白质进行分离纯化即为吸附层析。常用的吸附层析有羟基磷灰石吸附层析和疏水层析，前者与蛋白质的极性基团发生相互作用，主要作用力为离子键和氢键，后者与蛋白质的非极性基团发生相互作用，主要作用力为范德华力和疏水相互作用。

（一）羟基磷灰石吸附层析（hydroxylapatide chromatography）

羟基磷灰石的主要化学成分为结晶磷酸钙，分子中含有带正电的钙离子和带负电的磷酸根离子，它与蛋白质的相互吸附可能以离子键为主，同时有范德华力。在低磷酸盐缓冲液浓度下（小于10mmol/L），蛋白质与羟基磷灰石吸附结合，然后逐渐提高磷酸盐缓冲液的浓度（10～500mmol/L），把吸附作用大小不同的蛋白质洗脱下来，最后用1mol/L的磷酸盐缓冲液洗脱以再生凝胶。羟基磷灰石的吸附容量较大，一般可达10mg蛋白/mL凝胶体积以上。实验过程中发现，0.15mol/L的NaCl会促进蛋白质的结合。市售的羟基磷灰石干粉颗粒直径在10～30μm左右，吸水溶胀后即可使用，但由于其颗粒较小，溶液流速较慢，因此最好选用短粗型层析柱，如直径3cm，柱高3～5cm，还可以在凝胶中混入少量的石英砂以提高溶液流速。以羟基磷灰石吸附层析从螺旋藻中分离纯化藻蓝蛋白和别藻蓝蛋白为例，在2mmol/L磷酸盐缓冲液（内含0.15mol/L的NaCl）条件下上样，上样量为20mg蛋白/mL凝胶，然后在5mmol/L磷酸盐缓冲液条件下洗脱杂蛋白，接着在20mmol/L磷酸盐缓冲液条件下洗脱藻蓝蛋白，然后在50mmol/L磷酸盐缓冲液条件下进一步洗脱，然后用100mmol/L磷酸盐条件下即可洗脱下别藻蓝蛋白，最后用1mol/L磷酸盐缓冲液再生凝胶。

（二）疏水作用层析（hydrophobic interaction chromatography）

疏水作用层析所用的吸附剂有苯基琼脂糖（pheyl-sephadex）、辛基琼脂糖（octasephadex）等，吸附剂中的疏水基团（如苯基、辛基）与蛋白质分子表面的非极性氨基酸相互作用，蛋白质分子表面的非极性氨基酸数目越多，则与吸附剂的作用力越强。由于蛋白质的疏水基团通常折叠于分子内部，为了使其外露而与吸附剂作用，通常加入高浓度硫酸铵，并将溶液的 pH 调至目标蛋白质等电点附近。当目标蛋白质与吸附剂吸附后，可通过逐渐降低离子强度或增加溶液 pH 的方法洗脱目标蛋白，或使用非离子型去污剂（如 Triton X-100）、脂肪醇（如丁醇）、脂肪胺（如丁胺）等进行洗脱。由于疏水作用层析的实验条件有可能引起蛋白质变性，因此，在使用之前要通过预实验来确定蛋白质的稳定性，确定蛋白质在此实验条件下不变性或容易复性才能使用。

四、亲和层析（affinity chromatography）

（一）原理

亲和层析是利用蛋白质与配体专一性识别并结合的特性而分离蛋白质的一种层析方法。将与目标蛋白质专一性结合的配体固定于支持物上，当混合样品流过此支持物时，只有目标蛋白能与配体专一性结合，而其他杂蛋白不能结合。先用起始缓冲液洗脱杂蛋白，然后改变洗脱条件，将目标蛋白洗脱下来。亲和层析的优点是一步就能得到高纯度的目标蛋白，缺点是制备特定蛋白质的专一性配体较为困难，一种亲和层析介质只能纯化一种或一类蛋白，成本较高。不同蛋白质所需专一性结合的配体不同，如抗体与抗原，酶与其底物、抑制剂或激活剂，糖蛋白与糖链，DNA 结合蛋白与 DNA，膜受体蛋白与激素，带有标签的基因融合蛋白与该标签的特异结合物（如组氨酸标签与镍离子）等。

（二）实验方法

以镍柱亲和层析纯化带有组氨酸标签的基因融合蛋白为例。

1. 凝胶预处理

首先将 Ni^{2+} 结合在凝胶 Ni-Chelating Sepharose Fast Flow 上，可以采用离心或柱层析的方法。以柱层析法为例，将凝胶装入层析柱，用 3～5 倍凝胶体积的蒸馏水洗脱，除去凝胶保存液中的乙醇及其他杂质，然后用 0.5 倍凝胶体积的 0.1mol/L $NiSO_4$ 洗脱，使 Ni^{2+} 与凝胶结合，再用 3～5 倍凝胶体积的蒸馏水洗脱没有结合的 Ni^{2+}，最后用起始缓冲液洗脱平衡，备用。

2. 上样

根据凝胶的蛋白质结合量确定上样量。将上述处理好的凝胶装入试管内，用样品混合液悬浮凝胶，轻轻振摇，室温 1℃或 4℃过夜，使带有组氨酸标签的融合蛋白与镍充分结合，结合缓冲液含有少量咪唑（5～20mmol/L）时可减少非特异性吸附。

3. 洗脱

将上述凝胶样品悬浮液上柱后，先用 5～10 倍柱体积的起始缓冲溶液洗脱除去不结合的杂质，然后逐渐提高咪唑浓度，直到将目标蛋白洗脱下来。

需要指出的是，不同的亲和层析柱洗脱目标蛋白时要采用相应的方法。洗脱结合在抗原上的抗体时，通常可采用游离的抗原（与凝胶上固定的抗原相互竞争抗体的结合位点）进行洗脱，也可采用降低溶液 pH 2.8（改变蛋白质结构）进行洗脱。

五、电泳（electrophoresis）

蛋白质是两性电解质，在一定的 pH 条件下，蛋白质带有电荷，不同的蛋白质所带电荷的种类和数目不同，因此其在电场中移动的速度不同，从而把蛋白质分开，这种实验技术即为电泳。根据电场中是否有固体支持物，分为自由界面电泳和区带电泳。根据固体支持物的不同，分为纸电泳、薄膜电泳、聚丙烯酰胺凝胶电泳、琼脂糖凝胶电泳等。根据电泳装置不同，分为水平板电泳、垂直板电泳、圆盘电泳、毛细管电泳等。

下面重点介绍在蛋白质分离、纯化和鉴定中应用比较多的聚丙烯酰胺凝胶电泳、等电聚焦电泳，以及在此基础上发展起来的双向电泳。

（一）聚丙烯酰胺凝胶电泳（polyacrylamide gel electrophoresis，PAGE）

1. 基本原理

聚丙烯酰胺凝胶由丙烯酰胺（acrylamide，Acr）和甲叉双丙烯酰胺（*N*,*N*-methylene-bisacrylamide，Bis）在催化剂作用下聚合而成，在配制聚丙烯酰胺凝胶时常用的催化剂是过硫酸铵（ammonium persulfate，AP）和四甲基乙二胺（*N*,*N*,*N*′,*N*′-tetramethylethyl，TEMED）。常用的聚丙烯酰胺凝胶电泳主要有两种：不加十二烷基磺酸钠（sodium laurylsulfate，SDS）的非变性（活性）聚丙烯酰胺凝胶电泳（PAGE）和添加 SDS 的变性聚丙烯酰胺凝胶电泳（SDS-PAGE）。聚丙烯酰胺凝胶电泳常用垂直板电泳装置，即将聚丙烯酰胺凝胶灌装在双层玻璃板之间，在凝胶顶端上样，然后分别在凝胶的底部和顶端接上正负电极，在凝胶中形成电场，在电场的作用下，蛋白质由凝胶顶端向下移动，移动的速度与蛋白质所带电荷、分子大小和分子形状有关，从而把不同的蛋白质分开。

在聚丙烯酰胺凝胶电泳中，通常采用不连续电泳系统，即在垂直玻璃板中灌装两层凝胶（图 7-9），下层凝胶称为分离胶（pH 8.8，凝胶浓度一般大于 7.5%），上层凝胶称为浓缩胶（pH 6.8，凝胶浓度一般小于 6%）。在不连续电泳系统中，所带电荷、分子大小和形状不同的蛋白质在凝胶中能够被分离，主要基于以下三个物理效应：“电荷效应”、“浓缩效应”和“分子筛效应”。

“电荷效应”是指在非变性聚丙烯酰胺凝胶电泳中，不同蛋白质所带的电荷种类和数目不同，因此在电场中的移动速度不同，蛋白质带有的负电荷越多，从负极向正极移动的速度越快，从而把不同的蛋白质分开。在变性聚丙烯酰胺凝胶电泳中，大量 SDS 与蛋白质结合，由于 SDS 带有负电，导致蛋白质带有大量负电荷，掩盖了蛋白质本身所带电荷的差异，在电场作用下，SDS-蛋白质复合物由负极向正极移动，移动速度与蛋白质本身电荷差异无关。

“浓缩效应”是指将一定体积的样品点在点样孔中后，样品会有一定的高度（1～10mm），这样会导致样品进入分离胶的时间不同，通过浓缩胶的浓缩，将所有的样品浓缩为近于一条线（高度小于 0.1mm），样品几乎同时进入分离胶进行分离，从而大大提高了凝胶的分辨率。样品之所以被浓缩，主要在于浓缩胶和分离胶的 pH 与凝胶浓度不同。电极缓冲液为三（羟甲基）氨基甲烷（Tris）/甘氨酸（Gly），pH 8.3，样品缓冲液和浓缩胶的 pH 6.8，分离胶的 pH 8.8。在整个电泳系统中，氯离子完全解离，在电场中移动速度较快，称为快离子。甘氨酸的等电点为 5.97，在 pH 6.8 的浓缩胶中部分解离，在电场中移动速度较慢，称为慢离子。蛋白质的等电点一般接近 7.0，其解离度大于甘氨酸而小于氯离子，因此其移动速度界于快慢离子之间。由于快离子的迅速移动，在其后边形成了低离子浓度区域，即低电导区。电导与电势梯度成反比，因而可产生较高的电势梯度。这种高电势梯度使蛋白质和慢离子在快离子后面加速移动。因而在高电势梯度和低电势梯度之间形成一个迅速移动的界面，由于样品中蛋白质的有效迁移率恰好介于快、慢离子之间，所以，也就聚集在这个移动的界面附近，逐渐被浓缩，在到达分离胶时，就压缩成了薄层。另外，浓缩胶的浓度小于6%，凝胶孔径很大，对样品没有阻滞作用，而分离胶的浓度大于7.5%，凝胶孔径小，当先到达分离胶界面的样品突然受到阻力而速度减小时，后面的样品仍然以原来的速度前进，相当于先到的样品等着后面的样品。这样，在快慢离子效应和凝胶浓度差效应的共同作用下，所有的样品几乎同时进入分离胶。当样品进入分离胶后（pH 8.8），甘氨酸完全解离，也变为快离子，迅速超过蛋白质分子，快慢离子效应消失。

“分子筛效应”是指：聚丙烯酰胺凝胶为网孔状结构，凝胶浓度越大，网孔越小，网孔大小与凝胶浓度的关系见表7-6，凝胶网孔的大小与蛋白质分子大小在一个数量级，因此，对蛋白质分子有筛分作用，分子越大，所受到的阻力越大，因此，在凝胶中迁移速度越慢。

表 7-6 凝胶浓度与蛋白质分子质量的关系

蛋白质相对分子质量/$\times 10^3$	凝胶浓度/%
>500	2～5
100～500	5～10
40～100	10～15
10～40	15～20
<10	20～30

在上述三种物理效应的共同作用下，可以把差别很小的蛋白质分开，如同工酶的分离鉴定常用此技术。

在非变性聚丙烯酰胺凝胶电泳中，蛋白质分子在凝胶中的迁移速度不仅与蛋白质分子大小有关，还与蛋白质分子形状以及蛋白质所带电荷有关。而在变性聚丙烯酰胺凝胶电泳中，蛋白质在凝胶中的迁移速度只与蛋白质分子大小有关，由此可以测定蛋白质亚基分子质量。其原理如下：在电泳系统中加入十二烷基磺酸钠（SDS），SDS与蛋白质结合后，会引起蛋白质变性，蛋白质的空间结构和特殊几何形状消失，变为棒状结构，所有伸展肽链与SDS的棒状复合物直径几乎相同，其差别只在于肽链的长短，由此消除了不同蛋白质分子形状的差异。SDS与蛋白质结合的数量很大，SDS本身带有负电荷，因此使蛋白质也带上大量的负电荷，由此减弱或消除了不同蛋白质间电荷的差异。因此，蛋白质在凝胶中的迁移速度只与分子大小有关。研究表明，蛋白质的迁移率与其相对分子质量的对数成反比，根据一系列已知标准蛋白质在凝胶中的迁移率，以迁移率为横坐标，以相对分子质量的对数为纵坐标绘制标准曲线，根据未知蛋白质的迁移率在标准曲线上即可查得其相对分子质量的对数，取反对数即得其相对分子质量。通过SDS-PAGE，不仅可以测定蛋白质亚基分子质量，还可用于蛋白质亚基分析，变性蛋白质的分离纯化，蛋白质免疫印迹鉴定等。

2. 实验方法

以变性聚丙烯酰胺凝胶电泳（SDS-PAGE）为例。

（1）聚丙烯酰胺凝胶的制备：根据目标蛋白质的相对分子质量大小确定凝胶使用浓度，浓缩胶浓度一般为3%～5%，分离胶浓度与蛋白质相对分子质量的关系见表7-6。

以分离纯化相对分子质量范围40 000～100 000的蛋白质为例，选用分离胶浓度为10%，浓缩胶浓度为5%，垂直双层玻璃板间的容积10mL。

配制凝胶贮备液（30%）：称量丙烯酰胺29.2g，甲叉丙烯酰胺0.8g，用蒸馏水定容到100mL，放在磁力搅拌器上搅拌10～20min，使溶质充分溶解，用滤纸过滤后贮存在棕色瓶中，置4℃冰箱中备用。注意操作过程中戴手套和口罩，最好在通风橱中进行，因为未凝结的凝胶是一种神经毒剂。

配制分离胶缓冲液（4×）：取 2mol/L Tris-HCl 75mL（pH 8.8），加入 4mL 10% SDS，用蒸馏水定容到 100mL，贮存备用。或称取 Tris 18.15g，SDS 0.4g，加入蒸馏水 70mL，用浓 HCl 在酸度计上调节溶液 pH 为 8.8，再用蒸馏水定容到 100mL，置 4℃冰箱中备用。

配制浓缩胶缓冲液（4×）：取 1mol/L Tris-HCl 50mL（pH 6.8），加入 4mL 10% SDS，用蒸馏水定容到 100mL，贮存备用。或称取 Tris 6.05g，SDS 0.4g，加入蒸馏水 70mL，用浓 HCl 在酸度计上调节溶液 pH 为 6.8，再用蒸馏水定容到 100mL，置 4℃冰箱中备用。

配制 10%过硫酸铵：称取过硫酸铵 1g，用蒸馏水定容到 10mL。过硫酸铵最好现用现配，最多不要超过 3 天。

先装配好电泳用双层垂直玻璃板，保证玻璃板底部不漏水。然后按照表 7-7 配制分离胶溶液，TEMED 和过硫酸铵最后加入，加入过硫酸铵后立即将溶液混匀，尽量避免产生气泡，然后将凝胶溶液灌入双层玻璃板之间，控制溶液高度距离矮玻璃板上缘 2～3cm，立即在凝胶顶部加入 2～3mm 高的水层，水层不仅可以隔绝空气，促进凝胶凝结，而且可以保证凝胶顶部平整，室温静止 30～60min 等待凝胶凝结，如果凝结时间过长，可适当多加入一些 TEMED 和过硫酸铵（如冬天气温低时，也可以将玻璃板放在 30～40℃温箱中以促进凝胶凝结），待凝胶凝固后吸去凝胶顶部水层，准备灌浓缩胶。按表 7-7 配制浓缩胶溶液，TEMED 和过硫酸铵最后加入，加入过硫酸铵后立即将溶液混匀，尽量避免产生气泡，并将浓缩胶溶液灌入分离胶顶端，直到双层玻璃板灌满为止，然后立即插入梳子（要倾斜插入，避免梳子顶端产生气泡），静止 30～60min，待凝胶凝固后准备上样电泳。

表 7-7　聚丙烯酰胺凝胶的配制

	凝胶贮备液（30%）/mL	分离胶缓冲液（4×）/mL	浓缩胶缓冲液（4×）/mL	蒸馏水/mL	TEMED/μL	过硫酸铵（10%）/μL	总体积/mL
分离胶	3.0	2.25	—	3.67	5～10	50～100	9
浓缩胶	0.5	—	0.75	1.72	2～4	20～40	3

（2）蛋白质样品准备：配制 5×上样缓冲液，取 1mol/L Tris-HCl 0.6mL（pH 6.8），加入 2mL 10% SDS，加入 5mL 50%甘油，加入 0.5mL β-巯基乙醇，加入 1mL 1%溴酚蓝，加入 0.9mL 蒸馏水，贮存在 −20℃ 冰箱备用。取 5×上样缓冲液 20μL，加入样品 80μL，在沸水浴中煮沸 3～5min，5000～10 000*g* 离心 3～5min，上清液备用。

（3）点样：将制备好的凝胶装入电泳槽，加入电极缓冲液（称取 3g Tris，14.4g 甘氨酸，1g SDS，用蒸馏水定容到 1L），拔除梳子。用微量进样器（或微量可调移液器）吸取适当体积的样品，将其注入凝胶顶端的点样孔，同时在另一个点样孔中点入等体积的标准蛋白质样品（标样的制备参照产品说明书）。

（4）电泳：电泳装置见图 7-9，凝胶顶端接负极，底部接正极，接通电源。根据实验需要，可以选择稳压或稳流方式，样品在浓缩胶中移动时电压不超过 60～80V（起始电流不超过 10～15mA），当样品进入分离胶后，

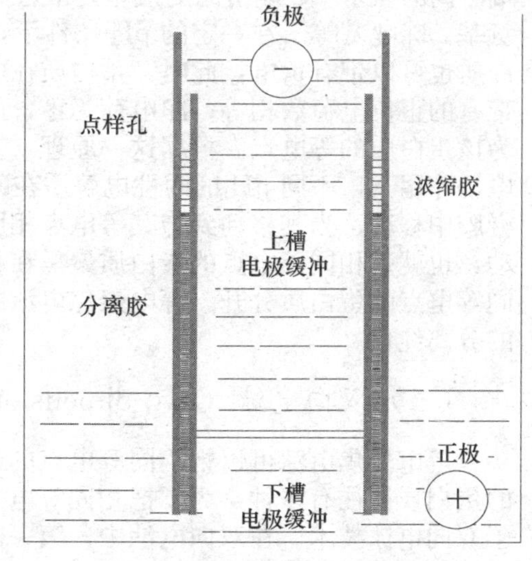

图 7-9　双垂直板电泳装置

提高电压到 100～200V（电流不超过 30mA），当溴酚蓝前沿距离胶下面 1～2mm 左右时，关闭电源，电泳结束。打开电泳槽，取出双层玻璃板，将凝胶取出，去掉浓缩胶，分离胶准备染色。需要注意的是，在电泳过程中会产生大量热量，为了避免高温对蛋白质及凝胶产生不良影响，电泳装置通常要通冷却水，或将电泳装置放在低温环境中（冰浴或 4℃冰箱或 4℃层析柜）。

(5) 染色与脱色：凝胶染色有多种方法，如考马斯亮蓝染色法、银染法、盐析法等。盐析法通常采用高浓度 KCl，凝胶上有蛋白的地方会产生白色条带，染色后对蛋白质没有影响，蛋白质条带还可以回收利用，因此常用于电泳法纯化蛋白质时使用。银染法可以检测到凝胶中 ng 级的蛋白质，但凝胶的背景较高，常用于微量蛋白质的检测。考马斯亮蓝染色法的分辨率可达 μg 级，是最常用的染色方法。下面简单介绍考马斯亮蓝染色法。

配制考马斯亮蓝染色液：称取 1g 考马斯亮蓝 R-250，加入 450mL 甲醇，加入 450mL 蒸馏水，加入 100mL 冰乙酸，搅拌溶解，备用。

配制脱色液：100mL 甲醇，加入 800mL 蒸馏水，加入 100mL 冰乙酸，混匀备用。

如果为鉴定蛋白质，则整块凝胶可以全部染色，染色后蛋白质不能回收。如果是纯化蛋白质，需要回收时，可以将凝胶沿泳道方向切成一大一小两块，小块凝胶用于染色，确定目标蛋白质位置，大块凝胶用于目标蛋白质的回收。

将凝胶放在大培养皿中，加入染色液，染色液要淹没凝胶，盖上培养皿盖，将培养皿放在摇床上，室温染色 10～30min（根据目标条带颜色深浅确定染色时间，如颜色过浅，染色时间可延长到 2h）。染色后，倒掉染色液（回收，可重复使用三次以上），换脱色液，在摇床上振摇 6～12h 后换脱色液，继续振摇，可以换脱色液 2～3 次，直到看清目标条带为止。

(6) 样品回收：根据小块凝胶染色结果，在未染色大块凝胶的相应位置，将含有目标蛋白的凝胶条带割下，装入透析袋，内加少量蛋白质提取缓冲液进行透析，也可以用电转移的方法将目标蛋白转移到溶液中，然后进行浓缩收集。

（二）等电聚焦电泳（isoelectric focusing，IEF）

蛋白质是由氨基酸以肽键相连而成的高分子有机化合物，氨基酸为两性电解质，在一定的 pH 条件下，氨基酸可以带有不同电荷，因此，蛋白质含有大量带电基团，如 N 端游离的氨基、C 端游离的羧基，酸性氨基酸的侧链羧基以及碱性氨基酸的侧链胍基、氨基、咪唑基等。在一定的 pH 条件下，蛋白质带有正电，而在一定的 pH 条件下，蛋白质也可以带有负电，此时，蛋白质在电场中都会移动。在一定的 pH 条件下，蛋白质带有的正负电荷数相等，净电荷为零，此时蛋白质在电场中不移动，此时溶液的 pH 即为该蛋白质的等电点。根据这一原理，人们将两性电解质添加在聚丙烯酰胺凝胶中，在电场作用下，不同 pH 的两性电解质在凝胶中呈梯度分布，带有电荷的蛋白质样品在此凝胶中移动，当其移动到与其等电点相同的 pH 梯度处后净电荷为零，在凝胶中不再移动，也就是相同等电点的蛋白质聚焦在相同 pH 梯度处，因此称为等电聚焦，从而把不同等电点的蛋白质分开。等电聚焦电泳既可用于蛋白质等电点的测定，也可用于蛋白质的分离纯化。

（三）双向电泳（two-dimensional electrophoresis）

等电聚焦电泳可以把不同等电点的蛋白质分开，然而，在同一样品中，相同等电点的蛋白质往往有多种，为了把相同等电点的蛋白质分开，进一步提高分辨率，人们发展了双向电泳技术。在双向电泳中，第一向通常根据蛋白质等电点的不同进行等电聚焦电泳（IEF），然后再根据分子质量的不同进行变性聚丙烯酰胺凝胶电泳（SDS-PAGE）

作为第二向。等电聚焦中 pH 梯度的产生一般有两种方法，传统方法是将两性电解质添加在聚丙烯酰胺凝胶中，在电场的作用下两性电解质在聚丙烯酰胺凝胶中梯度分布，从而产生 pH 梯度。这种方法的缺点之一是分辨率较低，原因是两性电解质在凝胶中容易扩散，形成的 pH 梯度不够稳定；另一个缺点是实验重复性较差，原因是人工配制的聚丙烯酰胺凝胶柔软，伸缩性强，难于进行切割，与 SDS-PAGE 拼接困难。为克服上述缺点，生物技术公司开发了新型的固相 pH 梯度凝胶条，将两性电解质直接共价连接于凝胶上，避免其在凝胶中扩散，凝胶条的长、宽、厚刚好与 SDS-PAGE 相匹配，使两者能够准确衔接，大大增加了操作的准确性和便利性，缺点是实验成本较高，需要配套的仪器设备。以传统等电聚焦为第一向的双向电泳也称为 ISO-DALT（等电点-道尔顿）双向电泳，以固相 pH 梯度凝胶条为第一向的双向电泳也称为 IPG-DALT（固相 pH 梯度-道尔顿）双向电泳。

双向电泳技术是蛋白质组学研究中蛋白质多肽链分离纯化和鉴定的主要实验技术之一。由于 IPG-DALT 需要昂贵的仪器设备，普通实验室难于配备，下面介绍一下 ISO-DALT 双向电泳的主要实验方法（第一向为活非变性 IEF，第二向为 SDS-PAGE）。

所需溶液：①凝胶 30%Acr+1%Bis；②10%三氯乙酸；③1%三氯乙酸；④1%溴酚蓝；⑤染色与脱色液；⑥样品缓冲液（3mL 甘油，35μL 宽 pH 范围 Ampholine，165μL 窄 pH 范围 Ampholine，1.8mL 蒸馏水）；⑦上槽电极溶液（20mmol/L NaOH）；⑧下槽电极溶液（10mmol/L H_3PO_4）；⑨平衡缓冲液（5mL β-巯基乙醇，6.25mL1mol/L pH 6.8Tris-HCl，11.5mL 20% SDS，10mL 甘油）。

（1）灌胶：将圆柱型玻璃管下端用封口膜封闭，玻璃管垂直放置，根据玻璃管体积，按照以下比例加入各溶液（9.7mL 蒸馏水，2mL 溶液①，48μL 宽 pH 范围 Ampholine，240μL 窄 pH 范围 Ampholine，50μL10%过硫酸铵，20μL TEMED)，轻轻混匀，用注射器轻轻注入玻璃管（避免气泡），玻璃管顶端留出 2～3mm 高度用于上样。待凝胶凝固后，取下玻璃管下端的封口膜，将玻璃管垂直装入电泳装置，点样端在上槽。在电泳槽中加入电极溶液，上槽为溶液⑦，下槽为溶液⑧。

（2）上样：样品与溶液⑥等体积混匀，10 000*g* 离心 3min，上清液用微量进样器上样。同样实验条件下，至少同时点样三个玻璃管，其中一个用于 pH 梯度测定，一个用于染色，一个用于双向电泳第二向 SDS-PAGE。

（3）等电聚焦：150V，30min；然后 200V，2.5h。

（4）pH 梯度测定：从玻璃管中取出一条凝胶（可以用医用注射器向玻璃管中凝胶与管壁间注水，将凝胶条吹出），将其切成 0.5cm 长的小块，将每个凝胶小块浸泡于 1mL 10mmol/L KCl 溶液中 30min，然后用酸度计测定每块凝胶的 pH，绘制 pH 梯度曲线。

（5）凝胶固定：从另一个玻璃管中取出凝胶，在溶液②中浸泡 10min，然后在溶液 C 中浸泡 2h 以上，固定蛋白质并除去 Ampholine。

（6）染色与脱色：同 SDS-PAGE 中介绍的方法进行，根据蛋白质条带的位置，参照 pH 梯度曲线可以确定每一蛋白条带的等电点。

（7）平衡：从第三个玻璃管中取出凝胶，在溶液⑨中浸泡 15～30min，使蛋白质变性，然后准备进行 SDS-PAGE。

（8）SDS-PAGE：将凝胶条放置于 SDS-PAGE 浓缩胶顶端，并用 1%琼脂密封，然后进行 SDS-PAGE（同前）。

六、其他技术

快速蛋白液相层析系统（fast protein liquid chromatography，FPLC），由 Amersham biosciences（Pharmacia）生产的快速蛋白质分离纯化系统，它是将传统的柱层析系

统置于计算机控制之下，所有的上样、洗脱、检测和收集都由计算机程序控制，大大减少了手工操作。该系统的蠕动泵是由不锈钢内衬高强度有机玻璃所制成，类似于打气筒，与传统硅胶管蠕动泵相比，能产生和耐受更高的压力，因此可以实现快速洗脱。该系统建议使用预装柱，预装柱的良好性能加上计算机的精密控制，可以产生很好的重复性。在该系统下的预装柱可以是分子筛层析介质，也可以是离子交换层析介质、亲和层析介质等。

高效液相色谱（high performance liquid chromatography，HPLC），将常规层析介质制备成特殊的高效液相色谱柱，它所使用的基质珠更小，孔径更均一，基质填充比常规层析柱更致密，因此可以耐受更大的压力，采用更快的洗脱速度，具有更高的分辨率和重复性，因此称之为高效液相色谱。根据凝胶介质的分离原理不同，又可分为高效凝胶过滤色谱（high-performance gel filtration chromatography，HPGFC）、高效离子交换色谱（high-performance ion Exchange Chromatography，HPIEC）、高效疏水色谱（high-performance hydrophobic chromatography，HPHC）以及高效亲和色谱（high-performance affinity chromatography，HPAFC）等。

二维液相色谱（two-dimensional liquid chromatography，TDLC），是近年来发展起来的可以应用于蛋白质组学研究的新技术之一。二维液相色谱法分离的主要原理是：它的第一相也是根据蛋白质等电点的不同进行分离，也称为色谱聚焦（chromato-focusing），第二相是根据蛋白质的疏水性差异进行分离的反相高效液相色谱（riverse phase high-performance liquid chromatography）。与传统双向电泳技术相比，它的上样量大，可以分离检测含量更低的蛋白质，它操作的自动性更高、实验重复性更好，缺点是实验成本较高，对实验操作技术要求较为严格等。

七、蛋白质细分级举例

仍然以螺旋藻藻胆蛋白的分离纯化为例，在第三节中已经介绍藻胆蛋白的粗分级，螺旋藻经过超声波破碎得到蛋白质提取液，蛋白质提取液再经硫酸铵分级沉淀和透析，得到了藻胆蛋白的粗提取物。下面介绍藻胆蛋白的细分级。

(1) 分子筛层析：根据参考文献，已知藻胆蛋白的相对分子质量在 200 000 左右，选择分子筛凝胶 Sephacryl-300。将预装柱 Sephacryl-300（Φ1.6cm×60cm）装入 FPLC 层析系统中，首先用蒸馏水洗脱（2mL/min，2h），除去预装柱中的 20%乙醇，然后用蛋白质提取缓冲液（同前）洗脱（2mL/min，1h），平衡层析柱，通过上样环上样 0.5～1mL，用蛋白质提取缓冲液洗脱（1mL/min，2h 左右），同时用紫外检测仪记录 280nm 光吸收值，用部分收集器收集。由于藻胆蛋白为蓝色可见蛋白，也可不用紫外检测仪检测，直接收集蓝色洗脱峰。一次上样结束，层析柱经过缓冲液充分平衡后，还可继续上样，重复上样 3～5 次，将洗脱峰集中在一起，准备上阴离子交换柱。

(2) 阴离子交换层析：根据参考文献，已知藻胆蛋白的等电点小于 5，在 pH 7.0 条件下带负电，选择阴离子交换层析。所用的层析介质为 DEAE Sepharose Fast Flow。将凝胶介质装入层析柱（Φ1.6cm×10cm），在 FPLC 层析系统中，首先用蒸馏水洗脱（2mL/min，20min），除去凝胶中的 20%乙醇，然后用蛋白质提取缓冲液（同前）洗脱（2mL/min，20min），平衡层析柱，上样 5～10mL，目测可以看到蓝色的藻胆蛋白结合在层析柱顶端一薄层内，然后用 0～0.5mol/L NaCl 连续梯度洗脱（1.0mL/min，洗脱总体积 60mL 左右），收集蓝色洗脱峰。将蓝色洗脱峰溶液装入透析袋，包埋在 PEG 20 000中浓缩，然后透析，样品准备上羟基磷灰石吸附层析柱。

(3) 羟基磷灰石吸附层析：准备溶胀好的羟基磷灰石装层析柱（Φ1.6cm×5cm）。在层析系统中，首先用蒸馏水洗脱（0.5mL/min，30min），除去凝胶中的杂质；然后用蛋白质提取缓冲液洗脱（0.5mL/min，20min），平衡层析柱；上样 5～10mL，目测可以看到蓝色的藻胆蛋白结合在层析柱顶端一薄层内；然后用5～200mmol/L磷酸钠缓冲液（含0.15mol/L NaCl）连续梯度洗脱（0.3mL/min，洗脱总体积30mL左右），在10～20mmol/L的磷酸钠缓冲液时洗下一个蓝色洗脱峰，为藻蓝蛋白；在100～150mmol/L的磷酸钠缓冲液时洗下一个蓝色洗脱峰，为别藻蓝蛋白。

螺旋藻藻蓝蛋白分离纯化过程中纯度（通常情况下，都用光吸收值A_{620}/A_{280}来表示，A_{620}为藻蓝蛋白的最大吸收，A_{280}为总蛋白的最大吸收）及产率变化见表7-8。别藻蓝蛋白分离纯化过程中纯度（A_{650}/A_{280}，A_{650}为别藻蓝蛋白的最大吸收）及产率变化见表7-9。从表中可以看出，随纯化过程的深入，蛋白质纯度逐渐提高，同时蛋白质产率下降，应根据对蛋白质纯度的实际需要，选择纯化流程，以得到最大的产率。

表7-8　藻蓝蛋白纯化过程中的纯度和产率变化

纯化过程	藻蓝蛋白纯度	藻蓝蛋白产率（干重）/%
样品提取液	0.70	13.6
20%～55% $(NH_4)_2SO_4$ 分级沉淀	0.83	9.7
分子筛层析（S-300）	2.20	3.3
阴离子交换层析（DEFF）	3.95	2.2
羟基磷灰石吸附层析	5.16	1.1

表7-9　别藻蓝蛋白纯化过程中的纯度和产率变化

纯化过程	别藻蓝蛋白纯度	别藻蓝蛋白产率（干重）/%
样品提取液	0.46	9.8
20%～55% $(NH_4)_2SO_4$ 分级沉淀	0.52	7.8
分子筛层析（S-300）	1.44	1.5
阴离子交换层析（DEFF）	2.16	1.3
羟基磷灰石吸附层析	4.83	0.9

第五节　蛋白质的鉴定

在蛋白质工程的相关研究中，不仅需要经常测定蛋白质含量，而且要对目标蛋白质进行鉴定。蛋白质含量测定有很多方法，如凯氏定氮法、双缩脲法、福林-酚法、考马斯亮蓝比色法、紫外吸收法等。蛋白质鉴定包括很多内容，如蛋白质分子质量与等电点的测定、蛋白质氨基酸组成及顺序的分析、蛋白质结晶与结构分析、蛋白质生物活性及功能测定等。

一、蛋白质含量测定

最经典的蛋白质含量测定方法是凯氏定氮法，其基本依据是蛋白质平均含氮量为16%，假设测得样品中的含氮量为1g，所有的氮以蛋白质的形式存在，则蛋白质含量为1/16%=6.25g。本法操作较为复杂，由于样品中其他含氮杂质的存在会导致测定值偏高，本方法已不常用。

由于蛋白质中芳香性氨基酸在280nm附近有最大光吸收，核酸在260nm有最大光吸收，在此基础上发展起来的紫外吸收差法是最简单便捷的蛋白质含量测定方法，分别测定样品在280nm和260nm的光吸收值，利用经验公式，蛋白质浓度（mg/mL）= $1.45\times A_{280nm}-0.74\times A_{260nm}$，很容易计算出样品的蛋白质含量，本法的优点是操作简单，不破坏样品，缺点是误差较大，常用于蛋白质含量的粗测。分光光度法是主要的蛋白质含量测定方法，首先将蛋白质样品与特定的显色剂反应，反应产物在特定波长的光吸收与蛋白质含量成正比，利用标准曲线即可查得样品的蛋白质含量。由于显色剂的不同而命名为不同的方法。以考马斯亮蓝比色法为例：以牛血清白蛋白（BSA）为标准蛋白（母液浓度 1mg/mL），配制一系列浓度的 BSA，与显色剂考马斯亮蓝结合后，反应产物在 595nm 有最大光吸收，吸收值的大小与蛋白质浓度成正比，以蛋白质浓度为横坐标，以光吸收值为纵坐标制作标准曲线，利用样品与考马斯亮蓝反应产物的光吸收值，在标准曲线上即可查得样品的蛋白质浓度。假设实验测得数据见表 7-10，由此制作的标准曲线见图 7-10。根据公式 y＝1.0335x 就可以计算出样品的蛋白质浓度，样品的平均光吸收值为 0.42，代入上述公式，样品中蛋白质平均浓度 x＝0.42/1.0335＝0.434mg/mL。

表 7-10　蛋白质含量测定数据表

试管号	BSA 体积/mL	蒸馏水体积/mL	595nm 吸收值	蛋白质含量/mg
1	0	1	0	0
2	0.2	0.8	0.18	0.2
3	0.4	0.6	0.39	0.4
4	0.6	0.4	0.61	0.6
5	0.8	0.2	0.85	0.8
6	1.0	0	1.04	1.0
7	样品 1mL	0	0.41	
8	样品 1mL	0	0.42	
9	样品 1mL	0	0.43	

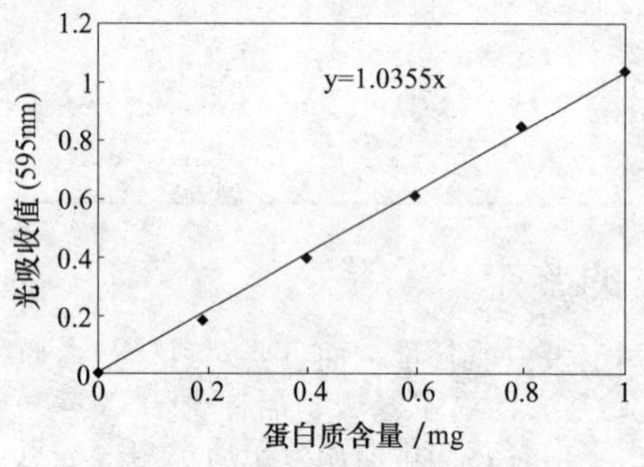

图 7-10　蛋白质含量测定标准曲线

二、蛋白质鉴定

（一）蛋白质纯度鉴定

蛋白质纯度有多种鉴定方法。在层析图谱中只有一个洗脱峰，则称为色谱纯，在电泳图谱中只有一条电泳条带，则称为电泳纯，能够获得蛋白质晶体，则称为结晶纯。需要指出的是，在某一种纯度鉴定方法下表现为均一的蛋白质，在另一种鉴定方法下可能表现为不均一，因此，实验中常采用几种方法相互验证。目前最常用的蛋白质纯度鉴定为电泳法，电泳后的凝胶经过染色脱色后，用目标蛋白质条带占整个泳道蛋白质条带的百分比来表示目标蛋白的纯度。

（二）蛋白质分子质量及等电点测定

蛋白质分子质量测定有多种方法，聚丙烯酰胺凝胶电泳法是最常用的方法之一，其基本原理是蛋白质迁移率与蛋白质分子质量的对数成反比，利用一系列标准蛋白的迁移率为横坐标，以其分子质量的对数为纵坐标，制作标准曲线，利用未知蛋白的迁移率即可在标准曲线上查得其分子质量的对数，取反对数即得到其分子质量。需要指出的是，在 SDS-PAGE 中测得的是单亚基蛋白分子质量，如果测定多亚基蛋白分子质量，需要在不加 SDS 的 PAGE 中进行测定，但由于电荷和分子形状的影响，误差较大，此时可考虑采用分子筛层析及质谱法等。采用 IEF 可测定蛋白质等电点。例如，对纯化的螺旋藻别藻蓝蛋白的电泳鉴定见图 7-11。由图 7-11A 可以看出，螺旋藻别藻蓝蛋白由两个亚基组成，相对分子质量在 14 000～20 000，利用蛋白质分子质量标准制作曲线后计算可得两亚基相对分子质量分别为 15 000 和 17 000，已知 APC 为两亚基的六聚体，计算得到 (15+17) ×6=192 000。由图中 B 可以看出，天然 APC 相对分子质量接近 272 000，经标准曲线计算可得 220 000，与前面计算结果相近。由图中 C 可以看出，APC 等电点接近 5.0，经标准曲线计算可得 APC 的 pI 为 4.9，与已有报道相似。

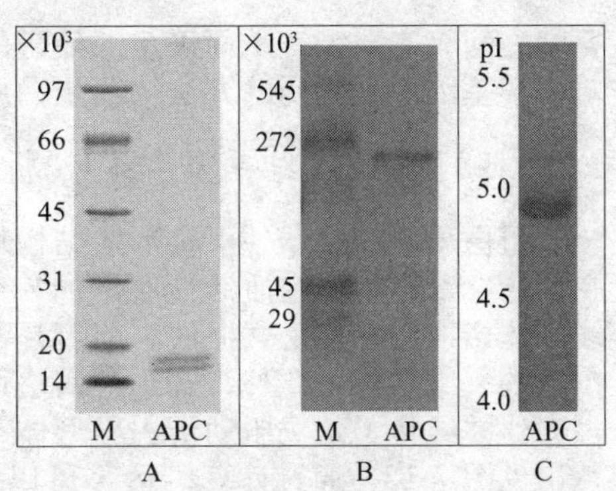

图 7-11　螺旋藻别藻蓝蛋白的电泳鉴定

A. SDS-PAGE；B. PAGE；C. IEF

APC 为别藻蓝蛋白

M 为蛋白质分子质量标准

(三) 蛋白质氨基酸组成及顺序分析

1. 蛋白质氨基酸组成分析

首先将蛋白质水解为氨基酸，水解的方法主要有酸水解、碱水解和酶水解。通常情况下采用酸水解，6mol/L HCl，110℃，真空（或充 N_2），反应 10～24h。酸水解的优点是所有的氨基酸不发生消旋作用，缺点是色氨酸全部遭到破坏，羟基氨基酸（丝氨酸、苏氨酸和酪氨酸）遭到部分破坏，同时天冬酰胺、谷胺酰胺水解为天冬氨酸和谷氨酸。碱水解时氨基酸发生消旋作用，但色氨酸没有被破坏，常用于色氨酸的测定。酶水解时反应条件温和，所有氨基酸不会被破坏，但成本较高，水解不彻底，反应需要的时间较长。

蛋白质水解后的氨基酸混合物可通过全自动氨基酸分析仪或高效液相色谱进行测定。下面简单介绍氨基酸分析仪分离测定氨基酸的主要原理。氨基酸分析仪分离测定氨基酸的主要原理是阳离子交换层析，层析介质为磺酸型阳离子交换树脂，树脂本身带有负电，经 HCl 处理后，氢离子与之结合作为平衡离子，带有正电的氨基酸与氢离子之间发生交换，带有正电越多，与树脂结合越紧密，越难于被洗脱，洗脱时通常采用改变 pH 的方法。例如，在 pH 2.2 的柠檬酸缓冲溶液条件下上样，此时氨基酸都带有正电，可以与阳离子交换层析介质紧密结合，然后使用 pH 3.25 的柠檬酸缓冲溶液进行洗脱，天冬氨酸、苏氨酸、丝氨酸、谷氨酸和脯氨酸依次被洗脱，然后用 pH 4.25 的柠檬酸缓冲溶液进行洗脱，甘氨酸、丙氨酸、半胱氨酸、缬氨酸、甲硫氨酸、异亮氨酸、亮氨酸、酪氨酸、苯丙氨酸依次被洗脱，最后用 pH 5.28 的柠檬酸缓冲溶液进行洗脱，赖氨酸、组氨酸、精氨酸依次被洗脱，洗脱下的氨基酸与茚三酮反应，经仪器检测其吸光值，绘制洗脱曲线，与标准氨基酸的洗脱曲线相比较，即可确定不同氨基酸的种类和含量。

2. 蛋白质氨基酸顺序分析

首先按照前述柱层析的方法分离纯化蛋白质，在蛋白质变性剂和还原剂的共同作用下，采用 SDS-PAGE 的方法得到单一多肽链，从聚丙烯酰胺凝胶上割下目标条带，使用适当的缓冲液回收肽链作为供试样品。将样品分为四份，其中一份采用氨基酸分析仪测定其氨基酸组成和含量。第二份采用末端分析法测定其 N 端和 C 端氨基酸，N 端氨基酸的测定可以采用 2,4-二硝基氟苯法（DNFB）或苯异硫氰酸酯法（PITC），也可采用氨肽酶法；C 端氨基酸的测定可以采用肼解法、硼氢化钠还原法或羧肽酶法。第三份采用蛋白酶或化学法裂解成若干有重叠的肽段后采用 Edman 降解法测定每一肽段的氨基酸顺序，再利用重叠肽组建整个多肽的氨基酸序列。第四份先不打断二硫键，部分酶解后进行第一向纸层析，然后打断二硫键再进行第二向纸层析，分开为两个肽段的半胱氨酸之间有二硫键，从而确定二硫键的位置。近年来，又发展了质谱法测序，也可通过对已知基因序列翻译的方法推断蛋白质氨基酸序列。

（四）蛋白质结晶与结构分析

蛋白质在一定条件下会形成结构均一的晶体，蛋白质结晶不仅是蛋白质纯度鉴定的一个指标，也是蛋白质活性鉴定的一个指标。蛋白质三维结构分析的主要方法有 X 射线晶体衍射法和核磁共振法，前者是测定蛋白质晶体的三维结构，后者是测定溶液中蛋白质的三维结构。此外，圆二色谱法可以测定蛋白质中不同二级结构的比例。例如，原核表达并纯化了豌豆肌动蛋白异型体Ⅰ（376 个氨基酸），用圆二色谱仪法测定了其圆二色谱见图 7-12，通过计算机运算可以得到其二级结构比例（α-螺旋 50 个氨基酸，β-折叠 190 个氨基酸，其他结构 136 个氨基酸）。此外，通过紫外差光谱可以了解芳香性氨基酸在蛋白质中的位置变化，通过荧光光谱可以分析酪氨酸在蛋白质结构的变化，从而了解蛋白质与其他分子的相互作用等。此外，还可以通过生物信息学的方法对蛋白质的结构进行预测，研究蛋白质的分子结构。

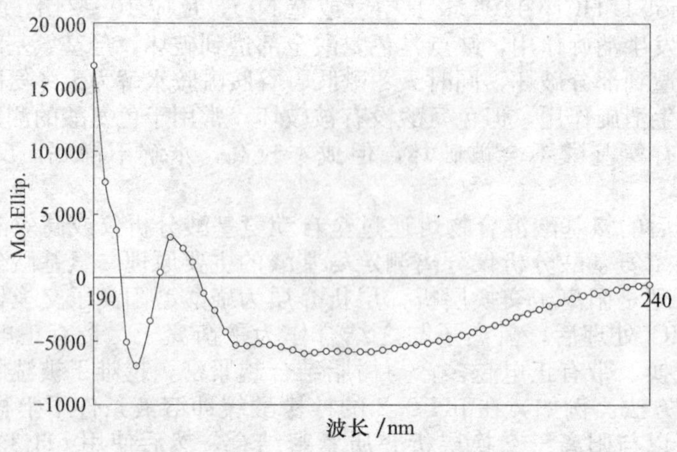

图 7-12　豌豆肌动蛋白异型体Ⅰ圆二色谱

（五）蛋白质免疫印迹（Western-blotting）鉴定

在有目标蛋白质抗体的条件下，可以采用蛋白质免疫印迹来鉴定目标蛋白质的存在。由于抗体抗原反应的专一性，因此，通过免疫印迹法可以准确地鉴定目标蛋白质。此外，蛋白质免疫印迹是通过第二抗体上携带的酶进行显色反应，由于酶反应的高效性，可以使检测信号放大，检测极限可以低到 10pg（10^{-11}g），如果采用放射性同位素标记分辨率更可以低到 1pg。

蛋白质免疫印迹主要包括三个步骤：第一步是凝胶电泳（可以是活性聚丙烯酰胺凝胶电泳，SDS-聚丙烯酰胺凝胶电泳，也可以是等电聚焦电泳）；第二步是转膜，把凝胶上的蛋白质条带转移固定到薄膜上，一方面是为了固定蛋白质，避免其在凝胶中扩散，另一方面是为了方便后面的抗原抗体反应，既容易操作，又节省抗体；第三步是抗原抗体显色反应。凝胶电泳已在前面详细阐述过，这里主要介绍转膜和抗原抗体显色反应。

可以转移固定蛋白质的膜有多种类型，主要有硝酸纤维素滤膜（NC 膜）、尼龙滤膜和聚偏氟乙烯滤膜（PVDF 膜）。在蛋白质免疫印迹中用的比较多的是硝酸纤维素滤膜，它具有背景浅，价格便宜，蛋白质吸附量大等优点，缺点是容易产生划痕，干燥时容易破裂。目前蛋白质转膜方法主要有两种类型，一种是半干转移，需要专门的半干转移设备，转移缓冲液使用很少，转移效率高，所需时间短；另外一种是湿转移，需要的转移缓冲液多，转移时间较长，但不需要专门设备。湿转移应用较多，下面重点介绍此法。

转膜所需要的转移缓冲液通常为 Tris-Glycine（1L 重蒸馏水中加入 1.93g Tris，9g Glycine），将凝胶、硝酸纤维素滤膜、滤纸等制成的三明治形式（图 7-13）。首先打开转移夹，黑色的一面在下，放在一个大培养皿中（培养皿中加少量转移缓冲液），在转移夹上铺一层已用转移缓冲液浸透的海绵垫（或厚滤纸垫），用玻璃棒或试管在海绵垫上滚动排除气泡，在海绵垫上加一层用转移缓冲液浸透的滤纸，将凝胶平铺在滤纸上，将用转移缓冲液浸透的硝酸纤维素滤膜放在凝胶上（注意，硝酸纤维素滤膜不能用手直接拿，必须戴手套或用镊子拿其中的一个小角），在硝酸纤维素滤膜上再放一层滤纸，在滤纸上再放一层海绵垫，用玻璃棒或试管在海绵垫上滚动排除气泡，盖上红色夹子，将转移夹夹紧，放在转移电泳槽中，黑色的一面接负极，红色的一面接正极，加满电转移缓冲液，在 40～100V 左右的电压，或者 0.2～0.4A 的电流下进行电转移，需要指出的是，对于大的蛋白质，需要在低电压下长时间转移，如 30V 过夜，而对于小的蛋白质，可以高电压短时间转移；如 100V 1h，电转移过程中会发热，需要将转移电泳槽放在冰浴或低温环境中。

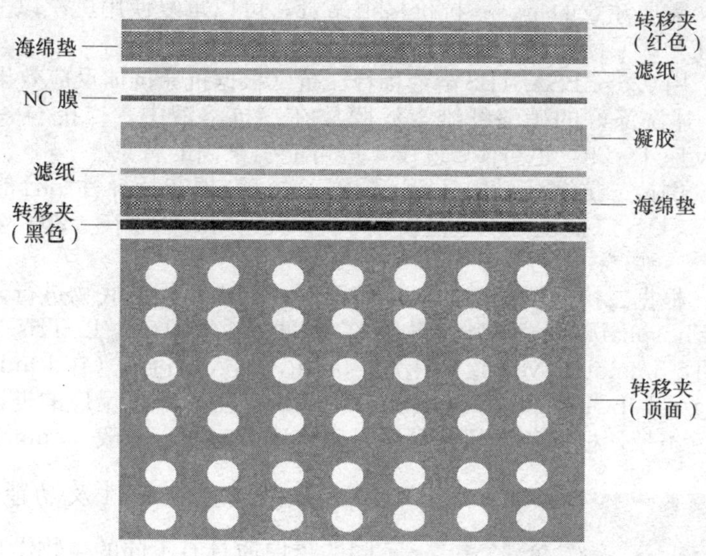

图 7-13　蛋白质免疫印迹装置

上面为三明治结构侧面观，下面为三明治结构顶面观

电转移结束后，取出硝酸纤维素滤膜，进行抗原抗体显色反应。所用的主要缓冲液为 TBS（Tris-buffered saline，50mmol/L Tris pH 7.5，150mmol/L NaCl），在 TBS 中加入 0.3%牛血清白蛋白（BSA）或 0.5%BSA。BSA 也可用脱脂奶粉代替。硝酸纤维素滤膜上的抗原抗体反应原理见图 7-14。具体操作步骤如下。

（1）封闭：用镊子夹取硝酸纤维素滤膜的一个小角，将其放在一个培养皿中（培养皿中装有 0.3%BSA/TBS），BSA 溶液要淹没滤膜，轻轻振摇 1h，或再加入 1mmol/L NaN_3 过夜。此步骤是用 BSA 封闭滤膜上没有蛋白质的部分，避免抗体与滤膜的非特异性结合。

（2）洗涤：硝酸纤维素滤膜封闭完成后，倒掉 0.3% BSA/TBS 溶液，加入 TBS 溶液，振荡 10min，再重复上述步骤两次，将没有结合的 BSA 洗掉，如果显色后背景较深，还可以在 TBS 中加入 0.05% Tween 20 进行洗涤。

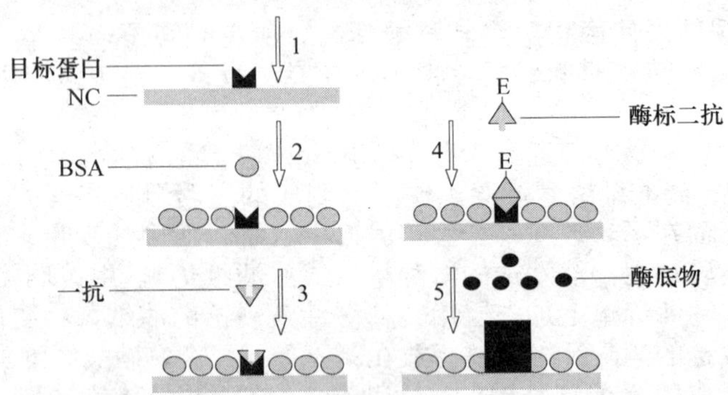

图 7-14　蛋白质免疫印迹原理

1. 转膜；2. 封闭；3. 一抗反应；4. 二抗反应；5. 显色

(3) 一抗：用 0.5% BSA/TBS 溶液稀释一抗（根据抗原抗体反应效果，稀释 1000～5000 倍)，将上述封闭洗涤好的硝酸纤维素滤膜放在一抗溶液中，抗体与膜上的抗原条带发生免疫结合，可以室温反应 1～2h，但多数情况下 4℃过夜效果更好。

(4) 洗涤：倒掉一抗溶液，用 TBS 洗涤三次，洗掉非特异性结合的抗体，洗涤过程同步骤（2)。需要注意的是，一抗价格很昂贵，可以重复使用三次以上，因此，一抗溶液可以回收在－20℃冰箱中长期保存备用。

(5) 二抗：用 0.5% BSA/TBS 溶液稀释二抗（根据抗原抗体反应效果，稀释 1000～2000 倍)，将上述洗涤好的硝酸纤维素滤膜放在二抗溶液中，二抗与一抗发生免疫结合，一般室温反应 1～2h，也可 4℃过夜，但可能引来高的背景。

(6) 洗涤：倒掉二抗溶液，用 TBS 洗涤三次，洗掉非特异性结合的抗体，洗涤过程同步骤（2)、(4)。二抗也可以重复使用 2～3 次，用后回收在－20℃冰箱中长期保存备用。

(7) 显色：根据二抗上所携带的标记酶不同，加入不同的底物进行。以碱性磷酸酯酶（Alkaline Phosphatase）为例，将膜在缓冲液（0.1mol/L Tris-HCl，pH 9.5，0.1mol/L NaCl，5mmol/L $MgCl_2$）中洗涤 5min，加入显色液（在 10mL 上述缓冲液中加入 33μl 50mg/mL BCIP，66μL 50mg/mL NBT)，随着显色反应的进行，在膜上相应位置会出现褐色条带，根据条带颜色深浅，确定反应时间，一般 30min 直至过夜。

（六）蛋白质生物活性及功能测定

不同的蛋白质具有不同的生物学功能，因此有不同的测定方法。通过加入酶的底物，根据产物的测定来判断酶的活性高低。肌动蛋白，它具有聚合成丝的特性，可以通过聚合解聚来判断其活性，采用有机溶剂丙酮从鸡骨骼肌中提取肌动蛋白，制成肌动蛋白丙酮粉，然后用超速离心法纯化肌动蛋白，纯化后的球状肌动蛋白体外能够聚合成丝状肌动蛋白（图7-15)。目前，测定蛋白质在生物体内功能的主要方法是通过基因工程的手段，一方面将目标蛋白质的基因在生物体内过表达，观察生物体的表现；另一方面，在生物体内将该基因沉默，再观察生物体的表现，从而总结出该蛋白质在生物体内的功能。

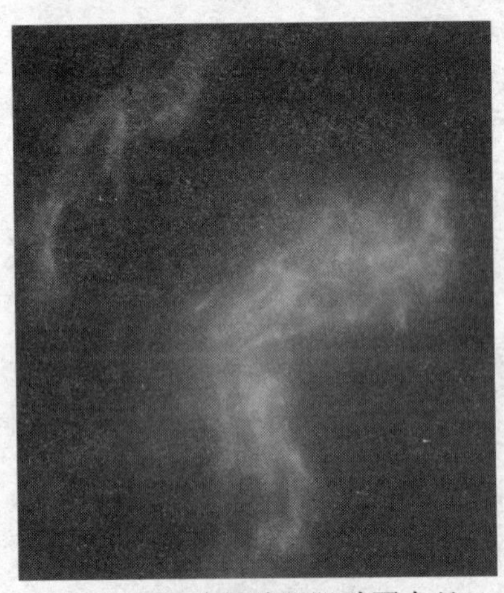

图 7-15　鸡骨骼肌肌动蛋白丝

思考题

1. 蛋白质分离纯化的总原则是什么？
2. 蛋白质分离纯化的一般步骤如何？
3. 分子筛层析分离纯化蛋白质以及测定蛋白质相对分子质量的原理如何？
4. 离子交换层析分离纯化蛋白质的主要原理、实验步骤如何？
5. 亲和层析分离纯化蛋白质的主要原理、实验步骤如何？
6. 何谓电泳？有哪些主要的电泳方法用于蛋白质分离纯化和鉴定？
7. SDS-PAGE 测定蛋白质分子质量的主要原理如何？
8. Western-blotting 的主要实验原理、操作步骤如何？
9. 举例说明硫酸铵分级沉淀的原理与操作。
10. 何谓超速离心？它在蛋白质分离纯化中有何应用？

第八章　现代生物学技术在蛋白质工程中的应用

目前，在蛋白质工程技术中传统技术仍然是主要力量，像传统的蛋白质分离纯化技术，如层析技术、电泳技术；蛋白质鉴定技术，如免疫印迹（immune-blotting）技术、酶联免疫吸附测定（enzyme linked immune-sorbent assay，ELISA）。随着现代生物学技术的不断发展及其在蛋白质工程中的应用，新的蛋白质技术也不断涌现，如对蛋白质进行分析鉴定的蛋白质芯片技术、蛋白指纹图谱技术；研究蛋白质相互作用的表面等离子体共振技术、酵母双杂交技术；用于功能蛋白质筛选的表面展示技术。这些新的蛋白质技术在蛋白质工程的研究和应用中正在发挥越来越重要的作用。

第一节　蛋白质分析鉴定技术

一、蛋白质芯片技术

目前，基因芯片（gene chip）技术已被广泛应用于基因表达的检测及研究。虽然该技术已经比较完善，但这种以检测细胞中 mRNA 为基础的芯片只能提供间接的信息。生物体细胞中真正执行功能的成分是蛋白质，它与活性基因所表达的 mRNA 之间未能完全显示出直接的关系，因此基因芯片技术的应用受到一定的限制。另外，为了进一步揭示细胞内各种代谢过程与蛋白质之间的关系以及某些疾病发生的分子机理，必须对蛋白质的功能进行更深入的研究。蛋白质芯片技术就是为了满足人们对蛋白质的高通量、大信息量、平行分析研究而产生的。蛋白质芯片的产生将基因组学平台和蛋白质组学平台很好地连接起来。

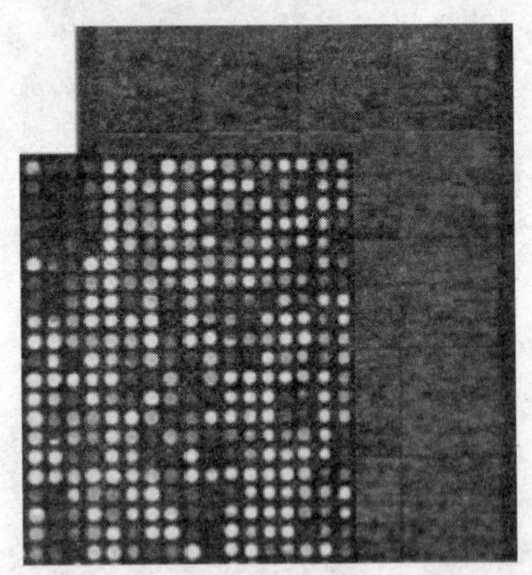

图 8-1　典型的蛋白质微阵列芯片
（引自陈韵晴，2006）

（一）蛋白质芯片的概念

蛋白质芯片（protein chip）也叫蛋白质微阵列（protein microarray），是将大量蛋白质有规则地固定到某种介质载体上，利用蛋白质与蛋白质、酶与底物、蛋白质与其他小分子之间的相互作用检测分析蛋白质的一种芯片（图 8-1）。蛋白质芯片分析本质上就是利用蛋白质之间的相互作用对样品中存在的特定蛋白质分子进行检测，是从蛋白质水平去了解和研究各种生命现象。

（二）蛋白质芯片的分类

根据用途的不同，蛋白质芯片可分为：①蛋白功能芯片：将天然蛋白、酶或酶底物固定在载体上制成芯片，主要用于天然蛋白活性及分子亲和性的高通量分析，可用来进行蛋白-蛋白、蛋白-多肽、蛋白-小分子、蛋白-DNA、蛋白-RNA 结合以及蛋白-酶反应的研究；②蛋白检测芯片：将具有高度亲和特异性的蛋白质或多肽（如单克隆抗体、小片段抗体、受体等）固定在载体上，制备检测芯片用以识别复杂生物样品中的抗原、目标多肽和蛋白等。

蛋白质芯片与基因芯片的原理类似，它是将大量预先设计的蛋白质分子（如抗原或抗体等）或检测探针固定在芯片上组成密集的阵列，利用抗原与抗体、受体与配体、蛋白与其他分子的相互作用进行检测。蛋白质是基因表达的最终产物，因此蛋白质芯片比基因芯片更能反映生命活动的本质，应用前景更为广泛。同时，蛋白质芯片能检测生物样品中与某种疾病或环境因子可能相关的全部蛋白含量的变化情况，对疾病的诊治有重要意义。由于蛋白质芯片是一项高通量、微型化和自动化并从蛋白质水平来研究各种生命现象的分析技术，因此它是生物芯片研制中最具发展潜力的一类生物芯片。

蛋白质芯片出现的时间较短，它实际上是基因组微阵列技术的副本。较早应用蛋白质芯片的是 Geysen 及其同事，他们使用 96 孔板排列确定手足口症病毒（VPI）包被蛋白的抗原表位。随着蛋白质芯片技术的不断改进，现在通常将数千探针分子加样在载玻片或滤膜上，形成体积较小的芯片，或者直接在芯片上合成多肽，然后将芯片暴露于含有合适分析物（称为受体或目标分子）的样品，用荧光、放射性标志、化学发光、质谱或电化学方法检测与芯片结合的受体或目标分子。蛋白质芯片可快速、高效地进行抗原-抗体、蛋白质-蛋白质、蛋白质-配体、蛋白质-DNA、蛋白质-RNA 等相互作用研究，以及用于分析与疾病有关的蛋白质、蛋白质与药物的相互作用等。

（三）蛋白质芯片的制备

首先，固相载体的选择和处理。常用的固相载体有膜载体和玻片载体。膜载体常用 PVDF 膜，使用时先将膜切割成所需尺寸，然后用 95%酒精浸泡处理；玻片载体一般要经过化学修饰，如固定的是蛋白质靶标时，则用醛基修饰的玻片；如固定相对分子质量较小的多肽时，则使用 BSA-NHS 修饰的玻片［使用 *N*,*N*-二琥珀酰胺碳酸（*N*,*N*-disuccinimidyl carbonate）激活 BSA 表面的赖氨酸、天冬氨酸和谷氨酸残基成为 BSA-NHS 玻片］。

其次，蛋白质靶标的处理。作为制作蛋白质芯片的蛋白质靶标不仅纯度要高，而且要保持生物活性，所以溶解蛋白质要选用合适的缓冲溶液。现在一般采用含 40%甘油的磷酸盐缓冲溶液（PBS）溶解蛋白质，一方面可以防止水分的蒸发，另一方面又可防止蛋白质变性，保持其固有的生物活性。

再次，将蛋白质靶标点在固相载体上，并将其固定。以膜为载体的芯片固定时，只要将其放入湿盒中，37℃下放置 1h 即可；以乙醛基修饰的载玻片为载体的芯片，其固定的原理是通过醛基和蛋白质中的氨基共价结合而固定的；以 BSA-NHS 修饰的玻片为载体的芯片固定时是通过激活 BSA 分子，使 BSA 分子上活化的 Lys、Asp、Glu 与待固定的蛋白质氨基酸或羧基发生反应，形成共价连接；而以聚丙烯酰胺凝胶修饰的载玻片为载体的芯片，可用戊二醛将凝胶激活从而与蛋白质形成连接；对于糖蛋白，则可用酰肼代替酰胺将凝胶激活后与蛋白质上的多糖基团结合，达到固定蛋白质的目的。

最后，蛋白质芯片的封闭。将固相载体上未与蛋白质靶标结合的区域，用相对于固相载体反应的惰性物质进行封闭，防止待测样品中的蛋白质与固相载体上的活性基团结合而产生假阳性。现在常用的封闭试剂有小牛血清白蛋白（BSA）和甘氨酸（Gly）。

蛋白质研究的再次兴起以及 DNA 微阵列技术的飞跃，将研究者的注意力引到了蛋白质芯片技术上，并取得了蛋白质芯片技术的一系列发展。目前，蛋白质芯片技术已在蛋白质-蛋白质相互作用、蛋白质-小分子相互作用、酶分析、蛋白质表达分析中得到应用。Cavin 等制作出高密度蛋白质芯片，用于蛋白质相互作用、蛋白酶底物的识别、小分子的靶蛋白的识别；他们制作了一个有 10799 个蛋白 G 点、一个 FRB 点的芯片，将标记不同荧光染料的识别对象混合与之反应，FRB 点清晰地显示出与蛋白 G 点的荧光差异，表明高密度蛋白质芯片具有优良的特异性（图 8-2）。Joos 等应用免疫芯片实现了 18 种自身抗原的诊断，Huang 等基于抗体芯片完成了 24 种细胞因子的检测。

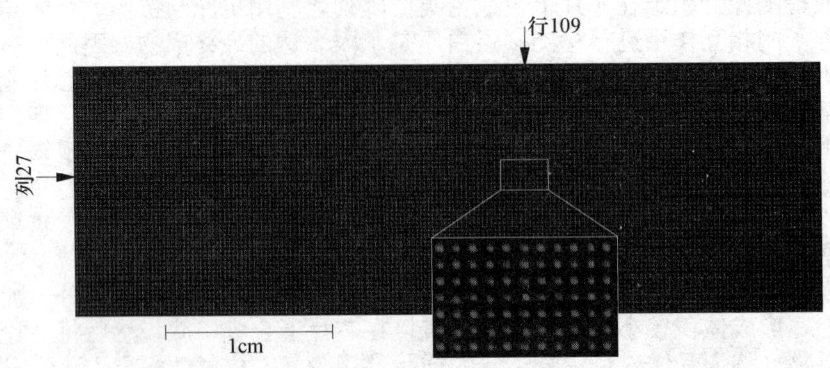

图 8-2　点阵密度高达 10800 点的蛋白芯片
10799 个蛋白 G 点中掺杂的一个 FRB 点显示的清晰荧光效果图

（四）蛋白质芯片中探针的标记

蛋白质芯片中的探针，可以是蛋白质、酶或其他配基。用于探针的标记物，既可以是荧光染料，也可以是酶。另外，红色荧光蛋白（RFP）和绿色荧光蛋白（GFP）也可作为标记物，这种标记方法主要是将被测蛋白质和 RFP 或 GFP 共表达形成融合蛋白质。

（五）蛋白质芯片信号的检测及数据处理

荧光标记的芯片，既可用激光共聚焦检测，也可用电荷耦合器件（CCD）进行检测。酶标芯片显色后用高精度的 CCD 进行检测。可用一定的计算机软件对检测中的扫描图进行处理，形成数据，得出结论。

（六）蛋白质芯片的特点

蛋白质芯片技术的优点主要体现在：①快速、定量分析大量蛋白质；②使用简单，结果正确率较高，只需少量血样标本即可进行分析和检测；③采用光敏染料标记，灵敏度高，准确性好；④所需试剂少，可直接应用血清样本，便于诊断，实用性强。其不足在于稳定性及操作复杂等。

生物芯片与传统分析相比较，它的主要特点是可以大量同时平行分析样品，可进行大规模的高效筛选，而且生物芯片小，样品和试剂的用量小。与酵母双杂交系统相比，酵母双杂交系统只能进行成对的蛋白质而不是整个蛋白质组的互相分析，而蛋白质芯片则是全局性分析，是进行信号传导等分析的有力工具。此外，与质谱相连的蛋白质可提供高效、灵敏的分析方法。目前，蛋白质芯片主要有蛋白质芯片、抗体芯片和组织芯片等。

尽管蛋白质芯片对功能蛋白质组学和检测病变状态下蛋白质显示出很大希望，但还是有许多需要克服的问题，包括高效表达和纯化蛋白质的技术，产生大量性质已知的抗体，而且相对于 DNA 芯片，蛋白质芯片花费大、费时。鉴于此，在现代蛋白质组学的研究中，蛋白质芯片还不能取代传统的方法，但它具有的高通量、快速、平行、自动化等特点，是其他方法无可比拟的。随着芯片技术的进一步发展，蛋白质芯片将在很多方面取代传统的研究手段，成为生命科学研究中一种不可或缺的技术。

（七）蛋白质芯片的应用

1. 基础研究

蛋白质-DNA 相互作用研究：一种全新的、用于筛查结合到启动 DNA 序列的转录因子的方法已经建成。该方法用生物化学表面芯片（PS20），以 DNA 作诱饵，结合特异蛋白质，用质谱法检测。

蛋白质-mRNA 相互作用研究：美国 Duke 大学医学中心报道，通过 mRNA 转录与 RNA 结合蛋白质的内在联系建立了一种高通量的方法，用于鉴定在结构上和功能上有关的 mRNA 转录。

2. 临床

蛋白质芯片技术在临床方面有着广泛的应用，尤其是在疾病的诊断和疗效判定，即生物学标志物的检测上，例如，蛋白质芯片应用于自身性免疫疾病的诊断；在患类风湿疾病病人的体内发现了大量抗核蛋白及核蛋白复合体的抗体，将这些特征性的蛋白质固定在芯片上形成蛋白质芯片可以从分子水平来检测类风湿疾病。当有些病人的早期症状不明显，或发病症状不同于常规病例时，利用蛋白质芯片进行检测显得尤为重要。随着蛋白质芯片的应用，给肿瘤诊断和预后提供了一种高效、高通量的方法，因而适合肿瘤的普查。一般先从抗体库中挑出对肿瘤诊断或预后有潜在意义的抗体，制成抗体芯片；然后提取正常组织和肿瘤组织的蛋白质，用不同的荧光染料进行标记；与芯片反应，通过计算机分析得出结论。将抗体点在载体上制成抗体芯片，用来检测正常组织和肿瘤组织中差异表达的蛋白质，发现明胶酶 A 等在肿瘤的发生中起着重要作用。由于蛋白质芯片是在分子水平进行诊断和预后的，因而它提供了一种更准确的方法。

3. 新药研制

研制一种新药往往要对上千种化合物进行筛选，低耗、快速、高效地筛选出新药或待选化合物是目前新药开发工作的重中之重。蛋白质芯片高通量、并行性的特点，大大地加快了化合物的筛选速度。通过蛋白芯片观察由于暴露于药物作用之下而诱导的基因表达谱，从而能在药物开发的早期阶段进行各种正确的毒理学检测。毒理学检测借助于药物与特定的蛋白质之间的相互作用，一旦该蛋白被鉴定出来，就可以将它阵列在芯片上，然后用各种待选化合物同时与之反应，观察每一种待选化合物与芯片的反应情况，来筛选感兴趣的化合物。

此外，蛋白质芯片技术还对中药现代化有巨大作用。将中药药性、功效与特定疾病的基因表达调控相关联，在分子水平上诠释传统的中药理论和作用机制，将对我国中药资源的发展影响深远。

蛋白质芯片提供了在蛋白质水平研究基因组中基因的功能，如酶活性、蛋白质-蛋白质间的相互作用、蛋白质-核酸间的相互作用、蛋白质-小分子药物间的相互作用。目前，已构建了含 6000 个酵母蛋白质转化子的蛋白质芯片，根据酵母双杂交的原理，在芯片上筛选相互作用的蛋白质，结果得到了 281 种蛋白质间的相互作用。再如，应用蛋白质芯片研究药物作用的机理及细胞对药物所做出的反应。在临床试验中，利用蛋白质芯片跟踪药物所引起的蛋白质的表达，就可以确定被检药物对人体是否有毒副作用，或达到多大剂量才会引起毒副作用。

4. 环境监测及食品检验

蛋白质芯片还能运用于环境监测及食品工业中，用来检测环境或食品中微量的有毒化学物质或病原菌（如大肠杆菌）。

二、蛋白指纹图谱技术

蛋白指纹图谱技术是由质谱技术发展而来的一种蛋白质鉴定技术，也称为表面增强激光解吸电离飞行时间质谱（surface enhanced laser desorption/Ionization time of flight mass spectrometry，SELDI-TOF-MS），是一种包含层析与质谱的特殊蛋白质芯片技术，用于蛋白质的定量分析。它结合了芯片与质谱技术两者的优点，是继基因芯片之后出现的新一代生物芯片技术。

（一）原理

蛋白指纹图谱技术是利用高能激光束使芯片中的分析物解吸形成离子，根据不同质核比，这些离子在仪器场中飞行的时间长短不一，由此绘制出一张质谱图。经数据处理后，直接显示样品中各种蛋白质的分子质量、含量等信息。

（二）组成

SELDI-TOF-MS包含蛋白质芯片、飞行质谱仪和分析软件三个部分。蛋白芯片是核心部分，分为生物表面芯片和化学表面芯片。生物芯片指在固体表面结合抗体或抗原、酶、受体、DNA等，作为摄取底物的特异基质，直接或再加上经过化学修饰的二抗作为检测信号，经过激光共聚焦扫描仪、质谱仪等信号检测装置，通过计算机进一步提取、分析、统计处理，从而获取有关信息。

（三）应用

蛋白指纹图谱技术，将蛋白芯片和质谱技术相结合，集样品分离、纯化、检测和数据分析为一体，快速和高通量地分析细胞在癌状态下表达的蛋白质图谱，与细胞在正常状态下表达的蛋白质图谱的分析结果比较，能够发现在癌状态下的差异表达蛋白。运用这种技术，结合生物信息学的分析方法可从大量的蛋白质和多肽中筛选出潜在的生物标记物，建立高特异性和敏感性的蛋白质指纹图谱模型。

蛋白指纹图谱技术，不同于只能针对单一指标进行分析的传统检测技术，而是通过对蛋白质动态、全景的分析，探索疾病早期最微小的指标和征兆。可以将病人血清蛋白质成分的变化记录下来，绘制成蛋白指纹图谱，并显示样品中各种蛋白的分子质量、含量等信息，将这张图谱与正常人、亚健康状态人群、某种疾病病人的图谱或基因库中的图谱对照，就能最终发现和捕获新的、特异性、疾病相关蛋白质及特征。此项技术能快速、敏感和特异性地发现潜在的癌症患者，并能检测治疗前后的情况。在疾病的早期诊断、鉴别诊断、治愈后判断和疗效观察方面有潜在的应用前景。与传统肿瘤标志物检测技术比较，蛋白指纹图谱技术的敏感性与特异性的平均检测准确性达80%以上。蛋白质的序列鉴定对于诊断性图谱分析来说不是必须的。蛋白指纹图谱技术具有灵敏度高、通量高，可以对体液及组织的诊断提供图谱分析，潜在肿瘤标志物的鉴定等特点。蛋白指纹图谱技术与生物信息学手段结合也许可以为临床化学领域带来革命。

蛋白指纹图谱技术是近三年来发展起来的实验室诊断新技术，它具有操作较简单、多样本检测、检测快速、灵敏性和特异性高等优点，是实验室诊断技术革命性的进展。

蛋白指纹图谱技术在医学领域的应用，主要用于多种疾病，特别是肿瘤的早期诊断。蛋白指纹图谱技术是一项发展前景非常好的诊断技术，具有广阔的临床应用前景。蛋白指纹图谱仪于 2003 年经过国家食品药品监督管理局批准进入中国市场。

第二节　研究蛋白相互作用技术

一、表面等离子体共振技术

表面等离子体共振技术（surface plasmon resonance，SPR）是一种简单、直接的传感技术，在检测、分析生物分子间的相互作用等方面得到广泛的应用。SPR 生物传感器的优点有很多：①无需任何标记或报告基因即可测定生物大分子的相互作用，这不仅节省了纯化和标记工作，而且还消除了标记物可能对所研究的相互作用的干扰；②SPR 测定是一个逐步分析的过程，不像标记为基础的方法通常报告的仅仅是最终的一步。此外，测定是实时进行的，相互作用的过程可在电脑屏幕上直接显示出来；③该测定是非入侵式的，测定中的光并不直接接触样品，测定的只是接触样品的传感片表面的相反一侧的光的折射率，因而样品是否混浊或半透明并不影响测定的结果，也不会有光吸收或光散射的干扰。

（一）原理

表面等离子体共振技术是表面等离子体在金属和电介质的交界面上形成的一电荷层，在电磁波的作用下，表面等离子体发生共振现象。表面等离子体共振是指在光波的作用下，在金属和电介质的交界面上形成的改变光波传输的谐振波。当光以大于全反射角入射到交界面上时，有一部分光被反射，另一部分光被耦合进入等离子体内，在表面等离子中存在光的消失波。如果入射光的波矢量沿着平行于界面的分量和表面等离子波的波矢量相等，表面等离子在光的作用下发生谐振光波在传输过程中发生能量的损失，在宏观上表现为光波的被强烈的吸收，这种现象称为等离子体的谐振（图 8-3）。

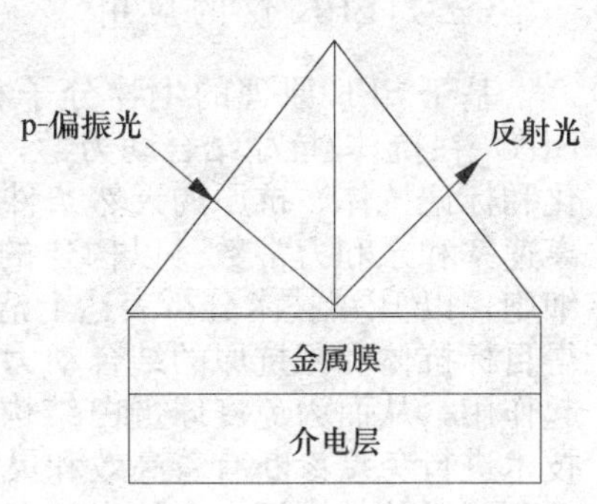

图 8-3　SPR 原理图

SPR 生物传感器通常是先在表面（传导膜）上用某一试剂（配体）进行修饰，然后对溶液中的第二组分（待分析物）的相互作用进行测定。当样品中的分子结合到传感器表面时，表面浓度的变化将导致折射率的变化，这样就可以检测到 SPR 反应。然后在相互作用期间按反应-时间做图（传感图，sensorgram），这样就提供了一个定量的测定分子间相互作用的方法。除了用于分析靶分子与相关分子的结合特性外，SPR 传感器技术还提供下述定量信息：①两个分子结合的特异性；②浓度：有多少分子存在并具活性；③亲和性：结合的强度。SPR 生物传感器广泛的用于各类生物体系的测定，包括各类小分子化合物（相对分子质量可小至 100）、多肽、蛋白质、寡核苷酸、脂分子、病毒和细胞。SPR 生物传感器不需要借助任何标记即可用于分析蛋白质-蛋白质、蛋白质-小分子、蛋白质-核酸和蛋白质-脂的相互作用。

（二）SPR 仪结构

1990 年，BIAcore 公司首先利用 SPR 原理制作了商品化的生物传感器，并不断向

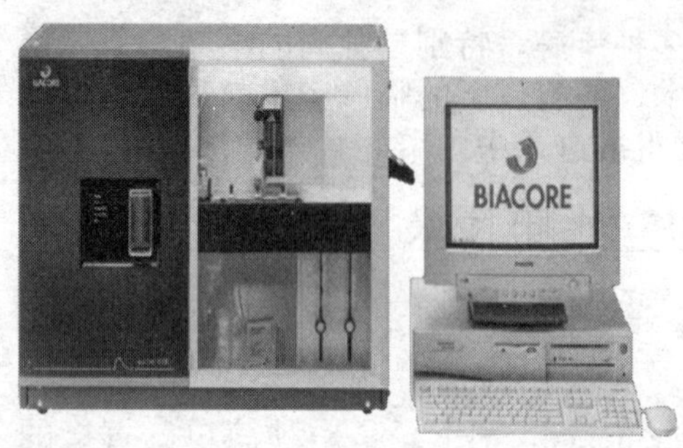

图 8-4 SPR 仪实物图

市场推出不同型号的该类仪器，成为 SPR 生物传感器的主要生产厂家。BIAcore 的 SPR 生物传感器系统核心部分是传感片、SPR 光学测定系统和微射流卡盘，图 8-4 为常用 SPR 仪实物图。

传感片是实时信号传导的载体，也是该测定系统的心脏。芯片是在玻璃片上覆盖了一层金膜（厚约 50nm），金膜的表面连接不同的多聚物以形成不同的表面基质用于固定不同性质的生物分子。微射流卡盘是一个液体传送系统，通过软件的控制自动的传送一定体积的样品至传感片表面。通过对管道内微型气阀的控制，形成各种液体流动的回路，将样品或缓冲液连续地送到传感片表面的不同通道，并维持分析物于一恒定的浓度内。必要的话，也可以自动的进行样品的回收。与 BIAcore 仪器配套使用的软件有控制软件 BIACORE Control，数据处理软件 BIAevaluation 3.1 和模拟软件 BIAsimulation。仪器分析使用一流式系统和一个已固化的传感器。待分析溶液通过这个系统注射进去，通过扩散移动到芯片表面。配体和分析分子间的结合随着 SPR 角的变化可以实时地进行观察。尽可能地从表面去除非共价结合的分子可以再生传感器，从而使随后的结合/再生周期中配体能被重复使用。

（三）SPR 仪的应用

基于 SPR 原理的生物分子相互作用分析技术（biomolecular interaction analysis，BIA）在抗体/抗原结合动力学，抗原表位/抗体对位的鉴定中有重要的应用，在无需纯化和标记抗体、抗原的天然条件下，能实时动态反映抗体-抗原相互作用时的结合与解离速率和亲和力常数。以构建的抗体表达载体（含重链基因或轻链基因）转染 COS-7 细胞，以 BIA 技术分析表达上清液和靶抗原的相互作用，在无需纯化抗体的条件下获得目标抗体和靶抗原的结合动力学，由此证明了抗体重链片段为抗体-抗原相互作用时起作用，从而为免疫球蛋白结构功能研究提供了重要依据。在临床免疫学中应用 SPR 技术进行免疫诊断有着高效和灵敏的优势，在自身免疫疾病患者的自身免疫抗体检测中得到了成功的应用。在特定的自身免疫导致的神经系统疾病中，血清中抗神经节普脂抗体滴度是反映病症退行或进展的一个重要生化指标。应用 SPR 技术已成功检测了自身免疫神经系统疾病患者体内特异性抗体滴度，并证明 SPR 技术检测特异性抗体相比于传统 ELISA 技术在灵敏度、精确性及检测速度方面皆有优势。

随着 SPR 仪器的不断完善和生物分子膜构建能力的不断增强，SPR 的应用前景极为广阔。从 SPR 的发展来看，它将向小型化、自动化、多样性、与相关技术联用的方向发展，在遗传分析方面，也将会使 SPR 进入一个崭新的领域。

目前，科研工作者将 BIA 技术和 MALDI-TOF-MS 有机结合而形成生物传感芯片质谱（biosensor chip-based mass spectrome-try）分析技术，并在蛋白质相互作用研究及鉴定上做了有益尝试，显示出了巨大的潜力。

二、酵母双杂交技术

随着分子生物学研究尤其是人类基因组计划的迅速发展，大量关于基因结构的信息不断涌现，对这些信息进行系统研究以了解新基因功能的要求也日益迫切。这不仅需要利用计算机进行生物信息学的分析和预测，而且必须结合生物学实验获取证据。为适应同时对多个基因或蛋白进行研究的发展趋势，已出现了很多新技术，如 DNA 微阵列技术（DNA micoarry）、肽质谱分析法、蛋白双向电泳技术及酵母双杂交技术等。其中酵母双杂交技术以其简便、灵敏、高效以及能反映不同蛋白质之间在活细胞内的相互作用等特点在基因功能的研究中得到了广泛的应用。

酵母双杂交技术是一种有效的真核活细胞内研究方法，在蛋白质相互作用研究方面得到了广泛应用并取得了许多有价值的重要发现。作为一个完整的实验系统，它自建立以来经过不断改进与完善，进一步提高了实验结果的可靠性与精确性。

（一）原理

1989 年建立了第一个基于酵母的细胞内检测蛋白间相互作用的遗传系统，图 8-5 显示了酵母双杂交系统原理。很多真核生物的位点特异转录激活因子通常具有两个可分割开的结构域，即 DNA 特异结合域（DNA binding domain，BD）与转录激活域（transcriptional activation domain，AD），这两个结构域各具功能，互不影响。但一个完整的激活特定基因表达的激活因子必须同时含有这两个结构域，否则无法完成激活功能。不同来源激活因子的 BD 区与 AD 结合后则特异地激活被 BD 结合的基因表达，基于这个原理，可将两个待测蛋白分别与这两个结构域建成融合蛋白，并共同表达于同一个酵母细胞内。如果两个待测蛋白间能发生相互作用，就会通过待测蛋白的桥梁作用使 AD 与 BD 形成一个完整的转录激活因子并激活相应的报告基因表达。通过对报告基因表型的测定可以很容易地知道待测蛋白分子间是否发生了相互作用。

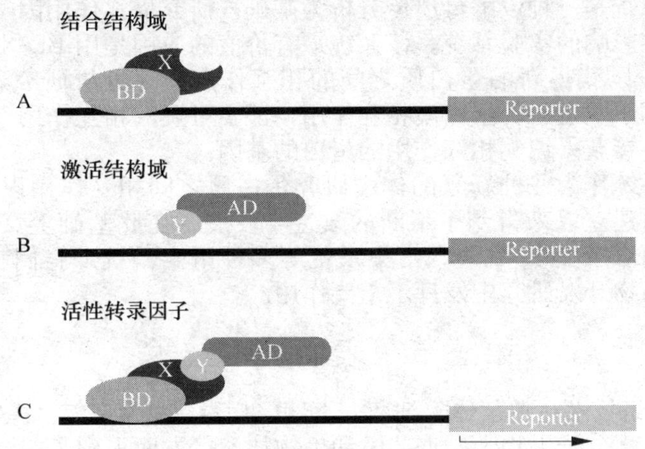

图 8-5　酵母双杂交系统原理示意图

A. 结合结构域与 X 蛋白形成融合蛋白，DNA 结合结构域能与上游激活序列（USA）结合，但在缺少激活结构域时，不能激活报告基因的转录；B. 激活结构域与 Y 蛋白形成融合蛋白，但在缺少 DNA 结合结构域时也不能激活报告基因的转录；C. X 蛋白和 Y 蛋白之间的相互作用导致 DNA 结合结构域与激活结构域的重组而形成有功能的转录因子

转录因子通过 BD 和 AD 分别与 DNA 上特异的序列结合，从而启动相应基因的转录反应。酵母双杂交系统就是根据这一理论提出的。

（二）酵母双杂交的组成

酵母双杂交系统由三个部分组成：①BD 融合的蛋白表达载体，被其表达的蛋白称为诱饵蛋白（bait）；②AD 融合的蛋白表达载体，被其表达的蛋白称为靶蛋白（prey）；③有一个或多个报告基因的宿主菌株。常用的报告基因有 *HIS3*（组氨酸缺陷型基因），*URA3*（乳清酸核苷-5-磷酸脱羧酶基因），*LacZ*（大肠杆菌乳糖操纵子上编码 β-半乳糖苷酶基因）和 *ADE2*（编码新生隐球菌磷酸核糖胺咪唑羧化酶基因）等。而菌株则具有相应的缺陷型。双杂交质粒上分别带有不同的抗性基因和营养标记基因。这些有利于实验后期杂交质粒的鉴定与分离。根据目前通用的系统中 BD 来源的不同主要分为 Gal-4 系统和 LexA 系统。后者因其 BD 来源于原核生物，在真核生物内缺少同源性，因此可以减少假阳性的出现。

酵母双杂交系统首先构建两种反式作用因子：将蛋白质 X 与报告基因转化因子的特异 BD（如 Gal4-BD、LexA-BD）融合，成为诱饵蛋白；蛋白质 Y 与特异的 AD 融合为靶蛋白。当编码两种结构域的基因在酵母细胞核内同时表达时，蛋白 X 与 Y 之间若存在非共价作用，就会使 AD 和 BD 两种结构域的上游活化序列相互接近，进而激活转录过程，使报告基因得到表达。

（三）应用

酵母双杂交技术主要应用在以下几方面：①检验一对功能已知蛋白间的相互作用；②研究一对蛋白间发生相互作用所必需的结构域，通常需对待测蛋白做点突变或缺失突变的处理。其结果若与结构生物学研究结合则可以极大地促进后者的发展；③用已知功能的蛋白基因筛选双杂交 cDNA 文库，以研究蛋白质之间相互作用的传递途径；④分析新基因的生物学功能。即用功能未知的新基因去筛选文库，然后根据钓到的已知基因的功能推测该新基因的功能。

酵母双杂交系统是一种以酵母遗传分析为基础，研究反式作用因子之间相互作用对真核基因转录调控影响的实验系统。该系统最有价值的应用是用 BD-X 筛选由 AD-Y 构成的 cDNA 文库，以获得新的蛋白质之间的相互作用，并分析研究新的基因。所以，本技术不仅可以用于鉴定新的蛋白质相互作用，证实可疑的相互作用，确定相互作用的结构域，而且可直接获得编码相互作用的蛋白的基因。

酵母双杂交系统作为一种新兴的体内研究蛋白质之间相互作用以及筛选 cDNA 文库的技术手段，自建立以来得到了不断的改进与发展。在此基础上又相继出现了单杂交、三杂交、反向双杂交以及 SOS 富集系统等多种衍生系统，它们在功能基因组学、蛋白质组学以及药物开发研究中发挥了重要作用。

第三节　表面展示技术

运用 DNA 重组技术在噬菌体、细菌、真菌、病毒等微生物表面呈现外源蛋白或多肽，已在微生物学、分子生物学、疫苗学和生物技术等方面得到了广泛应用。

表面展示技术是利用基因工程手段将外源基因或一组一定长度的随机寡核苷酸片段克隆到特定的表达载体中，使其表达产物与外膜蛋白或噬菌体外壳蛋白以融合蛋白的形式呈现在细胞表面或噬菌体表面。表面展示技术是诸多基础研究与实际应用的重要工具，它可用于蛋白质相互作用的研究、受体与配体结合结构域的识别和鉴定等。在实际应用中可用于肽库与酶库的高通量筛选、药物筛选，制备全细胞吸附剂、重组生物催化剂、细菌疫苗、生物传感器等。它是生命科学基础研究、医药技术与产品开发、环境监测与治理等众多领域的有效手段之一。

自从丝状噬菌体表面展示技术创立以来，人们相继发展了细菌、真菌等多种表面展示系统。目前研究较多的用于环境治理的表面展示系统有大肠杆菌、摩拉克氏菌（*Moraxella* sp.）等革兰氏阴性细菌、葡萄球菌（*Staphylococcus* sp.）等革兰氏阳性细菌和酵母等真菌。要在细胞表面实现外源蛋白的功能展示，必须具有分泌和定位到细胞外膜的机制，且不干扰细胞的正常功能，解决这一问题的办法就是将外源蛋白与膜蛋白融合。因为膜蛋白在膜上的定位和折叠成高级结构的机制尚不清楚，可以用来展示外源蛋白的膜蛋白还很有限。酵母是真核生物，真核外源蛋白可得到正确表达与修饰。

一、噬菌体展示技术

噬菌体展示技术（phage display techniques，PDT）是近年来兴起的一种基因表达筛选技术。它将目的基因克隆在丝状噬菌体衣壳蛋白的基因中，使外源基因产物与衣壳蛋白融合，伸展在噬菌体表面，可用来直接检测表达产物的某些活性。它实现了基因型和表型的转换，提供了高效率的筛选系统，因而将会在众多基础和应用研究领域产生深远的影响。

噬菌体展示技术是将外源肽或蛋白质与特定噬菌体衣壳蛋白融合并展示于噬菌体表面的技术（图 8-6）。1985 年 Smith 等首次利用基因工程技术将外源抗原决定簇与丝状噬菌体基因组中次要外壳蛋白基因融合，并证实两者能同时在噬菌体表面展示，在噬菌体表面展示的抗原决定簇能被特异性抗体所识别，展示在噬菌体表面的外源蛋白同样具有天然蛋白质的免疫反应原性。该技术的主要特点是将特定分子的基因型和表型统一在同一病毒颗粒内，即在噬菌体的表面展示特定蛋白质，而在噬菌体核心 DNA 中则含有该蛋白的结构基因。

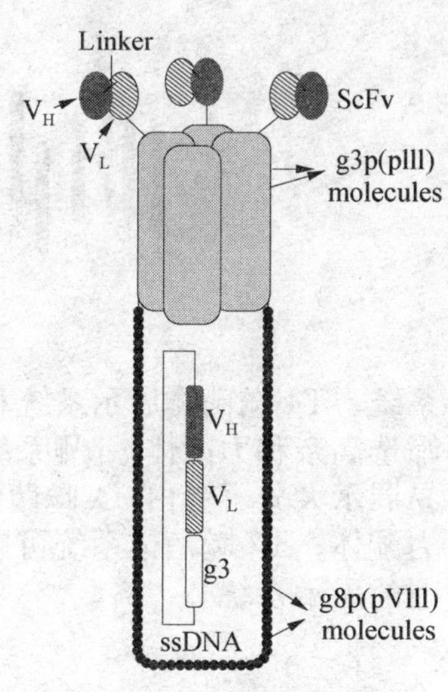

图 8-6　噬菌体展示
（引自 Azzazy，2002）

（一）原理

具体来讲噬菌体展示技术就是将待筛选基因插入噬菌体信号肽序列与主要衣壳蛋白基因（主要是基因Ⅷ或基因Ⅲ）之间，构成融合蛋白噬菌体库。表达的融合蛋白可以呈现在噬菌体表面，但不影响噬菌体的完整性和活性。利用展示的多肽与目标蛋白或肽的亲和结合的性质，可高效率地筛选所需基因。即先将目标蛋白或肽固相化，如结合在塑料板的小孔表面上，加入噬菌体库并与目标蛋白或肽反应，经过清洗，将非特异结合的噬菌体洗掉，有亲和力的噬菌体即被俘获，洗脱的噬菌体可以再感染大肠杆菌而增殖，这样一个吸附-洗涤-洗脱-繁殖的富集过程称为淘洗（panning）。一轮淘洗可以使噬菌体富集 10^3 倍，经过几轮的淘洗就可能从 10^9～10^{10} 的噬菌体库中获得与目标蛋白相互作用的肽（图 8-7，图 8-8）。

噬菌体展示技术是第一个真正用于体外高通量筛选的方法。其建立基于三个原则：①在衣壳蛋白基因（主要是基因Ⅷ或基因Ⅲ）的 N 端插入外源基因，形成的融合蛋白表达在噬菌体颗粒的表面，不影响也不干扰噬菌体的生活周期，同时保持了外源蛋白的天然构象，并能被相应的抗体或受体所识别；②利用固定于固相支持物的靶分子，采用适当的筛选方法，洗去非特异结合的噬菌体，筛选出目的噬菌体；③外源多肽或蛋白质表达在噬菌体的表面，而其编码基因作为病毒基因组中的一部分可通过分泌型噬菌体的单链 DNA 测序推导出来。

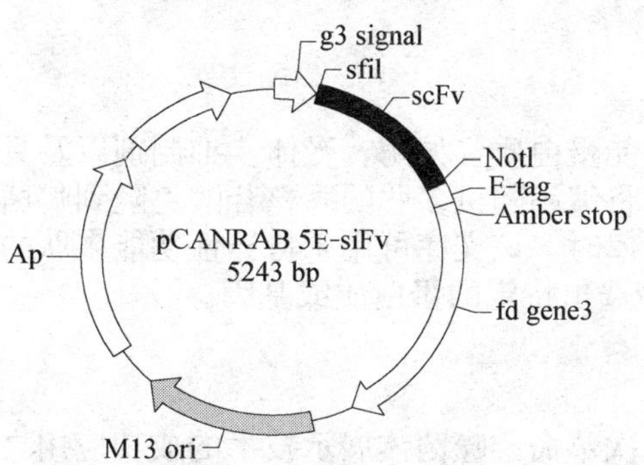

图 8-7　噬菌体展示载体 pCANTAB5E 示意

目前，能用于蛋白质、多肽展示的噬菌体系统有丝状噬菌体展示系统、λ 噬菌体展示

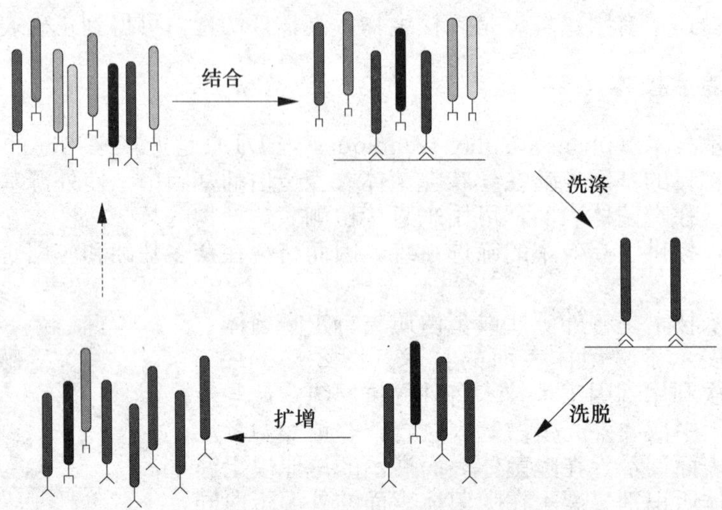

图 8-8 噬菌体展示技术筛选原理

系统、T4 噬菌体展示系统和 T7 噬菌体展示系统。丝状噬菌体 pⅢ系统单价展示，可以筛选高亲和力配体，pⅧ系统拷贝数高，利于疫苗的研制，但丝状噬菌体分泌释放，不易展示大分子蛋白；λ 噬菌体和 T4 噬菌体系统容量大，拷贝数高，但不易筛选高亲和力配体；T7 噬菌体系统可以高、中、低拷贝展示不同分子质量的蛋白，是目前最为理想的展示系统。

（二）应用

随着展示内容的多样化及展示库质量的提高，人们利用目标蛋白来筛选噬菌体展示库，能很容易获得相应的配体，通过分析所获肽段的序列及结构，就能准确地分析出蛋白分子间的相互作用，如抗原与抗体反应、受体与配体、酶与底物之间的相互作用机制及相应分子的特征。因此，噬菌体展示库亦称全能库，在免疫学、细胞生物学及药物开发等领域有着广泛的应用前景。

自 Smith 等创建该技术以来，噬菌体展示技术已成为后基因组时代研究分子识别作用的一个强有力的工具。它使研究者能够将组建的核苷酸库、mRNA 转变成多肽、蛋白质或蛋白质片段展示于噬菌体表面。噬菌体展示库所固有的基因型和表现型之间的直接关联，使得它表面所展示元件的结合特性能在简陋的实验室条件下几个星期就能完成鉴定、修饰和优化工作。与传统的用于研究蛋白质间相互作用的酵母和其他双杂交技术相比，噬菌体展示技术有着很大的优势。

1. 噬菌体展示技术与蛋白质工程

随着噬菌体展示技术的进一步发展，一些功能蛋白质（如酶、受体、抑制剂以及具有生物学功能的小分子肽）相继被鉴定和展示。将编码随机多肽的寡核苷酸克隆到噬菌体展示载体上，构成一个高容量的噬菌体多肽文库时，该文库可用于特异性功能多肽的筛选。同样，利用噬菌体展示 cDNA 文库，可筛选出特定的蛋白质或基因。

2. 噬菌体展示技术与抗体工程

噬菌体展示技术的出现使抗体工程进入第三次革命。噬菌体展示技术的成功应用之一就是噬菌体抗体库构建和单克隆抗体的筛选，利用此项技术可筛选到亲和力和特异性都令人满意的并且修饰过的抗体。将抗体分子片段与噬菌体外壳蛋白融合，使之表达于噬菌体颗粒的表面，就形成了噬菌体抗体。将全套的抗体可变区基因设计适当引物克隆出来，组建到表达载体内，再表达到许多噬菌体颗粒表面，则得到噬菌体抗体库(phage antibody library)。它可以使人们在体外模拟体内抗体产生过程，制备出针对任何抗原的单克隆抗体。

噬菌体展示技术使得表达蛋白（表达型）和编码基因（基因型）之间完美的联系起来。而且，它也能很好地解决了酵母双杂交系统中存在的关于所分析的可能相互作用的蛋白质必须定位于核内才能激活报告基因的问题。噬菌体展示技术具有两点最显著的意义：一点是它引申出了分子库（molecular repertoire）的概念；另一点是此项技术克服了研究蛋白质相互作用时需基于对其结构的详尽知识的限制，这也是使得该项技术得以愈来愈广泛运用的直接原因。目前，利用噬菌体展示技术构建随机肽库、蛋白质库和抗体库研究受体或抗体的结合位置，改造和提高蛋白质、酶和抗体的生物学和免疫学属性，研究能广阔的应用于检测治疗用途的新型多肽药物、疫苗和抗体等。

（三）噬菌体展示技术的局限性

噬菌体展示技术存在着不少的局限性，主要有以下几点。

(1) 在噬菌体展示过程中必须经过细菌转化、噬菌体包装，有的展示系统还要经过跨膜分泌过程，这就大大限制了所建库的容量和分子的多样性。目前，常用的噬菌体展示文库中含有不同序列分子的数量一般限制在 10^9。

(2) 不是所有的序列都能在噬菌体中获得很好的表达，因为有些蛋白质功能的实现需要折叠、转运、膜插入和络合，导致在体内筛选时需外加选择压力。例如，在噬菌体展示文库试验中，由于部分未折叠的蛋白在细菌中很容易被降解，因此，必须小心控制条件，以保证在噬菌体表面展示的文库没有被降解。另外，鼠源抗体在噬菌体中表达差，也是体内选择压力的一个例子。真核细胞蛋白在细菌中表达差是因为它们的蛋白质合成与折叠机制不同。

(3) 噬菌体展示文库一旦建成，很难再进行有效的体外突变和重组，进而限制了文库中分子遗传的多样性。

(4) 因为噬菌体展示系统依赖于细胞内基因的表达，所以一些对细胞有毒性的分子(如生物毒素分子）很难得到有效表达和展示。

二、核糖体展示技术与 mRNA 展示技术

核糖体展示（ribosome display）技术与 mRNA 展示技术由于在体外无细胞翻译体系中进行，用 mRNA 的可复制性，使靶基因（蛋白）得到有效富集，不受细胞转化效率的限制。它大大提高了文库容量和筛选通量（10^{12}～10^{14}），而且能够增加表达的蛋白质的溶解度。

核糖体展示技术的基本原理是通过 PCR 扩增目的基因的 DNA 文库，同时加入启动子、核糖体结合位点及茎环，并置于具有偶联转录-翻译的无细胞翻译系统中孵育，使目的基因的翻译产物展示在核糖体表面，并形成“mRNA-蛋白质-核糖体”三元复合体，最后利用常规的免疫学检测技术，通过固相化的靶分子直接从三元复合体中筛选出感兴趣的核糖体复合体，再利用 RT-PCR 扩增，进行下一循环的富集和选择，最终筛选出高亲和力的目标分子（图 3-18）。Pluckthun A 小组利用核糖体展示技术筛选到 1.1nmol 高亲和力的 scFv，之后通过引入 DNA 重排技术，又将其亲和力提高了 30 倍。

与核糖体展示相似，mRNA 展示技术也是以 mRNA 和多肽复合体作为筛选的基本

单元。区别之处在于，复合体中 mRNA 与蛋白质通过一个小分子共价连接，如嘌呤霉素（图 3-19），且该复合体的产生完全在体外，因此很容易构建大型突变文库（含 10^{12}～10^{13}个独立序列）。另外，利用 mRNA 展示技术，还可分析鉴定蛋白质功能及小分子药物。应用 mRNA 展示的多肽大部分都是 10～110 个氨基酸残基，较大的蛋白（如相对分子质量 24 000 的蛋白磷酸酶）也有研究，但活性较低。尽管如此，应用 mRNA 展示技术的文献比核糖体展示技术的少，开发出来的筛选系统也比较少。

噬菌体展示是最常用、最成功的展示技术，但其自身无法克服的缺点给具体应用造成了很多障碍。正是在这种背景下，寻找不受细胞转染和表达等因素影响的完全体外展示系统成为必然。基于体外无细胞翻译系统的核糖体展示和 mRNA 展示技术的出现很好地实现了这一目的。核糖体展示是一种强大的体外功能蛋白筛选及进化技术，由于核糖体展示技术避开了细菌转化、噬菌体包装、跨膜分泌、蛋白酶解等种种限制，库容量比噬菌体肽库高几个数量级，可达到 10^{12}～10^{15}，因此更容易筛选到目标分子。

20 世纪 80 年代早期，一些研究小组利用免疫沉淀法从细胞内的“mRNA-核糖体-蛋白质”复合物中分离特殊的 mRNA 分子，并获得成功。90 年代通过进一步研究发现，当 mRNA 缺乏终止密码子并经适当修饰以后，可形成十分稳定的“mRNA-核糖体-蛋白质”复合体，这种复合体可以将蛋白质和 mRNA 遗传信息连接到一起，用此方法进行特殊功能的肽和蛋白质筛选已逐渐成为可能。1997 年，Pluckthum 实验室在前人研究的基础上对 Mattheakis 的多聚核糖体展示技术进行了改进，建立了在体外筛选完整功能蛋白质的新技术——核糖体展示技术。核糖体展示技术的应用，使得人们构建大容量分子文库变得更加容易，随之采用合适的筛选方法，可以非常简便、快速、有效地筛选生物活性物质。

核糖体展示是 20 世纪 90 年代中期发展起来的简便而有效的体外分子选择与进化技术。它也是第一种完全在体外进行蛋白质或多肽分子选择与进化的方法（图 8-9）。经过不断的改进和完善，该展示技术日益成熟，目前已成为一种有效的研究体外小分子选择与进化的强有力的工具。

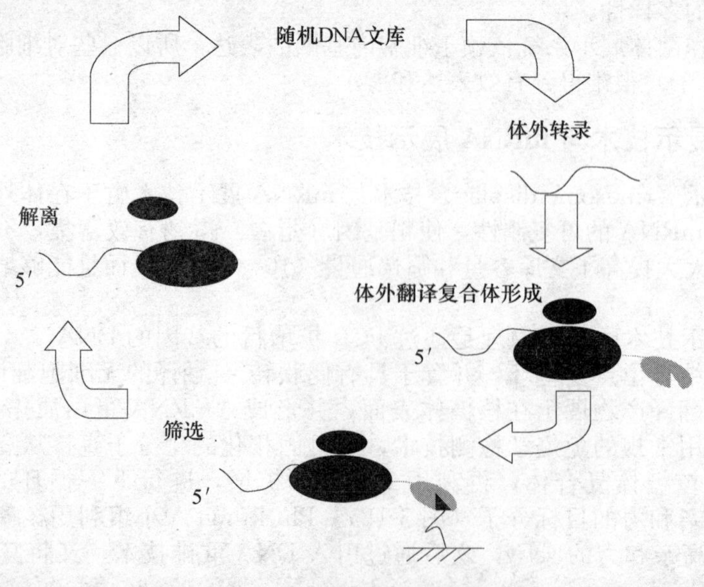

图 8-9　核糖体展示过程

传统的筛选技术具有本身难以克服的缺陷，主要表现在构建文库和筛选时都涉及细胞转染、噬菌体包装、跨膜分泌和蛋白质降解等诸多方面的问题，文库容量及其分子多样性在某种程度上受到很大限制，降低了文库筛选效率，这些文库的容量一般不超过 10^{10}。核糖体展示技术完全在体外进行，弥补了传统筛选技术在细胞内进行的不足，能显著增加文库容量及分子多样性，其库容量大，并且可对已构建成功的文库进行定向进化和重组。

三、细菌表面展示技术

细菌表面展示技术，结合荧光激活细胞筛选仪（fluorescence activated cell sorting, FACS）或流式细胞筛选仪（flow cytometry）是非常有效的高通量筛选方法。此方法能够决定突变体库中每个克隆的功能特性。因为，细菌表面有许多能显示保留单一性状在细胞表面的酶反应产物，因而展示在细菌表面的蛋白很容易通过荧光探针显示出来，荧光产物和细胞表面酶反应产物之间的物理连接是筛选蛋白质库的一个非常有价值的特性，同时也是定量检测单细胞酶催化活力的关键。这种技术是当前唯一能够定量检测单细胞水平和大量突变体酶催化活性的方法。流式细胞仪结合细胞表面展示技术具有以下几个明显的优点：能够定量分析酶活性、同时测定多个参数并且对每个观察到的克隆进行记录。细菌表面展示系统的最初目的就是进行基因重组活菌苗的研制。与噬菌体相比，细菌展示系统在疫苗应用上有许多独特的优势。与噬菌体肽库相比，细菌展示肽库还可用荧光激活细胞分选技术（FACS）进行更快速更高效筛选（图 8-10）。

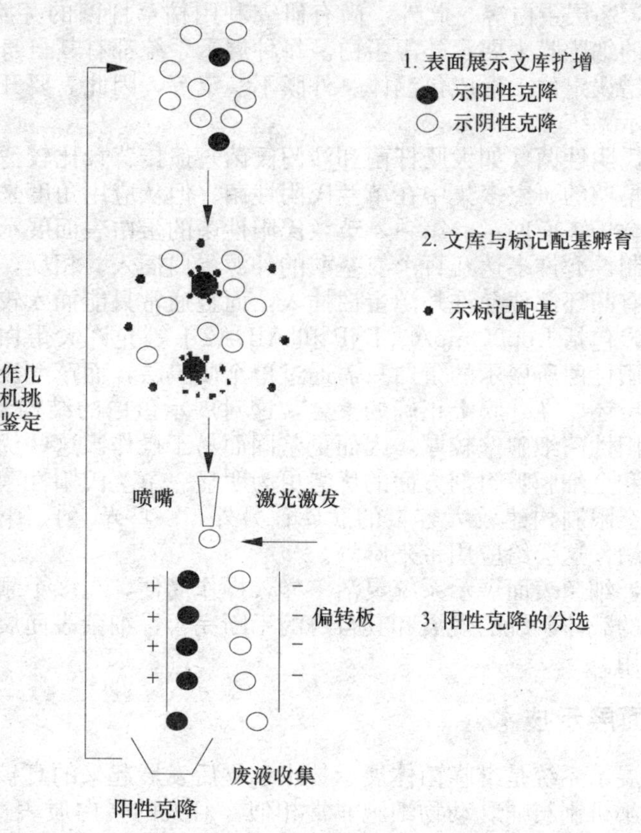

图 8-10　微生物表面展示文库 FACS 筛选原理示意图

与传统的生物淘选技术相比，FACS 具有以下特色：①高富集比。通常认为 FACS 筛选每轮的富集比为 10^3～10^5，而常规的生物淘选每轮的富集比仅为 200～500；②高阳性率。Franscisco 等在 1993 年的研究表示，经过两轮筛选阳性率高达 95%以上，这是常规生物淘选所无法想像的；③由于反应在溶液状态下进行，可克服常规生物淘选过程中由于筛选配基固定化而导致的“亲和效应”。

细菌表面展示系统是微生物表面展示系统的一个重要分支。由于呈现载体灵活多样，可根据不同的需要呈现蛋白或多肽等的特点，细菌表面展示技术近年来得到了迅猛发展，在重组细菌疫苗、抗原表位分析、全细胞催化剂、全细胞吸附剂、多肽库筛选等多个领域得到广泛应用。

细菌表面展示技术是利用基因工程手段将某一蛋白质或短肽段（靶蛋白）与微生物外膜蛋白（载体蛋白）以融合蛋白的形式呈现在细胞表面。外源蛋白与载体蛋白序列融合方式有 C 端融合、N 端融合和夹心融合。C 端融合，如脂蛋白-外膜蛋白 A（LppOmpA）系统其 OmpA 的 N 端锚定在外膜；N 端融合，如免疫球蛋白 A 蛋白酶家族中的一些成员含有自动转运结构，其 C 端锚定在细胞外膜，适于 N 端融合；夹心融合，如麦芽糖孔蛋白（Lam B）本身具有信号肽序列及锚定于外膜的序列，在其内部合适位点插入外源蛋白，可实现细胞表面展示。

目前有多种细菌表面展示系统可供利用，除了以往对细菌的外膜蛋白、脂蛋白、表面附属结构亚单位（如鞭毛、菌毛等）研究较多外，近几年又开发出多种新的表面展示系统。研究较多的有冰晶核蛋白（icenucleation protein，INP）、自体转运蛋白（auto-trans-porter）、S2 层蛋白等。此外，尚有研究利用枯草杆菌的芽胞外膜，L2 型大肠杆菌和变形杆菌的细胞膜来展示外源蛋白。每种展示系统都有其自身的缺点，如展示蛋白大小的限制、错误定位、形成包涵体、外膜不稳定等，因此需要开发新的系统，以进一步优化表面展示系统。

由于革兰氏阴性菌（如大肠杆菌和沙门氏菌）遗传背景比较清楚，更便于控制蛋白的展示，因而早期的研究多集中在革兰氏阴性菌。但从应用角度来看，革兰氏阳性菌的某些特性更适合于表面展示：第一，革兰氏阳性菌的蛋白表面展示系统有着相同或类似的表面锚定机制，允许多达几百个氨基酸的外源蛋白插入。相反，革兰氏阴性菌的外膜蛋白结构中只有凸环部位允许外源蛋白插入，而且通常只能插入较短的片段。但最近开发的几个系统，包括 Lpp2OmpA、INP 和 AIDA2 Ⅰ 等允许大蛋白在 *E. coli* 上的插入。第二，革兰氏阳性菌所展示的蛋白只需通过单个质膜层，而革兰氏阴性菌的展示蛋白不仅要通过质膜层还要在外膜上正确的整合，这对展示蛋白的结构和活性可能产生影响。第三，革兰氏阳性菌细胞壁较厚，因而更坚固而易于操作。这些优点使革兰氏阳性菌在全细胞催化剂和全细胞吸附剂方面的优势更为明显。革兰氏阳性菌也有一些缺点，如转化效率低，这会限制构建较大容量的肽库；另外，一些革兰氏阳性菌（如枯草杆菌），分泌大量蛋白酶，这会给应用带来麻烦。

综上所述，细菌表面展示系统灵活多样，操作简便，在多个领域显示出广泛的应用前景，随着新的载体系统的发展和其自身的不断完善，细菌表面展示技术必将在实践中发挥更大的作用。

四、酵母表面展示技术

酵母表面展示系统是继噬菌体展示技术创立后发展起来的真核展示系统。酵母的蛋白质折叠和分泌机制与哺乳动物细胞非常相似，对人的蛋白质表达和展示更具优越性。酵母细胞颗粒大，可用流式细胞仪进行筛选和分离。目前报道的两种酵母展示系统分别以 α-凝集素作为融合骨架。

1. 目的蛋白-α-凝集素表面展示系统

此系统将目的蛋白作为N端，与α-凝集素C端部分融合，目的蛋白经α-凝集素展示于酵母细胞表面。α-凝集素共价连接到细胞壁的葡聚糖上，其锚定部位由蛋白质C端320个氨基酸组成，富含Ser/Thr残基。Ser/Thr富集区因广泛存在的O-糖基化而拥有一个杆状构象，可作为空间支撑物发挥作用。

迄今，已经有多个应用α-凝集素的C端作为融合蛋白的报道。第一个通过此系统表达的异源蛋白是α-半乳糖苷酶（图8-11）。

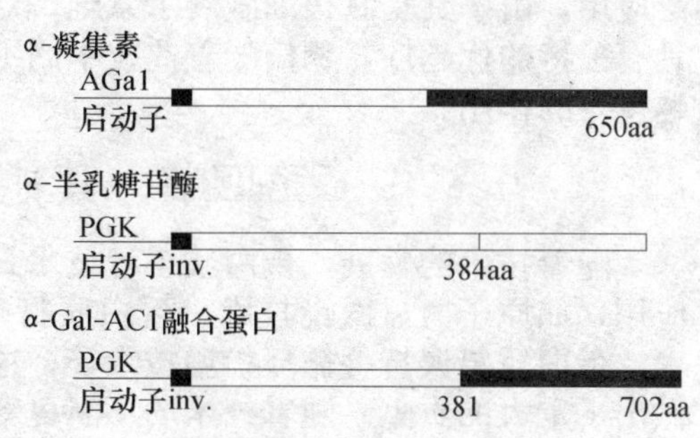

图8-11　半乳糖苷酶-α-凝集素（α-Gal-AC1）融合蛋白的构建

Schreuder等将来自瓜儿豆胶的α-半乳糖苷酶的基因插入到酿酒酵母转化酶分泌信号和α-凝集素C端部分编码序列之间。α-半乳糖苷酶和α-半乳糖苷酶-α-凝集素（α-Gal-AC1）融合蛋白，均由固有的磷酸果糖激酶（PGK）启动子控制，并且是多拷贝的。批量培养过程中检测了细胞和生长介质中的酶活性，α-半乳糖苷酶被高效分泌入培养介质，而αGal-AC1融合蛋白主要与细胞有关。

2. α-凝集素-目的蛋白表面展示系统

这是一种将目的蛋白作为C端与α-凝集素Aga2p亚基的N端融合的表面展示系统。α-凝集素通过与α-凝集素相似的连接锚定在细胞壁上。与α-凝集素不同，α-凝集素由两个亚单位的糖蛋白组成。

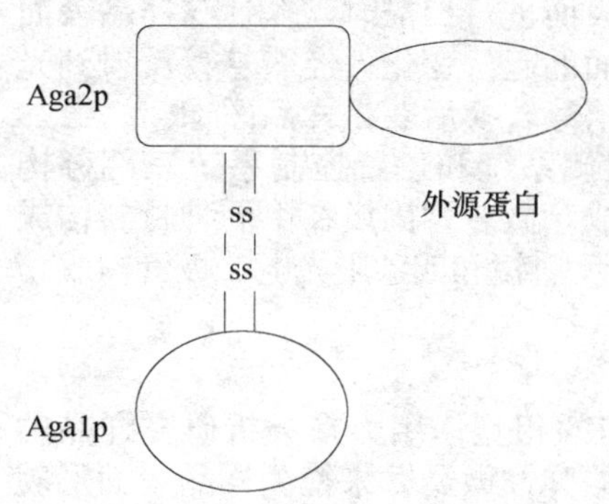

图8-12　酵母表面展示系统示意图

酵母表面展示系统应用酿酒酵母的α-凝集素将外源蛋白质展示于细胞表面。α-凝集素由核心亚单位（Aga1p）和结合亚单位（Aga2p）两个亚单位组成，Aga1p共725个氨基酸，合成后被分泌到胞外，与酵母细胞壁的β-葡聚糖共价连接。Aga2p共69个氨基酸，合成后也被分泌到胞外，但其通过两个二硫键与Aga1p结合，仍与酵母细胞相连。Aga2p的N端部分参与二硫键的形成，外源蛋白通过与Aga2p的C末端融合可展示于酵母细胞表面（图8-12）。

天然的α-凝集素结合活性部位在Aga2p的C端，因此，此处代表了一个细胞外大分子的可及性区域和展示固定蛋白的有用位点。

酵母有两种交配型MATα和MATa的单倍体细胞，这两种细胞之间的相互交配融合是通过细胞表达α-凝集素和α-凝集素的相互作用介导的。

目前，酵母表面展示技术被广泛用于蛋白质分子的相互识别、定向进化以及新型疫苗的研制等方面。①蛋白质的定向进化：酵母表面展示系统用于蛋白质亲和力和稳定性的定向进化已有成功报道，最先被用于抗体的亲和力成熟；②活的口服疫苗：在细胞表面表达的蛋白质易于接近抗体，因此，可被免疫系统识别，即使很小的肽，当展示在细胞表面时，也具有免疫原性。因而可通过在酵母表面表达异质性的抗原蛋白来发展疫苗。

目前报道的两种酵母展示系统在蛋白质的定向进化、口服疫苗的研制等多方面均有报道。与噬菌体不同，酵母是个足够大的颗粒，可用流式细胞仪进行筛选和分离，这就使得基于特异定量亲和力改变的突变体分离成为可能。由于酵母展示的蛋白质是紧密锚定在细胞壁上，可以耐受 SDS 等的抽提，同时酵母有发酵特性且生长快，因此在工业上具有很好的应用前景。

表面展示技术日新月异，酵母展示系统也在不断地完善和改进，在多个领域得到广泛应用。由于其是真核细胞展示系统，对于哺乳动物蛋白质，尤其是人的蛋白质的展示具有独特的优越性，相信随着此技术的不断完善，在蛋白质分子的研究方面会发挥越来越重要的作用。

第四节　其他新蛋白质工程技术

随着技术的发展，蛋白质工程技术日新月异，目前很多新兴的技术都得到了广泛地应用，如原子力显微镜技术、蛋白质打靶技术、蛋白质分子印迹技术、蛋白质截短技术、蛋白质错误折叠循环扩增技术等，这些技术从不同的角度对蛋白质工程技术的研究做出了重大的贡献。随着技术的不断更新完善，这些新技术将具有更广阔的应用前景。

一、原子力显微镜技术

原子力显微镜（atomic force microscope，AFM）由 Binnig 等（1986）发明，是扫描探针显微镜家族的主要成员，其横向分辨率为 2～3nm，纵向分辨率为 0.5nm。它可以在接近生理环境的大气或液体条件下成像，获得直观的三维表面信息，还可以对原子和分子进行纳米级操纵，因此在生物结构的研究中具有独特的优势。十几年来，AFM 已经应用于核酸、蛋白质、微生物、细胞等的研究。

AFM 的探针位于微悬臂的底面末端，微悬臂约 100～250μm 长，对力非常敏感。激光器发出一束激光照射到微悬臂上，当探针对样品表面进行扫描时，探针与样品表面原子之间的相互作用力使微悬臂发生偏转，随样品表面的起伏变化，经微悬臂反射到光敏检测器的光路也发生变化，光敏检测器将光斑位移信号转换后获得样品图像。

原子力显微镜（AFM）主要由力传感器、光学检测系统和位置控制系统三部分构成。力传感器由微悬臂和集成在其尖端的尖锐探针组成，微悬臂固定在由同种材料构成的长方形基底上。光学检测系统由激光二极管、棱镜、反射镜和四象限光电二极管构成。

（一）原理

AFM 的基本原理是通过控制并检测样品—针尖间的相互作用力来分析研究样品的表面性质的。它使用一个一端固定而另一端装有针尖的弹性微悬臂来检测样品表面形貌或其他表面性质。当针尖在样品上进行扫描时，同距离有关的针尖—样品间相互作用力（吸引或排斥力），会引起微悬臂的形变，也就是说微悬臂的形变可作为样品-针尖相互作用的直接量度。将一束激光照射到微悬臂的背面，微悬臂将激光束反射到光电检测器，检测器不同象限接收到的激光强度的差值同微悬臂的形变量形成一定比例。如果微悬臂的形变小于 0.01nm，激光束反射到光电检测器后，变成了 3～10nm 的位移，足够产生可测量的电压差。反馈系统根据检测器电压的变化不断调整针尖或样品 Z 轴方向的位置，以保持针尖—样品间作用力恒定不变。通过测量检测器电压对应样品扫描位置的变化，从而得到样品表面原子级的三维立体形貌图像。其工作原理见图 8-13。

（二）应用

AFM 自从被发明之日起，一些常见的蛋白质（如白蛋白、血红蛋白、胰岛素及分子马达和噬菌调理素）都得到了深入研究。与其他技术相配合，采用 AFM 研究了上述蛋白质吸附在不同固体界面上的行为，这对于进一步了解植入组织的生物相容性、体外细胞的生长、蛋白质的纯化、膜中毒以及生物传感器的设计都产生了新的理解。表面缺陷位点的蛋白质的行为值得更大关注，它不仅提供了一种固定生物分子检测应用的方法，也为生物反应的催化研究提供了有益素材。

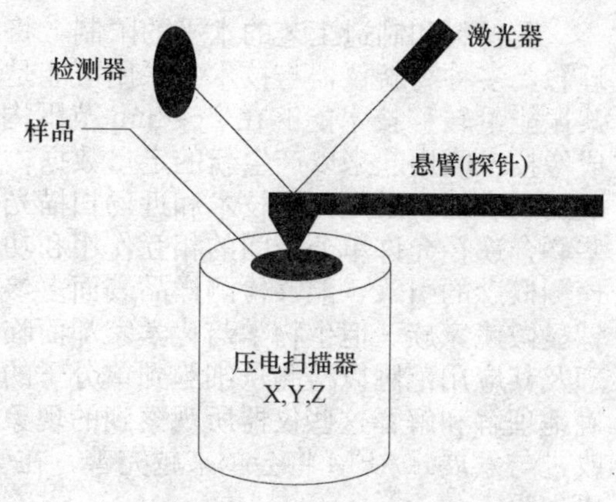

图 8-13　原子力显微镜原理示意图

原子力显微镜（AFM）以其超常的信噪比、空间分辨率和灵活的探测环境使得单个蛋白分子能在生理条件下成像，在蛋白单分子结构与功能研究中得到广泛的应用。AFM 可用于观察蛋白质的分子结构及其参与的生理活动等，如抗体结构、纤维蛋白聚合、胶原装配、抗原抗体识别等。

免疫球蛋白 X 射线衍射显示 IgG 呈 Y 形结构，普通 AFM 不易观察到 Y 形结构，低温 AFM 可以看到。用多壁碳纳米管探针可在室温下重复获得 IgG 的 Y 型结构图像。结果显示 IgM 是对称的五邻体结构，包括对外部的 Fab 片段和 5 个内部的 Fc 片段，个别图像还显示了连接两个 Fc 区域的环结构。IgM 目前还不能用 X 射线衍射进行分析。

流感病毒血凝素是一个三聚体蛋白，每个单体由 HA1 和 HA2 两个多肽链组成。用 AFM 对血凝素蛋白的两个片段 BHA 和 FHA2 进行了研究，用脂质双分子层修饰液体池中的云母片，将 BHA 和 FHA2 蛋白溶液注入液体池中，以轻敲模式观察，发现在中性条件下两种蛋白与脂质双分子层结合后，均能自组装形成三聚体分子。对环境进行酸化后，FHA2 蛋白横向结合更加明显，脂质层没有受到明显干扰；而 BHA 蛋白几乎不受酸化的影响，脂质层中出现小的缺损和孔洞。

一些生理过程需要核小体重构，以使 DNA 更容易与特定的蛋白靠近。例如，20 世纪 90 年代初在酿酒酵母中发现的酵母交配型转换/蔗糖不发酵复合物（yeast mating type switch/sucrose non-fermenting，SWI/SNF）能使核小体结构发生变化，增加对 DNA 裂合酶和限制性内切核酸酶的敏感性，生化方面的证据表明重构状态是单个核小体的“二聚体”式，并用碳纳米管探针从形态学角度进行了证实，此外还显示 SWI/SNF 复合物呈多叶结构。

（三）目前存在的问题和解决的途径

蛋白单分子的可控性成像与操纵为研究驱动生物过程中的许多分子间相互作用引入了很多可能性。但到目前为止，利用 AFM 研究的蛋白种类还很少，能检测到的蛋白性质的参数数量也是十分有限，因而当前急需进行的工作是进一步扩展 AFM 在蛋白研究中的应用范围，增强仪器应用的功能性。

分子折叠的广泛研究和深入分析使得人们对蛋白解折叠过程有了初步认识，人们需要了解何种因素影响了蛋白及其二级结构的稳定性；在生理条件下如何更为精确地表征蛋白功能性组装中的相互作用。由于 AFM 在机械设计上的限制，单分子高分辨拓扑结构的记录时间比大多数生物过程发生的时间相比长得多，提高扫描速度是对扫描器的设计工艺乃至材料科学的发展提出了巨大的挑战；现有 AFM 探针的设计具有明显的物理局限性，由于 AFM 分辨率和功能与探针性能的密切相关性，因而探针的改造工艺的提高也是亟待解决的关键问题。

受材料和制造工艺的水平的限制，将突破点更多地寄托于引入新的设计思想和测量理念，多种高新仪器与技术的联用可能是解决该问题最有希望的方案之一。单分子荧光共振能量转移技术能够在 2～8nm 范围内测量相对位置的改变，这一能力可能与 AFM 成像技术联用起来以产生新的定量数据，因而单分子机制可能同时用 AFM 成像和荧光检测来表征。激光光摄技术和近场扫描光学显微镜也可与 AFM 联用来观测单分子。这些联合途径允许单分子间的相互作用和功能变换能在不同环境下进行表征。随着 AFM 探测概念的引入，能够检测样品表面多参数的仪器也得到了迅速发展，已形成了扫描探针显微镜家族。但生物学与化学家却面临着更大的困难，他们必须熟悉显微镜的工作原理及其应用范围以检测从细胞到单分子的热力学、电化学、弹性学和电子学等特性；正确地理解和解释这些仪器所观察到的现象。随着材料科学、制造工艺、电子科学的不断改进与发展，AFM 将会越来越完善，在生命科学研究中的应用范围也将会不断扩展和更加深入。

二、蛋白质打靶技术

蛋白质打靶是最近几年发展起来的一种研究蛋白质功能的新方法。由于其高度的特异性和可控性，正越来越广泛地应用于神经功能的研究中。它采用了一种被称为免疫外源凝集素的新工具，这是一种通过 DNA 重组技术而获得的 IgG 的 Fc 片段和目标受体胞外域的融合蛋白。这使其保持了天然的与配体结合的特异性和亲和力，正是通过这种结合而发挥影响受体功能的作用。免疫外源凝集素这种新工具有以下特点：①Fc 区大大增加了其稳定性，并易于用免疫组化的方法予以定位；②不能通过血脑屏障，但可注入特定脑区，在局部发挥作用；③它的释放是可调控的；④不仅能削弱也能增强受体的功能是其突出特点，其增强受体功能的原理为，通过处理配体-免疫凝集素能与配体一样甚至更强地激活受体。与其他体内分子控制方法相比，蛋白打靶的优点有：与基因打靶仅限于在鼠体应用不同，蛋白打靶原则上可用于任何物种；与单克隆抗体相比，其在改变靶目标功能方面是高效的；免疫外源凝集素是高度稳定的蛋白，不像反义核苷酸易被降解，经典的药理学研究缺少蛋白打靶高度的特异性。当然，免疫外源凝集素也有其限制：它不能与细胞内的蛋白相作用，所以它的应用仅限为受体。

蛋白打靶的上述特点使其非常有益于对脑功能和行为机制的研究。最近，免疫外源凝集素 TrkA-IgG、TrkB-IgG、EpA5-IgG 正被成功用于神经功能的研究之中。

三、蛋白质分子印迹技术

分子印迹技术（molecular imprinting technology，MIT）是模拟自然界所存在的分子识别作用，如酶与底物、抗体与抗原等，以目标分子为模板合成具有特殊分子识别功能的分子印迹聚合物（molecularly imprinted polymer，MIP）的一种技术。1949 年 Dickey 首次实现了染料在硅胶上的印迹，提出了“专一性吸附”的概念，这一概念可视为“分子印迹”的萌芽。1973 年 Wulff 研究小组对分子印迹聚合物的成功制备使该研究取得了突破性进展，并广泛应用于色谱分离、抗体或受体模拟、生物传感器以及酶的模拟和催化等诸多领域。其后，随着 Mosbach 和 Whitcombe 等在共价、非共价和共价-非共价混合型分子印迹聚合物制备技术方面的创新性工作，分子印迹技术得到了广泛研究和迅猛发展。1997 年还成立了国际分子印迹协会（society for molecular imprinting，SMI）。

全世界至少有包括瑞典、日本、德国、美国、中国在内的 10 多个国家、100 个以上的学术机构和企事业团体在从事分子印迹聚合物的研究及开发工作。分子印迹聚合物由于其独特的识别效果及稳定性，现已广泛应用于手性固定相、仿生传感器、固相萃取、模拟酶催化及药物控释等领域中。

近几年来，分子印迹技术又取得了一些新的进展。但目前分子印迹技术主要以小分子物质为模板，丙烯酸及其衍生物为功能单体，在低极性的有机溶剂中聚合，相对限制了生物大分子的聚合物制备及应用。蛋白质分子结构复杂，与功能单体的结合位点多，造成功能单体选择困难，巨大的分子体积则使其在印迹聚合物中传质较差，不易洗脱。而且蛋白质在许多条件下易发生变性失活，空间结构改变。因此，蛋白质聚合物合成条件较为苛刻，功能单体、交联剂、溶剂、聚合温度等条件的选择对合成高选择性 MIP 十分重要。

目前对蛋白质分子印迹的识别机理的研究还比较少，蛋白质分子上带有带电或非极性的基团，如果介质上也有大量的同类基团，则相互之间可形成离子作用和疏水作用而使蛋白质被吸附，但这是一种非特异性吸附，因为该介质也可以通过键合作用来吸附其他的非印迹蛋白质，这种替换作用在离子交换色谱和疏水色谱中被用于常规梯度淋洗。对于蛋白质而言，其大多数 MIP 的特异性没有想像那么高的主要原因是配位基（如酶底物、抗体）和功能单体（如甲基丙烯酸）是带电的或非极性的。因此，所生成的介质在一定程度上或多或少地带有传统离子交换色谱（带电）或疏水（非极性）色谱的作用，即因为许多强键通常与特异性不吻合而导致特异性丧失，当离子作用和疏水作用同时发生时，这种情况尤其严重。这意味着必须用能和蛋白质产生弱的相互作用的功能单体，这些弱的相互作用包括氢键、电荷转移、微弱的诱导偶极作用和非极性作用等，否则很容易造成非特异性吸附。

分子印迹机理主要有共价法和非共价法（图 8-14）两种。在共价法中，印迹分子和单体主要通过可逆共价键相结合，而非共价法则主要是靠可逆的非共价键相结合。在适当的介质中，单体和印迹分子通过交联聚合保留或者固定这种作用力，接着洗脱印迹分子，最后利用聚合物中留下的印迹空穴与印迹分子在形状、大小以及功能基团上的互补性来选择性的吸附印迹分子。对于蛋白质大分子来说，若以共价方式与蛋白质相互作用，则很容易因作用力较强而导致蛋白质的变性。因此对于大多数的蛋白质大分子，可以利用的主要是作用力较弱的非共价作用，如氢键、离子键、疏水作用等。

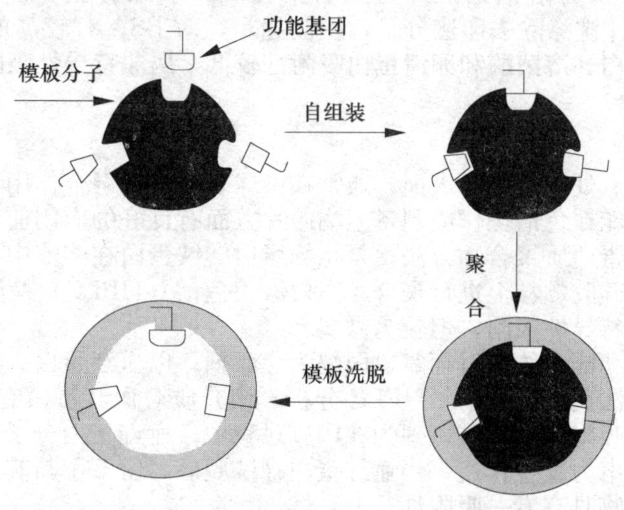

图 8-14　非共价分子印迹过程示意图

（引自宋锡瑾等，2005）

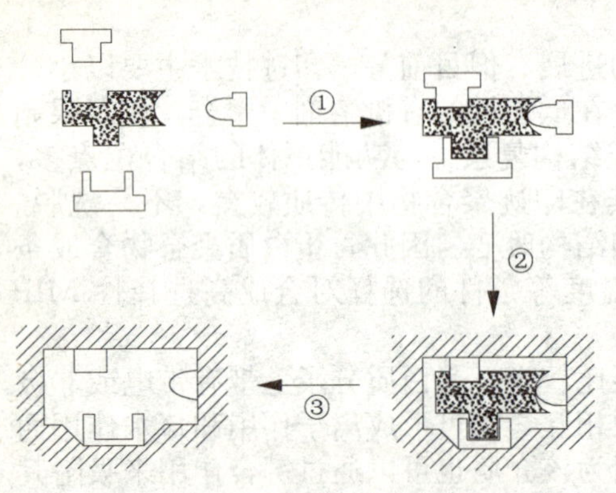

图 8-15　分子模板聚合物制备原理
(引自戴勇，2003)

分子印迹技术的核心是制备分子印迹聚合物，其制备原理为（图 8-15)：①在合成高分子前，将待分离物质（即印迹分子、模板分子）加入能与之发生分子间作用的功能单体中，形成复合物；②然后通过加入交联剂、引发聚合反应，形成高度交联的固态高分子，把这种作用固定下来；③接着利用化学或物理方法将印迹分子从高分子中移去。当印迹分子被除去后，聚合物中就形成了与印迹分子空间匹配的具有多重作用位点的大量空穴，且孔穴内各功能基团的位置与所用的模板分子互补，可与模板分子发生特殊的结合作用，从而实现对模板分子的识别。如果模板分子可以反复洗脱和吸附，则该分子印迹聚合物可以多次使用。

（一）蛋白质印迹聚合物的聚合方法

蛋白质印迹聚合物的聚合方法主要有包埋法、表面印迹法和抗原决定基法。

1. 包埋法

将蛋白质分子、功能单体、交联剂和引发剂通过光引发或热引发制成块状聚合物，经粉碎、过筛得到细小颗粒，该法操作条件易于控制，而且对蛋白质分子有良好的识别能力。较早使用该法是以脲酶和牛血清白蛋白为印迹分子合成了聚硅氧烷聚合物，印迹蛋白分子用链霉蛋白酶降解，虽然吸附能力较弱，但聚合物对印迹分子结合量比非印迹分子多 50%。我国近年也开展了蛋白质印迹技术的研究，以牛血清白蛋白（BSA）为模板分子，丙烯酸（AA）为功能单体（经筛选后发现 AA 可在较大范围内与蛋白质-水体系互溶)。并以乙二醇二甲基丙烯酸酯（EDMA）为交联剂，安息香乙醚（BEE）为引发剂，以去离子水为溶剂，紫外光照引发合成块状聚合物。以含有 10%SDS 的 0.05mol/mL NaOH 洗涤除去印迹分子，检测显示，对 BSA 有较高的亲合能力，对非印迹分子牛血红蛋白、溶菌酶和卵清蛋白吸附性较低，属非特异性吸附。

2. 表面印迹法

该法的识别位点处于颗粒的表面，通常在微球表面进行键合作用，颗粒均匀，易洗脱并可提高吸附性能在色谱操作或制备生物芯片方面有良好的应用前景。较早期的利用表面印迹技术制备蛋白质聚合物方法，是将糖蛋白转铁蛋白在溶液中与硼酸酯硅烷发生作用，然后在多孔硅胶颗粒上进行聚合，高效液相色谱（HPLC）检测显示，该聚合物对转铁蛋白显示了特异性吸附，但较为微弱。

利用壳聚糖为功能单体，以环氧氯丙烷为交联剂，以血红蛋白为模板分子，采用方便直接的滴加成球法制备聚合物，HPLC 分析，该介质对血红蛋白有明显特异性吸附，对牛血清白蛋白无吸附能力，其机理为在印迹过程中，血红蛋白分子表面上的羧基与壳聚糖的氨基通过静电力发生作用，当血红蛋白被洗脱后，留下了与其互补的空间结构和结合位点，使聚合物具有专一吸附性。

3. 抗原决定基法

近年来新研究的抗原决定基法是基于多肽或蛋白序列中裸露的特异性短肽片段为模板分子，所合成的 MIP 能有效识别多肽和整个蛋白质分子。该方法将印迹大分子蛋白简化为印迹小分子，降低了实验难度抗原决定基法的关键在于对蛋白质三级结构的掌握和特异性短肽片段的选取。例如，以 YPLG（Tyr-Pro-Leu-Gly-NH_2）四肽为模板，以 MAA 为功能单体，EGDMA 为交联剂合成聚合物。HPLC 检测显示，以 YPLG 为印迹分子得到的聚合物不仅可识别 YPLG，也可识别以 PLG（Pro-Leu-Gly-NH_2）为决定基的催产素分子，为多肽及蛋白质印迹技术提供了新的思路。采用细菌 *Listeria monocytogenes* 和 *Staphylococcus aureus* 为印迹物，首次实现了对整个细胞的印迹。也是迄今为止人们所进行的分子质量最大的单个生物体的印迹尝试。

被吸附的蛋白质很难被完全洗脱，对于以硅胶为载体的 MIP 而言是由于硅胶具有多孔和褶合的表面，因而蛋白质与聚合物之间存在多种关系。蛋白质可被完全包埋在聚合物中，也可被吸附在聚合物的表面，也可被半包埋在聚合物中。当用洗液洗脱时，只有表面和半包埋的蛋白质可被完全洗下来，而包埋的蛋白质还保留在聚合物中。因此对介质吸附容量有贡献的只是很少一部分的印迹蛋白。对于凝胶中被吸附的肌红蛋白很难被完全洗脱，可能是由于蛋白质-聚合物之间的作用。目前不能完全排除这种吸附机理，因为蛋白质在聚合物（如聚丙烯酰胺、葡萄糖、聚乙二醇等）中沉淀。当与聚合物接触或当其交联成凝胶时，蛋白质倾向于聚集成团。

目前蛋白质印迹技术的发展虽然比较迅速，但仍然存在许多问题。首先，蛋白质分子印迹过程和识别过程的机理是亟待解决的问题；其次，目前使用的功能单体、交联剂和聚合方法都有较大的局限性，尤其是没有令人满意的聚合方法以得到高吸附量的 MIP，这就使得分子印迹技术远远不能满足实际应用的需要；第三，如何寻找到温和而有效的洗脱剂也是亟待解决的问题。现阶段，蛋白质印迹分子尚未找到合适的方法进行洗脱，活性蛋白质很难得到回收利用。尽管蛋白质分子印迹技术还存在诸多问题，但其优异的性能在下列领域有着潜在的吸引力。

（1）分离领域的应用。蛋白质分子印迹技术提供了一种简单、直接制备对蛋白质分子具有识别能力的材料的方法。其对目标分子的特异性吸附具有高选择性的优点在医学分析中尤为重要，如血红蛋白在胆红素和许多酶的测定中有干扰作用，而以血红蛋白为印迹分子的 MIP 可在不同溶液中除去血红蛋白分子。

（2）模拟抗体。利用蛋白质分子印迹聚合物制备的模拟抗体可代替天然抗体用于免疫分析中，经过分子印迹的球形聚丙烯酰胺凝胶颗粒可能在放射免疫分析（RIA）和酶联免疫分析（ELISA）中有所应用，这样可不需要用于制备抗体的实验动物及相应的免疫技术。另外，天然抗体难于回收再利用，而模拟抗体可重复利用。

（3）生物传感器。特殊识别现象在传感器技术中极为重要，以蛋白质为印迹分子的高特异性凝胶在此领域有着诱人的前景。根据不同的机理，以酶或抗体作为其特异识别元件，MIP 对分析物产生的结合可通过转换器做出快速反应。以蛋白质印迹分子印迹聚合物制成的传感器除了传统生物传感器的优点外，还有制作成本低、耐受性高、寿命长等优点，可大规模应用。这些还有待于人们进一步研究开发。

（二）应用前景

蛋白质印迹聚合物是一种人工模拟抗体，与生物抗体相比较，具有对高温、酸、碱耐受性强，在苛刻条件下可操作性及制作成本低、可重复使用等优点。预期将在以下几个方面予以应用：①以蛋白质模拟抗体取代生物分子作为仿生传感器识别元件，在医学、食品检测及生物领域发挥较大作用。以酵母细胞或病毒为模板，预先在压电石英晶体也称石英晶体微天平（QCM）电极上覆盖一层功能单体和交联剂混合液，待溶剂挥发后，将模板压在聚合物涂层上，紫外光照固化，洗去模板后，制作的 QCM 传感器对印迹细胞有较好的选择性。传感器与 MIP 这一新兴技术结合将对各个研究领域产生难以估量的影响；②以人工模拟抗体代替生物抗体，建立类似于放射免疫或酶联免疫的免疫检测模式，对人体及动物体液或组织中生物大分子进行分离和检测，使免疫检测技术获得突破性进展。

除此之外，蛋白质分子印迹技术在色谱分离、固相萃取、膜分离等技术中也将得到广泛应用。该技术的成熟对众多领域特别是医学诊断和食品安全检测领域意义重大。

四、蛋白质截短技术

蛋白质截短技术（protein truncation test，PTT）是从蛋白质水平对基因突变进行检测的新技术。由于 PTT 具有与以往广泛使用的方法不同的独特优点，自 1993 年发现以来，先后在激活蛋白 C（APC）基因和错配修复基因突变检测中得以应用。

PCR 结合单链构型多态和异源双链检测突变都是利用突变型 DNA 的 PCR 产物在非变性或变性聚丙烯酰胺凝胶中的空间构象不同于野生型，使其电泳迁移率发生变化的原理而设计的。但前者比较的是单链 DNA 分子，后者比较的是异源双链 DNA 分子与野生型双链 DNA 分子。化学错配裂解法的原理是通过对野生型 DNA 分子和突变型 DNA 分子予以变性、复性处理后形成的异源双链进行化学修饰，经电泳比较迁移率而检测出突变型。总之，以上三种方法都是从 DNA 水平进行的突变检测。

PTT 的原理与上述诸法不同，是通过蛋白质水平进行突变检测，整个过程包括把双链 DNA 的 PCR 产物转录成 RNA，进而由 RNA 翻译成蛋白质。这一组反应可以相继在已商品化的兔网织红细胞裂解液中进行。

为了检测得到的蛋白产物，最后的翻译反应必须在有^{35}S-标记的氨基酸存在的情况下进行。体外合成的蛋白质多态片段需经聚丙烯酰胺凝胶电泳加以分离。然后电泳凝胶经固定、烘干，放射自显影 2～16h。若检测的序列中存在导致翻译提前终止的突变，则最终的蛋白质产物为两种，一是全长蛋白肽链；一是截短的肽链。从电泳结果分析，正常个体为全长肽链，带终止突变的杂合性个体为两条带，除全长肽链外，还有截短的肽链，且后者迁移率更大。PTT 特别适合检测导致翻译提前终止的突变，包括无义突变、插入、缺失以及剪切位点突变等。

PTT 作为一种新的突变检测方法，丰富了当前的突变检测体系。但突变检测的方法是多种多样的，每一种方法均有其显著的优缺点。因此，研究者往往需要根据自己的研究目的选择最适合方案。随着分子生物学的发展，相信灵敏度更高、适合范围更广的技术将不断涌现。

五、蛋白质错误折叠循环扩增技术

目前发现有多种人类及动物疾病是由体内蛋白质的错误折叠引起的，其中朊毒粒病因具有传染性而备受关注。朊毒粒病研究的核心问题之一是正常细胞朊蛋白（PrP^{c}）向异常致病朊毒粒（PrP^{sc}）转变的机制。蛋白质错误折叠循环扩增技术（protein misfolding cyclic amplification，PMCA）就是最新发明的在体外诱导朊蛋白（PrP^{c}）产生错误折叠生成朊毒粒（PrP^{sc}）的技术。

蛋白质错误折叠循环扩增技术（PMCA）是近几年来刚刚建立的朊毒粒（PrP^{sc}）微量检测技术，其理论依据是由美国生物学家 Prusiner 等提出的：PrP 蛋白粒子有两种高级结构不同的形式，一种是在正常的动物组织中本来就存在的形式 PrP^{c}，另一种是具有传染性的、能够引起疾病的突变形式 PrP^{sc}。PrP^{sc} 通过某种途径进入动物体内以后，可以把体内原本正常形式的 PrP^{c} 诱导成致病性形式的 PrP^{sc}，从而使自己繁衍扩增，是导致疯牛病（BSE）、羊瘙痒症（scrapie）、人类的克雅氏症（CJD）等传染性海绵状脑病（TSE）的病原。

PMCA 技术的原理与特点：PMCA 是一种在体外进行的人为加速朊毒粒错误折叠过程的技术。与 PCR 技术类似，该技术也由多个循环组成。一个循环当中又包含两个阶段：第一个阶段是让痕量的 PrP^{Sc} 和大量的 PrP^{c} 共同培育，在外界条件下促使 PrP^{c} 向 PrP^{sc} 的转化，形成 PrP^{sc} 聚合体；第二阶段是用超声波对样品进行处理，以打碎第一阶段培育过程中形成的 PrP^{sc} 聚合体，使 PrP^{sc} "种子"的数量得到增加，从而使下一个循环扩增的效率进一步提高。

在传染性海绵状脑病的生前诊断中面临的最大困难就是除了脑以外的其他组织（如血液）中病原 PrP^{sc} 的含量极少，用常规的检测方法根本检测不到。以前活体检测的努力方向主要集中在增加检测技术的灵敏度上，而 PMCA 技术则换了一种思维方式，它通过蔗糖密度梯度离心、培育、超声破碎等步骤使血液样品中的微量病原体得以聚集和扩增，使其达到常规方法能够检测到的程度。目前此项技术虽然还没有在临床检测中大规模应用，但其特异性与敏感性在实验中都得到了非常理想的结果，相信在不久的将来会为传染性海绵状脑病的活体诊断做出巨大的贡献。

思考题

1. 名词解释：蛋白质芯片，噬菌体展示技术，细菌表面展示技术，酵母表面展示技术，蛋白质打靶技术。
2. 和其他蛋白质分析技术相比，蛋白质芯片技术有什么特点，有哪些具体应用？
3. 如何利用表面等离子体共振（SPR）仪研究蛋白质相互作用？
4. 如何理解酵母双杂交系统的原理？举例说明其在蛋白质相互作用研究中的应用。
5. 比较几种表面展示技术的特点，举例说明其在蛋白质工程中的应用。
6. 原子力显微镜（AFM）构造是怎样的？举例说明其在蛋白质结构研究中的应用。
7. 如何理解蛋白质分子印迹技术的原理，它在哪些领域有应用潜力？
8. 如何理解蛋白质截短技术的原理？
9. 如何利用蛋白质错误折叠循环扩增技术设计一个灵敏的朊病毒检测方法？

第九章　蛋白质组学

当今生物学研究已经进入了这样一个时代，在生物大分子的整体水平上将不同的研究技术与手段有机结合以攻克生物学的难题。始于20世纪90年代初的庞大的人类基因组计划业已取得了巨大的成就，多个物种（包括人类）的基因组序列已经或即将完成，生命科学已实质性地跨入了后基因组时代，研究重心已开始从揭示生命的所有遗传信息转移到在分子整体水平对功能的研究上。这种转向的第一个标志是产生了功能基因组学，而第二个标志则是蛋白质组学的兴起。细胞蛋白质组的概念反映了研究体内动态的、整体的代谢变化过程，对基因组的研究从序列密码转向从其表达产物蛋白质组的水平上进行，标志着我们将逐渐建立从简单的基因线性序列到细胞分化，机体发育，环境反应，代谢调控等一系列复杂生命活动的联系。

第一节　概　述

蛋白质组（proteome）是指基因组表达的全部蛋白质及其存在方式。蛋白质组学旨在阐明生物体全部蛋白质的表达模式及功能模式，其内容包括鉴定蛋白质的表达、存在方式、功能和相互作用等。从蛋白质组的定义上就可以清楚看出，蛋白质组学不同于传统的蛋白质学科之处在于它的研究是在生物体或其细胞的整体蛋白质水平上进行的，它从一个机体或一个细胞的蛋白质整体活动的角度来揭示和阐明生命活动的基本规律。

人们在获取了基因的全部序列信息后，必须进一步了解所有这些基因的功能是什么，它们是怎样发挥这些功能的，这样基因的遗传信息才能与生命活动之间建立直接的联系。基因的产物——蛋白质才是生物体执行各种各样复杂生理功能的主体。一个生物体只有一个确定的基因组，但蛋白质组在不同的时空条件下，随着生物体的细胞类型、发育时期、生理状态、环境而变化。一个生物体的蛋白质组未必与基因组存在一一对应关系，由于基因剪接，存在翻译后修饰和蛋白剪接，所以一个基因可以对应多个mRNA，一个mRNA往往对应多个蛋白质，蛋白质的数量远远多于基因的数量。

具有相同基因组的个体形态差异可以非常大，仅仅知道基因组是无法了解生命活动过程的。这是因为无法根据mRNA的表达水平预测蛋白的表达水平；也不能仅仅通过基因序列确定蛋白质的修饰和加工；而且蛋白质组是不断变化的，决定并反映了生命活动的状态。蛋白质发挥正常的生理功能依赖于它独特的空间构象（三维结构），不同蛋白质的三维结构千差万别。根据蛋白质的一级序列预测它的三维结构仍然是一个悬而未决的难题；蛋白质三维结构的测定虽然在近年来取得了飞速的发展，但却仍然非常困难。蛋白质行使生理功能往往依赖于它与许多蛋白、抑制剂等大分子、小分子的复杂相互作用。由于蛋白质理化性质的特点导致没有适用于大多数蛋白的通用研究技术，也没有像DNA一样的扩增技术，因此蛋白质组学的研究将是一个必要的、长期的、复杂的同时极具挑战性的工作。

一、蛋白质组的概念及发展简史

1988年发起的人类基因组计划（the human genome project，HGP）大大推动了分子生物学的发展，期望破译分子水平上的遗传信息。2001年人类基因组序列破译所提供的DNA数据揭示了基因组精细结构，同时也使人们认识到基因数量是有限的，并且其结构是相对稳定的，这与生命现象的复杂性和多变性之间存在着巨大的反差。人们也渐渐认识到基因只是遗传信息的载体。基因组学虽然在基因活性和疾病的相关性等方面为人类提供了有力根据，但是基因的表达方式错综复杂，同样的一个基因在不同条件、不同时期可能起到完全不同的作用。因此，研究生命现象，阐述生命活动的规律，只了解基因组是不够的，还须对生命活动的直接执行者——蛋白质的数量、结构、性质、相互关系和生物学功能进行全面深入的研究，所以，一个以“蛋白质组”为研究对象的生命科学新时代诞生了。

（一）蛋白质组学概念的提出

1982 年，Anderson 提出了绘制人类蛋白质图谱的设想。1986 年，第一个蛋白质序列数据库 SWISS-PROT 在瑞士日内瓦大学建立。1994 年澳大利亚学者 Wilkins 和 Williams 首先将蛋白质组定义为“基因组所表达的全部蛋白质”，这个概念的提出标志着一个新的学科——蛋白质组学（proteomics）的诞生，即定量检测蛋白质水平上的基因表达，从而揭示生物学行为（如疾病过程和药物效应），以及基因表达调控的机制的学科。

蛋白质组，即“一个基因组、一个细胞或一种生物表达的所有蛋白质”，是对应于一个基因组的所有蛋白质构成的整体，而不是局限于一个或几个蛋白质。蛋白质组随着组织、甚至环境状态的不同而改变。在转录时，一个基因可以多种 mRNA 形式剪接，并且同一蛋白也可能以许多形式进行翻译后的修饰。故一个蛋白质组不是一个基因组的直接产物，蛋白质组中蛋白质的数目远远超过基因组中基因的数目。

（二）蛋白质组学的产生背景

基因组研究自从开展以来已经取得了举世瞩目的成就。目前，已经陆续完成了大肠杆菌、酿酒酵母等多种结构比较简单的生物基因组 DNA 的全序列分析。但随着规模更为庞大的人类基因组计划的完成，也陆续产生了一些新的思考题。大量涌出的新基因数据迫使我们不得不考虑这些基因编码的蛋白质的功能是什么。不仅如此，在细胞合成蛋白质之后，这些蛋白质往往还要经历翻译后的加工修饰。也就是说，一个基因对应的不是一种蛋白质而可能是几种甚至是数十种，那么包容了数千甚至数万种蛋白质的细胞是如何运转，或者说这些蛋白质在细胞内是怎样工作、如何相互作用、相互协调，这些问题远不是基因组研究所能触及到的。正是在此背景下，蛋白质组学（proteomics）应运而生。

由澳大利亚 Macquarie 大学的 Wilkins 和 Williams 率先提出的“蛋白质组（proteome）”一词最早见诸于 1995 年 7 月的 Electrophoresis 杂志，它指一个有机体的全部蛋白质组成及其活动方式。目前，蛋白质组研究虽然尚处于初始阶段，但已经迅速取得了一些重要进展。现阶段蛋白质组学的主要内容是在建立和发展蛋白质组研究技术方法的同时，进行蛋白质组分分析和鉴定。对蛋白质组的分析工作大致有两个方面：一方面，通过二维凝胶电泳得到正常生理条件下的机体、组织或细胞的全部蛋白质图谱，相关数据将作为待检测机体、组织或细胞的二维参考图谱和数据库。目前，一系列这样的二维参考图谱和数据库已经建立并且可通过互联网检索。二维参考图谱和数据库建立的意义在于为进一步的分析工作提供基础。蛋白质组分析的另一方面，是比较分析在变化了的生理条件下蛋白质组所发生的变化，如蛋白质表达量的变化、翻译后修饰的变化及分析蛋白质在亚细胞水平上定位的改变等。

（三）蛋白质组学的发展简史

基因组（genome），由英文“基因（gene）”和“全部”得来，意为“全部基因”的意思，它已成为21世纪人们的日常熟语。大规模基因组测序计划的实施已改变了生命科学的重心，在相当短的时期内，一些原核生物和某些低等真核生物的基因组序列已被测定。1995年，流感嗜血杆菌基因组序列首次被破译，在此后不到两年的时间，近50个细菌的基因组序列已被完成。20世纪90年代初期，美国生物学家提出并实施了人类基因组计划，预计用15年的时间，30亿美元的资助，对人类基因组的全部DNA序列进行测定，希望在分子水平上破译人类所有的遗传信息，即测定大约30亿碱基对的DNA序列和识别其中所有的基因（基因组中转录表达的功能单位）。经过各国科学家的努力，人类基因组计划已经取得了巨大的成绩，于2002年2月12日，历时10载规模庞大的、复杂的人类基因组计划令人兴奋的完成了，报道了99%的人类基因组序列。这项世纪初基本完成的工作堪与阿波罗11号宇宙飞船登月相媲美。并从这一刻起，生物学被重新划分为前基因组和后基因组两部分，科学家们认为，生命科学已经入了后基因组时代。然而，基因组的测序工作仅仅是理解有机物功能的一个起点。在基因组时代，许多DNA序列信息仅提供相关基因组的结构和功能，而对基因产物（mRNA和蛋白质）的理解是阐述细胞生物学的一个不可缺少的部分。DNA序列信息不能预测：①基因表达产物是否或何时被翻译；②基因产物的相应含量；③翻译后修饰的程度；④基因剔除或过表达的影响；⑤遗留的小基因或小于300bp的ORFs的出现；⑥多基因现象的表型。此外，mRNA水平的测量并不能完全揭示细胞调节，同时蛋白质的样品较mRNA稳定，蛋白质和mRNA之间的相关系数仅为0.4～0.5，还存在转录后加工、翻译调节以及翻译后加工等。故而，“基因组时代”的迅猛发展同时激起了人们对“后基因组时代”的需求。

在后基因组时代，生物学家们的研究重心已经从解释生命的所有遗传信息转移到在整体水平上对生物功能的研究。这种转向的第一个标志就是产生了“功能基因组学(functional genomics)”这门新学科。它采用一些新的技术，如SAGE、DNA芯片，对成千上万的基因表达进行分析和比较，力图从基因组整体水平上对基因的活动规律进行阐述。但是，由于生物功能的主要体现者是蛋白质，而蛋白质有其自身特有的活动规律，仅仅从基因的角度来研究是远远不够的。例如，蛋白质的修饰加工、转运定位、结构变化、蛋白质与蛋白质的相互作用、蛋白质与其他生物分子的相互作用等活动，均无法在基因组水平上获知。

正是因为基因组学（genomics）有这样的局限性，90年代中期，在人类基因组计划研究发展及功能基因组学的基础上，国际上产生了一门在整体水平上研究细胞内蛋白质的组成及其活动规律的新兴学科——蛋白质组学（proteomics），它以蛋白质组(proteome)为研究对象。这个测定一个有机体的基因组所表达的全部蛋白质的设想，萌发在1975年双向凝胶电泳发明之时。现在已经证明，一个基因并不只存在一个相应的蛋白质，可能会有几个，甚至几十个。什么情况下会有什么样的蛋白，这不仅取决于基因，还与机体所处的周围环境以及机体本身的生理状态有关。并且，基因也不能直接决定一个功能蛋白。实际上，往往是通过基因的转录、表达产生一个蛋白质前体，在此基础上再进行加工、修饰，才成为一个具生物活性的蛋白质。这样的蛋白质还要通过一系列的运输过程，到达组织细胞内适当的位置才能发挥正常的生理作用。基因不能完全决定这样的蛋白质后期加工、修饰以及转运定位的全过程，这些过程中的任何一个步骤发生微细的差错即可导致机体的疾病。纽约Rockefeller大学的细胞和分子生物学家Gunter Blobel博士就是因其在“蛋白质内在的信号分子活性，调节自身的细胞内转运和定位”研究上的卓越成就，获得了1999年诺贝尔医学奖和生理学奖。近些年来人们又发现蛋白质间亦存在类似于mRNA分子内的剪接，具有自身特有的活动规律。这种自主性不能从其基因编码序列中预测，而只能通过对其最终的功能蛋白进行分析。因此说，基因虽是遗传信息的源头，但功能性蛋白是基因功能的执行体。基因组计划的实现固然为生物有机体全体基因序列的确定、为未来生命科学研究奠定了坚实的基础，但是它并不能提供认识各种生命活动直接的分子基础，其间必须研究生命活动的执行体——蛋白质这一重要环节。蛋白质组学（proteomics）研究即旨在解决这一问题，阐明生命活动本质所不可缺少的、比基因组研究远为复杂的后续部分，无疑将成为21世纪生命科学研究的主要任务。

尽管蛋白质组学概念提出时间不长，但它的研究可以追溯到30多年前Farrel和Klose各自创建的蛋白质高分辨双向凝胶电泳（two-dimensional gel electrophoresis，2-DE）。Farrel对大肠杆菌细胞抽提物进行双向电泳，分离到1100个蛋白质组分，从此拉开了蛋白质组研究的序幕。当今蛋白质组研究能够蓬勃发展，主要归功于以下三大技术突破：①80年代固相化pH梯度（immobilized pH gradients，IPG）的发明和完善，改善了双向凝胶电泳的重复性和上样量；②80年代后期电喷雾质谱（electrospray ionization mass spectrometry，ESI-MS）和基质辅助的激光解吸飞行时间质谱（matrixassisted laser-desorptin ionization time of flight mass spectrometry，MALDI-TOF-MS）技术的发明，以及它们在蛋白质分析中的成功应用；③蛋白质双向电泳图谱的数字化和分析软件的问世，不但使得不少物种的双向电泳和蛋白质数据库相继建立和完善，而且促进了蛋白质组研究的技术手段日渐完善。

早期蛋白质组学的研究范围主要是指蛋白质的表达模式（expression profile），包括对各种蛋白质的识别和定量化，随着学科的发展，蛋白质亚细胞定位、翻译后修饰并分析其活性与功能的联系研究逐渐成为蛋白质组学的重要部分，蛋白质-蛋白质相互作用的研究也已被纳入蛋白质组学的研究范畴。而蛋白质高级结构的解析即传统的结构生物学，虽也有人试图将其纳入蛋白质组学研究范围，但目前仍独树一帜。随着蛋白质组学的发展，还产生了“定量蛋白质组学（quartitative proteomics）”的概念，对一个基因组表达的全部蛋白质或一个复杂体系中所有的蛋白质进行精确的定量和鉴定。另外，利用生物信息学对由实验获取的数据进行数据库构建，成为不可或缺的推动这一学科进步的分析工具。

蛋白质组学（proteomics）处于早期“发育”状态，这个领域的专家否认它是单纯的方法学，像基因组学一样，它不是一个封闭的、概念化的、稳定的知识体系，而是一个领域。蛋白质组学集中于动态描述基因调节，对基因表达的蛋白质水平进行定量的测定，鉴定疾病、药物对生命过程的影响，以及解释基因表达调控的机制。作为一门科学，蛋白质组研究并非从零开始，它是已有30年历史的蛋白质（多肽）谱和基因产物图谱技术的一种延伸。多肽图谱依靠双向电泳（two-dimensional gel electrophoresis，2-DE）和进一步的图像分析；而基因产物图谱依靠多种分离后的分析，如质谱技术、氨基酸组分分析等。

二、蛋白质组学研究的思路与策略

蛋白质组学研究的最终目的是获得生物体内所有蛋白质的功能信息。这些蛋白质，不仅包括基因转录产物直接翻译的蛋白，还包括转录产物选择性剪接后所编码的蛋白以及翻译后修饰的蛋白等。为了达到这个目的，它采用了两种策略，一种可称为“竭泽法”，即采用高通量的蛋白质组研究技术分析生物体内一个组织或器官尽可能多乃至接近所有的蛋白质，这一类蛋白质组学研究也被称为表达蛋白质组学或组成蛋白质组学。

这种观点从大规模、系统性的角度来看待蛋白质组学，是蛋白质组学研究中与基因组学相对应的研究内容，也更符合蛋白质组学的本质。但由于蛋白质组是一个多样的动态过程，同一机体虽然基因序列相同，但在不同组织、不同器官，甚至不同的发育阶段、不同外界刺激、不同病理状态下，细胞内蛋白质的表达也不尽相同。因此该策略只能达到一个无限接近的目标。另一种策略可称为“功能法”，即研究不同时期细胞蛋白质组成的变化，如蛋白质在不同环境下的差异表达（如正常细胞和异常细胞之间、细胞用药和不用药之间），以发现有差异的蛋白质种类为主要目标，因此又被称为差异蛋白质组学。这种观点更倾向于把蛋白质组学作为研究生命现象的手段和方法，也是蛋白质组学在应用上最具前景的方面。

第二节　蛋白质组学的研究内容

蛋白质组学的研究内容主要包括表达蛋白质组学（expression proteomics），结构蛋白质组学（structural proteomics）和功能蛋白质组学（functional proteomics）。表达蛋白质组学研究某种细胞或组织中蛋白质表达的整体变化，即机体在生长、发育、疾病和死亡的不同阶段中，细胞与组织的蛋白质表达图谱的变化。主要目标是对亚细胞结构、细胞或组织等不同生命结构层次中所有蛋白质的分离、鉴定及其图谱化，并寻找在特定条件下蛋白质组所发生的变化，如表达量、翻译后修饰、亚细胞水平上定位等。其主要支柱技术为双向凝胶电泳、质谱技术和生物信息学。结构蛋白质组学是指对上述全部蛋白质精确三维结构的测定，以及对其结构与功能关系的分析。功能蛋白质组学主要通过分离蛋白质复合物系统地研究蛋白质间的相互作用，以建立细胞内信号转导通路的复杂网络图。通过分析单个蛋白质是否与有抑制功能的蛋白质相互作用可得到揭示其功能的线索，通过免疫沉淀（immunoprecipitation）或蛋白质亲和纯化的方法对可以鉴定与某种感兴趣蛋白质相互作用的蛋白质，通过蛋白质芯片或酵母双杂交系统可以进行蛋白质相互作用的体外或体内检测。

一、蛋白质组学的研究内容

蛋白质组学是在人类基因组计划研究发展的基础上，应用各种技术手段研究蛋白质组的一门交叉学科，它主要是从整体水平研究细胞内蛋白质的组成、结构及其自身特有的活动规律，包括蛋白质的表达水平、翻译后的修饰、蛋白与蛋白相互作用等，由此获得蛋白质水平上的关于疾病发生、细胞代谢等过程的整体而全面的认识。蛋白质组学主要包括：①细胞图谱蛋白质组学（cell-map proteomics）：即确定蛋白质在亚细胞结构中的位置，通过纯化细胞器或用质谱仪鉴定蛋白质复合物组成等，来确定蛋白质-蛋白质相互作用；②表达蛋白质组学（expression proteomics）：即把细胞、组织中的蛋白，建立蛋白定量表达图谱，或扫描 EST 图，试图比较细胞在不同生理或病理条件下蛋白质表达的异同，对相关蛋白质进行分类和鉴定。该方法依赖 2-D 凝胶图和图像分析技术，而且在整个蛋白质组水平上提供了研究细胞通路，以及疾病、药物相互作用和一些生物刺激引起的功能紊乱的可能性。

蛋白质组学研究是一项系统性的多方位的科学探索。其研究内容包括：蛋白质结构、蛋白质分布、蛋白质功能、蛋白质的丰度变化、蛋白质修饰、蛋白质与蛋白质的相互作用、蛋白质与疾病的关联性等。

（一）蛋白质结构

蛋白质作为一种生物大分子物质，具有三维空间结构，能够执行复杂的生物学功能。蛋白质分子的结构一般分为一级结构与空间结构两类。蛋白质的一级结构

(primary structure) 即蛋白质多肽链中氨基酸残基的排列顺序 (sequence)，也是蛋白质最基本的结构。它是由基因上遗传密码的排列顺序所决定的。各种氨基酸按遗传密码的顺序，通过肽键连接起来，形成多肽链。蛋白质的空间结构指蛋白质分子的多肽链并非呈线形伸展，而是折叠和盘曲构成特有的比较稳定的空间结构，它包括蛋白质的二级、三级和四级结构。蛋白质的二级结构 (secondary structure) 是指多肽链中主链原子的局部空间排布，不涉及侧链部分的构象。在二级结构和三级结构之间，还存在一些已被公认的过渡的结构层次。一个是超二级结构，另一个是结构域。超二级结构 (supersecondary structure) 是指在多肽链内顺序上相互邻近的二级结构常常在空间折叠中靠近，彼此相互作用，形成规则的二级结构聚集体。目前发现的超二级结构有三种基本形式：α-螺旋组合 (αα)，β-折叠组合 (βββ) 和 α-螺旋 β-折叠组合 (βαβ)，以 βαβ 组合最为常见。它们可直接作为三级结构或结构域的组成单位，是蛋白质构象中二级结构与三级结构之间的一个层次，故称超二级结构。结构域 (domain) 是蛋白质构象中二级结构与三级结构之间的一个层次。在二级结构或超二级结构的基础上形成三级结构的局部折叠区，一条多肽链在这个域范围内来回折叠，但相邻的域常被一个或两个多肽片段连接。通常由 50～300 个氨基酸残基组成，其特点是在三维空间可以明显区分和相对独立，并且具有一定的生物功能 (如结合小分子)。模体或基序 (motif) 是结构域的亚单位，通常由 2～3 二级结构单位组成，一般为 α-螺旋、β-折叠和环 (loop)。蛋白质的三级结构 (tertiary structure) 是指蛋白质的多肽链在各种二级结构的基础上进一步盘曲或折叠形成具有一定规律的三维空间结构。蛋白质三级结构的稳定主要依靠次级键，包括氢键、疏水键、盐键以及范德华力等。蛋白质的四级结构 (quarternary structure) 是由两条或两条以上独立的三级结构的多肽链组成的蛋白质，其多肽链间通过次级键相互组合而形成的空间结构。其中，每个具有独立三级结构的多肽链单位称为亚基 (subunit)。四级结构也可称为亚基的立体排布、相互作用及接触部位的布局。亚基之间不含共价键，亚基间次级键的结合比二三级结构疏松，因此在一定的条件下，四级结构的蛋白质可分离为其组成的亚基，而亚基本身构象仍可不变。

(二) 蛋白质功能

生物界蛋白质种类在 10^{10}～10^{12} 数量级，种类之多主要是由于 20 种参与蛋白质组成的氨基酸在肽链中排列的顺序不同所引起。而这种顺序的多样性正是其生物学功能多样性和种属特异性的结构基础。蛋白质的生物学功能可分为以下几类：①催化功能。蛋白质在生物体内最主要的生物学功能是作为体内生化反应的催化剂——酶，生物催化剂主要包括两类：一类是蛋白质 (enzyme)；一类是核酸 (ribozyme)。体内几乎所有的化学反应都是在酶催化下进行的；②运载功能。体内不少物质需要通过血液从一处运送到另一处，也有一些物质需要质膜中的某些蛋白质作为载体而进入细胞；③营养和贮存功能。生物体内有一类蛋白质具有贮存氨基酸的功能，用作有机体及其胚胎或幼体生长发育的原料，作为备用的营养素。这在植物中较为显著，植物种子大部分的蛋白质主要作为储备以供胚胎发育之用，如麦、玉米、稻米及高粱等；④收缩或运动作用。细胞及生物体的变换形态及运动，都是某些蛋白质伸缩或运动的结果。在骨骼肌的收缩系统和非肌肉细胞中，肌动蛋白和肌球蛋白行使这种功能；⑤结构功能。生物体 (特别是动物) 基本上都是以蛋白质作为有机体的结构成分，如胶原是腱、软骨、骨、皮肤的主要蛋白质；弹性蛋白是弹性韧带中心的成分，赋予韧带以伸缩性；角质蛋白构成毛发、指甲、羽毛、蚕丝及蛛网；⑥防御功能。许多蛋白质具有保护生物体抵御外来侵袭的功能，如免疫球蛋白能够识别来自其他种类的细菌、病毒及外来蛋白，具有免疫功能；血纤维蛋白原和凝血酶，自身受创伤时使血液凝固以堵塞血管破口，防止血液流失过多；蛇毒、细胞毒素及植物毒蛋白质（如蓖麻蛋白）等均具有防御功能；⑦调节功能。生物体内必须有调节功能的物质，才能维持生理活动的正常进行，其中有些是蛋白质，如胰岛素、生长激素等。

（三）蛋白质与疾病的关联性

蛋白质组学成为寻找疾病分子标记和药物靶标最有效的方法之一，由此产生了疾病蛋白质组学。疾病蛋白质组学的目的在于运用蛋白质组学的研究手段，通过比较正常和病理情况下细胞或组织中蛋白质在表达数量、表达位置和修饰状态上的差异，探寻疾病相关的特异蛋白质，这些蛋白质既可为疾病发病机制提供线索，也可以作为疾病诊断的分子标记，还可作为治疗和药物开发的靶标，深入了解疾病特异性蛋白质的结构和功能，从而揭示疾病过程中细胞内全部蛋白质的活动规律，为多种疾病机理的阐明及治疗提供理论根据和解决途径。对人类而言，蛋白质组学的研究最终要服务于人类的健康，主要指促进分子医学的发展。例如，寻找药物的靶分子。很多药物本身就是蛋白质，而很多药物的靶分子也是蛋白质。同时，药物也可以干预蛋白质-蛋白质相互作用。

（四）蛋白质与蛋白质的相互作用

蛋白质与蛋白质的相互作用对于阐明细胞乃至整个生命活动的分子机制具有举足轻重的意义。细胞的任何活动都需要蛋白质分子与蛋白质分子、蛋白质与其他分子的相互作用，这也是调节细胞反应适度的必要条件。例如，分析酶活性和确定酶底物，细胞因子的生物分析/配基-受体结合分析。可以利用基因敲除和反义技术分析基因表达产物（蛋白质）的功能。另外，对蛋白质表达后在细胞内的定位研究在一定程度上也有助于蛋白质功能的了解。

（五）蛋白质的丰度变化

即各种蛋白质的识别和定量化，是对不同状态细胞的蛋白质差异表达进行比较，一般是指某种蛋白质在细胞内表达的相对含量的变化。

（六）蛋白质修饰

很多 mRNA 表达产生的蛋白质要经历翻译后修饰（如磷酸化、糖基化、酶原激活等）。翻译后修饰是蛋白质调节功能的重要方式，因此对蛋白质翻译后修饰的研究对阐明蛋白质的功能具有重要作用。

（七）蛋白质分布

不同发育、生长期和不同生理、病理条件下不同的细胞类型的基因表达是不一致的，因此对蛋白质表达的研究应该精确到细胞甚至亚细胞水平。

二、蛋白质组学的难点

蛋白质组的多样性：基因组作为遗传信息的载体，无论在什么样的生长条件下，它是始终不变的，然而，对于不同类型的细胞或同一个细胞在不同的活动状态，蛋白质组是具有多样性的。蛋白质组的这种多样性使我们对蛋白质组定义的理解有了难度。蛋白质组一般定义为一个基因组所有基因所表达的全部蛋白质。但任何一种基因组都是由不编码蛋白质的核苷酸序列和编码蛋白质的核苷酸序列所组成。然而，除了已经知道有蛋白质产物的基因以外，其余的“基因”只不过是根据“起始密码”和“终止密码”序列所确定的“可读框”。但可读框与蛋白质存在也不是一一的对应关系。一方面，人们已经发现有许多“拟基因”的存在，这些拟基因有和真基因相同的可读框，但却从不表达；另一方面，由于存在RNA水平上遗传信息的加工—mRNA编辑和蛋白质水平上遗传信息的加工—蛋白质剪接，许多蛋白质很难找到直接对应的可读框。所以，要想找到一个生物体基因组的全部基因和相应的全部蛋白质是一个非常困难的任务。

蛋白质的种类确定：基因组不论大小，其核苷酸的数量是明确的。然而，对蛋白质组来说，细胞内的大部分蛋白质通常被进行过翻译后修饰，主要有磷酸化、糖基化、酰基化等。如果把一个修饰蛋白质视为一种新的蛋白质，那么蛋白质组的蛋白质数量将远远大于相应的基因组的基因数量，所以对于蛋白质数量的估计是非常模糊的。

蛋白质组的动态性：一个个体的基因组自个体诞生到死亡，始终保持不变。而作为新陈代谢的主要执行者的蛋白质组，在个体的生命活动中却总是变动不停。人们可以通过确定变化的蛋白质来理解其功能。但如何区分变化的蛋白质是属于生物学意义上的还是实验意义上的还很难确定。因为蛋白质的稳定性要比核酸差得多，在制备的过程中可能会发生降解或丢失。此外，差异蛋白质的区分通常是通过蛋白质双向凝胶电泳来检测，而双向电泳由于自身分辨率的限制，难以测定微量的蛋白质变化，所以要准确测定蛋白质量的差异是一个困难的任务。

蛋白质组的时空性：DNA通常位于细胞核内，且保持稳定，因此测定基因组的DNA序列不受时空的影响。对于转录的mRNA来说，时间是主要的参考因素，在发育的不同阶段或细胞的不同活动时期，mRNA的表达是不一样的。因此，在研究转录组或基因芯片时必须考虑到时间，但通常不需要考虑空间的影响。而在蛋白质组的研究中，不仅要考虑时间因素，更要考虑空间的影响。首先不同的蛋白质分布在细胞的不同部位。它们的功能与其空间定位密切相关。要想真正了解蛋白质的功能，必须要知道蛋白质所处的空间位置。其次，许多蛋白质在细胞里不是静止不动的，它们在细胞里常常通过在不同的亚细胞环境里运动发挥作用。因此对于亚细胞蛋白质组学来说有两个难点：一是如何对细胞进行恰当的分级分离；二是如何区别亚细胞组成蛋白质和由于生理作用而在细胞不同区域进行运动的蛋白质。

蛋白质组学的技术：蛋白质组学主要是应用双向凝胶电泳，但此技术当前面临的挑战是：①低拷贝蛋白的鉴定，人体的微量蛋白往往还是重要的调节蛋白，除增加双向凝胶电泳灵敏度的方法外，最有希望的还是把基质辅助的激光解吸/离子化质谱用到PVDF膜上，但当前的技术还不足以检出拷贝数低于1000的蛋白质；②极酸或极碱蛋白的分离；③极大（大于200 000）或极小（小于10 000）蛋白的分离；④难溶蛋白的检测，这类蛋白中包括一些重要的膜蛋白；⑤得到高质量的双向凝胶电泳需要精湛的技术，因此提高双向凝胶电泳的分离容量、灵敏度和分辨率及对蛋白质差异表达的准确检测也是目前双向凝胶电泳技术发展的关键问题。

总而言之，破解蛋白质组学的秘密是一项庞大的工程，就像人类完成基因组测序计划一样，它甚至更需要全球性合作、多行业参与、多技术支持，最终实现基因结构、基因表达、基因功能、蛋白质结构、蛋白质调控和基因治疗的完美统一。

第三节　蛋白质组学研究的技术方法

作为后基因组时代出现的新兴研究领域之一，蛋白质组学正受到越来越多的关注。蛋白质组学的研究目标是对机体或细胞的所有蛋白质进行鉴定和功能分析。蛋白质组学的研究不局限任何特定的技术和方法。蛋白质分离技术（如二维凝胶电泳和高效液相层析），经典的蛋白质鉴定方法（如氨基酸序列分析等），现代质谱技术，基因组学研究的各种手段，现代计算机信息学和计算机网络通讯技术等，任何可用于蛋白质研究的技术手段，蛋白质组学都可能会采用。

与基因重组、表达、序列分析的快速、自动化程度相比，到最近为止，机体组织细胞内蛋白质的序列分析只是实验室小规模研究项目。随着对生物学、物理、化学及信息学的各种尖端技术的综合应用，蛋白质组研究也正逐步变成高产量、高精确度的分析过程。现今，蛋白质组研究中主要应用的技术包括：双向电泳（2-DE）、新型质谱（MS）技术、数据库设置与检索系统等。为了保证分析过程的精确性和重复性，大规模样品处理机器人也被应用。整个研究过程包括：样品处理、蛋白质的分离、蛋白质丰度分析、蛋白质鉴定等步骤。蛋白质组分析虽然以双向电泳和质谱分析为其技术基础，但离不开各种先进的数据分析和图像分析软件及网络技术的支持。当今蛋白质组学的特点是采用高分辨率的蛋白质分离手段，结合高效率的蛋白质鉴定技术，全景式地研究在各种特定情况下的蛋白质谱。

一、蛋白质分离技术

蛋白质组学研究的核心技术是蛋白质成分的分离和鉴定。如何得到高纯度、高特异性、高分辨率的蛋白质，尽可能保留蛋白质的完整性、活性，并在分离过程中提供尽可能多蛋白质理化性质和表达模式是鉴定特定蛋白质的重要前提。在各种蛋白质分离技术中，不同蛋白质按其某些性质的差异得到分开，在蛋白分离的过程中，我们事实上已经开始了部分鉴定的过程。蛋白质首先从特定的细胞、组织中得到提取，然后根据其特性相互分离。

（一）样品制备方法

样品制备的关键是保持蛋白质的完整性和活性，并尽可能富集目标蛋白。在对全蛋白表达的研究中，还要注意蛋白丰度比例的保持，防止低丰度蛋白的丢失。

1. 一般方法

样品制备和溶解是蛋白质分离的第一步，目标是尽可能扩大其溶解度和解聚，以提高分辨率。用化学法和机械裂解法破碎以尽可能溶解和解聚蛋白，两者联合有协同作用。其一般过程是：对细胞、组织等样品进行破碎、溶解、失活和还原，断开蛋白质之间的连接键，提取全部蛋白质，除去（如核酸等）非蛋白质部分。但溶解度差的蛋白质，如膜蛋白、与膜相连的蛋白质以及来自具有高抗性组织的蛋白质，需要添加离液剂、去污剂、两性电解质和还原剂等以增加蛋白质的溶解度，提高蛋白质的提取率。目前常用的离液剂有尿素和硫脲，尿素是一种优良的变性剂，通过断裂氢键和疏水键使蛋白质变性，增加其溶解性，而不影响蛋白质所带的电荷；尿素与硫脲结合使用使蛋白质的溶解性更好，尤其是疏水性的膜蛋白，硫脲一般使用浓度为 2mol/L。去污剂可消除蛋白质疏水基团之间的相互作用，增强蛋白质在其 pI 等电点处的溶解性。去污剂有离子型、非离子型和兼离子型等；离子型去污剂（如 SDS）使蛋白质带上负电荷，干扰第一向等电聚焦而避免使用，或 SDS 终浓度不高于 0.3%；传统的非离子型去污剂（如 Triton X-100 和 NP-40）以前用的较多，现多用的兼性离子型去垢剂（CHAPS 和 CHAPSO、SB3-10、ASB-14 等）。在变性剂和去污剂联用条件下，再加用还原剂可使已变性的蛋白质展开更完全，溶解更彻底，常用还原剂为含自由巯基的 DTT 以及不带电荷的 TBP。一定浓度的两性电解质会提高蛋白质溶解性，在第一向等电聚焦时，提高极性端蛋白质的聚焦效果。另外，添加 PMSF 等蛋白酶抑制剂，可保持蛋白完整性。

2. 激光捕获显微切割技术

不同发育、生长期和不同生理、病理条件下不同的细胞类型的基因表达是不一致的，因此对蛋白质表达的研究应该精确到细胞甚至亚细胞水平。可以利用免疫组织化学技术达到这个目的，但该技术的致命缺点是通量低。激光捕获显微切割（laser capture microdissection，LCM）技术可以精确地从组织切片中取出研究者感兴趣的细胞类型，因此 LCM 技术实际上是一种原位技术。取出的细胞用于蛋白质样品的制备，结合抗体芯片或二维电泳-质谱的技术路线，可以对蛋白质的表达进行原位的高通量的研究。很多研究采用匀浆组织制备蛋白质样品的技术路线，其研究结论值得怀疑，因为组织匀浆后不同细胞类型的蛋白质混杂在一起，最后得到的研究数据根本无法解释蛋白质在每类细胞中的表达情况。虽然培养细胞可以得到单一类型细胞，但体外培养的细胞很难模拟体内细胞的环境，因此这样研究得出的结论也很难用于解释在体内的实际情况。因此，在研究中首先应该将不同细胞类型分离，分离出来的不同类型细胞可以用于基因表达研究，包括 mRNA 和蛋白质的表达。

LCM 技术获得的细胞可以用于蛋白质样品的制备。可以根据需要制备总蛋白，或膜蛋白，或核蛋白等，也可以富集糖蛋白，或通过去除白蛋白来减少蛋白质类型的复杂程度。相关试剂盒均有厂商提供。LCM-二维电泳-质谱的技术路线是典型的一条蛋白质组学研究的技术路线。除此以外，LCM-抗体芯片也是一条重要的蛋白质组学研究的技术路线。即通过 LCM 技术获得感兴趣的细胞类型，制备细胞蛋白质样品，蛋白质经荧光染料标记后和抗体芯片杂交，从而可以比较两种样品蛋白质表达的异同。Clontech 最近开发了一张抗体芯片，可以对 378 种膜蛋白和胞浆蛋白进行分析。该芯片同时配合了抗体芯片的全部操作过程的重要试剂，包括蛋白质制备试剂，蛋白质的荧光染料标记试剂，标记体系的纯化试剂，杂交试剂等。图 9-1 是计算机联合控制的激光捕获显微切割系统。

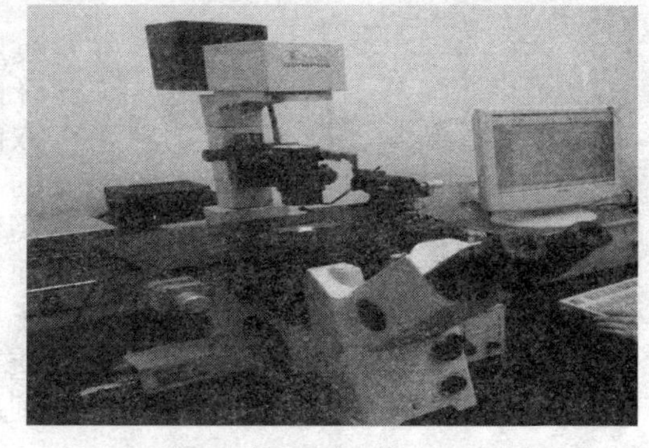

图 9-1　激光捕获显微切割仪

LCM 确实具有许多优点：①快速简单、高效直观、减少交叉污染；②制样灵活，使用范围广；③不但能有效保持分离样品结构的完整，而且不会破坏周围临近组织的完整。但是，任何一种技术都不是完美的，它也存在着一些缺点：①用于显微切割的组织切片必须脱水干燥；②尽管 LCM 可以获得用于不同分子分析技术所需的几乎纯净的细胞，但捕获大量组织仍需要大量时间；③组织标本缺乏盖玻片与屈光介质，使得显微镜观察到的组织现象模糊。

（二）二维凝胶电泳技术

蛋白质组研究的发展以双向电泳技术作为核心。1975 年，O’Farrell 和 Klose 首先建立了等电聚焦/SDS-聚丙烯酰胺凝胶电泳（IEF/SDS-PAGE）分离和分析蛋白质组分的技术。这一技术应用两个不同分离原理依据蛋白质的特性进行分离。第一向依据蛋白质所带电荷量的不同，用等电点（PI）聚焦技术分离蛋白质。在此方法中引入固定 pH 梯度技术（IPG）可以实现等电点仅有 0.01pH 单位差别的蛋白质的分离。从而大大提高了分析的灵敏度。第二向是依据蛋白质相对分子质量大小的差别，通过蛋白质与 SDS 形成复合物后，在聚丙烯酰胺凝胶电泳中迁移速率不同达到分离蛋白质的目的。这种基于电荷分离（pI）和分子质量大小分离的组合使得样品蛋白质点分布于整个二维凝胶图谱上。一次双向电泳可以分离几千甚至上万个蛋白，这是目前所有电泳技术中分辨率最高，信息量最多的技术。图 9-2 是常用的第一向等电聚焦电泳系统，图 9-3 是常用的第二向中等通量垂直电泳系统。

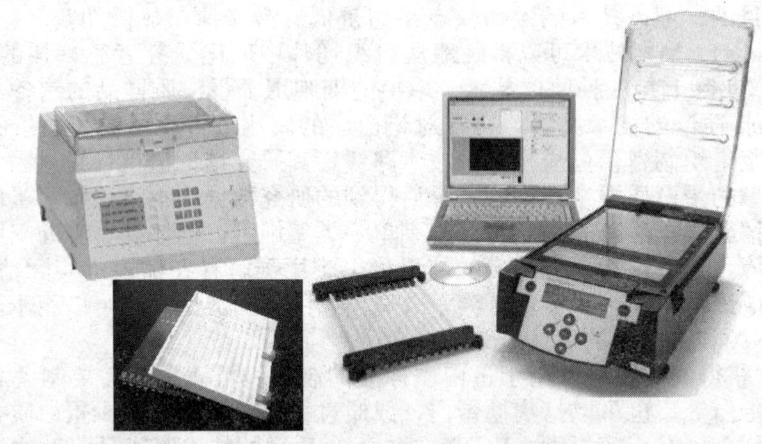

图 9-2　第一向等电聚焦电泳系统

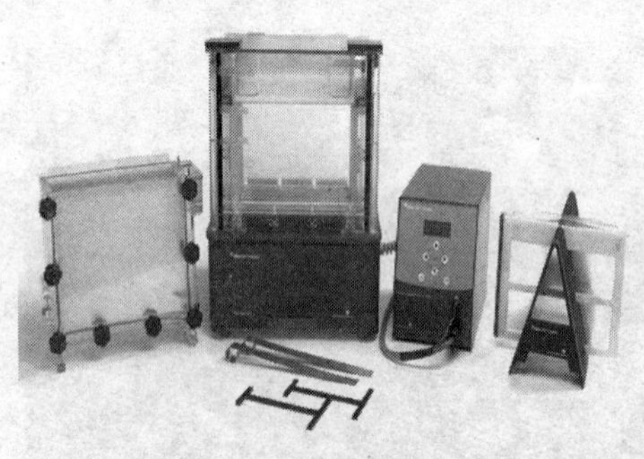

图 9-3　第二向中等通量垂直电泳系统

蛋白质组重叠群是利用多块在不同 pH 梯度和（或）相对分子质量上相互重叠的双向电泳图谱，结合图像分析技术拼接成一张完整的双向电泳图谱，其实质是使每一块凝胶在较窄的 pH 梯度和分子质量范围内分离蛋白，以提高分辨率。蛋白质组重叠群不但增加了上样量，而且扩大了双向电泳的 pH 梯度范围和相对分子质量范围，检测到更多极酸性、极碱性蛋白质，分离到更多的蛋白质组组分。该方法已得到成功运用，并将 pH 梯度扩展到 2.3～11。

双向凝胶电泳在蛋白质组学的研究当中始终占据着重要的地位。但双向电泳仍有以下几个问题有待改进：①分辨能力的提高；②极酸性和极碱性蛋白、疏水性蛋白、大分子质量蛋白以及膜蛋白的双向电泳；③低丰度蛋白的检测；④简化双向电泳实验操作，与质谱的直接联用，实现自动化。这些缺陷都在一定程度上限制了双向凝胶电泳的应用，蛋白质组的其他分离手段也应运而生，如基于色谱的多维分离技术、毛细管电泳等。

二、蛋白质分析和鉴定技术

一种蛋白质或蛋白质复合体的成功分离只是分析蛋白质功能，解释生命现象的前期工作。得到目标蛋白后，需要鉴定蛋白质组结构、功能及其各蛋白质间的相互作用关系，最终实现蛋白质组表达模式和功能模式的研究。其表达模式的鉴定技术主要有以质谱为核心的技术、蛋白质微测序和氨基酸组成分析等。

（一）图谱分析技术（image analysis）

分离后的斑点检测（spot detection）亦很重要，所采用的检测策略和分离后所采用的方法的相互作用是很重要的。此外，还需考虑反应的线性、饱和阈/动态范围、敏感性、对细胞蛋白群的全体定量分析的适应性、可行性。目前凝胶上的蛋白质点染色常用方法有银染法、考马斯亮蓝染色法、负染和荧光染色等。银染比考马斯亮蓝染色灵敏度高，但是银染的线性效果并不是很好，且银离子可与半胱氨酸残基相互作用，而且银染中用了甲醛，会对蛋白质的 α 和 ε-氨基进行烷基化，因此对质谱分析干扰大。考马斯亮蓝染色线性、均一性较高，对质谱干扰较小，但其敏感性较低。较理想的是荧光染色（如 SyproRuby 等），敏感性、线性都很好，对质谱干扰小，但其成本较高。不同染料对不同蛋白质可产生不同的作用，没有哪一种染料可以对凝胶中的所有蛋白质都按其含量的多少进行染色。如果是要进行严格的分析，同样的凝胶必须通过两种或更多种方法进行染色。如果双向电泳实验的目的是要鉴定某一蛋白质混合物中所呈现的全部蛋白质点，通过软件分析所要作到的有以下几点，包括蛋白点数的统计、蛋白质点的定位、编号和相对丰度分析。如果是要进行差异蛋白质组分析，则需要对相互对照样品的凝胶图像进行同步分析，比较对应蛋白质点的表达丰度，获得差异蛋白质点的缺失、出现以及表达量的变化等信息，进而获得有意义的蛋白质点，所有这些工作都需要通过图像分析软件来完成。常用的软件有 melanie Ⅱ &3、PDQuest 6. 0、ImageMaster 2D Elite 3. 10、Phoretix 2D 等。

图谱分析作为双向电泳的重要一步，其作用是评价和量化电泳结果。在蛋白质组学研究中，需要用图像分析软件进行正常和异常，或发育不同阶段细胞、组织等电泳图谱间的匹配。“满天星”式的 2-DE 图谱分析不能依靠本能的直觉（图 9-4），每一个图像上斑点的上调、下调及出现、消失，都可能在生理和病理状态下产生，必须依靠计算机为基础的数据处理，进行定量分析。在一系列高质量的 2-DE 凝胶产生（低背景染色，高度的重复性）的前提下，图像分析包括斑点检测、背景消减、斑点配比和数据库构建。首先，采集图像通常所用的系统是电荷耦合 CCD（charge coupled device）照相机；激光密度仪（laser densitometers）和 Phospho 或 Fluoro imagers，对图像进行数字化，并成为以像素（pixels）为基础的空间和网格。其次，在图像灰度水平上过滤和变形，进行图像加工，以进行斑点检测。利用 Laplacian、Gaussian、DOG（difference of Gaussians）operator 使有意义的区域与背景分离，精确限定斑点的强度、面积、周长和方向。图像分析检测的斑点须与肉眼观测的斑点一致。在这一原则下，多数系统以控制斑点的重心或最高峰来分析，边缘检测的软件可精确描述斑点外观，并进行边缘检测和邻近分析，以增加精确度。通过阈值分析、边缘检测、销蚀和扩大斑点检测的基本工具还可恢复共迁移的斑点边界。以 PC 机为基础的软件 Phoretix-2D 正挑战古老的 Unix 为基础的 2-D 分析软件包。第三，一旦 2-DE 图像上的斑点被检测，许多图像需要分析比较、增加、消减或均值化。由于在 2-DE 中出现 100% 的重复性是很困难的，由此凝胶间的蛋白质的配比对于图像分析系统是一个挑战。IPG 技术的出现已使斑点配比变得容易。因此，较大程度的相似性可通过斑点配比向量算法在长度和平行度观测。用来配比的著名软件系统包括 Quest、Lips、Hermes、Gemini 等，计算机方法（如相似性、聚类分析、等级分类和主要因素分析）已被采用，而神经网络、子波变换和实用分析在未来可被采用。配比通常由一个人操作，其手工设定大约 50 个突出的斑点作为“路标”，进行交叉配比。之后扩展至整个凝胶。

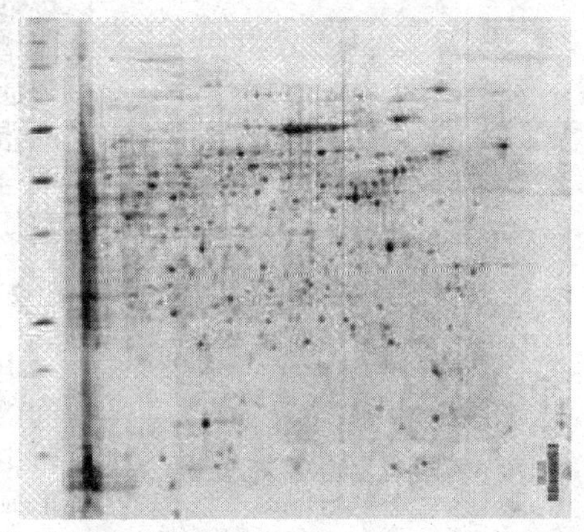

图 9-4　双向电泳图谱

例如，精确的PI和MW（相对分子质量）的估计通过参考图上20个或更多的已知蛋白所组成的标准曲线来计算未知蛋白的PI和MW。在凝胶图像分析系统依据已知蛋白质的pI值产生PI网络，使得凝胶上其他蛋白的PI按此分配。所估计的精确度大大依赖于所建网格的结构及标本的类型。以已知的未被修饰的大蛋白作为标志，变性的、修饰的蛋白质PI估计约在±0.25个单位。同理，已知蛋白质的理论相对分子质量可以从数据库中计算，利用产生的表观相对分子质量的网格来估计蛋白质相对分子质量。未被修饰的小蛋白的错误率大约30%，而翻译后蛋白的出入更大，故需联合其他的技术完成鉴定。

（二）生物质谱技术

随着电喷雾电离（ESI）和基质辅助激光解吸电离（MALDI）等具有革命性变化的"软电离"技术的出现，质谱变得更适用于分析生物大分子聚合物——蛋白质、核酸和糖类。其基本原理是样品分子离子化后，根据不同离子间质荷比（m/z）的差异来分离并确定分子质量。它具有高通量、灵敏、准确、自动化等特点，已逐步取代传统的Edman降解测序和氨基酸组成分析，成为蛋白质鉴定的核心技术，已广泛应用于二维电泳、色谱分离的蛋白质，以及蛋白质复合体的鉴定。质谱仪一般由进样器、离子化源、质量分析器、离子检测器、控制电脑及数据分析系统组成，其中离子化源和质量分析器是两个关键的部件。质量分析器决定着质谱的准确度、灵敏度和分辨率等。

常用的质谱分析技术有以下四种：离子阱质谱（iron trap，IT）、飞行时间质谱（time-of-fright，TOF）、四极杆质谱（quadrupole，Q）和傅立叶变换离子回旋共振质谱（fourier transformion cyclotron。FrICR）。质谱技术能从复杂的样本中定性、定量分析蛋白质，其灵敏度高，可达到fmol（10^{-15}）乃至amol（10^{-18}），速度快，现已经成为蛋白质组研究中主要的蛋白质鉴定技术。

1. 基质辅助激光解析电离飞行时间质谱

基质辅助激光解吸附飞行时间质谱是将作为离子源的MALDI和分析检测的飞行时间质谱联用（图9-5）。MALDI-TOF-MS常用于蛋白质的肽质量指纹图谱（peptide mass finger printing，PMF）鉴定。PMF是指蛋白质被酶切位点专一的蛋白酶（最常用的是胰蛋白酶）水解后得到的肽片段质量图谱。由于每种蛋白质的氨基酸序列不同，蛋白质被酶水解后，产生的肽片段序列也各不相同，其肽混合物质量数亦具特征性，所以称为指纹图谱（finger printing）。将获取的肽质量指纹图谱在蛋白质数据库中检索，寻找具有相似PMF的蛋白质，就可以初步完成蛋白质的鉴定。2-D电泳凝胶上的蛋白质可被原位酶切或转印到PVDF膜上酶切获得肽混合物，经质谱分析得到PMF，通过数据库查询鉴定蛋白质。

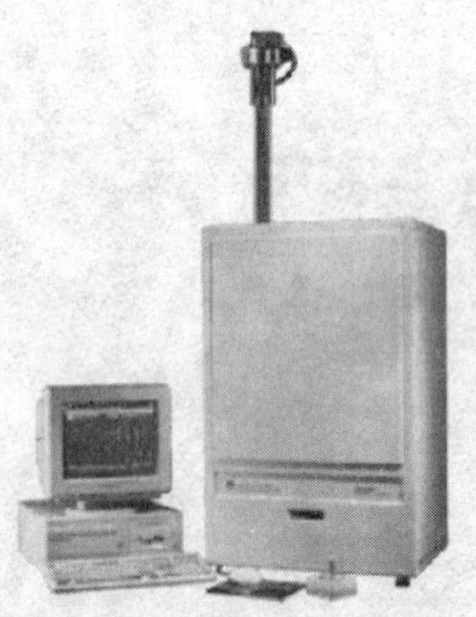

图9-5　基质辅助激光解析电离飞行时间质谱仪

2. 电喷雾电离串联质谱

电喷雾电离（ESI）利用位于一根毛细管和质谱仪进口间的电势差生成离子，电喷雾电离的特点是可生成高度带电的离子而不发生碎裂，这样可将质荷比（m/z）降低到各种不同类型的质量分析仪都能检测的范围，离子的真实分子质量可根据质荷比及电荷数算出。ESI因为其可形成单电荷离子及多电荷离子而有别于其他的

MS离子化技术。ESI的一大优势是可方便地与分离技术联用，如在使用ESI离子化前，用高效液相层析（HPLC）和毛细管电泳（CE）可方便地去除待测物中的杂质。通过电喷雾电离串联质谱（ESI-MS-MS）分析质量肽谱的最大优点在于不仅获得了每一肽段的分子质量，还可测定肽段的氨基酸序列。由于蛋白质序列有很高的专一性，因此若覆盖率达到20%～80%，根据相对分子质量和肽序列所查询的结果是相当可靠的。实际上，由于某些蛋白质序列的高度专一性，只需根据2～3段肽的相对分子质量和序列信息，即可鉴定该蛋白质。图9-6是ESI过程图解。

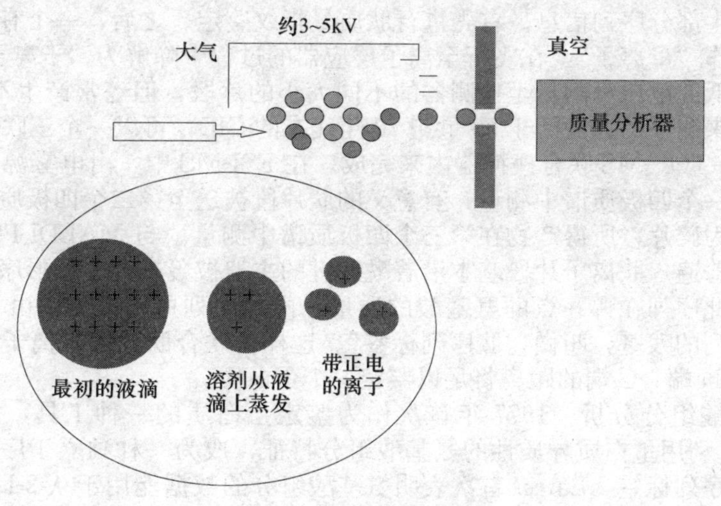

图9-6　ESI过程图解

3. 与质谱（mass spectrometry）**相关的技术**

近年来，质谱的装置和技术有了长足的进展。在MALDI-TOF中，最重要的进步是离子反射器（ion reflectron）和延迟提取（delayed ion extraction），可达相当精确的分子质量。在ESI-MS中，纳米级电雾源（nano-electrospray source）的出现使得微升级的样品在30～40min内分析成为可能。将反相液相层析和串联质谱（tandem MS）联用，可在数十个picomole的水平检测；若利用毛细管层析与串联质谱联用，则可在低picomole到高femtomole水平检测；当利用毛细管电泳与串联质谱连用时，可在小于femtomole的水平检测。甚至可在attomole水平进行。目前多为酶解、液相层析分离、串联质谱及计算机算法的联合应用鉴定蛋白质。下面以肽质量指纹术和肽片段的测序来说明怎样通过质谱来鉴定蛋白质。

（1）肽质量指纹图谱法（peptide mass fingerprint，PMF）：由Henzel等于1993年提出。用酶（最常用的是胰酶）对由2-DE分离的蛋白在胶上或在膜上于精氨酸或赖氨酸的C末端处进行断裂，断裂所产生片段的精确的相对分子质量通过质谱来测量（MALDI-TOF-MS），这一技术能够完成的肽质量可精确到0.1个相对分子质量单位。所有的肽质量最后与数据库中理论肽质量相配比（理论肽是由实验所用的酶来“断裂”蛋白所产生的）。配比的结果是按照数据库中肽片段与未知蛋白共有的肽片段数目作一排行榜，“冠军”肽片段可能代表一个未知蛋白。若冠亚军之间的肽片段存在较大差异，且这个蛋白可与实验所示的肽片段覆盖良好，则说明正确鉴定的可能性较大。

（2）肽片段（peptide fragment）的部分测序：肽质量指纹图谱法对其自身而言，不能揭示所衍生的肽片段或蛋白质。为进一步鉴定蛋白质，出现了一系列的质谱方法用来描述肽片段。用酶或化学方法从N末端或C末端按顺序除去氨基酸，形成梯形肽片段（ladder peptide）。首先以一种可控制的化学模式从N末端降解，可产生大小不同的一系列的梯形肽片段，所得一定数目的肽质量由MALDI-TOF-MS测量。另一种方法涉及羧基肽酶的应用，从C末端除去不同数目的氨基酸形成肽片段。化学法和酶法可产生相对较长的序列，其相对分子质量精确至可区别赖氨酸（128.09）和谷氨酰胺（128.06）。或者，在质谱仪内应用源后衰变（post-source decay，PSD）和碰撞诱导解离（collision-induced dissociation，CID），目的是产生包含有仅异于一个氨基酸残基质量的一系列肽峰的质谱。因此，允许推断肽片段序列。肽片段PSD的分析在MALDI反应器上能产生部分序列信息。首先进行肽质量指纹鉴定。之后，一个有意义的肽片段在质谱仪被选作"母离子"，在飞行至离子反应器的过程中降解为"子离子"。在反应器中，用逐渐降低的电压可测量至检测器的不同大小的片段，但经常产生不完全的片段。现在用肽片段来测序的方法始于20世纪70年代末的CID，可以一个三联四极质谱ESI-MS或MALDI-TOF-MS联合碰撞器内来完成。在ESI-MS中，由电雾源产生的肽离子在质谱仪的第一个四极质谱中测量，有意义的肽片段被送至第二个四极质谱中，惰性气体轰击使其成为碎片，所得产物在第三个四极质谱中测量。与MALDI-PSD相比，CID稳定、强健、普遍，肽离子片段基本沿着酰胺键的主架被轰击产生梯形序列，连续的片段间差异决定此序列在哪一点的氨基酸的质量，由此序列可被推测。由CID图谱还可获得的几个序列的残基，叫做"肽序列标签"。这样，联合肽片段母离子的相对分子质量和肽片段距N端、C端的距离将足以鉴定一个蛋白质。

（3）氨基酸组分分析：1977年首次作为鉴定蛋白质的一种工具，是一种独特的"脚印"技术。利用蛋白质异质性的氨基酸组分特征，成为一种独立于序列的属性，不同于肽质量或序列标签。Latter首次表明氨基酸组分的数据能用于从2-DE凝胶上鉴定蛋白质。通过放射标记的氨基酸来测定蛋白质的组分，或者将蛋白质印迹到PVDF膜上，在155℃进行酸性水解1h，通过这一简单步骤的氨基酸的提取，每一样品的氨基酸在40min内自动衍生并由色谱分离，常规分析为100个蛋白质/周。依据代表两组分间数目差异的分数，对数据库中的蛋白质进行排榜，"冠军"蛋白质具有与未知蛋白质最相近的组分，考虑冠亚军蛋白质分数之间的差异，仅处于冠军的蛋白质的可信度大。Internet上存在多个程序可用于氨基酸组分分析，如AACompIdent、ASA、FINDER、AAC-PI、PROP-SEARCH等，其中，在PROP-SEARCH中，组分、序列和氨基酸的位置被用来检索同源蛋白质。但仍存在一些缺点，如由于不足的酸性水解或者部分降解会产生氨基酸的变异。故应联合其他的蛋白质属性进行鉴定。图9-7是氨基酸组分自动分析系统。

图9-7 氨基酸分析系统

（4）微量测序：蛋白质的微量测序已成为蛋白质分析和鉴定的基石，可以提供足够的信息。尽管氨基酸组分分析和肽质指纹谱（PMF）可鉴定由双向电泳分离的蛋白质，但N末端Edman降解微量测序仍然作为蛋白质分析鉴定的经典而普通的技术之一，仍有广泛的用途。Edman降解法测序速度较慢，费用偏高，灵敏度也不如快速发展的质谱，但它测定的肽序列非常准确，成为蛋白质鉴定的重要依据。如果一块凝胶上仅有几个有意义的蛋白质，或者如果其他技术无法测定而克隆其基因又是必需的，则需要进行泛化的Edman降解测序。现已实现蛋白质微量测序的自动化。首先使经凝胶分离的蛋白质直接印迹在 PVDF 膜或玻璃纤维膜上，染色、切割，然后直接置于测序仪中，可用于 subpicomole 水平的蛋白质的鉴定。自动化的 Edman 降解已成为一种强有力的蛋白质鉴定方法，联合蛋白质的其他属性可以更加可信地鉴定蛋白质。最近，应用细径（内径 0.8mm，流速 40μL/min）的 HPLC 柱，能够在 100fmol 的初产率下测得5～10个氨基酸残基的序列。一种称为“sample cartridge carousel”的硬件，能自动地将样品输入序列仪，可进行样品平行测序，加快了测序进程，也降低了费用。随着 Edman 降解法在微量测序和速度等技术上的突破，它在蛋白质组研究中可发挥重要作用。

综上所述，高分辨率、高敏感性和高流通性的分离和分离后鉴定技术，结合准确、全面的数据库技术，使蛋白质组技术用于生物研究卓有成效。但仅鉴定蛋白质是不够的，蛋白质组世界的挑战是完善蛋白质质和量的分析，设想细胞活性、功能的全体性概念。在此基础上，蛋白质组分析将会促进未来生命科学的整体发展。

（三）同位素亲和标签

同位素亲和标签（isotope coded-affinity tags，ICAT）技术用于精确地分析不同样品中蛋白质表达量的差异。所用试剂由三个部分组成：头部是和巯基反应的基团，中间连接子用于同位素的标记，尾部是和生物素结合的基团。其连接子可由 8 个氢原子（H）或氘（D）分别标记，由不同原子标记的 ICAT 相对分子质量相差 8。当不同处理条件的细胞或组织裂解后，分别用不同的 ICAT 标记总蛋白，ICAT 反应基团会专一地与蛋白质中的半胱氨酸共价结合，待反应结束后，将两者等量混合，再用胰酶消化。经亲和层析后，含生物 ICAT 标记的酶解片段就可以进行 LC-MS/MS 分析。由于一对 ICAT 标记的两个不同样品的相同肽段 MS 质谱图上总是一前一后且相差 8 或 4（两个电荷）。比较这两个峰值，就能得到有差异表达的蛋白质，并用 MS/MS 鉴定出何种蛋白质。

为了克服第一代 ICAT 试剂的缺点，近来发展了第二代的 ICAT 试剂。使用固相的 ICAT 试剂代替液相的 ICAT 试剂，选择性亲和吸附其他基团的 ICAT 试剂，非同位素的 ICAT 标记试剂，cleavable ICAT 试剂。

非同位素的 ICAT 标记试剂，称为质量编码的丰度标记（mass-coded abundance tagging，MCAT），依靠选择性地定量胍基化胰蛋白酶水解肽段的 C 端赖氨酸的 ε 氨基，把赖氨酸转变为了高精氨酸。然后一个样品中修饰过的肽段和另一个样品中未修饰的肽段混合后，两个样品中相应肽段的相对丰度可以通过测定它们在质谱中的相对信号强度来确定。

Cleavable ICAT（cICAT）试剂在原来的基础上做了一些改进，其连接子分别由 9 个^{12}C和^{13}C标记，这样由不同原子标记的 ICAT 相对分子质量相差 9。在同位素标签的连接子和亲和反应基团之间增加了一个酶解位点，在 ICAT 标记的肽段分离纯化后可以通过酸裂解将亲和反应基团生物素切去，裂解后的同位素标签的相对分子质量只有 227（236），大大减少了数据库搜索的复杂性。

从 ICAT 方法衍生出多种技术，如定量研究蛋白质磷酸化的磷酸化蛋白亲和标签，大规模研究 N 末端糖基化的糖基化定点标签、分析蛋白质丰度的串联质量标签等。

（四）表面增强激光解吸电离飞行时间质谱（surface enhanced laser desorption/ionization time-of-flight MS，SELDI-TOF-MS）

其原理是利用系统设计的具有特异性的化学表面或生物分子共价偶联的表面捕获样品中的蛋白质，经过适当强度的洗涤洗去非特异性结合的蛋白质。在芯片表面添加能量吸收分子（energy absorption molecule，EAM），它将和芯片表面的目标蛋白一起形成一个粗结晶体，该结构能够介导芯片表面结合分子的离子化。以 MALDI（matrix assisted laser desorption/ionization）飞行时间质谱检测和测定被富集到多个样品点上的所有蛋白质。其原理是使用脉冲氮激光能量使芯片表面分析物晶体气化并电离，并在电场中快速运动。带有正电荷的蛋白质被排斥而飞离正极金属片。当一定电压下的电场能量施加到蛋白分子上时其飞行速度取决于其质量（$e=mv$，其中 e=能量，m=质量，v=速度）。蛋白质芯片系统通过测定蛋白质分子的飞行时间，检测并计算出蛋白质的相对分子质量。

SELDI 蛋白质芯片根据芯片表面的成分，分为化学表面芯片和生物表面芯片。其中，化学表面芯片又可分为疏水、亲水、阳离子、阴离子和金属离子螯合芯片五种；而生物表面芯片又分为抗体、抗原、受体、配体和 DNA-蛋白质芯片等种类，包含了一系列的经典化学层析和专门的亲和吸附表面。其结合机制包括正相的多数蛋白结合表面，反相吸附的疏水表面，正负离子交换表面，吸附结合金属蛋白的固定金属亲和吸附表面（IMAC），预激活表面芯片。

常规芯片表面含有氯化硅，允许蛋白质通过 Ser、Thr、Lys 氨基酸残基结合于其上；疏水芯片表面有 16 个亚甲基组成的链，通过反向化学结合富含 Ala、Val、Leu、Ile、Phe、Trp、Try 的蛋白质；预激活芯片表面是重活化的碳氧基二咪唑部分和环氧基，因此可用于抗原与抗体、受体与配体、核酸与蛋白质、特异性蛋白与蛋白之间的检测；强型阴离子交换芯片表面上含有带阳离子的季铵基团，它可以与蛋白质表面的负电荷作用，如 Asp、Glu，可以用于分析某一 pI 范围的蛋白质；弱型阳离子交换芯片表面上含有弱阴离子羟基，能与表面带正电荷的蛋白质结合，如 Lys、Arg、His，可用于高等电点蛋白质的选择性分析和生物标记分子的检测。固定金属亲和结合芯片表面上含有亚硝基，用于螯合金属离子蛋白质，通过 His、Try、Lys 位磷酸化的氨基酸与金属离子结合，可用于分析结合蛋白、分析磷酸化的蛋白质、分析 His 标记的蛋白质和生物标记分子的检测。

培养的细胞或组织或体液样品不能直接进行质谱分析，经典的蛋白质差异表达研究需经过有效的样品纯化和制备，如液相层析、膜透析、离心、免疫沉淀反应和电泳等方法再进行质谱分析。这样的操作工作量大、重复性差、仅限于对某些质量段的蛋白质有效并造成低含量蛋白的丢失。SELDI 技术将蛋白质芯片与飞行时间质谱相结合，能够从未经处理的生物样品直接获取蛋白质图谱，可显示样品中各种蛋白的相对分子质量、含量、等电点、磷酸化位点等信息，识别相对分子质量范围自小于 1000 的多肽至 500 000 以上的蛋白质，对于低丰度蛋白有低至 attomole（10～18）的灵敏度，速度和处理的信息量远远大于二维电泳。目前，SELDI 技术广泛应用于很多疾病特别是肿瘤标志物的筛选和鉴定，补充 mRNA 分析，在蛋白质水平和翻译后修饰方面提供关键信息。

（五）荧光差异凝胶电泳

荧光差异凝胶电泳（differential in-gel dectrophoresis，DIGE）是一种定量分析不同样品中蛋白差异表达的技术。不同生理状态的样品用不同的荧光染料（Cy3 和 Cy5）分别标记，将不同荧光标记的样品等量混合，在同一块胶上双向电泳，三种荧光染料激发、发射波长不同，在扫描图像分析时用三种不同的激发，发射过滤器对同一蛋白点进行观察，就会得到三种不同颜色荧光信号；分析软件根据三者的信号比判断样品之间的同一蛋白质表达上的差异。

DIGE 技术三种荧光染料的化学结构、相对分子质量、电荷均相同、均与蛋白质的赖氨酸残基共价结合。这就保证了不同样品中的同一蛋白在进行双向电泳时可移到相同位置。若将 Cy2 作为用 Cy3、Cy5 分别标记的不同样品的内标，能够比较数据库中多个胶之间的蛋白质相对含量，更好地进行定量分析。

DIGE 克服了双向电泳的重复性差，不同胶间存在匹配误差，单蛋白点可能包含多种蛋白和一种蛋白质可能由于翻译后修饰分裂成几个点的缺点，由于使用相同的内标并在同一块胶内分离，避免了使用不同凝胶时在操作上的偶然性和不平行性，可以准确检测出两个不同样品蛋白表达上的差别，消除胶与胶之间的差异，保证统计上的可靠性及操作上的重复性。

但 DIGE 也存在很多技术上的问题：①只有当约 1%～2%的蛋白质赖氨酸残基在荧光标记时被修饰，才可以维持被标记的蛋白在电泳时的溶解性；②DIGE 染色中丢失的蛋白质基本确定为样品中的低丰度蛋白；③由于荧光团的加入，使标记的蛋白质比未标记的蛋白质在电泳时向大分子质量方向有轻微的移动，在质谱分析时会产生更多的复杂问题；④荧光物质在激发/发射过程中会出现相互间的信号干扰，影响定量分析的准确性。

（六）多维液相层析-质谱技术

液相层析是蛋白质组学非凝胶蛋白分离技术中最常用的方法，常见的液相分离技术有体积排阻层析、离子交换层析、高效液相层析（HPLC）、毛细管电泳（CE）、层析聚焦、反向层析、无孔填料反向层析和反向高效液相层析（NPSRP-HPLC），但单一的液相分离技术由于自身分离能力的限制，常不能满足复杂蛋白质复合物分离的需要。多维液相层析-质谱技术将两种不同的液相分离技术串联组合，蛋白质混合物通过连续的液相层析分离，然后进入 MS 系统获得肽段相对分子质量和部分序列信息。目前常用的组合有二维层析（2D-LC）、二维毛细管电泳（2D-CE）、液相层析-毛细管电泳（LC-CE）等。其中，2D-LC 又包括二维离子交换层析-体积排阻层析、二维离子交换层析-反向层析、二维体积排阻层析-反向层析、层析聚焦-无孔硅胶反向层析等。分离后的蛋白质鉴定技术包括常规的电喷雾离子阱飞行时间质谱（electrospray ionization time of flight mass spectrometry，ESI-TOF-MS），基质辅助激光解吸电离飞行时间质谱（matrix-assisted laser desorption/ionization time of flight mass spectrometry），串联质谱（tandem MS）等经典方法和纳摩尔电喷雾电离质谱（nanoelectrospay ionization mass spectromery）、图像质谱（imaging MS）、和质谱鸟枪法（shotgun）等先进技术。

多维液相分离系统的总分辨率约等于各维平方和的平方根，总峰容量约等于各维峰容量的乘积，多维液相分离系统有效地提高了系统对样本的分辨率和峰容量。液相分离技术可获得与 2-DE 相似完整蛋白质图谱信息，并保存完整有活性蛋白质用于后续鉴定。

多维 LC-MS 技术尚处于探索阶段，目前还无法完全代替 2-DE 途径进行蛋白质组研究。但它能够弥补 2-DE-MS 的一些技术上和方法上的缺陷，如蛋白质在分离过程中的丢失、上样量的限制、较窄的分离范围等。并增进了低丰度蛋白、膜蛋白或疏水性蛋白、高分子质量、低分子质量蛋白的分离和检测能力，并可通过图谱研究蛋白表达量的变化及具体结构上的变化，包括翻译后修饰的检测。

第四节　蛋白质组学的应用与发展趋势

随着整合样品处理、分级分离、质谱鉴定以及数据分析软件平台为一体的蛋白组学研究系统的不断推陈出新，以及适于大规模蛋白质组学数据分析的生物信息学平台的建立，蛋白质组学已经成为生命科学研究中的重要支撑技术。而分子生物学、生物信息学的迅猛发展以及各种高科技科学检测手段的不断出现，赋予了蛋白质组学领域新的内涵。同时，蛋白质组学与其他学科的交叉也将日益显著和重要，这种交叉是新技术新方法的活水之源，特别是蛋白质组学与其他大规模学科（如基因组学、生物信息学等）领域的交叉，所呈现出的系统生物学（system biology）研究模式，将成为未来生命科学最令人激动的新前沿。

一、蛋白质组学的应用

在应用研究方面，蛋白质组学研究显示出广泛的应用前景。蛋白质组学研究特别是定量蛋白质组学研究，标志着蛋白质组学研究正由定性向准确的定量方向发展。它将为人们更加完整地揭示生长、发育和代谢调控等生命活动的规律和严重疾病的发生机理，为人类进行疾病的诊断、防治和新药开发提供重要的理论基础。对肿瘤组织和正常组织的蛋白质进行比对研究，寻找肿瘤的特异性标志物，以揭示肿瘤的发生机制，或作为早期诊断、分子分型、疗效和预后判断的依据，研究疾病特异性蛋白质的翻译后修饰，为疾病提供新的治疗方案等。目前，世界各大医药公司也十分注重蛋白质组的研究，纷纷投入巨资研究以开发新的药物。各国还成立了许多以蛋白质组研究为主的公司。随着投入的日益增加，蛋白质组研究将会不断向前发展，为工业、农业、医疗卫生各行各业带来新的革命。蛋白质组研究将会促进未来生命科学的整体发展。

（一）在原核及简单真核生物的蛋白质组研究方面

相对高等真核生物细胞的复杂蛋白质网络，原核生物的研究通常相对简单，并可为进一步研究真核生物蛋白质组提供一定的模式。

1. 流感嗜血杆菌的蛋白质组学研究

流感嗜血杆菌（*Haemophilus influenzae*）是第一个获得基因组全序列的生物。瑞士的一个小组通过 2D-PAGE 研究了流感嗜血杆菌的蛋白质组分，在 pH 3～10 鉴定了约 300 个蛋白质组分，然后用有两个尿素浓度的麦黄酮（tricine）胶分离了很难分离到的 5000～20 000 范围内的蛋白质，还鉴定了其中的 80 种。另外用肝素亲和层析将碱性蛋白质富集后，在 pH 6～11 的范围内又鉴定了 102 个蛋白质，其中许多是核酸结合蛋白尤其是核糖体蛋白。华盛顿大学的另一个小组将双向电泳得到的流感嗜血杆菌的 303 个蛋白质斑点进行质谱分析，确定了 263 个蛋白质，其中大部分是外膜蛋白，以及与能量代谢和大分子合成有关的蛋白质。另外发现了几种不能在基因组中找到对应序列的蛋白质。大约 22%被鉴定的蛋白质表现出与预计不同的等电点和分子质量，显示它们可能经过了翻译后加工。

2. 大肠杆菌的蛋白质组学研究

大肠杆菌全部 4000 多个基因的 DNA 序列已被测定，并由此建立了蛋白质-基因联合数据库，希望以此来回答以下几方面的问题：①所有编码基因的产物在双向图谱上的位置；②各种蛋白质的丰度；③不同条件下各种蛋白质表达水平及合成速率的变化；④各种蛋白质在细胞内的定位；⑤某些蛋白质翻译后修饰的方式和水平。目前，大肠杆菌的联合数据库大约包括 1600 个蛋白质斑点的数据，其中大约 400 个已与大约 350 个基因相对应。对于这些蛋白质，这个数据库可以提供基因名称、蛋白质名称、E.C. 编号、功能范畴、Swiss-Prot 数据库编号、Genbank 序列号、基因图谱的位置、染色体上的转录方向及一些生理信息（如在不同生长条件下该蛋白质在细胞内的丰度）。

双向电泳技术的最大优势在于它可以对细胞内复杂的蛋白组分进行整体性的定量分

析，从而可以分析当条件变化时，一系列蛋白质而不仅仅是某一蛋白质的表达变化。在基因水平，“调节子”被用来描述受控于一个调节蛋白的一系列基因；在蛋白质和基因水平，刺激子（stimulon）用来描述一系列蛋白质，它们对同一刺激物起反应。例如，在大肠杆菌中，人们已经研究了碳、氮、磷及硫元素限制导致的细胞内蛋白质谱的变化；在对营养成分磷限制的研究中，发现当磷饥饿时有 137 个蛋白质的合成速率明显改变，其中大部分（118 个）的表现为诱导合成，其他则被抑制。

3. 致病微生物的蛋白质组学研究

蛋白质组的一个重要引用是在阐明新抗生素作用机理上。近十年来，用于临床的抗生素几乎都是原有抗生素的衍生物。目前这种状况有所改变，寻找作用于细菌内新靶点的研究工作已经展开，找到了许多有效的抗菌化合物，但遇到的困难是难于揭示新的化合物作用靶点及其作用机理。有时虽然在体外发现新化合物能够使某种蛋白质失活，但在体内是否有这种现象以及这是否是抗菌的主要机制却全然未知，双向电泳分析为此提供了一个有效的手段。例如，在研究抑制核糖体类抗生素对细菌作用机制时，对 12 种作用于翻译过程的不同阶段和核糖体内不同分子的抗生素加以考察，发现其中有 8 种诱导冷休克反应（cold-shock response）的一系列蛋白质和 4 种诱导热休克反应的一系列蛋白质，因此预计新的作用于核糖体的化合物也是诱导这两种反应，并且因此可推测大肠杆菌对冷热的反应发生于核糖体水平。

蛋白质组研究的重要优势在于能够从整体水平上分析不同条件下蛋白质谱的变化。例如，作为一种差异显示技术，这一技术已被应用于比较结核分枝杆菌与牛结核分枝杆菌蛋白的不同，结果发现一些在基因水平上很类似的蛋白在蛋白质水平上有很大差别，这可部分揭示近年来牛痘作为结核病疫苗会出现失败的现象。

4. 酿酒酵母的蛋白质组学研究

利用双向电泳技术分析酵母蛋白谱的工作也早于蛋白质组概念的提出。酿酒酵母（*Saccharomyces cerevisiae*）基因组的完成及其蛋白质数据库在互联网上的建立，大大加速了这一工作。借助数据库的有力推动，在双向电泳图谱上最明显的蛋白质斑点大部分已得到鉴定。

丹麦进行的一项研究计划分别作出野生型和基因系统缺失的缺陷型酵母的双向蛋白质图谱。初步的研究表明，缺失单一基因将导致的结果并不只是缺乏此基因编码的蛋白质，而是能导致其他一系列蛋白质量的改变。单一基因缺失的结果总是引起蛋白质组全局性的变化。大约 20％的酵母基因缺失是致死性的，另外 80％则不然，这是因为机体能通过调节蛋白质的表达来对抗这种内源性的变化。这种基因缺失的研究可能会告诉我们一些关于细胞内蛋白质分子间相互“对话”和“作用”的重要信息，如蛋白质间的物理联系（这些蛋白质可能会组成蛋白质复合物）、信号传递途径，以帮助我们了解细胞是如何构成及如何协同工作的。

（二）在多细胞真核生物的蛋白质组研究方面

不仅仅在原核及简单真核生物的蛋白质组研究方面方面取得了突破性的进展，在多细胞真核生物的蛋白质组研究方面，也取得了巨大的成绩。

1. 线虫的蛋白质组学研究

利用双向电泳技术，研究者对线虫（*C. elegans*）进行了蛋白质组分析，在 pI3. 5～9和相对分子质量 10 000～200 000 的范围内可分辨 2000 个以上的蛋白质斑点，然后利用 Edman 微量测序技术对其中 24 个斑点进行分析，得到其中 12 个蛋白质的 N 端序列。已测出的 12 个中有一个未能找到与其匹配的基因，另外 11 个与能量代谢、酸性核蛋白、G 蛋白等对应。*C. elegans* 的 19 000 个基因已于 1998 年 12 月全部测出，预计会对蛋白质组的研究提供帮助。

2. 果蝇的蛋白质组学研究

不同性别果蝇（*Drosophila melanogaster*）成虫的头、胸、腹部的蛋白质组图谱已分别被作出，共约有 1200 个蛋白质被检出，其中的大多数在头、胸、腹中是相同的，但也发现了一部分其部位、性别特异的蛋白质。

3. 人类的蛋白质组学研究

人类的蛋白质组研究吸引了最多的注意力。由于人有着大量的组织、细胞类型和发育阶段，对人蛋白质组的研究主要聚焦在特异的组织、细胞和疾病上。已有的证据表明，尽管人的不同组织有着很大的差别，但其中的许多蛋白质是看家蛋白，因此它们的双向图谱可能也是近似的。这点与简单生物不同，因此对于人类来说，一个高质量的基本的双向图谱是非常有用的，它可以作为其他组织、细胞的参照图谱。

人的各类组织、器官、细胞乃至各种细胞器已被广泛研究。人的各种体液（血液、淋巴、脊髓、乳汁和尿等）都被用于研究与某些疾病的关系。澳大利亚的科学家已经利用双向电泳技术研究眼泪中的蛋白质与生理状态的关系，并发现一种新的蛋白质与在乳腺癌细胞里高表达的另一种蛋白质非常相似，这一发现可能会提供疾病诊治的新手段。在一项利用蛋白质组研究技术进行的酒精对人体毒性的研究中发现，乙醇会改变血清蛋白糖基化作用，导致许多糖蛋白的糖基缺乏，如转铁蛋白。

肿瘤至今仍是人类的一个顽敌，癌细胞不仅有许多特异蛋白质产物，而且这些产物还会影响其他蛋白质的翻译后加工及许多蛋白质的表达水平。肿瘤的蛋白质组研究能提供一些以往其他技术所不能提供的早期诊断依据，如利用不同细胞组织的特征蛋白质谱，可以判别一些难以判定来源的肿瘤细胞的来源。丹麦的一个研究组利用蛋白质组研究技术结合组织冰冻切片技术分析了 150 例膀胱癌病人的组织，发现在所有的鳞状细胞瘤的尿液中均能发现一种化学引诱剂——银屑素（psoriasin），推测其极可能作为这种肿瘤的早期标志物。

一些科学家致力于各种肿瘤组织与正常组织之间蛋白质谱差异的研究，这些组织包括脑、胸腺、乳腺、肺、直肠、肾、膀胱、卵巢、骨髓等，这些研究已经找到了一些肿瘤特异的标志物，可能会对揭示肿瘤发生的机制有所帮助。例如，在对肾癌的研究中发现有 4 种蛋白质存在于正常肾组织而在肾癌细胞中缺失，其中两种分别是辅酶 Q 蛋白色素还原酶和线粒体泛醌氧化-还原复合物 I，这揭示线粒体功能低下可能在肿瘤发生过程中起重要作用。

运用蛋白质组学的研究手段，通过比较正常状态下和病理状态下的细胞或组织中，蛋白质在表达数量、表达位置和修饰状态上的差异，可以发现与病理改变有关的蛋白质和疾病特异性蛋白质。这些蛋白质，既可以为认识疾病发病机理提供线索，也可以作为疾病诊断的分子标记，还可以作为治疗和药物开发的靶点。

4. 植物的蛋白质组学研究

植物蛋白质组学研究已经在许多物种中开展。已对植物发育的不同阶段、不同器官及组织、不同细胞器及膜系统的蛋白质组变化有了较多工作，环境因子刺激下蛋白质组的变化、不同基因型的蛋白质组差异以及基因进化等方面也有较为系统的蛋白质组学研究。像在医学和微生物学中一样，蛋白质组学将很快成为植物生物学中破译基因功能和贡献于育种程序的主要途径。建立作物的蛋白质组数据库对于研究它们的生长发育机理、防治病虫害及遗传育种都有重要意义。通过蛋白质组分析也有助于确定作物优良性状基因，从而加快作物遗传育种的发展。在植物上目前的数据库主要集中在模式植物拟南芥、重要的粮食作物水稻、玉米以及松树等植物上，这些数据库都提供可以点击的双向聚丙烯酰胺凝胶电泳图像，还包括植物各器官（根、茎、叶、芽、种子）、各组织（愈伤组织、木质部、韧皮部）或基因型间多肽形式的比较。

利用蛋白质双向电泳技术对基因敲除突变体或转基因重组体与野生型个体间双向电泳蛋白图谱的差异进行对比分析，从而对目的基因功能进行研究。在植物上该技术已被用来分离新基因，如通过分析玉米 *Opaque2* 基因近等基因系之间的双向电泳图谱的差异，分离、克隆了 1 个新的转录激活因子基因。在拟南芥中双向凝胶电泳技术鉴定发育突变体，发现其中 1 个突变体中细胞分裂素过量表达。对水稻盐胁迫处理及 ABA 处理前后的双向电泳蛋白图谱进行对比分析，也同样克隆了几个与水稻耐盐性相关的胚胎晚期丰富蛋白基因（*Lea*）。

当用 2-DE 检测遗传差异时，研究者可找到足够的差异点来实现其目标。在许多情况下，获得的数据允许建立与用其他基于分子或表型特征估计的相一致的遗传距离。研究者通过用 2-DE、同工酶和 RFLP 标记对 21 个玉米近交系间的遗传多样性的研究中，从 21 个酶位点、59 个 RFLP 探针、70 个位置移动位点计算了距离，比较了 103 个蛋白的数量变异及共祖率系数的相关性。相关研究发现玉米一个定位在 10 号染色体上的干旱反应性 CG（ASR1 蛋白，ABA/水分胁迫/催熟相关蛋白）与木质部树液、ABA 含量、叶子衰老和花丝间隔（一种干旱反应性状）的 QTL、一个在干旱条件下控制 ASR1 蛋白有/无变异的主效 PQL 共定位。

关于群体遗传学研究，选择分子筛选技术分析自然群体中遗传多样性的程度和分布将依赖于许多因素是广泛接受的观点。因为每种类型的标记都具有优点和局限性，需要应用多种技术，其中包括 2-DE。这种技术的优点在于蛋白位点从基因组取样区别于许多基于 PCR 的技术，因此对于多样性问题，它提供不同水平的差异。如果一个蛋白是栽培品种（如油菜）的育种目标，而且如果编码电泳中同一蛋白的基因已经在拟南芥中测序，这可以极大地缩短建立该基因为目标农艺基因的时间。

在植物的生存环境中，一些生物和非生物因子胁迫，如病菌侵害、微生物共生或寄生、干旱、寒害、臭氧、缺氧、机械损伤等，对植物的生长发育和生存都会产生严重影响。这些胁迫可以引起大量的蛋白质在种类和表达量上的变化，而蛋白质组学研究可以使我们更好地了解胁迫的伤害机制及植物对环境的适应机制。目前利用蛋白质组技术研究了稻瘟病菌侵染过程中蛋白质组变化、作物对逆境因子（干旱、臭氧）或激发子反应的相关蛋白、豆科作物与固氮菌之间互作的蛋白质组变化、植物叶绿体类囊体蛋白和过氧化物酶体蛋白、大豆根瘤菌体蛋白质组和木霉膜蛋白等。

在植物的发育过程中，不同组织和器官在功能上的分化，也表现在不同器官蛋白质的组成和数量的差异上。研究者用 2-DE 分离了水稻根、茎、叶、种子、芽、种皮及愈伤组织等部位的蛋白质，总共得到 4892 个蛋白点，其中 3%的蛋白质得到了鉴定。有科研工作者通过分析香米和普通稻米的稻壳蛋白质组，发现谷醇溶蛋白的表达可能与水稻品种特征相关，香米中 13 000 谷醇溶蛋白多肽含量远高于普通稻米，一个富含硫的 16 000 谷醇溶蛋白多肽可作为深水水稻的特异标记。目前植物的蛋白质组学研究已经深入到亚细胞水平，研究比较多的细胞器是叶绿体和线粒体。在对豌豆（Pisum sativum）叶绿体中类囊体的蛋白质的系统分析中，61 个蛋白质得到鉴定，并确认了其中 33 个蛋白质的功能及功能结构域。有研究对纯化的水稻线粒体蛋白进行分离，鉴定了其中 149

个蛋白点，确定了 85 个蛋白的功能，包括线粒体的许多主要的功能蛋白。

随着越来越多的植物物种测序的完成和大量 ESTs 的获得，在全基因组水平上研究植物生长发育和调控的机制，并进行重要基因的大规模克隆和功能研究，已成为当今植物科学研究的重要课题和趋向。而植物蛋白质组学作为功能基因组学研究的重要支柱，也必将得到更加广泛的应用。

二、蛋白质组学的研究现状及发展趋势

（一）蛋白质组研究的现状

目前，蛋白质组学已成为重要的前沿领域之一。美国、加拿大、欧盟、日韩等国家和地区都已将蛋白质组学作为优先支持发展的领域，相继启动各具特色的大型蛋白质组学研究计划，大力推动本国蛋白质组学的发展，力图在这场新世纪最激烈的生命科学竞争中取得先机，抢占一席之地。澳大利亚的 Australian Proteme Analysis Facility (APAF)，投资 700 万美元，并建立新大楼。美国国立卫生研究院（NIH）提出的未来 15 年发展纲要——NIH 线路图（NIHRoadmap），投入了大量经费支持蛋白质组研究；美国能源部 2003 年底出炉的《美国未来二十年大型科学设施展望》明确把蛋白质组学大型设施作为其发展重点之一，资助经费在 5000 万美元以上。欧共体先期资助了酵母蛋白质组研究并取得重要进展，随后在“第六框架计划” （sixth framework programme）中将蛋白质组学研究列为优先资助的重要领域。日本启动了“蛋白质 3000 计划”(protein3000 project)，在结构蛋白质组研究项目上已经投入 7 亿美元的研究经费。许多跨国公司，尤其是制药企业和一些分析仪器公司纷纷投入巨资，加强对蛋白质组的研究，抢占蛋白质组研究相关产业的巨大市场。独立完成人类基因组测序的 Celera 公司也宣布投资上亿美元于蛋白质组学领域。总而言之，这一新兴领域已成为国家、企业等多个层次的国际性战略争夺目标。

2001 年，国际人类蛋白质组组织（human proteome organization，HUPO）成立，提出了人类蛋白质组计划（human proteome project，HPP)。人类蛋白质组计划是继人类基因组计划（human genome project，HGP）之后生命科学领域最大规模的国际性科技工程，也可能是 21 世纪第一个重大国际合作计划。由于蛋白质组研究的复杂性和艰巨性，人类蛋白质组计划将按人体组织、器官和体液分批启动的策略实施。首批行动计划包括由美国科学家牵头的人类血浆蛋白质组计划和由中国科学家牵头的人类肝脏蛋白质组计划。随后由英国科学家牵头的蛋白质组标准化计划、由德国科学家牵头的人类脑蛋白质组计划、由瑞典科学家牵头的人类抗体计划、由日本科学家牵头的糖蛋白质组计划以及由加拿大科学家牵头的人类疾病的小鼠模型蛋白质组计划相继启动。最近，HUPO 正酝酿启动重要疾病生物标志物计划，致力于利用蛋白质组学技术寻找重要疾病的生物标志物，以提高其预警、早期诊断和治疗水平。在 HPP 的起始阶段，已初步构建了人血浆、胎肝、成人肝脏蛋白质组表达谱。从 2006 年开始，HPP 进入全面发展阶段，蛋白质组表达谱的构建已经逐步由起始阶段数量上的竞争，向标准化、定量化、动态化和功能化发展，并且更加关注低丰度的蛋白质。同时，蛋白质组的修饰谱、相互作用网络以及全细胞/亚细胞的定位研究也逐步深入。

国际上有关蛋白质组的会议也很活跃，合作日渐加强。欧美以及亚太地区许多著名的研究院所和大学利用其雄厚的生命科学研究基础，都不同程度地开展蛋白质组学研究，从不同层次、不同视角对人体乃至整个动、植物和微生物进行了广泛的蛋白质组分析，在此基础上寻求物种起源和物种构成的物质基础。例如，1998 年 6 月在美国旧金山召开第二届蛋白质组会议，主要与会者除一些大学和研究所外，还有一部分来自各公司和药厂（如 Genetech Inc. 、Proteome Inc. 等)；1998 年 8 月在意大利召开第三届国

际双向电泳会议；1999 年月在日本东京召开国际电泳会议，有双向凝胶和 Proteome and Protein Database 等专题。在 HUPO 的号召和带领下，许多国家和地区相继成立了各自的蛋白质组学术组织，如亚太地区人类蛋白质组组织（AOHUPO）、北美地区人类蛋白质组组织（AHUPO）、中国人类蛋白质组组织（CNHUPO）等。目前，许多从事蛋白质组研究的科学家纷纷联合起来，达成广泛共识，有组织、有计划、分重点地全面推动和实施人类蛋白质组计划。

蛋白质组研究的速度是惊人的，新的思路和技术不断涌现。在国际上激烈的蛋白质组研究竞争中，我国面临的挑战是十分艰巨的。不过，我国对此十分重视，并且在蛋白质科学领域方面也取得过包括胰岛素人工合成等国际水平的成果，有很好的基础。在1998 年，国家自然科学基金委员会就设立了重大项目“蛋白质组学技术体系的建立”。同年，在中科院上海生化所举办了全国性的蛋白质组学术研讨会，推动了我国的蛋白质组学研究。在中国科学院生物化学研究所、军事医学科学院、复旦大学与湖南师范大学初步建立了以生物质谱为代表的技术平台，启动了蛋白质组学研究，并在国际上较早提出了功能蛋白质组学的研究策略。“十五”期间，国家“973”项目“人类重大疾病的蛋白质组学研究”、国家科技攻关项目“人类重大疾病与重要生理功能相关的蛋白质组学研究”、国家“863”项目“蛋白质组研究技术平台的建立及其在癌症研究中的应用”和“蛋白质组技术平台的建立及其在肿瘤泛素通路研究中的应用”以及北京市重大科技项目“肝脏及重大肝病的蛋白质组学研究”等项目相继启动。这些项目针对严重影响我国人民健康的重大疾病和重要生命科学问题开展了系统的蛋白质组研究。中国科学家团队于 2002 年在国际上率先提出了“人类肝脏蛋白质组计划”（Human Liver Proteome Project，HLPP)，对人类疾病（如肝病特别是肝炎和肝癌疾病）的研究给予了高度的关注，这些研究从一个侧面揭示了疾病发生和发展的机制以及疾病防、诊、治的分子标记物和药物靶标，并提出了蛋白质组“两谱（表达谱、修饰谱)、两图（连锁图和定位图)、三库（样本库、抗体库和数据库)”的科学目标，获得国际学术同行的认同与响应。这是第一个人体组织/器官的蛋白质组研究计划。HLPP 一经提出就引起全球蛋白质组学领域科学家的高度关注，目前报名参与该研究项目的国家有中国、美国、法国、加拿大等 18 个国家和地区的 100 多家实验室。Nature、Science 和 Nature Biotechnology 等杂志相继高度评价了此项计划。2004 年，国家科技部启动了“中国人类肝脏蛋白质组计划”重大专项，国内 70 余家实验室共同参与了该计划。在我国中长期科技发展规划中，蛋白质组研究作为“蛋白质研究计划”的一项核心内容，已明确被列为我国重要的战略发展领域之一。

我国“蛋白质组研究计划”应关注的重点基础科学问题包括：①“人类基因组”、“水稻基因组”等的系统注解、破译，对应蛋白质组的建立，绘制其蛋白质“全组分谱”等；②对人类、水稻等重要生物蛋白质作用网络及重要病原体与宿主相互作用网络等的结构及其组装、迁移、识别、调控规律的系统揭示；③对具重要生理功能或重大病理意义的微生物、细胞、组织器官、系统中，蛋白质组及蛋白质作用网络的生物学功能的认识；④生物信息学等系统生物学理论与技术体系的建立；⑤人类重大疾病、作物重要农艺性状与重要微生物等的分子标志及药物、疫苗、诊断与作物、工业微生物改良等系列靶标的规模筛查与确认；⑥突破制约蛋白质科学发展的技术瓶颈，培育一批生产尖端蛋白质组研究设备与产品并能占领国际市场的高技术企业。

蛋白质组学作为功能基因组学研究的支柱和国际生物科技的战略制高点之一，其发展关系到未来生物技术及其相关产业的发展空间和市场份额，日益受到各国的普遍关注，是各主要发达国家和跨国公司竞相投入的热点。由于蛋白质组学的发展蕴藏着巨大的商机，使蛋白质组学研究不同于以往任何一个科学命题的研究，它已远远超出了科学家们的实验室范畴，而向整个生物技术产业渗透，并引发了相关产业的发展。各国政府的高度重视和一些大规模研发机构的加入，短短十几年间使蛋白质组研究在全世界范围内如火如荼地开展起来。蛋白质组学研究的产业化和国际化特点也必将使其具有更加广阔的发展空间。

（二）存在问题和发展趋势

在发展迅速的蛋白质组学研究领域，尽管已取得一系列可喜成绩，但是，困难与挑战并存的。以肝脏疾病为例，由于肝脏疾病问题的复杂性和目前研究手段的不够完善，科学家发现，不同实验室用蛋白质组学技术寻找到的肝脏疾病的分子标记物和药物靶标还有较大的差异；同时，用蛋白质组学技术发现的分子标记物和药物靶标，和用基因组学技术和转录组学技术发现的也有较大的离散性。直到现在，国内外科学家对这种离散性尚没有一个很好的解释。目前科学家发现，现有的技术只能分析和鉴定约1/3的高丰度和中丰度蛋白质。高丰度背景下的低丰度蛋白质的高效分离与富集和特效鉴定与分析问题、规模化蛋白质后修饰谱的选择性鉴定和结构分析问题、通量化蛋白质相互作用和连锁图以及功能验证等研究问题仍然是一个艰巨的任务。蛋白质组学研究技术上始终存在突出的难点包括对微量蛋白的检测、对大量获得初步鉴定的蛋白在生物学上的确认等，而对生物活性小肽和不同转录物的检测等，则是该技术所面临的新挑战。

蛋白质组学的发展虽然受技术所推动，同时也受技术限制。蛋白质组学研究成功与否，很大程度上取决于其技术方法水平的高低。蛋白质研究技术远比基因研究技术复杂和困难。不仅氨基酸残基种类远多于核苷酸残基（20/4），而且蛋白质有着复杂的翻译后修饰，如磷酸化和糖基化等，给分离和分析蛋白质带来很多困难。此外，通过表达载体进行蛋白质的体外扩增和纯化也并非易事，从而难以制备大量的蛋白质。蛋白质组学的兴起对技术有了新的需求和挑战。蛋白质组学研究实质上是在细胞水平上对蛋白质进行大规模的平行分离和分析，往往要同时处理成千上万种蛋白质。因此，发展高通量、高灵敏度、高准确性的研究技术平台是现在乃至相当一段时间内蛋白质组学研究中的主要任务。

另外，重大疾病发生发展的蛋白质组学研究方面尚未形成系统。在疾病发生发展的病理生理机制方面，尚缺乏对疾病相关蛋白质的功能群分析和对疾病发展不同阶段蛋白质表达变化规律的关注，因此为其病理生理机制的阐明所提供的信息还不够充分。在疾病分子标志物的发现与确证方面，尽管已获得大量可能的疾病标志物候选蛋白质，但由于缺乏大人群、大样本的验证，因而尚未真正广泛应用于临床的预警和诊断。在疾病蛋白质组学的研究策略方面，现有研究往往集中于一大类疾病中的一个或少数几个病种，或者其研究对象仅仅在疾病中晚期阶段某一种临床表型状态下研究其发生与转变的生物学基础，至今还没有成熟的研究策略对一大类疾病或不同疾病之间的发生发展与转变规律的蛋白质基础进行综合分析，因此难以比较疾病的共性和个性发展规律，发现疾病特异性标志蛋白。

近两年来蛋白质组研究技术已被应用到各种生命科学领域，如细胞生物学、神经生物学等。在研究对象上，覆盖了原核微生物、真核微生物、植物和动物等范围，涉及到各种重要的生物学现象，如信号转导、细胞分化、蛋白质折叠等。在未来的发展中，蛋白质组学的研究领域将更加广泛。在技术发展方面，蛋白质组学的研究方法出现多种技术并存，各有优势和局限的特点，但难以像基因组研究一样形成比较一致的方法。除了发展新方法外，更强调各种方法间的整合和互补，以适应不同蛋白质的不同特征。另外，蛋白质组学与其他学科的交叉也将日益显著和重要，这种交叉是新技术新方法的活水之源，特别是，蛋白质组学与其他大规模科学，如基因组学、生物信息学等领域的交叉，所呈现出的系统生物学（system biology）研究模式，将成为未来生命科学最令人激动的新前沿。

随着技术和方法的不断创新与发展，蛋白质组学研究必将在揭示诸如生长、发育和代谢调控等生命活动规律上有所突破，最终也将成为人类重大疾病机制阐明和诊断、防治中的有力武器。病原体基因组和蛋白质组的研究，将为开发新的抗菌素提供理论依据。在恶性肿瘤方面，它从蛋白质整体水平上研究恶性肿瘤的发病机制，从而使攻克癌症这一难关成为可能。在对癌症、早老性痴呆等人类重大疾病的临床诊断和治疗方面蛋白质组技术也有十分诱人的前景。在农业上，育种也将从现在的通过个别基因的转移改进个别性能，到使整体性能达到改善。在新药的开发上，蛋白质组学将成为寻找疾病分子标记和药物靶标最有效的方法之一。它作为好的指导思想，可以加快药物专一作用靶点的探测速度，增加新药临床试验通过率。而且，目前数十种蛋白质芯片系统的问世，也为蛋白质组学研究提供了强有力的手段。可以预期，作为一门新兴学科，蛋白质组学给人类展示了一幅美好的前景，这必将有利于人类生活质量水平的提高和人类寿命的延长。

思考题

1. 简述蛋白质组学的产生过程。
2. 简述蛋白质组及蛋白质组学的概念。
3. 人类基因组计划的提出及其意义是什么?
4. 简述蛋白质丰度的定义?
5. 什么是蛋白质组的动态性与时空性?
6. 蛋白质组学研究的技术方法主要有哪些?
7. 常用的质谱分析技术有哪几种?
8. 列举并详细说明三种研究蛋白质相互作用的方法。
9. 简述目前蛋白质组研究中存在的问题，并思考如何解决。

第十章　蛋白质工程的应用

蛋白质工程是在基因重组技术、生物化学、分子生物学、分子遗传学等学科的基础之上，融合了蛋白质晶体学、蛋白质动力学、蛋白质化学和计算机辅助设计等多学科而发展起来的综合性研究领域。蛋白质工程的出现，为认识和改造蛋白质分子提供了强有力的手段，在揭示蛋白质结构形成和功能表达的关系研究中发挥了重要作用。它不仅可以带动生物技术进一步发展，还可以推动与人类生产、生活关系密切的相关学科的发展。已有研究表明，蛋白质工程在医药、工业、农业等各行各业中均具有广阔的应用前景。随着蛋白质工程研究对象的扩大和技术的成熟，其应用领域也将不断拓宽。本章以抗体工程、酶及抗体酶为例介绍蛋白质工程的应用情况。

第一节　抗 体 工 程

一、概述

抗体（antibody）是抗原刺激人或动物机体的免疫系统后，由B淋巴细胞转化为浆细胞产生的、能与抗原特异性结合的免疫球蛋白。抗体可与细菌、病毒或毒素等抗原结合，并通过特定的方式清除异物，如直接使抗原失活、介导免疫效应细胞（巨噬细胞等）吞噬抗原抗体复合物、使抗原易于受补体破坏等。

抗体工程（antibody engineering）是通过对抗体分子结构和功能关系的研究，有计划地对抗体蛋白序列进行改造，改善抗体某些功能的技术。抗体工程技术随着现代生物技术发展而逐渐完善，并且是生物技术产业化的主力军，尤其在生物技术制药领域中占有重要地位。抗体药物以其对人体毒副作用小、天然和高度特异性的疗效，越来越显示其优势，并且创造出巨大的社会效益和经济效益。抗体药物的研究，其当前发展主要包括：研究与应用新分子靶点、抗体的人源化、抗体药物的高效化、抗体药物分子的小型化，以及研究具有抗体功能的融合蛋白。

二、抗体的结构与分类

自然界的抗体多种多样，但是其结构基本上是一样的，都是由两条轻链和两条重链，借二硫键连接在一起。抗体技术的发展分三个阶段：第一阶段是以1890年以用抗原免疫动物获得多克隆抗体为特点；第二阶段是1975年以杂交瘤技术制备单克隆抗体为特点；第三阶段是以基因工程方法制备抗体为特点。

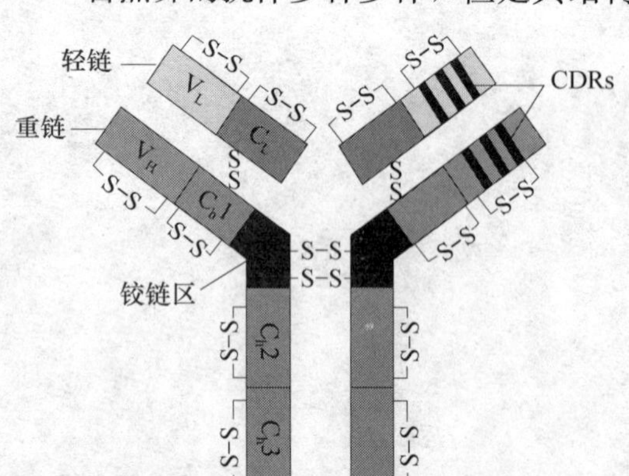

图10-1　抗体分子结构示意图

（一）抗体的结构

抗体分子是由二硫键连接的两条相同的重链（heavy chain，H链）和两条相同的轻链（light chain，L链）组成的四链结构，称抗体分子的单体（图10-1）。

1. 重链和轻链

重链由450～550个氨基酸组成，相对分子质量约为50 000～70 000，有4～5对链内二硫键。轻链由214个氨基酸组成，相对分子质量约为25 000，有两对链内二硫键。

2. 可变区和恒定区

(1) 可变区。可变区（variable region，V区）是因为此部分的氨基酸易变而得名，是抗体多样性的物质基础。重链可变区（V_H区）为重链N端约110个氨基酸残基组成的区域，轻链可变区（V_L区）位于轻链N端约100个氨基酸残基区域。根据氨基酸变异频率，可变区又分为高变区（HVR）和骨架区（FR），V_H和V_L各有3个高变区，这6个高变区形成与抗原互补的结构，因此高变区又称为互补性决定区（CDR）。

(2) 恒定区。恒定区（constant region，C区）是氨基酸序列相对稳定保守的区域。重链C区（C_H区）位于重链C端340～440个氨基酸组成的区域，轻链C区（C_L区）位于轻链C端约105个氨基酸的区域。

抗体分子的H链和L链通过链内二硫键将每条肽链折叠成几个球形结构，每个球形结构约由110个氨基酸组成。各区主要功能如下：①V_H和V_L是抗原特异性结合部位；②C_H1～C_H3和C_L为抗体分子遗传标志所在部位；③IgG的C_H2和IgM的C_H3是补体C1q结合部位，参与补体激活；④IgG的C_H3、C_H4和IgE的C_H2、C_H3有亲细胞活性，能与组织细胞表面的受体结合。介于C_H1和C_H2功能区之间的区域为铰链区（hinge region），该区含有较多的脯氨酸，富有弹性，可使V区合拢或张开，利于抗原抗体的结合，也可展开以暴露补体结合位点，利于补体的活化。不过，此部位对蛋白酶很敏感，经蛋白酶处理，多在该处被切断。

木瓜蛋白酶（papain）可将抗体断裂为2个相同的结合抗原的Fab片段和1个可结晶的Fc片段。每个Fab片段包括1条完整的轻链和重链的V_H与C_H1，每个Fab片段只能与1个抗原决定簇结合。Fc片段能与效应分子和效应细胞相互作用，能激活补体，并能与细菌蛋白（如蛋白A和G）结合。

胃蛋白酶（pepsin）可水解抗体形成1个$F(ab')_2$片段，它由2个Fab片段和由二硫键连接的重链的一部分组成，能与2个相同的抗原决定簇结合；其Fc被裂解为失去生物活性的小分子片段（图10-2）。

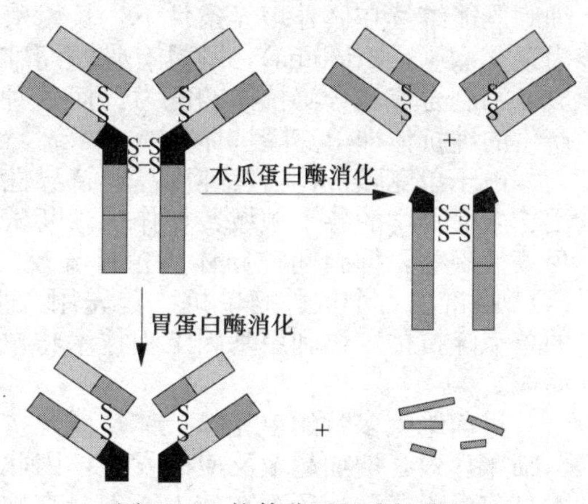

图10-2　抗体分子的酶解片段

（二）抗体的分类

1890年德国学者Von Behring证明免疫动物的血清中存在抗毒素（抗体）。随后又相继发现了凝集素、沉淀素、溶血素、溶菌素和补体结合素等。Kohler和Milstein于1975年用杂交瘤技术成功研制出单克隆抗体。随后，越来越多的研究改造抗体，产生了基因工程抗体、人源化抗体、小分子抗体、胞内抗体等。抗体库技术和噬菌体展示系统技术的创建是抗体技术的又一次革命性的进展。现在通常根据抗体的制备方法和技术，将抗体分为多克隆抗体、单克隆抗体和基因工程抗体三类。

1. 多克隆抗体

传统的抗体制备的方法是将天然抗原经过各种途径免疫动物，因为抗原性物质具有多种抗原决定簇，所以刺激机体产生了多种 B 细胞克隆针对不同抗原决定簇产生的混合抗体，并合成和分泌各抗体到血清和体液中，这种用体内免疫法所获得的免疫血清为多克隆抗体（polyclonal antibody）。此技术经过长期的实践，已发展相当的成熟。在免疫学诊断中，如对血型和组织抗原的鉴定有着非常重要意义，现在也仍然在基础研究和体外诊断方面进行广泛应用。多克隆抗体也可研究并开发成抗体药物。例如，Thymoglobulin（兔抗胸腺细胞球蛋白）是美国 Sangstat 公司的产品，是用人的胸腺细胞免疫家兔后纯化其中的免疫球蛋白得到的多抗药物。美国 FDA 先后批准了 Thymoglobulin 用于治疗肾移植手术的急性排异反应，和作为脊髓发育不良综合征（Myelody-splastic-Syndrome，MDS）（又名“前白血病”，主要表现为骨髓功能异常，无法产生足量的正常血细胞）的指定用药。2002 年，该药在加拿大也获准使用。

2. 单克隆抗体

一种抗原往往具有多种不同的抗原决定簇，每种决定簇都可刺激机体产生一种特异性抗体。B 细胞是抗体形成细胞，每种抗体形成细胞只识别其相应的抗原决定簇，当抗原刺激后可增殖分化为一种细胞群，这种由单一细胞增殖形成的细胞群体为细胞克隆（cell clone）。同一克隆的细胞可合成和分泌在理化性质、分子结构、遗传标记及生物学特性等方面都完全相同的均一性抗体，称为单克隆抗体（monoclonal Ab，McAb）。体内免疫法很难获得单克隆抗体。1975 年德国学者 Kohler 和英国学者 Milstein 在用小鼠骨髓瘤细胞和经绵羊红细胞免疫的小鼠脾细胞于体外进行细胞融合后发现，形成的杂交细胞既能继续在体外培养条件下生长繁殖又能分泌抗绵羊红细胞抗体。这种杂交细胞系为杂交瘤（hybridoma），既具有骨髓瘤细胞能大量无限生长繁殖的特性，又具有抗体形成、细胞合成和分泌抗体的能力。而这种由 B 细胞杂交瘤细胞株针对一个抗原决定簇产生的纯抗体即单克隆抗体。

由于单克隆抗体具有纯度高、特异性强、效价高、少有交叉反应的优点，已经广泛用于生命科学的各个领域，如作为诊断试剂用于许多血清学检测，用于治疗肿瘤、自身免疫性疾病，抑制同种异体移植排异反应等。例如，利妥西单抗（rituximab）是美国 FDA 批准的首个抗肿瘤单抗。首先用人 B 淋巴细胞免疫小鼠，然后筛选鼠源抗 CD20 的单克隆抗体，再利用基因工程技术将鼠源 CD20 抗体的可变区与人 IgG1 恒定区连接而成。

目前绝大多数的单克隆抗体是鼠源抗体，临床重复给药时人体会产生抗鼠抗体，减弱临床疗效，增加超敏反应的发生，因此必须制备人源的单克隆抗体。人-人杂交瘤技术目前尚未突破，还存在着人-人杂交瘤体外传代不稳定、抗体亲和力低、产量低等多种问题。现在解决抗体人源化问题主要是通过基因工程技术，正如上文举例。基因工程抗体具有非常广泛的应用前景，并且随着技术的不断发展，又产生一些新型的或特殊类型的抗体分子，包括单价小分子抗体（Fab、单链抗体、单域抗体、超变区多肽等）、多价小分子抗体（双链抗体、三链抗体、微型抗体）、其他特殊类型抗体（双特异抗体、抗原化抗体、细胞内抗体、催化抗体、免疫脂质体）及抗体融合蛋白（免疫毒素、免疫粘连素）等。鉴于基因工程抗体的多样性和重要性，下文将对基因工程抗体进行详细介绍。

3. 基因工程抗体

基因工程抗体（genetically engineering antibody）是指利用基因重组技术对编码抗体的基因按不同需求进行加工改造和重新装配，引入适当的受体细胞，由其表达生产出的预期的抗体分子，又称重组抗体。1984 年 Morrison 等将鼠单抗可变区的编码序列与人 IgG 恒定区的编码序列连接在一起，成功构建了第一个基因工程抗体，即人-鼠嵌合抗体（human-mouse chimeric antibody）。此后，各种基因工程抗体大量涌现。

目前报道的基因工程抗体很多，大体可以分为三类：嵌合抗体（chimeric antibody）、人源化抗体（humanized antibody）和小分子抗体（small molecular antibody）。

（1）人-鼠嵌合抗体。在基因水平上将鼠源单克隆抗体的可变区和人抗体的恒定区连接起来，并在合适的宿主细胞中表达的抗体，称为人-鼠嵌合抗体。在嵌合抗体中，编码可变区的基因序列来源于小鼠，而编码恒定区的基因序列则来源于人，即有近 80%的成分是人源性的。嵌合抗体用于人体所产生的人抗鼠抗体，即 HAMA 反应比鼠源单抗明显减小。同时，人源的恒定区可更有效地介导人体内的 CDC（依赖于补体的细胞毒性）和 ADCC 等免疫效应。

（2）鼠单抗可变区人源化抗体。嵌合抗体虽然在很大程度上减弱了人抗鼠抗体（HAMA）反应，但仍不能完全消除 HAMA，尤其是针对可变区的抗独特型抗体反应仍然存在，鼠单抗可变区的人源化技术应运而生。人源化抗体包括改形抗体和镶面抗体两大类：①改形抗体。抗体与抗原结合的特异性和亲和力主要由位于重链和轻链可变区的 6 个 CDR 区决定，可变区的其他部分作为骨架主要起支持 CDR 的作用，与抗体功能无关，它们的氨基酸组成和立体结构都很保守，是鼠源单抗可变区免疫原性的主要来源。因此，若将人单抗的 CDR 区替换为鼠单抗的相应区域，就能使人单抗获得同鼠单抗一样的抗原特异性，并且可以最大限度地降低抗体的异源性，这种抗体称为改形抗体（reshaped antibody），也叫 CDR 移植抗体（CDR grafting antibody）。迄今为止，通过 CDR 移植已得到了 100 多种可变区人源化的鼠单克隆抗体，其中 40 多种用于抗肿瘤、抗病毒以及免疫抑制的临床实验；②镶面抗体。将骨架区中暴露的氨基酸残基替换为人单抗可变区相应的氨基酸残基，就可使鼠单抗可变区人源化，这种抗体称为镶面抗体（resurfacing antibody）。镶面抗体保留了亲本鼠单抗可变区中互补决定簇（CDR），不影响原有特异性，又消除了异源性，同时保留了可变区的整体空间结构，可基本保持原有的亲和力。

（3）小分子抗体。人们基于抗体分子的抗原结合部位仅局限于可变区这一事实，构建了许多形式的分子质量较小的抗体片段，统称为小分子抗体（表 10-1）。

表 10-1　小分子抗体的种类及组成

种　类	组　成
Fab 片段	V_H、C_H1、一条完整的轻链
重组 Fab 片段	V_H、C_H1、一条完整的轻链，其中 C_H1 与 C_L 为人源
Fv	V_H、V_L，二者通过非共价键连接
单链抗体 scFv	由短肽连接的 V_H 和 V_L 形成的抗体，为一单链分子
单域抗体	由单个 V_H 或单个 V_L 组成
最小识别单位	单独的 CDR

小分子抗体，尤其是单链抗体及其衍生物的研究和应用是目前的研究热点，在肿瘤的临床诊断和治疗方面显示了巨大的潜力。单链抗体是在 DNA 水平上将轻、重链可变区基因用一段适当的寡核苷酸链连接起来，使之在适当的生物体中表达成为一条单一的肽链。单链抗体比完整抗体具有更大的优越性：在大肠杆菌等原核细胞表达体系中表

达，成本较低又可获得较大产量；分子质量小，实体组织穿透力强于完整抗体，而抗原结合活性相同；无蛋白结晶片段（Fc），不与非靶细胞的Fc受体结合因此易于穿过血管壁或组织屏障进入实体瘤周转的微循环，特异性佳，有利于对肿瘤的治疗；N端或C端易与其他分子（如酶、毒素、细胞因子等）拼接融合，表达的重组蛋白既不影响单链抗体的抗原结合能力，也不影响融合蛋白质的生物学特性。因此，单链抗体用于肿瘤治疗和诊断主要有重组免疫毒素、单链抗体-细胞因子融合蛋白、抗体导向酶-前体药物治疗、放射免疫诊断及治疗等几种方式。

三、抗体融合蛋白

将抗体分子（或片段）与其他效应分子连接，可以产生具有新生物学活性的杂合分子（hybrid molecule），即免疫导向分子。借助于抗体对靶抗原的高度特异性，可将连接的融合蛋白的生物学活性导向至特定的靶部位，更有效地发挥其生物学功能，减轻对非靶部位组织的毒副作用。因此，基于抗体的免疫导向融和蛋白在临床治疗中有良好的应用前景。此处以毒素、酶、细胞因子为例介绍此类分子。

（一）免疫毒素

免疫毒素（Immunotoxins，ITs）是运用蛋白质工程技术设计、构建，将一种毒素肽与对靶细胞具有高度特异性的抗体连接起来的融合蛋白。免疫毒素通过抗体部分靶向结构域的特异结合功能使毒素传递到靶细胞并与之作用进而杀死靶细胞。早期的免疫毒素是由无修饰的生物毒素和鼠源抗体连接而成，由于非人源的毒素和鼠源抗体导致免疫排斥反应，再加上低亲和力和无靶向特异性，使免疫毒素无法在临床中得到应用。随着技术的发展，新型的免疫毒素是将毒素肽和细胞选择性靶向的抗体都进行改造，再用工程菌高效表达，得到重组免疫毒素。这种重组免疫毒素的分子质量显著降低，在体内对实体瘤的渗透能力显著加强，毒副作用减小，而且可以利用重组蛋白表达技术大量生产。目前在这方面的研究非常活跃，已有许多这类免疫毒素的报道。

1. 毒素

常用的用于构建免疫毒素的毒素分子包括：细菌毒素，如白喉毒素（diphtheria toxin，DT）、绿脓杆菌外毒素（*Pseudomonas* exotoxin，PE）；植物来源的核糖体失活蛋白（ribosome inactivating protein，RIP），如蓖麻毒素（ricin）、天花粉蛋白（trichosanthin）等；真菌毒素，如从不同霉菌中分离到的蛋白毒素 α-sarcin、restrictocin（Res）、mitogillin（Mit）等。

细菌毒素的作用位点主要为延长因子2（elongation factor-2，EF-2）和腺苷酸环化酶。白喉毒素和绿脓杆菌外毒素具有ADP-核糖转移酶活性，可以使EF-2发生二磷酸腺嘌呤核糖基化（ADP-ribosylation），直接导致EF-2失去功效。据推算，一个毒素分子每分钟可以催化2000个EF-2分子的ADP-核糖基化，因此理论上只要有一个毒素分子进入细胞就可导致细胞死亡。

植物毒素的A链或植物RIP通常具有*N*-糖苷酶的活性，可催化核糖体组成成分28S RNA的特定位点脱嘌呤，从而使核糖体60S亚基失活。理论上，一个A链分子或RIP每分钟可以使1500个核糖体失活，从而抑制蛋白质合成，最终导致细胞死亡。

真菌毒素均有特异的核酸内切酶活性，可以催化水解28S RNA 3′端的单个磷酸酯键，导致核糖体60S亚基失活，抑制蛋白质合成，从而导致细胞死亡。

目前出现的新的生物毒素，是经过修饰后降低了免疫原性的毒素，如用聚乙烯乙二醇修饰的毒素、人源化毒素等。例如，蓖麻毒素A能引发血管渗漏综合征，原因是该毒素分子有一个与血管内皮细胞结合的三氨基酸结构域位点，引导了蓖麻毒素 A 与内皮细胞的结合，从而导致毒性。将该结构域突变，使其与内皮细胞结合能力下降，则毒性也明显下降（Smallshaw et al.，2003）。

2. 重组抗体片段

重组免疫毒素中抗体部分必须能与靶细胞表面受体选择性结合，并且能够介导毒素分子转运至胞内。如前所述，小分子抗体既保留了与特异性抗原结合的能力，又因其分子质量小能很好地被靶部位摄取，适于构建重组免疫毒素，因此抗体的改造主要在于降低免疫原性、提高亲和力和增强实体肿瘤渗入率等，包括使用小分子抗体、人源化抗体等。

3. 几类重组免疫毒素

目前已有多种免疫毒素进入临床试验阶段，如针对血液肿瘤的靶向 IL-2 受体的免疫毒素 Anti-Tac（Fv）-PE38（LMB-2）、靶向 CD22 的免疫毒素 RFB4（dsFv）-PE38、用于治疗实体瘤的抗 Lewis Y 和抗 Her2/neu 重组免疫毒素等。

Di Paolo 等（2003）将抗上皮细胞粘附因子的 scFv 与假单胞外毒素 A 偶联，重组毒素经动物实验证实对结肠癌有明显抑制效果。mAbB3 是一类糖类抗原的鼠源抗体，能特异性识别肿瘤相关抗原及细胞表面特异性抗原，并且只与极少数正常细胞发生作用，因而是一种理想的进行肿瘤导向治疗的抗体。有研究者构建了源于 mAb B3 的二硫键稳定单链抗体（B3 dsscFv），与改造后的假单孢菌外毒素 PE 38 基因进行了融合表达，所获得的 B3dsscFv-PE38 免疫毒素具备导向和杀伤肿瘤细胞的双重功能和良好的稳定性，为研制有效的肿瘤免疫治疗靶向药物奠定了一定的基础。

动物核酸酶在细胞内能有效降解 RNA 和 DNA，从而导致细胞死亡。将核酸酶与单抗片段融合，可以特异性靶向至肿瘤细胞，通过内吞作用进入细胞内发挥细胞毒效应，这种作用方式类似于免疫毒素，所以此类融合蛋白也归于免疫毒素。

研究者构建了二硫键稳定的人源化抗肝癌单链抗体（hdsFv）与牛蛙核糖核酸酶（RC-RNase）重组免疫毒素（hdsFv-RC-RNase），并观察了该重组免疫毒素对裸鼠移植瘤生长的抑制作用。结果显示，hdsFv-RC-RNase 治疗组裸鼠移植瘤的生长速度较对照组和抗癌药盐酸多柔比星治疗组显著减慢，肿瘤体积和瘤质量明显减小，差异具有统计学意义。光学显微镜下观察 hdsFv-RC-RNase 组和盐酸多柔比星组肿瘤组织出现明显坏死，尤以前者更为显著，实验组裸鼠重要器官未见明显异常。研究表明 hdsFv-RC-RNase 重组免疫毒素对肝癌裸鼠移植瘤生长具有良好的抑制作用。

除上边提到的几种重组免疫毒素外，还有多种重组免疫毒素正处于实验室研究及临床试验阶段，表 10-2 列出了其中的几种。

表 10-2　处于实验室研究及临床试验阶段的几种重组免疫毒素

抗　体	效应分子	疾　病
Rituximab	Allicin，大蒜素	白血病
抗 CD22 Fv	PE38，假单孢菌外毒素 PE 38	白血病
scFv	ETA，绿脓杆菌外毒素	前列腺癌
抗 MAGE-A1 Fv	Abrin-A，相思子毒素 A 链	肝癌
hdsFv	RC-RNase，牛蛙核糖核酸酶	肝癌
hdsFv	hEDN，人嗜酸细胞神经毒素	肝癌
BDI-1	PEA，绿脓杆菌外毒素	膀胱癌

（二）基因工程抗体-酶融合蛋白

采用基因工程技术将基因工程抗体（片段）与酶构建成融合蛋白，可以将酶的催化效应靶向至特定的部位发挥作用。抗体介导的酶-前药疗法（antibody directed enzyme prodrug therapy，ADEPT），是指将单克隆抗体（或片段）与特定的酶制备成融合蛋白，借助抗体识别肿瘤细胞表面抗原的特性，将酶带至靶部位，某些无抗癌活性或低活性的前药在酶的催化下转化为细胞毒性药物，实现抗癌药物在靶部位的特异性释放、活化，从而提高疗效。

ADEPT 治疗策略可以显著降低药物毒性，提高肿瘤部位的药物浓度，而且具有旁观者效应，能杀伤肿瘤细胞附近的非肿瘤细胞，表现出更强的肿瘤杀伤作用。

1. ADEPT 体系中的抗体

用于 ADEPT 体系的理想抗体应满足以下几方面：①抗体与肿瘤组织亲和力较高；②抗体不结合正常组织或结合很弱；③抗体与抗原的结合不受酶结合的影响；④抗体与酶结合不影响酶的活性；⑤抗体的免疫原性较低等。

2. DEPT 体系中的酶

ADEPT 体系中的酶通过与特异性抗体偶联被带至其发挥作用的靶部位，催化无毒性的前药转化为活性药物，从而实现对肿瘤细胞的选择性杀伤作用。所使用的酶必须具有以下特点：催化效率高；催化特性不同于内源性酶；稳定性好及结合抗体后酶活性不受影响。用于 ADEPT 体系的酶大体可分为三类（表 10-3）。

表 10-3 用于 ADEPT 体系的酶

来 源	用于和抗体偶联的酶
非哺乳动物来源（无哺乳动物同源性）	羧肽酶 G2（CPG2）、胞嘧啶脱氨酶（CD）、β-内酰胺酶（β-L）、青霉素 G 氨基化酶（PGA）、青霉素 V 氨基化酶（PVA）
非哺乳动物来源（具哺乳动物同源性）	β-葡苷酸酶（β-G）、羧肽酶 A（CPA）、硝基还原酶（NR）
哺乳动物来源	碱性磷酸酶（AP）、α-半乳糖苷酶（α-g）

3. 几类 ADEPT 体系

目前，相关研究者已经建立了多种 ADEPT 体系，几乎涉及到各种肿瘤，其中有的已经进入临床实验阶段。表 10-4 列出了几种 ADEPT 体系。

表 10-4 几类 ADEPT 体系

抗 体	靶抗原	活化酶	前 药	肿瘤特异性
W14	β-hCG	CPG_2	苯甲酸氮芥谷氨酰胺衍生物	绒毛膜上皮癌
A5B7	CEA	CPG_2	ZD2767	结肠癌
KS1/4	肺癌相关抗原	CPA	甲氨喋呤-α-丙氨酸	肺腺癌
		PGA	对羟苯乙酰阿霉素	
L6	肺癌相关抗原	CD	5-氟胞嘧啶	肺腺癌
		β-L	头孢菌素氮芥	

有研究者将抗肿瘤上皮细胞黏附分子的 scFv 与药物前体酶 β-葡糖醛酸酶构成融合蛋白 scFv-β-葡糖醛酸酶，可使无毒性的阿霉素前体药物在肿瘤部位转变为有毒性的抗肿瘤药物，从而使抗癌药物的系统毒性降低。研究者利用细胞毒性淋巴细胞丝氨酸蛋白

酶B能有效地诱导细胞凋亡，将其与抗癌基因 *ErbB2* 的 scFv 构成融合蛋白，将该融合蛋白分别与表达、不表达该癌基因的细胞孵育，生长抑制实验表明融合蛋白通过 scFv 靶向作用结合到表达该癌基因的肿瘤细胞，被细胞内吞后，选择性地快速杀死肿瘤细胞。

Ⅳ型胶原酶可以降解基膜和细胞外基质，在肿瘤侵袭、转移和血管生成中起重要作用，可作为肿瘤治疗的潜在靶点。近年来人们设计了多种 MMP 抑制剂来阻止肿瘤生长和转移。MAb 3G11 是鼠源抗Ⅳ型胶原酶单克隆抗体，它能够与Ⅳ型胶原酶特异性结合并中和其活性，并在肿瘤组织富集，与药物的偶联物在小鼠肿瘤模型中表现出较好的疗效。3G11 的 Fab′片段与药物的免疫偶联物在小鼠肿瘤模型中也显示出了确切的疗效（Huang et al.，2005）。研究者以 IV 型胶原酶为靶点，以单域抗体为载体，以力达霉素（LDM）为“弹头”，采用 DNA 重组与分子组装相结合的方法，制备抗 IV 型胶原酶单抗 3G11 的轻链可变区单域抗体 VL 与 LDM 的基因工程强化融合蛋白 VL-LDP-AE。结果表明，VL-LDP-AE 对体外培养的肿瘤细胞有强烈杀伤作用，还可抑制鸡胚尿囊膜新生血管的生成。动物实验证实对小鼠移植性肝癌 22（H22）的抑癌率为 89.5%。

（三）基因工程抗体-细胞因子融合蛋白

细胞因子（cytokines）主要介导和调节免疫应答和炎症反应，因此对大部分免疫细胞，如单核细胞、巨噬细胞、T 细胞和 B 细胞等均有刺激作用。细胞因子治疗可以使某些没有免疫原性的肿瘤产生免疫原性，激活保护性免疫反应。然而由于这种免疫反应是非特异的，常产生全身毒性，导致严重的毒副作用。若细胞因子能在肿瘤部位聚集，仅局限作用于肿瘤部位，其毒副作用将大大减低甚至消失。采用抗体介导的细胞因子靶向治疗可以达到这一目的。

常用的细胞因子有 IL-2、GM-CSF、IL-12 和 B7 等。融合的抗体可以是全长型抗体或单链抗体。抗体一细胞因子融合蛋白作为一种新型的肿瘤免疫治疗药物，其抗体功能域可引导细胞因子聚集在肿瘤组织，然后细胞因子部分可直接抑制肿瘤细胞活性，并诱导二次免疫应答，多重作用的相加使抗体-细胞因子融合蛋白对肿瘤的抑制作用大大强于单独使用抗体或细胞因子。由于全长型抗体的 Fc 上存在两个效应细胞结合位点，功能更加强大，其中一个位点和细胞因子结合，激活效应细胞，另一个位点则与 FcγR 结合，引发抗体依赖细胞的细胞毒作用（Antibody-dependent cellular cytotoxicity，ADCC)。这些融合蛋白在小鼠模型上显示出非常有效的抗肿瘤活性，暗示此类蛋白分子对人类肿瘤的治疗有积极作用。

Deng 等（2003）将抗 HER2-scFv、人 IgG1 的 Fc 段和 IL-2 基因片段连接，并在 CHO 细胞中成功表达。该融合蛋白既能与肿瘤细胞表面 HER2 胞外区特异性结合介导 ADCC 作用，又具有 IL-2 的生物学活性，靶向促进免疫效应细胞增殖，提高 NK 细胞杀伤活性，增强抗肿瘤效应。Shahied 等（2004）有研究者构建的融合蛋白有 2 个抗原结合位点，一个可与肿瘤细胞 HER2 胞外区特异性结合，另一个可与 NK 细胞、吞噬细胞、中性粒细胞表面的 CD16（FcγRIII）特异性结合。体外实验证实，该融合蛋白可促进效应细胞对肿瘤细胞的吞噬作用和 ADCC 作用。

研究者将抗卵巢癌单链抗体 183B2scFv 与细胞因子 IL-2 构建成抗卵巢癌单链免疫细胞因子 IL-2/183B2scFv，并在 CHO 细胞内表达出可溶性融合蛋白。融合蛋白能与卵巢癌相关抗原 OC183B2 结合，又能刺激 IL-2 细胞株增殖，为其临床应用奠定了基础。研究者将抗酸性同功铁蛋白（AIF）单链抗体与小鼠趋化因子 CXCL10 构建成重组免疫细胞因子 IP10-scFv，并在小鼠骨髓瘤细胞 NSO 中表达。试验表明，IP10-scFv 能够特异性识别分泌 AIF 的 SMMC7721 细胞，并能与激活后的小鼠 T 淋巴细胞表面 CXCR3

受体特异性结合，对激活的T淋巴细胞有较强的趋化作用。该重组免疫细胞因子是肿瘤治疗的潜在制剂。

四、抗体的应用

抗体在生物医药方面有着广泛的应用，在疾病的诊断、疾病的治疗、器官移植等方面发挥着越来越重要的作用。

（一）疾病的诊断

当今，医学已经进入了分子生物学和分子病理学时代，针对特异分子的靶向显像和治疗显得日益重要。抗体是生物界物质中高亲和力和高分子特异结合的典范，利用抗体的特性，用于临床疾病的诊断和治疗越来越受到了人们的重视。

抗体经过适宜的放射性核素标记，静脉或者腹腔、腰椎穿刺等方式进入机体后，特异地作用于靶组织细胞上的抗原，可以显示出特异的抗原分子及细胞组织的机能状态，称为抗体的放射免疫显像（radio immunoimaging，RII）。

放射性核素标记的抗体注入机体后，进入血液循环系统，当遇到特定组织或器官时，抗体与组织或器官上的靶分子特异结合。通过特殊的射线检测设备和工作站对抗体和靶分子的生物分布图像进行重建和分析。如果靶分子是肿瘤细胞所特有的，就可以对肿瘤进行定位分析；如果靶分子是炎症部位所特有的，就可以对炎症部位进行定位分析。因此，标记上放射性核素的抗体可以被用来对相应疾病的发生和发展做出适时准确的监测和定位。

1. 肿瘤显像中的应用

1992年，美国FDA正式批准结肠-直肠癌或卵巢癌显像的^{111}In标记单抗应用于临床诊断后，取得了较好的检测效果。临床上对结肠直肠癌和卵巢癌诊断的平均灵敏度大于70%，平均特异性大于80%，明显优于传统的局部盆腔形态学检测。在欧洲，RII用于直肠癌、卵巢癌和黑素瘤临床研究较多，平均灵敏度大于90%，平均特异性高于80%。

目前临床上已经开发出了多种用于免疫显像的标记单抗及针对肿瘤细胞或相关抗原的多克隆或单克隆抗体显像剂，如美国FDA批准的用于结肠-直肠癌显像的^{99m}Tc标记的IMMU-4和用于小细胞肺癌显像的NR-LU-10。我国临床研究的有^{99m}Tc标记的抗CEA的C50，抗人胃癌的3H11、抗乳腺癌的CA15-3和抗人肺癌细胞的单克隆抗体等。

有研究者研究了^{131}I标记的肝癌单克隆抗体（MCAb）HAb_{18} Fab片段在肝癌裸鼠及肝癌病人体内的放射免疫显像（RII）效果。结果表明^{131}I-HAb_{18} Fab RII集肝癌定位、定性和及时诊断于一体，可成为肝癌诊断的一项重要技术。

2. 心血管系统疾病中的应用

鼠-人嵌合抗体Z2D3能识别人动脉粥样化增生中平滑肌细胞产生的特异抗原。Z2D3的Fab′标记上^{99m}Tc后，进行实验兔的非侵入性显像。结果显示，^{99m}Tc Z2D3 Fab′虽然在动脉粥样硬化坏死节段的摄取较低，但它从血液中清除加快，非特异性摄取减少，能得到较好的动脉粥样硬化血管损害显像结果。将^{99m}Tc标记的抗平滑肌肌球蛋白单抗（SM-MAb）注入实验性主动脉断裂的大鼠体内，显像结果表明放射性活性在断裂主动脉处明显增加，注射标记抗体6h后即可得到清晰图像。由此可见，^{99m}Tc-SM-MAb是一种有效的主动脉断裂的诊断方法。

3. 炎症显像中的应用

LeuTech 是^{99m}Tc 标记的抗 CD 15 IgM 的单克隆抗体，安全性和显像性能的评估结果显示，LeuTech 对阑尾炎的扫描特异性和精确度达到 83%和 92%，从 LeuTech 注射到显像的平均时间仅为 9 min。该临床试验中没有严重的副反应发生。与目前常用的放射性药物相比，LeuTech 具有制备简单、显像质量高、药物摄取快、诊断迅速等特点。

（二）疾病的治疗

抗体现在已经广泛用于疾病的治疗，主要包括基于抗体的放射免疫治疗和抗体的药物治疗。

1. 基于抗体的放射免疫治疗

如果标记的放射性核素发射有辐射损伤的射线，则可以特异地针对肿瘤细胞进行放射免疫治疗。放射免疫治疗（radio immuno therapy，RIT）指利用特异性抗体作为运载工具，偶联上发射 β 或 α 粒子的放射性核素，将射线定向引导到肿瘤部位，对瘤体进行内照射治疗。

2002 年 2 月美国 FDA 批准了 ZEVALIN™治疗某些非霍奇金淋巴瘤，推荐用于治疗用 Rituximab 难治性 B 细胞非霍奇金淋巴瘤（NHL），这是第一个被批准上市的治疗性放射性抗体。^{90}Y-ibritumomab tiuxetan（商品名^{90}Y Zevalin™）由抗体 Ibritumomab 和放射性核素强螯合剂 Tiuxetan 共价结合组成，用^{90}Y 标记。^{90}Y 可发射高能量至肿瘤，对治疗巨大肿瘤、血管不丰富和表达异质性抗原的肿瘤特别有利。

有研究者采用^{131}I 标记的肿瘤细胞核人鼠嵌合单抗（^{131}I-chTNT）对 56 例脑胶质瘤患者进行瘤内填隙近距离放射免疫治疗，取得了良好的疗效。2F7 抗体是上海肿瘤研究所通过小细胞肺癌细胞株 H128 制备的 Ig2a 型单克隆抗体，具有较强的特异性和亲和力。研究表明，^{131}I 标记的 2F7（131I-2F7）抗体能有效抑制裸鼠小细胞肺癌的生长，对小细胞肺癌治疗有潜在的应用前景。

2. 抗体药物

（1）肿瘤相关抗体药物。目前，单克隆抗体药物的研究主要集中在抗肿瘤方面。抗肿瘤单抗药物一般可分为两类：一类是纯粹的单克隆抗体，它们通过封闭与肿瘤细胞生长代谢相关的细胞因子、信号通路或通过抗体介导免疫系统杀伤肿瘤细胞，从而起到抗肿瘤作用。另一类是单抗与抗肿瘤药物的免疫偶联物，是抗肿瘤药物的主要研究方向。表 10-5 列出了近几年被美国 FDA 批准上市的几类抗肿瘤抗体药物。

表 10-5　已被美国 FDA 批准上市的肿瘤治疗性抗体

药品名称	商品名称	药物种类	适应病症	上市时间
Rituximab（Rituxan） 利妥昔单抗	Mabthera 美罗华	^{131}I-嵌合抗体	滤泡性非霍奇金淋巴瘤	1997
Trastuzumab 曲妥珠单抗	Herceptin 赫赛汀	人源化单抗	乳腺癌	1998
Gemtuzumab ozogamicin 吉妥珠单抗	Mylotary 奥唑米星	人源化单抗-卡奇霉素	急性髓系白血病	2000
Alemtuzumab 阿来珠	Campath	人源化单抗	慢性淋巴细胞白血病	2001

续表

药品名称	商品名称	药物种类	适应病症	上市时间
^{90}Y-Ibritumomab Tiuxetan	Zevalin	^{90}Y-鼠单抗	非霍奇金淋巴瘤	2002
Tositumomab 托西莫单抗	Bexxar	^{131}I-鼠单抗	非霍奇金淋巴瘤	2003
Cetuximab 西妥昔单抗	Erbitux 爱必妥	嵌合抗体	结直肠癌	2004
Bevacizumab 贝伐单抗	Avastin 阿瓦斯汀	人源化单抗	转移性结直肠癌	2004

目前有很多抗体药物正处于临床试验阶段，如抗体药物2C4，经过体内外实验已经证实对卵巢癌细胞的增殖活性有明显的抑制作用（Takai et al.，2005）。

（2）心血管疾病相关的抗体药物。以阿昔单抗（abcixiab）为代表的单克隆抗体药物，在多种心血管疾病的治疗上取得了显著疗效。在一些病理情况下，如血管内膜损伤或静脉血流阻滞时，血小板活化并黏附到皮下组织，引发一系列止血、凝血过程，最后形成血栓。GPIIb-IIIa是血小板膜的主要成分，在血小板聚集过程中起重要作用。7E3（商品名为ReoPro abcixiab）是抗GPIIb-IIIa的单克隆抗体。7E3只要阻断约80%的GPIIb-IIIa位点，就能完全抑制血小板的聚集反应。7E3还可以抑制血管损伤后血管细胞的过度增殖，从而减少再狭窄的发生。

（3）抗病毒抗体药物。病毒病的预防主要以病毒疫苗为主，而病毒病的治疗除特异性抗病毒抗体外尚无特异性药物。目前被美国FDA批准用于预防或治疗病毒性疾病的抗体产品主要有抗呼吸道合胞病毒单克隆抗体、人源免疫球蛋白、抗乙肝病毒抗体等。已被FDA批准并商业化的抗呼吸道合胞病毒（RSV）人源化基因工程抗体palivizumab，其商品名为“Synagis”，可用于儿童预防和治疗由RSV引起的严重的下呼吸道感染。Synagis可识别RSV胞膜糖蛋白F蛋白A决定簇，试验证明其可高效中和病毒，显著降低RSV在肺部的复制。

2002年底至2003年严重急性呼吸综合症（SARS）的全球性暴发造成了约8000人感染，774人死亡。引起SARS的病原体，SARS冠状病毒（SARS-CoV）是一种新型冠状病毒，人群基本上无免疫力，人们迫切需要了解这种新型冠状病毒的传播途径、致病机理、器官损害、预防治疗等问题，以有效救治SARS患者，避免这种重大传染性疾病的再度流行。其中SARS-CoV抗体工程的研究，是探索病毒的检测、病毒在人体中的分布、疾病的预防及治疗的基础。

研究者采用不同的方法分别用灭活病毒、重组N蛋白和重组S蛋白作为抗原制备出了SARS-CoV的单克隆抗体，并将他们应用于SARS-CoV的传播途径及致病机理研究，建立抗原早期检测、中和试验及抗原表位分析方法（Gubbins et al.，2005；Zhou et al.，2004）。在此基础上，相关研究者构建了组合抗体库，获得了人源性抗SARS-CoV的特异性抗体，并分别构建了Fab段的抗体文库和针对SARS-CoV S1结构域的scFv文库，获得了可以有效中和SARS-CoV并抑制病毒合胞作用的scFv。还有研究者利用抗体库技术从人源噬菌体抗体库中筛选到抗SARS独特型抗体，为SARS的诊断及疫苗的研究奠定了基础。

单克隆抗体药物在预防和治疗日本乙型脑炎、单纯疱疹病毒、流行性感冒病毒、狂犬病毒、麻疹病毒和乙型肝炎病毒及动物病毒方面，亦有相关的动物实验的成功报道。虽然抗病毒单克隆抗体在治疗中的应用大都处在实验研究阶段，但所取得的研究成果足以说明抗体用于病毒的治疗具有非常重要的临床应用价值。

（三）抗体在其他方面的应用

1. 在器官移植方面的应用

肾移植术后抗体介导的排斥（antibody mediated rejection，AMR）又称为体液性排斥，主要由受者体内的抗供体特异性抗体（DSA）介导的一类排斥反应。抗 CD20 单克隆抗体可以靶向性地与 B 细胞结合，通过抗原抗体反应，诱导 B 细胞加速凋亡，减少 B 细胞向浆细胞的转化，有效地清除 B 淋巴细胞，抑制体液免疫反应。因此近年来，国外有移植中心开始使用抗 CD20 单克隆抗体治疗 AMR，并取得了良好的效果。Sawada 等（2002）将美罗华用于 ABO 血型不相合的肾移植患者，有效抑制了体液免疫反应。Tyden 等（2003）对 ABO 血型不相合肾移植，在充分使用美罗华的基础上，不进行脾切除，其预后一样很好。Sonnenday 等（2004）对 ABO 血型不相合的肾移植患者进行血浆置换、巨细胞病毒超免疫球蛋白及美罗华的预处理未行脾切除，移植后效果良好。Vieira 等（2004）证实美罗华能有效降低移植前预存抗体和术后新生成抗体的滴度。Sidner 等（2004）认为美罗华能有效去除等待肾移植的高抗群体抗体患者的 B 淋巴细胞，特别是记忆 B 淋巴细胞的去除效果是长期的。

抗体在心脏和其他器官移植中的应用也有报道，国内已有多项研究在动物模型中取得了较好的效果（表 10-6）。

表 10-6　抗体在器官移植方面的主要研究成果

抗体（靶点）	动物模型	作　用
IL-12 抗体（IL-12）	小鼠，心脏移植	延长移植心脏存活时间 抗排斥作用
抗 IL-2 受体 mAb（CD25）	大鼠，心脏移植	降低排斥反应 延长移植物存活时间
CD8 mAb/CD40L mAb 联合应用	小鼠，心脏移植	预防急性排斥反应 延长存活时间
CD45 mAb（CD45）	大鼠，心脏移植	延长移植心脏存活时间
CD40L mAb（CD40L）	大鼠，小肠移植	抑制排斥反应 诱导受体产生免疫耐受

2. 在免疫戒毒疗法中的应用

近二十年来，药物滥用问题在世界范围内日趋严重，随着药品滥用现象的蔓延，对成瘾患者戒毒问题的研究已经成为我国乃至全球的重要课题之一。近年来免疫戒毒疗法展现出了广阔的应用前景。该方法是将滥用药物，如可卡因作半抗原免疫动物，诱导机体产生针对滥用药物的抗体，在外周血中中和药物，减少或阻断滥用药物通过血脑屏障进入中枢神经系统，间隔一段时间加强免疫，可保证机体体液中保持高滴度的抗体，从而中和吸入的毒品，阻断其进入大脑，使吸毒患者无法产生欣快感，从而达到防止复吸的目的（Bunce et al.，2003）。

研究者以 6-琥珀酰化吗啡为半抗原免疫动物获得了单克隆抗体，该抗体可结合游离的吗啡、海洛因及可待因，而且不与非阿片类药物结合。初步药理学评价表明，该单抗可显著性地抑制吗啡的镇痛效应、躯体依赖性及精神依赖性。实验证实该单抗可显著降低吗啡在外周血及脑组织中的浓度，表明抗吗啡单抗能与进入体内的部分吗啡分子特异性结合，形成抗原-抗体大分子复合物，该复合物无法通过血脑屏障，从而减少了进入中枢神经系统的小分子吗啡的数量，使其无法形成成瘾机制。

研究者将6-琥珀酰吗啡（M-6-S-BC）与BSA交联制成M-6-S-BSA，用此合成的M-6-S-BSA疫苗连续免疫小鼠8次获得的抗血清效价可达1∶200 000，大鼠免疫后4次抗血清的效价超过1∶20 000。中和抑制试验表明，抗M-6-S抗体对吗啡和与吗啡有共同母环结构的6-单乙酰吗啡、海洛因及可待因具有较高的特异性，为进一步研究吗啡疫苗抗体对吗啡的成瘾作用奠定了基础。

第二节 酶的蛋白质工程

酶的蛋白质工程是指根据蛋白质的结构规律及其与功能的关系，对蛋白质进行改造，以生产出性能更加优良、更能满足人类社会需要的新型酶分子（施巧琴，2005）。

酶是自然界经过数百万年进化而发展起来的生物催化剂。目前已发现的和鉴定的酶有8000多种，但大规模生产和应用的商品酶只有数十种。一方面是由于天然酶分子是生物经过自然进化选择的产物，其结构及功能与相应的生物体系达到了最理想的配合状态，而人类利用酶的时候，其应用条件与天然酶的生理环境相去甚远，导致酶性质不稳定，功能不能完全发挥。另一方面是酶在细胞中的含量很少，而且容易失活，对分离纯化工艺要求极高，直接导致了酶制剂的成本过高。因此，酶作为生物催化剂的应用和发展，主要取决于其成本和功能。从极端环境分离、筛选、培养产生耐温耐酸碱酶的菌种，或者利用基因突变、拼接等蛋白质工程技术对基因进行改良，可使目标蛋白质的产量数十倍甚至上百倍的增加，酶生产体系的成本降至最低，或者增加酶的稳定性，拓展酶的使用范围。因此，蛋白质工程技术能够根据酶分子结构与功能的关系，改变酶分子的结构，从而改善酶的功能，甚至创造出天然酶分子所没有的新功能。常用的提高酶稳定性的方法是通过基因工程技术增加蛋白质的疏水性，使酶表面亲水化，取代易氧化的活性基团或易脱胺的氨基酸等方法。由此可见，蛋白质工程已经为酶的应用提供了新的发展空间。酶的蛋白质工程已经创造出一批源于自然又高于自然的超级酶，在实际应用中表现出了明显的优势。

除核酶外，所有的酶都是蛋白质，所以本节所指的酶均为蛋白质酶。

对酶分子的改造工作主要着眼于两个方面，一是基于序列的合理化设计，包括化学修饰、定点突变等方法；另一种是利用基因的可操作性，进行非合理设计，包括定向进化、杂合进化等。下面是一些酶的蛋白质工程改造的实例。

一、枯草杆菌蛋白酶

枯草杆菌蛋白酶催化蛋白质水解为氨基酸，在有机溶剂中也能催化多肽的合成，因此该酶具有重要的应用价值，被广泛应用于洗涤剂、制革及丝绸工业。枯草杆菌蛋白酶对于玷污服装的各种蛋白质，有广泛的特异性消化能力，早在几千年前就被开发成商用的纺织品洗涤剂，目前仍然是最基本、最重要，也是使用最广泛、最成熟的洗涤用酶。

（一）结构及生物学特性

枯草杆菌蛋白酶（subtilisin，EC 3.4.21.62）是由枯草芽孢杆菌（*Bacillus subtilis*）所分泌的胞外碱性蛋白酶，属丝氨酸蛋白水解酶类。枯草杆菌蛋白酶依其来源不同分为Carlsberg、BPN′、E、BL、YaB等多种。对于枯草杆菌蛋白酶结构与功能的研究已有较长的历史，其三维结构都基本研究清楚。大部分枯草杆菌蛋白酶是由270多个氨基酸残基组成。

（二）蛋白质工程改造

枯草杆菌蛋白酶的三维结构及编码基因都已基本搞清楚，而且有合适的克隆、表达系统以及准确的定量分析酶催化活性的方法，因此，它是进行蛋白质工程研究的合适对象。另一方面，枯草杆菌蛋白酶作为蛋白质工程的研究对象，对它的研究不仅仅改善了其性能，更为重要的是丰富了蛋白质工程的理论，为其他酶尤其是其他工业酶的性能改造提供了范例和理论指导。

枯草杆菌蛋白酶的许多理化性质，如底物特异性、pH 效应、抗氧化特性、稳定性及催化特性等，都已经应用基因定点诱变技术作了改进。

1. 增强抗氧化性

早期生产的枯草杆菌蛋白酶的洗涤剂无法与漂白剂共同使用，因为漂白剂会使枯草杆菌蛋白酶失活。研究表明，第 221 位的丝氨酸位于蛋白酶的活性中心，而 90%蛋白酶的失活作用都是由 222 位的甲硫氨酸的氧化引起的（图 10-3）。

因此，若将 222 位的甲硫氨酸置换成抗氧化性强的其他氨基酸，则有可能提高蛋白酶的抗氧化能力化性。

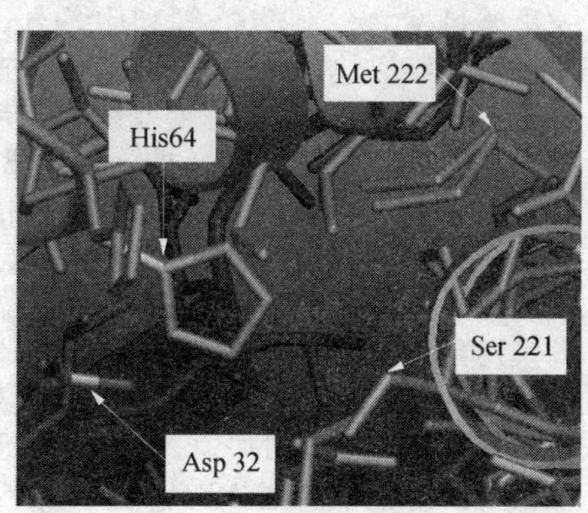

图 10-3　枯草杆菌蛋白酶活性中心构造图

应用定点诱变技术，将 222 位的甲硫氨酸分别用其他 19 种氨基酸置换，制备出 19 种蛋白质工程酶，突变酶的比活与野生型相比较，结果见表 10-7。

结果显示，除突变酶 M222C 外，其他突变酶的比活都明显下降。野生型和 M222C 突变型在 1M 的过氧化氢中迅速失活，而 M222S（35%活性）、M222A（53%活性）和 M222L（12%）在 l h 以内，能够完全抵抗过氧化氢的氧化。因此，将 222 位的 Met 置换为 Ala，虽然略牺牲一些活力，但能够大大提高蛋白酶的抗氧化性。

表 10-7　野生型与单点突变枯草杆菌蛋白酶比活的比较

222 位氨基酸	对于野生型的相对比活/%	222 位氨基酸	对于野生型的相对比活/%
Cys	138.0	Gln	7.2
Met（野生型）	100.0	Phe	4.9
Ala	53.0	Trp	4.8
Ser	35.0	Asp	4.1
Gly	30.0	Tyr	4.0
Thr	28.0	His	4.0
Asn	15.0	Glu	3.6
Pro	13.0	Ile	2.2
Leu	12.0	Arg	0.5
Val	9.3	Lys	0.3

引自施巧琴，2005

2. 改变底物特异性

将枯草杆菌蛋白酶 BL 的 Val104 用 Tyr 替换，突变酶催化四肽的活性大大提高，但对酪蛋白的水解仅提高了 26%。研究发现，带有 K27R/ V104Y/N123S/T274A 氨基酸替换的突变酶的蛋白水解活性大大提高，对酪蛋白的水解活性也比 V104Y 突变型提高了 50%。

早期的实验表明，将BPN′型酶中的三个残基换成Carlsberg型中相应的残基，即E156S、G169A及Y217A，结果三点突变型对四肽底物的活力比BPN′型提高近100倍。另一项实验中将酶活性中心的His置换成Ala，由底物中的His去充当这个His的作用，获得的突变体对含His底物的专一性提高了200～400倍。这被称为“底物协助的催化作用”（substrate assisted catalysis）。

Taguchi等将枯草杆菌蛋白酶的Val72替换为Ile，Ala92替换为Thr，Gly131替换为Asp，获得的突变酶在10℃时催化一合成底物的活性比野生酶提高2倍。活性的提高是由于酶对底物的特异性提高引起的。

3. 提高酶的热稳定性

酶的稳定性是酶正常发挥其生物活性的重要前提，因此改善酶的稳定是蛋白质工程的重要目标之一。Zhao等利用Staggered Extension Process（交错延伸技术，StEP）技术将两个编码热稳定性枯草杆菌蛋白酶E的基因重组，野生酶在65℃半衰期为5分钟，由于PCR错配获得5种突变酶，在65℃半衰期是野生酶的3～8倍。研究者利用StEP技术重组得到的5株突变株，获得3种突变酶，在65℃半衰期是野生酶的25到50倍。Narinx将南极嗜冷芽孢杆菌所产的枯草杆菌蛋白酶通过定位诱变（T85D）修饰钙离子配位体将酶的热稳定性提高至嗜中温枯草杆菌蛋白酶的程度。这一突变将酶的活性提高了两倍，并使得适应冷的突变酶的总的活性是嗜中温枯草杆菌蛋白酶的20倍。枯草杆菌蛋白酶Savinase突变酶（A194P）和（S188P）的热稳定性分别提高了2.6℃和1.5℃，在液体表面活性剂中的半衰期也延长。

枯草蛋白酶E的236位Ser位于α-螺旋末端，远离催化活性中心，Ser236的突变不会对酶的活性产生大的影响。但若将Ser236替换成Cys236，则有可能形成分子间二硫键，有利于提高酶的稳定性。有研究者采用定点突变的方法获得了突变酶Ser236Cys（BP-1），其活性是野生型蛋白酶E的115倍，热稳定性提高了3倍。进一步在其他位点引入突变的变体酶BU-1（A1a15Asp/Gly20His/Ser236Cys）和BW-1（Ser24His/Lys27Asp/Ser236Cys）活性都比野生型蛋白酶E低，但BW-1的稳定性稍高于野生型蛋白酶E。

4. 改良酶的pH活性范围

随着洗涤剂配方发生的变化，洗涤剂的碱性增高，因此要求蛋白酶在高碱性时亦保持活性。研究表明丝氨酸蛋白酶的活性对pH的依赖与活性残基的p*K*a值有关，该酶活性中心的His64在催化过程中作为广义碱传递质子，其p*K*a近于7。Fersht将分子表面的第99位Asp和156位Glu均替换成Lys，使分子表面的负电荷转为正电荷，结果导致His64上的质子易于丢失，p*K*a下降为6。双突变酶在pH 7时活力提高1倍，在pH 6时活力提高10倍。而将对底物结合有贡献的Tyr104用Phe取代却能使pH活性范围向碱性方向扩展。

5. 提高酶在有机相中的反应效率

有机相催化是目前一个颇具基础性和应用性的研究领域，酶在非水相溶剂中具有独特的性质和功能，如枯草杆菌蛋白菌在有机相中能催化多肽的合成，而且比常规的方法具有多方面的优越性。但是，枯草杆菌蛋白酶在有机溶剂中的半寿期缩短，其活性比在水相中低得多。为了使酶在有机相中有较好的表现，研究者将枯草杆菌蛋白酶BPN′的Gly166替换为Asn（G166N），突变酶在四氢呋喃和己烷中的活性分别是野生酶的2倍和3倍。当在四氢呋喃中加入1%（体积比）的水时，与野生酶相比，突变酶G166N

的催化活性提高了40倍。当从一极性溶剂（丙酮）到一非极性溶剂（已烷）时，突变酶（G166N）的催化活性提高178倍。

二、木糖异构酶

木糖异构酶（D-Xylose Isomerase，EC 5.3.1.5）又称葡萄糖异构酶（Glucose Isomerase，GI），是工业上大规模制备高果糖浆的关键酶，也是国际上公认的研究酶催化机制及建立蛋白质工程技术最好的模型之一。

（一）结构及特性

木糖异构酶能催化五碳D-木糖转化为D-木酮糖，在体外亦能催化六碳D-葡萄糖至D-果糖的异构化反应，该反应是工业上大规模制备高果糖浆的关键步骤。因此，木糖异构酶与蛋白酶、淀粉酶并称为最重要、最有价值的三个工业用酶。

木糖异构酶分子是一个四聚体，由四个相同的相对分子质量为45 000的亚基形成两个二聚体。亚基的结构单体间的交接面的大小是二聚体间的交接面的3倍，因此两个二聚体间的作用相对欠稳定。该酶的稳定性及活性受金属离子影响，Mg^{2+}、Co^{2+}及Mn^{2+}对该酶有激活作用，而Ca^{2+}、Hg^{2+}及Cu^{2+}起抑制作用。

（二）蛋白质工程改造

对木糖异构酶的研究主要集中在两个方面：一是理论研究上的应用，作为模式蛋白（model protein）。一些木糖异构酶的蛋白晶体结构及三维结构已经研究清楚，借助生物化学和基因工程技术，可从理论上揭示蛋白质结构与功能的相互关系；二是实际应用，包含两大主要用途：①应用于高果糖浆的生产，高果糖浆是一种新型健康糖源，主要成分为果糖和葡萄糖；②应用于燃料乙醇的生产，在酿酒酵母中建立木糖的一步转化体系，即通过木糖异构酶直接把木糖异构化成木酮糖，木酮糖进入三羧酸循环，发酵生产乙醇。

1. 耐热性的改进

木糖异构酶能够将葡萄糖转化成果糖，是工业上大规模制备高果糖浆的关键酶。在工业上，该酶通常以固定化细胞或固定化分离酶的形式封装在反应器内使用，反应器的工作温度一般在60～65℃，热失活是限制反应器使用寿命的主要因素。由于木糖异构酶反应器在高浓度的葡萄糖条件下工作，几个位点的赖氨酸容易发生糖基化反应，也是导致酶活性丧失的原因之一。

改进木糖异构酶耐热性可采取两条途径：一是用其他氨基酸置换造成结构不稳定的氨基酸，尤其是甘氨酸（Gly），并降低表面疏水性；二是改造二聚体的交接面，增强两个二聚体间的作用力，从而稳定酶分子。

（1）定点突变。研究者对来源于 *Streptomyces olivaceoviridis* 高比活木聚糖酶XYNB进行了同源建模和序列比较后，设计了N13D和S40E的定点突变，以期改善中温酶XYNB的热稳定性。在毕赤酵母中表达的N13D突变酶和S40E突变酶经纯化后与野生型酶的酶学性质比较发现，突变酶N13D和S40E在70℃处理5min，热稳定性比XYNB分别提高了24.76%和14.46%，突变酶N13D的比活性比XYNB提高了22%，突变酶N13D和S40E与野生型酶XYNB的其他性质基本相似（图10-4）。

此外，通过定点突变技术获得耐热性明显提高、最适pH、K_m值、比活性改善的XYNB突变体（T11Y）和pH稳定性提高的XYNB突变体（N46D），也获得了成功。

（2）Gly及表面疏水性氨基酸置换。丙氨酸的侧链是疏水的，因此位于木糖异构酶的立体结构表面的A1a73也是一个不稳定的因素。为了改善酶的稳定性，对Gly70、

Gly74 和 Ala73 分别进行了氨基酸置换。Gly70S、G1y74T 和 Ala73S 分别置换的突变酶稳定性均下降；三个位点同时置换的突变酶的半衰期为 114 h（野生型为 97h），稳定性得到了提高。

（3）二聚体交接面的改造。木糖异构酶有 20 个赖氨酸残基，其中两个在二聚体交接面（Lys253，Lys294）（图 10-5），Lys253 在提供静电作用的同时还与 Asp257 和 Asp292 形成氢键，Asp257 与 Asp292 又各与一个金属离子形成配位键。

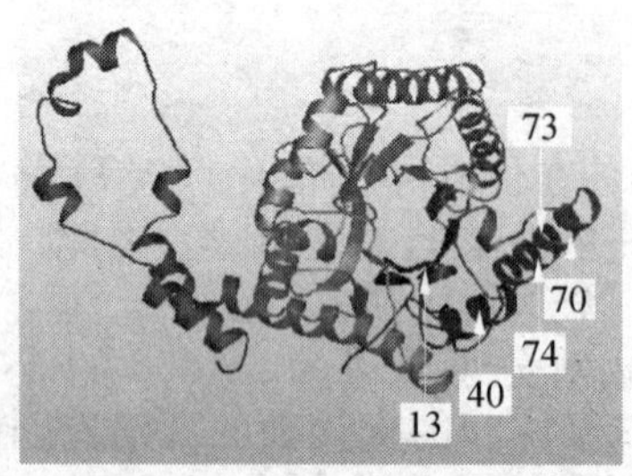

图 10-4　*Streptomyces olivaceoviridis* 木糖异构酶定点实变位置示意图

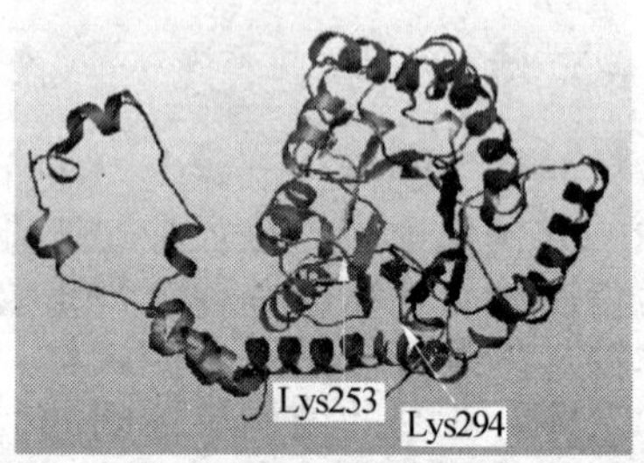

图 10-5　木糖异构酶二聚体交接面赖氨酸位置

用精氨酸或者谷氨酰胺取代赖氨酸，突变体 K253R 的稳定性提高，而 K294R 和 K253Q 的稳定性降低。结构分析表明，Arg253 能很好地嵌入交接面，而且形成良性的氢键，而 Arg294 的嵌入性不好，而且还导致了氢键的减少。

Mrabet 的研究与此相似，他构建了密苏里游动放线菌 GI 的突变酶，三点突变体 K309R/K319R/K323R 在 60℃时的半衰期是野生型的 3 倍。

2. 底物亲和性的改善

研究者发现嗜热产硫梳状芽孢杆菌 GI 的定点诱变体 W139F，其 K_m 降低，K_{cat} 升高。双突变体 W139F/V186T 及 W139F/V186S 的催化效率则分别高于野生型 5 倍和 2 倍。W139 是位于底物结合处的氨基酸残基，这说明底物特异性可以通过提高活性部位的底物结合口袋对葡萄糖的氢结合能力而得以改变（刘贤锡，2002）。

木糖异构酶既能以木糖为底物也能以葡萄糖为底物，对于葡萄糖的 K_{cat}/K_m 值小于木糖。因此，提高木糖异构酶对于葡萄糖的亲和性在高果糖浆的工业生产中意义重大。将来源于梭状芽孢杆菌（*Clostridium thermosul*，furogenes）的木糖异构酶的 139 位 Trp 和 186 位 Val 分别进行单点突变和两点突变，突变酶对底物的亲和性结果见表 10-8。

表 10-8　*Clostridium thermosul furogenes* 木糖异构酶 Trp139/Val186 点突变对底物亲和性的影响

变异体	K_{cat}/K_m（min^{-1}nL/mol）	
	葡萄糖	木糖
野生型	5.8	97.2
Trp139Tyr	6.0	3.2
Trp139Phe	1.5	13.6
Val186Thr	9.7	55.4
Val186Ser	5.7	15.9
Trp139Phe/Val186Thr	32.9	21.6
Trp139Phe/ Val186Ser	12.4	4.0

引自施巧琴，2005

结构分析表明，Trp139会产生空间位阻影响酶与葡萄糖的结合，用较小的Phe和Tyr置换有利于葡萄糖的结合，而木糖的结合效率下降。用Thr和Ser置换Val186对底物结合特异性没有大的改善，但有利于增强Trp139Phe的置换作用。

3. 最适反应温度的改变

燃料乙醇是最有发展前景的新型能源。木质纤维素是年产量巨大且目前尚未被充分利用的可再生资源，其水解产物中木糖的含量仅次于葡萄糖。促进木糖向乙醇的生物转化是充分利用木质纤维素生物质，降低乙醇生产成本的关键环节之一。因此，利用代谢工程手段，拓展乙醇转化的底物，对木质纤维素资源充分利用具有重要的理论意义和应用价值。

酿酒酵母是传统的乙醇生产菌株，因缺乏将木糖转化为木酮糖的代谢途径而不能利用木糖。根据代谢途径工程理论，重组表达木糖向木酮糖转化所需的相关酶基因，是在酿酒酵母中建立木糖代谢途径的有效措施。木糖异构酶可以直接转化木糖生成木酮糖，被认为是构建代谢木糖酿酒酵母工程菌株的便利途径。但迄今为止，只有三种来源的木糖异构酶基因在酿酒酵母中得到活性表达，而且表达的酶在酵母发酵温度30℃条件下酶活性相对比较低，不具备产业化意义。因此，对木糖异构酶进行蛋白质工程改造以获得满足乙醇发酵要求的新型酶，具有重要意义。

研究者对已经在酿酒酵母中得到活性表达的嗜热细菌（*Thermus thermophilus*）木糖异构酶进行了分子改造。将两个氨基酸残基Pro137和Asp247突变成Gly，获得了三个突变体P137G、D247G及P137G和D247G的双突变体，并构建表达载体，转化酿酒酵母H158，对三株重组菌株进行酶活性分析。结果显示，三个突变体在中温条件下的酶活性均有所提高，特别是30℃的酶活提高了1倍；酶的最适pH范围有很大的拓展，在pH 6.0～9.0都能表现出很高的酶活性。但是，突变体P137G和P137G-D247G双突变体的热稳定性有很大的降低，表明嗜热细菌木糖异构酶的137位Pro对其热稳定性和最适pH起到很大的作用，而247位的Asp的作用不明显。该项研究获得了中温下酶活性稍高的突变体，为建立高效的木糖代谢途径奠定了基础。

4. 酶活及最适pH的改变

由淀粉制备高果糖浆的大规模生产过程中，降低反应的pH可增加果糖得率。但是野生型GI最适pH较高，故降低GI最适pH对高果糖浆的生产具有重要意义。利用定点诱变技术改造GI基因已获得多种最适pH降低的突变株。例如，锈赤链霉菌的D56N和E221A突变体，当pH从8.5～8.8降至pH 6～7.5时酶活性提高40%。再如，AMGI突变体E186Q，其最适pH比野生型下降1个单位，且在Mn^{2+}存在条件下酶活性提高两倍。

动力学研究表明，突变酶对D-葡萄糖和D-木糖的亲和性都有所增强。由于SM33GI的最适pH偏碱性，在高温碱性条件下，果糖的稳定性较差，同时还伴有羟甲基糠醛等毒副产物的生成，因此突变酶催化效率及最适pH的改善，非常有利于GI的工业化生产。

三、植酸酶

植酸酶（Phytase，EC.3.1.3.8）是催化植酸和植酸盐水解成肌醇和磷酸（或磷酸盐）的一类酶的总称。植酸酶制剂对于提高植物性饲料中磷的利用率，减轻畜禽高磷排泄物对环境的污染以及饲料中矿物质的吸收利用具有重要作用。

（一）特性

但是在植酸酶的推广应用中存在热稳定性差的问题，天然植酸酶的性质不能完全适合饲料加工业和饲料养殖业的要求。目前所知的植酸酶熔点在56～63℃，而加工饲料的制粒过程需要一个短暂的高温过程，温度一般在75～93℃，在此高温下一般植酸酶的活性将大幅度的不可逆丧失。因此，能在饲料中真正得到推广利用的植酸酶应该具有良好的热稳定性。另一方面，饲料用酶又必须在常温下具有较高的酶活性，因为饲料用酶最终的作用场所是动物正常体温（37℃左右）的肠胃道中。因此，有必要进一步提高植酸酶的热稳定性。目前，采用蛋白质工程技术在提高植酸酶的热稳定性方面取得了一定的成果。

（二）蛋白质工程改造

对植酸酶的蛋白质改造主要集中在提高热稳定性、改良最适pH和提高比活等方面。

1. 提高热稳定性

（1）定点突变。Rodriguez等（2000）根据*P. pastoris*的*N*-糖基化保守序列Asn-X-Ser/Thr，采用基因位点特异性突变法，把植酸酶多肽链中的几个氨基酸残基替换成天冬氨酸（Asn）（C200N/D207N/S211N），在*P. pastoris*中表达的重组植酸酶由于糖基化程度更高，热稳定性得到了很大的改善，最适温度由55℃提高至65℃，80℃和90℃处理15min后，突变酶酶活高于野生型。

研究者将重组酵母PP-NP^{m}-8的植酸酶*phyA*^{m}基因进行PCR介导的定点突变，得到了突变体F43Y和双突变体I354M/L358F。结果表明突变体F43Y的最适反应温度上升了3℃，75℃处理10min热稳定性提高15%，比活力提高11%；双突变体I354M/L358F最适反应温度未改变，热稳定性比PP-NP^{m}-8植酸酶仅提高3%，比活力降低6.5%。对突变前后植酸酶空间结构进行比较，发现突变的氨基酸Tyr43与空间位置相邻的Asn416之间形成氢键，增强了酶的热稳定性。

（2）一致性技术的应用。“一致性技术（consensus technique）”于1998年由Lehmann采用，用于创造新的植酸酶分子。其方法是将已知的植酸酶的氨基酸序列进行比对，采用一定的标准程序，从中选择对每一个氨基酸位点最保守的残基，拼成新的序列，然后将此氨基酸序列转译成相应的DNA序列，并通过选择合适的表达系统表达这个“人造的”目的基因。

Lehmann等（2000）根据真菌植酸酶家族含13种不同子囊菌类的植酸酶序列设计合成了同序植酸酶基因，在*H. polymorpha*中表达出同序植酸酶-1。该酶的最适温度为71℃，而亲代植酸酶的最适温度为45～55℃，提高了16～26℃。同序植酸酶-1的T_m为78℃，比亲代植酸酶增加了15～22℃，而在37℃的酶活性则与通常的天然植酸酶相似。2002年，Lehmann等在原有的13个植酸酶序列的基础上，增加了6个序列进行一致性技术构造，得到的新酶的热稳定性进一步提高了7.4℃，并证明一致性概念在蛋白质的热稳定性工程中是有通用性的（Lehmann等，2002）。

（3）二级结构的改造。Jermutus等（2001）根据耐热性较好的*A. niger*植酸酶的晶体结构，将*A. terreus*植酸酶表面的一个二级结构α-螺旋用*A. niger*植酸酶上相应长度的一段序列替换，获得了酶活力保持不变而热稳定性提高的重组植酸酶。

（4）酶结构的延伸。酶结构延伸突变是进化蛋白质工程研究的一种新方法，通过在酶蛋白的C末端增加一段肽段来扩展蛋白质的一级结构，从而改变酶蛋白的高级结构。

有研究者在植酸酶C末端增加了来源于表达载体序列的13个氨基酸残基，使融合表达植酸酶其最适反应温度高达75℃，比出发菌株植酸酶的高15℃，比非融合表达植酸酶的高25℃。其耐热性也显著提高，90℃处理10min后的残留酶活性为37℃时的75.7%。

2. 改良最适pH

要使植酸酶能在畜禽体内产生有效的催化作用，就必须使酶与畜禽的生理条件（体温及消化道的pH）相适应。不同动物消化道的pH不同，即使是同一种动物消化道不同部位的pH也不同，一般胃的pH 1.5～3.5，小肠为5～7、大肠为7左右。因此要求饲用酶对pH有较大的适应范围。pH主要影响酶活性部位上关键残基的侧链基团或底物的解离，使酶与底物不能结合，或结合后不能进一步反应生成产物。因此，可通过对氨基酸残基的置换，改变活性中心的氢键网，或改变氨基酸残基的电子环境，从而改变催化基团的p*K*a。

Tomschy等（2002）通过定点突变改变了真菌和同序植酸酶的pH活性范围。他们用Lys和His替换野生*A. fumigatus*植酸酶的Gly277和Tyr282，产生了第二个最适pH 2.8～3.4。另外，同序植酸酶和*A. fumigatus*植酸酶的K68A单点突变体，以及*A. fumigatus*植酸酶的S140Y/D141G双突变体，在以植酸为底物时最适pH降低了0.5～1.0个单位，而酶的比活力没有明显变化。

3. 提高比活

*Aspergillus fumigatus*来源的植酸酶稳定性好，pH作用范围广，但是其比活比较低。有研究者对其进行了定点突变，获得的Q23L突变酶在pH 4.5～7.0比活大幅度提高，但pH稳定性显著下降。为进一步改良Q23L的稳定性，又设计了双突变体Q23L/G27 2E，该双突变体在pH 3.0～4.5和pH 6.5～7.0的稳定性比Q23L有所提高，达到原酶水平，而比活维持在Q23L的水平。它的突变位点见图10-6。

4. 其他方面

除热稳定性问题外，植酸酶在天然材料中表达水平低，造成了植酸酶难以大量生产及成本过高，也限制了植酸酶的应用范围。目前，采用基因工程、蛋白质工程技术在提高植酸酶的表达量方面也取得了很好的效果。

四、溶菌酶

溶菌酶是世界上第一个完全弄清了立体结构的酶，为近代酶化学研究的最大成果之一，许多关于蛋白晶体研究及蛋白质结构与功能关系的研究成果都是利用溶菌酶获得的。溶菌酶存在于多种动植物的组织、体液和微生物中，溶菌酶具有强力杀菌作用，且具有生物相容性好，对组织无刺激、无毒性等优点，因而在食品、医学、酶工程等领域获得了广泛的应用。

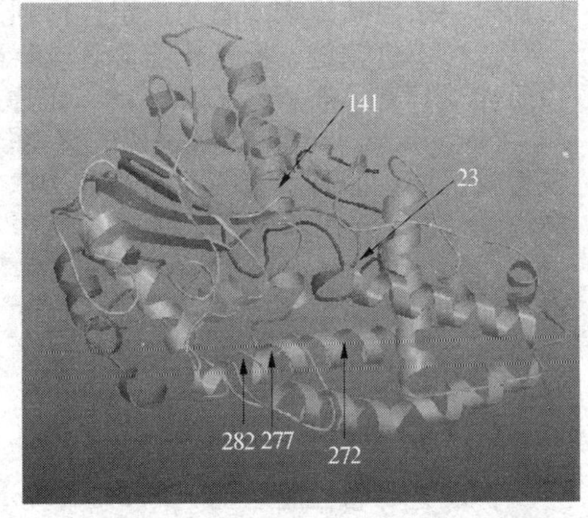

图10-6 *Aspergillus fumigatus*1 · 植酸酶定点突变位置示意图

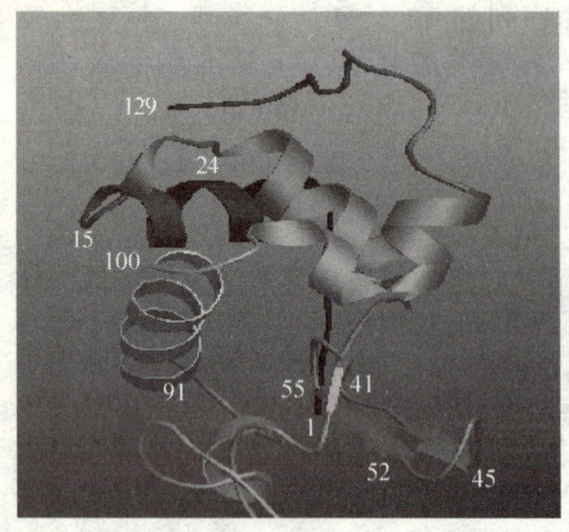

图 10-7　溶菌酶活性中心示意图

（一）结构及特性

溶菌酶（Lysozyme，EC 3.2.1.17）又称胞壁质酶（Muramidase），是糖苷水解酶，作用于 *N*-乙酰氨基葡萄糖（NAG）及 *N*-乙酰胞壁酸（NAM）之间的β-1,4 糖苷键，能使某些细菌细胞壁中的黏多糖成分水解，因而具有溶菌能力。鸡卵清溶菌酶是由 129 个氨基酸残基排列构成的单一肽链，有四对二硫键，相对分子质量为 14 400。其活性中心见图 10-7。

（二）蛋白质工程改造

作为制药工业和食品工业的原料，溶菌酶的功能特性需要一些改善，其中最重要的是抗菌范围的扩大和热稳定性的提高。

1. 抗菌范围的扩大

溶菌酶能快速有效地催化细菌细胞壁中肽聚糖的水解，因而被广泛用于消炎药中，但溶菌酶只对革兰氏阳性菌有抗菌作用，而对绝大多数的革兰氏阴性菌不显示抗菌效果。因为革兰氏阴性菌的细胞外膜能阻碍溶菌酶接触其底物肽聚糖。采用有效的手段提高溶菌酶突破外膜障碍接触肽聚糖，则有可能把溶菌酶的抗菌范围扩大到革兰氏阴性菌。

Kato 等证实在溶菌酶的 C 端融合疏水性短肽片断（Phe-Phe-Val-Ala-Pro）或在多肽链的侧链上引进糖基可有效扩大溶菌酶的抗菌能力。融合溶菌酶分子通过引入的短肽锚定到细菌外膜，提高了接触肽聚糖的机会。

2. 热稳定性的提高

（1）加强疏水中心。疏水中心的稳定性对维持完整蛋白质分子的稳定性十分重要。鸡蛋蛋清溶菌酶的疏水中心由 Thr40、Ile55 和 Ser91 构成。将 Ser91 突变成 Thr，由于增加了一个甲基疏水中心的稳定性得到了进一步增强，热稳定性温度提高了 3℃。

（2）引进糖链。糖基化能显著改善酶的热稳定性。研究发现，真核细胞中表达的蛋白质如果具有 Asn-X-Ser/Thr 的特定序列，其中的 Asn 残基可作为糖基化的位点。

Nakamura 等制备了溶菌酶的突变体 Gly49Asn，该突变体在 95℃的高温中不会出现絮凝沉淀，而野生型的溶菌酶在 70℃就开始絮凝，85℃则完全沉淀。研究发现突变体的 49 位 Asn 残基被高度糖基化。

五、其他酶

除了上面几种研究得比较透彻的酶外，再介绍几种在应用上有重要意义的酶。

1. 扩展青霉碱性脂肪酶

扩展青霉碱性脂肪酶（*Penicillium expansum* lipase，PEL）为分解三酰甘油的水解酶类，由于其高效性在工业上得到了大规模应用。但是该酶属于中温酶，最适作用温度为 40℃，因此其应用受到限制。研究者采用蛋白质工程的方法对该脂肪酶进行了改造，以期获得最适作用温度提高的突变体。

蔡少丽等（2007）利用重叠延伸 PCR 技术对扩展青霉脂肪酶（PEL）基因进行了体外定点突变，构建了 K55R 与随机突变体 ep8 叠加突变的重组质粒 pAO815-ep8-K55R。将该质粒转化入毕赤酵母 GS115 中进行表达，获得了表达产物脂肪酶（PEL-ep8-K55R-GS）。叠加突变脂肪酶的最适作用温度为 37℃，与野生型脂肪酶和随机突变脂肪酶一致；其 Tm 值较野生型脂肪酶和随机突变脂肪酶分别提高了 2.3℃和 0.8℃，表明叠加突变脂肪酶热稳定性有了进一步的提高。

此外，有研究者对扩展青霉碱性脂肪酶进行了一系列的定点突变，获得了一些性质有所改善的突变酶（表 10-9）。

表 10-9　野生型与突变扩展青霉脂肪酶（PEL）特性的比较

突变体	最适作用温度/℃	热稳定性*
野生型	40	对照
D92P	45	热稳定性无明显变化
E83V	45	热稳定性基本不变
N148T	40	比活力提高，热稳定性下降
E113V	45	热稳定性略有下降

* 经 35～40℃处理后于最适反应温度下测得的酶活力；不经热处理为 100%

2. 戊二酰-7-氨基头孢烷酸酰化酶

戊二酰-7-氨基头孢烷酸（GL-7ACA）酰化酶是一种头孢菌素酰化酶，可以催化戊二酰-7-氨基头孢烷酸（GL-7ACA）水解生成戊二酸和 7-氨基头孢烷酸（7-ACA）。7-ACA 是头孢菌素的重要母核，因此利用它作为起始物已经合成了多种新型的抗生素。研究认为青霉素酰化酶和头孢菌素酰化酶都具有保守的 N 端，而且 β 亚基 N 端的第 1 个氨基酸残基在催化中起重要作用。C130 为从假单胞菌（*Pseudomonas* sp.）130 中获得的一种 GL-7ACA 酰化酶，该酶由 α、β 两个亚基组成，其 β 亚基 N 端 Ser 的作用非常重要，但对其活性中心周围功能结构域的研究不够深入。为了验证 β 亚基 N 端结构与 GL-7ACA 酰化酶功能的关系，张霓等（2001）对 GL-7ACA 酰化酶进行了蛋白质工程改造。首先用不同来源的青霉素 G 酰化酶 N 端的 8 个氨基酸替换 GL-7ACA 酰化酶的相应序列，其次又对 GL-7ACA 酰化酶 N 端的 2～4 位氨基酸进行了单点突变，获得了多个突变体，并研究了这些突变体的酶学性质，结果见表 10-10。

表 10-10　野生型与突变 GL-7ACA 酰化酶特性的比较

突变体	K_m/(mol/L)	K_{cat}/s^{-1}	K_{cat}/K_m
野生型	0.44×10^{-3}	4.92	1.12×10^{4}
B^8PAC	—	—	—
B^8PGA	0.55×10^{-3}	1.64	2.98×10^{3}
W4L	0.34×10^{-3}	3.15	1.07×10^{4}
W4Y	0.47×10^{-3}	2.29	4.87×10^{3}
S3M	0.23×10^{-3}	3.14	1.37×10^{4}
S3A	0.19×10^{-3}	2.96	1.56×10^{4}
S3C	0.17×10^{-3}	1.42	8.35×10^{3}
N2Q	2.14×10^{-3}	0.47	2.20×10^{2}

β 亚基 N 端 8 个氨基酸的肽段分别被来源于 *Arthrobacter vicosus* 的青霉素 G 酰化酶（PAC）和来源于 *E. coli* 的青霉素 G 酰化酶（PGA）的相应片段替换，获得的突变酶分别被命名为 B^8PAC 和 B^8PGA。

结果表明，B^8PGA 保留了 GL-7ACA 酰化酶活性，而 B^8PAC 丧失了 GL-7ACA 酰

化酶活性，二者均没有青霉素酰化酶活力。B^8PGA 的 K_m 值增加，表明杂合酶对底物的亲和力下降，并没有体现出 PGA 的优势，而且表明 PGA 催化的高效率并不是由该肽段决定的。所有这些突变都或多或少地使 K_{cat} 值减小，特别是第 2 位和第 4 位对酶的影响较大，说明突变部位均与酶的催化活力有关。该研究不仅证实了 GL-7ACA 酰化酶 C130 亚基的 N 端前几个氨基酸参与了底物结合区的形成和酶的催化反应，还证明了该区域与酶的表达有关。

3. 乙酰胆碱酯酶

乙酰胆碱酯酶（acetylcholinesterase，AChE，EC3. 1. 1. 7）主要的生物学功能是在神经突触处通过快速水解神经递质乙酰胆碱而终止神经冲动的传递。AChE 的抑制剂（如有机磷和氨基甲酸酯）能影响此过程，导致神经功能的严重伤害，甚至死亡，因此 AChE 抑制剂是农业生产中主要的杀虫剂。但是抑制剂的使用可以引起严重的环境问题及危害人类的健康。因此，高效灵敏的 AChE 抑制剂的检测系统越来越受到了人们的重视。近年来 AChE 生物传感器在杀虫剂残留现场和实时监测中得到了应用。但是每种有机磷和氨基甲酸酯对 AChE 的抑制常数都不同，而且抑制常数比较小，导致应用一种 AChE 不能分析所有常用的杀虫剂，更不能获得分析组分的定性或定量信息。

目前，研究者通过定点突变法设计了各种 AChE 突变体，提高了抑制剂对 AChE 的抑制常数，并已经成功地应用于环境和食品中微量杀虫剂的检测，大大提高了检测灵敏度。表 10-11 列出了几种近几年获得的 AChE 突变体。

表 10-11 几种 AChE 突变体的性质

野生型	突变体	灵敏度变化	底 物
HuAChE	F295A	增加 20 倍	对氧磷
	F297V	增加 25 倍	DFP
	F297L	增加 25 倍	DFP
	Y72N/Y124Q/W286A/F295L/F297V/Y337A	增加 150 倍	DFP
DmAChE	F368L	升高	二溴磷
		降低	残杀威
	F368S	升高 2.5 倍	毒虫畏
		降低 110 倍	残杀威
	Y408F	升高	大多数底物*

*测试了 19 种杀虫剂，对其中 12 种的灵敏度提高

第三节 抗 体 酶

抗体酶（abzyme）又称催化性抗体（catalytic antibody），是一类具有催化功能的抗体分子，在其可变区赋予了酶的属性，它既具有抗体的高度选择性，又具有酶的高效催化效率。抗体酶集生物学、免疫学、化学于一身，开创了催化剂研究和生产的崭新领域。自 1986 年问世以来，抗体酶技术得到了长足发展，设计策略不断更新，应用领域逐渐拓宽。

一、抗体酶的作用机理

1946 年，Pauling 用过渡态理论阐明了酶催化的实质，提出酶之所以具有催化活力是因为它能特异性结合并稳定化学反应的过渡态即底物激态，从而降低反应的能级。并指出，酶通过某种方式与高能、短寿命的过渡态结合而起催化作用。这个过渡态构型中伴随键的形成和断裂，半衰期约为 10^{-12}～10^{-10} 秒，所以实际中极难捕获。Pauling 同

时还指出酶和抗体的根本不同在于前者选择性的结合一个化学反应的过渡态，而抗体则是结合一个基态分子，也就是说过渡态分子难以捕获，而过渡态类似物是能够模拟一个酶催化反应过渡态结构的稳定物质。因此不难设想，只要寻找到与反应中决定性步骤的相应酶紧密结合的竞争性抑制剂，也就是找到了过渡态类似物。此外，根据化学反应机制还能推测设计出这种类似物。1969 年 Jencks 提出再以过渡态类似物为半抗原，利用哺乳动物的免疫系统，诱导其抗体产生。这种抗体与该类似物有着互补的构象，与底物结合后，即可诱导底物进入过渡态构象，从而引起催化作用即具有催化活性，将其加入到反应体系中就可观察到这个抗体对相应化学反应的催化效应。根据这个猜想，1984 年 Lerner 和 Schultz 分别领导各自的研究小组独立地证明了：针对羧酸酯水解的过渡态类似物产生的抗体，能催化相应的羧酸酯和碳酸酯的水解反应。1986 年美国 Science 杂志同时发表了他们的发现，并将这类具有催化能力的免疫球蛋白称为抗体酶或催化抗体。并且，Kohler 和 Milstein 于 1975 年发明了具有历史意义的单克隆技术，使抗体酶的生产成为可能。

抗体酶和所有的抗体一样，都是由两条轻链和两条重链构成，抗原与轻链和重链的可变区特异性结合，因此可变区的氨基酸排列顺序决定了抗体分子的特异性。可变区赋予其酶的属性。抗体与酶都是蛋白质，且都能高选择性地与靶分子结合，但酶的种类有限，仅有几千种，而抗体的种类可达千万种以上。因此赋予抗体以酶的活性，则酶的范畴大大扩展。制备成功的抗体酶不仅能催化天然酶催化的反应，还能催化一些天然酶所不能催化的反应。抗体酶的发现打破了只有天然酶才有分子识别和加速催化反应的传统观念，为酶工程学开创了新的领域。抗体酶可催化多种化学反应，包括酰基转移、酯水解、酰胺水解、重排反应、光诱导反应、氧化还原分应、金属螯合反应等。

1. 酰基转移反应

氨基酸在掺入肽链之前必须进行活化以获得额外的能量，这一活化过程即是酰基转移反应。1986 年，Tramonatano 等研制成功首例酰基转移酶抗体。目前，该抗体酶的研制已接近实用阶段。Gallacher 等（1991）设计了一个中性磷酸二酯作为反应过渡态的稳定类似物，得到的单克隆抗体可以催化带丙氨酰酯的胸腺嘧啶 3′-OH 基团的氨酰化反应，比无催化反应的速度提高了 10^8 倍。

2. 重排反应

Claisen 重排是有机化合物异构化的一种重要形式，生物体内一些化合物在光照下会发生 Claisen 重排。Hilvert 等利用一个椅式构象的氧氮杂双环化合物来模拟分支酸生成 Claisen 重排反应的过渡态结构，催化了 C—C 键的生成，反应速度加快了 10^3～10^4 倍。Jackson 等研制的分支酸异构化抗体酶表现出高度的立体专一性，只能催化以(－)-分支酸为底物的反应，而对（＋)-分支酸无作用，其活化熵接近于零。这一研究表明抗体可以诱导底物的构象，呈现有利于重排的状态。Katherine 等发现抗体酶 1F7 具有分支酸异构化催化活性，于是将该抗体的编码基因克隆，在缺乏分支酸异构酶的 *Saccharromyces cerevisiae* 菌株中扩增表达，产生催化效率 60%～70%的抗体酶。这一表达系统的成功研制使得运用基因工程手段对第一代抗体酶进行改造成为可能。

3. 光诱导反应

光诱导反应包括光聚合反应和光裂解反应，这两类反应在植物体内是非常重要的。DNA 的修复也涉及到光诱导反应，Cochran 对胸腺嘧啶二聚体光解进行研究，发现天然光复活酶的活性中心是色氨酸，由此找到相应的抗体酶 IgG15F1-3B1，此抗体的转换数（T. N.）和光复活酶相近。Balan 研究了光聚合反应的抗体酶，通过诱导法，得到的抗体酶催化效率虽不高，但也使反应速度提高了 2.5 倍。

4. 水解反应

抗体酶主要催化生物体内两类水解反应，即酰胺水解和酯水解。对蛋白质而言，蛋白质的水解都属于酰胺水解。Iverson 等用 CoIII-三乙烯酰胺-肽复合物作为半抗原，得到能特异性的切割 Gly-Phe 之间肽键的抗体酶。这意味着，随心所欲的切割肽段成为可能，蛋白质一级结构的测定将会变得十分简单。

磷酸酯键是自然界最稳定的化学键之一，其水解是对抗体酶的挑战。Janda 等利用稳定的五配位氧代铼络合物 A 模拟 RNA 水解时形成的环形氧代正膦中间物，产生了一种单抗 G_{12}，可以催化水解磷酸二酯键。它的催化速度常数（K_{cat}）$=1.53\times10^{-3}$（s^{-1}），K_m 为 240μmol/L。

5. 氧化还原反应

氧化还原反应在生物体内十分广泛，主要是呼吸链的一系列反应。在溶液中，氧化态黄素与还原态黄素的电位差是 206mV。Shokat 认为可以根据氧化态和还原态在形状上的不同（氧化态为平面状，还原态为曲面状）构建能与氧化态结合的抗体，通过特异性结合，使氧化态稳定，从而使标准还原电位差扩大。基于此想法，Shokat 制得了对氧化态 K_m 为 8mmol/L，对还原态 K_m 为 300nmol/L 的抗体，使标准电位差变为 −342mV，由此，黄素还原态的还原范围相应扩大，一些原来无法还原的物质（即标准还原电位差大于抗体酶催化的黄素标准还原电位差）得以还原。因此抗体酶可以使热力学上原来无法进行的氧还反应得以进行。

6. 金属螯合反应

金属螯合反应对于辅酶、辅因子和酶的结合具有重要的意义。Schultz 等用 *N*-甲基卟啉诱导产生的抗体可以催化平面状卟啉的金属螯合反应，如不仅可以催化 Zn 和卟啉的螯合，还可以催化 Co、Mn 和卟啉的螯合。如果以原卟啉 IX 或次卟啉 IX 作为底物则不表现催化活性，说明该抗体酶对其中某些金属卟啉具有很高的亲和力。

二、抗体酶的制备

抗体酶的设计和制备方法主要有：诱导法、拷贝法、引入法、化学修饰法和基因工程法等多种方法。

（一）诱导法

诱导法是抗体酶的传统制备方法（图 10-8）。

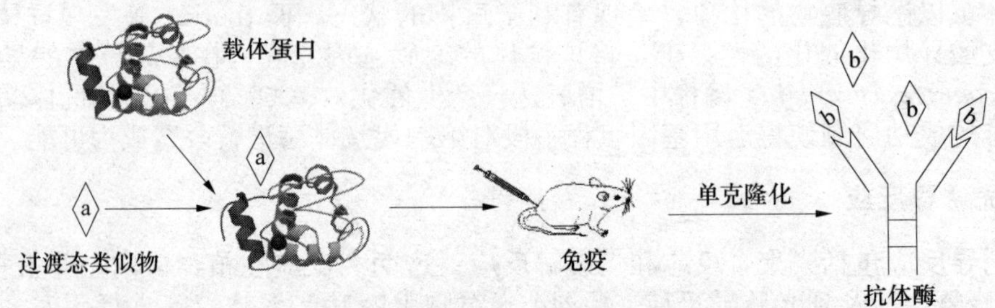

图 10-8 诱导法制备抗体酶

选择合适的反应过渡态类似物作为化学模型物，再将化学模型物与载体蛋白连接后免疫动物，使宿主产生抗体，通过杂交瘤技术筛选和分离具有催化活性的单克隆抗体，即抗体酶。由于多数反应过渡态类似物的分子质量较低，即半抗原本身的免疫原性很弱，必须与某种载体偶联才能表现免疫原性。目前最常见的载体蛋白包括牛血清白蛋白和钥孔血蓝蛋白（keyhole limpet hemocyanin，KLH）等。用单克隆化的杂交瘤细胞就能进行单克隆抗体的扩大生产。所得抗体催化效果的好坏很大程度上取决于化学模型物的设计，即半抗原的设计，设计策略包括以下两种。

1. 诱导和转换设计

诱导和转换设计的原理是利用半抗原和抗体间的电荷互补性，即以带电基团为“诱饵”，在抗体结合部位诱导带相反电荷的功能团，当底物不存在“诱饵”的电荷时，被诱导的功能团将以一般酸碱或亲核催化对底物其他基团发生作用。Golinelli-Pimpaneau 等（2000）利用具有正电荷的有机分子为半抗原产生了结合位置有羧基负离子的抗体酶 4B2，此抗体酶可催化 β-γ 不饱和酮发生烯丙基异构化生成产物。

2. 反应免疫法

通过使用一个能和抗体发生反应的化合物作为免疫原，促使抗体结合部位在免疫过程中发生特定的化学反应，诱导过程中抗体和抗原发生共价相互作用，产生的抗体同样也可能催化类似的反应。反应免疫是由 Lerner 研究小组提出，他们选用了磷酸二酯作为半抗原，磷酸二酯半抗原在免疫过程中水解变为单酯半抗原，由此产生的抗体将是针对两个抗原交叉反应而获得的，与两个抗原均有亲和力。由反应免疫所产生的催化抗体，就可能会催化多底物反应，提高催化效率（Wirsching et al.，1995；Fujie and Carlos.，2002）。

（二）拷贝法

用已知的酶作为抗原免疫动物，通过单克隆技术，制得该种酶的抗体，以此种抗体免疫动物，再次采用单克隆技术，经筛选与纯化，就可获得具有原来酶活性的催化抗体（图 10-9）。

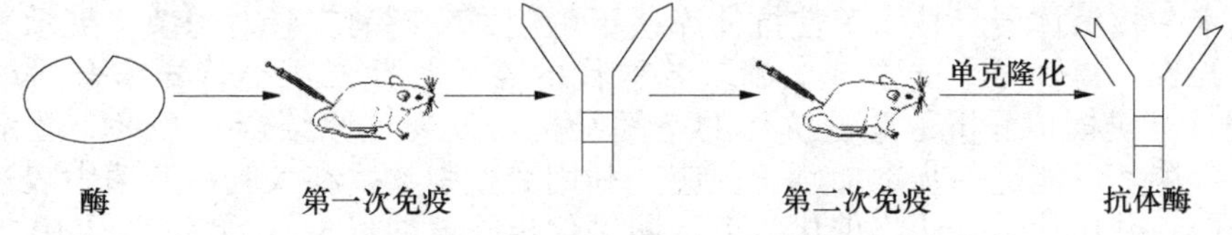

图 10-9　拷贝法制备抗体酶

因为抗原和由其诱导产生的抗体具有互补性，经过二次拷贝后，就把原来酶的活性部位的信息翻录到抗体酶上，使该抗体酶具有高选择性地催化原酶所催化的反应的能力（Takahashi et al.，1999）。采用拷贝法，Pollack 等（1986）以对硝基苯磷酸胆碱作为相应羧酸二酯水解反应的过渡态类似物，用作半抗原免疫动物获得单克隆抗体，筛选到可使水解反应速度加快 12 000 倍的单克隆抗体 MOPC167。总的来说，拷贝法的优点是对于来源紧张的酶而言可以通过单克隆抗体的方法进行大量生产，缺点是需要进行大量的筛选才能获得目的抗体酶，具有一定的盲目性。

（三）引入法

引入法就是借助基因工程和蛋白质工程方法将催化基因引入到已有底物结合能力的

抗体的抗原结合位点上。具体来说，可以采用寡核苷酸定点诱变技术将特定的氨基酸残基引入抗原结合部位使其获得催化功能，也可以采用选择性化学修饰的方法将人工合成的或天然存在的催化基因引入到抗原结合部位。Nakayama 等（1991）使用可裂解亲和标记物将巯基的柄状亲和基团引入到抗 2,4-二硝基苯酚（DNP）的单抗 MOPC315 的抗原结合位点，得到的抗体酶对含有 DNP 与香豆素的羧酸酯的水解反应催化效率高二硫苏糖醇 6×10^4 倍。

（四）化学修饰法

采用选择性化学修饰的方法将人工合成的或天然存在的催化基团引入到抗体的抗原结合部位来获得抗体酶的方法就是化学修饰法。如果引入的催化基团与底物结合部位取向正确、空间排布恰到好处，就能产生高活力抗体酶。为提高抗体酶的催化能力，可采用邻近效应、静电催化、应变、功能团催化等方法，在抗体结合位点引入催化基团。亲和标记也是一种有效方法。先用可裂解亲和试剂与抗体作用，再用二硫苏糖醇（DTT）处理，则在抗体结合部位附近引入巯基，用此巯基作为锚可以很方便地引入其他化学功能基（如咪唑）。用此法已能制备含有活性部位巯基和咪唑基的具有水解活力的抗体酶。罗贵民等利用化学修饰的方法制备出了含硒的单链抗体酶（Se-scFv）。谷胱甘肽过氧化物酶（GPX）能有效地清除体内的活性氧自由基，对防止活性氧引起的各种疾病有重要作用。硒代半胱氨酸（Secys）是谷胱甘肽过氧化物酶（GPX）活性部位中不可缺少的催化必需基团。首先制备抗 GPX 的底物谷胱甘肽（GSH）衍生物的单克隆抗体，则该单抗具有底物结合部位（此部位应在抗体的抗原结合部位上），然后采用上述方法，将抗体底物结合部位上的 Ser 转变为 Secys，使单抗具有酶的催化基团，因而该单抗会显示出 GPX 活性。

（五）抗体库法

抗体库法即用基因克隆技术将全套抗体重链和轻链可变区克隆出来，重组到原核表达载体，通过大肠杆菌直接表达有功能的抗体分子片断，从中筛选特异性的可变区基因。陆续产生的组合抗体库（combinatorial immunoglobulin library）技术、噬菌体表面展示技术、核糖体展示技术等使抗体库法更为便捷。有研究者对噬菌体展示人单链抗体库进行筛选，得到与半抗原 S-二硝基苯取代的谷胱甘肽二丁酯特异结合的单链抗体 3B10，用计算机模拟分析了单链抗体的空间结构，发现抗原结合的 CDR3 区位于抗体的表面，推测其可能进一步参加硒化反应。利用突变引物，在大肠埃希菌中表达了可溶性抗体蛋白，并用化学方法将催化必需基团硒代半胱氨酸（Sec）组装到 3B10 抗原结合部位，获得了具有谷胱甘肽过氧化酶活性的人源抗体酶。

（六）抗独特型抗体酶

根据 Jerne 提出的免疫网络学说，抗独特型抗体中的 Ab2β 能识别并结合 Ab1 上与抗原表位结合的部位，其具有抗原内影像作用，可在空间结构上模拟抗原决定簇，并可能具有抗原的一些性质。根据这一理论，可将酶作为免疫原诱导机体产生抗体，再利用该抗体继续免疫，诱导产生的抗独特型抗体即可能具有催化活性。该方法的优点是可直接利用酶诱导机体产生抗体，进而产生与酶具有相同活性部位的抗独特型抗体。此外，预先修饰酶的结构，还可诱导产生底物特异性与酶不同的催化性抗体。利用此方法，目前已成功制备了具有乙酰胆碱酯酶、内酰胺酶和蛋白酶活性的抗独特型抗体酶（Avalle et al.，2000；Kolesnikov et al.，2000）。

三、抗体酶的应用

抗体酶自从问世以来，发展十分迅速。迄今为止，已成功地开发出能催化所有 6 种类型的酶促反应和几十种类型的化学反应的抗体酶，包括酯、羧酸和酰胺键的水解、酰胺合成、内酯化、酯交换、氧化还原、Claisen 重排、光分解和聚合、金属螯合及化学上不利的环化、过氧化、周环反应等，以及天然酶不能催化的 Diels-Alder 反应和 Oxy-Cope 反应。短短二十年，抗体酶对多种学科展示了较高的理论价值和应用价值，如用于催化反应机理的研究，用于化学合成反应、手性药物合成、前药设计及临床治疗等方面。

（一）理论研究中的应用

抗体酶的发现为研究生物催化过程提供了新的途径。抗体酶用于研究去溶剂化作用、邻近效应、静电相互作用和酸碱催化等形成酶催化化学基础的相互作用。通过观察抗体催化前后反应数据的变化，易于鉴定出那些对催化活性有贡献的特异性因素。因此，抗体酶可以作为研究酶催化基本理论的理想模型。

如前所述，*N*-甲基原卟啉由于内部甲基取代而呈扭曲结构，以它作为半抗原诱导产生的抗体可催化原卟啉的金属螯合反应。因此可以证明亚铁螯合酶催化的亚铁离子插入原卟啉的螯合反应过渡态是一个原卟啉的扭曲结构，平面结构的原卟啉经扭曲后，才能螯合金属离子。

以磷酸酰胺为半抗原诱导产生了抗体 43C9，该抗体能催化酰胺及酯的水解反应。动力学及质谱分析证明，43C9 催化的水解酰胺及酯的反应是一个多步的反应，抗体轻链上的 HisL91 的咪唑基亲核进攻酰胺或酯的羰基碳原子，形成酰基抗体复合物。

蛋白质工程法可以精确地改变蛋白质肽链上的任何一个氨基酸残基，因此该方法可用来阐明某一氨基酸残基在抗体结合和催化中的作用。对能和磷酸胆碱结合的抗体深入研究后发现，重链上的两个氨基酸残基 Arg^{H52} 及 Tyr^{H33} 在所有的能结合磷酸胆碱的抗体中均存在，因此可以判定这两个氨基酸残基在抗体的结合及催化过程中起关键作用。

Jackson 等对能结合磷酸胆碱的抗体 S107 的 Tyr^{H33} 和 Arg^{H52} 进行了突变，分别获得 4 个 Tyr^{H33} 突变体和 3 个 Arg^{H52} 突变体。结果表明，Tyr^{H33} 的突变体催化活力没有变化；而 Arg^{H52} 的突变体由于丧失了带正电侧链，催化活力显著降低。由此可知，静电相互作用对 S107 的催化作用至关重要。若将有催化作用的残基引入到抗体中，可以增加抗体酶的催化活性，如突变体 Y33H，可使抗体的活性提高 50 倍。

（二）有机合成中关键反应的催化

抗体酶具有精确的底物专一性和立体专一性，能催化所有六大类酶促反应和数十种常规反应及某些天然酶不能催化的化学反应，使得抗体酶在有机合成中发挥着越来越重要的作用。

Diels-Alder 环加成反应是有机化学中形成 C—C 键的重要反应，自然界中没有相应的酶催化该反应。该反应需要经过高度有序及熵不利的过渡态反应，反应中化学键的断裂和生成同时进行。此反应的过渡态和产物相似，易引起产物抑制而降低转化速率。Hilvert 等利用半抗原诱导获得的抗体酶不仅能显著加速反应，还消除了产物抑制作用。

Claisen 重排是有机化合物异构化的一种重要形式。分枝酸转化为预苯酸是一个典型的生物 Claisen 重排，该反应是细菌、真菌、植物体内芳香族氨基酸生物合成的关键一步。Jackson 等用一个椅式构象的氧杂双环化合物作为反应的过渡态类似物制备抗体酶，获得的抗体酶可加速重排反应 10^4 倍。而且新抗体酶具有高度的立体专一性，只催化（一）分枝酸为底物的反应，对（十）无作用（图 10-10）。

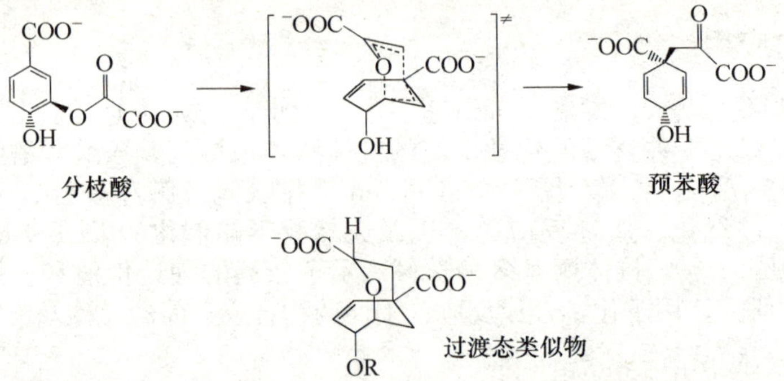

分枝酸　　预苯酸

过渡态类似物

图 10-10　分枝酸通过椅式构象的过渡态重排成预苯酸
（引自罗贵民，2003）

Oxy-Cope 重排是一类热重排可逆反应，改变分子的结构可使重排反应所需的温度大大降低和变成不可逆反应，该反应在一些天然产物的合成中经常出现。至今自然界中尚未发现能催化这一反应的酶存在。国内有研究者以 2-对羧丙氧基苯基环己醇作为半抗原免疫动物后获得的抗体，能催化以 3-对甲氧苯基-4-羟基-1,5-己二烯为底物重排生成 6-对甲氧苯基-5-烯-己醛的反应，并且使本来要在高温条件下发生的反应在室温下就能进行。

除此之外，抗体酶在催化天然产物合成、周环反应、顺-反脯氨酸异构化等反应中都获得了成功。

（三）手性药物合成及拆分

随着抗体酶催化的反应类型的增多，抗体酶在有机合成中起着越来越重要的作用，尤其是在立体选择性反应中发挥着重要作用。手性药物指只含有一种对映体的药物，但由于对映体药物性质上的相似而难以拆分，过去手性药物多数以其消旋体形式出售。抗体酶对底物的高度立体专一性，使得它在手性药物合成或外消旋体拆分方面具有重要的应用价值。利用对映体专一性脂肪酶能拆分外消旋醇混合物。

第一个商品化的抗体酶是具有醛缩酶活性的抗体 38C2（Aldrich cat. No. 47995-0；48，157-2），该抗体可以催化醛缩反应或逆醛缩反应，具有广泛的底物特异性和与天然醛缩酶相似的催化效力。它具有高效的立体选择性催化作用，已经用于多种天然产物合成中关键中间体的制备反应过程中，如抗肿瘤剂 Epothilone A 和 C 的合成过程、1-脱氧-L-木酮糖的合成过程及甾醇类化合物的合成过程。

（四）在前药设计中的应用

ADEPT 的概念第一节已经提到，简单的说是指借助于抗体将酶靶向到特定的部位而使酶发挥作用。抗体酶具有特异性结合和催化活性，在前药活化体系研究中具有广阔的应用前景。

5FdU 是一种抗癌药物，在体内可以转变成 5-氟脱氧尿苷酸（5-FdUMP），后者能抑制 DNA 的合成，但 5-FdUMP 除抑制肿瘤细胞的 DNA 合成外，也可抑制正常细胞的 DNA 合成，因此毒性很大，而 5FdU 的前体是无毒的。若体内存在一种可以将无毒的 5FdU 前药转化成有毒性的 5-FdUMP 的抗体酶，而该抗体酶仅存在于特定的部位，那么，当静脉给药时，无毒前药一旦遇到该抗体酶即释放出有毒的 5FdU，进而杀死该部位的细胞。由此设想，若将抗体酶与肿瘤专一性抗体偶联成双特异性抗体，可以开发出高特异性的抗癌药物。这种双特异性抗体药物可以避免化疗药物缺乏专一性而导致的高毒性、半衰期短及肿瘤部位药物浓度低等缺点。

有关氨基甲酸酯前药设计的报道较多。Blackburn 等设计了由两部分构成的氨基甲酸酯的药物前体，在抗体酶作用下该药物前体发生酶解作用，转化为细胞毒性形式。他们制备了几种可以水解氨基甲酸酯酯键的抗体酶，这些抗体酶可以将氮芥药物（一种抗癌药）前体转化为具有细胞毒活性的化合物。药物活化反应发生在原始药物和氨基甲酸酯之间，抗体酶识别整个药物前体结构，用于制备抗体酶的过渡态类似物在结构上与药物前体相似。因此，针对不同的药物前体就必须制备不同的抗体酶。Scott Taylor 等将由两部分构成的药物前体发展为由三部分构成。他们在药物前体中引入了一个接头结构，即药物前体通过接头与氨基甲酸酯相连，抗体酶催化的反应发生在接头上，抗体酶仅识别接头结构而与药物本身无关。这样完全可以采用接头结构的过渡态类似物来诱导产生抗体酶。抗体酶可以活化连接在同一个接头上的不同的药物前体，因此，同一个抗体酶可用于不同癌症的治疗。

除了用于肿瘤治疗外，抗体酶还可以用于治疗糖尿病。胰岛素用特定的化学基团修饰后可转变成无活性的前药，在抗体酶 38C2 的催化下又可转变成有活性的胰岛素。天然的胰岛素所维持的低血糖时间 $t_{1/2}$ 为 8h 左右，而动物实验证实这种前药释放系统可以将低血糖的时间 $t_{1/2}$ 延长至 30h。

（五）临床治疗中的应用

1. 治疗可卡因成瘾

随着研究的深入，抗体酶在临床治疗中的价值逐渐显现。抗体酶可以用来治疗可卡因成瘾。Landry 等用可卡因降解的过渡态类似物磷酸单酯诱导产生了单克隆抗体 3B9，可催化可卡因降解，降解后的可卡因片断失去了刺激功能。3B9 的催化活性比血液中分解可卡因的丁酰胆碱酯酶高。研究者以可卡因磷酸单酯结构类似物作为半抗原，免疫动物后获得了可以有效降解可卡因苯酰酯化合物的抗体 15A10。每分子该抗体每分钟可将两个可卡因分子破坏为无活性的片段，而且经过 200 次反应后仍保持 95%的酶活性，动物实验表明此抗体可降低可卡因用药过量的毒性效应。

2. 治疗甲状腺疾病

抗体酶用于甲状腺疾病的治疗也有报道。甲状腺激素是维持机体正常代谢和生长发育所必需的激素，其包含两种含碘氨基酸：T_3（三碘甲状腺原氨酸）和 T_4（四碘甲状腺原氨酸），T_4 脱碘转化为 T_3 后具有生物学活性，反应由含硒的碘甲状腺原氨酸脱碘酶催化。因此，缺乏该酶可导致体内 T_3 含量不足，引起严重的甲状腺疾病。

研究者在分析具有脱碘活性的抗体酶 I（Se-4C5）与底物亲和力的基础上，以具有适当疏水性的甲状腺素衍生物 O-methyl-T4 为新半抗原，制备了一种较高活力的抗体酶 II（Se-6E8）。酶学性质研究表明，Se-6E8 的活力为 2010 U/μmol 蛋白（Se-4C5 为 1130U/μmol 蛋白），最适反应温度为 57℃，高于天然酶的最适温度 37℃，在 50℃时活力基本保持不变，而天然酶在 0℃以上特别容易失活。

3. 治疗艾滋病

HIV 病毒引起的获得性免疫缺陷症（AIDS）为目前世界上危害最严重的病毒性传播疾病，对它的防治一直是研究焦点之一。现有的鸡尾酒疗法还不能达到根治的目的。HIV 为包膜病毒，HIV 感染靶细胞时，首先是病毒包被膜与靶细胞的细胞膜发生融合，然后病毒的遗传物质 RNA 进入靶细胞内，复制并释放新的病毒。HIV 与靶细胞融合的简要过程如下：HIV 包被糖蛋白表面 gp120 亚基与靶细胞上的 CD4 和辅助受体分子（趋化因子受体 CCR5 或 CXCR4 等）先后发生结合，导致跨膜亚基 gp41 的构象发生改变，其 N 端的融合肽插入到宿主细胞膜内，启动病毒包膜与靶细胞膜的融合，完成病毒进入宿主细胞的感染过程。由此可见，只要抑制其中任何一个环节就可抑制 HIV 病毒进入靶细胞，从而预防和治疗 HIV 的感染。

研究表明，不同变种的 HIV 病毒表面糖蛋白 gp120 的 CD4 结合区域相对保守，因此针对 CD4 结合区域的抗体酶有可能治疗艾滋病。研究者获得了 3 株单克隆抗体和 1 株 ScFv，并且证明它们能特异性地裂解 gpl20，并能在体外中和 AIDS 病毒的活性。HIV-1 外壳蛋白 gp41 上有一段保守序列，Hifumi 等针对此序列设计合成的单克隆抗体酶，可有效降解含有此序列的 gp41 分子。

巨噬细胞表面受体 CCR5 在 HIV 病毒感染时也发挥作用，Mitsuda 等用含有 CCR5 部分序列的蛋白质免疫动物获得了单克隆抗体 ECL2B2，体外反应表明 ECL2B2 的轻链可在 100 小时内降解 CCR，而且具有很高的反应速度常数。

4. 其他方面的应用

Wentworth 等发现抗体酶在催化水和单分子氧反应生成过氧化氢的过程中生成了一种额外产物，此种产物的化学本质类似于臭氧，并可产生很强的杀菌作用。在噬中性粒细胞释放过氧化氢的过程中也存在这种物质，表明体内存在催化此反应的抗体酶。可以设想，对此方面的进一步研究将加深对机体免疫反应机制的认识，并为疾病的治疗带来新的契机。

Lacroix-Desmazes 等（2005）在研究抗体酶浓度与败血症预后关系时发现，病人 IgG 催化活性比死者的高，IgG 可以水解凝血因子 VIII 和 IV 而发挥溶栓作用。该研究结果暗示具有水解酶活性的抗体有可能在出血性疾病的预后方面发挥重要作用。除此之外，抗体酶在治疗有机磷神经毒剂中毒、清理血中代谢废物以及预防感染方面也可发挥作用。

近年来，人们发现健康的母乳中含有多种具有催化淀粉、DNA、RNA、核苷酸水解和蛋白质、脂肪磷酸化的天然抗体酶。这些抗体酶与大多数患有自身免疫疾病患者体内的抗体酶相比，其催化活性明显较强。目前，母乳抗体酶的来源仍不清楚。一些研究者认为，妇女在妊娠期可能进入一种临时的自身免疫异常状态，在此特殊的生理时期，各种隐性和显性免疫作用导致免疫系统产生了包括抗体酶在内的抗体，并通过乳汁传递给婴儿。婴儿出生后数月内胃肠道、免疫系统发育很不完善。母乳抗体会附着在黏膜表面成为新生儿抑制细菌和病毒的一种重要保护方式，并且母乳中具有水解 DNA 与 RNA 能力的抗体更可以水解细菌、病毒等病原体。另外，乳汁 IgG 还可渗透进新生儿血液中，提高新生儿的免疫力。由此可见，母乳抗体酶强化了乳汁对新生儿的被动免疫保护功能，并通过监控一些细胞的功能而增强黏膜免疫（Buneva et al.，2003）。

思考题

1. 抗体工程与基因工程抗体的含义是什么？
2. 举例说明基因工程抗体的应用。
3. 举例说明抗体融合蛋白的构建及应用。
4. 酶的蛋白质工程的含义是什么？
5. 为什么要进行酶的蛋白质工程？
6. 举例说明酶的蛋白质工程的方法和意义。

7. 什么叫抗体酶？抗体酶的理论基础是什么？
8. 为什么要进行抗体酶研究？其制备方法有哪些？
9. 你认为目前抗体酶所面临的挑战是什么？其发展前景如何？
10. 蛋白质工程的应用领域还有哪些？举例说明。

主要参考文献

陈宏．2003．基因工程原理与应用．北京：中国农业出版社

陈毓荃．2002．生物化学实验方法和技术．北京：科学出版社

程华，闫静辉．2006．蛋白质芯片技术研究进展．生物技术通报，5：54-57

程极济，林克椿．1981．生物物理学．北京：人民教育出版社

存刚，徐慧，陈玉成．2005．酵母双杂交系统研究及其应用进展．微生物学杂志，25（6）：85-89

董文宾．2006．生物工程分析．北京：化学工业出版社

傅献彩，沈文霞，姚天扬．1996．物理化学（上册）（第四版）．北京：高等教育出版社

高宁，胡宝成．2006．酵母双杂交系统的发展及其衍生物系统的比较．生物技术通讯，17（3）：421-424

耿信笃，白泉，王超展．2006．蛋白质折叠液相色谱法．北京：科学出版社

古练权，马林．2004．生物有机化学．北京：高等教育出版社、施普林格出版社

郭蔼光．2001．基础生物化学．北京：高等教育出版社

郭勇．1996．现代生化技术．广州：华南理工大学出版社

郭子建，孙为银．2006．生物无机化学．北京：科学出版社

郝柏林，张淑誉．2002．生物信息学手册（第2版）．上海：上海科学技术出版社

洪孝庄，孙曼霁．1993．蛋白质连接技术．北京：中国医药科技出版社

焦炳华，孙树汉．2007．现代生物工程．北京：科学出版社

来鲁华等．1993．蛋白质的结构预测与分子设计．北京：北京大学出版社

李宁，许洋．2006．蛋白指纹图谱技术在临床的应用与国内外研究进展．检验医学教育，13（2）：32-37

李元，陈松森，王渭池．2002．基因工程药物．北京：化学工业出版社

利布莱尔 DC．2005．蛋白质组学导论——生物学的新工具．北京：科学出版社

梁毅．2005．结构生物学．北京：科学出版社

廖湘萍．2004．生物工程概论．北京：科学出版社

刘国诠．2002．生物工程下游技术（第二版）．北京：化学工业出版社

刘贤锡．2003．蛋白质工程原理与技术．济南：山东大学出版社

刘向昕等．2005．细菌表面展示技术的应用研究进展．微生物学免疫学进展，33（2）：70-74

刘仲敏，林兴兵，杨生玉．2004．现代应用生物技术．北京：化学工业出版社

卢光莹，华子千．1995．生物大分子晶体学基础．北京：北京大学出版社

吕湘，刘德培，梁植权．2001．染色质重塑复合物．生命的化学，21（1）：96-99

罗贵民，曹淑桂，张今．2002．酶工程．北京：化学工业出版社

马林，古练权．2005．化学生物学导论．北京：化学工业出版社

钱小红，贺福初．2003．蛋白质组学：理论与方法．北京：科学出版社

丘冠英，彭银祥．2000．生物物理．武汉：武汉大学出版社

申泮文．2005．化学生物学与生物技术．北京：科学出版社

沈倍奋，陈志南．2005．重组抗体．北京：科学出版社

施巧琴．2005．酶工程．北京：科学出版社

宋锡瑾，龚伟，王杰．2005．蛋白质分子印迹．化学通报，7：504-509

苏克曼，潘铁英，张玉兰．2002．波谱解析法．上海：华东理工大学出版社

孙润广，张静．2006．甘草多糖螺旋结构的原子力显微镜研究．化学学报，24（64）：2467-2472

陶慰孙，李惟，姜永明．1995．蛋白质分子基础．北京：高等教育出版社

汪玉松，邹思湘，张玉静．2005．现代动物生物化学．北京：高等教育出版社

王大成．2002．蛋白质工程．北京：化学工业出版社

王建龙．2005．微生物表面展示技术及其在环境污染治理中的应用．中国生物工程杂志，25（4）：112-117

王镜岩，朱圣庚，徐长法．2002．生物化学（第三版）．北京：高等教育出版社
王廷华，邹晓莉．2005．蛋白质理论与技术．北京：科学出版社
王廷华．2005．抗体理论与技术．北京：科学出版社
王希成．2005．生物化学（第二版）．北京：清华大学出版社
王翼飞，史定华．2006．生物信息学-智能化算法及其应用．北京：化学工业出版社
沃伊特 D，沃伊特 JG.，普拉特 CW．2003．基础生物化学（上、下册）．朱德煦，郑昌学主译．北京：科学出版社
夏其昌等．2004．蛋白质化学与蛋白质组学．北京：科学出版社
谢晚彬，谢和芳．2005．蛋白质定向进化的研究技术及应用．中国生物工程杂志，（增）：16-18
徐卉芳，张先恩，张用梅．2002．体外分子定向进化研究进展．生物化学与生物物理进展，29：518-522
徐卉芳，张先恩，张治平等．2003．大肠杆菌碱性磷酸酶的体外定向进化研究．生物化学与生物物理进展，30：89-94
徐小静，张少斌，王俊丽．2006．生物技术原理与实验．北京：中央民族大学出版社
许慧．2005．SARS冠状病毒抗体工程的研究、应用及进展．国外医学病毒学分册，12（4）：100-104
许钦坤，王红宁，赵翠燕等．2005．蛋白质定向进化的研究进展及其应用前景．生物技术通讯，16（2）：191-193
许洋．2007．蛋白质指纹图谱技术在实验诊断与临床医学中的研究进展．基础医学与临床，27（2）：134-142
阎隆飞，孙之荣．1999．蛋白质分子结构．北京：清华大学出版社
杨铭．2003．结构生物学与药学研究．北京：科学出版社
叶勤．2003．现代生物技术原理及其应用．北京：中国轻工业出版社
印永嘉，奚正楷，李大珍．1994．物理化学简明教程（第三版）．北京：高等教育出版社
俞庆森，朱龙观．2000．分子设计导论．北京：高等教育出版社
袁勤生，赵健．2005．酶与酶工程．上海：华东理工大学出版社
张成岗，贺福初．2002．生物信息学方法与实践．北京：科学出版社
张阳德．2004．生物信息学．北京：科学出版社
赵国屏等．2002．生物信息学．北京：科学出版社
赵艇．2006．蛋白质指纹图谱技术在临床医学中的应用．国外医学内科学分册，33（3）：122-126
赵雨杰．2002．医学生物信息学．北京：人民军医出版社
甄永苏，邵荣光．2002．抗体工程药物．北京：化学工业出版社
郑用琏．2007．基础分子生物学．北京：高等教育出版社
钟扬，张亮，赵琼．2001．简明生物信息学．北京：高等教育出版社
周海梦，王洪睿．1998．蛋白质化学修饰．北京：清华大学出版社
周先碗，胡晓倩．2003．生物化学仪器分析与实验技术．北京：化学工业出版社
周亚凤，张先恩，Anthony EG．2002．分子酶工程学研究进展．生物工程学报，18：401-406
邹邦银．2004．热力学与分子物理学．武汉：华中师范大学出版社
Aebersold R，Mann M．2003．Mass spectrometry-based proteomics．Nature，422（6928）：198-207
Andersen JS，Wilkinson CJ，Mayor T．2003．Proteomic characterization of the human centrosome by protein correlation profiling．Nature，426（6966）：570-574
Arditti FD，Rabinkov A，Miron T，et al．2005．Apoptotic killing of B-chronic lymphocytic leukemia tumor cells by allicin generated in situ using a rituximab-alliinase conjugate．Mol Cancer Ther，4（2）：325-331
Attwood TK，Parry-Smith DJ．2002．生物信息学概论．罗静初等译．北京：北京大学出版社
Avalle B，Friboulet A，Thomas D．2000．Enzymes and abzymes relationships．J Mol Catal B-Enzym：Enzymatic，10：39-45
Bachmair A，Varshavsky A．1989．The degradation signal in a short-lived protein．Cell，56：1019-1032
Barak D，Kaplan D，Ordentlich A，et al．2002．The aromatic "trapping" of the catalytic histidine is essential for efficient catalysis in acetylcholinesterase．Biochemistry，41（26）：8245-8252

Baxevanis AD，Francis BF. 2000. 生物信息学：基因和蛋白质分析的实用指南. 李衍达，孙之荣等译. 北京：清华大学出版社

Berg JM，John L，Tymoczko，Lubert Stryer. 2002. Biochemistry (5th). New York：W. H. Freeman and Company

Betz SF，Bryson JW，DeGrado WF. 1995. Native-like and structurally characterized designed alpha-helical bundles. Curr Opin Struct Biol，5：457-463

Boiardi A，Bartokmei M，Silvani A，et al. 2005. Introtumoral delivery of mitoxantrone in association with 90-Y radio immunotherapy (RIT) in recurrent glioblastoma. J Neurooncol，72 (2)：125-13

Bunce CJ，Loudon PT，Akers C，et al. 2003. Development of vaccines to help treat drug dependence. Curr Opin Mol Ther，5 (1)：58-63

Chen KQ，Amold FH. 1993. Tuning the activity of an enzyme for unusual environments：sequential random mutagenesis of subtilisin E for catalysis in dimethylformamide. Proc Natl Acad Sci，90：5618-5622

Cheng YG，LeGall T，Oldfield CJ，et al. 2006. Rational drug design via intrinsically disordered protein. Trends Biotechnol，24 (10)：435-442

Crameri A，Raillard SA，Bermudez E，et a1. 1998. DNA shuffling of a family of genes from diverse species accelerates evolution. Nature，391：288-291

David WM. 2006. 生物信息学：序列与基因组分析（第二版）. 曹志伟 编译，北京：科学出版社

DeGrado WF，Regan L，Ho SP. 1987. The design of a four-helix bundle protein. Cold Spring Harb

Deng SX，de Prada P，Landry DW. 2002. Anticocaine catalytic antibodies. J Immunol Methods，269 (1-2)：299-310

Di Paolo C，Willuda J，Kubetzko S，et al. 2003. A recombinant immunotoxin derived from a humanized epithelial cell adhesion molecule-specific single-chain antibody fragment has potent and selective antitumor activety. Clin Cancer Res，9 (7)：2837-2848

Dolphin Gunnar T. 2006. A designed well-folded monomeric four-helix bundle protein prepared by fomc solid-phase peptide synthesis and native chemical ligation. Chem-Eur J，12：1436-1447

Fields S. 2001. Proteomics in genomeland. Science，291 (5507)：1221-1224

Fujie T，Carlos F. 2002. Reactive immunization：a unique approach to catalytic antibodies. J Immunol Methods，269：67-69

Fujii R，Kitaoka M，Hayashi K. 2006. RAISE：a simple and novel method of generating random insertion and deletion mutations. Nucleic Acids Res，34 (4)：30

Gavin M，Stuart L，Schreiber. 2000. Printing proteins as microarrays for high-throughput function determination. Science，289 (5485)：1760-1763

Gibas C，Jambeck P. 2002. Developing bioinformatics computer skills（影印版）. 北京：科学出版社

Glenn L，Butterfoss，Kuhlman B. 2006. Computer-based design of novel protein structures. Annu

Golinelli-Pimpaneau B，Goncalves O，et a1. 2000. Structural evidence for a programmed general bese in the active site of a catalytic antibody. Proc Natl Acad Sci USA，97 (18)：9892-9895

Gubbins MJ，Plummer FA，Yuan XY，et al. 2005. Molecular characterization of a panel of murine

Hanes J，Pluckthun A. 1997. In vitro selection and evolution of functional proteins by using ribosome display. Proc Natl Acad Sci，94：4937-4942

Holliger P，Prospero T，Winter G. 1993. "Diabodies"：small bivalent and bispecific antibody fragments. Proc Natl Acad Sci USA，90 (14)：6444-6448

Huang RP，Huang R，Fan Y，et al. 2001. Simultaneous detection of multiple cytokines from conditioned media and patient's sera by an antibody-based protein array system. Anal Biochem，294 (1)：55-62

Huang YH，Shang BY，Zhen YS. 2005. Antitumor efficacy of lidamycin on hepatoma and active moiety of its molecule. World J Gastroenterol，11：3980-3984

Huh WK，Falvo JV，Gerke LC. 2003. Global analysis of protein localization in budding yeast. Nature，425 (6959)：686-691

Ibrahim A，Coureur P，Roland M，et al. 1983. New magnetic drug carrier. J Pharm Pharmacal，35：

59
Jermutus L，Tessier M，Pasamontes L，et al. 2001. Structure-based chimeric enzymes as an alternative to directed enzyme evolution：phytase as a test case. J Biotechnol，85 (1)：15-24
Kahn P. 1995. From genome to proteome：looking at a cell' s proteins. Science，270：369-370
Kane PM，Yamashiro CT，Wolczyk DF，et a1. 1990. Protein splicing converts the yeast TFPl gene
Kaplan D，Barak D，Ordentlich A，et al. 2004. Is aromaticity essential for trapping the catalytic histidine 447 in human acetylcholinesterase? Biochemistry-US，43 (11)：3129-3136
Kaplan D，Ordentlich A，Barak D，et al. 2001. Does "butyrylization" of acetylcholinesterase through substitution of the six divergent aromatic amino acids in the active center gorge generate an enzyme mimic of butyrylcholinesterase? Biochemistry-US，40 (25)：7433-7445
Kislinger T，Cox B，Kannan A，et al. 2006. Global survey of organ and organelle protein expression in mouse：combined proteomic and transcriptomic profiling. Cell，125：173-186
Kitts PA，Ayres MD，Possee RD. 1990. Linearization of baculovirus DNA enhances the recovery of recombinant virus expression vectors. Nucleic Acids Res，18：5667-5672
Kolesnikov VA，Kozyr AV，Alexardrova ES，et a1. 2000. Enzyme mimicry by the antiidiotypic antibody approach. Prog. Natl Acad Sci USA，97 (25)：13526-13531
Kortemme T，Ramirez-Alvarado M，Serrano L. 1998. Design of a 20-amino acid，three-stranded β-sheetprotein. Science，281：253-256
Kreitman RJ，Squites DR，Stetler-Stevenson M，et al. 2005. Phase I trial of recombinant immunotoxin RFB4 (dsFv) -PE38 (BL22) in patients with B-cell malignancies. J Clin Oncol，23 (27)：6719-6729
Lacroix-Desmazes S，Bayry J，Kaveri SV，et al. 2005. High levels of catalytic antibodies correlate with favorable outcome in sepsis. Proc Natl Acad Sci USA，102 (11)：4109-4113
Lehmann M，Kostrewa D，Wyss M，et al. 2000. From DNA sequence to improved functionality：using protein sequence comparisons to rapidly design a thermostable consensus phytase. Protein Eng，13 (1)：49-57
Lehmann M，Loch C，Middendorf A，et al. 2002. The consensus concept for thermostability engineering of proteins：further proof of concept. Protein Eng，15 (5)：403-411
Lehmann M，Pasamontes L，Lassen SF，et al. 2000. The consensus concept for thermostability engineering of proteins. Biochem Biophys Acta，1543 (2)：408-415
Lian G，Ding L，Chen M，et al. 2001. A selenium-containing catalytic antibody with Type I deiodinase activity. Biochem Biophys Res Commun，283 (5)：1007-1012
Liu S，Liu SY，Zhu XL，et al. 2007. Nonnatural protein-protein interaction-pair design by key residues grafting. Proc Nati Acad Sci USA，104：5330-5335
Luckow VA，Lee SC，Barry GF，et a1. 1993. Efficient generation of infectious recombinant baculoviruses by site-specific transposon-mediated insertion of foreign genes into a baculovirus genome propagated in *Escherichia coli*. J Virol，67：4566-4579
Maglio O，Nastri F，Pavone V，et al. 2003. Preorganization of molecular binding sites in designed diiron proteins. Proc Natl Acad Sci. USA，100 (7)：3772-3777
Matsuura T，Yomo T. 2006. In vitroevolution of proteins. J Biosci Bioeng，101 (6)：449-456
Mayssam H，Christina M，Grigoryan G，et al. 2005. Design of a heterospecific，tetrameric，21-residue miniprotein with mixed α/β structure. Structure，13：225-234
Miller OJ. 2006. Directed evolution by in vitro compartmentalization. Nat Methods，3 (7)：561-570
Miyazaki K，Takenouchi M. 2006. Thermal stabilization of *Bacillus subtilis* family-11xylanase by directed evolution. J Biol Chem，281 (15)：10236-10242
Gubbins MJ，Plummer FA，Yuan XY，et al. Molecular characterization of a panel of murine monoclonal antibodies specific for the SARS-coronavirus. Mol Immunol，42 (1)：125-136
Moreau A，Shareck F，Kluepfel D，et al. 1994. Increase in catalytic activity and thermostability of the xylanase A of Streptomyces lividans 1326 by site-specific mutagenesis. Enzyme Microb Technol，16 (5)：420-424

Muir TW, Sondhi D, Cole PA. 1998. Expressed protein ligation: a general method for protein engineering. Proc Natl Acad Sci, 95: 6705-6710

Munson M, O'Brien R, Julian M, et al. 1994. Redesigning the hydrophobic core of a four-helix-bundle protein. Protein Sci, 3: 2015-2022

Murakami H, Hohsaka T, Sisido M. 2002. Random insertion and deletion of arbitrary number of bases for codon-based random mutation of DNAs. Nature Biotechnol, 20: 76-81

Nakayama GR, Schultz PG. 1991. Approaches to the design of semisynthetic metal-dependent catalytic antibodies. Ciba Found Symp, 159: 72-81

Nishikawa S, Adiwinata J, Morioka H, et al. 1990. A thermoresistant mutant of ribonuclease T1 having three disulfide bonds. Protein Eng, 3 (5): 443-448

Offredi F, Dubail P, Kischel K, et al. 2003. De novo backbone and sequence design of an idealized α/β-barrelprotein: evidence of stable tertiary structure. J Mol Biol, 325: 163-174

Peeters E, Wartel C, Maes D, et al. 2007. Analysis of the DNA-binding sequence specificity of the archaeal transcriptional regulator Ss-LrpB from Sulfolobus solfataricusby systematic mutagenesis and high resolution contact probing. Nucleic Acids Res, 35 (2): 623-633

Pollack SJ. 1986. Selective chemical catalysis by an antibody. Science, 234 (4783): 1570-1573

product to the 69-kD subunit of the vacuolar H-adenosine triphosphatase. Science, 250: 651-657

Reginald HG, Charles MG. 2005. Biochemistry. 北京: 高等教育出版社

Rev Bioph Biom, 35: 49-65

Rifai N, Gillette MA, Carr SA. 2006. Protein biomarker discovery and validation: the long and uncertain path to clinical utility. Nat Biotechnol, 24 (8): 971-983

Rodriguez E, Mullaney EJ, Lei XG. 2000. Expression of the *Aspergillus fumigatus* phytase gene in *Pichia pastoris* and characterization of the recombinant enzyme. Biochem Biophys Res Commun, 268 (2): 373-378

Rodriguez E, Wood ZA, Karplus PA, et al. 2000. Site-directed mutagenesis improves catalytic efficiency and thermostability of *E. coli*. pH 2. 5 acid phosphatase/phytase expressed in *Pichia pastoris*. Arch Biochem Biophys, 382 (1): 105-112

Romanos MA, Clare JJ, Beesley KM, et al. 1991. Recombinant *Bordetella pertussis* pertactin (P69) from the yeast Pichia pastoris: high-level production and immunological properties. Vaccine, 9: 901-906

Rual JF, Venkatesan K, Hao T, et al. 2005. Towards a proteomescale map of the human protein-protein interaction network. Nature, 437 (7062): 1173-1178

Sawada T, Fuchinous S, Teraoka S, et al. 2002. Successful A1-to-O ABO-incompatible kidney transplantation after a preconditioning regimen consisting of anti-CD20 monoclonal antibody infusions, splenectomy, and double-filtration plasmapheresis. Transplantation, 74 (9): 1207-1210

Sergeeva A, Kolonin MG, Molldrem JJ. 2006. Display technologies: application for the discovery of drug and gene delivery agents. Adv Drug Deliv Rev, 58: 1622-1654

Shahied LS, Tang Y, Alpaugh RK, et al. 2004. Bispecific minibodies targeting HER2/neu and CD16 exhibit improved tumor lysis when placed in a divalent tumor antigen binding format. J Biol Chem, 279 (52): 53907-53914

Shi M, Xie Z, Feng J, et al. 2003. A recombinant anti-erbB2, scFv-Fc-IL-2 fusion protein reains antigen specificity and cytokine function. Biotechnol Lett, 25 (10): 815-819

Sidner RA, Book BK, Agarwal A, et al. 2004. In vivo human B-cell subset recovery after in vivo depletion with rituximab, anti-human CD20 monoclonal antibody. Hum-Antibodies, 13 (3): 55-62

Smallshaw JE, Ghetie V, Rizo J, et al. 2003. Genetic engineering of an immunotoxin to eliminate pulmonary vascular leak in mice. Nat Biotechnol, 21: 387-391

Smith GE, Summers MD, Fraser MJ. 1983. Production of human beta interferon in insect cells infected with a baculovirus expression vector. Mol Cell Biol, 3: 2156-2165

Smith GP. 1985. Filamentous fusion phage: novel expression vectors that display cloned antigens on the virion surface. Science, 228: 1315-1317

Sonnenday CJ，Warren DS，Cooper M，et al. 2004. Plasmapheresis，CMV hyperimmune globulin，and anti-CD20 allow ABO-incompatible renal transplantation without splenectomy. Am J Transplant，4（8）：1315-1322

Stelzl U，Worm U，Lalowski M，et al. 2005. A human protein-protein interaction network：a resource for annotating the proteome. Cell，122（6）：957-968

Stemmer WPC. 1994. Rapid evolution of a protein in vitro by DNA shuffling. Nature，370：389-391

Struthers MD，Cheng RP，Imperiali B. 1996. Design of a monomeric 23-residue polypeptide with defined tertiary structure. Science，271：342-345

Struthers MD，Ottesen JJ，Imperiali B. 1998. Design and NMR analyses of compact，independently folded BBA motifs. Fold Des，3：95-103

Swinbanks D. 1995. Government backs proteome proposal. Nature，386：653

Symp Quant Biol，52：521-526

Takahashi N，Kakinma H，Hamada K，et al. 1999. Efficient screening for catalytic antibodies using a shirt transition-state analog and detailed characterization of selected antibodies. EURJ Biochem，261（1）：108-114

Takai N，Jain A，Kawamata N，et al. 2005. Cancer 2C4，a monoclonal antibody against HER2，disrupts the HER kinase signaling pathway and inhibits ovarian carcinoma cell growth. Cancer，104（12）：2701-2708

Thomas PQ，Neil BT，Robert WW，et al. 1994. Betadoublet：de novo design，synthesis，and characterization of a 3-sandwich protein. Proc Natl Acad Sci USA，91：8747-8875

Tomschy A，Brugger R，Lehmann M，et al. 2002. Engineering of phytase for improved activity at low pH. Appl Environ Microbiol，68（4）：1907-1913

Tramontano A，Janda KD，Lerner RA. 1986. Catalytic antibodies. Science，234（4783）：1566-1570

Tyden A，Kumlien A，Fehrman I，et al. 2003. ABO-incompatible kidney transplantations without splenectomy using antigen-specific immunoadsorption and rituximab. Transplantation，76（4）：730-731

Vialard J，Lalumiere M，Vernet T，et a1. 1990. Synthesis of the membrane fusion and hemagglutinin proteins of measles virus，using a novel baculovirus vector containing the beta-galactosidase gene. J Virol，64：37-50

Vieira CA，Agarwal A，Book BK，et al. 2004. Rituximab for reduction of anti-HLA antibodies in patients awaiting renal transplantation：1. Safety，pharmacodynamics，and pharmacokinetics. Transplantation，77（4）：542-548

Walsh G. 2005. 蛋白质生物化学与生物技术. 王恒 等译. 北京：化学工业出版社

Wilkins MR，Sanchez JC，Gooley AA，et al. 1995. Progress with proteome projects：why all proteins expressed by a genome should be identified and how to do it. Biotechnol Genet Eng Rev，13：19-50

Wirsching P，Ashley J A，et a1. 1995. Reactive immunizsation. Science，270：1775-1781

Yousef MS，Bischoff N，Dyer CM，et al. 2006. Guanidinium derivatives bind preferentially and trigger long-distance conformational changes in an engineered T4 lysozyme. Protein Sci，15（4）：853-861

Zhou T，Wang H，Luo D，et al. 2004. An exposed domain in the severe acute respiratory syndrome coronavirus spike protein induces neutralizing antibodies. J Virol，78（13）：7217-7226

Zhou YF，Zhang XE，Liu H，et al. 2001. Construction of a fusion enzyme system by gene splicing as a new molecular recognition element for a sequence biosensor. Bioconjugate Chem，12：924-931